气象服务业务概论

秦　剑　闫广松　向　曦　编著
王英巍　荣　昕　戴　敏

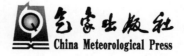

气象出版社
China Meteorological Press

内容简介

本书重点针对气象服务作为新的气象基本业务,在我国气象现代业务体系中的突出地位和作用,系统总结了气象服务业务的历史发展过程,归纳了现代气象服务业务的最新支撑技术,分别从气象为大型工程服务、新能源气象服务、交通旅游气象服务、气象影视服务、多媒体气象服务以及突发事件预警信息发布系统建立等方面,介绍了气象服务业务的构架和内涵。全书共分九章,是全面展示气象服务业务的一部技术性论著。本书可供从事气象服务业务的科技人员、管理人员和高等院校气象专业师生学习参考,也可供环保、水电、农林、交通、旅游、能源、国土资源、防灾减灾等部门以及气象用户等单位的相关人员使用借鉴。

图书在版编目(CIP)数据

气象服务业务概论/秦剑等编著. —北京:气象出版社,2015.12
ISBN 978-7-5029-6310-1

Ⅰ.①气… Ⅱ.①秦… Ⅲ.①气象服务-概论
Ⅳ.①P451

中国版本图书馆 CIP 数据核字(2015)第 310706 号

QIXIANG FUWU YEWU GAILUN
气象服务业务概论

出版发行:气象出版社

地　　址:北京市海淀区中关村南大街 46 号		邮政编码:100081	
总 编 室:010-68407112		发 行 部:010-68409198	
网　　址:http://www.qxcbs.com		E-mail:qxcbs@cma.gov.cn	
责任编辑:黄红丽		终　　审:阳世勇	
封面设计:易普锐创意		责任技编:赵相宁	
印　　刷:北京中新伟业印刷有限公司			
开　　本:787 mm×1092 mm　1/16		印　　张:27.75	
字　　数:710 千字			
版　　次:2016 年 1 月第 1 版		印　　次:2016 年 1 月第 1 次印刷	
定　　价:98.00 元			

本书如存在文字不清、漏印以及缺页、倒页、脱页等,请与本社发行部联系调换

序　言

　　风云雨雪,关乎万物生息;天气气候,影响各业生计。观古今中外,气象服务一直就是气象科学发展的原始动力,也是气象业务的终极目的。然长期以来,气象服务的重要性尚未得到足够的重视。20 世纪 90 年代末期,我国各省(区、市)气象局相继成立了科技服务中心,这或许可视作我国现代气象服务业务体系雏形的出现,而先后六次的全国气象服务工作会议,则极大地推动了公共气象服务的理论基础、机构框架、技术平台及专业队伍的迅猛发展,《气象服务业务概论》一书正是在这样的背景下出炉的。

　　该书力图从我国气象服务发展的历史沿革、发展现状、现代气象服务的支撑技术、服务的领域及发展的趋势等方面入手,对大型工程、新能源、交通旅游、气象影视、突发事件预警等气象服务业务工作进行一次全面的诠释、论述和总结。

　　该书作者长期从事气象服务工作,主持参加过多项国家重点工程的气象服务保障工作,对气象服务在国民经济各行各业的建设和发展中的重要性有着深刻的认识,积累了丰富的理论知识和工作经验。

　　大数据、云计算等现代技术的出现,为气象服务的发展注入了新的动力,本书对此做了较为深入的阐述,这是该书的一大特点。

　　该书的出版,为从事气象服务的科技人员提供了系统的教材和参考书籍。我衷心祝贺这部专著的问世,并希望该书的出版进一步推动现代气象服务的理论、技术和方法研究,促进我国气象服务事业的大发展。

郭世昌

(云南大学资源环境学院前院长、教授)

2015 年 9 月 1 日

前　言

从"气象服务是气象工作的出发点和归宿"，到"气象服务是立业之本"，直至"气象服务引领事业的发展"，这些有中国特色的气象服务理论体系要点的形成，气象部门走过了漫长的几十年历程。只有在今天，社会经济飞速发展、人民大众实现小康生活的时候，气象服务的重要性才更加彰显。也只有在今天，气象预报预测技术日益精准、综合气象观测系统更加完善，才使得气象服务业务正式确立，并一跃成为主要业务之一。

气象服务业务体系的建立和完善，除上面所讲的以外，还应该学习掌握先进的现代信息处理技术和新媒体技术，引进相关专业技术人才。简单来说，一项业务的建立，必须要有一套理论体系，要有一批支撑技术，还要有一支人才队伍。这样才能根据不同服务对象，开展多种服务业务，形成丰富的服务产品，取得更大的服务效益。

不久前有一位北京的同行来云南检查工作，听了我讲气象服务业务工作后，他问我"气象服务业务究竟包含哪些业务？"把我问得一愣，因为这位同行本来就是这方面的一位专家，他对此已有不少论著。尽管我也做了一番勉强回答，但从这句问话他也透露了一些信息给我。大家习惯把气象服务分为决策服务、公益（公众）服务、专业（专项）服务和科技服务等几类，不少专家学者对此还有大量的文章论述。我在气象部门浸润三十多年，换了无数岗位，光是负责组建服务中心就有三个，分别是省农业气象服务中心（1996 年初）、省气象科技服务中心（2002 年初）、省（公共）气象服务中心（2011 年初）。在气象服务一线的长期工作实践中，我感到上述气象服务的四类划分，在实际服务业务中很难操作。比如，在多媒体时代的今天，一条重要天气信息是先发给领导批示一下、再转发给各相关部门、再告诉老百姓怎么做，还是应用多媒体技术直接发给相关部门、老百姓，他们更知道应该怎么做；再比如，发一条预警信息，能把它简单区分为是上述哪一类的服务吗？又比如，在分类改革的今天，把负责短信业务和国家突发事件预警信息发布系统的公众服务部分划成哪一类呢？由此可见，我们应当顺应经济社会发展的新需求，把握新技术涌现的新机遇，加快建立气象服务业务新体系。

我中气象"毒"太深，总认为该多做点什么。大学毕业干了十多年预报业务、科研工作后，就编写了《低纬高原天气气候》、《云南气象灾害总论》等三本书，算是自己对预报业务岗位的一种怀念。后来，我又陆续做了近二十年的农业气象服务、气象科技服务和公共气象服务，东拼西凑完成了《云南水电气象》、《云南城市环境气象》和《气象与水电工程》等几本专著，也算是对这段时间中有特色的工作的一个归纳。原以为就这样了，可以对一生所从事的气象工作勉强有个交代了，准备停笔了。没想到，去年进京参加了第六次全国气象服务工作会议，感受了会议的新精神，获得了不小的启发，学到了一些新知识，有了很多思考，也有了一点冲动。回来后，总觉得在气象服务业务上有不少的想法，总想把气象服务业务再梳理一下编撰成册，也算是我对自己参加工作以来大半工作时间在气象服务岗位上的一种了结，也是对自己所热爱的气象事业和年轻的同事们再做了点事情。

　　本书原本打算取名为《新气象服务业务》，经反复斟酌，唯恐我们说"新"，会有人对号入"旧"，怕引起"旧"与"新"的歧义，遂改为《气象服务业务概论》。全书共分为九章，第一章是绪论，分别从气象服务几千年的发展过程、有中国特色的气象服务理论形成，以及气象服务的队伍建设和主要业务、支撑技术三个方面展开；第二章气象信息服务支撑技术，包括气象数据的高性能计算、气象图形图像技术以及气象数据处理与管理等内容；第三章气象为大型工程服务，针对区域气候可行性论证分析、污染型建设项目大气扩散实验、环境影响评价中的大气扩散模式应用等做了介绍；第四章到第五章，对风能、太阳能两种新能源的资源评估、建厂选址到后期发电等几个环节的气象服务做了介绍；第六章是水电建设中的气象服务，把多年为水电站建设期和建成后的气象服务进行了归纳总结；第七章是交通旅游气象服务，该章着重介绍了交通旅游气象综合数据库和一个服务业务系统；第八章影视气象服务，从气象影视服务的基础业务电视天气预报到气象影视新业务气象新闻的制作做了详细的分析；第九章突发事件预警信息发布系统，重点介绍了省级、地市级和县级的预警信息发布系统的设计建设要求、基础支撑软硬件系统、信息交换及数据库管理以及信息发布与安全保障等。该书是长期在气象服务业务一线工作的实际经验和工作总结，是新的历史时期气象服务最新主要业务技术的展示，更是作者多年来苦心经营气象服务业务的心血结晶。由于作者水平有限，书中谬误在所难免，敬请读者指正、原谅。另外，书中部分图、表和内容引自所列参考文献，在此向原作者表示感谢。

　　本书由秦剑主编，参加编著人员有闫广松、向曦、王英巍、荣昕和戴敏等。其中，第一章由秦剑撰写，第二章由闫广松撰写，第三章由戴敏撰写，第四、五、六章由向曦、秦剑撰写，第七章由荣昕、秦剑撰写，第八章由王英巍撰写，第九章由闫广松、秦剑撰写，最后结语由秦剑撰写。全书由秦剑统稿。在这里，我们想感谢秦大河先生，他在检查了我们工作后题词："架起气象科技与社会公众的桥梁"给我以鼓励。感谢郑国光先生，他听取、检查了我们服务中心各项服务业务工作后，欣然题词："坚持公共气象服务方向，拓宽服务领域，强化服务方式和手段，提高服务的覆盖面以及通俗性，切实提高服务效益，为保障人民生命财产安全做出新贡献！"让我把服务工作做得有滋有味。还想感谢沈晓农先生，是他给我详细介绍了北京奥运会气象服务保障方案，令我大开眼界，提升了我对气象服务业务的全新认识。还要感谢我的同事和朋友朱勇、和文农先生以及大学同学李荔小姐，是他（她）们提供了相关资料，使本书更加精彩。

　　最后，我们想说，由于传统气象观念影响，气象服务业务要真正做大做强，真正做到引领预报业务现代化、大气探测业务现代化的发展，引领气象事业的发展，还有很长的路要走。我们相信，随着我国经济社会的大发展、科学技术水平的大进步，气象服务业务必将大展宏图，引领气象事业走向更加辉煌的未来！

　　"世上无难事，只要肯登攀。"

秦　剑

2015 年 9 月 9 日于中央丽城

目　　录

序　言

前　言

第一章　绪　论 ……………………………………………………………………（ 1 ）

　　第一节　气象服务的发展过程 ………………………………………………（ 1 ）

　　第二节　气象服务理论的形成 ………………………………………………（12）

　　第三节　气象服务队伍建设 …………………………………………………（21）

　　参考文献 ………………………………………………………………………（28）

第二章　气象信息服务支撑技术 ………………………………………………（30）

　　第一节　气象信息服务技术概述 ……………………………………………（30）

　　第二节　气象数据高性能计算 ………………………………………………（34）

　　第三节　气象数据处理与管理 ………………………………………………（47）

　　第四节　气象图形图像技术 …………………………………………………（58）

　　第五节　气象服务产品管理、共享与发布 …………………………………（66）

　　第六节　气象信息服务技术典型案例 ………………………………………（75）

　　参考文献 ………………………………………………………………………（91）

第三章　气象为大型工程服务 …………………………………………………（94）

　　第一节　大型工程项目区域气候可行性论证及工程气象分析 ……………（94）

　　第二节　污染型建设项目大气扩散实验及扩散参数 ………………………（113）

　　第三节　环境影响评价中大气扩散模式的运用 ……………………………（122）

　　参考文献 ………………………………………………………………………（132）

第四章　风电气象服务 …………………………………………………………（137）

　　第一节　风电气象服务总论 …………………………………………………（138）

　　第二节　风能资源评估 ………………………………………………………（159）

　　第三节　风电场选址气象决策服务 …………………………………………（166）

　　第四节　风电功率预测预报 …………………………………………………（174）

　　参考文献 ………………………………………………………………………（182）

第五章　太阳能资源利用与气象服务 ……………………………………………… (185)

　第一节　太阳能资源利用开发与气象服务 ……………………………………… (185)

　第二节　中国太阳能资源分布与计算 …………………………………………… (190)

　第三节　太阳能预报方法及其应用 ……………………………………………… (199)

　第四节　计算斜面上的太阳辐射并选择最佳倾角 ……………………………… (205)

　参考文献 ………………………………………………………………………… (211)

第六章　水电气象服务 ……………………………………………………………… (213)

　第一节　气象条件对水电工程的影响 …………………………………………… (213)

　第二节　气象监测预测与水电工程建设 ………………………………………… (226)

　第三节　水电气象服务思路 ……………………………………………………… (231)

　第四节　云南水电气象服务 ……………………………………………………… (239)

　参考文献 ………………………………………………………………………… (258)

第七章　交通旅游气象服务 ………………………………………………………… (260)

　第一节　交通旅游气象服务的目的及意义 ……………………………………… (260)

　第二节　交通旅游气候背景 ……………………………………………………… (267)

　第三节　交通旅游气象综合数据库 ……………………………………………… (278)

　第四节　交通旅游气象服务业务平台设计及实现 ……………………………… (292)

　第五节　交通旅游气象服务规范 ………………………………………………… (314)

　第六节　交通旅游气象服务展望 ………………………………………………… (344)

　参考文献 ………………………………………………………………………… (346)

第八章　气象影视服务 ……………………………………………………………… (348)

　第一节　气象影视服务内涵及意义 ……………………………………………… (348)

　第二节　气象影视服务基础业务——电视天气预报 …………………………… (349)

　第三节　气象影视服务新业务——气象新闻 …………………………………… (368)

　参考文献 ………………………………………………………………………… (387)

第九章　突发事件预警信息发布 …………………………………………………… (389)

　第一节　引言 ……………………………………………………………………… (389)

　第二节　国家突发事件预警信息发布系统 ……………………………………… (397)

　第三节　省级突发事件预警信息发布系统 ……………………………………… (401)

　第四节　地市级突发事件预警信息发布系统 …………………………………… (417)

　第五节　县级突发事件预警信息发布系统 ……………………………………… (427)

　参考文献 ………………………………………………………………………… (429)

结　　语 ……………………………………………………………………………… (431)

第一章　绪　论

气象服务业务是我国现代气象业务的重要组成部分之一,它与气象预报预测业务和综合气象观测业务共同组成了现代气象业务体系。长期以来,受社会经济发展和学科建设所限,气象服务一直徘徊在气象业务的殿堂之外,严重制约了它的发展壮大。直到改革开放后,特别是1999年《中国人民共和国气象法》(简称"气象法")出台,规范了气象工作,以法律形式明确了要把气象服务放在气象工作的首位。这以后,气象服务的基础理论研究、服务能力的快速增长、新技术的应用支撑、服务领域的不断拓展、服务队伍的正规化建设以及国家经济建设大繁荣和广大人民群众奔小康等,都为气象服务业务的确立营造了良好的内、外环境。这也是,新中国气象事业60多年来,不断探索、不断改革、不断发展的重大实践成果,而且具有鲜明的时代特色、中国特色。

本章将围绕气象服务的发展过程、理论形成、队伍建设以及技术支撑和业务架构等展开,希望能让我们对此有一个较为清楚的了解。

第一节　气象服务的发展过程

人类从一诞生就与气象结下不解之缘,人们的生存、生活、生产无不与气象息息相关。人类社会几千年的文明史,实际就是与大自然抗争的历史,而与大自然最主要的抗争就是防御气象灾害。

气象服务伴随人类社会的发展而出现,并在无数次改变历史和王权更迭的重大旱涝灾害和大规模战争中而发展。可以说,气象服务是人类与生俱有的,只是限于各历史时期的生产力和科学技术水平,气象服务及相应的知识应用程度不同而已。

一、古代气象服务的萌芽

在具有五千年灿烂文化的文明大国,先民们在实践中如何防御气象灾害、利用气象条件方面积累了丰富的经验,取得了许多令人惊叹的成就。

夏商周时期(公元前22世纪至前8世纪)。人们已能利用气象、物候安排农事活动,已用文字表述风云雷电雨雪了,还有"卜旬"问未来10天的天气。当时人们还知道无论"雨、旸、燠、寒、风"五类天气气候条件发生什么变化,都与农牧业生产丰歉有关。中国最古老的第一部诗集《诗经》对当时流行的一些天气谚语都有记载,如"习习谷风,维风及雨"等。儒家经典十三经之一的《周礼》也已问世,它对观测应用气象的单位名称及其编制、分工和观测场所已有详细记载。同时,被誉为我国最早的物候学专著《夏小正》也在夏末周初完成。

总之,这一时期对天气气候的变化已有清楚的认识。而且,对二十四节气和七十二候都有了完备的记述。

春秋战国至秦汉(公元前 7 世纪至公元 220 年)。这时对各地雨情已有上报的法律规定,并用阴阳学说对风、雷、电、雾、雨、露、霾的成因进行解释。吕不韦的《吕氏春秋》已指出天空云与地面水之间有水分循环,还指明山云、水云、旱云和雨云的不同特点。刘安的《淮南子·天文训》首次列有和现代相同的二十四节气名,董仲舒的《雨雹对》指出了风在云中水滴碰并过程中造成雨滴大小疏密的作用。20 世纪 70 年代在长沙马王堆发现的西汉《天文气象杂占》帛书,其中有云气、晕象等气象图谱及说明。《墨子》一书中已有关于人工建筑可创造适于居住小气候的精彩描述。《黄帝内经素问》有较为详细的许多以天气气候条件为依据的诊断、治病、预防和养生的讲述,以及疾病的气象成因。这一时期战乱甚多、政权迭起,气象为军事服务的思想得到极大发展。著名的《孙子兵法》把气象条件作为决定战争胜负的五大因素之一,孙武指出:道、天、地、将、法,凡此五者,将莫不闻,知之者胜,不知者不胜。另一位与孙武并肩的著名军事家吴起也主张,打仗时要重视风向,应趁敌军受气象条件困扰时战胜之,他还对水攻、火攻的气象条件也一一讲明。

晋隋唐宋时期(公元 281—1278 年)。这是我国古代帝国最为辉煌的时期,其文治武功、科学技术、农工商贸都尽显繁荣,诗、书、画大家尽在其间,气象服务也得以极大发展。这时,能表示风向风速的木相风鸟(也称相风木鸟)已流行于市。贾思勰的《齐民要术》完全可以排名世界科学名著前列,它是气象为农业服务的经典名著,书中对农业生产全过程与气候、季节的关系做了详细介绍,并强调因时制宜、因地制宜;书中还有许多农业气象适用技术,如精耕细作、防旱保墒,不同气候、适宜不同作物,熏烟防霜、积雪杀虫保墒等,甚至还有养蚕房的小气候描述。唐著名天文学家李淳风的《乙巳占》一书中,对改进了的风向标——相风木鸟的构造、安装及用法有详细记录,同时他还按风速的大小计算将风速分为八级。唐人王冰在整理《黄帝内经素问》时,对国内气候进行了区划,他是世界上第一个提出气温水平梯度概念的人。

进入宋代,市场经济繁荣,对气象服务的需求更甚。大科学家沈括对气象学有许多创见,他的《梦溪笔谈》对一系列的天气、气候现象都有细致分析,甚至还对一些天气有了预测方法。由于市场繁荣,货物流通加剧,内河航运得以充分发展,一些地方官府已派专人观测风向记录风情,为漕船航运服务,目的就是为了充分利用顺风航行而避免逆风阻力。这时气象不仅是为内河航运服务,也已对海外贸易交流开展服务。在书画国宝《清明上河图》里,张择端在画中虹桥两头沿河平地处也不忘记描绘几个风向杆用以为行船指明风向。由此可见,气象为航运服务已有相当水平了。不得不说的是,这一时期,包括像大教育家朱熹、中兴名臣范成大等一大批学者对一些气象现象已有较深的认识,有些甚至是专业的研究。如秦九韶在他的《数学九章》一书中就有几道计算题,针对不同体形的雨量器皿所积降水,求算平地降水量的多少。

元明清时期(公元 1279—1911 年)。这段时期,气象为农业服务有了很大的进步,天气农谚丰富并得到广泛应用,极大地推动了江浙一带农业生产的迅速发展。如娄元礼的《田家五行》就是元末明初最为经典的农业气象谚语专辑,也是现存最广泛、最完整的天气和节气农谚大成。随后,大科学家、政治家徐光启的《农政全书》"占候"一章,剔除了娄元礼《田家五行》中的迷信成分,又对天气现象、看天经验做了系统的梳理,对长江中下游地区的农业生产经营全过程具有很好的指导作用。还要说的是,伟大的航海家郑和七下西洋,顺利往返,成就非凡,成功的气象服务保障是关键之一。大明帝国到了中后期内忧外患、战火连连,内有农民起义风起云涌,外有清军掠扰、倭寇横行,这些忧患反而促进了军事气象的发展。军事家何良臣发展了孙、吴兵法，主张对"昼夜风雨、每变皆习"，只有这样才能做到"卒然遇变，亦能以仓卒当之"。恶劣天气条件下如何作战，以及海域、火战、车战的气象保障都得到了高度重视，甚至提出了要选派懂气象的人到作战部队中任职。

这个时期，欧洲相继出现了"文艺复兴""工业革命"极大地促进了资本主义萌芽和发展，以数学、物理为核心的科学技术也迅速发展，社会生产力水平得以快速提升，西方的气象科学得以发展，并很快进入中国，互相交流影响甚大，很难再分彼此了。此时，人们的生产、生活更加重视气象条件，对气象的研究也更深入，开始了进行预报服务的探索。这一时期有影响的气象相关论著有：《空际格致》（高一志、韩云，1628 年），因逻辑性强，对明末中国传统气象观念有较大影响；宋应星（明万历时期）的《天工开物》对农工商交通运输等各行的气象应用服务皆有细致描述；方以智的《物理小识》（1665 年），书中对各类天气、气候现象进行了深入剖析，对气象原理多有涉及；李时珍的《本草纲目》（1596 年）是对有汉以来历代医药书籍去伪存真、加上自己一生的实际考证探索而成，一问世即成世界经典，书中对医疗气象有深入研究，对看病、用药、采药等都有不同的气象条件要求；游艺（明末清初）的《天经或问》是在其老师熊明遇所著《格致草》基础上广引中外气象论著而成，该书以问答形式对许多气象现象均有科学的解释；金楷理、华蘅芳翻译的《测候丛谈》（1871 年），书中介绍了太阳辐射加热地面、哈得来环流的基本原理，气候平均值及日、年较差的算法，进一步分析了云雾霜露、风雨雷电雹的成因，这是一部全面介绍西方气象学原理的重要代表作。

清末自强运动期间，中国政府官办了一所外语人才培养的学校，取名同文馆。该校每年有关格物的考试题中，气象就占了相当大的比例。顺便说两句，同文馆创办于 1862 年 6 月，京师大学堂是我国政府于 1898 年创办的具有现代意义的第一所综合性大学，同文馆于 1902 年并入京师大学堂，1911 年辛亥革命后，京师大学堂于 1912 年更名为北京大学。

二、近代气象服务的发展

1840 年鸦片战争以后，中国沦为半封建、半殖民地社会，中国的气象服务基本处于停滞时期，国内为数不多的气象设施，全部掌握在外国人手中。当时，帝国主义列强威逼清政府签订了一系列不平等条约，疯狂掠夺我国财物，为了保障他们炮舰和船只运输的安全，列强们先后在各自势力范围内的口岸设立了气象台站。1849 年俄国科学院在北京建立了地磁气象台，1873 年法国传教士郎怀仁在上海徐家汇设立我国最早的气象台开始发布天气预报，1895 年日本在台北、台中、台南、恒春和澎湖等地建立了测候所，1898 年德国在青岛设立观象台，还有其他列强各国也纷纷在沿海岛屿、长江沿岸的重要港埠设立气象观测站，这些气象台站的建立，虽然将西方近代气象学理论和气象观测技术带入中国，但是它的主要目的还是为侵略和掠夺服务的。

1. 民国时期的气象和气象服务

1911 年辛亥革命后，民国政府在北京成立了我国第一个由政府管理的气象台——中央观象台。当时中央观象台设气象、天文、历数和磁力四科，隶属教育部。教育部还为此专门设置气象科，除管理中央观象台，还逐步接受外国人所设气象台，并开始在全国各地设立测候所。但是，限于经费没能多设气象台站，加之内部的海关、农商部、水利部各自的测候站点难以统筹，各地的天气电报常常积压一两天之久，中央观象台想发展气象业务，也是一筹莫展，举步维艰。这时的气象观测仪器也仅有一个空盒气压表和最高最低温度表,想开展气象服务更是难上加难。

为了开展工作,中央观象台一方面自己设计制造雨量计、百叶箱和修建观测场;另一方面,还向国外购买气象观测设备,开始了每天正规的气象观测业务。此时,政府电报局也在中央观象台设立分机,开始直接接受各地气象电报。到了1915年,为了开展气象服务工作,在上述工作的基础上,中央观象台开始试绘天气图并准备试做天气预报了。1916年,中央观象台正式发布当地的天气预报,每天两次用信号旗挂出公诸于众对外服务。因为这是用天气图的方法试做预报,所以预报内容仅有风向和天气两项。对外服务的具体方法,每天上午、下午两次在观象台处悬挂信号旗供群众识别,风向在旗上用东、西、南、北和西南、东北、西北、东南八个方位做出表示,天气分为阴、晴、雨、雪、雾用不同符号标出。另外,为了扩大宣传服务,每晚还把天气预报分发给各大报馆,在次日的报纸刊登出来,开了报纸做气象服务之先河,并一直沿用至今。虽然这个时期开展了气象预报服务,但因为全国各地观测发报的台站少,仅有10余个,所以天气分析预报的质量是很差的,其服务效果可想而知。

应当说的是,民国时期的气象教育开始走上正轨,专业的气象人才和科研机构开始出现了。1920年,南京高等师范(中央大学前身)文史地学部开设气象课,这是中国气象高等教育的首创。1921年国立东南大学地学系成立气象教研组,由竺可桢任系主任兼气象教研组组长。1927年,南京创立大学院(大学院下设中央研究院),内设观象台筹委会,分气象、天文两个组,并在南京北极阁建立气象台。1928年春,中央研究院独立后在气象组的基础上成立了气象研究所,负责统筹规划气象科研和业务工作,竺可桢为首任所长。自此,全面的气象观测、预报、科研等业务工作开展起来了。1930年,南京中央大学(即今天的南京大学)在地学系设立气象教研组;1935年清华大学也在地学系附设气象教研组。过了十余年,中央大学于1944年在气象教研组基础上成立了气象系,随后于1946年清华大学也将气象教研组升格成立了气象系。正是由于上述中央气象研究所、两所国内一流大学的气象教研组、气象系的建立,气象业务科研人才逐渐增多;再加上这一时期全国各地气象观测站也增设到50多处,遍布沿海和内陆,气象科研、业务水平有了明显进步,这对我国现代气象事业的发展起了积极的推动作用。另外,当时各省实业厅、农业试验场以及水利、航空等部门,先后也出资设立了一些气象台站,开展了有限的气象服务工作。

著名气象学家、中国近代气象学的奠基者竺可桢先生曾对民国时期的气象科学研究做了一个总结:"先就成绩而言。在气候学上,对于中国气候区域有了一个轮廓的了解;对于个别省份如四川区域气候也做了一些分析。在天气学方面,对于中国的寒潮、气旋、天气类型与气团分析有了初步的了解。在天气环流方面,最重要的著作是关于夏季季风的进退和高空环流。在理论气象方面,则是关于信风主流的热力学与西方环流的维持。"这个时期,我国气象界已是人才初显、大师若干,如:卢鋈、涂长望、李宪之、张丙辰、程纯枢、谢义炳、竺可桢、赵九章、陶诗言、高由禧、叶笃正以及黄士松等一批气象界的精英大师,至今还有重大影响,他们在天气学、气候学以及大气环流与动力气象学等方面的科学论著,仍然是我国气象界的经典。

从竺先生为《中国近代科学论著丛刊·气象学(1919—1949)》一书所作序言中可以看出,他对当时气象业务科研脱离社会生产实际、不服务于各行各业是极不满意的。他严肃指出:我国是农业国家,农业生产占有极其重要的地位,竟然没有一个专门研究农业气候的人;航空为国防和交通上的重要事业,过去竟没有一篇为其安全设计的论文。竺先生还说,对于台风的预报也做了若干年工作,但这种预报是为帝国主义军舰及英商"太古""怡和"公司服务的,我国沿海的渔民船户和劳动人民是不曾受到好处的。由此可见,竺先生对气象业务科研不能结合生产实际、服务生产建设、服务人民大众是痛心的。

2. 民国时期各地的气象服务工作

四川虽有天府之国美称,但却也有"十年九旱"之灾,特别川东伏旱几乎年年出现,嘉陵江、涪江、长江流域的暴雨洪涝也频繁发生。20 世纪 30 年代,四川省军政统一后,时任建设厅长的卢作孚就曾筹划在全省各地设立测候所,专为抗旱、防洪服务,后因经费设备、技术人才缺乏,只建成内江、遂宁等几处;1932 年,为了参加第二次国际极年测候活动,曾在峨眉山千佛顶设立高山测候站开展观测工作;1938 年,因抗战需要民国政府扩建了成都凤凰山机场供空军第一总队使用,特别设立了成都测候所专为空军服务;1941 年 9 月,设立川北门户广元测候所,作入川寒潮冷空气监测服务用;抗战后期,美国空军支援中国,大量物资源源不断空运中国,而主要航线正是位于有着恶劣气象条件的驼峰航线,叙府(现叙永县)气象站就是专门为飞越驼峰服务的。由于四川境内多大江大河水患不断,气象为治水服务至关重要,到 20 世纪 40 年代后期,四川的测候站已达 100 多个了。

这一时期,上海的气象台站林立,隶属关系复杂,有中央研究院设立的上海测候所,还有江苏省建设厅设的 10 余个四等测候所等。抗战胜利后新增的有中美合作所上海气象总站,国民党空军江湾、大场机场气象台,中国航空公司和中央航空公司龙华机场气象台,还有陈纳德航空公司的虹桥机场气象台,以及国民政府交通部中央气象局将外滩信号台改建的上海气象台等等。他们的主要气象服务手段是,每日两次通过上海海岸电台发布上海市和江、浙海域天气预报预警,每月向上海有关部门报送月、年气候公报,并逐月向国际进行气候广播,还同时开展了为民航飞行的气象服务。

西北各省也不同程度地开展了气象服务,主要是为航线提供气象天气报告。陕西省内各机场都先后建有气象台,除了每天定时观测外,还都要向国民党空军和美军航空队提供气象服务,以利于空军行动;甘肃、宁夏、青海以及新疆等省(自治区)为航空气象保障建了许多气象台站,专为空军飞行服务,基本做到了有飞机经常起落的机场就有气象测站。除此之外,对农林、建设、水利等也有一般气象分析服务,在兰州的报纸上,专门有气象报告栏,在广播电台也有专门的"气象节目"播报。

20 世纪 30 年代成立的天津测候所,将气象观测结果每日 6 时和 14 时由本市船舶电台向沿海各轮船广播,本市的大公报和无线电台也同时向公众提供服务。更早些成立的"直隶农事试验场"在农业气象服务方面颇有研究,他们使用气象资料对我国各地和法国、日本等 14 种春蚕、夏蚕生长期间的天气、温度、湿度对应关系进行分析,还对玉米、大豆、高粱等农作物生长过程的气象条件进行分析,得到很好的成果;1935 年成立的广州市气象台在市政府播音台每天中午 12 时 55 分至 13 时播报东亚天气概述和本地天气预测,晚间还要再播一次天气报告。当时,东南航空公司广播电台也有天气报告播出,主要内容是中国沿海天气及气象预测报告。这说明,广州市气象台已开展公开的预报服务了;浙江定海测候所于 1947 年恢复重建,除进行地面气象要素观测外,每日绘制东亚地面天气图 2 张,从当年 7 月起开始发布沿海暴风警报,遇有风暴来袭除通知渔业局外,还悬挂红色风球,告之渔民将有风暴,注意防范。另外,浙江省还首创了高空气象探测之先例,这是杭州笕桥航校气象台的高空气球测风和不定期的飞机高空观测,主要任务是为航校飞行训练提供航站、航线的气象情报服务;福建气象所在 1948 年开始预报福州市区 24 小时天气,每天刊登在省政府机关报《福建时报》上,有台风时以书面警报方式分送有关单位,并在市区吉祥山瞭望台上悬挂黄旗报警,有趣的是他们偶尔也召开气象服务座谈会来征求意见。

贵州的气象服务在抗战期间得到极大发展,主要是为空军的气象条件保障,同时也兼顾为民航服务。后来随着战争进行,临时迁入贵州的中央测候所和浙江大学等名校的科研教学机构,将一大批气象专家引进贵州,给贵州的气象和气象服务打下了基础。20 世纪 40 年代初,贵州省气象所与省农业改进所合作建立了白蜡虫专业观测站,开展专业气象服务;同时,在美国水利专家的建议下,贵州省财政厅拨出专款给省气象所在黄果树瀑布旁设立气象站,观测雨量、气温、温度、湿度、风以及水位、流量等,为在黄果树建水电站提出气象依据。经三年考察,最后认为瀑布上游流量小、汇流面积有限、枯水季节时间长,建水电站的气象条件不好,经济上也不合算,否决建水电站的可能,这可能是贵州第一个大型建设项目的"气象可行性研究报告"了;整个抗日战争时期,贵州的多个气象台站一直为国军第五空军总站、第九空军总站、美军援华的第十五航空队和美国第七舰队及其航空兵提供气象服务。为民航服务,也始于民国政府首脑蒋介石 1935 年 4 月 28 日首航重庆—贵阳之时,贵州气象所与民国政府的中国航空公司签订了合作协议,合办贵阳测候所,开展气象服务工作。

整个民国时期,在竺可桢等人的推动下,各省都建有一些测候站、所,这些测候站、所分为头等、二等和三等,观测仪器、人员经费各不相同。这期间,也有一些各地由建设、水利、林业、农业等部门自办的一些气象站,开展相关的专业气象服务。

有两个人及其两个私人气象台站在民国的历史上值得一提,这就是南通张謇的"军山气象台"和昆明陈一得的"私立一得测候所"。张謇是清朝末年的状元,1906 年他在南通博物苑自建测候室做简单观测记录,供民众参观。1913 年,张謇将测候室扩建为测候所(这是我国第一个私人测候所),但因为没有懂气象科学的人进行系统有效的工作,又因为所得气象资料难以用于为农、林、水利、航运等部门的服务之需,张謇又开始筹备成立气象台事宜。经数年筹建,于 1916 年 11 月正式建立"南通军山气象台"。该台建成后,其工作效率、业务水平之高,令当时国内外同行折服,该台编印的气候季报、年报与 40 多个国家和地区的 100 多个气象台站进行交换,"南通军山气象台"成为世界著名台站而被入选英国出版的《国际气象台名册》之中,张謇本人也于 1924 年 10 月被中国气象学会推选为名誉会长,该气象台也成为我国第一个私人气象台的鼻祖。

陈一得是云南盐津人,原名陈秉仁,字彝得,祖籍四川金堂,祖父时移居云南盐津老鸦滩,以买杂货为生。他是云南气象、天文、地震工作的先驱,尤精通数理、偏爱观测。陈一得先生于 1927 年 7 月在昆明创办了我国第二个私人测候所——"私立一得测候所",开展气象、天象观测,他的夫人、族弟也都是测候所的观测员,其观测资料除每日登报外,还编印了《昆明市气象年报》广为宣传。陈一得于 1931 年被保送南京中央研究院气象研究所学习,还出国参观了日本中央气象台。回到云南,他呼吁龙云执政的云南省政府,在昆明太华山顶创建了云南省第一个测候所,并担任第一任所长。他针对云南山地"有水成洪,无雨天旱"的成因,明确提出防洪排水、蓄水抗旱的兴利除害的气象服务材料"水灾与天气"。他还绘制了第一个详尽的云南气候区划,做过天气预报,还首次记录了台风登陆后转变成低涡,对云南产生的强降水过程。这对后来的葛洲坝电站的修建,发挥了气象服务的作用。

3. 新中国成立前共产党领导下的气象服务工作

在抗日战争后期,我军为与同盟国联合对日作战的需求,决定在各解放区建立一批气象观测站,以保障延安飞行和美军轰炸日本控制的华北、东北地区,甚至轰炸日本国土的气象服务任务。为此,中央军委三局于1945年3月在延安清凉山无线电通信训练队下成立了气象训练队,抽调了21名报务员进行了为期三个月的气象观测培训。培训结业时,八路军参谋长叶剑英到场并讲话,他说:你们是我党我军第一批气象工作者,你们开始的气象工作,是我党气象事业诞生的标志,也是大家的光荣。气象训练队的学员们奔赴各解放区,迅速开展工作,及时传递气象观测数据,为飞行需求提供有力的服务保障,深受中央军委和美军的赞许。美军延安观察组组长包瑞德上校在后来的回忆中写道:共产党人给了我们很大帮助,他们为我们的海军和空军搜集气象情报,这是非常重要的。

1945年8月,日本战败投降。中央军委从未来建立人民空军、海军的需要,以及当时中央领导人乘飞机往返延安、重庆、北平、南京的需要来考虑,认为必须要有自己的气象保障服务,决定组建延安气象台,并抽调正在延安大学自然科学院学习的邹竞蒙(后任国家气象局局长)等5位学员与清凉山气象训练队教员张乃召(1937年毕业于清华大学地学系气象专业)一起6人成为首批工作人员,张为负责人。延安气象台一成立,就担负起保障重庆谈判的中央领导专机飞行的气象服务保障任务,并制作延安当地的短时天气预报。这个时期,延安气象台主要是为航空飞行活动服务,其保障服务过的重要专机有:毛主席赴重庆谈判专机及我党谈判代表往返延安与重庆,还有中央领导人出席重庆政治协商会,参加北平军事调停处执行部工作的领导人专机等,在这些重要的飞行气象服务过程中,使中央领导们更加感到气象服务的重要性,也让气象人员更加认识到气象服务工作责任重大。1946年3月东北解放区在牡丹江建立了气象台,紧接又在沈阳、长春、齐齐哈尔、公主岭组建了机场气象台,专门为空军飞行服务。华北军区电信工程专科学校考虑到将要建立的空、海军,不但需要通信人才,也需要大量的气象专业人才,于是专门成立了陆空通信气象专业队(班),抽调了中央军委三局气象队的张乃召、邹竞蒙等6人来学校任气象教员。

这个时期,还有一支气象队伍要谈一下。1948年冬,国民政府面临崩溃,中央气象局随政府南迁广州。原本百余人的中央气象局留在南京的还有30余人,为了将他们继续留在南京,在共产党人施雅风等人的策划下,争取成立了中央气象局南京办事处,由冯秀藻任办公室主任。他们组织了读书会学习马列著作和其他进步书籍,团结了束家鑫、易仕明、祝启桓、卢鋆、欧阳海等一批气象专家参加读书会。为了给中国人民解放军渡江作战提供气象保障,施雅风多次与冯秀藻商量私下制作天气预报的事。冯秀藻找了束家鑫一起,每天下午准时将制作好的长江中、下游的天气预报送给施雅风转交地下党组织送过江去,为解放军的渡江战役提供气象服务。这项服务工作,从1949年2月份起一直到中国人民解放军占领南京,从未中断。

三、现代气象服务的发展

气象服务伴随着新中国的成立获得了新生。各级气象部门从建立之日起,就一直把气象服务作为气象工作出发点和归宿。在新中国成立后的各个历史时期,气象服务紧紧围绕国民经济建设和国防建设开展工作,始终坚持气象服务于经济社会发展、防灾减灾和人民群众生命财产安全的唯一宗旨,走出了一条有中国特色的气象服务发展道路,使气象服务业务从无到有,由弱变强,走在了世界前列。

1. 新中国成立初期的气象服务

1949 年 12 月 8 日,新中国成立伊始,中央人民政府人民革命军事委员会气象局(也称军委气象局)就宣告成立了,由涂长望任局长,张乃召、卢鋈任副局长。随后,又分别在东北、华东、中南、西南和西北各大军区设立气象处,各个省军区设有气象科。此时,西南边疆和沿海岛屿尚未解放,朝鲜战争又接着爆发了,刚刚成立不久的军委气象局的主要任务就是为打仗服务。按照中央"边打、边稳、边建"的方针,气象部门及时提出了"建设、统一、服务"的方针,即"大力建设气象台站网,统一业务规章制度、技术规范,开展气象服务"的方针。由此可见,新中国气象一诞生,就牢牢抓住了"服务"这个大纲。在此方针的指引下,各地气象部门,一手抓气象台站网建设、统一气象业务规章,一手抓气象服务,迅速展开了为西南剿匪、进军西藏、解放海岛、抗美援朝等战役的气象服务,成绩斐然。

新中国气象服务的道路究竟怎么走,一直是气象决策者们思考的头等大事。这从涂长望局长 1951 年 4 月在北京召开的第一次全国气象工作会议总结报告中可以看出,他说:目前,我们的服务重点是空军,但我们有条件为其他部门服务,而其他部门也要求我们这样做。他强调,我们要主动向航空、航海、渔业、盐场、水利、矿山、纺织等部门取得联系,并为他们服务。他还重点针对气象为农业服务问题做了明确的指示,他说:在农业方面,因为他们需要长期性的记录,现在还不好谈,但将来农业是主要的服务方向,因为中国还是农业国,80% 人民生活的基础是建筑在农业上的,所以服务于农业是气象事业发展的一条重要道路。这个讲话是经过认真的调研和分析得出的,在会议召开之前几个月,当时的军委气象局主动邀请了农业部、林垦部、水利部、食品工业部、燃料工业部、交通部、北京市粮食公司、民用航空局、空军司令部等部门和单位的代表,征求对气象服务的要求,为贯彻好"建设、统一、服务"六字方针,开好首届全国气象工作会,尽快开展新中国成立初期的气象服务奠定了基础。在此后两年里,气象部门在重点为军事服务的同时,积极开展了为农业、林业、水利、渔捞和交通的气象服务工作;各级气象台站在严格遵守气象保密规定的前提下,有控制地对外提供了大风、暴雨、台风警报等气象服务,逐步扩大了气象服务范围,为国民经济建设的恢复发展和社会进步做出了应有的贡献。

刚刚诞生不久的新中国,百业待兴急需气象服务保驾护航。为了配合国家的大规模经济建设需要,促使气象更好地为各行各业服好务,中国人民解放军军事委员会主席毛泽东和中央人民政府政务院总理周恩来于 1953 年 8 月 1 日联合发布命令,决定气象部门从军队建制转为政府建制,军委气象局更名为中央气象局,撤销各大军区的气象处,各省军区的气象科转为当地政府的气象科(后改称气象局)。在毛泽东和周恩来的命令中,还着重强调:在国家开始实行大规模的经济建设计划的时期,气象工作又须密切地和经济建设结合起来,使之一方面既为国防建设服务,同时又要为经济建设服务。此后,气象服务的重点由国防建设转向了经济建设。

2. 气象服务全面开展

气象部门转为地方领导后,积极配合国民经济发展第一个五年计划的实施,提出了"大力建设、积极服务"的方针,各级气象台站开展了为当地经济建设、社会发展和防灾减灾的气象服务,纷纷与交通、农业、渔业等部门签订了气象服务合同。中央气象局也先后与铁道部、农业部、水利部、林业部等部委签订了气象部门提供天气预报、警报服务的暂行办法,还与国家民航总局签订了民航气象保障服务的总合同。为了做好气象为农业和林业的服务,气象部门还组织了"预报下乡"和"流动气象台"。各地还积极探索开展防汛气象服务,继 1954 年长江流域发生特大洪水的成功气象服务后,又开始承担了长江、黄河、海河、淮河、滦河、东江、珠江、辽河、松花江和新安江等大江大河的气象资料整编和气候分析,为河流整治、水库建设服务。各级气象部门还积极支援国家建设,开展了国家和重点工程建设设计和施工所需要的气象服务,先后为长春第一汽车制造厂、洛阳第一拖拉机厂、武汉钢铁厂、包头钢铁厂、宝成铁路和武汉长江大桥等国家重点工程项目提供天气预报和气候资料分析、搜集整理建筑设计所需的气象数据,精心制作具体的服务方案,多方位地开展气象服务。为了进一步扩大气象服务的范围,根据毛主席"天气预报要常常告诉老百姓"的指示精神,从 1956 年 6 月 1 日起,国内各种气象报告取消加密,开始在报纸、电台上公开向社会公众发布天气预报。

20 世纪 50 年代后期到 60 年代的这个时期,特别值得一提的是气象为农业服务,它在整个气象服务业务中是有其典型意义的,后面我们还会提到它。早在 1957 年 4 月 27 日,时任国务院副总理的邓子恢在全国气象先进工作者会议上讲话时说:气象工作的服务对象是多方面的,为农业服务是气象工作者一个极为重要的任务。从此以后,气象部门以很大的精力、持久深入地进行以气象为农业服务为重点的思想教育,做了大量的农业气象服务的组织领导工作,提出了"以生产服务为纲,以农业服务为重点"的工作方针。广大气象科技工作者,抓住天气预报这个服务的主要手段,在为农业生产服务时,做到因时、因地、因作物制宜,认真研究当地的天气气候条件和主要农作物关键生长发育期的气象指标,总结老农经验,普遍开展了农业气象情报预报、旬(月)报和农业气象适用技术的研发应用。在气象为农业、农村和占人口 80% 的农民服务中,取得了显著的成绩。

与此同时,在交通、海洋、水库、江河防汛、森林火险、盐业预报、牧群转场等专业服务领域进行了有益探索,取得很好效果,气象服务面不断扩大,气象服务在社会发展中作用越来越大。至此,气象部门顺利完成了气象服务主要为国防建设服务向主要为国民经济建设服务的工作重点转移,进一步确立了气象服务要以农业为重点的指导思想。

3. 改革开放后的气象服务

改革开放三十多年来,我国气象服务工作进入全面发展、大力提升的新时期。气象服务实实在在地融入了国民经济建设的各个领域,社会进步、人民安康都离不开气象服务,气象服务业务基本建立,气象服务体系日益完善,气象服务硕果累累、成绩辉煌。

我国改革开放伊始,气象部门就明确提出把气象工作的重点转移到以提高气象服务经济效益为中心的轨道上来、转移到气象现代化上来。还进一步要求各地气象部门,要认真做好为四化建设的服务工作,要从不同地区的实际出发,因地制宜、各有侧重,确定不同的服务重点。特别是 1984 年国家气象局出台的《气象现代化建设发展纲要》,首次提出将气象服务系统与预报业务系统、探测系统、通信系统和资料情报系统并列的 5 个系统之一,并详细规定了它们的内涵。其中,气象服务系统现代化建设的目标就是建成"综合运用各种气象服务手段及现代化传播工具的气象服务系统"。它既是气象事业发展对气象服务工作的殷切期盼,更是我国"四化"建设、改革开放对气象服务的迫切要求。

随着改革开放的逐步深入,气象科技人员的创造性不断增强,各种新技术日新月异,气象科技成果不断涌现,尤其是数值天气预报、极轨(静止)气象卫星、新一代天气雷达、多要素地面自动监测站、高性能计算机、气象通信专网(9210 工程)等高新科技在气象业务上的研究应用,极大的推动气象服务迅猛发展,气象服务手段增强、产品增多,气象服务由单一的信息服务扩大到实用技术服务。在各地大量探索、实践的基础上,1985年3月国务院以国办发〔1985〕25号文的形式批转了《关于气象部门开展有偿服务和综合经营的报告》。自此,气象专业有偿服务在全国各地迅速发展起来,大大地增强了基层气象部门的活力,增强了气象与各行各业基层单位联系的纽带,它对加强服务的主动性和针对性、扩大服务的领域、弥补事业经费的不足发挥了巨大的作用。由于服务的需求,经济杠杆的作用,气象服务专业队伍的雏形出现了。各地气象台都普遍设立了服务科,有的气象局还成立了气象科技服务中心或各种名目的气象服务公司。为了对这些服务科、服务中心、服务公司的管理,大多省(区、市)气象局都有了综合经营办公室(简称综合办)。

在国务院25号文件出台前后,笔者本人也有二次亲自创收的经历。一次是1984年冬天,笔者本人还在四川省绵阳地区气象台工作,有一天和一个同事开车去了城外涪江边一个山头,找到了一个国字头的科研单位,他们正在这里做修建大型基地的前期基础工程,当时是一座荒山,只有几顶帐篷,就在其中一顶帐篷里,很轻松就谈成了一笔500元的天气预报服务合同,把钱交给台里时,还把老会计吓一跳(当时月工资才50元左右)。后来笔者本人才知道,这里修建的就是今天享誉世界的绵阳科学城;第二次是1985年的秋季,笔者本人当时已调到云南省文山州气象台工作,一个中专学校搬迁(是卫校、还是师专?记不清了),找到笔者本人要新址的气候环境数据,当时就计算了一个年平均的压、温、湿和风向风速以及地温的材料给他们,就为单位创收了800元巨款(当时一个月奖金才5元)。讲这两件事,就是想说当时的服务没有标准、不规范,但有需求。此时,全国各地服务创收五花八门,暴露出许多问题,引起了国家气象局的高度重视,问题很快就得到解决,保证了气象服务的健康发展。

随着1987年和1990年的两次全国气象服务工作会议的召开,气象服务工作得到规范,要求各地气象部门在气象服务中要十分重视质量第一、用户第一、信誉第一,要在"准"字、"专"字上狠下功夫。会议还提出要紧密结合国民经济发展的需要,进一步提高服务能力,拓宽服务领域,巩固提高公益服务和专业有偿服务,拓展科技服务和专项服务。为农服务仍然是气象工作的重点,继20世纪80年代全国气象部门将农业气象观测网、情报网和预报网三网合一后,90年代又开展了粮食产量预报业务。多年来,气象部门坚持把气象为农服务作为首要任务,大力建设发展适应农业防灾减灾、应对气候变化、国家粮食安全保障、社会主义新农村建设需要的现代农业气象业务,积极推进为农服务的防灾减灾和信息服务两个体系建设。云南的农业气象服务中心除常规的农业气象旬(月)报服务外,专门针对全省主要粮食作物的不同生育期需要什么天气、怕什么天气,在认真研究了四季的灾害性天气、气候的基础上,量身定制了周年气象服务方案,为粮食生产提供了优质的气象服务。同时,基于数值模型、卫星遥感、抽样调查、统计分析和农作物生长关键期气象条件分析等先进技术手段应用为一体的粮食产量预报,在云南历年的评分一般都在98或99分,偶然会在96分,也有100分的时候,成绩位列省农业统计调查队、省统计局和省农业厅等几家之首。

在后来召开的第三、第四次全国气象服务工作会上,坚持在决策服务、公益性公众服务和有偿服务三者之中,把决策服务放在首位,提出了"一年四季不放松,每个过程不放过"的气象服务思路,还要求各级气象部门建立决策、公众、有偿服务机构,以适应经济社会发展的需求。在上述会议精神指引下,气象服务取得了丰硕成果,产生了巨大的社会、经济效益。三峡电站建设期间的优质气象服务,特别是大江截流的精细化气象服务获得建设施工方的极高评价,四川、湖北两省气象台站也得到丰厚创收收入;1998年长江、嫩江、松花江特大洪水,各级气象部门为党中央、国务院以及各级党委、政府领导、指挥抗洪抢险提供了优质的决策服务,在由国家防总、人事部、解放军总政治部联合表彰的决定中,气象部门有9个单位获得"全国抗洪先进集体"称号,还有9个人被授予"全国抗洪模范"称号;香港回归庆典的气象服务工作堪称完美,中国气象局专门制定下达了《中国气象局香港回归气象服务方案》,从组织领导、任务分工和具体措施等都有具体的要求和规定,各级气象部门通力合作,加强会商联防,专门研制用于北京、香港、深圳地区的中尺度数值预报模式和区域高分辨降水预报模式都投入了业务运行,多普勒雷达、"风云二号"卫星等能用的现代化手段全用上了,还有中国气象局重大天气气候联合服务组全程介入,多次组织专题会商,确保每个服务环节不出差错。这次庆典的气象服务最终受到了各级领导、社会公众的广泛好评,中央领导同志对香港回归期间的天气预报服务工作很满意,表扬气象部门做到了预报准确、服务及时;1999年5—10月,世界园艺博览会(简称世博会)在云南昆明举办。这是我国政府自新中国成立以来第一次申请主办的高规格世界博览会,由中央17个部委领导组成组委会,李岚清副总理任组委会主任。共有95个国家、地区和国际组织参加了这届博览会,每个参展国都各自在园区建立了永久性场馆。它的开幕式、开幕式文艺晚会和闭幕式有党和国家最高领导人、外国元首等贵宾出席,气象服务责任重大。云南省气象局在中国气象局的大力支持下,组成了世博会服务领导小组,责任到人,应用了一切先进预报技术,采取了可行的全部服务手段,从场馆建设到世博会举办期间,都做到了准确的预报、优质的服务。在临近开幕的1月10日—12日,昆明遭遇罕见大雪,世博园内3000余亩来自各地的名贵花木受到极大冻害威胁,邵琪伟副省长(后任国家旅游局局长)主持有关部门专家商议解救办法,在听取各方意见后,最终邵琪伟副省长拍板请气象专家指挥防冻防霜。三千多名部队官兵和园内职工在省农业气象中心的气象服务专家指导下,采取了熏烟、拍打、灌水等办法保护了这些植物平安度过了大雪和雪后霜冻的危害。在4月30日开幕式前夕,气象部门还开展了人工消雨作业,昆明市外围精心布设了三道防线打炮,促使雨水提前降下来,保证了5月1日昆明上空无雨,《云南日报》还发表了题为《空中拦截战》的署名文章,对开幕式的气象服务进行报道。开幕式头天晚上的文艺演出在露天进行,组委会也听取了气象服务的意见,避开了降雨时段,使演出顺利进行,李岚清副总理在现场风趣幽默地说:"精彩的晚会,月亮都跑出来看节目"。10月31日的闭幕式,原计划在室外举行,也是听取了气象部门的意见改进了室内,避免了雨水的侵扰,使得世博会圆满落幕。在云南省委、省政府举行的世博会总结表彰大会上,气象部门多个单位和个人立功受奖。

　　客观地讲,经济社会的快速发展、人们生活奔小康、实现中华民族伟大复兴的中国梦,它们对气象服务的需求更为迫切、依赖程度更高。还应当看到,大数据、云计算、互联网++等信息技术的涌现,全球经济一体化、服务市场进一步开放,这些都给气象服务带来了巨大的挑战,当然也意味着是更大的机遇。在随后的第五、第六两次全国气象服务会上,气象部门的顶层设计者们审时度势,从理论和实践上明确了气象服务的公益性特征,阐述了公共气象服务的定位、内涵、属性和发展思路。特别是党的十七大报告提出要加强应对气候变化能力、强化防灾减灾工作;十八大报告专门讲了要加强防灾减灾体系建设,提高气象、地质、地震灾害防御能力,要同国际社会一道积极应对全球气候变化。这些为气象服务的改革发展提供了理论支撑和强大动力。这期间,中国气象局出台了《公共气象服务业务发展指导意见》,首次提出:增强公共气象服务在整个气象业务中的主导地位,充分发挥公共气象服务对现代气象业务和气象事业的引领作用。至此,气象服务这支杂牌军经过多年拼搏,终于成为气象业务正规军的主力部队,终于昂首挺胸走进了气象业务大殿之上。经中编办批准成立的"公共气象服务中心"这块金字招牌,在中国气象局大院和全国各地气象部门竖起来了,气象服务正研和气象服务首席专家如雨后春笋在各地气象部门日益增加。不仅如此,经中编办批准的国家预警信息发布中心于2015 年 2 月正式成立,挂靠在中国气象局公共气象服务中心。至此,具有中国特色的气象服务体系终于初步建成了,它和其他业务一样,有自己的理论学说,有自己的技术产品,有自己的人才队伍,还有广阔的社会市场。特别是"广阔的社会市场",为气象服务业务奠定了它在气象诸多业务类别中龙头老大的绝对地位,也为气象事业发展和气象现代化提供了最强有力的支撑和引领。

第二节　　气象服务理论的形成

"理论"一词在《现代汉语词典(第 6 版)》中是这样解释的:人们由实践概括出来的关于自然界和社会的知识的有系统的结论。在百度的汉语词语上有一种解释挺好:理论是指由若干人(一人往往不能)在长期内(数年或数十年,一年半载等短期不行)所形成的具有一定专业知识的智力成果(分领域)。该智力成果在全世界范围内,或至少在一个国家范围内具有普遍适用性,即对人们的行为(生产、生活、思想等)具有指导作用。笔者觉得百度的解释很恰当,气象服务理论就是对全中国气象部门具有适用性、对气象部门干部、员工的行为具有指导作用的。

我国的气象服务理论,伴随着中华人民共和国成立逐步建立起来。在改革开放以后,随着经济社会的飞速发展,气象服务有了广阔的用武之地,气象服务理论才有了较快的发展和完善。有中国特色的气象服务理论一般由相关的专著、论文、研究成果和领导讲话、有关文件、专题会议以及部门的路线、方针、政策和法规等内容形成。因此,气象服务理论具有鲜明的时代特征,普遍的指导性和广阔的实践性。

一、新中国成立之后 30 年气象服务的理论探索

新中国成立初期的气象工作方针是:"大力建设气象台站网,统一业务规章制度、技术规范,开展气象服务"。这是 1951 年 4 月在北京召开的第一次全国气象工作会议提出来的,也称为"建设、统一、服务"6 字方针。气象服务是这个方针的落脚点和最终要求,在它的指引下,气象部门积极开展了为部队作战和国防建设的服务,并逐步为经济建设服务,为刚刚成立的新中国进行了卓有成效的工作。

战争基本结束后,党和国家的主要精力放在了大规模的经济建设上。为了国家经济建设工作的需要,1953 年 8 月 1 日毛主席、周总理签署、发布了关于各级气象机构转移建制的命令。气象部门由当初的军委领导变成了国务院所属了,在转建命令中指出:"在国家开始实行大规模的经济建设计划的时期,气象工作又须密切地和经济建设结合起来,使之一方面既为国防建设服务,同时又为经济建设服务。因此,在现时把各级气象组织,从军事系统的建制转移到政府系统的建制内来,这是适时的和必要的。"此时,正值我国第一个五年计划,气象部门当即提出了"大力建设、积极服务"的方针,一手抓台站建设,一手抓气象服务。1954 年 6 月 3 日,第二次全国气象工作会议在北京召开,涂长望局长代表中央气象局提出了今后气象工作的

总方针："今后气象工作必须为国防现代化、国家工业化、交通运输业及农业生产、渔业生产等服务。有计划、有步骤、最大限度地满足各方面对气象工作日益增长的要求,以防止或减轻人民生命财产和国家资财的损失,积极地支援国家各种建设工作。"1955年《国务院关于加强防御台风工作的指示》,强调了"防重于救"。1956年毛主席主持最高国务会议,会上他说:"人工造雨是非常重要的,希气象工作者多努力。"1957年4月27日,国务院副总理邓子恢在全国气象先进工作者代表会议的讲话中指出:"气象工作的服务对象是多方面的,我们要以最大的努力来满足各方面对我们的要求,特别是那些对气象要求非常迫切的部门,我们不能顾此失彼,但范围之大、数量之多,莫过于农业,为农业服务是气象工作者一个极为重要的任务。"

1958年6月29日,第三次全国气象工作会议在广西桂林召开,会议提出了第二个国民经济建设五年计划期间的气象工作方针是:"依靠全民全党办气象,提高服务的质量,以农业服务为重点,组成全国气象服务网。"涂长望局长在会议上做报告指出:"我国是一个农业大国,农业人口占全国人口85%。农业生产与气象条件有着密切关系,农业在国民经济中占着极为重要的地位。因而,我们的工作应该以农业为重点。为农业生产大跃进服务,是每个气象工作人员当前的重大任务,我们应该以革命的干劲,顽强的精神,千方百计地来完成这一光荣而又伟大的任务。"同年9月,中共中央农村工作部批转了中央气象局党组的报告,指出"气象工作为国民经济建设、国防建设服务,并以农业服务为重点,这是正确的。"1958年底,中央气象局召开第一次人工降水工作会议,开启了我国人工影响天气服务工作。1959年,《国务院关于加强气象工作的通知》要求"加强气象工作,提高气象工作的服务质量","气象部门应当积极地向生产建设部门提供气象情报、气象资料和气象预报,并做好为生产建设服务的组织工作。"1958年11月,在南京召开了全国农业气象工作会议,极大地促进了农业气象服务工作。1959年2月,中央气象局在云南昆明召开了全国县站补充天气预报工作会议,推广了云南省镇雄县气象站的天气预报方法。1960年,又召开了全国第二次人工降水工作会议,推动了各地人工影响天气服务工作。在这段时间工作的基础上,气象部门又从当时的国情和社会主义建设特点提出了:"以生产服务为纲,以农业服务为重点"的气象工作方针。

不难看出,这个阶段的气象服务,是以农业服务为重点。为此,已有了气象服务理论上的一些初步探索。涂长望的《做好气象工作,争取农业生产大丰收》一文对为什么要为农业和农民服务和为什么它是社会主义气象事业的中心任务做出阐述;饶兴在《气象工作应以农业服务为重点》一文中,从农业的地位、丰富的气候资源、农业与气象的关系和农业发展对气象工作的促进等四个方面加以论证;饶兴在随后的又一篇论文《把气象事业进一步纳入以农业为基础的轨道》中,系统总结了前期气象为农服务的八个方面的经验体会,说明气象为农服务的重要性和多种举措;接着,饶兴的《为做好稳产高产农田建设的气象服务工作而奋斗》一文指出,气象工作要做好旱涝保收、稳产高产的农田建设服务,必须做到"以基层(县站)为主、以天气预报为主、以补充预报为主、以灾害性天气预报为主、以中期预报为主"的"5为主"指导思想。

二、改革开放促使气象服务理论产生

改革开放以来,在有中国特色社会主义理论指导下,气象服务理论获得了滋生的沃土。气象服务理论的每一点发展,都为气象事业带来蓬勃生机;气象服务的每一次巨大成就,又为气象服务理论的确立提供了实践检验和证明、并为其发展创新提供了不竭的源泉。

　　1978年10月,时任中共中央主席华国锋给当年召开的全国气象局长会议题词:努力办好人民气象事业,为建设社会主义的现代化强国服务。1980年12月全国气象局长会议提出:要认真做好为"四化"建设的服务工作。针对怎样做好气象服务,要求从实际出发,因地制宜,确定服务重点。1982年1月在全国气象局长会议上,时任国务院副总理的万里同志对气象服务工作提出了"准确、迅速、经济"的要求,他说只有这样才能更好地为农业服务,为渔业、航海、航空、交通服务。1982年3月,经国务院批准,新时期的气象工作方针是:"积极推进气象科学技术现代化,提高灾害性天气的监测预报能力,准确及时地为经济建设和国防建设服务,以农业服务为重点,不断提高服务的经济效益。"这里是第一次提出了要提高服务的经济效益。在1984年出台的《气象现代化建设纲要》中,明确要求要全面运用各种气象服务手段,不断提高服务质量和社会、经济效益,《纲要》首次将气象服务当作基本业务系统来建设。1985年3月,经国务院批准,下发了国办发25号文件,气象专业有偿服务得以在全国气象部门迅速发展起来,不仅拓宽了经费来源渠道,还扩大了专业服务队伍,出现了新的独立的气象服务组织形式,服务范围包括了:"农业、工矿、城建、交通、海洋开发、水利电力、环境保护、财贸、旅游以及文化体育行业企事业单位和个人"。这一重大改革的颁布实施,对气象服务的指导思想和服务的方式带来了一次重大改变,打破了气象部门长期封闭或半封闭的状态,加大了与市场和其他领域的交融,加速了气象服务相关规律、技术方法、共性问题的研究和理论探讨,其意义不亚于这是气象部门的一次"改革开放"。1988年国家气象局出台了《关于加强气象服务改革的意见》,提出要进一步加大气象服务的改革力度,发展气象服务业务。

　　1992年国务院下发了国发25号文件《国务院关于进一步加强气象工作的通知》,要求气象部门"进一步拓宽气象服务领域,提高服务能力,切实做好气象为国民经济建设的服务工作,努力提高气象服务的社会、经济和生态效益,这是气象工作的根本任务。"气象部门认真贯彻国发25号文件精神,广泛开展了决策服务、公众服务、专业专项服务、气象科技服务等种类繁多的气象服务;服务领域对象涵盖了各级党政领导机关、国民经济各行各业、企事业单位、国企民企、国防科研实验研究部门以及城市、乡村广大人民群众;服务产品包括了气象预报、情报资料、气候分析、农业气象、气象卫星遥感分析、人工影响天气、雷电灾害防御、计算机应用技术、气象适用技术等多种多样;服务的内容更是层出不穷,从原来单一的气象信息服务发展到气象信息多媒体服务、工程气象服务、气象应用技术服务、农业气象工程服务、新能源气象服务、重大工程施工保障服务、重大庆典活动气象保障等多种气象技术合成的气象服务。这个阶段,国家的兴旺发展、市场经济体制的进一步建立,都极大地促进了气象服务的观念、气象服务的思想、气象服务的内涵、气象服务体制和气象服务机制的更新和发展,气象服务的理论探讨更为深入。在新涌现的气象服务理论指引下,有中国特色的气象服务业务呈现千舸争流、万马奔腾的火热场景,让气象事业更加年轻充满活力。

　　先后出台的《中华人民共和国气象条例》《中华人民共和国气象法》和《气象灾害防御条例》以及各省、直辖市、自治区相关的气象法规出台,为气象服务在法制轨道上健康发展提供了保证。中国气象局在国家颁布的气象法律、法规的指导下,又先后出台了一系列的气象服务专门规范性文件,它们是《气象服务规定》《汛期气象服务规定》《七大江河流域气象服务办法》《气象科技服务管理暂行办法》《气象灾害预警信号发布与传播办法》《重大气象灾害预警应急预案》以及《中国气象局关于加强农业气象服务体系建设的指导意见》等,有力而具体地为依法开展气象服务、业务提供了法律武器,也为气象服务理论体系的建立增添了有分量的内容。

　　不能忘记,气象服务理论在改革开放三十多年发展过程中的6次全国气象服务工作会议。从1987年到2014年的6次气象服务工作会议,现代气象服务从无到有、由弱变强,皆因为这6次会议精神的指引、贯彻、落实。这6次会议,对气象服务的定位、内涵、思想和特征提供依据,为气象服务思想理论的形成奠定了基础。

　　第一次全国气象服务工作会议是1987年1月在广州召开的,这次会议规范了气象服务工作,提出一手抓公众服务、一手抓专业有偿服务;在各地交流服务经验的基础上,首次提出了要十分重视"质量第一、用户第一、信誉第一",公众服务要"准"、专业服务要"专"。这次会议提出的三个第一和"准""专"的气象服务理念,受到与会者的一致认可,并迅速在全国上下推行。1990年10月,在上海召开了第二次全国气象服务工作会议。会议要求"提高服务能力、拓宽服务领域",要把决策服务和公益服务作为气象服务的主要职责,并要继续做好公益服务和专业有偿服务,努力开拓发展科技服务和专项服务。不难看出,几类服务的界定,使气象服务的指导思想进一步得到深化。第三次全国气象服务工作会议是1995年4月在湖北宜昌召开的,这是一次非常重要的会议。会议首次旗帜鲜明地提出"气象服务是气象工作的出发点和归宿",并明确指出"坚持在公益服务与有偿服务中,把公益服务放在首位;坚持在决策服务和公益性公众服务中,把决策服务放在首位",同时会议还强调"坚持在为国民经济各行各业的服务中,突出以农业服务为重点"。显然,第三次会议把气象服务在气象工作中的重要性用"出发点"和"归宿"来表述以及两个"首位"的重要思想,一切尽在于此。会议还把决策服务的地位加以明确,并对此做了全面论述。第三次会议这些观点、理念和论述,为气象服务理论增添了重要的一笔。

　　世纪之交的2000年5月,第四次全国气象服务工作会议在上海召开,也是时隔十年在此召开的又一次气象服务盛会。这次会议注定要对气象服务工作进行新一轮的深化改革,也必将是气象服务理论丰收的一次盛会。会议在总结改革开放二十年的基础上,旗帜鲜明的提出:"气象服务是立业之本!"这一著名论断,它对以后气象事业的发展产生了深刻的影响,因为它和我党"为人民服务"的宗旨一脉相承。会议还强调了"一年四季不放松,每个过程不放过"的气象服务理念,彻底改革了气象部门长期以来重汛期服务的习惯。这些论断、理念极大的完善了气象服务理论体系建设,为以后气象服务业务的发展具有很强的指导作用。会议结束不久,中国气象局启动了"中国气象事业发展战略研究",该项研究是涉及面很广的系统工程,研究最终明确了"坚持公共气象服务方向,大力提升气象信息对国家安全的保障能力,大力提升气象资源对可持续发展的支撑能力",即"公共气象、安全气象和资源气象"的战略思想,它体现了气象事业的科技型、公益性,体现了以人为本、可持续的科学发展观,这些也为气象服务理论体系增加了新的内容。

　　2008年的汛期气象服务还未结束,中国气象局就在9月召开了第五次全国气象服务工作会议。而与前四次不一样,这次会议是时隔八年在北京召开的,还恰逢北京奥运会圆满落幕。据有关方面报道和北京奥运会组委会的总结表彰会揭晓,气象服务工作立功受奖,获得巨大成功。笔者曾在这次奥运会气象服务总指挥沈晓农先生的办公室电脑旁边,听他详细介绍整个气象服务的保障方案,整个气象服务保障组织严明,各种服务产品、各类服务人员都被精确定位到了相应的时间节点和空间位置,就像一架精密仪器运转一样,令人叹为观止。另外,这次服务会召开的时间距党的十七大闭幕不满一年。第五次全国气象服务工作会议选择在这两个盛会闭幕不久召开,其意义重大是不言而喻的。的确如此,这次服务工作会议主题就是全面贯彻党的十七大精神、研究公共气象服务问题,总结学习奥运会气象服务保障经验,布置国庆60周年大庆气象保障任务。笔者认为,这次会议对气象事业最大贡献是气象服务理论上的突破,要求大家站在政府的角度来研究公共气象服务问题,强化气象服务职能和健全公共服务体系,还从理论和实践两个方面论证了气象服务的公益性特征,系统地阐述了公共气象服务的定位、属性和内涵,明确了"面向民生、面向生产、面向决策"的战略方向,提出了以需求为牵引、服务引领气象事业发展的理念,确定了气象工作政府化、气象业务现代化、气象服务社会化的新时期气象现代化发展思路,建立了"政府主导、部门联动、社会参与"的气象防灾减灾机制。这里要强调说明的是,从多年提出的"气象服务"到"公共气象服务"的变化,绝不是加了"公共"二字那么简单,而是气象事业适应国家改革发展大趋势的一个战略性选择。总之,第五次气象服务工作会议无论在广度还是深度上,它对气象服务理论的发展贡献都是巨大的。

　　十八大以后,我国进入了全面建设成小康社会和深化改革的关键期,经济全球一体化的发展趋势,大数据、云计算、互联网++等信息技术的飞速发展等,这些都对气象服务的发展带来了巨大的挑战和机遇,而每次历史上的这些挑战和机遇,都预示着思想理论上的又一次突破。在这个重要的关键时候,第六次全国气象服务工作会议在北京召开,会议主要任务就是研究部署气象服务改革发展工作,加快构建中国特色现代气象服务体系。会议深刻分析了严峻的挑战:重大气象灾害多发频发重发、难预难防的情况很难扭转,气象灾害防御能力不足、应急管理水平有限;气象服务是政府公共服务的重要内容、是国家治理体系的组成部分,道理很对但落实太难;气象服务全球化发展和气象服务市场开放势在必行,导致气象服务市场竞争激烈、社会化态势形成;新的信息技术加剧了气象信息传播,对气象服务模式提出了全新的要求。会议也从体制环境、发展空间和发展基础等有利条件进行了梳理,指出了面临的发展机遇。在上述深刻分析和梳理的基础上,中国气象局决策层提出努力构建中国特色现代气象服务体系这一论断,这是新时期气象服务发展方向的新表述、也是公共气象服务体系内涵的新拓展。"现代气象服务体系"不只是气象服务的普惠体系,而是适应多种方式层次和受众的、更加精细和品牌质量的气象服务需求的供给体系;它必须以满足政府、公众和其他机构、组织对气象服务的多元需求为目的,以公共气象服务为核心,以气象服务业务现代化为基础,以政府、企事业单位、市场各领域和社团组织等为多元供给主体,以规范有序、信誉至上和可持续发展的管理机制、经营理念和政策法规为保障的气象服务体系。从字面上和经济社会发展的现状看,"现代气象服务体系"是一个非常具体的综合概念,它既有服务业务的现代化、服务领域的多元化,还有从它的长远性和全局性发展所应谋划的机构体制、运行机制、标准规范和政策法规等丰富的内涵。显然,"现代气象服务体系"具有三大特征:气象服务业务现代化、气象服务主体多元化和气象服务管理法治化。会议还特别强调,构建中国特色的现代气象服务体系是要贯穿气象服务机制的创新过程、是要破除原有的气象服务体制机制的制约、是要适应气象科技和信息技术发展的新趋势、是要紧紧地把握公共气象服务这个核心。会上还有一些新提法:组建气象服务"合唱团"以做大社会气象服务、打破属地原则和画地为牢的传统服务格局以建立适应市场集约高效的服务机制,打造气象服务"火车头"以做强气象部门的气象服务等。

　　至此,有中国特色的气象服务理论体系已基本形成,它是新中国成立65年来、特别是改革开放36年来,气象服务探索、气象服务引领和现代气象服务业务体系建设全过程的社会实践基础上产生的,并且又反复经过气象部门的气象服务大量实践检验和证明了的正确理论,是客观事物的本质和规律性的正确反映。

三、相关的一些理论研究成果

从 20 世纪 80 年末开始,气象软科学的研究逐渐兴起。一方面,中国气象局每年都从有限的科研经费中挤出一部分用于影响气象事业发展的相关战略性问题研究;另一方面,于 1991 年创办了《气象软科学》学术期刊。前者,让气象软科学研究和其他科学技术研究一样,有了科研经费的支持和纳入了科学研究的范畴;后者,让软科学研究成果有了一个集中展示的平台,吸引了大批学者、领导、科研、业务人员开展气象发展过程中相关问题研究,前后两者都极大地推动了气象服务理论的探讨和发展,促进了气象部门各级领导和各领域对软科学成果的重视和应用。

《气象软科学》是 20 世纪 90 年代初,中国气象局创办的一份季刊杂志,只对内部发行,没有公开刊号。气象软科学是指运用软科学的基本原理和方法,综合运用气象事业改革、发展和创新的特点趋势而进行的一种多学科、多层次的研究工作。它主要刊登气象事业发展战略、气象事业改革、现代化建设、气象文化建设等等方面的新理论、新方法和新经验的研究成果或经验体会。气象服务理论体系中具有全局性、战略性、前瞻性的许多观点、思路和提法,大都是最先出现在《气象软科学》上,或在它上面进行充分的研讨而逐步确定,进而对气象服务业务工作加以指导和推动。例如:阮水根(2000)的《未来我国气象服务发展战略浅析》对即将进入 21 世纪,气象服务面临良好的发展环境的同时也将遇到不少困难和问题,提出应采取什么样的气象服务发展战略? 如何勾画未来气象服务的发展思路? 进而得到气象服务业务现代化、气象服务产品制作专业化、气象服务队伍专职化、公益气象服务再强化、专业服务运行机制实体化和气象服务管理规范化等六化的具体要求。沈国权(2000)《加入 WTO 对我国气象服务业影响的对策思考》一文对我国加入世贸组织后,气象服务业同样面临着市场开放的问题,应采取哪些相应对策以适应开放市场的新形势进行深入的讨论,此文的结论是,采取积极有效措施,适度、适时、有序地开放气象服务市场,加强法制建设,依法行政,依法监督,加大气象服务业的能力建设和机制改革,增强国际竞争力。秦剑(2000)的《加快建立气象为农业服务体系》针对为农服务现状,提出了农业气象服务产品要多样化上档次、农业气象科研成果要实用化出效益、农业气象科技开发要项目化成规模、农业气象应用研究要超前化有特色的经验,同时指出要解决为农服务这个重点服务问题还须注意牢固树立气象为农服务的思想、改善农业气象信息源网络系统、建立一支农业气象高层次技术人才队伍、健全农业气象业务多渠道投入机制,坚持走观测、试验、研究和应用推广四位一体的农业气象发展路子。

李华等人(2005)的《浅析气象服务品牌化的重要意义》一文论证了气象服务品牌化对推动我国气象事业发展的重要作用和意义,文中指出气象服务品牌化有利于市场经济体制改革及开放气象服务市场、有利于培育开拓占领气象服务市场、有利于树立气象部门形象提高气象服务社会效益、有利于提高气象服务经济效益;郑锦(2005)的《新形势下气象科技服务面临的机遇和挑战》从外部环境、发展空间、发展方向、发展基础等方面对气象科技服务的机遇做了很好的阐述,另外也从供需矛盾,加入 WTO 的影响冲击及行政管理体制障碍等方面对气象科技服务的不利的挑战也进行了深刻分析。周韶雄(2005)在《气象科技服务相关概念的发展与思考》一文中,分析了"有偿专业服务""综合经营""气象科技服务""气象科技产业""气象科技服务与产业"等几个相关概念的产生背景,回顾了气象科技服务发展历程,提醒大家应根据新形势下的中国气象事业的发展理念和思路、气象防灾减灾的需求出发,通过扩大服务覆盖面、提高产品科技含量、创新运营管理机制等,努力实现气象科技服务健康、稳定和可持续发展。张钛仁等人(2007)的《中国行业气象服务效益评估方法与分析研究》一文,重点探讨了行业气象服务效益评估的基本思路,研究得出了确定高气象敏感行业以及应用气象服务效益占行业年产值比率的基本方法。其结论是,农林牧渔行业是对气象最敏感的行业,其次是交通运输、仓储和邮政业、水利、环境和公共设施管理业、电力、燃气及水的生产和供应业以及建筑业等行业。经评估分析,在中国当时(2007年前后)的气象服务和经济发展水平下,气象服务在各行各业中的年平均效益不低于2793亿元人民币(不含成本)。

孙祥彬(2007)《对气象服务的认识》一文,通过对新疆气象服务发展的历史进程的总结,阐述了气象服务进一步拓展和延伸领域的必要性。文章指出,气象服务是气象部门社会形象的体现,是气象部门与社会、经济相联系的界面和窗口,气象行业就是一个科技服务行业,气象事业在国民经济中的地位实际上就是通过气象服务来体现的。刘玲(2007)在《农业气象科研与业务为社会主义新农村建设的思考》文中呼吁,如何提高认识立足农业气象研究,做好为社会主义新农村建设服务的气象保障工作值得思考。文章探讨了现有农业气象研究和服务体系在新形势下的发展趋势,指出食品和粮食安全问题、气候变化可能对农业生产造成的潜在不利影响问题等,对农业气象服务压力增大,建议:发挥传统科研业务服务优势,进一步明确各级农业气象服务的职能和分工,扩充服务内容,相互补充。国家级管理部门应该进一步推进农业气象观测系统的优化设计和观测资料的综合利用、发挥基层农气单位面向生产一线科研业务紧密结合的优势,积极开展农业气象科研和服务。余建华、邹金生(2008)合写的《气象灾害中若干经济学问题的探讨》,对气象灾害的经济学意义做详细分析,研讨了气象灾害损失的经济属性及其不同利益主体在防御气象灾害中的不同选择,这些有助于人们正确认识防御气象灾害在经济发展中的重要意义,要充分认识到气象灾害问题实质上是经济问题,在制定经济社会发展规划、企业发展计划时要统筹兼顾,最大限度地降低气象灾害造成的经济损失。姚国友、刘刚(2009)在《强化公共气象服务理念大力发展公共气象服务》一文中指出,气象科技服务作为公共气象服务的重要组成部分,是部门深化改革和可持续发展的重要支撑,是拓展气象服务领域使气象科技融入社会向现实生产力转化的重要途径,多年来气象科技服务有力地推进了气象事业发展,取得了明显的经济效益和社会效益,但也存在管理体制、运行机制、技术支撑等方面严重制约着气象科技服务发展的问题。因此,文章建议要重视科技服务工作做大做强该项工作,要加强宏观政策指导转变管理方式,要加强气象科技服务的队伍建设和人才培养,要加强气象科技业务研究提高服务的科技含量,以及还要改革分配制度、加强资产管理等。

矫梅燕、王志华(2009)的《公共气象服务是气象事业科学发展的必然选择》,开门见山地指出公共气象服务是中国气象局党组新时期关于气象事业科学发展的一项战略任务。怎样理解它,文章指出一是要理解公共气象服务的内在要求,这是对气象服务内涵的进一步深化。二是要理解发展公共服务是适应政府职能转变的需要,这是建立服务型政府发挥公益类事业单位提供公共服务的重要作用。三是要理解发展公共气象服务是适应国家事业单位改革的需要,这是只有通过发展公共气象服务进一步明确气象事业的公益属性,才能在不断深化的行政事业改革中赢得更多的主动和更广泛的发展空间。因此,文章最后说,面对政府职能转变和事业单位分类改革的大环境,面对公共服务的加快发展和社会各方面对气象服务的要求和期望,发展公共气象服务既是一个现实的要求,也是一种战略性的选择。陈振林等人(2010)完成的《公共气象服务系统发展研究》报告,对公共气象服务发展现状、发展形势分析、发展目标和重要指标、主要任务、重大建设工程、政策措施等六个方面进行了深刻的分析研究,面对当前社会各方面对公共气象服务的需求,总结分析公共气象服务的成绩与不足,明确今后公共气象服务系统的科学内涵、发展目标和实现措施,发挥气象服务的两个引领作用等都具有十分重要的意义。值得一提的是,该文在主要任务中提出要不断提高气象灾害防御能力、要努力提高决策气象服务水平、要大力增强公众气象服务能力、要继续深化专业专项服务领域、要大力加强面向"三农"的气象服务、要完善公共气象服务体制机制、要强化公共气象服务的社会管理职能。文中还提到了8大建设工程,它们是:决策气象服务系统、公众气象服务系统、农业气象服务系统、专业专项服务系统、人工影响天气服务系统、应急气象服务系统、多灾种早期预警服务系统、基本资料及服务产品库系统等。

孙健、裴顺强(2010)撰写的《加强公共气象服务的几点思考》一文,提出了在领导管理体制、服务体系、服务理念以及气象科技服务的作用等4个方面的思考,强调了公共气象服务、特别是国家级气象服务存在的突出问题。在这些思考、突出问题的研讨后,文章最后指出:整合气象服务资源、走集约化发展之路,打造气象服务品牌、走规模化发展之路,加快服务技术研究、走专业化发展之路,探索气象服务体制机制创新、走多元化发展之路等。秦剑等人(2010)的《水电气象服务的思考》,从多年为水电站建设、营运服务的实践中得出,常规的气象服务思路和做法、常规的预报产品及常规的业务技术人员很难满足水电气象服务的需求,只有建立一套科学的水电气象服务理论、技术和专业的人才体系,完善水电气象服务的标准化建设,才能真正做好、发展水电气象服务业务。通过对水电气象服务的总结,文中还深入探讨新气象服务模式,以期达到气象服务专业化、精细化的要求。罗晓勇等人(2010)的《现代气象服务的经济学分析》分别对气象的经济学分析、气象服务的经济性质和气象服务的投资主体三个方面进行了深入的分析讨论。在气象的经济学分析中,从气象的资源性质、气象的生产力性质、气象破坏力和气象的消费属性等四个问题进行了探讨。在气象服务的经济性质中,罗晓勇等人又从气象服务的效用、气象服务的公共性和气象服务的信息性等三个问题进行了阐述。在气象服务的投资主体中,他们又从研究的理论出发点、政府投资、气象服务部门以及关于投资主体的发展趋势讨论等四个部分来展开讨论。这些探讨、阐述和讨论,得出了气象服务经济学方面一些有意义的启示和结论。

和文农(2002)在《公益性气象服务的经济学思考》一文中通过严谨的分析指出,公益性气象服务属于公共产品的范畴,它具有公共产品的性质和特征,即社会公众在消费公益性气象服务时,每一个人所感受到的效用是相同的,对所提供的公益性气象服务,社会公众都能同样消费。因此,公益性气象服务需要由政府向社会提供。和文农认为,政府向企业和公众提供公共产品,是以政府投资兴办各项事业、再由各类事业单位负责提供各种公共产品的方式来实现的。所以,气象部门要获得政府更大的投入,就必须向社会提供更加优质的气象服务产品,提高公益性气象服务的社会效益、经济效益和生态效益,以此不断获得国家和各级地方政府公共财政对气象公益事业的投入,促进气象事业的持续发展。他在另一篇文章《试论逐步实现公共气象服务均等化》(和文农,2007)中,首先论述了准确理解基本公共服务均等化的内涵和提出的背景,以及公共气象服务的含义、特征,同时对公共气象服务不均等的现状和原因进行了分析。文章最后指出国家公共财力在不断增强的基础上,应当逐步增加公共财政对气象事业的投入,以提高气象部门向社会公众提供公共气象服务的能力和水平,气象部门也应努力改进服务手段、增加服务产品,有效解决气象服务"最后一公里"的问题。

四、几本著作对气象服务理论的贡献

把气象服务当成一项业务,而且系统成书是改革开放以后的事了。谭冠日先生 1992 年编著出版了《气候变化与社会经济》,书中分析了气候对社会经济的多重意义和社会经济对气候敏感的领域,重点分析了气候对农业的影响、气候与水资源的关系、气候与能量消耗的关系、气候对人体健康的影响以及气候对生态环境和社会、经济的影响,这些研究分析对传统气象服务影响是很大的,对常规气候评估业务的改进也是很有意义的。黄宗捷、蔡久忠两位老师 1992 年合著的《气象经济学》,对气象服务普遍规律和应用技术方法进行了一种探索性的研究,该书着重从经济学的角度对气象服务涉及的经济学理论问题,包括气象服务产品、气象服务商品、气象服务机构的运行机制、气象服务产品分配与消费以及气象服务的经济社会效益等诸多气象服务经济学问题做了开创性的探讨,为气象服务理论和方法研究提供了许多方面的启示。2001 年由马鹤年主编的《气象服务学基础》面世,该书是"新一代气象服务体系研究"课题组经两年多研究,在取得大量成果的基础上编著而成的。该书从软科学和气象科学相结合的角度,系统概述了气象服务业发展的基本原理和总体技术方法,提出了现代气象服务学的基础框架和主要内容。同时,书中还特别总结了我国气象服务的实践经验,并从理论上予以系统化,也研究了气象科技成果转化为气象服务能力的有效方法。另外,该书不仅对气象服务业适应市场经济所涉及的软科学问题进行了系统的研究,还对气象服务技术做了一些归纳论述。该书较为突出的特点是,对气象服务的一些共性问题、普遍规律、基本原理和通用方法进行了较为深入的研究,这对气象服务理论研究和发展具有十分重要的作用。郑国光和刘英金任正、副主编的《中国气象现代化 60 年》于 2009 年正式出版,该书在介绍中国气象现代化的主要成就时,首先指出:60 年来我国气象工作始终坚持面向国家经济社会发展的需要,始终坚持以为人民服务为根本宗旨,服务领域逐步拓宽,服务手段不断改进,服务效益日益显著,初步形成了中国特色气象服务体系。在对气象部门各专业领域现代化业务系统介绍时,又把气象服务系统放在第一个,并把气象服务系统的定位与结构进行了重新梳理,强调:气象服务是整个气象工作的出发点和归宿,是气象事业发展的立业之本。并且,该书第一次对在长期的气象服务实践中所形成的决策气象服务、公众气象服务、专业气象服务、气象科技服务以及气象灾害防御体系建设与应急服务等 5 大服务类别,都做了详细的分类论述。书中还凝练了气象服务的中国特色是:以服务人民的安全福祉和经济社会发展为根本宗旨,以服务农业为重点、拓展领域、提高效益,以公共服务为引领、增强气象业务基础作用、提升服务能力,以防灾减灾、应对气候变化为着力点,全面强化服务,以体制机制创新和开放式发展为途径,以依法发展为保障等 6 点非常鲜明的中国特色。书中在对气象服务系统明确定位时指出,公共气象服务系统是现代化业务体系建设的"根本"。同时,该书还对公共气象服务业务的"两个引领"做了完整的表述:由国家需求引领公共气象服务业务发展,并通过公共气象服务业务发展需要引领气象预报预测业务和综合气象观测业务发展,科技、人才、装备保障和信息为其提供支撑。最后该书强调:气象部门各项业务的发展都必须建立在充分分析公共气象服务业务发展需要的基础上,各个业务系统的建设都必须以增强公共气象服务能力为基本落脚点,业务体制改革也必须服从和服务于公共气象服务体系建设的根本需要。书中关于气象服务的许多观点、论述和结论,都为气象服务理论的丰富和完善提供了十分丰富内容。许小峰主编的《现代气象服务》(2010 年),是中国气象局倡导编写的《现代气象业务丛书》之一。该书首先分析了我国气象服务的发展历程、

主要特点、服务理念以及服务的基本方法、内容和手段,重点分析了现代气象服务的内涵和发展趋势,较完整地阐述了现代气象服务体系的架构。书中还介绍了决策气象服务、公众气象服务、专业气象服务和专项气象服务的发展现状、服务产品、业务流程和面向气象灾害防御和应对气候变化的气象服务工作。该书还对国内、外气象服务效益评估业务的现状,以及气象灾害风险评估内涵和思路做了详细介绍。值得一提的是,该书对现代化气象服务面临的需求与挑战、现代气象服务的定位和属性、现代气象服务产品性质、现代气象服务的手段、现代气象服务的若干经济学和社会管理问题等方面,进行了探讨分析。该书还对气象科技服务的现状和未来也做了深刻的描述:关于气象科技服务,一方面从它的服务对象、服务内容和服务效果来说,应该是公共气象服务范畴,是公共气象服务的延伸,对气象事业的发展和部门的稳定具有重要的支撑作用,是决不应该削弱的。另一方面,这种有成本收益的气象服务,作为气象事业发展过程中的一种过渡性产物,随着国家公共财政对公共气象服务的投入不断加大,它的发展的政策环境和运行方式都将发生新的变化。因此,该书进一步分析说,若能对气象科技服务体制实行分类改革,则其所包含的附加公益气象服务和商业性气象服务将分别在新体制的激励下可望形成更加强势的发展。

以上几部著述对气象服务理论作了较为系统的梳理,不仅对国内散落在各种杂志、报刊、文件、研究成果上的气象服务经验总结、思想理论、发展思路等进行了高度概括,还对国外气象服务方面的成功经验和好的做法做了详细介绍。它们为气象服务理论体系的建立、为"气象服务是气象事业的立业之本"、为"气象服务是气象工作的出发点和归宿",还有为气象服务的"两个引领"以及气象服务业务的建立等气象服务理论的核心架构,做出了不可或缺的重要贡献,从而进一步促进了气象服务的理论和方法研究的不断完善和发展。

第三节　气象服务队伍建设

气象服务专门的队伍形成,经历了一个漫长的发展时期,直到进入 21 世纪后,国家、省、市、县的气象服务事业单位组织才逐步建立起来。自从有了这支队伍,它的强大生命力就展现出来,它紧紧依托不断涌现的新技术和新媒体,不断适应着经济社会发展的新需求,不断拓展公共气象服务的新业务,不断推出气象服务的新产品,气象部门全面进入改革、发展,再改革、再发展的快车道。

一、气象服务中心的成立

大家知道,我国气象服务的组织机构建立经过了几十年的漫长历程。这个时期,气象服务的组织机构从无到有,从小到大,从兼顾到专一,经历了不同的发展阶段,而每个发展阶段都与社会的进步和经济的发展密切相关。不难看出,没有经济社会的发展需求,就绝不可能有气象服务的做大做强。

从 20 世纪 50 年代到 70 年代末,基本的气象台站网已经完备,常规的气象业务也已成熟,国家经济建设对气象服务的需求也逐渐增大,气象服务的任务明显多了,相应的气象业务服务有了一定的发展,典型的如农业气象服务、人工增雨防雹等。但是,这期间的气象服务工作主要由基本的业务部门(如预报、测报)临时抽人完成,没有专门的机构、专职的服务人员,而且服务内容也基本都是单一的公益服务。这个时期的基层市(地区)、县气象台站还有一个非常流行的业务安排习惯,那就是测报质量差的就安排去干预报,如果预报也做不好的就改行去跑服务。笔者20世纪80年代初大学毕业刚参加工作时,就亲眼目睹了这种奇怪的安排。那时候,基层台站重测报、轻预报、随便服务的状况是普遍存在的。由于没有专门的服务队伍,笔者刚进气象部门不久,还曾被拉去搞人工降雨抗旱工作,和一位老观测员一起去一个旱灾严重的乡镇放土火箭,还差点儿发生事故。原因是,那种纸质的小火箭弹放在三根直立的钢筋架上点燃引子,垂直向天射出后没有在空中爆炸,而是又直掉地面四处乱窜,撵得两人东跑西躲,爆炸后幸好没有伤着。上述种种,可见那时一没专门机构,二没先进技术,要做好服务是很不容易的。那个时期的服务比较简单,普遍的做法是直接传送天气预报结论,也就是曾经在各地台站流行几十年的服务手段——"一个电话、一张纸"的方式。

随着改革开放和以经济建设为中心的国家战略转移,各行各业发展加快,气象服务需求剧增,专门的气象服务队伍建设问题提到了日程上来。特别是国办发和国发的两个25号文件出台后,各省(区、市)气象台内都有了服务科或者专业台之类的部门,多少有几个人专门搞专业气象服务的科级机构了。比如:广东省气象台海洋专业台为南海石油钻井平台的服务、云南省气象台服务科为风景区的天气专报服务和水电站的专业预报服务等。这时的气象服务组织机构还是依托在老的基本业务单位,有的在气象台、有的在资料室、还有的在科研所。这时的气象服务主要是以创收为主要目的,随后还逐步出现了一些创收的服务实体或公司。由于这些新的服务机构、服务实体都还依托在原业务单位,人员组成就成了最大的问题和隐患,而且以后出现的一系列弊端都是由此而引起的。除少数东部发达省份外,绝大多数省(区、市)气象部门这时从事气象服务的人员,几乎都是上不了基本业务岗的待岗人员,队伍成员的业务水平良莠不齐。刚开始,这些服务机构,如实体公司,有点儿像市场经济初期也成就了不少人。但是,随着国家经济快速发展、市场经济体制的不断完善以及气象服务社会需求的多元化趋势,还有部门内部改革不断深化,决策服务、公众服务越来越得到各级党委、政府和社会公众的重视,科技服务竞争加强等等,这些都对气象服务队伍的建设和发展提出了严峻的挑战。

笔者在《气象与水电工程》一书中提过:受传统气象观念的束缚,在很长一段时期气象服务业务没有受到应有的重视,投入不足、相关机制不健全、做什么都没有名分,气象服务人员申报课题难、职称评定难、评优达标难。这里虽然有"传统""正统"观念影响,更有我上面所讲一系列弊端的问题。这些问题也在中国气象官方总结中得到印证:"在发展气象服务时未能重视对气象服务人员的培养提高,改革不合理的技术职称制度,建设一支能适应社会主义市场经济建设需要的专业队伍,限制了气象服务的发展。"同时,还进一步指出:"对气象服务现代化建设重视不够,投入不足,设备无力更新,妨碍了气象服务市场的开拓和深化"等。实际上这些问题根本就不应该是问题,关键是气象部门要随着时代的变化而变化,特别是思想观念的转变、与时俱进。笔者也曾参加过一些职称、项目评审的会议,当时的多数评委专家们对气象服务人员的业绩和申报的项目是有偏见的,大都偏重于对天气、气候类的文章和"百班无错""二百五十班无错"的认可。这就是典型的传统习惯作祟,也造成了一些失误。这些问题随着第五、六次全国气象服务工作会议的召开,得以彻底改变。

从2008年中国气象局公共气象服务中心挂牌成立、正式启动运行后,全国各省(区、市)气象部门也陆续成立了省(区、市)气象局直属的公共气象服务中心或气象服务中心。这是中国气象局首次站在政府角度研究部署公共气象服务问题、强化气象业务服务职能、健全公共气象服务体系的重大举措。为了加强对这一支新的业务队伍的管理和指导,第二年中国气象局还成立了应急减灾与公共气象服务司。各省(区、市)新成立的服务中心与以前的气象科技服务中心是有本质区别的,它已不是以创收为唯一的任务了,而是以公共气象服务为首要目标。国家的大量经费投入,人员编制的政策支撑,中国气象局目标管理考核指标的强化等,都为各个省(区、市)公共气象服务中心或气象服务中心的发展注入强大的动力与活力。

云南地处祖国西南边疆,无论是地方经济社会发展水平,还是思想观念认识上与内地和东部发达省相比都存在较大差距。当各省纷纷成立公共气象服务中心,搞的热火朝天的时候,云南还在观望、思考和谋划。2011年早春,云南省气象局开始了新的气象服务大中心的筹建工作,笔者奉命移交手中的日常工作,全力做好新中心的筹建调研和方案编写任务。经过半年的筹备,方案得到中国气象局人事司和减灾司的共同批准,并在当年九月由省气象局发文宣布成立了"云南省气象服务中心",笔者出任了第一任主任。这个中心合并了云南省气象科技服务中心和云南省气象影视中心,同时还把省气象台承担的中国天气网(云南站)业务、省气候中心承担的云南兴农信息网(云南农网)业务、省气象信息中心承担的网站运行维护和气候资料服务业务等归并到新成立的省气象服务中心。省气象服务中心为省局直属的正处级事业单位,下设8个科级机构,办公室、业务发展科、技术保障科、专业服务部、影视制作部、为农服务部、公众服务部和市场服务部,这8个科、室、部的名称都是由减灾司修改批准的,它成为省局人员最多、业务量最大的第一大事业单位。当时分管中心的程建刚局长还要求我们加快步伐,早日把中心建成与省气象台和省气候中心并立的三大业务单位。中心成立后,很快就得到了中国气象局关于提高公共气象服务业务能力建设的专项经费支持,地方财政也立项支持公共气象服务项目,在这些项目经费支持下,中心的气象服务业务现代化建设迅速开展起来,各项业务工作取得成效。

在云南省气象服务中心即将成立一周年的2012年8月,中国气象局党组书记、局长郑国光视察了中心,在听取、检查了中心各项服务业务工作后,郑局长题词鼓励继续做好气象服务工作:"坚持公共气象服务方向,拓宽服务领域,强化服务方式和手段,提高服务的覆盖面,以及通俗性,切实提高服务效益,为保障人民生命财产安全做出新贡献!"

为了促进我国形成统一开放、竞争有序、诚信守法、监管有力的气象服务市场体系,营造气象服务行业的繁荣发展,经国务院同意、民政部正式批准,中国气象服务协会于2015年4月8日在北京成立。它的主要职能包括:制定气象服务行业的行规行约;承担气象服务从业机构和气象服务从业人员的资格审查、证照签发工作;反映行业诉求等。它的成立是我国气象服务社团组织建设中的一件大事,是推动气象服务创新发展的一件好事,是为广大气象服务企业和社会组织提供服务的一件喜事。该协会由中国气象局公共气象服务中心牵头发起,各省(区、市)气象服务中心和社会上的一些服务公司参与组成。

二、气象服务中心的主要任务

气象服务中心目前的主要业务有专业气象服务、短信预警业务、气象影视制作业务、气象网站服务业务等基本业务,另外还有气象科普宣传、气象防灾减灾现场服务和新媒体气象服务产品研发多项任务。

1. 专业气象服务

专业气象服务主要是为经济建设高影响相关行业、重点工程建设的气象保障以及相应的重大经济社会活动的气象服务和城市环境的服务。它具体包括：城市气象、环境气象、新能源气象、交通气象、流域气象、保险气象、种植业气象、水电工程气象、水电站营运气象、人体健康气象、医疗卫生气象以及水文气象、旅游气象等方面的服务。在专业气象服务方面，各地情况不统一，大都反映出了不同的特色。对云南而言，水电气象服务就颇具特色。

云南是我国水电资源开发利用的大省，境内有金沙江、南盘江、澜沧江、红河、怒江和伊洛瓦底江六大水系，它们穿越在高山峡谷之间、水流湍急，河床落差大，具有得天独厚的水能资源。多年来，气象科技服务人员先后成功为漫湾、大朝山、小湾、糯扎渡、向家坝、溪洛渡和乌东德等巨型、大型水电站的建设施工和建成后的水库营运都提供了优质的气象服务，逐步建立了一套为水电工程、水电营运服务的思路和方法，还将此总结归纳出版了两部水电气象服务专著，《云南水电气象》和《气象与水电工程》，还推广到不少的省、区；安徽省气象部门以世界著名旅游风景区黄山为依托，研发出了一整套"山岳型景区旅游气象服务系统"，并向全国气象部门推广应用；湖北省气象部门研发的"风能预报业务系统"已在许多省投入应用；江苏省气象服务中心开发的"高速公路气象服务系统"，已经中国气象局减灾司验收，并在全国推广应用。

特别是近年来，中国气象局加大了对专业气象服务能力建设的投入，现代化建设成果大量涌现，专业气象服务产品日益丰富、精细，针对性更强，服务能力和服务效益得到极大增强。

2. 手机短信服务

短信预警业务是利用手机给用户发送天气预报、预警信息的一种服务手段。从20世纪90年代开始，手机作为新的通信手段逐渐进入千家万户，成为人们相互联系，获取信息的一个重要渠道。经过20多年的发展，手机的功能日益强大，已成为每个人须臾不离的生活伴侣。人们常说，出门在外什么都可忘记不带，而手机是万万不可忘记必须要带的。这就给气象服务提供了为广大社会公众、干部群众、工人农民做好气象服务十分重要的技术手段。气象部门利用手机发布气象短信，为社会公众开展气象服务业务已有十多年了，目前已成为气象服务社会的一个重要窗口，深受社会公众的欢迎和好评，同时也给三大移动通讯营运商和气象部门自己带来了一定的经济效益。

各地气象部门与移动、电信、联通三大营运商合作的主要内容有：手机短信（彩信）、声讯电话、手机客户端、WAP气象信息服务等。其中，手机短信是最主要的合作内容。以气象信息服务业务类型看，主要可分为公益气象信息服务和增值类气象信息服务。

公益气象信息服务，包括了面向公众的预警信息全网发布，据不完全统计，全国有一半的省（区、市）气象部门与三大通信营运商建立了橙色以上重大气象灾害预警信息全网发布机制。同时，各地气象部门还建立了气象服务的决策群组，包括了省、地（市）、县、乡、村的决策和应急责任人，只要是重要天气消息，都会第一时间发给他们。受国务院委托，中国气象局承建了国家预警信息发布中心，12379是全国气象部门统一的预警短信发送号。这些充分体现了法律赋予的气象部门和三大移动通信营运商开展气象灾害信息传播的共同责任。

增值类气象信息服务各地不尽统一，主要包括气象短（彩）信、气象彩铃、气象语音杂志、气象手机报、12121声讯气象服务等增值信息服务。服务内容也不相同，主要包括天气预报信息、旅游交通、农业生产、人们生活、疾病健康等专业的气象服务信息。截至目前，全国还有1亿左右的手机短信订制用户，这些用户不满足通过其他渠道获取气象信息，他们已经习惯用手机短信得到气象服务信息。

3. 气象影视服务

气象影视服务是气象部门通过电视向社会公众提供气象服务的一项重要业务。大家知道,由于电视的权威性、可视性、可听性和普及性,电视在全媒体时代的霸主地位不可动摇,它是发布气象服务信息的最重要的窗口。每天晚上的电视天气预报节目,已经成为大众最关心、最爱看的节目。

时至今日,气象影视服务已由当初的气象主持人在电视上播讲天气预报的单一形式,发展到现在的电视天气预报、重要天气事件的连线直播、重要气象新闻、气象灾害现场播报、为农服务、气象科普等多种形式并存的气象影视服务业务。这些业务,每年都有全国评比,每两年都有中国气象局组织的"全国气象影视服务业务竞赛"。

除了各地气象部门与当地电视台合作开展气象影视服务外,气象部门自己也开办了"中国气象频道"。中国气象频道以防灾减灾、服务大众为宗旨,全天候提供权威、实用、细分的各类气象信息和其他相关生活、生产的服务信息。社会公众可以全天候收看气象服务节目,遇有重大灾害天气,还可看全程跟踪的连续直播报道。不仅如此,各省(区、市)气象服务中心还被要求提供发生在各地的、每天的气象新闻和重大灾害事件。云南气象影视中心,以前每年仅有十来条气象新闻毛片上传北京。集约成立气象服务中心后,通过一系列整改,新闻数量和质量均大幅提升,新闻节目全部实现了精编成片上传,气象影视服务业务水平从全国倒数排名一跃进入了先进行列,名列前茅,在2014年全年影视新闻业务评比中荣获一等奖。该频道已在全国各地落户,它还是少数进入中南海的专业频道。由于各省(区、市)有线电视网络大都已经市场化运作,气象频道的营运成本和落地费用将是它未来发展和提高覆盖面的瓶颈。

4. 气象网站服务业务

中国天气网是中国气象局面向公众提供气象信息服务、发布权威的预报预警信息、传播气象科普知识的核心门户网站。它集成了中国气象局下属各业务单位以及各省(区、市)气象部门最新的气象业务和服务产品,以及丰富、及时的气象资讯。中国天气网的信息分为灾害预警信息和资讯信息两大类。灾害预警信息包含寒潮、大风、暴雪、降温、暴雨、冰雹、雷电、高温、大雾以及台风、沙尘暴等,还有与国土资源部门联合发布的滑坡泥石流地质灾害、与林业部门合作的森林防火预警,与环保部门联合发布空气质量服务等等。资讯类的范围更大,它包括重大天气、气候事件全程报道、深度分析,以及气象与国民经济各领域的关系和影响分析,还有它与农业、交通、旅游、疾控、健康、生产、生活等方方面面的应用服务。中国天气网在各省(区、市)都有分站,共开设有20多个频道,服务方式多样灵活,图、文、视频并茂,知识性、趣味性强,能满足社会各类人群和工、农业各领域的不同需求。中国天气网自2008年5月开始运营以来,一直在国内生活服务类网站中稳居排名第一位。

20世纪末,安徽省气象局率先举办兴农网——农村综合经济信息网络系统,全省每个乡、村都有依托兴农网的信息服务站,每个信息服务站有一台电脑、一台打印机、一位信息服务员,和一间信息房,专门开展为农民、农村、农业的农村气象与涉农经济信息服务。此举受到中国气象局和安徽省委、省政府的高评价和大力推广。一时间,全国各地纷纷前往安徽学习考察,并先后办起了自己的省农网中心。中国气象局主办的"中国兴农网"整合了全国气象部门资源,它由一个国家级中心网站、31个省(自治区、直辖市)、各计划单列市网站、300多个地市节点和2500多个县级节点以及数万个乡镇信息点组成。中国兴农网涉农信息种类多,它们是行业资讯、市场农情、农业科技、农业气象、市场商情、科普知识、政策法规、农副产品、供求信息、价格信息、招商引资、农业专家等,当然也有天气、气候信息和预警服务,它还实现了全国兴农网数据网络化共享。多年来,"中国兴农网"为提高农业生产的科学化和社会化水平、加快农村经济发展、增加农民收入,发挥了重要作用。

三、气象服务的支撑技术

从狭义的气象服务技术来讲,它是指气象预报、预测技术、气象资料统计、人工影响天气技术、农业气象适用技术、雷电防御技术等。从广义上来说,它包含网络气象的服务技术、旅游交通气象服务技术、水电气象服务技术、新能源气象服务技术、城市环境气象服务技术、气象影视服务技术、新媒体气象服务技术、气象预警服务技术,以及科学技术发展的最新技术在气象服务中的应用技术,如 3S(GIS、GPS、RS)、大数据、云计算、互联网++等先进技术。显然,狭义的气象服务技术,一般是指传统意义上的经典气象服务手段;而广义的气象服务技术,则具有技术新、专业性强、时代性鲜明的特征。不论广义、狭义,它们构成了气象服务的支撑技术体系。

1.狭义的气象服务技术

天气预报是以天气学原理、动力气象理论为基础,应用大气变化规律,根据当前及近期的天气形势,对某地未来一定时期内的天气状况进行预测。主要方法有:天气图分析和预报,雷达、卫星等资料与产品的分析和预报,数值天气分析和预报,以及灾害性天气预报预警。目前,我国普遍采用数值天气预报技术,中央气象台使用的是全球谱模式 T639L60。按预报时效可分为:临近预报(0～2 小时)、短时预报(2～12 小时)、短期预报(1～3 天)、中期预报(4～10 天),以及延伸期预报(11～30 天)等五种类型,其中的延伸期预报目前还未纳入实际业务内容。天气预报是气象服务最主要的支撑技术。

人工影响天气是以大气物理、云物理学、降水物理学为理论基础,采用人工催化等技术手段,选择合适的天气条件和有利时机,通过对大气中的云、雾、降水等过程施加人工影响,用以改变局地天气环境,实现防雹、消雹、增雨、消雨、消雾和防霜的目的。人工影响天气作业方式主要是有空中作业和地面作业两种,空中作业是利用飞机在云中合适部位播撒催化剂,地面作业则是使用高炮或火箭将装有催化剂的炮弹、火箭弹打入云中恰当的位置以爆炸方式播撒催化剂。另外,还有在地势高处用燃烧烟雾的办法,将催化剂释放到空中。人工影响天气技术主要用于抗旱、防雹、水库蓄水、森林灭火等项防灾减灾气象服务业务,它是深受广大农民群众和地方党委政府欢迎的气象服务业务技术。

农业气象服务是农业气象学为理论基础的服务业务。农业气象学是研究气象条件与农业生产相互作用及其规律的一门科学,它旨在探寻农业生物群落与气象环境之间的内在联系,研究它们之间能量与物质交换的基本规律,从而有可能的改变、调节、控制农业生态环境,使农业生产达到优质、高产、高效。农业气象服务按服务方式可分为农业气象情报预报服务和农业气象适用技术服务两大类。农业气象情报预报服务包括:农业气象旬(月)报、病虫病发生发展气象条件预报、农业气象灾害预报、农业气象产量预报、农业气候资源分析评估等等;农业气象适用技术服务是指适合本地农业生产,能促进农业经济增长和发展,面向广大农民使用、解决农业生产中的气象、栽培、植保,提高农作物品质产量或防灾抗灾能力等,如基于 3S 技术的精细化农业区划、设施农业气象条件控制技术、地膜覆盖技术、作物间套作技术、作物优化灌溉技术、农业气候相似引种技术、化学制剂的气象调控技术、霜冻防御技术以及抗旱保墒技术等。当前,农业气象服务已由粮食作物为主的服务转移到了以粮经作物兼顾、特色农业服务为主的方向。

2. 广义的气象服务技术

网络气象服务技术。当前,利用网络进行气象服务已成为气象服务的主要手段和方式,它能确保气象信息发布与传播的准确性和及时性。国际上著名的气象服务网站有:美国天气频道网站(www. weather.com)、美国商业性气象服务网站(www. accuweather.com)和德国天气在线(www. t7online.com)等,它们都是以公众需求为主要对象的气象服务性网站,在网络频道、栏目设计和产品开发等方面,都是紧紧围绕广大用户的实际需求进行的,同时针对一些特殊用户的需要也有商业盈利性的专门服务产品。我国经过近20年的建设和发展,已经形成以中国天气网(www. weather.com.cn)、中国兴农网(www. cnan.gov.cn)以及全国各省、市、县气象部门网络在内的气象服务网络体系。在天气网中,除常规的天气、气候预报、警报服务产品外,还有涉及社会公众衣食住行、旅游交通、生产生活等方面的人性化服务咨询、气象科普等,极大增加了气象信息产品的专业化、多样化、个性化和趣味化,以适应和满足社会各方用户的最大需求。在兴农网里,中国气象局主站与全国各地气象部门兴农网实现了联网开展服务,覆盖全国广大农村。它以发展现代农业、繁荣农村经济、促进农业科技进步、提高新型农民素质为己任,是直接服务各级党委政府涉农部门、农业科研院校、农业科技工作者、涉农厂矿企业、农村协作组织和农民个人的公益性综合服务网站。该网站内容有:天气预报、警报、资讯、市场信息、农业科技、气象农情、政策法规、商务中心、兴农专题、兴农探索、兴农图片和兴农频道等共50多个栏目的服务信息。总之,中国天气网和中国兴农网已经成为气象部门最主要的现代化气象服务业务之一,也是未来气象服务的主要阵地。

新媒体气象服务技术。新媒体(NewMedia)是一个相对的概念,它是针对报刊、广播、电视等传统媒体以后发展出来的新的媒体形态,它包括网络媒体、手机媒体、数字电视、电子显示屏、数字大喇叭等。新媒体是一个全新概念,笼统来说,它是指利用数字技术、网络技术,通过互联网、宽带局域网、无线通信网、卫星等渠道,以及电脑、手机、数字电视机等终端,向用户提供各种信息服务。也可以说,新媒体也称为数字化新媒体。今天的气象服务信息已经实现了新媒体的广泛传播,农村、社区街道的气象电子显示屏及时传播气象及相关信息;农村气象信息大喇叭第一时间广播气象预警消息;手机客户端(APP)让用户玩转丰富的气象信息;数字化网络电视让你和家人享受无处不在的高质量气象服务;微博、微信技术让气象信息交流互动更加广泛、气象科普知识走进千家万户。随着新媒体技术发展,现代气象服务业务技术和产品也得到极大地发展和完善,气象服务业务现代化也有了广阔天地。

气象预警信息发布技术。全国各省(区、市)气象部门都建有自己的气象预警信息发布系统,可以方便、快捷地通过手机、网络、电子显示屏、大喇叭等手段发布气象灾害预警信息。该系统通常采用B-S结构,以方便省、市、县三级气象部门及时在上面发布当地的气象预警信息,并对其进行严格的科学管理。当前,中国气象局正在整合各省(区、市)气象部门预警信息发布手段,推广"国家突发事件预警信息发布系统"。该业务省级平台由预警发布场所(网络化多媒体环境、发布大厅、各种音视频信息集中处理、多种显示设备会议设备集中控制等),基础支撑系统(通信系统、网络系统、信息接入系统、存储系统等),数据库系统(基础信息数据库、地理信息数据库、预警信息数据库、应急资源数据库等),预警应用系统(预警信息发布管理系统、媒体手段接入系统、预警短信平台、反馈评估系统、全业务流程监控系统等),数据交换与共享系统(包括预警信息数据采集系统、预警信息数据交换系统等),信息发布渠道管理系统(包括北斗卫星、12379 呼叫中心系统、社会媒体网站、广播电视插播、农村大喇叭、电子显示屏、微博、微信等全覆盖信息发布模式),安全保障系统(遵守国家保密规定和相关信息安全规定、保障系统安全运行)以及标准规范(包括信息格式、数据格式、文件格式、数据接口、传输协议等等)共八个部分组成。建成后的该系统,可将预警信息安全、及时、有效的向政府相关责任人和信息员、城市农村、街道社区、厂矿企业以及社会群体进行发布。同时,可根据不同等级和类型,将预警信息进行筛选和匹配,将匹配结果对需要此类预警的企事业单位和人群进行发布。

　　不论是广义的还是狭义的气象服务技术,只对个别内容做了一个简单的介绍。特别是近年来,大量的新技术如大数据、云计算、"3S"互联网++的出现,为以信息服务为核心的气象服务提供了强有力的推动,气象服务的路越走越宽广,气象服务的支撑技术越来越丰富,专业气象服务和公众气象服务必将迎来更大的发展。

参考文献

编委会.1955.中国近代科学论著丛刊·气象学(1919—1949)[M].北京:科学出版社.

陈振林,郑江平,邵洋,等.2010.公共气象服务系统发展研究[J].气象软科学,(5):86-100.

和文农.2002.公益性气象服务的经济学思考[J].气象软科学,(4):7-10.

和文农.2007.试论逐步实现公共气象服务均等化[J].气象软科学,(4):105-108.

黄宗捷,蔡久忠.1994.气象经济学[M].成都:四川人民出版社.

矫梅燕,王志华.2009.公共气象服务是气象事业科学发展的必然选择[J].气象软科学,(4):9-12.

李华,周学才,田燕.2005.浅析气象服务品牌化的重要意义[J].气象软科学,(1):29-32.

刘玲.2007.农业气象科研与业务为社会主义新农村建设的思考[J].气象软科学,(2):56-61.

罗晓勇,周定文,黄宗捷,等.2010.现代气象服务的经济学分析[J].气象软科学,(3):116-123.

马鹤年.2001.气象服务学基础[M].北京:气象出版社.

秦大河,等.2004.中国气象及业务发展战略研究·总论卷[M].北京:气象出版社.

秦剑.2000.加快建立健全气象为农业服务体系[C]//气象服务学术研讨会文集.北京:气象出版社:72-77.

秦剑,等.2012.气象与水电工程[M].北京:气象出版社.

秦剑,余凌翔.2001.云南气象灾害史料及评估咨询系统[M].北京:气象出版社.

秦剑,赵刚,朱保林,等.2010.水电气象服务的思考[J].气象软科学,(6):63-67.

秦剑,朱保林,赵刚.2010.云南水电气象[M].昆明:云南科技出版社.

阮水根.2000.未来我国气象服务发展战略浅析[C]//气象服务学术研讨会文集.北京:气象出版社:8-14.

沈国权.2000.加入 WTO 对我国气象服务业影响的对策思考[C]//气象服务学术研讨会文集.北京:气象出版社:15-19.

孙健,裴顺强.2010.加强公共气象服务的几点思考[J].气象软科学,(3):36-42.

孙祥彬.2007.对气象服务的认识[J].气象软科学,(2):33-35.

谭冠日.1992.气候变化与社会经济[M].北京:气象出版社.

温克刚.1999.辉煌的二十世纪新中国大记录·气象卷[M].北京:红旗出版社.

温克刚.2004.中国气象史［M］.北京:气象出版社.

许小峰.2011.现代气象服务［M］.北京:气象出版社.

姚国友,刘刚.2009.强化公共气象服务理念大力发展公共气象服务［J］.气象软科学,(3):100-104.

余建华,邹金生.2008.气象灾害中若干经济学问题的探讨［J］.气象软科学,(2):131-135.

张钛仁,宋善允,田翠英,等.2007.中国行业气象服务效益评估方法与分析研究［J］.气象软科学,(4):5-14.

郑国光,刘英金.2009.中国气象现代化60年［M］.北京:气象出版社.

郑锦.2005.新形式下气象科技服务面临的机遇和挑战［J］.气象软科学,(2):82-85.

周韶雄.2005.气象科技服务相关概念的发展与思考［J］.气象软科学,(2):92-95.

第二章　气象信息服务支撑技术

　　气象信息服务支撑技术是气象服务的重要组成部分之一,是气象信息化和现代化的关键。本章首先对气象信息服务支撑技术进行总体概述;接着从气象数据高性能计算、气象数据处理与管理、气象图形图像技术、气象服务产品管理共享与发布 4 个方面,重点对不同气象信息服务发展阶段中的支撑技术进行详细且系统的分析;最后还列举了一些气象信息服务技术典型案例供读者参考。

第一节　气象信息服务技术概述

　　气象信息服务技术是气象服务发展史中不可或缺的重要部分,是气象信息化的关键环节。本小节主要是从气象信息服务技术的背景和现状展开,重点叙述了气象信息服务技术的基本理论、意义以及其发展、应用现状等内容,为后面章节的展开奠定基础。

一、气象信息服务技术的背景

1. 气象信息服务技术的基本理论

　　气象信息服务技术是集气象信息收集技术、气象信息处理技术、气象信息存储技术、气象预报技术、气象信息服务产品库技术、气象信息交换与分发技术等相关信息技术于一体的先进气象信息科技领域。

　　按照技术发展阶段划分,包括气象探测技术、气象通信技术、气象预报技术、计算机应用、高性能计算技术等;按照服务领域划分,包括公众气象服务技术、决策气象服务技术、有偿气象服务技术、商业气象服务技术、军事气象服务技术等;按照关键技术领域划分,包括气象信息收集、气象信息处理、气象信息存储、气象信息服务产品库技术、气象信息交换与分发等。

　　高性能服务器和高性能计算机的应用,简称高性能计算。它既是世界各国之间尤其是发达国家间竞相争夺的信息科技战略制高点,又是气象信息科学研究和技术创新发展的利器。中国也不例外,气象部门是最早应用高性能服务器和高性能计算机的单位之一。

　　气象数据管理是指气象数据收集、处理、存储与归档、共享服务等各个环节过程应遵循气象信息与技术体系指导原则、方针和具体执行方法。例如气象数据综合管理平台,即气象信息存储检索系统。它是一个各类气象信息规范化存储管理的数据库系统。该系统的信息共享平台支持不同领域用户获取气象数据。

　　气象通信系统主要由全国气象宽带通信网络系统(由国家级、省级、市级和县级气象通信网组成)、卫星通信系统、同城用户服务系统组成,负责国内气象资料的收集、分发以及行业气象资料共享等业务。其卫星通信系统是可以覆盖到县级以上气象部门。

从技术角度来看,信息安全是指信息系统的固有状态(包括硬件、软件、数据、人、物理环境及其基础设施)得到保护,不因偶然或恶意原因而遭到破坏、更改、泄露,信息服务不中断,系统连续地、可靠地、正常地运行,从而实现业务的连续性。信息安全的最终目标是指建立在物理安全、运行安全、数据安全和内容安全4个层面的基础之上的信息真实性、保密性、完整性、可用性、不可抵赖性和可控制性等。

2. 气象信息服务技术的意义

气象服务是公共气象事业的重要组成部分之一。气象信息服务技术是由基本气象业务技术发展起来的一门专业的前沿的气象信息科学技术。它既是气象信息科学技术体系的组成部分,又具有自身特色。

气象信息服务技术既是基本气象业务技术(即气象探测技术、气象信息管理技术和气象预报技术等综合技术)的延伸,又是基本气象业务技术的发展,气象信息服务技术是依托基本气象业务技术发展起来的一门气象信息科学技术。一方面,基本气象业务技术是气象信息服务技术的根本和依托;另一方面,除应用气象基本业务技术外,气象服务还需针对特定领域的需求发展专业技术。气象信息服务技术体系是适应服务需求的具有特色的一种技术体系;气象信息服务技术还必须依托计算机应用技术,引进并应用图形图像技术、互联网技术和新媒体技术等前沿技术,促进气象服务现代化。因此,气象服务技术不能简单地等同于基本气象业务技术,它还广泛地吸取了相关信息科学技术的成果,发展并逐步形成具有特色的气象信息服务技术体系。

气象信息服务技术体系的先进性与否主要体现在以下几个方面:①气象服务产品是否面向用户的核心需求(或具有针对性);②信息处理技术是否满足"大数据化";③气象服务产品是否更加专业化;④气象服务产品是否更加精细化;⑤气象服务产品图形图像技术是否具有先进性;⑥气象服务产品管理技术是否更加系统性;⑦气象服务产品分发渠道是否更加"互联网化";⑧气象信息服务系统是否更加具有完整性。

气象信息服务系统是气象信息服务技术体系的重要组成部分,是多渠道业务体系和功能体系的公共技术基础支撑,起着纽带和支持作用。它不仅可以将某一渠道的气象探测、气象预报、气象服务和科研有机结合,构成完整的研究型气象服务业务系统,同时还将多个渠道有机融合,形成集约化发展,发挥多渠道业务的综合效益。

气象数据处理与管理是整个气象信息服务系统的重要组成部分,它与气象信息收集、加工处理、存储及共享服务等功能模块相辅相成,共同构成整个业务系统。其中,气象探测系统是气象原始观、探测资料的来源,气象通信网络系统是信息收集和产品分发的重要渠道,预报预测系统是资料服务的对象之一。同时,各业务系统产生的服务产品又成为资料收集的重要部分。因此,气象数据处理与管理贯穿于气象业务流程的每一个环节,是各个业务系统不可或缺的部分。

二、气象信息服务技术的现状

1. 气象信息服务技术的发展现状

继工业革命之后,20 世纪中叶起人类社会进入了以信息技术革命为先导的第三次技术革命阶段。该次技术革命掀起了电子计算机技术、微电子技术、航天技术、遥感技术等先进技术的快速发展。随着新技术革命的到来,气象信息科学技术抓住了新的发展机遇,取得了具有革命意义的长足发展。

气象信息服务技术是气象信息科学技术的重要组成部分之一。中国气象领域中的电子计算机应用技术经历了以下几个发展阶段。第一阶段是 20 世纪 50—70 年代中后期的基于国产计算机早期应用。第二阶段是 20 世纪 80 年代初建立在 M-170 和 M-160Ⅱ计算机之上的气象通信业务系统和短期数值气象预报系统。第三阶段是中期数值预报发展阶段。1991 年,T42L9 中期数值天气预报系统研制成功,并成功安装在美国 CDC 公司的 CYBER992(3460 万次/秒)和 CYBER962(148 万次/秒)计算机上,成功制作 5 天的全球天气预报;1993 年,T63L16 中期数值天气预报系统在国产银河巨型计算机 YH2(4 个 CPU,每秒 4 亿浮点运算)成功安装,中国气象部门从此进入亿次巨型计算机时代;1997 年,T1061119 中期数值天气预报系统研制建成,于同年投入业务运行后,成功制作 10 天的全球天气预报。第四阶段是高性能计算机应用阶段。20 世纪 90 年代中期,气象部门经过建设和开发,逐步装备和应用了大规模并行计算机(MPP),构成了国内最大规模的多机型异构并行计算环境,该计算环境由 IBM SP 并行计算机(总体能力:720 亿/秒浮点运算)、国产 YH3 并行计算机(180 亿/秒浮点运算)、和曙光 1000A 并行计算机(32 亿/秒浮点运算)等组成;1999 年,国内第一、国际先进水平的神威Ⅰ系统开始上线运行;2004 年,IBM Clustex 1600 计算机(21 万亿次/秒)引进,于 2005 年初投入业务运行。

气象信息处理与管理是气象信息服务技术的重要组成部分之一,贯穿于气象服务业务的每一个环节。新中国成立后,为了满足气象业务、气象服务及气象科研等工作需要,中国气象部门进行了 6 次(1952 年、1961 年、1971 年、1981 年、1991 年和 2003 年)较大规模的阶段性气象历史资料整编工作,从而建立了高空、地面、辐射等资料的数据库或数据集。20 世纪 90 年代初,新一代气象数据库系统业务运行,该系统是使用 VMS 的索引文件管理系统研发的。随后,中国气象部门首次采用大型商用数据库管理系统研发了实时气象数据库。该数据库是一个面向全国气象部门的、统一用户界面的、统一数据结构的 9210 分布式数据库。2003 年,中国气象部门开始建设"国家级气象信息存储管理系统"(MDSS),于 2007 年业务运行。

中国气象科学数据共享平台是中国气象部门建成的第一个具有真正意义的分布式信息网络系统,该平台是由一个国家级主节点、31 个省级分节点,以及若干个专题节点有机组成的覆盖全国的、分布式的科学数据共享服务系统。它由一个主平台和若干分平台组成,实现了基于统一元数据标准的信息发布和用户单点登录全网数据透明访问,同时采用了统一标准规范体系,实现数据、用户的分级管理,用户可通过访问中国气象科学数据共享服务网(http://cdc.cma.gov.cn)获取在线数据下载和服务。

2. 气象信息服务技术的应用现状

(1)气象高性能计算

中国气象部门高性能计算系统 IBM 高性能计算机由科研分区、业务分区数百个节点组成。IBM 高性能计算系统承担的主要业务模式有数值预报模式和动力气候模式。目前,在区域中心和省级高性能计算系统上,大部分运行的都是 GRAPES 和 MM5 模式,只有少数区域中心开发并运行了具有地方特色的数值模式。

自 1978 年引进高性能计算机以来,中国气象部门先后经过了 6 次较大规模的高性能计算系统的升级建设。2004 年,中国气象部门引进了 IBM 高性能计算系统,整体计算能力高达近 21.6 万亿次/秒,位居当时全球高性能计算排名第 6 位。

2013 年,气候变化应对决策支持系统工程高性能计算系统投入试用。该系统分为 7 个子系统,分别安装在国家气象信息中心和沈阳、上海、武汉、广州及成都 5 个区域中心,与 2004 年引进的高性能计算系统相比,总体计算峰值达 1759 万亿次/秒,总体计算能力提升了 24 倍,存储能力提升了 16 倍,位居世界前 100 名之内,而且用电量仅增加了 29%,更加符合绿色节能理念。现在完成分辨率为 15 km 的 GRAPES 全球模式 10 天预报,只需 51 分钟,不但使分辨率得到显著的提高,而且使预报时效得到有效的提升。

(2)气象数据处理和管理

气象数据处理和管理的主要基本功能有气象探测资料及相关资料的收集、处理、加工、归档和服务共享。经过多年来的发展和进步,中国气象部门的气象资料三级(国家级、省级和台站)数据处理业务机制已初步形成,与此同时,气象观测资料的自动收集、处理加工、存档和服务共享业务流程也已经基本形成。

气象数据处理已经开展了地面和高空资料质量控制业务。其中,国家级已经开展气候资料的均一性检查和订正研究,国家级和省级建立地面自动站气象资料质量评估业务,同时开展了地面、高空及辐射资料统计整编业务,并且围绕数据处理业务,建立了一系列规范和标准;开发、生产和制作了一批气象数据集产品。

中国气象部门建立了二级(国家级、省级)数据管理机构,各级数据管理机构业务流程规范,分工明确。气象基本数据的收集、处理业务已经建立了;主要气象探测数据的收集业务流程在不断完善;常规观测资料的数据质量在不断提高;大部分数据在国家级、省级进行了存储和归档。同时,针对科研和业务的气象资料的巨大需求,各级数据管理机构均开展了一系列的气象数据服务工作。特别是近年来,国家级数据共享服务取得了很大的进展。完成了"数据管理技术标准""气象数据元数据格式标准""气象科学数据集制作与归档技术规定""气象数据集说明文档格式标准"以及"气象资料的分类编码及命名规定"等数据管理技术标准技术规定的研制。

目前,气象数据服务提供方式有 2 种,即在线数据服务和离线数据服务。其中,在线服务主要是用户通过在线访问中国天气网、国家气象信息中心气象资料服务网和国家气象科学数据共享服务网获取;离线数据服务主要包括信息咨询、电话咨询和针对用户需求制作专题数据产品等。

(3)气象通信网络

目前,中国气象通信网络系统主要由气象宽带网、气象卫星通信系统、天气预报电视会商系统、办公自动化与灾情传输系统、国际通信系统、各级局域网络系统和互联网系统(Internet)等组成,负责国内气象资料的收集、分发以及行业(气象、国防、海洋、水利、地震和航空航天等部门)气象资料共享等业务。其卫星通信系统可以覆盖到县级以上气象部门。

(4)气象信息存储与共享

气象信息存储与共享主要是指中国气象资料已经进入数据库系统管理和服务时代,存储了大量的标准、规范的供用户使用的气象数据集,使中国气象资料的完整性、准确性和安全性得到了保障。

气象信息存储管理的发展及应用先后经历了单机管理、局域网络管理、广域网络管理和海量综合数据管理系统等四个阶段。

自 20 世纪 90 年代中期起,中国气象部门依托 9210 工程建设项目,建成地(市)级以上的各级气象数据库,形成了 NICC、RICC、PICC、CIMSE 上下配套的 4 级分布式数据库管理系统,该系统统一了数据库管理系统、数据格式和应用界面等,实现了气象信息的统一管理、高效应用和交换。

进入 21 世纪后,随着信息技术的飞速发展,气象信息服务技术也取得快速的进步,尤其是在气象信息服务手段方面,例如建立在互联网技术上的"中国天气网网站"和应用移动互联网技术的"中国天气通手机客户端"。

总之,中国气象信息服务技术的应用现状是一个不断发展的过程,它伴随着高性能计算、海量存储系统、气象宽带网、气象数据共享体系和气象服务体系等逐步完善的过程。

第二节　气象数据高性能计算

气象是最早应用计算机的领域之一,是最早应用高性能计算的行业之一。气象数据高性能计算是气象现代化的标志。本小节重点介绍了气象领域中的高性能计算,并针对不同发展阶段的并行计算、网格计算以及云计算等进行一一叙述。

一、气象数据高性能计算概述

1. 高性能计算

高性能计算(High Performance Computing,HPC)是计算机科学的一个分支,主要涵盖计算机体系结构、并行算法及软件开发等方面的高性能计算机技术。

(1)高性能计算的含义

高性能计算(HPC)通常是指某一集群中组织的数台计算机(作为单个计算资源操作)或者使用多个处理器(作为单个机器的一部分)的计算系统和环境。HPC 系统有许多类型,其范围从高度专用的硬件到标准计算机的大型集群。基于集群的 HPC 系统大多数使用高性能网络互连。基本网络拓扑结构一般使用一个简单的总线拓扑,但性能很高的环境中,网状网络系统占据主流,由于它能够在主机之间能够提供较短的潜伏期,从而改善总体网络性能和传输速率。

网状网络拓扑系统(如图 2-1 网状 HPC 系统),大多支持通过缩短网络节点之间的逻辑距离和物理距离以加快跨主机的通信。在 HPC 系统中,虽然网络拓扑、硬件和处理硬件非常重要,但操作系统和应用软件仍然是有效的核心功能的提供者。

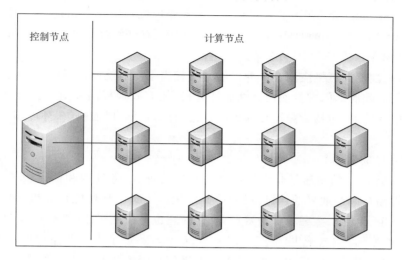

图 2-1　网状 HPC 系统

　　HPC 系统使用的操作系统是专门设计的,该类操作系统往往被设计成看起来像单个计算资源。该系统的控制节点既是 HPC 系统和客户机之间的接口,又是计算机节点工作分配的管理者。

　　典型 HPC 环境的任务执行模型大致有 2 种,一种是单指令/多数据(SIMD),另一种是多指令/多数据(MIMD)。SIMD 可以跨多个处理器的同时执行相同的计算指令和操作,但对于不同的数据范围,它允许系统同一时间使用许多变量计算相同的表达式。MIMD 允许 HPC 系统既能够在同一时间使用不同的变量执行不同的计算,又可以同时执行多个计算,使得整个系统看起来并不仅仅是一个没有任何特点的计算资源(虽然它功能很强大)。

　　不管是使用 MIMD 还是 SIMD,典型 HPC 系统的基本原理大致相同:整个 HPC 单元的操作和行为像单个计算资源,它把实际请求的加载展开到各节点。而且 HPC 系统解决方案的专用单元,本身就是被专门设计和部署为能够充当(并且仅仅充当)大型计算资源。

　　(2)高性能计算的发展趋势

　　HPC 的发展趋势主要表现在以下几个方面:网络化、体系结构主流化、开放和标准化以及应用的多样化等。高性能计算最重要的发展趋势是网络化,并且它的主要用途就是网络计算环境的主机。未来越来越多的应用是基于网络环境的应用,数以十亿计的客户端设备会出现,所有的重要数据和应用都会放在高性能服务器上,因此,客户机/服务器(Client/server)模式将进入到新一代,即服务器聚集模式。

　　网格计算(Grid Computing)已经成为 HPC 的一个应用研究热点。目前,网络计算环境的应用模式是 Internet/web,信息网格化模式将逐渐成为主流。计算网格方面美国处于世界领先地位,当前美国对于网格研究的支持可与其 20 世纪 70 年代对 Internet 研究的支持相比,10年后有望普及到国民经济及社会发展的各个领域。与 Internet/web 的主要不同,网格是一体化,它将分布在全国的计算机、贵重设备、数据、用户、软件以及信息组织成一个逻辑整体,各个行业都可以在此基础上运行各自的应用网格。

　　从体系结构的角度来看,一个非常重要的趋势——超级服务器正逐步取代超级计算机成为 HPC 的主流体系结构技术。高性能计算机市场有低档产品、中档产品和高档产品等。低档产品是 SMP(Symmetric Multi-Processor,对称多处理机),中档产品则是 SMP、CC-NUMA (Cache Coherent-Non-Unifornl Memory Access,支持缓存一致性的非均匀内存访问)和机群,而高档产品采用 SMP 或 CC-NUMA 节点的机群。

总体来说,高性能计算机应用在国外已经具有相当程度的规模,并且在各个领域都有比较成熟的应用案例。政府部门大量使用高性能计算机,能有效地提高其对国民经济及社会发展的宏观监控和引导能力,包括金融监控和风险预警、打击走私、增强税收、环境和资源的监控和分析等。

（3）中国 HPC 的发展

高性能计算机 90% 的用途是非科学计算的数据处理、事务处理和信息服务。在国内,高性能计算机正逐渐得到产业界的认可,成为重要的生产工具。高性能计算机已经广泛应用于生物工程、信息、电子商务、金融和保险等产业,同时它也是传统产业（包括制造业）最终实现技术改造、提高生产率——“电子生产率”（E-Productivity）及竞争力非常重要的工具。HPC 已经由技术计算（即工程计算和科学计算）扩展到网络信息服务和商业应用领域。

在国内,高性能计算机的研究及应用已经取得了一些显著成绩。应用高性能计算机进行预报气象和气候模拟,对灾害性天气和厄尔尼诺现象进行预警。新中国成立 50 周年前,中国气象部门利用国产高性能计算机,进行了北京地区的气象预报（集合预报、中尺度预报和短期天气预报）,并取得了比较良好的预报结果。同时,生物工程、船舶设计、汽车设计和碰撞模拟及三峡工程施工管理和质量控制等领域都有高性能计算机应用的成功案例。

但是,国内的高性能计算机应用还有待发展,归其原因有设备不足、联合和配套措施不完善及宣传教育力度不够。随着互联网技术的深入发展,国内社会已经逐步意识到高性能计算机的重要性。HPC 业已成为科技创新的重要工具,能够促成实验方法或理论难以取得的技术创新和科学发现。“973 项目”中的很多课题（尤其是“大规模科学计算”和“高性能软件”课题）都和高性能计算机有着密切的联系。

2. 气象领域高性能计算的基本特征

（1）HPC 资源较为匮乏

在气象行业中,HPC 主要应用于数值天气预报领域的业务及科研工作,而数值天气预报的工作内容实质,等同于计算数学领域的“偏微分方程组的数值求解”。由于在求解过程中始终存在“次网格尺度物理过程”,导致数值天气预报模式的分辨率难以达到满意的终结目标,并且数值天气预报模式分辨率的不断提高,又使求解方程组的计算量呈几何数量级上升。因此,气象行业中的 HPC 资源始终是稀缺资源。

（2）并行化业务模式的“紧耦合型”特征

天气预报的高时间敏感度就是要求数值天气预报业务模式须在规定时间内完成,因此,HPC 的使用及高效并行计算的实地化应用是必然选择。数值天气预报模式的并行计算算法大致如下:把离散化成规则水平及垂直格点的计算区域在水平方向上划分成若干个规则的计算域,计算域的数量一般和可使用的 HPC 节点数量大致相等（或略低）,每个计算节点上只运行一个计算域。由于偏微分方程组在每个格点进行时间和空间数值积分计算时都需要初始值及相邻格点的计算值作为其边界值,因此,最初的初始值和边界值需按照计算域的划分进行组织和准备;并且在整个计算过程中,每积分一个时间步长,相邻计算域之间至少需要互相通信一次,交换上一次积分的计算结果,用于作为下一时间步长积分的边界值。计算节点只有在获取相邻节点传来的本计算域所需的边界值后,才能开始下一个时间步长的计算。

因此,就 HPC 来讲,数值预报模式属于大规模"紧耦合型"的科学计算问题。对"紧耦合型"并行计算而言,各计算节点的运算时间必须精确一致,只有这样才能避免某一计算域虽已完成计算,但由于相邻计算域的计算结果尚未产生,信息无法进行交换,最终导致该计算域由于无法获取相邻计算域的计算结果而发生的等待现象。

3. 气象领域高性能计算的发展现状

20 世纪 80 年代以来,国家级中心的 HPC 能力按每 5 年近 1.5 个数量级速度飞速增长。国家级气象部门组建了一支资料同化和数值模式专家队伍,负责各种新型探测资料(雷达、卫星等)同化技术和模式系统的改进、业务运行及产品适用的研究和应用。

近年来,各级地方气象部门在地方政府财政和有关项目的支持下,购置了 HPC 系统,使计算能力得到了迅速提高。但存在地域分布差异,主要的计算能力大多集中在经济发达地区的气象部门和区域气象中心。

地方气象部门的 HPC 能力近年来虽然有了较大提升,但是与国家级气象部门相比,无论是计算资源的总量和系统管理水平,还是应用研发能力,都存在较大差距。地方气象部门的 HPC 系统存在的主要问题如下:①设备利用率低、设备老化和故障率高,并且缺少用于系统维持和升级的经费支持;②计算能力并不能满足当地需求,特别是科研方面的大计算量需求;③缺少必要的系统维护专业队伍和 HPC、数值模式专业技术人才。从业务应用角度来看,地方气象部门购置的 HPC 绝大部分是用于 GRAPES 和 MM5 模式的运行。但这些模式的本地化(本地地形、参数化方案、加密资料同化等)需得到数值模式专家的指导,从而形成具有地方特色的中小尺度数值模式。从计算需求角度来看,各地方气象部门尤其是各区域中心气象研究所已经开展了极端天气和气候特征的形成机理、预报方法等方面的科学研究,拥有了具有地方或区域特色的气象数值模式。随着地方经济社会的发展和人民生活水平的提高,地方政府和公众对天气预报的需求不断提高,决定了这些地区气象数值模式的高时空分辨率的发展趋势,因此,一个共享的、功能强大的计算资源平台迫在眉睫。因此,构建一个面向气象部门的跨地域的 HPC 资源共享与协同管理平台,不但可以解决全国气象部门计算资源的区域分布不均的问题,优化资源配置,而且也充分发挥国家级数值预报模式专家的指导作用。

二、并行计算及其在气象领域中的应用

1. 并行计算

20 世纪 60 年代初,源于晶体管技术与存储器技术的发展,并行计算机出现,IBM360 就是这一时期的典型代表。正是由于它能够最好地解决单处理器速度瓶颈问题,所以并行计算机得到创建和使用。并行计算机的基本工作原理:它是由一组处理单元构成,这组处理单元通过相互通信与协作,并以更快的速度共同完成某项大规模的计算任务。因此,计算节点和计算节点之间的通信与协作机制是其最重要的两个组成部分。与之同时,计算节点性能的提高和节点间通信技术的改进也就充分代表了并行计算机体系结构的发展方向。

就单台计算机系统而论,扩展其性能比较有效的方法是采用 SMP(Symmetric Multi-Processor,对称多处理机)技术,它的基本工作原理就是将系统中的多个操作系统分布在多个处理器上执行,获得并行处理的效果。SMP 技术也可以通过多线程并行技术来提高性能。同时采用多线程并行技术和 SMP 技术,服务器可以同时处理多个应用请求,使得程序的运行获取更好的效果,并且在台式机的专业应用软件上,多线程并行技术的应用也在逐渐增多。

伴随着 SMP 技术的出现,一项新的技术出现,即集群系统(Cluster System)。SMP 技术发展到一定阶段,出现了以下问题:一方面是扩展并连接处理器的系统总线的高超技术,并不是每个系统厂商都能做到,另一方面是共享资源的竞争所造成的系统瓶颈,使得单机系统的性能并不呈线性增长。因此,集群系统应运而生。集群系统的基本工作原理:每台服务器独立工作,提供独立服务。当需要更高的性能以适应更多的应用时,不但可以进行服务器升级(增加更多的处理器、内存及存储等),而且可以增加新的服务器。总之,集群系统既能平衡及扩展整个计算机应用系统的工作负载,也能为用户提供高性能和高可用性的服务。

1977 年,DEC 公司推出了一个新的集群系统,并成功将 VMS 操作系统移植到该系统上。该集群系统以 VAX 为节点机并且节点机间是松散耦合的。20 世纪 90 年代后期,随着 RISC 技术的发展应用以及高性能网络产品的出现,集群系统表现出传统 MPP 无法比拟的优势。主要优势包括两方面:一是在性能价格比(Cost/Performance)、可用性(Availability)和可扩展性(Scalability)等方面显示出的强有竞争力,二是对现有单机上的软、硬件产品的继承以及对商用软、硬件最新研究成果的快速运用。

2. 气象领域的并行计算

并行计算技术的发展的同时,也推动了诸多并行计算机应用领域的发展,如数值气象预报、核数值模拟、航空航天技术等领域。反之,大型应用领域的深层发展,也对并行计算技术提出了更高的要求,从而促使了并行计算的进步。特别是 20 世纪 90 年代,由于并行计算应用系统与可扩展并行计算技术的研究成果相互渗透,并行计算技术及其应用得到了飞速发展。从科学和经济两方面来看,数值气象预报的发展历史与高性能并行计算技术息息相关,并且大气数值模拟的进步应归功于超级并行计算机的成功应用。

早在 1922 年,L. F. Richardson 首次提出在几千台计算机上采用数值计算方法进行气象预报。他想象数千台计算机围成一个圆形露天剧场形状,由一个中心控制器控制它们进行数值计算工作,从而进行气象服务。而真正起步的是 1940 年的 von Neumann、Charney 及其同事们,他们的工作是把数值气象预报作为首要的科学问题之一来进行研究。这项工作不但引导了数值气象预报作为一门学科的确定,而且奠定了建立国家级数值气象预报中心的基础。

1940 年以后的数十年里,数值气象预报中的数值方法、串并行算法及计算技术与气候科学、气象科学及基本物理模式一起均有迅速的发展。在数值气象预报的基本原理方面,Washington 和 Parkinsort 进行了深刻的论述,从一般的计算流体力学问题中分离出大量的数值气象模式及问题的解法,从而建立了新的数学模型。该数学模型是建立在球坐标上的流体力学方程,同时也是考虑存在极地的数学处理方法,其计算强度的要求显著提高。而气候研究的长期数值模拟和影响大气环流的物理现象所带来的计算强度更是其他科学领域无法相比。

常规数值模式的基本组成结构对并行计算有着非常重要的影响。大气数值模式主要由动力学部分和物理学部分两方面组成。动力学部分,即大气流体力学的原始方程;物理学部分,即辐射、云及潮湿等物理现象的物理方法。解动力学的数值方法通常会采用谱截断方法和有限差分法,而一些模式也常引入并使用半拉格朗日方法。从并行计算的角度来看,这些方法各具特色。就物理学部分而言,一般数值模式对并行计算的重要影响不是水平方向的,而是垂直方向的数据依赖关系。

3. 数值天气预报中的并行计算

(1)数值天气预报中的并行算法

目前,提高数值气象预报的精确性和时效性的基本途径:提高初始资料的质量、不断改进预报模式以及应用高性能并行计算技术。其中,模式的改进(所包含的物理过程的改进和模式分辨率的提高),是提高预报时效性和预报精确性的主要途径。与之同时,科学家还在寻求积分时间周期更长的气候模式(几十年甚至于几百年)。提高初始资料质量的关键,在于观察资料的质量控制与资料同化技术方案的改进。显而易见,这些都面临着大计算量(或高强度)的问题。因此,为了在尽可能短的时间内提供准确的预报产品,只有设计高效的并行算法和并行计算实现技术,才能充分发挥并行计算机性能以提高计算速度。并行算法的一般设计方法大致有:①串行算法直接并行化;②以问题的描述为出发点,设计并行算法;③从求解问题的数学方法上获得某种启示,借用某类问题的已知求解算法去求解另一类问题。

数值气象预报模式的计算过程大多被归结为某一特定且复杂的非线性偏微分方程(组)的求解过程。一直以来,为了求解数值气象预报问题,气象科学家们积累了大量有效的串行算法。因此,现有串行算法的直接并行化成为设计并行算法的首要选择;同时充分利用已有的好的并行算法既能够简化预报系统的设计,又可以缩短预报系统开发研究周期;最后还要紧密结合新一代并行计算机系统的结构特点。

当今,数值气象预报的并行算法研究方面取得了一系列科研成果,如多重网格法、谱变换算法、最优插值法、变分法、非线性 Jacobi 迭代方法以及 Newton 线性化迭代方法等。这主要体现在以下几个方面。

①经典网格点方法

20 世纪 40 年代末起,在数值气象预报模式的早期实验中,经典网格点方法得到普遍应用,用以求解流体力学问题。直至今日,在一些气象和气候预测模式中仍在应用经典网格点方法,例如有限区域模式 MM5 和全球海洋常规环流模式 OGCM 等。针对其并行计算性能低和数据相关性强的特点,可设计高效的并行算法。

②谱变换方法

随着快速傅里叶变换理论的发展,20 世纪 70 年代,基于全球谱转换的谱方法发展起来。与经典的网格点方法相比,虽然它有计算量和存储量均大的缺点,但也具有程序简单、计算精度高和稳定性好而有效的突出特点。

近 10 年来,由于超级并行计算技术的发展,谱变换方法得以进一步发展,因此数值气象预报领域中的应用也越来越广泛。设计基于转置的谱变换并行算法,以解决通信开销、负载平衡和存储等关键问题,得到较好的并行计算结果。

③最优插值

资料同化的客观分析部分普遍采用最优插值方案。与模式系统坐标一致的增量分析方法在区域和全球数值预报方面得以应用。而随着模式分辨率的提高,与模式系统相匹配的同化系统的计算量也会大大增加。设计最优插值的并行计算方法,可以解决影响最优插值方案的计算通信开销和负载平衡等瓶颈问题。

④变分法

只有寻求新的同化方案，才能进一步提高初始资料的质量。变分法同化方案具有先进的基本原理，并且能够有效地利用包含非模式变量的多种特殊观测资料，而这种方案被普遍认为是新一代的最有前途的数值预报初值形成方法。但新的同化方案带来新的并行计算问题，这就需要研究新的并行实现技术。

(2)数值天气预报中的并行实现技术

数值预报的并行计算可以简单地看作是以高性能并行计算机为计算环境，且运行在该环境上的超级计算。因此，在设计并计算应用系统和研究并行算法的实现时，只有针对新一代高性能并行计算机的系统结构特点，设计并研发一系列高效的并行实现技术，才能充分发挥并行计算机和设计的并行算法性能。

数值预报中的并行实现技术的主要内容包括如下几个方面。

①设计灵活的内存空间分配方案。随着并行处理机数目的增加，并行程序单任务所占内存空间减少；在处理机数目不多的并行计算环境下，并行程序即使不能计算，但处理机的数目只要增加到一定量便可实现并行计算；而随着处理机数目的增加可保持并行算法实现的线性加速比。

②设计循环数据分配、数据重分配等技术。该项技术解决了数值预报系统中影响并行计算性能的瓶颈——负载不平衡问题。数值预报的流体问题是一个建立在旋转球面上的依赖于压强和速度的流体问题。这种建立在球坐标系上的流体力学方程需要考虑存在极地的特殊数学处理方法，而自然顺序的数据剖分方法会带来任意一个计算场的负载不均衡，也就是说，在解数值预报流体问题的某些特殊数值方法中，各计算场具有不同的数据相关性，而一致的数据剖分方案会导致严重的负载不平衡。

③根据数据相关性，合理利用高速缓存的可重用性。CPU 速度远远落后于数据存取速度，CPU 速度每 18 个月将增长一倍，而在同期内内存访问速度只增加 15%，Cache 机制缓解了这一高性能计算研究和应用的热点问题。合理利用 Cache 机制的关键，在于根据高性能并行计算机的体系结构特点设计并行计算应用系统，提高数据的局部性。

④减少通信延迟对并行计算性能的影响。设计通信结构调整技术，减少通信次数(或频次)；设计单个处理机内部的全局计算与全局通信或局部通信重叠技术、某些计算量与其他计算量的通信重叠技术，减少甚至消除通信在并行计算过程中的独占时间。

⑤优化 I/O 操作，降低数值预报系统并行计算的总体时间。为缓解数值气象预报系统内存空间占用率大的问题，一般的解决办法是用工作文件存储计算过程中的某些量。可设计随着并行计算处理机数目的增加，并行计算程序单任务内存空间占有率减少的优化技术，在此基础上可用内存存储取代工作文件的读、写，来减少 I/O 开销。

三、网格计算及其在气象领域中的应用

1. 网格计算

(1)网格计算的基本理论

伴随着互联网的飞速发展，一门针对复杂科学计算的充满理想色彩的新型计算模式——

网格计算得以发展。其基本原理:通过网络共享将分散在不同地理位置的大量计算机相连,从而组织成一个虚拟的超级计算机,其中每一台参与计算的计算机看作一个计算节点,而成千上万个节点组成计算资源,且像一张"网格",所以这种计算模式叫作网格计算。

这个"虚拟计算机"具有两大优势:①从理论上看,真正有效组织起来的计算网格,其计算能力等同于该网格所能组织起来的所有闲置计算机计算资源的总和,而互联网上闲置的计算机(含个人电脑)成千上万,潜在的计算资源超乎想象,故理论上它具有超强的计算能力;②这些计算资源来源于互联网上的闲置资源,"化闲为宝",因此这些资源的使用代价相对低廉。

信息爆炸时代引发的处理能力需求的激增,而现有高性能计算机昂贵价格所导致的高昂信息处理代价与互联网上的无数闲置计算机所蕴含的潜在计算资源相互并存,网格计算应运而生。网格计算的构想源自遍布全球的近百年来行之有效且应用广泛的"电力网格"。因此,计算网格的实质就是在分布式网络环境下实现各种资源协同共享。

(2)网格计算的基本特点

互联网上闲置的计算资源和存储资源千差万别,如何充分利用这些资源,成为网格计算必须面临的巨大挑战。因此,网格计算的基本特点,即共享和协同。

网格计算所谓的"共享"是将互联网上海量的、自治的、异构的以及分布式的资源进行有效组织,以服务的方式为用户提供透明的统一访问机制。而网格计算中的"协同"是指资源间能够相互交互、理解及协作,从而共同完成复杂的网格计算应用。

从技术层面上看,网格计算就是通过互联网把地理位置上呈分布式状态的各个计算资源和数据资源进行资源虚拟化,从而创建出一个单一的系统映像,并且该映像保证应用程序和用户能够透明访问和使用这些资源。由于网格计算的资源是动态的,是异构的,是时常变化的,因此基于网格计算的高性能调度技术和安全技术的快速发展,成了网格计算的核心关键技术。

(3)网格计算环境

网格计算环境,即通过任何一台计算机都可以提供无限的计算资源,且可以接入海量的信息。这种环境能够帮助企业解决从前难以处理的问题,更有效地使用他们的业务系统,最终满足客户需求并降低他们计算机资源的拥有成本和管理成本。网格计算环境具有的优势如下:

①提高(或拓展)企业内所有计算资源的效率和利用率,满足用户的最终需求,并能够解决以前由于计算资源、数据或存储资源的短缺而无法解决的问题。

②建立虚拟组织,通过他们共享数据和应用来对公共问题进行合作。

③整合计算资源、存储资源以及其他资源,使得需要大量计算资源的巨大求解问题成为可能。

④通过这些资源的共享、有效优化以及整体管理,降低计算的总成本。

目前,网格计算主要被各大学和重点实验室用于高性能计算项目。这些项目要求拥有巨大的计算资源或需要大量的存储资源。

(4)网格计算与高性能计算

从技术架构上看,高性能计算绝不仅仅是一堆处理器简单的堆砌和互连,一台高性能计算机既包括众多当时先进的处理器作为计算单元,又包括把这些计算单元连接成一个强有力实体的高速互联网络,还有一整套能够有效提升内部通信和计算性能的管理系统及软件工具包。而这一切,无一不代表当时最新、最先进的技术成果。因此,在计算能力和计算时效方面,传统高性能计算机达到当时科学计算领域所能达到的最高水平,而高性能计算机的商业价格也是非常昂贵的。

对网格计算来说,"闲置资源的共享"和"资源的可有效利用"是其本质及关注重点。网格计算的关键元素是网格中的各个节点,而它们不是专门的专用组件。在网格中,各种系统常常基于标准机器或操作系统,而不是基于大多数并行计算解决方案中使用的严格受控的环境。位于这种标准环境顶部的是应用软件,它们支持网格功能。其实,网格计算在硬件方面完全沿用现有的技术、产品、设备以及相关基础设施,它是一种计算资源组织和使用方式的创新理念。就高性能计算领域而言,网格计算的优势在于其潜在的可能被利用的计算资源规模的巨大。然而,且不谈由于"异构性"难题尚未解决,散布在互联网上的大量异构资源目前难以(或无法)有效整合利用;即便该问题得到解决,可以因此拥有巨大的计算资源,也并不等价于一定具备了计算性能的高指标。就并行计算的"紧耦合"问题而言,计算节点间高速通信条件的具备与拥有充足的计算节点同等重要。目前网格计算所依托的现有远程商用通信网络,其最高带宽相当于 GB/s 级,即便将这些商业公网资源全部用于某个计算网格的节点间通信,其带宽与目前高性能计算机所采用的内部点到点通信带宽相比,也至少低两个数量级(国内网格计算的带宽则还要再低一个数量级)。而且,由于网格计算所辖资源地理分布的发散性,以及利用现有所有硬件技术设备及基础设施的基本特征,使得它永远不可能拥有与其同时代的经典意义上的高性能计算机所具有的节点间高速互联的基础条件。所以,单就节点间通信带宽匮乏而言,也是网格计算真正涉足于高性能计算领域的难以跨越的门槛。

2. 气象领域的网格计算

由于网格计算独有的计算资源共享、信息资源共享以及协同工作的显著特点,在气象领域也得到迅速发展与应用,尤其以欧洲中期天气预报中心(European Centre for Medium-Range Weather Forecasts 简称 ECMWF)最为突出。ECMWF 为其中期数值预报业务系统 IFS 建立了一个 EcAccess 系统,该系统允许欧盟成员国的科研人员通过 Internet 登录 ECMWF 的巨型计算机、数据资源及应用程序,并且可以根据自己的数值方案设置各种参数和选择不同的模块,进行数值预报模式的比较试验及分析,最终达到计算资源共享、信息资源的共享以及协同工作的目的。

2003 年,美国超级计算应用中心、NCAR 等也启动了 MEAD 计划,通过使用 TeraGrid 网格来提高飓风和强风暴的模拟效果,涉及的应用范围包括工作流、计算、数据的管理、模式的耦合以及数据分析等等,借此计划推动 MRF 计划的发展和应用。

当前,中国气象部门已具备较先进的高性能计算条件,如国家气象中心配备了 IBMSP、神威和银河等高性能计算机;中国气象科学研究院和各区域气象中心也先后配备了 COMPAQ、曙光、银河及 SGI 等高性能计算机。而从事数值预报系统的研究与开发的科研人员却分布在全国多个单位(科研院所、大学和省市气象局等),因此如何将分散的高性能计算机资源和人力资源有效地聚合起来,建立一个协同攻关的网络工作环境,发挥更好的经济、社会效益是急待解决的一个问题。而网格计算为上述问题提供了一个可行的解决方案,在气象业务系统和科研体系建设过程中将发挥不可替代的作用。

①实现在网络环境下的按需预报。通过应用网格计算,用户可订制数值天气预报系统的预报范围、运行模式以及预报产品,最终提交作业运行数值预报业务系统。

②聚合气象行业内部的高性能计算资源。把分布在不同地理位置上的计算资源进行整合并有效地利用起来,提高计算资源利用率。

③建立异地协同攻关的网络工作环境。数值天气预报系统的开发和研究是一项庞大的系统工程,而网格计算能够联合全国各地的技术力量进行协同攻关。

④实现气象信息资源的共享。用户可以根据服务需求进行气象数据调用,从而使气象资料的获取方式由被动变为主动。

⑤加快科研成果转化进程。

四、云计算及其在气象领域中的应用

1. 云 计 算

(1)云计算的基本理论

云计算(Cloud Computing)是分布式计算(Distributed Computing)、并行计算(Parallel Computing)、效用计算(Utility Computing)、网络存储(Network Storage Technologies)、虚拟化(Virtualization)、负载均衡(Load Balance)和热备份冗余(High Available)等传统计算机及网络技术发展融合的产物。之所以称它为"云",是由于亚马逊 Amazon 公司把网格计算取了一个新名称——"弹性计算云"(Elastic Compute Cloud,EC2),并将它成功应用于商业领域。

云计算的基本原理就是用户所需的应用程序并不需要运行在用户的 PC、手机等终端设备上,而是运行在互联网的大规模服务器集群中。用户所处理的数据也并不是保存在本地,而是存储在互联网的数据中心里。而这些数据中心正常运转的管理与维护由提供云计算服务的企业负责,并保证足够强的计算能力和足够大的存储空间来供用户使用。任何时间和任何地点,用户都可以任意连接到互联网的终端设备。因此不论是企业还是个人,都能随需随用云服务。同时诸多复杂的功能都将向云计算服务平台转移,而用户终端的功能将会被大大地简化。

从某种意义上说,云计算是指云服务提供商建立采用云计算技术构建的网络服务器集群,并通过该集群向各种不同类型客户提供在线硬件租借、软件服务、数据存储及计算分析等服务。根据部署模式和使用范围,可将"云"分为 3 类,即公共云、私有云和混合云。

①公共云。当云以按服务方式提供给公众时,称为"公共云"。公共云由云服务提供商运行,为最终用户提供各种各样 IT 资源。

②私有云。相对于公共云,私有云的用户完全拥有整个云计算中心的设施,可以控制应用程序的运行,并且可以决定用户使用云服务的权限。

③混合云。混合云,即"公共云"和"私有云"的结合。用户可以通过一种可控的方式部分拥有,部分与他人共享。还可以利用公共云的成本优势,把非关键的应用部分运行在公共云上;同时把安全性要求更高、关键性更强的主要应用运行在内部的私有云上并提供服务。

(2)云计算的基本特点

与传统的计算模式相比,云计算具有超大规模、高可靠性、通用性、高可扩展性、按需服务、易用以及高性价比等特点。

①超大规模

"云"具有相当大的规模,Google 云计算已经拥有一百多万台服务器,Amazon、IBM、微软以及 Yahoo 等"云"均拥有几十万台服务器。企业私有云一般拥有成百上千台服务器。"云"能够赋予用户前所未有的计算能力。

②高可靠性。云计算通过数据多副本、容错、计算节点同构以及可互换等措施进行资源管理来保障高可靠性的服务。

③高可扩展性。云计算具有非常强大的可扩展性,云计算中的 IT 资源可以随着业务量的增减而弹性地改变,从而满足业务发展的需求。

④易用性。云计算将大大降低了对客户端的设备要求,用户只需连接因特网,并拥有安装浏览器的终端设备,登录到相应系统即可使用云资源。

⑤高性价比。对用户来说,不再需要对软件、硬件资源的资金投入,云计算既可以节省大量的计算机软、硬件花费,而且可以节省大量的机房面积及机房运行管理维护费用。

2. 气象领域的云计算

根据云计算的现状和特点,结合气象领域信息处理的业务实际和需求,气象领域的云计算发展大致将经历以下几个阶段。

(1)基础设施即服务(IaaS)阶段:云存储平台

随着气象公共服务需求的提速,气象数据成几何倍数增长,每天的自动站、雨量标校站、雷达和卫星,常规气象资料以及历史资料入库构成了各级气象领域信息中心数据库建设的常态。2009 年统计气象数据存储每年以 50%～70%增长,信息中心需不断投资购买昂贵的硬件设备,并负责繁重的维护与升级,而服务器及其存储的利用率仅为 15%～25%,电力和空调却占数据中心总运行费用的 25%～35%。云存储的新颖之处在于它几乎可以提供无限的廉价存储及计算能力,因此利用云存储模式,将数据存储在云端,由专业的云服务商提供维护,把分布在大量分布式计算机上的内存、存储及计算能力集中起来成为一个虚拟的资源池,并通过网络为用户提供存储服务。云存储对用户的设备要求很低,气象服务人员只需用廉价的终端设备链接到云存储,就可以获取需要的数据资料。总之,云计算平台不但可以节约大量的计算机、网络交换等硬件设备的购买和维护成本,而且能够减轻数据中心人员工作强度,最终为气象服务水平的提高打下坚实的基础。

(2)平台即服务(PaaS)阶段:科学计算平台和气象服务平台

①基于云计算的科学计算平台

超级计算机的应用确实提高了中国整体的预报计算能力,但使用成本是非常高的。省级气象科技工作者还没有能力提交计算应用,只能在本系统内的小型机上进行一些模式运算,使计算效率非常低。而云计算能够为气象预报工作带来强大、灵活和低成本的协作与创新平台,并且它具有一个最明显的优势就是可以降低应用计算的成本,提高计算效率。粗略估计,比如 PC 每个 CPU 芯片的处理能力是 200MIPS,就是每秒钟执行 200M(即两亿次)指令,如果实现了由一万个节点(一台 PC 作为一个节点)组成的分布式系统,总的处理能力是 2000000MIPS(即 20000 亿次)。那么小型机作为节点,则该系统的处理能力更难以想象,世界上最快的 CPU 芯片也难以达到这个速度(目前,一定面积上的芯片的运算速度是有极限的,不可逾越的)。总之,气象服务人员只需通过一台 PC(或一部安装浏览器的终端设备,如 3G 手机)连接到云计算平台,就可以实现超大型计算机完成的任务(或完成不了)的计算作业。

②基于云计算的气象服务平台

气象部门是公共服务部门,为政府和社会公众提供气象服务。如何更好地更有效的提供气象服务,一个统一的标准的气象服务平台成为重中之重。搭建基于云计算的气象服务平台被认为是一个有效的途径。云气象服务平台:它将各种IT资源(网络设备、操作系统、服务器、路由器及存储器等),以虚拟化技术等服务提供给用户,用户即可按需定制气象服务产品。通过云计算模式,不再需要进行基础设施建设,只需根据业务需求,从云商那里获得云服务,这将大大地减少对这些基础设施建设、运行及维护的成本。

(3)软件即服务(SaaS)阶段:气象公共云

气象领域一直都是一个"大数据"的行业,尤其是近几年,国家对气象信息资源建设的投入逐年加大,各单位都积累了大量的气象信息资源,但这些信息资源只在各单位内部共享,缺乏行业之间和部门之间的气象信息共享,并且这极大地浪费了资源,重复建设问题十分突出。因此,搭建基于云计算技术框架的面向全球或全国的气象公共云,将成为气象服务快速发展的不可逾越的阶段。这一气象公共云将是基于 Web 的服务器、存储、数据库的和其他云计算架构的服务放在一个可供世界各地气象人员或气象爱好者使用访问的平台。理论上讲,气象行业和航空、农业、林业、水利等行业之间的信息共享,也可以通过公共云,这将更有效地实现资料共享,最终发挥大数据融合的潜在能量。

3. 基于云计算的气象水文业务

以气象水文业务为例,从架构思想和特性方面,对气象领域中云计算探索的进行简要分析,具体如下。

(1)高性能气象水文计算云

高性能气象水文计算云是以传统的高性能计算架构为基础,增加资源的管理、用户的管理、虚拟化的管理以及动态的资源产生和回收。该计算云不但实现了资源的自动管理、动态分配、自动部署、重新配置及资源自动回收,而且还可以自动安装软件和应用,最终实现高性能计算资源的快速高效的动态分配。

从图 2-2 中可以看到,用户通过互联网登录高性能气象水文计算云,提出资源使用申请和运行及环境配置要求。当用户提出项目(海洋数值预报和气象数值预报)申请时,云计算管理中心根据所有计算资源动态地分配、部署和配置申请项目的运行环境,快速完成申请项目的工作。

通过网络,云计算中心将计算产品及成果交付给工作人员(或气象水文科研单位)。利用云计算的特性,高性能气象水文计算云中心不但能够提供高性能计算资源,而且还可以扩展计算中心的服务内容,作为一个数据中心服务于其他的应用,提高计算资源的利用率。

(2)气象水文数据中心云

气象水文数据中心云通过资源集中管理以及虚拟化设计,让各种应用软件运行在共享资源上;同时通过自动化处理,使得气象水文数据资源得以实时调配。总之,它通过设备资源虚拟化、软件版本标准化、系统管理自动化以及服务流程一体化等手段为气象水文工作者提供数据共享服务(图 2-3)。

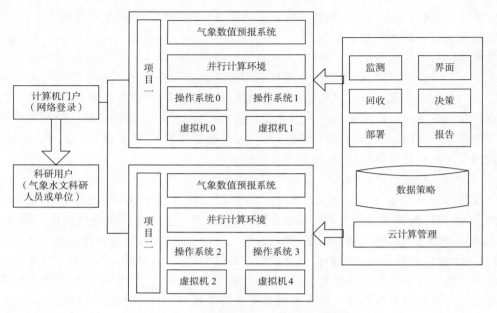

图 2-2　高性能气象水文计算云示意图

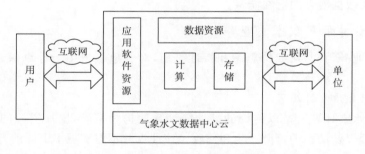

图 2-3　气象水文数据云示意图

气象水文数据中心云,为用户提供基于云端的操作系统和各种服务集合。在该数据中心云上,用户和单位既可以通过互联网与数据中心进行数据交换,又可以进行气象水文软件的应用和气象水文数据的数据库管理。总之,气象水文数据中心云可以提供计算服务、存储服务和平台管理及资源分配的控制器服务等服务。

针对气象水文预报业务计算量大的特点,气象水文数据中心云可以完成复杂的计算,并解决海量数据存储问题,实现不同时间和不同空间的初始场的数据共享,从而为全国各地的天气预报台站提供一个合作平台。

(3)气象水文应用软件开发及测试云平台

气象水文应用软件开发及测试云平台改变了软件开发的传统模式,使软件交付具有更高效的协作性,将开发人员的创新能力和生产效率提高到一个新的高度。该平台采用云计算技术架构,并结合了先进的开发、测试工具及方法论,按照既定的项目时间表,针对不同的项目进行动态分配和释放开发及测试资源。气象水文应用软件开发及测试云可以建立一致的工作环境、工作模式以及工作平台,而软件开发人员通过网络接入到“云”的环境中进行软件开发及测试工作。气象水文开发测试云见图 2-4。

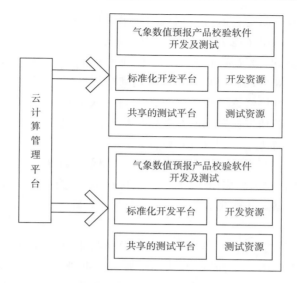

图 2-4　气象水文应用软件开发测试云示意图

　　用户向气象水文应用软件开发及测试云,提交了海洋和气象数值预报产品检验软件开发及测试两个项目申请。云计算管理平台快速、合理地配置虚拟资源(硬件设备和操作系统),通过标准化的管理建立标准化开发平台,进行统一的流程规定、版本和变更,从而完成软件的开发工作。软件开发工作完成后,针对软件的功能测试和性能测试要求,云计算管理平台将建立共享的测试平台,完成软件测试工作。整个项目结束后,该平台自动释放并回收计算资源。

　　由此可见,气象水文应用软件开发及测试云可以针对开发需求快速、及时、主动地向开发人员提供所需的工作环境,而开发人员无须单独地部署开发及测试环境,从而避免时间延误和人工错误,加快资源的周转率。

第三节　气象数据处理与管理

　　气象部门是积累了大量历史数据的少数部门之一。中国已经拥有相当数量的气象科学数据及相关信息。本小节重点介绍了气象领域中的数据处理与管理,从气象大数据处理、气象大数据管理与共享以及气象大数据挖掘等方面进行一一叙述。

一、气象数据处理

1. 大数据技术

　　大数据的应用和技术是伴随着互联网快速发展而诞生的,可追溯到 2000 年前后。同年,谷歌等公司率先建立了覆盖 10 多亿网页的索引库,开始提供较为精准的搜索服务,大大地提高了人们使用互联网的效率,这就是大数据应用的起点。随后,谷歌还提出了一整套以分布式为特点的全新技术体系,即陆续公开的分布式文件系统(Google File System,GFS)、分布式并行计算(Map Reduce)及分布式数据库(BigTable)等技术。这些技术奠定了目前大数据技术的基础,被认为是大数据技术的源头。

随着互联网产业的崛起,这种海量数据处理技术在电子商务、智能推荐、定向广告和社交网络等领域得到应用,并取得了巨大的成功。这就启发了整个社会开始重新审视数据本身蕴含的巨大价值,于是金融、电信等拥有海量数据的行业开始尝试这种全新的理念和技术,初见成效。当前,越来越多的业务部门(包括气象、水利和规划等部门)都需要操作海量数据。

当今社会,尽管大数据已经逐渐成为热点话题,但"大数据"的概念尚无公认的统一定义。中国"工业和信息化部电信研究院"2014年5月份发布的《大数据白皮书》认为,认识大数据要把握"资源、技术、应用"3个层次。大数据具有体量大(Volume)、结构多样(Variety)、时效强(Velocity)和价值(Value)4"V"特征;大数据处理需采用新型计算架构、智能算法等新技术;大数据应用既要强调以全新的理念应用于知识发现、辅助决策,更要强调在线闭环的业务流程优化。因此,从某种意义上说,大数据不仅"大",而且"新",是新资源、新工具以及新应用的综合体。

大数据技术就是多种技术的全新融合,主要由分析技术、存储数据库、NoSQL数据库和分布式计算技术等4种技术构成。分析技术就是对海量数据进行分析以实时得到答案;存储数据库(In-Memory Databases)使信息快速流通;NoSQL数据库是一种建立在云平台上的新型数据处理模式;分布式计算技术结合了NoSQL和实时分析技术。

大数据分析,即对规模巨大的数据进行分析。大数据分析常常会用到存储数据库技术来快速处理大量记录的数据流通。比如,它可以对某电子商务网站某天的销售记录进行分析,得出某些特征并根据某种规则向某类人群进行智能推荐。

NoSQL数据库在大多情况下又叫云数据库。NoSQL数据库的出现就是为了解决大规模数据集多重数据类型带来的挑战,尤其是大数据的应用难题。由于其处理数据的模式完全是基于各种廉价服务器和存储磁盘,因此它可以用以快速处理网页、各种交互性应用产生的海量数据。传统的关系数据库需要对数据进行归类组织,类似于姓名、账号等,这些数据需要进行标签化和结构化。相反NoSQL数据库则是关系型数据的补充,它能够处理各种类型的文档。

分布式计算技术是一门计算机科学,主要研究分散系统(Distributed system)如何进行计算。其基础理论是:首先把一个需要非常巨大的计算能力才能解决的问题切割成许多小的部分,然后将这些部分分配给许多计算机来处理,最后综合这些计算结果以得到最终结果。分布式计算技术可以结合实时分析、NoSQL数据库等一系列技术,对海量数据进行实时分析。更为重要的是,它所利用的硬件成本很低,因而让这种技术的普及成为可能。

目前,大数据处理技术正在改变计算机的运行模式。它几乎能够处理各种类型的海量数据,不论是电子邮件、微博、文章、文档、音频和视频,还是其他形态的数据;它的工作速度非常快,实际上几乎是实时的;它具有普及性,因为它所用的硬件都是最普通的且低廉的。

2. 气象大数据处理

在我国,气象部门是积累了大量历史数据的少数部门之一。目前,中国已经拥有相当数量的气象科学数据及相关信息。这些资料主要有2种保存形式:一种是原始观测数据及其来源和时间等,它们被保存在不同介质中;另一种是这些原始资料的数字化形式,并记录了相关项目、观测手段等,它们以文档的形式存放。与其他部门的数据相比,气象数据具有多源性、多样性和多态性等特点。

数据的多源性是由于气象观测手段的不同而产生的,如基层台站(无人站)、浮标、观测船

（包括走船、断面和剖面等）、卫星和遥感等观测手段。由于观测手段的不同引起了数据精度、数据格式等不同，最终导致了数据结构的复杂性、灵活性。特别是数据中关于观测手段、精度和测量单位等相关描述信息占据了很大的比例。

数据的多样性主要是指气象数据的种类繁多。各级气象台（站）日常收集的资料通常包括各种模式物理量场的空间格点资料、气象观测站的地面（或海上）和高空实况资料以及卫星、雷达探测资料，还有根据任务需要而进行的其他特殊气象观测、探测资料。而每种气象资料又包含若干类数据，因此数据种类繁多。

数据的多态性主要是指气象信息以多种数据形式进行表现。例如图形、图像、声音和文本等，不同的数据形态带来了数据处理手段的复杂化，有时甚至需涉及其他领域的知识。

虽然中国气象部门拥有海量的、内容丰富的、形式多样的气象数据，但这些数据尚未得到完全有效的利用，主要表现如下：

（1）气象数据精心筛选需求。一般基层气象台（站）天气预报，传统的制作手段是预报员根据预报经验，利用当天、前几天的少数站点的实况资料和小范围区域内少数的几个物理量，提取某一天气现象相关性比较高的气象要素作为因子，进行回归和判断分析，最终得出预报员个人的预报意见，而"海量"的气象历史资料在天气预报制作过程中并未发挥其作用。另外，传统的数据分析方法与"海量"气象数据现状的不平衡，造成预报员无法综合理解且有效地将这些数据用于天气预报制作，由此导致了数据产生、数据理解和数据应用之间的巨大差距。总之，针对不同的预报业务，天气预报专家需要对气象数据进行严格的精心筛选。

（2）气象数据深度加工需求。通过人工（或仪器）观测到的气象数据，不足以充分反映地球大气系统的物理结构和物理场。只有对气象数据进行更深层次的筛选和计算，才能得到大气的运动矢量、垂直速度、梯度、涡度和散度等物理量，从而更好地认识地球大气的演变规律，提高天气预报的预报能力和水平。

（3）气象数据挖掘需求。从某种意义上说，气象预报理论和气象预报模型还具有一定的不完善性和不完备性。由于预报员对某些天气现象的产生机制及其影响因子认识还不够充分，使得天气预报实践常常会表现为预报准确率较低，导致一些预报业务不能高效地展开。

二、气象数据管理

1. 气象大数据管理与共享问题研究

（1）气象数据管理和共享的现状

随着气象信息化的全面展开，中国气象部门已基本形成了集天基、地基、空基三维立体的综合气象观测体系。因此，国家级、省级以及台站级气象部门之间的数据收集、存储、转发呈几何级数增长。这就给气象数据管理与共享带来些许问题。

①气象数据的多源性和复杂性。没有形成统一的数据收集、处理、转发、存储及共享系统，没有建立海量数据存储和检索系统，难以对这些资料进行统一管理和共享服务。

②气象数据的质量控制技术落后。缺乏统一的方法和标准，资料的可靠性无法保证。

③气象数据管理落后。资料管理流程不明晰，标准不统一，给维护人员、资料管理人员及业务单位增加了一定的工作量。

④气象数据共享落后。相关业务单位和管理人员并不知道有哪些资料、从哪里获取资料

以及资料如何用等。

（2）气象元数据的研究与应用

在我国，元数据在许多行业中已经得到广泛应用，并制定了许多元数据标准。元数据可以认为是关于数据的"数据"，或描述数据的"数据"。在空间信息中，元数据用于描述数据集的内容、质量、表示方式、空间参考、管理方式及数据集的其他特征，它是实现空间信息管理和共享的核心标准之一。

气象元数据是对气象信息资源的规范化描述，它是按照一定标准（即元数据标准），从气象信息资源中抽取出相应的特征，组成的一个特征元素集合。这种规范化描述必须准确和完备地说明信息资源的各项特征。元数据标准的制定是元数据应用的前提。在气象数据共享系统建设过程中，采用元数据进行统一管理，可以大大提高系统的可扩展性和利用效率。因此，元数据对气象数据共享具有非常重要的意义。

①气象元数据的基本特征研究

气象数据具有连续性、时间性、空间性、地域性以及种类和要素多样性等特点。气象数据从观测到收集、分发和管理，最后通过网络实现共享服务，整个业务流程中每个环节都需要有相应的元数据。通常情况下，元数据大多都是描述性的，而针对气象业务流程，气象元数据可以分为描述性元数据、管理型元数据和应用型元数据。气象观测数据的元数据是描述性元数据，主要包括数据的覆盖范围、数据的类型及精度等；数据管理过程中的元数据是管理型元数据，主要针对数据库的元数据，既要有说明数据库的元数据，又要有关于数据库操作方面的元数据；数据服务过程中的元数据是应用型元数据，用于获取数据的联系信息、申请信息以及对于数据和用户的共享级别等描述。这3类元数据没有明显的界线，但侧重点各不相同。

②气象元数据建立中的研究

目前，大多数研究成果表明：以相关元数据标准为参考，根据气象数据的特点，研究并建立气象数据集元数据是基本途径之一。一般意义上讲，气象元数据主要包括气象数据集元数据的核心元素（或编目信息），即一级元数据的最基本、最主要的实体和元素的性质、内容、标识、结构及有关细则，用于了解气象数据集的总体。它可以被扩展到二级元数据，即数据集的更详细信息，又可分为若干子集，分别说明数据集某个方面的信息。

③元数据技术在气象数据共享中的应用研究

在气象数据共享系统建设过程中，研究如何采用元数据进行统一管理，提高系统的可扩展性和效率；在各类气象数据库建设中研究元数据的应用，元数据可以作为索引和控制信息存放于数据库中，建立相应元数据库，实现信息统一管理共享策略管理。在气象数据库建设中，所有的元数据都采用数据表的方式来存储管理，在数据库管理软件中设计、开发基于元数据的数据库实体的创建和维护功能。

（3）气象元数据设计的基本要求

气象数据作为大气科学数据的子集，其格式、种类、应用环境等具备独特的行业性特点。因此，气象元数据不仅仅要完整地包含其描述对象的各种特征信息，而且其内容和组织方式也要遵循一定的规范，使用户能够借助元数据正确地了解其所描述的对象，进而达到信息资源（或产品）的共享（或交换），同时通过元数据实现流程的有效控制。气象元数据的完整性和规范性需要通过对元数据的有效管理加以保证，这要求气象元数据设计必须能够适应元数据的应用目的和特点，在具备一般信息管理的共同功能基础上，应着重解决以下几个方面的问题：

①充分支持气象元数据内容的标准。气象元数据管理必须有效地支持用户所采用的元数据内容标准。根据需要元数据内容标准中,有时需要定义并描述元素之间的约束关系,如描述元素之间的互斥、互为前提甚至元素之间的相互限制。气象元数据管理必须能够正确地处理诸如此类的逻辑关系,严格按照标准规范进行各种元数据处理,便于正确地规约元数据的采集和维护工作。但是,不同领域的元数据内容标准必然有所区别,同一领域的标准也会随着需求的改变而发生变化。元数据管理必须具备标准适应能力,以便用户能够根据需求的变化及时进行必要的调整。

②高效的气象元数据网络检索。气象元数据管理必须提供气象元数据的网络查询检索功能。元数据的网络查询不同于关系型数据检索,也不同于一般网络搜索引擎常用的全文检索。它是非结构化的,关系型数据的索引机制并不能很好地适应元数据的不稳定结构特点。另外,在信息组织上,元数据又存在数据域(描述元素)的划分,采用全文检索机制则不利于通过数据域的约束来缩小查询范围。因此,气象元数据管理需要采用与气象元数据特点相适应的新的检索机制,以提高气象元数据的查询效率。

③标准的网络搜索协议。由于气象部门之间在元数据共享方面的合作要求,气象元数据管理之间必须实现网络互联,从而达到元数据的网络交换目的。因此,气象元数据管理的网络查询服务须遵循一种通用的网络协议,实现对元数据的网络搜索和提取。目前,在网络信息搜索和提取方面最著名的协议是 Z39.50 协议,该协议由 ISO 建立,用于规范网络信息搜索和提取过程中的各种请求和响应,同时对服务器和客户机的处理进行规范。

(4)气象元数据设计

气象元数据的设计必须遵循一定的原则。一方面要支持元数据在气象领域的应用,用以提供数据的基本状况;另一方面要提供一个实体与元素集,并定义元素的性质,包括必选、一定条件下必选以及可选等。气象元数据的建立依据主要原则如下:

①针对气象数据的特点。由于气象观(探)测记录种类和气象要素的多样性,以及观测记录的连续性、时间性、空间性、地域性等特点,在描述数据集实体和属性时,应明确表述气象科学数据特点的相关内容和项目,如数据类型、气象要素名称、记录时间和观(探)测次数等信息。

②面向气象数据共享工作的需求。气象元数据的设计要特别考虑气象数据分布式共享系统建设的需要,如分布式数据管理、导航、用户认证、数据检索服务等。

③参考相关元数据标准。气象数据是地球科学数据的重要组成之一,其冗数据的内容和格式,应以国内外相关的元数据标准为指导和参考依据,以便与国内外标准接轨。当前可参照的标准有 WMO 核心元数据标准草案、WMO 气候数据集目录款目格式、中国气象数据集元数据格式标准(草案)等。

气象元数据设计主要包括 3 层结构:元数据元素、元数据实体和元数据子集。元数据元素是元数据最基本的信息单元,元数据实体是同类元数据元素的集合,元数据子集是相互关联的元数据实体和元素的集合。

针对气象数据管理和共享中存在的问题,需要建立气象观测元数据、数据收集转发的元数据、数据管理的元数据、共享服务元数据,目的就是最大程度地实现气象数据的管理和共享。因此,气象元数据的设计应包括气象观测、收集与转发、数据管理和共享服务等元数据及其标准,气象元数据管理系统以及一些相关的产品目录,如图 2-5 所示。

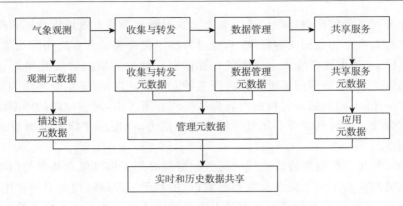

图 2-5　气象元数据结构设计图

（5）气象元数据管理系统

气象元数据贯穿于气象数据共享系统的数据库建设的各个环节,元数据作为索引和控制信息存放于数据库中,建立相应的元数据库,实现信息统一管理和共享策略管理。

元数据管理系统结构主要由元数据库、元数据服务器和元数据网关组成,如图 2-6 所示。元数据库是元数据发布系统的核心,元数据的采集不但可以利用元数据编辑器以手工方式采集,而且也可以进行自动采集,但都要按照统一的元数据标准进行处理。元数据服务器用于进行元数据发布。元数据网关是支持元数据服务的枢纽中心。

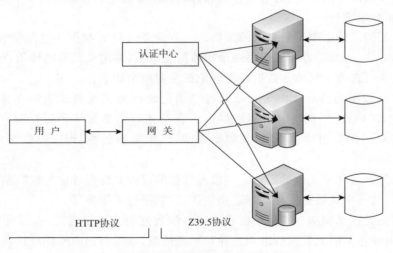

图 2-6　元数据管理系统组成

系统设计主要由一个主节点和若干个分节点组成。各分节点部署元数据节点服务器,按照统一的元数据标准建设元数据库,用于该节点数据中心元数据信息管理和发布;主节点部署元数据服务系统相关网关软件,用于连接各节点元数据服务器,实现元数据和数据的共享发布。

总之,气象元数据的建立和应用,可以最大程度地实现气象数据的管理与共享,使气象信息检索更加快捷、高效。通过气象元数据,一方面能够对气象信息资源进行深入、细致的梳理与分析,如气象信息资源的格式、质量控制、处理方法及获取方法等;另一方面实现气象信息资源共享,使得用户可以迅速地发现与其需求匹配的信息资源,进而通过互联网(或其他途径)取得并加以利用,从而促进气象信息资源的共享。

三、气象数据挖掘

1. 气象数据挖掘概述

数据挖掘(Data Mining)就是从大量的、不完全的、有噪声的、模糊的、随机的实际应用数据中,提取隐含在其中的、人们事先不知道的、但又是潜在有用的信息和知识的过程。数据挖掘技术一直是面向应用的,引起了信息社会的极大关注,尤其是科学研究、市场营销、银行金融机构、医疗保健、制造业、电信、零售业、保险业、股市、互联网等领域得到了广泛的应用。近年来,随着气象数值预报系统的不断升级和互联网的快速发展。社会公众对天气预报也提出了更高的要求。如经济建设、航海探险、预防季节性疾病、商品的季节性调整和军事战略及战备等领域都需要准确的长期预报。而航空活动、卫星发射等,更需要风、雨、云、能见度以及雷电等中短期预报。中国气象部门的常规气象数据,已被自然科学和社会科学等领域所利用。而除地面、高空观测等常规气象资料外,还有气象灾害、气象卫星和雷达等观测资料。通过运用数据挖掘技术发现气象资料中蕴藏的大量的气象规律,并将这些规律用于气象预报预测。

随着中国气象信息化的不断发展,气象部门积累了海量的气象数据,如何充分利用这些气象数据发现有用的知识,就成为科研人员的一项重要任务。气象数据挖掘能够弥补气象模式预报对计算资源依赖的不足,发现隐含在复杂气象数据中潜在有用的知识,是提高灾害天气预警能力和天气预报预测准确率有益补充,是气候变化研究的一个较有用的手段。比如,可以对气候灾害(如旱灾、洪灾等)采取及时有效地预防措施,还可以用于为某区域的特色农作物的发展提供决策依据。但气象变化受诸多因素影响,而这些因素由于人类活动对地球的影响等更变化莫测,因此真正意义上根据气象要素的统计特性进行天气预报还有待进一步探索。从已有的气象数据挖掘研究工作来看,大致上可以认为:①中短期天气预报主要利用完备的气象探测工具和手段,基于天气学基本原理,进行天气预报;气象数据挖掘可以作为一个有益补充;②长期天气预报由于与历史气象数据的关联程度比较高,可以采用气象数据挖掘进行气候预测、气候趋势分析;③气象数据挖掘有助于弥补气象预报对计算资源依赖的不足。数据挖掘技术是基于模型建立、模型训练和模型预测这样一个模式,其中对计算资源的需求较大是模型训练阶段,但该阶段的时效性往往要求不高,而时效性要求高的模型预测阶段对计算资源需求较低,因此在计算机资源空闲时进行模型训练,在较低计算资源上(如 PC 机)实现模型预测,提高气象预报的速度。模型训练成功后,能在一段时间(或时期)内维持相对稳定。

尽管数据挖掘技术和方法已经相对成熟,气象数据挖掘的研究已经取得了较大的进展,但气象数据挖掘仍存在一些不足,需要解决以下问题:数据挖掘技术在气象领域中的应用研究,针对拟挖掘的应用领域和知识类型,选择相应的挖掘算法,并进行针对性地裁剪,这里是指气象数据挖掘的前期数据处理;气象数据目前存储管理与数据挖掘技术还不太适应,在气象数据结构化、气象数据仓库建立、气象数据清理等方面还有许多工作要做;气象数据挖掘结果的表达和评价,气象数据挖掘既有图像,也有文本数据挖掘,而挖掘结果的可视化表达比较复杂,有待研究;由于气象要素众多,涉及的挖掘算法更是众多,挖掘算法集成、融合和评价等也是值得深入研究的问题。

2. 气象数据挖掘技术

(1)关联分析

考虑气象数据的时间、空间特性和数据因素的多维性,气象数据的关联规则挖掘可以从两个方面进行:一是降低频繁项集的产生个数,指定(或限制)属性进行关联规则分析;二是考虑同一属性于不同时间、不同地点的关联规则。

气象数据表中的属性(字段)数目 n 较大,考虑所有属性的关联,需测试的频繁项集在理论上有 $2n$ 个,而产生的频繁项集并不一定有意义。指定(或限制)某一个关键属性,考虑该属性与其他属性同时发生的概率,更具实际意义。马廷淮等(2003)研究了指定结论域的关联规则分析。特定时间、地点的气象要素不但受相邻地域气象要素影响,而且具有时间连续性。频繁项集(或候选项集)的选取要具有跨地域、跨时间特性,以便于更好地表达此时此刻的气象要素和以往时刻、相邻地域的气象要素的关联关系。Feng 等(2001)研究了不同案例中的同一属性在不同时段的关联关系。Hinke 等(2000)考虑不同地点的数据之间的关联关系。

(2)分类预测

数据挖掘就是在大量气象资料和数据中,建立描述复杂非线性天气系统的模型,分析隐含于数据中的气象知识和规律,对气象要素进行预测,为预报员提供决策支持。分类预测共有两大类:①离散值预测,如是否降霜、是否降雨、暴雨等级和台风等级,常用的方法有决策树、分类统计、SVM 分类、神经网络和粗糙集等算法;②连续值预测,如气温预测、降雨量预测等,常用的手段有回归分析、神经网络等。

向俊莲等(2001)采用决策树方法,分别对雨量距平值、气温距平值和海温距平值进行预报,准确率达到 59%。Trafalis 等(2005)使用 SVR(Support Vector Regression)、LS2SVR(Least Squares Support Vector Regression)、ANNS、LR(Linear Regression)和气象学家应用的 RR 等方法进行降雨量预测并对比效果。Cheng 等(2007)运用动态复神经网络 RNN 算法进行森林火灾面积的预测。

(3)降维分析

影响天气的因素众多,且各因素之间的关系非常复杂。现有的气象预报模式把大量的雷达、卫星和台站观测资料代入复杂的气象方程计算求解,对计算资源需求极高。在预报精度不减的前提下,降低所需数据的维度,可以降低对计算资源的依赖,实现 PC 机上的气象预报。

常用的降维分析主要有两种:一种是精确降维,以粗糙集理论的属性约简为代表;另一种是近似降维,以主成分分析为代表。

粗糙集理论的基本思想:将数据表中的属性分为条件属性和决策属性,根据各属性不同的属性值将数据表中的实例划分成相应的子集,然后对条件属性划分的子集与决策属性划分的子集之间形成的近似空间进行分析,如果去掉条件属性集中的某属性 a 而不影响决策属性的知识表达的精度,那么该属性 a 是可约简的,从而实现整个数据表的属性维数减少。Peters 等(2003)在风暴预报中,使用粗糙集理论对雷达体数据进行分类,弥补了雷达数据的不完整性和不精确性引起的常规模式预测效果差的缺点,并取得了较好效果。

主成分分析的基本思想:设法把原有众多的具有一定相关性的指标重新组合成为一组新的相互无关的综合指标来替代原有指标。在选取综合指标时,其个数要少于原有指标个数。但是,实际上,选取的综合指标并不能够完全替代原有指标,仅仅根据累计贡献率的大小选取

前 k 个综合指标。因此,主成分分析是不精确的、近似的降维方法。黄海洪等(2005)首先进行主成分分析,然后构建神经网络水位预报模型,从而简化了输入参数,在损失稍许精度下提高了水位预报效率。Tadesse 等(2004)采用双时间序列分析方法在众多的海洋因子和大气因子中找出影响干旱相对较强的因子。

（4）时空分析

气象数据具有很强的时序、空间特性,采用时间序列分析、空间分析和时空联合分析气象数据,可以避开分析气象数据隐含的复杂非线性天气动力学机制。对于任何一个天气特征,一般是通过空间分析获得该特征的特征分析和现象描述,而进行时间序列分析时,一般是对该特征做出预报预测。空间分析是基于空间多站点数据的聚类分析,形成区域划分;对基于空间站点的数据进行主成分分析,可以得到影响某天气现象较为突出的区域;同时聚类分析时,可以发现孤立点,指出某反常天气现象。时间序列分析是指对组成的长时间序列数据进行回归分析、趋势预测和孤立值分析;通过跟踪分析时序数据的分布演变,得出如台风路径等。

3. 气象数据挖掘的应用研究

数据挖掘技术在气象领域中的应用有较早的历史,早期的气象统计方法可以追溯到 20 世纪。气象数据挖掘具有广阔的应用前景,可以结合气象数据的时间、空间特性有选择地进行。数据挖掘技术虽然不能完全解决气象数据的分析问题,但是可以降低气象数据的分析难度。采用数据挖掘技术对气象数据进行分析,发现各种气象要素与未来天气的联系,这将对气象预报预测准确率的提高产生积极的影响。

气象部门是国内积累大量历史数据的少数部门之一。目前,中国气象部门拥有相当数量的气象科学数据和信息。气象数据是隐含巨大价值的数据,它们基本上是一系列具有时间、空间特性的数据。这些海量数据主要包括:以地面、高空、太阳辐射、农业气象等台站的观测资料及其统计加工产品为主的台站资料;以各种数值模式的同化分析资料和各种遥感探测的数值反演产品为主的格点资料;以各类卫星云图和各种雷达图像为主的图形图像资料;以面向主题的、由多种资料构成的某一区域或领域范围的综合资料构成综合气象数据统计,每天通过气象信息中心广播下发到各台站的气象数据高达 300 MB～500 MB;新一代天气雷达信息共享平台建成后,台站收到的气象雷达资料每天高达 100 GB;而中央台(站)每天收到的资料更是高达 TB 数量级,业务应用的数据高达 PB 数量级。现阶段气象预测预报并没有充分利用如此庞大而又珍贵的气象资料。

目前,数值天气预报通常采用一套极其复杂的数学方程来描述大气的运动规律。科研人员将气象卫星、雷达等观测的大量数据代入这个方程求解,预测出未来的天气变化情况。正是由于预报模式的复杂性,在一般台站的预报中,预报员根据经验,利用当天或者前几天的少数站点的实况资料以及小范围区域内极少数的几个物理量,提取认为与某一天气现象相关性较高的天气要素作为因子,进行回归、判别分析,即得出预报结论。

现阶段的预报业务,难以考虑众多气象因素,更难以分析数据属性间隐含的信息。因此,建立气象综合数据仓库,实现对数据预报过程、信息服务最强大的数据支持;对各种资料进行聚类分析、关联分析、时间序列分析,以求发现各种物理量和气象要素与未来天气之间的关系;根据气象资料做出气象的预测,减少预报中的主观因素,有利于预报技术的持续改进,提高预测的准确度。

(1)气象预报

气象预报一般指短时、短期和中期的天气预报。根据预报的内容和时限不同,有不同的预报技术和手段。短时(3小时内)天气预报主要采用现代化的探测手段,并用外推法做出预报;短期(72小时内)天气预报使用传统的天气学、统计学、动力统计学、数值预报、诊断分析等方法制作;中期(10天内)天气预报应用天气学、统计学、动力学、数值预报等方法综合分析制作出来。所以在气象预报中,主要还是利用天气学基本原理分析及时得到的探测数据;而基于数据挖掘和统计的气象预报方法未得到充分的应用,具有较大的研究空间。国内外不少学者在这方面进行过有益探讨。

从现有研究情况来看,采用SVM(Support Vector Machine)分类方法对降雨量的预测估计得到的效果较好。冯汉中等(2004)将SVM分类和回归方法首次应用于气象预报试验。利用1990—2000年4—9月降水资料,建立四川盆地降雨量有无大于15 rain的SVM分类推理模型、四川盆地内单站气温的SVM回归推理模型,对每天的降水量进行预报试验,试验结果显示对应的SVM推理模型具有良好的预报能力。Trafalis等(2005)通过对比使用ANNS,SVR,LS2SVR,LR以及气象学家应用的RR来预测降雨量。通过对俄克拉荷马州的实际降雨数据进行测试显示:LS2SVR方法在每5 min内降雨量估计方面占优;而对是否降雨的预测SVR方法明显准确度较高。

气象数据往往具有很强的时空关联特性,采用时空关联分析进行气象预报是一个较好的途径。Feng等(2001)对常规的关联规则进行了扩展。传统的关联规则的各个事项一般是从同一个交易项目而来的,比如关联规则事项都来自同一个顾客购买的商品项。而气象的关联规则可能来自不同案例的同一个事项,如事项是温度,6 h后的温度、18 h后的温度或者24 h后的温度之间的关联关系。Hinke等(2000)考虑不同地点的数据之间的关联关系,并提出了将空间数据组成矢量,通过矢量数据间的关联关系来表达不同地域气象数据之间的关系。

Estevam等(2005)利用贝叶斯网络方法,在缺失数据的情况下预测机场的湿雾天气情况。试验证明,该方法无论在数据缺失与否的情况下,都能取得较好的预测效果。黄海洪等(2005)根据气象和水文资料,采用人工神经网络与主分量分析相结合的方法,以上游面雨量、水位值为预报因子,以西江流域的梧州水位为预报量,建立了梧州水位的预报模型,发现预报因子与预报量有较强的相关性,且预报效果及预报稳定性明显好于传统的神经网络预报模型,可在预报业务中使用。

(2)气候预测

气候预测是指长期天气预报,其主要内容是对预报时效内的旱涝、冷暖、雨量、气温等做趋势性预测。气候预测应用了大量的历史资料数据,采用统计预报等方法综合判断分析制作出来的,这恰是符合从海量数据中进行知识挖掘的特征,由于时效性的相对要求不高,适合进行大规模的数据分析处理。气候预测是数据挖掘的应用重点。

Bilgin等(2004)对土耳其全国的气象站每天的气温数据进行聚类分析,得出具有相同趋势的气温区域,从而根据气温特性对土耳其进行气象区域划分。李永华等(2005)采用奇异谱分析(Singular Spectrum Analysis. SSA)方法对标准化样本序列进行准周期信号分量重建,将重建序列构造均值生成函数延拓矩阵作为输入因子,原样本序列作为输出因子,构建BP神经网络多步预测模型,对重庆市沙坪坝站的夏季总降水量进行建模预测,取得较好的效果。万谦等(2002)扩展了正态云理论,应用竞争聚集算法确定正态云的两个参数,应用双参数阈值挖掘正态云关联规则,并利用求正态云关联规则的支持率和信任度来进行预测。分析出日照时数和降水量在取某些值时每月平均气温的 4 个语言值出现的可能性。焦飞等(2006)利用数据挖掘技术中的一些方法,并开发相关的软件来辅助分析,选取广州、香港、澳门、湛江和汕头 5 个站点的 100 多年来年平均地面气温资料,建立回归分析模型,研究分析广东及港、澳气温的长期变化趋势。向俊莲等(2001)基于 1961—1997 年云南气象有关海温距平值、雨量、气温场等大量数据,利用决策树方法,对云南 80 个雨量站每个月降雨量预报进行了深入研究和改进,经过试验验证,预报准确率达到 59%,满足预报要求,且提高了预报效率。

(3)气象灾害预测

中国是自然灾害多发、频发的国家,几乎每年都发生洪水、台风等自然灾害,造成巨额的经济损失,对人民生活的安定和社会的稳定造成了威胁。防灾减灾在构建和谐社会中有着至关重要的作用。防灾减灾是基于对气象灾害的准确预报的。气象灾害的预报主要是根据灾害天气动力学理论,借助定量遥感技术进行短时临近预报。由于气象灾害事件一般以个案形态呈现,难以有大量的相似案例进行数据挖掘。但是灾害气象的重要性吸引了众多的研究者尝试采用数据挖掘手段试图提高灾害天气预报能力。

Peters 等(2003)基于气象雷达体扫数据,采用粗糙集方法对夏季恶劣天气下的风暴类型识别判断进行了研究。利用粗糙集方法,使得气象雷达数据的高维度性、数据的不精确性、数据的不完整性得到克服。并利用加拿大环境署的雷达决策支持数据库,基于分类准确率作为标准,粗糙集方法是众多的分类技术中最适合风暴预测的。Tadesse 等(2004)采用双时间序列分析方法发现干旱因子与海洋参数之间的关系,从众多大气和海洋因子中得出对干旱影响相对较强的因子,从而指出监视特定的海洋因子是干旱预报的主要手段。Kitamoto(2002)基于从南北半球收集到的 34000 张中等尺寸卫星照片对台风预报进行了系统研究。主要利用时空数据挖掘,进行主成分分析,降低数据纬度,然后通过聚类得出台风云图模式,最后考虑时间序列得出台风的状态转移规则。该方案还利用核计算,如支持矢量机和 Kernel PCA,挖掘台风云图模式。Cheng 等(2007)利用前向型神经网络来发现隐藏的和深度缠绕的空间关系,利用时间序列分析发现隐藏在过去与现在数据中的模式,通过时空分析来预测森林火灾面积。试验表明,这样的时空处理手段对森林火灾面积的预测是有效的。

(4)气象数据挖掘工具

在气象数据处理方面国外有几个数据挖掘工具,如:ESSE(Environmental Scenario Search Engine)是一个灵活、高效和易于使用的环境数据挖掘引擎。该系统使用于 NCEP(National Centers for Environmental Prediction)的产品发布,并提供数据下载和数据挖掘服务。欧洲的 DEGREE(Dissemination and Exploitation of Grids in Earth science)项目,该项目将主要用网格技术对地球科学数据(包括气象)的挖掘。

Vis5D 是最初由美国威斯康星大学空间科学和工程研究中心开发的一个三维可视化的气象数据显示软件。现在是由美国国家大气研究中心和麻省理工学院的专家在开发。Vis5D 是一个交互式的三维视图,针对气象数据的软件系统。是功能强大的气象数据的图形显示软件,它提供了空间、时间属性的动态三维显示的信息。

"气象科学数据共享网"是由中国气象部门建立的,它是通过元数据技术开发了数据搜索引擎,是数据挖掘技术在气象资料共享服务方面被成功的一次应用。

第四节　气象图形图像技术

天气图绘制、气象服务产品制作等领域的进步和发展一直是伴随着气象图形图像技术,二者相辅相成,不可分离。本小节重点介绍了气象领域中的图形图像技术,从气象图形图像、气象图形图像算法以及常用的图形图像软件工具等方面进行一一叙述。

一、气象图形图像

1. 气象数据分类及表达

(1)气象数据分类

针对气象数据的特点,从不同的角度,多种数据分类如下。

①按照数据来源,可分为常规测量数据可视化、雷达数据可视化及预报模式输出数据可视化。

②按照数据物理意义,可分为温度场、风场、湿度场及气压场等。

③按照数据分布的拓扑结构,可分为网格数据和散乱数据。

④按照数据性质,可分为标量型、矢量型及张量型。

⑤按照数据尺度,可分为大尺度、中尺度及小尺度。

⑥按照观察数据的维数,可分为二维、三维和 2.5 维;按照观察数据的方式,可分为二维、三维、四维及多维。

⑦按照获取的手段,可分为常规探测资料与非常规探测资料(卫星、雷达等);按照获取时间,可分为历史资料和实时资料。

⑧按照数据资料被处理程度,可分为原始资料、一级加工资料(要素库)、二级加工资料(分区资料、分层资料、专项资料)和三级加工资料(数值预报产品资料)等。

⑨按照内容,可分为名词型、次序型及值型数据。

⑩按照数据范围,可分为全球和区域数据;按照数据分辨率,可分为高分辨率和低分辨率数据等。

(2)气象数据常用表达方式

气象数据是气象信息的载体,它常用的表达方式以下。

①数据。

②文字。

③符号。比文字表达更形象,这些符号描述天空云量。只有气象专业人员才能了解每种符号的含义。

④图标。简单仿真模拟天气现象,比符号更形象。

⑤简单一维图形。

⑥二维图形(科学计算可视化实现技术)。

⑦三维图形(科学计算可视化实现技术)。

⑧虚拟现实。

利用视觉、听觉、触觉等方式对大气系统和天气现象进行模拟仿真,追求真实感和身临其境的感觉,是气象信息表达的最高境界。在虚拟气象环境中可以模拟、试验及考察恶劣天气环境对航空飞行、空降、空投及抢险救灾等行动的影响。

虚拟现实的实现涉及大气科学、科学计算可视化、虚拟现实、图形图像处理、计算机科学、人工智能及人机交互等多个技术领域的知识,是一门多学科交叉的综合技术。

2. 天气图的绘制

(1)气象资料的观测和传输

气象观测是制作天气图和天气预报的基础。气象观测站点越多,气象预报就越准确。因此,全球建立上万个陆地气象站、7300 多个船舶观测站和 900 多个携带自动气象站的系泊航标和浮标站,配备了各种天气雷达,动用了 3000 多架飞机,并在太空布设 10 多颗气象卫星,组成了全球大气监测网。这个监测网每天在规定的时间里同时进行观测,从地面到高空,从陆地到海洋,全方位、多层次地对大气变化进行观测,并将观测数据编制成国际标准的气象电码。

全球通信系统(图 2-7 全球通信系统的主通信网)主要是由国家气象通信网、区域气象通信网和主通信网 3 部分组成,其中墨尔本(MELBOURNE)、华盛顿(WASTINGTON)和莫斯科(MOSCOW)为世界气象中心,其余的为区域气象中心。全球气象观测数据传输的具体流程如下:首先,这些气象电码通过国家气象通信网络(National Meteorological Telecommunication NetWork,NMTN)迅速汇集到各国国家气象中心;接着,各国国家气象中心通过区域气象通信网(Regional Meteorological Telecommunication NetWork)将数据传送到世界上 15 个区域气象中心;然后,区域气象中心通过主通信网(Main Telecommunication NetWork)将数据传送到 3 个世界气象中心;最后,世界气象中心将数据通过上述通信网络转发至世界各地。

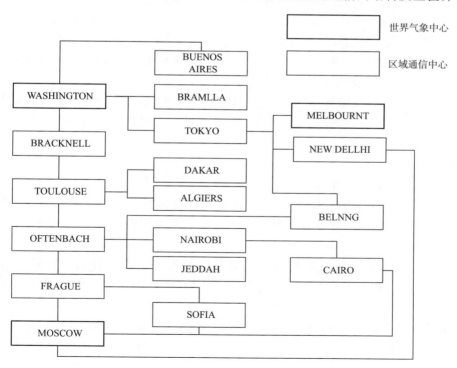

图 2-7　全球通信系统的主通信网

气象观测中"三性"是气象观测环境必须满足，其具体描述如下：

①代表性。观测记录不但要反映观测点的气象状况，而且要反映观测点周围一定范围内的平均气象状况。气象观测在选择观测站地址和观测仪器性能、确定观测仪器安装位置时，必须要保证观测记录充分满足代表性要求。

②准确性。气象观测记录要真实地、准确地反映实际气象状况。观测时要严格按照气象观测规范要求，确保气象观测资料的准确性。

③比较性。气象观测在观测时间、观测仪器、观测方法及数据处理等方面要保持高度统一，才能使绘制出真实地反映出某一时间和空间大气状况的天气图。

(2)天气图的绘制及分析

各地气象台(站)将收集到的观测数据，首先译成直观的数字(或符号)，接着按国际规定的标准填图格式，将这些数字(或符合)填写在天气图底图相应的位置上，然后按照天气图分析原则和技术规定绘制出各种等值线、天气系统以及天气区域等，得到可供预报用的各种天气图，从而为预报员提供预报依据。过去，天气图的填图、等值线的绘制及分析都是由预报员手工完成的；现在，资料收集、检查以及填图，还有等值线的绘制及分析，已经全部由计算机完成，完全实现了天气图绘制及分析业务的自动化。

气象领域中，用以填写各地气象台(站)观测记录的特制地图，称为天气图底图，简称底图。

①底图的范围和内容

底图范围的大小，主要是根据预报时效的长短、预报区域所在的地理位置和季节而定。用来制作中、长期天气预报的底图，其经纬度范围应当大些(如南(北)半球天气图)；用来制作短期、短时天气预报的底图，其经纬度范围就可以小些(如中国常用的欧亚天气图、东亚天气图和区域天气图)。冬季，中、高纬度地区，因上空盛行西风气流，天气系统主要来自西方和北方，故底图上邻近预报区域的西边和北边的范围应该略大于东边和南边；相反，夏季，低纬度地区，东边和南边的范围则应适当大些。另外，由于高空天气系统的水平尺度比较大，所以高空天气图的地理范围应比地面天气图要广些。

底图上有测站的区号、站号及站圈，并采用适当的颜色表示出陆地、海洋、地势以及主要河流、湖泊的分布。另外，在底图的下边，还有天气图的种类、采用的地图投影方式、比例尺以及高度表等标识。

②底图投影

天气图常用的投影有3种，具体如下：

a. 兰勃特投影。双标准纬线为30°和60°纬线。在这种图上，经线为向极点收敛的放射性直线，纬线为同心圆弧，如图2-8(a)所示。这种图在30°和60°附近失真最少，最适合作中纬度地区的天气图底图。

b. 极地赤面投影。这种投影经线为以极地为放射点的放射性直线，纬线为同心圆，如图2-8(b)所示。这种图在极地和高纬度失真较小，半球天气图和极地天气图多采用这种投影。

c. 墨卡托圆柱投影。这种图经纬线为互相垂直的直线，如图2-8(c)所示。热带地区的天气图多采用这种投影。

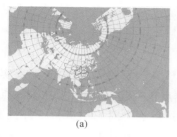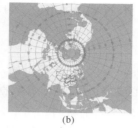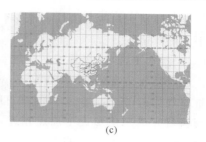

(a)　　　　　　　　　　(b)　　　　　　　　　　(c)

图 2-8　投影经纬网的形状

（3）天气图的种类

常用的天气图主要有地面天气图和高空天气图。此外，还有其他一些辅助图，用以显示天气过程的不同侧面。辅助图主要分为两大类：地面辅助图，如天气实况演变图、危险天气现象图、变温图、变压图和降水图等；高空辅助图，如流线图、等熵面图、变高图和温度对数压力图等。

（4）图时

图时是指天气图上所填气象资料的观测时间。根据世界气象组织（WMO）的规定，目前全世界的观测站都统一在 00、06、12、18（世界时）进行地面定时观测，在 00、12（世界时）进行 2 次高空观测，因此地面天气图图时为 08、14、20、02 北京时（00、06、12、18 世界时），高空分析图的图时为 08、20 北京时（00、12 世界时）。所以一天中应该有 4 张地面图和 2 套高空图。此外，各地区根据需要还可以进行定时观测以外的其他观测，如 2 次定时观测之间（03、09、15、21 世界时）的地面辅助观测、航线天气观测等。

二、气象图形图像算法

1. 等值线算法

（1）基本理论

目前，常用的等值线生成算法是三角剖分法。点集的三角剖分（Triangulation），对数值分析（比如有限元分析）以及图形学来说，都是极为重要的一项预处理技术。尤其是 Delaunay 三角剖分，由于其独特性，关于点集的很多种几何图都和 Delaunay 三角剖分相关，如 Voronoi 图、EMST 树、Gabriel 图等。Delaunay 三角剖分有最大化最小角，"最接近于规则化的"的三角网和唯一性（任意四点不能共圆）两个特点。

三角剖分法的算法原理（图 2-9）：首先，根据给定点生成三角形网格，并假设标量场在三角形的内部及边上满足线性分布关系；其次，根据标量场的最大值、最小值以及等值线的条数（可设置一个默认值，比如 20，用户也可改变该值），均匀划分出一系列的等值线的给定值；接着，对每一个给定值，将所有三角形单元搜索一遍，如果该给定值位于某三角形单元的 3 个顶点处的标量值的最大值与最小值之间，则在三角形的边上必定存在着两个点，且这两个点的标量值等于给定值；然后，把这两个点连接起来就可以得到等值线的一部分；最终，按上述方法将所有三角形单元搜索一遍，就画出了所有等值线。

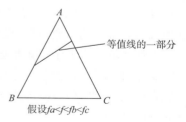

图 2-9　三角剖分法的算法示意图

上述算法画出的等值线若不够平滑,可采用适当的平滑算法,比如样条插值法,就可以得到平滑的等值线。

(2)经典 Lawson 算法

逐点插入的 Lawson 算法是 Lawson 在 1977 年提出的,该算法思路简单,易于编程实现。基本原理为:首先建立一个大的三角形或多边形,把所有数据点包围起来,向其中插入一点,该点与包含它的三角形三个顶点相连,形成三个新的三角形,然后逐个对它们进行空外接圆检测,同时用 Lawson 设计的局部优化过程 LOP 进行优化,即通过交换对角线的方法来保证所形成的三角网为 Delaunay 三角网。

上述基于散点的构网算法理论严密、唯一性好,网格满足空圆特性,较为理想。由其逐点插入的构网过程可知,遇到非 Delaunay 边时,通过删除调整,可以构造形成新的 Delaunay 边。在完成构网后,增加新点时,无需对所有的点进行重新构网,只需对新点的影响三角形范围进行局部联网,且局部联网的方法简单易行。同样,点的删除、移动也可快速动态地进行。但在实际应用当中,当点集较大时,这种构网算法构网速度也较慢,如果点集范围是非凸区域或者存在内环,则会产生非法三角形。

(3)Bowyer-Watson 算法(推荐)

Watson 算法的基本步骤是:

①构造一个超级三角形,包含所有散点,放入三角形链表。

②将点集中的散点依次插入,在三角形链表中找出外接圆包含插入点的三角形(称为该点的影响三角形),删除影响三角形的公共边,将插入点同影响三角形的全部顶点连接起来,完成一个点在 Delaunay 三角形链表中的插入。

③根据优化准则对局部新形成的三角形优化。将形成的三角形放入 Delaunay 三角形链表。

④循环执行上述第 2 步,直到所有散点插入完毕。

2. 流线图算法

流线图算法的基本工作原理:首先,根据给定点生成三角形网格,并假设矢量场在三角形的内部以及边上满足线性分布关系;其次,用户可选择流线的起始点,可以逐点选择,也可以选择一条线段,再对线段等分得到起始点;接着,起始点可能不在给定点中,这时要搜索起始点位于哪个单元;紧接着,通过插值可得到起始点处的矢量;然后,选择合适的时间步长,具体数值可以使得在该时间步长内沿矢量场方向走过的距离约等于当地网格的尺寸;最终,运动到下一位置后,再搜索该点位于哪个单元,插值可得到该点处的矢量,如此循环,直到点运动到边界以外或达到最大的步数(可以设成一个较大的数值,如 1000)。

将区域分为若干子矩形区域(如 30×30),先扫描所有单元,将单元按区域归类。对于给定点,先根据区域的坐标范围判断该点位于哪个区域。然后扫描该区域所有单元,判断该点位于哪个单元。判断一个点是否在一个三角形内部的方法(图 2-10):将该点与三角形的每条边分别相连,得到 3 个三角形,计算这 3 个三角形的面积,如果面积之和等于原三角形的面积,则该点在三角形内。这 3 个三角形的面积和原三角形之比就是该点的插值函数。

如图 2-10 所示,设三角形 ABC 的面积为 S,三角形 OBC、OAC、OAB 的面积为 S_1、S_2、S_3。

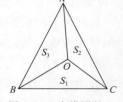

图 2-10　流线图的算法示意图

如果 $S_1+S_2+S_3=S$，则 O 点在三角形 ABC 内。并且 3 个顶点在 O 点的插值函数为 $N_a=S_1/S$，$N_b=S_2/S$，$N_c=S_3/S$；在 A、B、$C3$ 点的矢量分别 V_a、V_b、V_c，则在 O 点的矢量 $V_o=N_aV_a+N_bV_b+N_cV_c$。

三、气象图形图像常用软件工具

1. MICAPS

现代化人机交互气象信息处理和天气预报制作系统（Meteorological Information Comprehensive Analysis and Process System，MICAPS），是中国气象部门数值天气预报、气象卫星和天气雷达等产品综合应用的最先进的业务技术支撑平台。1995 年以来，中国气象局北京城市气象研究所研究员谭晓光负责气象信息综合分析处理系统（MICAPS1.0）的开发和研究，并担任开发组副组长。他设计的综合图功能能够成倍地加快气象数据检索速度，成为预报员最常用的数据检索和应用开发的重要手段之一。2001 年至 2003 年谭晓光主持并完成了 MICAPS2.0 的开发工作，2003 年 12 月 22 日 MICAPS2.0 的正式版本下发全国气象部门使用；2004 年 12 月 24 日 MICAPS 英文版通过验收，并向孟加拉国等国家提供援助或出口。根据业务应用的实际情况，不断吸取意见和建议，MICAPS3.0（图 2-11）也已投入业务运行。

为了满足不断发展的业务需求，2013 年 6 月中国气象局正式启动了 MICAPS4.0 的研发工作。MICAPS4.0 建设是中国气象业务现代化建设的重中之重，是现代气象业务基础性、关键性工作。MICAPS4.0 版本将大幅改进系统性能，提高工作效率。研发人员通过综合运用快速多维气象数据处理技术、高性能气象数据可视化与渲染技术、多线程并发 IO 与流水线指令管理以及客户端与缓冲及时空匹配等技术进行系统性能升级及改进。改版后的 MICAPS4.0 将实现预报员应用的智能化支持，针对海量数据将实现智能化分析、智能化预报提醒以及智能化的信息关联，同时还可实现产品生成、检索及协同工作等多方面的灵活高效。

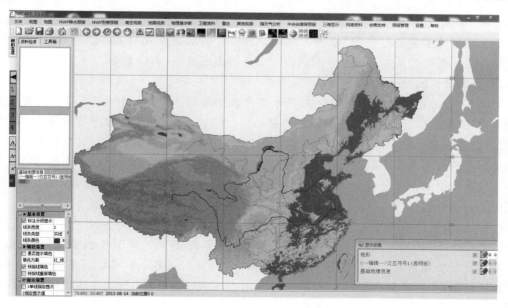

图 2-11　MICAPS3.0 截图

截至 2014 年 9 月 MICAPS4.0 的基本框架已研发完毕,进入业务功能研发阶段。2014 年底,将选取中央气象台和部分省(自治区、直辖市)气象局为试点,进行 MICAPS4.0 的测试应用。现代化、精细化、专业化和智能化正是新一代 MICAPS 的亮点。

(1)大数据的可视化

MICAPS 通过可视化界面,实现各种天气实况和预报资料的快速显示及人机交互,作为预报员进行天气形势分析、天气预报产品制作以及气象信息发布的业务平台。新一代 MICAPS 不但运用了最新的互联网技术,而且综合应用天气预报技术发展成果(如数值预报技术、集合预报技术等)。随着高分辨率数值预报技术及集合预报技术的快速发展,预报员的价值逐渐体现在对数值预报结论的修订和改进等方面。以前我们获取的大多是单点或落区预报产品,而现在更趋向于高分辨率的格点化预报产品。MICAPS4.0 对格点化、概率化预报产品的支持正是其最为核心的功能。天气预报是真正的大数据业务。2000 年左右,中央气象台的数据日更新量大概是 100 MB 多,而现在仅仅 T639 预报产品的日更新量就有 30 GB,全部资料的日更新量将近 200 GB。要想支持高分辨率数值预报和集合预报产品的应用,MICAPS4.0 就需要高效处理呈数量级增长的气象资料。因此,MICAPS4.0 应用了最新的互联网技术,如使用拥有上百万个计算单元的图形处理器替代只有几十个计算单元的中央处理器;将原本存储在一台机器中的数据分别存储于多台机器中,从而加快数据处理的速度,使图形显示一目了然,为预报员提供一个高效快捷的可视化平台。

(2)天气预报的智能化

在智能化方面,与以往版本相比,MICAPS4.0 更胜一筹。MICAPS4.0 除继续发展等值线、剖面及时序等传统分析外,还能够识别各种形势场(如槽线、脊线等)。更值得一提的是,它还能够把预报员的经验及智慧吸纳其中。经过较长期的预报实践,每位资深预报员都会逐渐形成一定的概念模型,这也是他们进行天气预报的依据。所谓 MICAPS4.0 的智能化,即把预报员"久经考验"的概念模型吸纳其中,部分替代人工分析。研发人员将预报员的预报思想引入 MICAPS4.0 之中,使其为更多的预报员所用。另外,天气现象虽瞬息万变,但是在不同的时空里仍会部分重演着过去的"故事"。MICAPS4.0 力求能够及时地提示预报员,找出与当前天气形势相类似的某一天或某一时间段。对于预报而言,这非常重要。

(3)数据分析的专业化

MICAPS4.0 的专业化和精细化主要体现在数据处理、分析及显示等方面。与此前的版本相比,MICAPS4.0 不但可以进行雷达产品的"三维"显示,而且还能够进行雷达产品的剖面结构显示,从而最大限度地发挥气象信息的作用。这使其成为预报员进行天气预报尤其是短时临近预报的有力助手,帮助预报员进行专业化气象数据分析。MICAPS4.0 的专业化还体现在对气象数据的深入分析上,针对不同的天气预报产品提供更具针对性的气象数据分析及预报产品制作方式。

(4)数据分析的精细化

MICAPS4.0 的精细化主要是指能够支持更高分辨率的天气实况及预报资料,并提供更加丰富的数据表现方式。传统的风场可能仅用一个风向杆表现,而 MICAPS4.0 的风场将会带上不同的颜色,并以颜色的明暗和深浅表示风力的大小。MICAPS4.0 的精细化还体现在预报产品制作方式上:①支持时空分辨率更高的预报产品制作;②支持对更多天气要素进行预报;③既可方便地制作更多站点预报产品,也可快速制作高分辨率的格点化预报产品。

未来,MICAPS4.0研发团队将会深入地开发其"四化"功能,使系统更加完善,向着更加方便、快捷应用的方向发展。例如使数据处理层次更清晰、结构更合理,实现产品生成、检索等功能,设计符合预报员使用习惯的便捷方式,使操作和编辑更便捷等。

2. ArcGIS

ArcGIS是Esri公司集40多年地理信息系统(GIS)咨询及研发经验,提供给用户的一整套的GIS平台产品,该平台具有强大的地图制作、空间数据管理、空间数据分析、空间信息整合以及发布与共享等能力。

ArcGIS产品线为用户提供了一个可伸缩的、较全面的GIS平台。ArcObjects包含大量的可编程组件,从细粒度对象(如单个几何对象)到粗粒度对象(如和现有ArcMap文档交互的地图对象)涉及面极广,这些对象为开发者集成了较全面的GIS功能。每一个使用ArcObjects实现的ArcGIS产品都为开发者提供一个应用开发容器,包括桌面GIS(ArcGIS Desktop)、嵌入式GIS(ArcGIS Engine)、服务端GIS(ArcSDE,ArcIMS及ArcGIS Server)以及移动GIS(ArcPad)。

目前,在气象领域中,地理信息系统的应用越来越普及,越来越多的气象工作者开始意识到GIS技术的价值。无论是气象资料的管理、查询、自动制图及统计分析等方面,还是气象建模分析评价和提供辅助决策等方面,GIS技术都发挥着不可替代的作用。例如图2-12数值预报产品的制作和图2-13全国24小时降水预报图的制作均应用了GIS技术。

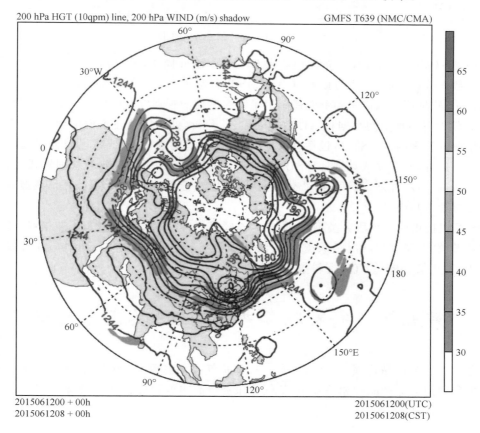

图 2-12 数值预报产品图

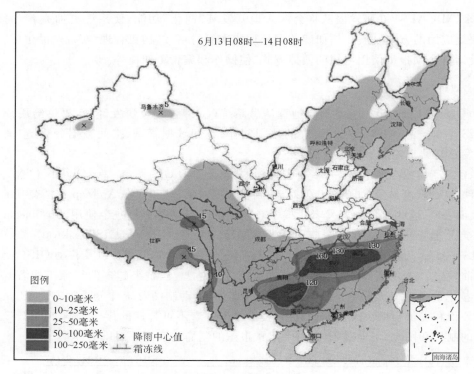

6月13日08时—14日08时

图例
0~10毫米
10~25毫米
25~50毫米
50~100毫米
100~250毫米
× 降雨中心值
━┴━ 霜冻线

图 2-13　全国 24 小时降水预报图

　　利用 ArcGIS 软件、Spatial 扩展模块和 Geostatistical 模块，可以构建气象模型，进行更直观的气象数据分析。此外，也可以通过 ArcIMS 进行基于互联网的气象信息发布。

　　ArcGIS 软件还可以应用到资源遥感卫星和遥感器的管理以及成像区域空间分析等领域。利用 GIS 软件对多种空间数据和属性数据的输入、分析、处理以及显示输出功能，组织并管理设计卫星业务管理的大量数据，包括背景地图数据、卫星轨迹数据、成像区域数据及成像区域天气情况数据等，并在完成数据处理和图形生成的基础上，针对卫星业务管理模式，编写显示卫星运行轨迹、显示计划成像区域、提供分析成像区域、分析成像区域天气、评估成像效果以及模拟成像过程等功能。

　　GIS 可以提供的气象服务类型有：①农业气候区划（区域规划）；②中、短期气候预测；③农业气候资源监测；④气候状况跟踪；⑤气候灾害预报与监测：如沙尘暴、台风等；⑥气候灾害的评估分析；⑦年景分析；⑧气象资料数据库管理。

第五节　气象服务产品管理、共享与发布

　　气象信息服务产品管理、共享与发布一直都是气象信息服务的重点和难点。本小节重点介绍了气象信息服务产品的相关知识，从气象服务产品内容管理、气象服务产品共享及发布等方面进行一一叙述。

一、气象服务产品管理

1. 气象服务产品的内容管理

(1)天气预报产品:短时天气预报、短期天气预报、中期天气预报等。

(2)天气警报产品:气象警报、气象灾害预警信号(表 2-1)等。

(3)气象监测信息:气象要素监测信息(图 2-14)、卫星遥测信息、雷达监测信息、雷电监测信息、酸雨监测信息、台风监测信息等。

(4)专题气象产品:节假日和重大活动气象服务产品、农业气象产品、气候评估服务、地质灾害气象等级预报、森林火险气象等级预报、城市环境气象预报、生活气象指数预报等气象专题服务。

(5)气象科普:世界气象日、防灾减灾日宣传活动,气象协理员培训,气象科普书籍,社区气象宣传栏等。

表 2-1　预警信号图标表

类别	蓝色	黄色	橙色	红色	类别	蓝色	黄色	橙色	红色
台风					冰雹				
暴雨					霜冻				
暴雪					高温				
寒潮					干旱				
大风					道路结冰				
大雾					霾				
雷电									

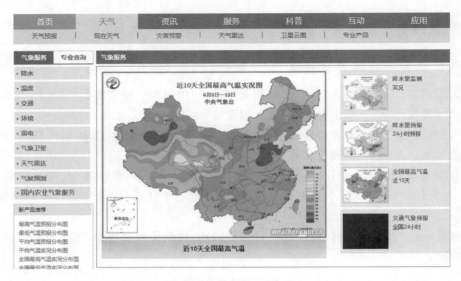

图 2-14　中国天气网气象服务产品界面

二、气象服务产品共享与发布

　　气象服务产品共享和发布是气象信息服务的重要组成部分之一,是解决气象信息服务"最后一公里"的关键环节。因此,气象服务只有借助信息传播载体,通过相应的信息传播渠道,才能到达服务对象的手中,气象服务的最终目的才能够得以实现。气象服务信息传播的载体就是气象服务的手段。对于不同的气象服务对象,气象服务信息的发布和传输渠道是不同的。面向决策和行业的针对性气象服务,一般是通过专门方式提供,而公众气象服务主要是通过公共媒体发布。经过多年的努力,气象部门已经建立了由电视、报纸、广播、互联网、电子显示屏、电话、手机以及气象警报系统等多种渠道构成的气象服务信息发布系统(图 2-15)。

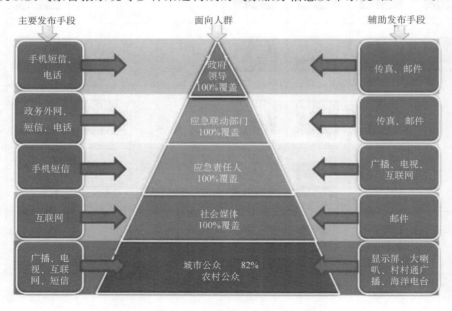

图 2-15　气象信息发布手段

1. 电视

由于电视的可视性、可听性以及普及性,电视是气象服务传播的重要手段之一,是气象部门提供气象服务的重要窗口之一。中国电视天气预报类节目的收视人次已经由 1986 年的 4 亿人次/天,增加到现在的 8 亿人次/天。根据 2009 年《中国公众气象服务调查评估报告》,在公众气象服务的各种传播渠道中,电视是公众获取气象信息最为主要的渠道,分别有 95.3%、97.6% 的城市和农村受访者通过电视得到气象信息,远远超过其他传播渠道。

(1)电视天气预报

20 世纪 80 年代初,中国开始电视天气预报服务。1980 年 7 月 7 日,中国气象局首次与中央电视台合作,由预报员上电视台播讲天气预报,实现了中国电视天气预报"零的突破"。截至 2009 年 1 月,电视天气预报节目已遍布国家级、省级(区、市)、市级(地)及县级的大部分电视频道,在全国各类电视频道播出的气象服务节目达 3000 多套/天。国家级电视天气预报节目制作 80 余档/天,时长达 4 小时左右,节目已覆盖中央电视台 10 个频道、旅游卫视、中国教育电视台、中华卫视、凤凰卫视、阳光卫视和新华社中国电视台等。全国 31 个省(自治区、直辖市)全部开展了气象节目的制作,分别在 200 多个频道播出 400 多套节目;300 多个地级市在 300 多个频道上开播 700 余套气象节目;1500 多个县拥有自己的气象节目;省级气象影视部门每天制作电视天气预报节目 20 小时左右,节目收视率均列居各电视频道之首。央视每年的节目收视率调查显示,天气预报节目稳居第一,最高曾达到 29.29%。内容从单纯天气预报到预报、情报、卫星云图以及气候评价,预报范围从国内到国外各大城市,语种从中文到英文等多种语言。

(2)中国气象频道

2006 年 5 月 18 日,由中国气象局主办的中国气象频道正式开播,又进一步扩大了气象信息的传播覆盖面。中国气象频道以防灾减灾和服务大众为宗旨,全天候提供权威的、实用的、细分的各类气象信息以及其他相关生活服务信息。通过中国气象频道,社会公众可以全天候收看气象服务节目。气象服务内容从天气预报扩展到气象新闻资讯、生活气象资讯、气象访谈及气象科普等。气象服务范围涉及交通、环保、农业、林业、水利以及卫生等与国民经济相关的多个方面。遇有重大灾害性天气发生时,中国气象频道可以进行连续直播报道。目前,中国气象频道已对国内外 2500 座城市 24～120 小时天气预报进行播报。自中国气象频道开播以来,迅速在全国多个城市实现落地,并加强本地化节目建设和插播,更好地为本地提供气象服务。截至 2015 年 2 月 28 日,中国气象频道在全国 31 个省(自治区、直辖市)的 314 个地级以上城市(含地级市)落地,含 5 个计划单列市,其中在 29 个省份和 4 个计划单列市实现本地化天气节目播出。此外,中国气象频道还采用专门的信号传输系统,向中南海制作并提供气象服务节目,成为决策气象服务的重要手段之一。全国各地灾情可在第一时间通过《中南海气象专报》直呈中央,为国家决策和地方联动及协作救灾提供气象信息服务支持。凭借中国气象局强大的气象信息资源优势,中国气象频道在电视气象服务中将展现了更大的影响力,为促进气象服务的发展发挥更大的作用。

2. 广播

广播是气象服务最普及和最方便的传播手段。源于广播媒介的 4 大特点:①受众非常广泛,不受听众数量和听众文化程度的限制;②以声音作为信息传播的载体,感染力比纸质媒介强;③广播属听觉媒介,听众收听时可以同时进行其他活动;④收音机小巧且携带方便。

（1）公共广播电台

中央人民广播电台和全国各省（区、市）的主要广播媒体均公开发布中央气象台和各省（区、市）气象台制作发布的全国范围的和本地区的气象服务信息,不但包含了天气预报,还有与人们日常生活息息相关、实用性强的各类生活气象服务信息,而且还经常针对灾害性天气推出现场直播、专家访谈等节目。

（2）卫星数字音频广播

针对某些特定区域的特定气象信息服务需求,广播是一种非常有效的手段,特别是气象预警信息的发布方面,广播具有传输速度快、信息覆盖面广等特点,可有效解决气象预警信息发布"最后一公里"难题,比如中国气象局正在积极推进的卫星数字音频广播系统（简称 DAB 系统）。DAB 系统传播的内容主要包括气象灾害预警信号、天气警报以及城镇天气预报,而且还可以根据当地防灾减灾工作需要发布的其他信息。DAB 系统气象灾害预警信息接收的对象主要以县级以下用户为主,预警区域明确且具体,有很强的针对性。实际上,DAB 系统具有覆盖面广、不受地理限制和终端架设简便等显著特点,能够完全覆盖边远、偏僻的农村,荒漠、海岛等边远地区和海洋船只,从而弥补现有其他预警信息发布方式（如手机短信、电话等）的缺陷,是对其他预警信息发布手段的有效补充。

（3）海洋气象广播电台

为进一步完善海上气象服务信息发布平台,中国气象局在山东石岛、浙江舟山以及广东电白建设了国家级海洋气象广播电台,该电台可以覆盖中国渤海、黄海、东海以及南海,从而将气象信息服务从陆地延伸到海洋。辽宁大连、江苏南通、浙江宁波以及台州等地已建有地市级海洋气象广播电台。

3．电话

虽然广播、电视天气预报节目繁多,但是公众难免会错过播放时间,无法及时收听、收看,因此,电话就成为公众主动获取气象信息服务的常见方式。随着通信技术的发展和固定电话的普及,气象声讯电话开始家喻户晓,逐渐成为联系天气变化与人们衣食住行的桥梁,能确保公众方便、快捷地听到最新的气象信息,使气象信息更贴近公众的生活,提高公众的生活质量。

（1）气象声讯电话

气象声讯电话是指中国各级气象部门开通的、用来专门提供天气预报咨询的 121、12121、96121 以及 96221 等电话。它是为了方便公众通过电话快捷地查询最新气象信息及灾害天气预警信息,由中国气象部门通过联通、移动、小灵通以及固定电话咨询平台搭建的面向社会开放的智能气象信息服务自动答询系统。该系统采用了先进的数字语音合成技术,具有语音清晰、内容丰富及全天候 24 小时服务等特点。就服务内容而言,气象声讯电话具有专业、全面、及时等特点,信息服务信箱囊括了全国及本地主要城市的天气实况和天气预报,并且还有与公众生活息息相关的各类生活气象指数。用户只需拨打该电话就可以轻松获取最新的本地 24、48 小时日常天气预报,如若还需要其他气象信息服务,可根据语音提示选择不同按键进行查询。

（2）气象服务热线

2008 年 12 月 26 日,中国气象局气象服务热线 400-6000-121 开通并试运行。它是气象部门进行气象宣传、答疑解惑、了解需求以及服务社会的平台,也是社会、公众了解气象知识、业务咨询、效果反馈以及意见建议表达的窗口。按照"统一设计、统一开发、全国部署、数据共享"原则,中国气象局实现了气象服务热线国家级、省级平台号码统一和全国联网的功能,最大程度上发挥气象服务热线的功能。

4. 手机

随着移动通信技术和业务的不断发展以及人民生活水平的日益提高,手机作为新兴的通信手段,已成为人们相互交流和获取信息的一个重要渠道。近年来,中国各地气象部门抓住手机蓬勃发展的机遇,主动适应信息技术发展的新趋势和气象信息服务的新需求,利用先进通信手段积极开展手机气象信息服务。

(1)手机短信

各地气象部门于2000年开始积极探索手机短信气象服务,截至2015年底,接收手机短信气象服务的用户已超过了1个亿。利用手机短信进行气象预警信息服务业务,可以确保气象信息发送的准确、及时、安全。手机气象短信已经成为公众气象服务和气象防灾减灾的最重要手段,当遇有灾害性天气和突发性事件,气象部门将无偿地、快速地向各级党政部门和相关用户发布气象预报预警信息。建立预警信息分区群发和综合业务管理平台,建设面向手机用户的预警信息社区广播发布系统,实现预警信息对指定区域手机用户的及时传播,是气象部门完善手机短信气象服务信息发布业务平台的重要内容之一。

(2)3G手机气象服务

3G的发展对传统手机短信气象服务带来严峻的挑战。目前,各地气象部门已经在积极搭建集气象HTTP网站、气象信息WAP服务及气象彩信等功能于一体的面向3G手机用户的气象信息服务平台。该平台提供各类动态云图、天气形势图以及天气预报视频等更为翔实的、丰富的、专业的多媒体气象信息,吸引更多的手机用户访问并使用天气预报服务,从而拓展公共气象服务的覆盖面;同时还为跨区域、大流动的高端用户进行防灾减灾指挥和决策提供实时的、快捷的、大容量的、图文并茂的气象服务产品。

由于3G技术的快速发展,公众气象信息传播能力与水平也得到新的提升。华风气象影视信息集团和国家气象中心联合开发了气象服务手机客户端软件。安徽省气象局推出了面向3G手机的全新气象服务产品。贵州省气象局开发了基于3G技术的手机气象信息服务平台,集气象信息WAP服务、气象HTTP网站和气象彩信等多功能于一体。

5. 网站

随着Internet技术的飞速发展,网络(Website)正逐渐成为公众获取气象信息服务的重要手段之一。通过网络渠道进行气象信息服务具有的优势是其他手段所不具备,基于网络的气象信息服务不但可以根据需要随时查询,而且气象信息的提供形式丰富多样(影音、图形、图像及文字等)。在国外,从20世纪90年代起,网络已经成为一些发达国家尤其是美国提供气象信息服务的重要手段和方式,并且网络气象服务创造出了较明显的社会效益以及经济效益。

(1)中国天气网

中国天气网(www.weather.com.cn)是中国气象局面向社会和公众、以公益性为基础的气象服务门户网站。由中国气象局公共气象服务中心主办并负责具体开发、运行以及维护。自2008年7月正式上线以来,中国天气网一直凭借其优质的服务,深受广大网民所喜爱。

2008 年北京奥运期间,该网站的天气新闻被引用率达 71.8%。中国天气网迅速成长为国内气象门户网站的领头羊,在国际气象网站中位居第二名,在国内服务类网站中位列首位,并且多次获得中国气象局重大气象服务先进集体和个人称号。

中国天气网集成了中国气象部门的最新服务产品和资讯,下设 31 个省级站,并开设了灾害预警、天气预报、天气资讯、旅游天气、气候变化、中国气象频道和气象科普知识等 23 个频道、200 多个栏目。中国天气网实时提供 2000 多个国内、外城市的气象信息及服务,同时拥有一支强大的气象专家队伍,精心打造了"天气灾害大事件""天气视点"和"国际天气月刊"等特色栏目。

(2)中国兴农网

中国兴农网(www.xn121.com)是由中国气象局主办,中国气象局公共气象服务中心承办,各省级气象部门联办的为农服务门户网站。该网站以农村经济发展和防灾减灾、农民需求为导向,以"三农"经济信息和农业科技信息为基础,以气象防灾减灾为特色,以搜索引擎和网络互动为纽带,探索多部门、多层级联合的发展模式,集成了为农服务信息资源,建设了为农服务综合信息平台,通过农村信息站实现了气象服务到农村、农户,打造"中国兴农网"知名品牌,推动了农村公共气象服务体系的建设。

2001 年 6 月 28 日,中国兴农网正式上线。该网站逐渐建立了一个由国家级中心站、31 个省级站以及全国气象部门在 9700 余个乡镇和 4400 余个行政村的基层信息服务站组成的信息网络,拥有 37.5 万农村信息员和超过 1000 人中外专家顾问。

2010 年 11 月,中国兴农网以深化为农服务为宗旨,再次成功改版。新版的中国兴农网的最大特色是实现了农业气象信息服务到县、到作物,并且针对每位用户可以建立一个满足个性化定制农业信息的网络平台,向农业生产管理者提供及时的、有效的气象信息和相应的农事建议。另外,中国兴农网和农业部、农业企业深入合作,共同发布权威的农产品市场价格、农业技术指导以及农产品价格指数等产品。由于该网站以灵活机制引进了农业企业的加盟,因此,兴农网发布的信息内容更具专业性和指导意义。

目前,在国内涉农网站中,中国兴农网已经逐渐成长为信息内容最具权威性、功能最全、服务最具针对性以及涉农信息最广的气象为农服务门户网站。该网站还建立了强大的涉农信息搜索引擎、信息再加工及应用、社区等功能,并设立了农业气象、灾害防御、市场价格及农业政策等 14 个频道,将近 100 个栏目。

(3)公共网络气象服务

随着互联网在中国的飞速发展和普及,目前大多数网站都设立了专门的天气板块,向访问者提供气象信息服务。但是,这些网络的气象信息多数是基本的天气预报,不但信息的来源渠道非常混乱,而且引用的气象信息插件是非正规网站的,从而直接导致了气象服务信息的不一致和不准确,引发网民的种种质疑,损害了中国气象部门的形象。

根据《中华人民共和国气象法》、《气象灾害防御条例》等法律法规,中国气象局制定了《气象信息服务管理办法》(以下称《办法》)。2015 年 3 月 6 日,《办法》经中国气象局局务会议审议通过并公布于众,自 2015 年 6 月 1 日起施行。《办法》共 21 条,明确了气象信息服务的适用范围和定义、鼓励政策、遵循原则、资料提供、监督管理、涉外气象信息服务以及法律责任等。《办法》的出台,将有助于开放气象信息服务市场,规范气象信息服务活动,促进气象信息服务发展,满足经济社会发展以及人民生活对气象信息服务的需求。

6. 平面媒体

当今社会,尽管无纸化的信息传播技术飞速发展,但是平面媒体(报纸、期刊)仍然是非常重要的信息传播手段之一,因此通过报纸、期刊提供气象信息,是气象信息服务的重要传播方式之一。

(1)报纸

报纸基本上是每日发行,可以保证信息覆盖的广度和信息传播的时效性,因此通过报纸提供气象信息服务是一个非常有效的气象信息服务手段。随着公众对报纸天气预报需求的日益增加,报纸气象服务得到了较大的发展,不论是服务内容还是服务方式都有了明显的进步。起始阶段,主要刊登短期天气预报,所提供的"天气预报"时效短、信息量少,栏目设置趋同,定位趋同。20 世纪 90 年代末期,随着人们对气象信息的日益关注、新闻媒体竞争越发激烈,具有服务功能的气象信息已成为新闻媒体重要的竞争手段,越来越多的报刊重视读者需求,开辟气象信息版块,版面形式多样,天气信息栏目化,并且创办了气象专栏(或专刊),内容更丰富,信息更全面,更贴近读者和生活。目前,中国气象部门共为 100 多家省级报纸、将近 400 家地市级报纸和 380 多家县级报纸提供气象信息服务。

(2)《中国气象报》

《中国气象报》是由中国气象局主办的中国气象行业报。1988 年 8 月 9 日经中国新闻出版署批复同意创办,1989 年 1 月 16 日出试刊,4 月 5 日正式创刊,由时任中共中央顾问委员会常委张爱萍题写报头。《中国气象报》是国内外唯一的气象专业报纸,作为气象宣传的主渠道、主阵地及主力军。自创刊以来,始终坚守正确的舆论导向,宣传党的路线、方针及政策;立足行业,面向社会公众,宣传优质的气象服务尤其是决策气象服务及其巨大效益、气象现代化建设、精神文明建设及改革开放的重大成就;按照"三贴近"的要求,围绕"气象防灾减灾、应对气候变化"两大主题,面向民生、面向生产和面向决策,大力普及气象科学技术,为气象工作服务社会、社会公众了解及应用气象发挥了纽带和桥梁作用。

目前,中国气象报社加强采编自动化建设,已经建成了新闻采编的远程网络系统、局域网系统,并出版了《中国气象报》的电子版,入驻中国气象局政府网和中国产业经济信息网。

(3)期刊

针对期刊的时效性特点,采用期刊提供的气象服务一般是以气象科普类信息为主。《气象知识》就是一个典型例子。《气象知识》1981 年创刊,是中国唯一一本国内外公开发行的普及气象科学的彩色期刊。自创刊以来,一直以"弘扬科学精神,普及大气科学知识"为己任,坚持科学的态度,本着科学的原则,不但用科学的语言阐述气象科学原理,而且用浅显易懂的语言深入浅出地解释生涩的气象难题,坚持做好世界气象日("3·23")的宣传工作,为普及气象科学知识,增强社会公众防灾减灾意识做出了重要的贡献。杂志开设"本期视点""气候变化""防灾减灾""谈天说地"和"专家论坛"等 10 多个栏目,深受广大读者所喜爱。2001 年荣膺新闻出版总署"双百期刊"称号。经过十多年的积累和发展,《气象知识》已经成长为具有一定社会影响力的行业科普杂志。

7. 新媒体

新媒体(New Media)是一个相对的概念,是报刊、广播和电视等传统媒体以后发展起来的新的媒体形态,包括网络媒体、手机媒体和数字电视等。新媒体也是一个宽泛的概念,利用数字技术和网络技术,通过互联网、宽带局域网、无线通信网和卫星等渠道,以及电脑、手机和数字电视机等终端,向用户提供信息、娱乐服务的传播形态。严格意义上说,新媒体应该称为数字化新媒体。

(1)微博

微博(Weibo),微型博客(MicroBlog)的简称,即一句话博客。它是一种通过关注机制,分享简短实时信息的、广播式的网络社交平台。通过该平台可以基于用户关系进行信息分享、传播和获取。用户还可以通过 WEB 和 WAP 等各种客户端建立个人社区,进行 140 字(包含标点符号)的文字信息更新,实现即时分享。微博的关注机制主要包括单向和双向关注两种。

作为一个分享和交流平台,微博更注重时效性和随意性。微博客更能表达出每时每刻的思想和最新动态,博客则更偏重于梳理自己一段时间内的所见、所闻和所感。2014 年 3 月 27 日晚间,中国微博领域的一枝独秀——新浪微博宣布更名为"微博",并推出新的 LOGO 标识,新浪色彩逐渐淡化。目前,中国的主流微博有新浪微博、腾讯微博、网易微博和搜狐微博等。

2011 年 04 月 27 日,中国气象局开通新浪官方微博。随后,全国各地气象局相继开通官方微博。

(2)手机 APP

手机客户端简称手机 APP,即可以在手机终端上运行的软件。也是 3G 产业中一个重点发展的项目,具有重要的意义。

2012 年,除了一些大型企业,比如腾讯,MSN 以及中关村等都拥有自己的手机客户端外,其他企业无一例外由于技术问题而被手机客户端拒之门外。2013 年,中国联通抢先推出 10010 手机客户端,覆盖苹果 IOS(iPhone)和谷歌安卓(Android)两大主流智能手机平台。目前,手机客户端具有非常大的市场前景,其中占据手机客户端市场的系统有 Android、IOS 和 Windows 三大系统。

"中国天气通"是中国气象局官方手机气象信息服务客户端,与"中国天气网"和"中国气象频道"并列为中国气象局三大气象信息服务品牌。

依托中央气象台成熟而强大的业务支撑体系,"中国天气通"向社会公众提供高质量的气象信息服务,是国内首款具有气象预警信息推送功能的气象服务客户端软件。不但提供国内 2566 个县级以上城市的气象预警、天气实况、7 天天气预报和生活气象指数等权威、可靠的天气信息,而且还提供位置服务和天气分享等实用的功能。酷炫的界面、日夜模式、天气动画和声音效果,是须臾不离百姓生活的好帮手。

(3)微信

微信(WeChat)是腾讯公司于 2011 年 1 月 21 日推出的一个为智能终端提供即时通信服务的免费应用程序。它支持跨通信运营商、跨操作系统平台可通过网络快速发送免费(需消耗少量流量)语音短信、视频、图片和文字信息,同时,还可以使用通过共享流媒体内容的资料和基于位置的"摇一摇""朋友圈"和"公众平台"等服务插件。

微信还提供公众平台、朋友圈和消息推送等功能,用户不但可以通过"摇一摇""搜索号码""附近的人""扫二维码方式"添加好友(或关注公众平台),而且可以将内容分享给好友或将看到的精彩内容分享到朋友圈。

截至 2013 年 11 月,微信的注册用户量已突破 6 亿,已经成为亚洲区域最大用户群体的移动即时通信软件。2014 年 09 月 13 日,为了给更多的用户提供微信支付电商平台(简称"微商"),微信服务号申请微信支付功能将不再收取 2 万元保证金,开店门槛大大降低。2015 年春节期间,微信联合各类商家推出了春节"摇红包"活动,送出了金额超过 5 亿的现金红包。

2013 年 7 月 30 日,中国气象网开通微信账号"中国气象"并正式上线,开启一条全新的气象与社会公众互动的渠道,发布气象信息,传播气象科学知识。

继"中国气象网"微博之后,"中国气象"官方微信是又一个气象信息发布的渠道。它主要呈现最新气象资讯、实用气象科普和气象防灾减灾知识等,还每天向网友推送一组图文气象消息,主持人将就热点话题和观众进行互动。不仅如此,听众还可以将身边的天气现象和实况在第一时间通过文字、语音(或视频)向"中国气象"直播现场情况,第一时间针对天气气候事件发表个人见解,分享气象防灾减灾知识。公众只要打开微信,就能够及时获取最新气象资讯以及科普知识。

第六节　气象信息服务技术典型案例

气象信息服务系统是气象信息服务体系建设的重要组成部分,是气象现代化的重要体现。本小节重点介绍了气象网格计算系统、气象灾害预警系统、基于系统集成技术的农业气象服务系统及基于 GIS 技术的云南省公共气象服务平台等气象信息服务技术典型案例。

一、气象网格计算系统

针对气象部门的高性能计算资源区域分布不均和气象系统内部计算资源要充分实现共享的问题,设计并实现基于计算资源的接口统一的气象网格计算。该网格计算可以实现异地气象模式作业提交与结果返回,完成气象部门内部高性能计算资源的整合与管理。

1. 系统概述

气象网格计算系统主要是依托国产高性能计算机,通过整合现有计算资源,采用网格计算技术和网络化远程应用技术,面向科研教育领域提供的高性能计算资源(软件、硬件平台)和网络化应用环境。该系统所涉及的计算资源主要包括以下两类节点:

(1)国家级主节点

国家级主节点采用网格技术,整合了国家级强大的高性能计算资源、存储资源及数据资源,搭建一个气象计算共享平台,提供资源共享、经典气象模式应用及产品分发服务。

(2)各区域分节点

各区域分节点主要是向该气象区域中心所覆盖的省级气象部门提供气象数据的后处理、特殊产品加工与分发等服务。它包括各区域中心的计算机、网络及通信等环境的设计与建设、业务化运行环境的技术保障、基于数值预报产品应用系统、释用系统的研发。各区域分节点应针对本区域中心所覆盖省份的地理特点和气候特点,在气象资料应用、同化与嵌套技术、地形数据处理、物理过程调试、扩散方案以及垂直分层等方面提出具有区域特色的方案。同时,根据自身特点,建立和研发面向省级气象部门的数值预报模式产品应用系统。

2. 气象网格计算架构

气象网格计算系统的整体架构由国家级主节点和若干个区域气象中心分节点组成,通过全国气象宽带网连接起来,是一个紧耦合的分布式的网络共享系统。该架构采用了"国家级＋区域中心"上下二级集中管理的网格计算架构,如图 2-16 所示。

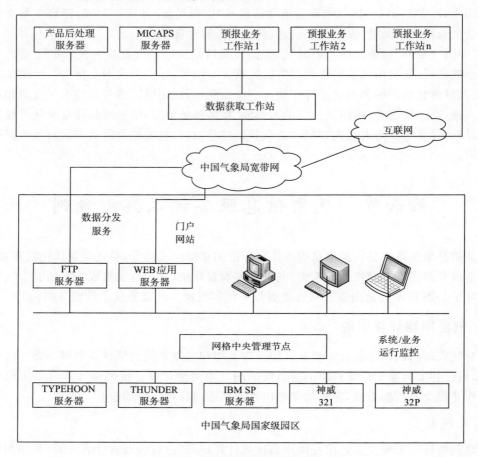

图 2-16　国家气象网格计算系统

国家级主节点在国家级中心部署了一个专用的网格中央节点,作为整个网格计算系统的中央管理节点和资源访问入口,并管理国家级中心的高性能计算系统,通过国家级园区骨干网进行通信。各区域分节点主要是向该气象区域中心所覆盖的省级气象部门提供气象数据的后处理、特殊产品加工与分发等服务。在各区域中心部署一个专用的区域级网格中央节点,作为该区域中心的中央管理节点和资源访问入口,管理该气象区域中心所覆盖的省级、市级气象部门的高性能计算系统,通过区域中心内部网络进行通信。

最终,气象网格计算系统将不同管理区域内的一种或多种异构资源有效地聚合起来,搭建一个虚拟的资源管理和协作平台。采用标准的、统一的、易用的接口,向用户提供安全、可靠的网格计算环境。

国家级中心部署一个网格门户系统和一个网格管理节点。其中,网格门户系统采用 Web方式提供访问;网格管理节点负责管理所有的气象高性能计算网格节点,并汇聚所有气象高性能计算系统的状态信息。

3. 气象网格计算中间件

由于互联网架构是基于 TCP/IP 协议栈的,并不是为网格计算而设计的。因此,为了兼容现有的互联网架构,在网格体系架构中,一般都要有一个可扩展的网格计算中间件层。网格计算中间件层一般是指一系列协议和工具软件,其核心功能是屏蔽网格资源层中各种资源的分布和异构特性,为网格应用层提供透明的、一致的应用接口。目前比较成熟的网格中间件有 Globus Toolkit、Legion、Condor、计算资源的统一接口(Uniform Interface to Computing Resources,UNICORE)以及 EGEE gLite 等。针对气象业务需求,通过比较和分析,最终确定 UNICORE 作为气象计算网格研发发工作的基础支撑平台。基于网格中间件的国家气象网格计算体系结构如图 2-17 所示,按逻辑划分,整个系统包括上自下而上共 5 层。

图 2-17　国家气象网格计算体系结构

（1）系统资源层

该层主要包含国家气象信息中心和 8 个气象区域中心的高性能计算资源,同时提供资源调用接口,用以实现高层网格服务。

（2）网格中间件层

该层主要包含基于 UNICORE 中间件的网格资源管理调度软件和数据管理软件等，并屏蔽了网格资源层中各种资源的分布和异构特性，向上层提供用户可编程的接口和相应的运行环境，提供更为专业化的服务、组件。

（3）业务支撑层

该层主要包含用户管理、资源收费、数据访问与传输以及业务流程控制等功能，是实现业务应用的共性功能软件构件平台，业务应用是依赖于业务支撑软件构件的搭建。

（4）业务应用层

该层主要包含 Grapes、MM5 和 WRF 等网格环境下运行的常用气象模式。在网格计算环境下，该模式应用业务已经化身为整个网格计算平台一个面向应用的构件，可作为一个业务应用软件库加以维护。

（5）用户交互层

用户可通过 3 种方式提交计算任务。首先利用业务应用软件库的构件，然后在业务支撑层制定网格计算任务，最终通过中间件实现网格计算任务的透明执行。

1997 年，UNICORE 在德国联邦教育和研究部 BMBF 的资助下进行开发，先后得到 UNICORE、UNICORE Plus 等项目支持。后来，UNICORE 逐步拓展到欧盟支持的 EURO-GRID、GRIP、OpenMoldGRID 及 DEISA 等项目中。从 2004 年夏季开始，UNICORE 按照 BSD 许可证开始提供开源共享。经过研发人员、计算中心和用户的努力，UNICORE 已经演化成为国际知名的网格软件系统。

UNICORE 的特性：支持单点登录的图形界面；通过 X.509 证书集成了安全的、支持复杂多节点/多步骤的作业流引擎；通过插件支撑科研与商业应用；成熟的作业监控；通过 UNICORE-SSH 支持交互访问及集成的数据传输等。

UNICORE 基于 C/S 架构，由 UNICORE Client 和 UNICORE Server 组成。基于 UNICORE 的国家气象网格计算的实现方案主要依托 UNICORE Server 的网格管理，利用人机交互界面来实现计算任务管理。其实现途径主要有 2 种，如图 2-18 所示。

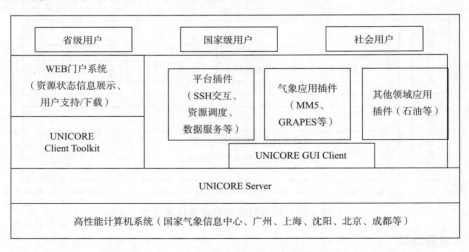

图 2-18　基于 UNICORE 的国家气象网格计算实现方案

（1）采用 UNICORE Client 为基础框架，开发相关的插件并集成到 UNICORE Client 界面上，进而实现 UNICORE Client 通用界面，最终完成特定气象网格计算任务的管理。目前，实现的插件：针对资源调度和数据服务的平台插件；针对 Grapes、MM5 和 WRF 模式的气象应用软件插件；针对其他行业模式的软件插件。该方案同样是基于 UNICORE 的 C/S 模式。

（2）采用 UNICORE Client Toolkit 提供的 API（应用程序接口），按照气象网格的需求，开发全新的 GUI 来实现气象网格计算任务的管理。并将该 GUI 集成到现有的 Web 门户中，实现应用的集成，并形成 B/S 模式，具有较好的灵活性。

4．系统实现

依托本气象网格计算平台，用户就可以方便、快捷地建立经典气象模式的网格应用环境。用户只需定义工作流程，制定可行的保障方案，运用业务工作流控制技术，从而实现特定气象模式系统的业务运行，并提供持续、稳定的服务；还可以根据天气预报的实际需求，定制参数，提高天气预报分辨率，增加天气预报产品的种类和内容。在国家级节点上，经典气象模式系统的运行环境已经建立。这里以 Grapes 为例，用户登录到 UNICORE 客户端后，首先添加一个 Grapes 作业，然后确定任务名和计算时间，并设置远程工作目录、本地文件输出路径等。此外，还能够对气象模式中允许的常规参数、高级参数进行设置。文件上传、下载选择窗口可以用于本地存储和远程存储间的文件传输。作业执行完毕后，执行"取结果"操作，将返回作业运行时的标准输出及标准错误，一起返回的还有模式的运行结果。如若是图形化的结果，还可查看图形界面。

二、气象灾害预警系统

建设气象灾害预警系统，目的是快速、高效、准确地传播气象灾害预警信息，重点是对气象预警平台进行集成化技术创新。采用由无线广域广播系统和预警电话机组建的气象灾害预警台，保证语音信息和中文信息快速、准确、可靠地广播及接收，从而解决原有服务手段比较被动、受众落区难确定以及传播速度慢等问题。

1．系统构成

气象灾害预警平台主要是由发射平台和预警电话机组成。其中，发射平台由系统中心和外围发射基站组成。

系统中心主要由网络通信、服务器端、操作终端、发射端及电源保障等构成，如图 2-19 所示。

（1）网络通信。构建本地小局域网，对内连接服务器端和操作终端，对外连接业务专网和互联网。

（2）服务器端。由数据库服务器、应用服务器和发送服务器等部分构成，根据安全、可靠的需求，可采用双机热备份形式进行配置。

（3）操作终端。由本地值班终端、现场救灾指挥终端和领导移动终端等组成，便于及时、可靠地发布预警信息。

（4）发射端。由发送编码器、前置处理器、Zetron33 寻呼网络控制器、发射机总成和发射天线总成等组成。

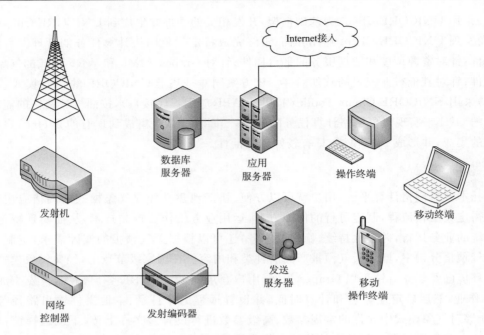

图 2-19　系统中心示意图

（5）电源保障。双路供电，以大容量后备电源作为支撑，当停电时，也能够为整个平台的正常运行与可靠发射提供电源保障。

外围发射基站主要由链路接收天线、链路接收机、前置处理器、Zetron66 传输控制器、功放以及发射天线等组成，如图 2-20 所示。

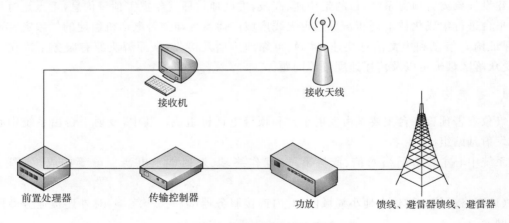

图 2-20　外围发射基站示意图

电源部分尽量使用市电，并且由 UPS 保证后备电源供应。必要的时候，可以使用后备柴油发电机保证电源供应。

预警电话接收终端是一种具有无线语音和无线信息接收功能的电话机，它拥有大屏幕汉字字符显示，并配有警报器部件。它本身可以电池供电，当无交流电或电话线断线时也能保证可靠地接收预警信号，并能够将警报信号以声、光的形式表现出来，也能播报警报语音。

2. 关键技术

(1)与一般广播系统、无线通信系统相比,预警广播系统的关键技术是如何保证接收终端正确无误地接收大量数据,并使接收终端强制性地发出警报。一般的广播系统、无线通信系统发送的只是模拟信号,并不进行校验;CDMA 和 GSM 通信系统发送的信号是数字信号。本预警广播系统发射的是有校验的数字信号,接收终端待机时,始终处于静默接收模式,当连续接收 3 次带有复杂校验码的数字信号且校验无误后,根据预设条件触发警报。

(2)数字编码和模拟语音"图传"采用 FM 和 FSK 调制方式,系统还采用电信系统常用纠错码 bchl5,针对工业单片机和嵌入式系统实现编、解码,批量生产后拟使用 FPGA/CPLD 技术实现。采用分小区频率偏移技术解决同频干扰问题。

(3)发射平台拟采用新型发射机、高稳度频率参考源以及无线发射控制等相关设备。发射机拟增设语音广播功能,实现频率稳定自动化调控,自动化故障提示,既能保证系统正常运行的稳定性,又能降低维护成本。

(4)预警电话增设了无线语音和无线信息的接收功能,并在无线语音功能上配置了信号触发处理元件。电话机接收终端待机时,始终处于静默接收模式,当连续接收 3 次带有复杂校验码的数字信号且校验无误后,根据预设条件触发警报,发送或接收警报并对语音信号进行扩音。由于采用无线广域广播方式传播中文(或语音)信息,因此信息的传播速度是目前采用电话、手机终端的几十倍以上。预警电话不但能够接收文字信息,还能够接收语音信息,因此发布方式即可采用文字、语音信息以及两种并行。

(5)服务器 CPU 可以处理 185 万条/秒指令,8KB 的 I 级缓存和 8KB 的 D 级缓存,支持 Win CE、Linux 操作系统的内存管理模块,内置 32 位 ARM、16 位经典指令系统,主频 166 MHz,固态存储 4 MB Flash ROM。操作系统采用嵌入式 Linux。嵌入式系统是通信技术、计算机技术、半导体技术、微电子技术以及语音图像数据传输技术等先进技术与具体应用对象相结合的换代新产品。嵌入式 Linux 具有内核可裁剪、稳定性好、效率高、移植性好以及源代码开放等优点,还内置了完整的 TCP/IP 网络协议栈,非常适合应用于嵌入式领域。

(6)数据库采用的是对象关系型数据库管理系统。它支持大部分 SQL 标准并且提供了复杂查询、外键、视图、触发器、事务完整性以及多版本并发控制。可以使用许多方法进行扩展,如增加新的数据类型、操作符、函数、聚集函数、索引方法以及过程语言。

3. 系统防护

(1)病毒防护。由于控制台前端是基于 Windows XP 操作系统的,有可能遭到病毒的危害,可以安装一款通过公安部认证的病毒防护软件进行有效防御。应用服务器、前置处理器和数据库服务器的软件是固化于硬件中的,病毒无法入侵,因此可以不考虑防病毒的问题。

(2)系统管理。系统自成网络,应用服务器本身就具有一定的防火墙作用,前置服务器、数据库服务器和控制台前端也处于防火墙保护内。系统管理可以通过 SNMP 协议或通过浏览器的方式进行管理。

(3)系统备份。系统备份有 2 种方式:一种是通过网络进行在线数据备份;另一种是根据用户需要,整个系统采用双机热备份和热切换方式进行更高安全层次的备份。

三、基于系统集成技术的农业气象服务系统

农业气象服务系统的总体设计目标：以农业气象数据库标准化建设为基础，以 GIS 平台和卫星遥感为技术手段，为农业气象和卫星遥感业务服务提供集数据采集与处理、应用分析和产品分发等全过程一体化的软件平台，从而提高农业气象信息处理的及时性、准确性、针对性以及产品的可视化。

1. 系统功能

农业气象服务系统（Agro Meteorological and Service System，AMSS）主要由农业气象数据库管理子系统、农业气象情报子系统、农业气象预报子系统、农业气象灾害监测评估子系统、生态环境遥感监测应用子系统、农业气候资源开发与利用子系统和农业气象信息服务子系统7 个子系统组成。其中，各子系统通过预设标准的、统一的接口融为一体，共同构成整个服务系统的总体功能。

农业气象服务系统是一个基于 C/S 模式的分布式信息系统，整个系统采用 SQLServer 作为基础数据库。根据其业务特点，农业气象数据库子系统构建数据库模型和对象，实现农业气象数据的采集、加工处理、质量控制和数据库管理维护等功能，为农业气象服务系统提供一个专门的数据库平台。

农业气象情报子系统是农业气象服务的常规项目之一，主要是实时报文资料处理（包括接收、预处理、解译及管理等），并结合历史资料进行统计分析，最终为决策服务、管理和生产部门提供公众、专项服务的情报产品。农业气象情报子系统的功能结构主要由报文处理、统计分析、情报编撰和图形绘制 4 部分组成。

农业气象预报子系统也是农业气象服务的常规项目之一，根据农业气象预报的基本业务需求，结合拓展业务需要，农业气象预报子系统主要实现土壤墒情预报、农用天气预报、农作物发育期预报、农气灾害预报、作物病虫害发生发展气象条件预报和农作物产量预报等 6 类预报及预报管理。

农业气象灾害监测评估子系统是基于地理信息系统的，主要包括数据调用、灾害监测、作物受灾损失评估及产品输出等 4 个功能模块，实现遥感数据（NOAA/AVHRR、EOS/MODIS和 FY-1C/1D）调用、灾害监测点数据栅格化、洪涝和干旱两种灾害的作物识别、不同下垫面的受灾面积计算、产量损失和经济损失评估等功能。

生态环境遥感监测应用子系统主要是实时接收极轨卫星资料和 MODIS 资料并进行一系列的处理和分析，生成多种监测产品的子系统，其主要功能：数据输入与输出、数据格式转换、数据配准、数据分析、专题图制作和应用处理等。

农业气候资源开发与利用子系统也是基于地理信息系统的，将专业模型融入地理信息系统，其主要功能模块：农业气候区划、农业气候论证、农业气候资源评估和设施农业气象服务等。

农业气象信息服务子系统是基于 GIS 平台的产品集成与发布子系统，主要功能包括农业气象产品的集成加工、图形图像显示、检索查询、产品浏览和产品发布等功能模块。

2. 系统集成技术

（1）系统组件

组件是一个可重用的功能模块，是由一组处理过程、数据封装和用户接口组成的业务对象

(Rules Object),其具有的特点如下:①组件不但可以在另一个应用程序容器中使用,而且也可以当作独立过程使用;②组件既可以由一个类构成,也可以由多个类构成,或者一个完整的应用程序;③对象为代码重用,组件为模块重用。

组件对象模型(Component Object Model,COM)是由微软开发的组件式软件平台,用以进程间通信(Inter-process communication,IPC)及当作组件式软件开发的平台。COM 要求软件组件必须遵照一个共同的应用程序接口(API),用以软件组件间的交互与集成。

分布式组件对象模型(Distributed COM)建立在 COM 基础上,是一种由微软提供的用于分布式系统开发的方法。它是一系列微软开发的概念和程序接口,它支持两台机器上的组件间通信,不论它们是运行在局域网,还是在广域网甚至 Internet。

ActiveX 是动态链接库(DLL)的一种,它也是以 COM 为基础,是软件组件在网络环境中进行交互的技术集。它与具体的编程语言无关,可以说是完全独立于编程语言。作为面向 Internet 应用的开发技术,ActiveX 被应用于 WEB 服务器和客户端的方方面面。同时,ActiveX 技术也被用于创建普通的桌面应用程序。

由于农业气象服务系统是由多个单位联合研发,根据各个子系统的特点,结合当前先进的软件集成技术,采用主流的组件模型(COM/DCOM)技术方法,通过开发并组装不同的软件组件单元来实现系统集成。农业气象服务系统开发环境见表 2-2。

表 2-2　农业气象系统开发环境

系统名称	开发环境	说明
农业气象服务系统主系统	Visual C++6.0	主程序
农业气象数据库子系统	Visual C++6.0	源码模块
农业气象情报子系统	VB6.0	组件模块
农业气象预报子系统	C++Builder6.0	组件模块
农业气候资源开发与利用子系统	VBA	可执行模块
农业气象灾害监测评估子系统	VBA	可执行模块
生态环境遥感监测应用子系统	Visual C++6.0	可执行模块
农业气象信息服务子系统	VB6.0	组件模块

（2）系统集成层次

系统采用基于 C/S 的分布式体系结构,主要由表示层、事务逻辑层及数据服务层等 3 部分组成。

①表示层。即面向用户的界面部分。主要通过 Activex OCX、XML 和 HTML 等实现表示层。系统是由一些常用的服务功能模块,按统一的技术标准,实现界面功能模块和实时服务的统一设计。

②事务逻辑层。事务逻辑层是整个系统的核心部分,其中 COM 则相当于其心脏,可通过它进行事务处理,并由系统为各种组件提供完善的管理。在系统功能模块界面元素的统一设计基础上,在该层次上完成核心功能模块的设计,包括数据库和资料访问、应用服务(如报文处理、统计分析、情报编撰、土壤墒情预报、产量预报和产品浏览等服务)、数据接口、组件间通信和实时资料监控等。

③数据服务层。即提供数据源。若干程序通过逻辑组件共享数据库连接,提高了数据服务层的性能和安全性。根据农业气象服务系统总体设计的需求,选择 SQL Server2000 作为整

个系统的数据库平台。系统运行的层次结构如图 2-21 所示。

图 2-21　系统运行的层次结构

（3）系统集成技术

整个系统基于 C/S 模式和分布式结构,主要研发了 3 种集成技术。

①过程集成。这是贯穿整个总系统和分子系统集成的核心,研究以工作流技术展开,实现农业气象系统各功能模块在业务流程上能够实现无缝的集成。

②功能集成。它主要以组件为基础,以软构件和中间件为主要实现技术,实现农业气象系统与各分子系统在功能上的集成。

③信息集成。这是农业气象系统中最基础的集成方法,研究并实现主要以软构件、中间件、中间文件和数据库共享为主要对象,构建组件模块和数据流的耦合。

针对系统的结构、模式、开发环境及集成层次,主要研发了 3 个方面的集成。

①系统内部各功能模块之间的集成。

②系统与其他业务系统之的集成,如气候业务系统。

③不同子系统之间的集成,如生态环境遥感子系统、农业气候资源开发与利用子系统和农业气象灾害监测评估子系统等系统间的数据集成。

由于各子系统开发平台的多样性及应用新技术的需求,系统的集成实现方法分为源代码级集成、组件式集成和数据流耦合集成 3 个级别。

①源代码级集成。系统对农业气象数据库管理子系统采用源代码级集成,实现农业气象数据库管理子系统与系统的无缝连接,从应用集成的角度看,相对稳定但不灵活。

②组件式集成。在总体上,系统对农业气象情报子系统、农业气象预报子系统、农业气象信息服务子系统 3 个子系统的功能模块采用组件式集成。

③数据流耦合集成。系统对农业气象灾害监测评估、农业气候资源开发与利用和生态环境遥感 3 个子系统采用数据流耦合集成,界面风格统一,而数据服务层紧密联系。

四、基于 GIS 技术的云南省公共气象服务平台

1. 系统概述

近年来,公共气象服务领域不断拓展,气象服务在云南省经济社会和人民生活中发挥着越来越重要的作用。云南省公共气象服务近几年发展迅速,在农业、交通、电力、旅游、森林火险、滑坡泥石流、气象灾害预警等方面各自形成了具有一定特色的公共气象服务业务模式,服务系统的建设也积累了一定的经验。但目前全省公共气象服务系统的建设还存在着业务模式和服务产品单一、服务渠道不够畅通等问题,不能很好地满足公共气象服务的需求。

截至 2011 年底,全国省级气象服务中心已基本组建完成。中国气象局为强化对省级气象服务业务的系统支撑、提升服务科技含量、增强服务效率和服务能力,于 2012 年小型业务建设项目中支持北京、天津、河北、内蒙古、辽宁、吉林、江苏、浙江、福建、江西、湖北、湖南、广东、广

西、重庆、四川、贵州、云南等 18 省(自治区、直辖市)气象局先行开展公共气象服务业务软件系统建设。云南省气象局依托中国气象局技术指导并且结合本级单位的实际需求,拟建设一套基本满足业务服务需求、气象综合信息高度集成、集约化和自动化的公共气象服务业务系统,更好地满足全省公共气象服务未几年的发展需求,提升云南气象部门公共气象服务科技含量、服务效率和服务能力,更好地为云南"两强一堡"战略目标和社会经济发展服务。

2. 系统架构

按照总体设计思路,云南省公共气象服务业务系统架构可以分为基础设施层、数据层、平台服务层、应用层,在一期建设中我们主要完成数据层和平台服务层部分功能的建设,系统总体架构如图 2-22 所示。

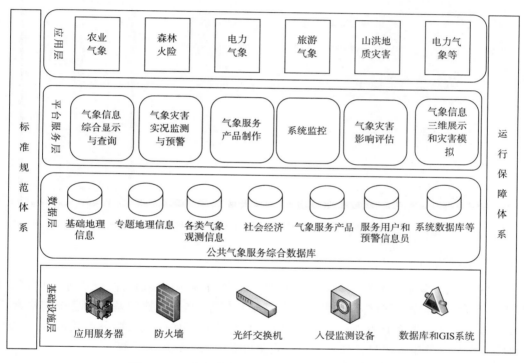

图 2-22　云南省公共气象服务业务系统总体架构图

数据存储层是指公共气象服务综合数据库,主要由基础地理信息、专题地理信息、气象观测信息、气象灾害风险区划信息、经济社会信息和气象服务产品等各类信息于一体的公共气象服务综合数据库等组成。气象信息可以分为台站基本信息、气象观测资料、数值分析预报、基本业务产品、气象服务产品、历史气候资料、气象灾情档案等类别。其中经济社会信息、历史气候资料、气象灾情档案是基于数据库表的,气象观测资料、数值分析预报、基本业务产品、气象服务产品是基于文件的。

平台服务层立足于解决不同行业的公共气象服务的共性需求,在统一数据库和数据访问接口的基础上,开发气象服务的公共模块,能够满足绝大多数情况下的公共气象服务需求。平台服务层主要由以下子系统组成(图 2-23):

(1)气象信息综合显示与查询子系统;

（2）气象灾害实况监测与预警子系统；

（3）气象服务产品制作子系统；

（4）气象服务产品编审分发子系统；

（5）气象信息三维显示子系统；

（6）气象服务产品共享发布子系统；

（7）系统管理维护子系统。

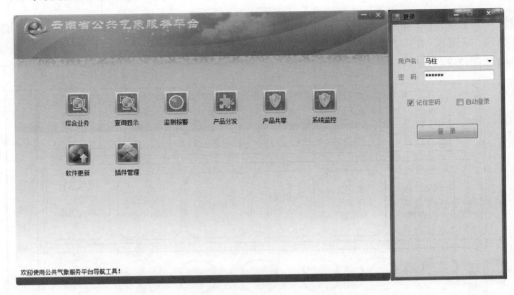

图 2-23　云南省公共气象服务业务系统平台

3．系统功能介绍

云南省公共气象业务系统（一期）建设包含六部分内容：一套数据库、三类业务内容、两类管理支撑内容，具体为：规范标准的气象服务基础数据库、友好快捷的基础信息查询检索子系统、方便适用的气象服务产品加工制作子系统、自动快速有效的气象服务产品编审分发子系统、科学完整的气象服务用户管理子系统及安全可靠的系统管理子系统。

（1）公共气象服务基础数据库

①基础气象资料库

基础气象资料库包括气象观测资料、预报预警信息等。其中，气象观测资料主要包括常规观测资料、非常规观测资料、自动站监测数据、区域站监测数据、历史统计产品、专业气象资料等。

a．常规观测资料

地面观测数据：气温、气压、风向/风速、水汽压、相对湿度、降水、云、能见度、天气现象等观测要素，包括国家气象观测站与区域气象观测站。

高空观测数据：高空观测的层数以及每层的高度、气压、露点温度、气温、风向、风速等探测要素，包括国家气象观测站与区域气象观测站。

b．非常规观测资料：卫星云图；雷达观测；闪电定位数据。

c．监测数据：自动站监测数据；实况类数据。

d．模式数据

e. 省气象台天气预报数据

f. 气象预警信号数据

②气象服务产品库

系统建设成后,拟为管理部门和社会公众提供以下气象服务产品:实况监测;气象预报指导产品;气象指数预报指导产品;气象灾害预警信息;专题产品预报服务指导产品。

③服务客户数据库

订购气象服务产品的客户信息,包括单位、联系方式、分发渠道等信息。

④产品分发数据库

对系统中支撑的短信、邮件、自动传真、微博、微信等分发渠道的定义。

（2）电子地图显示

在空间数据库的基础上,制作了以 1：25 万、1：5 万比例尺为基础的电子地图,主要包括了省、市、县、乡行政区、五级河流、1：25 万数字高程模型（DEM）、1：25 万土地利用等数据。由于 1：25 万数据量较大,因此电子地图做成了分级显示,当用户缩放到一定比例时,更详细的信息才进行显示。

在显示操作界面区,地图表达气象产品时,包含对地图的一些基本地图浏览操作,包括地图缩放平移查询、距离面积的量算、比例尺的控制以及图层控制等（图 2-24）。

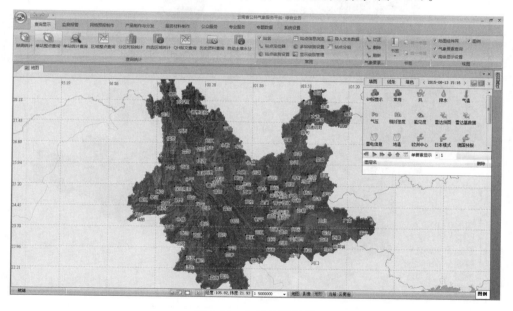

图 2-24　电子地图显示

（3）气象信息综合显示与查询子系统

气象信息综合显示查询子系统主要实现基于 GIS 平台的公共气象资料共享功能。提高气象数据和基础地理信息数据的融合,同时也提高气象数据的共享利用率和服务产品的服务质量。

实现基础地理信息、地面监测资源、高空观测资料、雷达数据、卫星数据以及各类公共气象服务专业监测数据的专业化显示,实现气象信息按站点、按时间、按种类的多方位综合查询,并能进行常见的气象统计计算和统计图分析功能,为各类公共气象服务的开展提供丰富的基础地理和气象信息支持。

统计计算是对常见的气象要素进行统计量计算,包括累计、平均值、最大值、最小值、频率、历史排位等。具体如下:

①要素累计:根据指定的条件对要素进行累加、求距平等。根据时间、地区、资料类型等条件对各种气象要素(气温、湿度、气压等)进行距平统计并生成地图和报表。如图 2-25 为云南省累计雨量图。

②极值计算:根据指定的条件统计要素的极大值、极小值。根据指定条件在数据库中提取满足条件的数据,通过进行极大值、极小值的统计计算,并生成相应的产品图和报告。

③频率统计:根据指定的条件统计要素出现的频率大小、天数等。

④多要素条件统计:根据指定的要素、条件和方法进行统计分析。

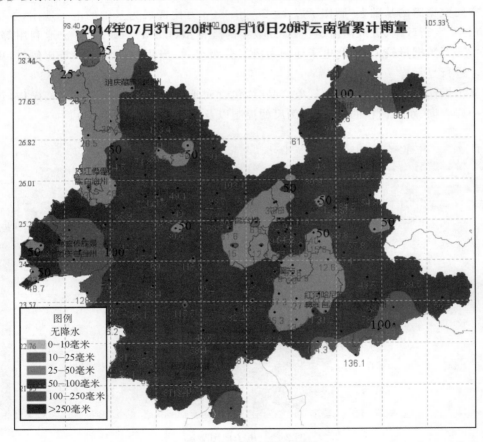

图 2-25　云南省累计雨量图

(3)气象服务产品加工制作子系统

该平台为预报员提供一个业务预报工作平台,集成了专业气象信息显示、基础地理信息显示和分析功能,把人机交互处理和预报服务产品加工集成一体。如图 2-26 为云南省过去 24 小时雨量图。系统以插件化的形式提供气象服务产品制作的公共功能,方便系统进行山洪地质灾害气象服务、交通气象服务、森林火灾气象服务、旅游气象服务、电力气象服务、雷电气象服务、农业气象服务、决策气象服务和电视服务产品的制作和加工。

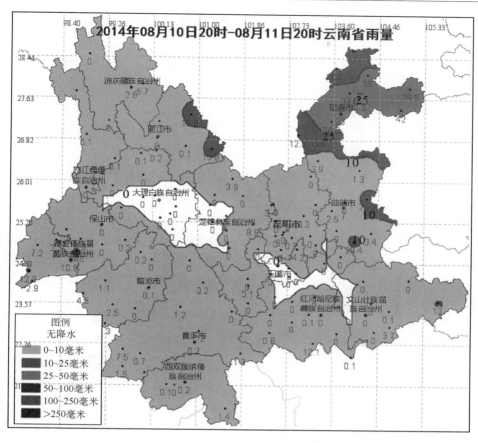

图 2-26 云南省过去 24 小时雨量图

（4）气象服务产品编审分发子系统

实现服务产品流转、编审和分发功能。重点实现具有适合不同媒体需求的多种信息发布渠道的自动、快捷分发功能，使服务产品能第一时间分发至全省公共气象服务产品库、电话、传真、网络、影视、短信、微博、电子显示屏、农村预警喇叭等渠道，并能监控信息发布后各种发布手段的接收情况。

业务人员对发布的服务产品提出申请，指定需要发布的服务产品和发布对象后提出申请；产品发布审核者对发布的产品内容以及发布的对象进行审核，当审核通过时产品发布申请就自动转为产品发布；产品发布模块对产品审核通过的服务产品按照其发布对象进行发布。

（5）气象服务用户管理子系统

管理服务用户基本信息、用户业务订购信息、用户交流反馈信息和用户需求分析信息，定期评估网站访问率、影视收视率、声讯拨打率、短信发送数、用户需求、满意度、用户定位。用户对象包括公众用户、行业用户、决策服务用户。

（6）气象服务系统管理子系统

实现系统所有的用户信息管理、角色管理、权限管理、机构管理、日志管理、系统监控和登录用户管理等。

权限管理提供一种针对各级机构和单位的分级树状结构管理，以及指定各级单位节点的操作权限,能够有效规避权限僭越等问题。同时各级机构下人员的权限,也可以按照所在机构和单位的权限进行指派。

机构管理根据当前登录用户所在的机构节点进行子节点的管理,可对名称等属性进行修改和删除。

登录用户主要用来分配进入系统的用户信息和权限,主要包括用户所属机构、部门或科室,如省气象局、地区气象局、县气象局、省服务中心等。

4. 关键技术

GIS 技术应用于气象服务系统建设,需解决以下几个关键技术,现阐述如下。

(1)气象数据格式转换

气象服务系统所处理的气象信息,一方面来自数据库中的各类实时和历史资料,另一方面来自 MICAPS 系统的数据文件。经过多年的应用与发展,MICAPS 格式的数据文件已经成了气象领域应用最广泛的数据交换格式之一,但这些格式均不能被通用 GIS 软件直接共享和访问。因此 GIS 技术应用于气象领域,气象资料的数据格式转换问题成为重点和难点。

目前,GIS 中的进行组织和管理的空间数据主要由矢量数据模型和栅格数据模型 2 种类型,其中矢量数据又可分为点、线、面三种类型,同类型的矢量数据又可以形成矢量图层。因此,MICAPS 数据文件可以按照 GIS 的数据组织方式进行转换和管理。其中 MICAPS 中 1 类、3 类、7 类、8 类、14 类数据均可以转换成矢量数据进行读入,如转成 Shape 数据文件。MICAPS 中 4 类数据(如云图、雷达及模式输出产品等)则可以转换栅格数据,如 GRID 文件。

MICAPS 中 14 类数据是存储了预报信息的数据。它是一种较为复杂的文件格式,它可以存储许多信息,如普通线、封闭线、点符号、线符号、文本,相反 GIS 尤其是 ArcGIS 数据管理和组织却是不允许同一数据层中可以表达不同类型的矢量数据(如线、面存在于同一图层)。因此,首先要将 MICAPS 14 类数据进行转换,接着重新组织形成多个图层,最终结合气象符号采用不同的专题方式实现其渲染绘制。为了便于用户进行填色处理,系统将 MICAPS 14 类中的封闭线处理成了多边形图层。

(2)插值算法

插值是在离散型数据之间补充一些数据,使一组离散型数据能够符合某一个连续函数。插值算法是气象信息处理最为常见的分析算法之一,在气象服务系统建设中,也采用了插值算法,从而将离散型数据插值成连续的面数据,进一步形成等值线、等值面(或色斑图)。

气象领域应用最多的插值算法是 Cressman 插值算法,它是采用逐步订正方法进行最优化插值,用实际资料与预备场之差去改变和订正预备场或初值场,得到一个新场,再由新场去求出和实际值之差,去订正上一次的场,直到订正场逼近实际资料为止。尽管 ArcGIS 软件提供了多种通用的插值算法,如反距离加权平均方法(IDW)、最近邻插值方法、样条插值方法,以及较为复杂的克里金插值方法,但并没有提供 Cressman 插值方法。因此,该系统平台采用 COM 接口方式实现了 Cressman 插值算法,并形成通用气象应用组件,供系统程序调用。

(3)基于空间信息检索

与一般制图系统相比,GIS 技术具有强大的空间分析能力,它能表达现实世界地理要素的空间位置和空间关系。该系统的气象要素查询就采用了空间分析技术。系统将实时库、历史库中所有台站通过"地理坐标编码"的方式转换形成空间数据,其属性值包含了台站名称、台站号以及台站类别等信息。在进行气象要素检索时,将台站以图层的形式加载到业务系统中便于用户进行基于空间区域的气象要素检索。系统还设计了省、市、县等多种区域选择方式,供用户按区域选择台站,从而做进一步分析(如绘制某区域的气象要素等值线图、等值面或色斑图等)。

参考文献

柏枫,吴奇生.2010.市级气象通信网络的优化建设[J].计算机系统应用,19(12):142-146.

曾庆存.1979.数值天气预报的数学物理基础[M].北京:科学出版社.

陈少斌,苏彦.2013.气象信息数据挖掘技术的应用[J].河南科技,(14):200.

陈往溪,张翼,等.2007.气象灾害预警广播系统集成技术[J].广东气象,29(2):44-46.

范增禄,薛峰.2007.并行计算编程技术浅析[J].福建电脑,(03):42-43,35.

费全海,杨青军.2012.气象元数据库设计与实现[J].青海师范大学民族师范学院学报,(02):89-92.

冯汉中,陈永义.2004.处理非线性分类和回归问题的一种新方法(Ⅱ)——支持向量机方法在天气预报中的应用[J].应用气象学报,15(3):355-365.

冯锐,等.2012.基于GIS的农业气象预报系统集成[J].中国农学通报,28(26):298-303.

桂小林,等.2005.网格技术导论[M],北京:北京邮电大学出版社.

郭清厉,陈卫东,王国君.2007.软件工程在气象业务平台建设中的应用[J].陕西气象,(5):43-45.

洪伦耀,董云卫.2004.软件质量工程[M].西安:西安电子科技大学出版社.

胡文超,李晓苹,韩海涛.2008.气象元数据应用研究进展[J].干旱气象,04:12-15.

胡文东,赵光平,等.2006.省级气象预报业务系统软件工程开发原则与技术[J].气象科学,26(1):81-89.

黄阁,崔劲松,姚树明,等.2003.自动站资料实时显示及其在预报中的应用[J].辽宁气象,(1):25-26.

黄海洪,孙崇智,金龙.2005.基于主分量的神经网络水位预报模型应用研究[J].南京气象学院学报,28(1):58-63.

焦飞,黄天文,何华庆.2006.数据挖掘技术在气温长期变化趋势预测中的应用[J].广东气象,(2):33-35.

金海,吴松.2009.云计算的发展与挑战[R].中国计算机科学技术发展报告.

孔璐,吴志坚,顾洪.2004.数据库原理与开发应用技术[M],北京:国防工业出版社.

粮程业,闻春华,等.2010.江西省地面气象观测站业务系统集成设计[J].气象与减灾研究,33(2):64-68.

李集明,沈文海,王国复.2006.气象信息共享平台及其关键技术研究[J].应用气象学报,17(5):622.

李茂达.2008.基于J2EE框架的气象信息系统的研究与实现[D].成都:电子科技大学.

李明皓,赵威,马廷淮,等.2008.国家气象应用网格系统的设计[J].计算机工程,(23):283-285.

李湘.2010.气象通信系统发展与展望[J].气象.36(7):56-61.

李一平.2003.数据挖掘技术在天气预报中的应用研究[D].呼和浩特:内蒙古大学.

李永华,金龙,缪启龙,等.2005.基于SSA-MGF的BP神经网络多步预测模型[J].南京气象学院学报,28(4):549-555.

马廷淮,张海盛,曾振柄.2003.带结论域的关联规则挖掘[J].计算机工程,29(12):16-17.

秦明俊.2011.气象信息综合管理系统的设计与实现[D].成都:电子科技大学.

曲军.2008.山东省气象通信网络系统简介[J].山东气象,28(1):41-42.

曲文政.2011.现代气象预报系统平台设计与实现[D].长春:吉林大学.

沙莎.2011.基于GIS的气象信息集成和分析系统[D].南京:南京信息工程大学.

沈红,安东升,韩晓静.2011.云计算在气象水文业务中的应用[J].气象水文海洋仪器,12(4):53-56.

沈文海.2012.网格计算在气象高性能计算领域的应用前景探讨[J].气象科技:48-51.

史美林,姜进磊,孙瑞志.2009.云计算[M].北京:机械工业出版社.

宋连春,李伟.2008.综合气象观测系统的发展[J].气象,**34**(3):3-9.

唐泽圣.1999.三维数据场可视化[M].北京:清华大学出版社.

万谦,陆建江,宋自林.2002.正态云关联规则在气象中的应用[J].解放军理工大学学报:自然科学版,**3**(4):1-4.

王彬,等.2010.气象计算网格模式预报系统的建立与优化[J].计算机应用研究,(11):4182-4184.

王成国,李永花,等.2001.青海省气象信息网络系统的设计与实现[J].青海气象,(1):44-47.

王国复,徐枫,吴增祥.2005.气象元数据标准与信息发布技术研究[J].应用气象学报,(01):114-121.

王金生,韩臻,施寅,等.2004.几种经典网格细分算法的比较[J].计算机应用研究,(6):139-1V1.

王鹏.2009.走近云计算[M].北京:人民邮电出版社.

王鹏.2010.云计算的关键技术与应用实例[M].北京:人民邮电出版社.

王倩楠,朱定局.2010.云计算带来的"新气象"[J].先进技术研究通报,**4**(8):17-20.

王庆波,何乐.2010.虚拟化与云计算[M].北京:电子工业出版社.

王握文,陈明.2009."天河一号"超级计算机系统研制[J].国防科技,**30**(6):1-4.

魏六峰.2006.气象信息存储管理和显示分析系统的研究和设计[D].重庆:重庆大学.

魏冶.2009.基于 ArcGIS Engine 的多源气象信息综合分析系统的设计与实现[D],东北师范大学.

吴焕萍,罗兵.2008.GIS 技术在决策气象服务系统建设中的应用[J].应用气象学报,(03):380-384.

吴文玉,等.2007.省级农业气象业务系统集成技术研究[J].计算机系统应用,(12):11-14.

向俊莲,王丽珍.2001.PUBLIC 在云南气象预报中的应用[J].云南大学学报:自然科学版,**23**(1):16-19.

许小峰.2011.现代气象服务[M].北京:气象出版社.

姚至平.2012.基于 web 服务的气象网络监控系统设计与实现[D].长春:吉林大学.

于平,李汉斌,段海花,等.2008.市级自动气象站数据库显示系统的设计与实现[J].广东气象,**30**(6):57-58.

张海藩.2008.软件 T 程导论[M].北京:清华大学出版社.

张宏鑫,王国瑾.2002.半静态回插细分方法[J].软件学报,**13**(9):1830-1839.

张舒,褚艳利,等.2009.GPU 高性能运算之 CUDA[M].北京:中国水利水电出版社.

赵立成.2011.气象信息系统[M].北京:气象出版社.

赵两峰,张斌武.2000.发展中的中国气象通信系统[J].通信世界,(6):32-33.

赵文雪.2007.气象信息服务系统[D].青岛:青岛大学.

郑纬民.2011.云计算的挑战与机遇[J].中国计算机学会通讯,**7**(1):18-22.

周海,周来水,王占东,等.2003.散乱数据点的细分曲面重建算法及实践[J].计算机辅助设计与图形学学报,**15**(10):1287-1292.

周峥嵘,王玲,何文春.2010.分布式气象元数据同步系统的探索研究[J].应用气象学报,(01):121-128.

周峥嵘,王峥,何文春.2012.分布式气象元数据同步系统的探索研究[J].应用气象学报,**21**(1):121-128.

朱近之.2010.智慧的云计算——物联网发展的基石[M].北京:电子工业出版社.

祝婷,李湘.2012.WMO 信息系统中气象元数据的设计与实现[J].应用气象学报,(02):238-244.

Berman F,等.2005.都志辉,等译.网格计算:支持全球化资源共享与协作的关键技术[M].武汉:华中科技大学出版社.

Bicking B,East R. 1996. Towards Dynamically Integrating Spatial Data And Its Metadata [J]. First IEEE Metadata Conference April 16-18,NOAA Auditorium,Silver Spring,Maryland.

Bilgin T T,Camurcu A Y. 2004. A Data Mining Application on Air Temperature Database. Advances in Information Systems [M]. Springer Berlin Heidelberg:68-76.

Bretherton F P,Singley P T. 1994. Metadata a Users'View [J]. IEEE:166-176.

Brown P,Troy R,Fisher D,et al. 1996. Metadata for Balanced Performance [C]. The First IEEE Metadata Conference,April.

Cheng T, Wang J Q. 2007. Application of a Dynamic Recurrent Neural Network in Spatio-temporal Forecasting [C]. Information Fusion and Geographic Information Systems Proceedings of the Third International Workshop. New York: Springer: 173-186.

Devogele T. 2004. On spatial database integration[J]. Geographical Information Seience, 12(4).

Doppke J, Heimbigner D, Wolf A L. 1996. Language-Based Support for Metadata [C]. First IEEE Metadata Conference April 16-18, NOAA Auditorium, Silver Spring, Maryland.

Drew P, Ying J. 1996. A Metadata Architecture for Multi-System Interoperation [C]. First IEEE Metadata Conference April 16-18, NOAA Auditorium, Silver Spring, Maryland.

Estevam R, Hruschka Jr. 2005. Applying Bayesian Networks for Meteorological Data Mining[C]. Proceedings of AI-2005. Cambridge: [s. n.]: 122-133.

Feng L, Dillon T, Liu J. 2001. Inter-transactional association rules for multi-dimensional contexts for prediction and their application to studying meteorological data[J]. Data & Knowledge Engineering, 37(01): 85 - 115.

Fisher D. 1996. Tetrill Tyler Distributed Metadata Management in the High Performance Storage System[C], First IEEE Metadata Conferenee April 16-18, NOAA Auditorium, Silver Spring, Maryland.

Franke R. 1982. Scattered Data Interpolation: Test of Some Methods[J]. Mathenmtics of Computation, 38 (157): 181-200.

Franke R. Sielson R M. 1991. Scattered Data Interpolation and Applications: A Tutorial and Survey[M]. In: Hagen H, Roller D. Geometric Modeling. NewYork: Springer-Verlog.

Griffioen J, Yavatkar R, et al. 1996. Automatic and Dynamic Identification of Metadata in Multimedia[C]. First IEEE Metadata Conference April 16-18, NOAA Auditorium, Silver Spring, Maryland.

Hinke T H, Rushing J, Ranganath H, et al. 2000. Techniques and experience in mining remotely sensed satellite data[J]. Artificial Intelligence Review, 14(6): 503-531.

Kitamoto A. 2002. Spatio-temporal Data Mining for Typhoon Image Collection [J]. Journal of Intelligent Information Systems, 19(1): 25-41.

Lahlou Y. 1996. Using an Object-Oriented Data Model as a Meta-Model for Information Retrieval[C]. First IEEE Metadata Conference April 16-18, 1996, NOAA Auditorium, Silver Spring, Maryland.

Lancaster P, Salkauskas K. 1986. Curve and Surfaee Fitting, An Introduction[M]. San Diego: Academic Press.

Miller C, Karl T, et al. 1996. Documenting Climatological Data Sets for GCOS: a Conceptual Model [C]. First IEEE Metadata Conference April 16-18, NOAA Auditorium, Silver Spring, Maryland.

Pal S K, Peters J F. 2010. Rough Fuzzy Image Analysis[M]. In: CRC Press.

Peters J F, Suraj Z, Shan S, et al. 2003. Classification of Meteorological Volumetric Radar Data Using Rough Set Methods[J]. Pattern Recognition Letters, 3(24): 911-920.

Schumaker L. 1976. Fitting Surfaces to Scattered Data [A]. Chui C, Schu maker L, Lorentz G. Approximation TheoryII[C]. NewYork: Wiley, 203-268

Seligman L, Rosenthal A. 1996. A Metadata Resource to Promote Data Integration[C]. First IEEE Metadata Conference April 16-18, NOAA Auditorium, Silver Spring, Maryland.

Tadesse T, Wilhite D A, Harms S K, et al. 2004. Drought monitoring using data mining techniques: A case study for nebraska[J]. USA Natural Hazards, 33(1): 137-159.

Trafalis T B, Santosa B, Richman M B. 2005. Learning networks in rainfall estimation [J]. Computational Management Science, 2(3): 229-251.

第三章　气象为大型工程服务

大型建设工程项目的建设历来受到各级政府和主管部门的重视,三峡水利、青藏铁路、南水北调、西气东输等重大工程建设与运营的过程中,都不可避免地面临自然灾害风险的威胁尤其是气象灾害风险。天气气候对大型工程的影响可以渗透到大型工程的各个环节,包括勘测、设计、施工以至到建成后运行管理。特别是重大工程项目以及对气象敏感的大型工程更加需要提供气象方面的服务和论证,同时气象为大型工程服务也是气象防灾减灾的必须需求。

在工程项目实施前需要根据项目建设对气象要素的敏感性和所在地区的天气气候特征,分析工程区的气候状况、气候灾害影响的范围、程度和概率,确定气象风险水平。当前,基于防灾减灾目的的气候可行性论证技术方法取得了一些成果,如巢清尘(2000)分析气候异常对交通运输系统各阶段的影响,设计了一个气候灾害对交通系统影响的分析评估模型。苏志和黄梅丽(2005)等对气候可行性论证的内容和一般方法进行研究,认为气候论证的方法可包括污染气象条件分析方法、小气候考察超短系列资料订正延长方法、不同重现期极值推断方法等。此外,对风、温度、暴雨和污染物等气象要素分析评价上也有不少研究成果。本章主要从以下几个方面分别论述气象为大型工程服务的要求以及相关的技术方法:

大型工程项目区域气候可行性论证及工程气象分析;

建设项目中大气扩散实验及扩散参数方法;

环境影响评价中大气扩散模式的运用。

第一节　大型工程项目区域气候可行性论证及工程气象分析

在项目规划阶段主要是项目的选址既要对当地的气候背景、气候灾害进行研究和检测以及评估分析,还要考虑当地的气候条件以及项目对周围环境的影响状况。在实际工作实践中分析工程区气候基本状况时,首先需要确定代表性气象站,然后通过统计和分析代表性气象站的常规气象要素、极端气象事件等,给出工程区天气气候特征、高影响天气、极端气象事件特征等,归纳总结工程区的天气气候特征特点作为气象参考,并由此推荐给出工程选址、工程设计等方面所需的气象参数。

在项目建设可行性研究阶段,根据项目需求的深度和进展程度可以把大型工程项目气候可行性论证分为常规气象调查和极端气象分析两个主要的方面进行研究和论证,必要时进行工程气象参数的分析和论证。

一、常规气象调查

只有清楚地了解建设过程中当地气象各方面的特点,才能够制定可行性的气候方案,才能够在运行阶段降低和避免气候灾害对工程项目的影响。常规气象调查是对项目所在地进行常规气象要素常年的观测资料进行收集和统计分析给出该区域的基本天气气候特征,主要内容包括以下几个方面。

1. 基本情况摸底

对工程建设所在地(以下简称厂址)基本情况进行了解,包括拟建项目位置、行政区划、中心地理坐标、海拔高度和地形地貌特征。

在厂址安装任何气象设备之前,应先考虑项目现场的地形,还要对周边的地形地貌进行勘测,以保证所选位置的测量数据尽可能代表当地的大气状况,同时还应调查分析该工程建成后可能对周围大气环境的影响情况等。

进行厂址区域气候背景分析,列表厂址周边气象站各月、季、年气温、降水、湿度等气象要素的累年统计结果,给出这些气象要素的平均值和极端值的统计数据。借用最近几年的气候资料及一切与天气有关的资料进行参考,分析厂址区域的气候类型和气候特征。描述拟建区的大气环流特征与天气系统,以及一年四季气候演变过程。

2. 建设项目周边气象站的选择

考虑到厂址气象站资料年限不足,为得到长时间气象序列资料,首先应选择厂址附近气象台站进行比选,筛选出代表性气象站。确定气象资料收集范围,根据气象站分布情况初步确定拟选出代表性气象站,给出气象站的背景资料,并给出了几个拟选气象站相对厂址位置和距离。

搜集厂址附近气象台站的背景资料,如:台站名称、级别、历史沿革、地理位置(经纬度)、观测场高度、相对厂址距离和方位、观测项目、每天观测次数、所用的仪器及其变更情况、建站年代等。并对上述几站观测资料进行三性(可靠性、一致性、代表性)分析和相关性分析,最终从台站类型、沿革,地理位置、地形地貌特征以及三性分析的结果综合考虑,确定厂址的代表性气象站(或称参证站)。常规气象资料收集年限为建站至今(至少30年)。

3. 区域气象观测资料收集及统计分析

调查、搜集区域内的一般性气候资料(气团类型、天气系统特性等)以及温度和湿度、气压、降水、风速和风向、辐射等区域性时空分布与变化特性。对厂址附近的气象站历年常规气象观测资料进行统计分析,给出本区基本气候特征的一般性描述及各气象要素的多年统计结果。

说明厂址附近区域气候类型和气候特征,根据对厂址周边气象站的观测资料收集和统计分析,除了表列各个站多年气象要素平均结果外,并给出区域气象特征参数平均值和极端值。

描述支配和影响厂址附近区域全年、四季气候和气象特征的大气环流、气团类型和天气系统,分析并说明大尺度天气过程与厂址附近气象条件之间的关系。

可以在当地气象站翻阅从建站起到当前的资料,据此来分析气象灾害出现的频率、出现的集中期、历史极值以及造成的灾害。提供并说明厂址所在区域有关飑线、大风、冰雹、雷暴、暴雨、干旱、强降水、闪电、寒潮等恶劣天气现象的出现时间、持续时间、强度、频度、灾害纪实等,给出年、季频率、强度、时空分布特征和产生的天气背景资料,并以典型个例说明气象造成的灾害情况,并针对灾害性气象现象进行分析与评价。同时对项目关心的气象灾害,比如大风的分析应结合热带气旋、飑线、强对流等普查获得的资料和样本进行分析。

4. 气象数据的相关分析、代表性气象站筛选

将厂址气象特征值与参证站气象数据进行相关性分析(可按厂址附近有代表性的国家气象站的资料进行统计),以便利用代表性气象站的长期观测资料获取工程气象参数。

收集分析正在运行的厂址地面站观测期内逐时气象特征值(风向、风速、温度)与附近气象站的同步逐时气象数据进行相关分析。分析方法采用相关系数法、矩阵列表法以及图解法等。

(1)相关系数法

在一个地区的不同位置大尺度的变化情况基本是相同,构成了不同位置的气象要素在宏观上相同的共性。而不同位置,不同高度,由于局地地形的差异,导致了复杂地形不同位置气象要素之间的相关性出现差异。为了描述不同位置风速之间共同关系的程度,可以通过计算两个位置风速时间序列(变量)之间的协方差来表述。

由于风速 v 是由平均速度 $\bar{v}$ 及叠加在上面的脉动部分 v' 构成,即每个时刻都有

$$v = \bar{v} + v' \tag{3-1}$$

对于两个不同位置 A 和 B,其风速变量分别用 v_A 和 v_B 表示,则这两个变量之间的协方差为

$$\text{协方差}(v_A, v_B) = \frac{1}{N} \sum_{i=0}^{N-1} (v_{Ai} - \bar{v}_A) \cdot (v_{Bi} - \bar{v}_B) = \overline{v'_A \cdot v'_B} \tag{3-2}$$

归一化协方差即为线性相关系数 r_{AB}:

$$r_{AB} = \frac{\overline{v'_A \cdot v'_B}}{\sigma_A \cdot \sigma_B} \tag{3-3}$$

式中,σ_A 和 σ_B 分别表示变量 v_A 和 v_B 的均方差。

根据上述方法,可求取地面站、厂址附近具有代表性气象站的同步观测的风矢量、温度的相关系数,根据相关系数,对各站点的相关性分析论证。

(2)相关矩阵法

相关系数方法是建立在独立无关的概率分布的基础上的。那么,通过进一步分布可以确定条件概率—相关矩阵,这样可以根据一个厂址的风观测结果预测其他厂址风出现的概率。

如果用条件概率代替独立无关分布中的概率,则可以定义条件概率:

$$F_B(b \mid A) = \frac{P[(B \leqslant b) \cap A]}{P[A]} \tag{3-4}$$

方程表示在假定事件 A 发生的概率的条件下,事件 B 取值 $(-\infty, b]$(b 为特定值)范围的发生概率。如果事件 A 指定为某一厂址观测的平均风速值,事件 B 为另一观测站的平均风速值,则可以计算条件概率。方程中的分母实际上是对与事件 A 同时发生的事件 B 的概率进行归一化处理。

由下面方程可以得到条件概率密度:

$$f_B(b \mid A) = \frac{\mathrm{d}F_b(b \mid A)}{\mathrm{d}b} \tag{3-5}$$

另一方面,根据事件 A(厂址)和 B(代表性气象站)同步气象观测资料,对风向和风速组进行相关统计,建立它们之间风向和风速组出现次数相关矩阵 $d_{vd}(i, j)$($i = 1, 2, \cdots, 16$,代表厂

址 A 的 16 个风向,$j=1,2,\cdots,16$,代表气象站 B 的 16 个风向)和 $d_{ud}(i,j)$($i=1,2,\cdots,6,\cdots,$9,代表厂址 A 的 6~9 个风速组别,$j=1,2,\cdots,6,\cdots,9$,代表气象站 B 的 6~9 个风速组别)。则这两个厂址之间的风向和风速组别出现相关频率矩阵元由下面两式确定:

$$F_{ud}(i,j) = \frac{d_{ud}(i,j)}{\sum\limits_{j=1}^{6} d_{ud}(i,j)} \tag{3-6}$$

$$F_{us}(i,j) = \frac{d_{us}(i,j)}{\sum\limits_{j=1}^{6} d_{us}(i,j)} \tag{3-7}$$

其实,条件概率密度和相关频率矩阵(或相关概率矩阵)表示了相似的概念,只是表达的方式不同。

根据上述方法,求取地面站、厂址附近具有代表性气象站的同步观测的风速、风向的相关矩阵。根据相关概率矩阵,对各站点的相关性做分析论证,给出厂址区域的代表性气象站,并分析其局限性。

5. 代表性气象站气象特征值收集与分析

根据中国气象局《地面气象观测规范》,说明并表列厂址代表性气象站对风向、风速、气温、降水、日照、气压、水汽压、湿度、蒸发、云量、结冰、雾、雷电、冻土等气象要素建站以来观测统计的平均值、极值和年际变化。

给出代表性气象站历年各月平均气温、最高气温、最低气温、平均气压、最高气压、最低气压、平均水汽压、最高水汽压、最低水汽压、平均相对湿度、最小相对湿度、平均干球温度、平均湿球温度、平均日照时数、降水日数、平均降水量、最大降水量、一日最大降水量、一小时最大降水量、平均风速、最大风速及最大风速出现时的风向、各风向频率、静风频率、当月持续时间最长的风向及持续时间和当时风速。以时间序列为单位给出各气象要素历年各月变化曲线,查找异常气象,分析其成因。

根据厂址代表性的气象站对风向、风速气象要素多年观测数据的统计结果,给出四季及年风玫瑰图。

列表代表性气象站历年各气象要素均值及极端值。以时间序列为单位给出各气象要素历年变化曲线,查找异常气象,分析其成因。

综合以上气象要素统计情况,分析总结给出本区气候概况并分析其成因。

需收集资料如下:

(1)小时值

厂址代表性气象站各气象要素(风向、风速、气温、降水、日照、气压、水汽压、湿度、蒸发、云量、结冰、雾、雷电等)建站以来逐时资料。

(2)月均值及极值

厂址代表性气象站历年各月平均气温、最高气温、最低气温、平均气压、最高气压、最低气压、平均水汽压、最高水汽压、最低水汽压、平均相对湿度、最小相对湿度、平均日蒸发量、最大日蒸发量、平均日照时数、平均降水日数、平均降水量、最大降水量、一日最大降水量、一小时最大降水量、平均风速、最大风速及最大风速出现时的风向、各风向频率、静风频率,各月出现持续时间最长风向及持续时间和当时风速。

(3)年均值及极值

厂址代表性气象站历年平均气温、最高气温、最低气温、平均气压、最高气压、最低气压、平均水汽压、最高水汽压、最低水汽压、平均相对湿度、最小相对湿度、年平均蒸发量、年最大蒸发量、年最小蒸发量、年平均日照时数、年最大日照时数、年最小日照时数、年均降水日数、平均降水量、最大降水量、一日最大降水量及出现日期、一小时最大降水量及出现日期、时刻及当时风向风速情况、连续一次最大总降水量、持续时间、出现时间及当时风向、风速情况、年均风速、最大风速及最大风速出现时的风向、各风向频率、静风频率、平均冻土深度及出现日期、平均冰冻厚度及出现日期。

(4)多年极值

厂址代表性气象站有观测记录以来记录到的极端最高气温、极端最低气温、极端最高气压、极端最低气压、年最多降水日数和年份、统计资料记录的最长连续降水日数、过程降水量和出现时间、年最大总降水量(出现年份)、历年记录中连续一次最大总降水量、持续时间,出现时间及当时风向、风速情况、有记录的极端最大风速及出现此最大风速时风向持续时间及出现日期、最大冻土深度及出现日期、最大冰冻厚度及出现日期。

(5)其他

风速测量仪的最小启动风速等。

6. 大气稳定度分类及混合层高度推算

分析气象条件污染状况,用近 3 年的气象资料,分析当地一个月、一个季度及一年的污染系数、大气稳定系数、混合层厚度以及联合频率的特征。

根据代表性气象站近几年的资料,对大气稳定度进行分类,得到风向、风速、稳定度的三维联合频率以及风向、风速、稳定度、雨况(有雨和无雨)四维联合频率。P-T 稳定度分类法原则按照我国修订格式,具体区分遵循《制定地方大气排放标准的技术原则和方法》(GB/T 3840—91)。

选用适合的方式计算项目所在地在中性和不稳定天气条件下混合层高度的值,同时说明计算混合层高度的方式和资料来源。可以参考《制定地方大气排放标准的技术原则和方法》(GB/T 3840—91)推荐的公式进行计算,综合得到的结果。

二、极端气象调查与分析

极端气象调查首先要搜集区域内气象参证站的极端气象参数包括累年极端最高(最大)和极端最低(最小)风速(风向)、降水量、气温。同时,更为重要的是为评估极端气象事件对建设项目的影响,在分析报告中需收集有记载的项目所在地区灾害性气象现象和气象事件描述分析,包括热带气旋、龙卷、极端风、极端降水、极端温度和极端积雪等灾害性气象的相关资料,灾害性天气出现时间、持续时间、相关气候特征参数、影响范围、灾害程度等,并最终给出设计基准。

推算气候极值,根据当地气候灾害得出来的研究数据和资料,运用极值推算函数估算出一些极端气候出现的极值。

1. 极端气象事件

(1)热带气旋

根据建设项目特征和相关的导则规定的规定,收集建设项目周围一定半径范围(例如核电项目的范围为 300~400 km)的热带气旋气象事件的记录资料,详细收集对该地区产生直接影响的热带气旋资料。对可能发生的最大热带气旋(PMTC)进行分析评价,并且分析热带气旋的沿程衰减变化过程和对项目建设区域造成的暴雨、大风等影响。主要分析的内容为以下几个方面:

①内容

厂址区域可能最大热带气旋可用作设计基准热带气旋。计算可能最大热带气旋风场所需要的各项参数,包括:气旋风眼中心大气压力 P_0 和气旋边缘压力 P_w;最大风眼墙半径 R;气旋运动速度或移动速度 T;气旋运动的方向 θ;地面气流的流入角 D。

对可能最大热带气旋风眼中心大气压力 P_0 应分别采用确定论法和概率论法进行计算,并对这两种方法的计算结果综合分析,选择适当的风眼中心大气压力 P_0。

概率论法应选用两种以上的计算方法,经分析比较后确定千年一遇和百年一遇的风眼中心大气压力 P_0。

确定由气旋中心至气旋边缘风场的风速廓线,获得滞留可能最大热带气旋的对称性风场。

将滞留可能最大热带气旋风场的风速修正到百年一遇 10 m 高度最大风速。应对滞留可能最大热带气旋风场进行由于气旋向前运动引起的风速修正,给出可能最大热带气旋的最大风速。

对厂址应考虑热带气旋登陆的摩擦作用和填塞的影响,修正热带气旋的中心压力,可能最大热带气旋的风场和最大风速。

给出上述有关风速修正的具体过程和假设,同时说明风速修正的保守性。

确定对厂址最不利的热带气旋运动途径和登陆地点。

给可能最大热带气旋距地面 10、20、30、50、70、100、120、150 和 200 m 高度百年一遇和千年一遇最大风速和极大风速。

②需收集资料

根据相关导则或规定的要求,资料收集厂址所在区域范围内的热带气旋资料。详细调查和收集历史上记载的和由国内或国际发布的历年台风报告、文献、气象年鉴和天气图。若有记录,还应该收集有关雷达观测、卫星摄像、特殊勘测报告、事件研究和新闻报告等,从这些资料中摘取有关台风发生的时间、地点、天气背景,强度和灾害情况,登陆时的最低中心气压(P_0),影响区域范围内的移动路径和移速,以及影响区域范围内的最大和极大风速等。

我国关于热带气旋(原称为台风)有大量资料、文献和技术总结报告。系统性的资料首推由中国气象局上海台风研究所主持修编的《台风年鉴(热带气旋年鉴)》和《西北太平洋台风基本资料集》。其中包括西太平洋历年热带气旋发生至消失全过程的信息,有直接观测的气象要素值,有通过要素值导出的参数。近代资料还包括飞机直接探测,下投式探空及卫星遥感的定性定量资料。应当说该资料集是我国有关台风方面最具权威性的。我们将以它们为热带气旋评价的主要资料来源。

另外,如《西北太平洋热带气旋气候图集》(上海台风研究所,1990),《近百年西北太平洋台风活动》(王继志编,1991),20 世纪 90 年代陆续出版的《中国气候总论》、《华南气候》等文献资料和研究成果也将是本项目资料收集或参考的对象。

辅助分析的天气档案和天气图集等资料可从中国气象局及省市气象部门搜集。

③技术方案

影响我国热带气旋概况描述、热带气旋特征及主要形式描述,分析厂址地形对热带气旋风力影响;热带气旋气候特征分析;对厂址有影响的既往热带气旋详查。必须为热带气旋收集下列风暴参数的资料:最小中心压力;最大风;沿地面风的水平剖面;风眼的形状和大小;风眼内的温度和湿度的垂直廓线;风眼上空对流层顶的特征;定期测出的热带气旋位置,最好以 6 小时为间隔;海面温度。

设计基准热带气旋是指厂区域中可能出现的最大热带气旋。评价设计基准热带气旋,首要的是估算出可能最大热带气旋的中心最低气压 P_0,然后根据 P_0 结合其他参数,估算出热带气旋的风场。估算 P_0 的方法有概率论方法和物理方法(确定论方法)两种。一为概率论法:可选用耿贝尔极值分布法和水文部门常用的皮尔逊Ⅲ型分布法来估算影响厂址的百年一遇热带气旋的最低中心气压,并给出最低气压的概率分布曲线;二为确定论方法:即根据大气静力学公式来计算热带气旋中心的海平面气压;下面论述 P_0 的计算程序(确定论)及最大风速的计算。

压力梯度力与重力之间的平衡可用流体静力学方程式表达:

$$\frac{dP}{dz} = \rho g \tag{3-8}$$

式中,P 是压力,Z 是高度,ρ 是空气密度,g 是重力加速度。上述方程式可写成下述形式:

$$\Delta h = 29289 \overline{T}_v \ln \frac{P_l}{P_u} \tag{3-9}$$

$$\ln \frac{P_l}{P_u} = \frac{0.622\overline{E}}{P - E} \tag{3-10}$$

式中,Δh 是 P_l 和 P_u 之差,用位势米(gpm)表示;$\overline{T}_v$ 是平均修正的虚温,K;$\overline{T}v = \overline{T}(1+0.61m)$,$\overline{T}$ 是空气层的(平均)温度,K;P 是空气层的平均压强,hPa;P_u 和 P_l 是高压面和低压面。在 $\overline{T}v$ 的定义中,

$$m = \frac{0.600\overline{E}}{P - \overline{E}} \tag{3-11}$$

式中,$\overline{E}$ 是空气层的(平均)水汽压,hPa。

得到所选温度和相对湿度值的曲线后,Δh 可从对流层顶向下通过上述方程式计算出来。从各层 Δh 值的总和可得出表面压力 P_u 的高度。最后一个方程式可用以计算其次的较低压力层 P_l。对于最低压力层,$P_l = P_u$ 即所要求的最小压力。

其次,根据压力廓线方程求出滞留最大热带气旋对称性风场的由气旋中心到气旋边缘的风速廓线,给出可能最大热带气旋的理论风场及其修正;最后通过上述评价给出厂址各设计高度的 10 分钟平均最大风速和 3 秒钟阵风的极大风速。其中由压力廓线方程式推导最大风方法如下:

风眼外,压力随距飓风中心距离 r 的变化可以描述为:

$$\frac{p - p_0}{p_\omega - p_0} = \theta^{-(R/r)} \tag{3-12}$$

从而可以导出下面计算最大梯度风速的方程式:

$$v_{gx} = k(p_\omega - p_0)^{1/2} - \frac{R_f}{2} \tag{3-13}$$

(2)温带气旋

①内容

当厂址区域有出现温带气旋及寒潮大风的可能性且有严重影响时,则必须搜集有关资料,

统计分析出现温带气旋及寒潮大风的频率和季节变化。分析温带气旋的来源、活动路径、移动速度和影响范围,通过概率论等方法确定设计基准温带气旋参数。

②需收集资料

收集厂址周围大约 400 km 范围内的温带气旋资料。详细调查和收集有关温带气旋和寒潮大风资料,从这些资料中统计分析出现温带气旋及寒潮大风的频率和季节变化。分析温带气旋的来源、活动路径、移动速度和影响范围。

辅助分析的天气档案和天气图集等资料将从中国气象局及省市气象部门搜集。

③技术方案

描述温带气旋分类、形成及发生、发展情况,统计温带气旋影响本区域次数及强度,采用概率论等方法确定设计基准温带气旋参数。

(3)龙卷

①内容

给出厂址区域范围内各月龙卷发生频率;

给出厂址区域范围内各月龙卷按富士达等级分类的分布频率;

给出设计基准龙卷富士达分类等级及相关设计基准参数:设计基准风速;龙卷强度等级;气压降速率;旋转风速半径;

对设计基准龙卷引起的飞射物进行评价。

②需收集资料

根据相关技术导则的规定,确定龙卷的资料收集范围(如核安全导则要求收集厂址周围约经度宽 3°、纬度宽 3°区域的龙卷资料)。一般调查年代分三个时期,即:1949 年前的历史时期;1949 年之后至 20 世纪 50 年代末;1960 年前后至 2010 年。前两个时期所能搜集到的资料比较零散,仅仅用于了解龙卷的背景情况。我国气象站网在 20 世纪 50 年代后期有快速的发展,各地民政与救灾部门的档案也逐渐完善。因此,相对于前两个时期来说,第三个时期资料相对完整,可较好地反映区域性龙卷的出现规律,进而才有可能做出可信的评价和确定设计基准。

龙卷的出现和灾情实况的调查内容将包括:发生日期、时间,地点;持续时间历程,长度、宽度,破坏面积的估计;亲临其境者或目击者的现场感受及龙卷出现过程前后的情景;构造物的破坏,人员伤亡情况;灾情评估,经济损失等。

设计基准龙卷评价看重风力大小、旋转流强度、压降和飞射物的破坏作用等,详查落实内容将更强调风灾,特别是与强风有关的惊人事实。曾经收集到手的资料也将以此为重点开展核实补充。项目报告将逐条列出调查搜集并经核实的龙卷事实作为进一步分析和评级的依据。

③技术方案

对于某一具体地点而言,龙卷的出现是小概率事件,极少能被气象站直接测量到。考虑到厂址区域具体气象情况,可以将工作分为三个阶段完成(可参照按照技术导则《核电厂厂址选择的极端气象事件》(HAD/101/10)的推荐方法)。第一是确定适当的调查区域,尽可能地调查收集足够长年代的龙卷实例资料;第二是按照富士达分级标准客观地评定各个龙卷事件的强度级别;第三是确定定量评价区域,进行设计基准龙卷评价及风险度评价。

区域性龙卷调查评估的重要技术工作是力求从带有模糊性和可能不全面的定性事实客观地确定其强度。将收集到的各龙卷事件逐一进行 F 级别评定。首先需对调查到的原始资料进行整理核实和初步分析。重点是确定龙卷的个数,即对某日不同地域记载的龙卷做出合并或区分。然后选择由多名科技人员独立评分,根据评分结果的统计合理地确定 F 级别。

如果有适当的样本数量,在级别评定基础上将就所在区域龙卷出现的地域性特征,季节性规律及其与天气背景的关系进行分析。给出图表与相应的文字描述讨论。

另外,对设计基准龙卷的评价应按照有关导则的规定,根据调查和收集到的龙卷样本的多少采用不同的方法进行评价。需要指出的是,如调查得到的龙卷样本数足够多,用概率论法进行计算。在龙卷样本数很少的情况下,应通过细致的论证评估,获得有一定可信度的设计基准龙卷级别并作为推荐龙卷设计基准风速的依据。

2. 极端气象参数

极端气象的分析主要包括极端风、极端降水、极端积雪和极端温度。推算气候极值,根据当地气候灾害得出来的研究数据和资料,运用极值推算函数估算出一些极端气候出现的极值。

(1)内容

计算各个气象站各平均再现间隔年最大风速、极大风速、暴雨量、最大降雨量、极端最高温度和极端最低温度,给出相应的方差、标准差和有效系数。

评定和评价厂址所在地区各平均再现间隔年极大风速、最大风速、暴雨量、最大降雨量、极端最高温度和极端最低温度的设计基准。

对百年一遇最大风速和极大风速应涵盖极地冷锋和热带气旋等引起的最大风速和极大风速分别进行讨论。

论证选用的气象参数极值统计方法的合理性。

调查厂址附近区域的降雪资料,并根据实际情况考虑极端积雪的设计基准。

(2)需收集资料

收集厂址周围 4~5 个气象站的历年最大降水和该区域的典型暴雨资料,设计各时段的基准降水值计算暴雨衰减指数。根据典型暴雨资料推求厂址可能最大暴雨,调查本区有记录以来历年暴雨出现次数、每次暴雨持续时间、雨量、风向等资料。

以气象站为依托,调查本区各台站建站以来观测到的极大风速(3 秒阵风)或 2 分钟平均最大风速和 10 分钟平均最大风速、出现日期、风向等观测资料;极端最低和极端最高温度。

(3)技术方案

用概率论和确定论两种方法评价极端降水。概率论方法评价厂址的极端降水是将极端降水与特定平均再现间隔相关联,可拟采用水文常用 PⅢ 分布进行统计分析。确定论的方法需要建立可能最大降水事件的模型,通过模型得出降水量,推导计算出降水深度。设计极端风和极端温度基准时,本项目拟采用导则推荐的耿贝尔极值统计法。

厂区设计基准气象要素描述:

设计基准降水值(厂址 1 年、5 年、10 年、50 年、100 年、1000 年、10000 年一遇的降雨历时为 5 分钟、10 分钟、15 分钟、20 分钟、30 分钟、45 分钟、1 小时、24 小时、72 小时的降雨强度);

各设计时段暴雨量的计算(包括各设计频率的最大 24 小时暴雨量、暴雨衰减指数 NP);

可能最大降雨量(PMP)1 日、3 日以及 1 小时、45 分钟、30 分钟、20 分钟、15 分钟、10 分钟和 5 分钟的值等;

厂区极大风速和最大风速的设计基准(包括各不同重现期以及 1000 年一遇、100 年一遇和 50 年一遇的 10 m、30 m、70 m 和 100 m 高度的极大风速、10 分钟最大风速、2 分钟最大风速),给出大风随不同高度风速变化的幂指数。

3. 相关技术方法简述

(1)设计基准龙卷概率论法

①龙卷的个例分析

根据获取到的资料,首先对厂址区域典型龙卷个例给予充分描述。

对龙卷的评价则应首先得到表征该龙卷的参数组。然后才能进行龙卷设计基准和风险度评价。具体步骤为:按富士达—皮尔森分类法分类,评价最大风速(强度)和破坏面积(路径长度和路径宽度)的关系,计算出特定厂址受到不同风速龙卷出现的概率。引用兰金流模式计算所评价地点一年中经受到某一级风速区间风速的概率和超过额定风速的概率。进而再计算设计基准龙卷的总压降、压降速率及评估飞射物的性质和速度。

龙卷可以用相互一致的参数组,包括最大水平风速、最大水平风速半径、垂直风速、径向风速、整个龙卷的平移速度和气压变化来表征。通常,主要是按照龙卷对灌木丛、树木和构筑物的最大破坏程度来对它分类。也可按照它的最大破坏强度对龙卷风进行分类。富士达 F 等级是根据龙卷引起的破坏程度对龙卷强度所做的一种分类(表 3-1)。发生在它的路径内的最大破坏被看作是对龙卷的全面评价。

表 3-1　F 等级的特征和可能的破坏情况表

等级	伴生的破坏
F0	<33 m/s,轻度破坏
F1	33~49 m/s,中等破坏
F2	50~69 m/s,相当大的破坏
F3	70~92 m/s,严重破坏
F4	93~116 m/s,摧毁性破坏
F5	117~140 m/s,难以置信的破坏
F6~F12	140 m/s 至声速(330 m/s),不可思议的破坏

②龙卷的风速

下列关系式用于计算最大风速(V_F)的下限,单位是 m/s,它与给定的 F 等级的(FX)龙卷有关。

$$V_{FX} = 6.30(X+2)^{1.5}, X = 1,2,\cdots,5 \qquad (3-14)$$

当等级数增大时,这个关系式会给出逐渐增大的增量。F 等级之间的风速增量足够大时,可以在相当于一个等级的可能误差范围之内对风的破坏情况做出估计。

③路径长度

龙卷的路径长度是它与地面接触期间所经过的那段路程的长度。使用下面的关系式计算路径宽度的下限 W_{PX}(以 m 为单位),它与一个给定的皮尔森标度等级 PX 有关:

$$W_{PX} = 1609 \times 10^{0.5(X-5)}, X = 1,2,\cdots,5 \qquad (3-15)$$

与富士达皮尔森龙卷标度有关的风速值、路径长度和路径宽度见表 3-2。

表 3-2　富士达皮尔森龙卷等级

最大风速范围 V_F(m/s)		路径长度范围 L_{PX}(km)		路径宽度范围 W_{PX}(m)	
F0	小于 33	P0	小于 1.6	P0	小于 16
F1	33～49	P1	1.6～5.0	P1	16～50
F2	50～69	P2	5.1～16.0	P2	51～160
F3	70～92	P3	16.1～50.9	P3	161～509
F4	93～116	P4	51～160	P4	510～1600
F5	117～140	P5	161～507	P5	1601～5070

④龙卷风险度评价

龙卷风险度模型,被认为比别的模型更接近实际,因为它考虑了破坏带横断面上不同的破坏程度。在该方法中涉及的四个基本步骤如下:

对厂址周围总的(即大的)区域确定面积—强度关系;

对厂址周围局部区域确定事件—强度关系;

计算局部区域内某个点遭受给定风速范围内某一风速的概率;

确定局部区域内风速大于某个给定阈值的概率。

a. 面积—强度关系

为了评价平均破坏面积与风强度的关系,要确定一个根据气象和自然地理要求而选择的总区域。根据该区域龙卷风破坏的累积资料,可利用平均破坏面积和风速获得面积—强度关系。这种关系可取下述形式:

$$\log(a_i) = c\log(\overline{V}_i) - k \tag{3-16}$$

式中,a_i 富士达等级为 i 时的平均破坏面积;$\overline{V}_i$ 是富士达强度等级为 i 时的中位值风速;c,k 是根据最小二乘法线性回归分析得到的常数。

b. 事件—强度关系

要确定一个厂址所在且完全处于总区域内的局部区域,以便评价给定强度等级龙卷发生的次数。从该局部区域龙卷的累积资料确定高于每个强度等级(即所具有的风速超过一个给定值)事件发生的合计次数。这些要素提供了下述形式的函数关系:

$$\log(n_i) = c'u_i + k' \tag{3-17}$$

式中,n_i 是最大风速超过某个阈值风速 u_i 的龙卷发生的累积次数;u_i 是富士达强度等级为 i 的阈值风速;c',k' 是根据最小二乘法线性回归分析得到的常数。

为了导出这种关系,龙卷累积资料只需要按最大风速列表。对于这种单一参数(风速),可能比表征破坏面积的多参数会有更长期的记录(例如 F 标度形式)可供利用。所以,由于这种长期的记录,局部区域应能为事件—强度关系提供足够的数据组。

龙卷累积资料的频率分布可能呈现出比单调特性更多的特性。在这种情况下,可能需要对累积资料分类,以评价两种或多种函数关系。对于在人员稀少区域收集的龙卷资料,低强度事件可能漏报。这种关系最终将表示为年次数分布与强度等级的关系。在风险度模型中使用按等级的年平均次数 λ_i。

c. 风速概率关系

为了获得局部区域超过某些阈值风速的某一风速的概率,要把面积—强度和事件—强度关系与组合兰金涡流风速分布图结合起来考虑。这个兰金涡流图提供了考虑龙卷内部风速分等,因而也是破坏性分等的机理。

受破坏面积与风速 V_j 大小有关,假定在最大风速半径以外的分布为组合兰金涡流型(即 $V \times R = $常数)。在这种风险度模型中的平均破坏面积假定是由等于或大于 33.5 m/s 的风速造成的破坏面积。利用关系式 $V_R = $常数,于是 $V_R = 33.5 R_d$,其中 R_d 是最大破坏半径。对于一个 i 等级的龙卷,在整个破坏路径长度 L_i 上被扫过的破坏面积 $a_i = 2L_i \cdot R_d$,所以:

$$V_R = 33.5 \frac{a_i}{2L_i} \tag{3-18}$$

式中,a_i 是破坏面积。

最大强度为 i 的龙卷破坏路径内的面积,响应于富士达等级 F_i(见表 3-1)有关的风速区间,也就是 V_j 到 V_{j+1},这个面积是:

$$a_{ij} = 2(R_j - R_{j+1})L_i = 33.5 a_i \frac{V_{j+1} - V_j}{V_j \cdot V_{j+1}}, j < i \tag{3-19}$$

式中,V_j 是等级 F_i 的最低风速。

对于给定的 i 等级的龙卷的最高风速区间,破坏面积从 $R = 0$ 延伸到 $R = R_j$,而 $j = i$:

$$a_{ij} = 2R_j = i \cdot L_i = 33.5 \frac{a_i}{V_{j=i}} \tag{3-20}$$

局部区域某个点在一年之内经受 F_j 等级风速的概率 $P(V_j, V_{j+1})$ 是:

$$P(V_j, V_{j+1}) = \frac{\sum_{i=j}^{n} \lambda_i \cdot a_{ij}}{A} \tag{3-21}$$

式中,λ_i 是局部区域 i 等级龙卷每年发生的次数(从事件—强度关系方程中得出);A 是局部区域的面积;n 是局部区域所考虑的最强的龙卷等级。

d. 超过风速的概率

局部区域某个点经受风速大于或等于标度强度等级的风速的概率是:

$$P_E(V_K) = \sum_{j=i}^{n} P(V_j, V_{j+1}) \tag{3-22}$$

通过概率风速曲线,可以很容易地得到关于风险度模型的概率谱。

龙卷模型用下述简单模型,可评价设计基准龙卷其他有关参数(例如,压降速率和总压降)。在这个模型中:

$$\frac{\mathrm{d}P}{\mathrm{d}t} = \frac{V_T}{R_m \rho V_m^2} \tag{3-23}$$

式中,$\frac{\mathrm{d}P}{\mathrm{d}t}$ 是最大压降速率,V_T 是龙卷的平移速度;R_m 是最大旋转风速半径;ρ 是空气密度,V_m 是最大旋转风速。并且 $\Delta P \approx \rho V_m^2$。式中,$\Delta P$ 是总压力降。

根据旋衡方程得到这些关系式,在这个模型中,旋衡方程被用于描述龙卷内的径向压力和离心力之间的平衡。

为了评价总压力降和最大压降速率,必须对最大旋转风速半径(R_m)和最大平移风速(V_T)两者进行评价。对于强龙卷,假定 R_m 约为 50 m;并且根据下述假定推导出最大旋转风速和最大平移风速,对于强龙卷假定它们的比值为常数,并由下式给出:

$$\frac{V_m}{V_T} = \frac{290}{70} \tag{3-24}$$

　　根据局部龙卷的特点,用类似的方法可对该局部区域评价压降速率和总压降。

　　龙卷产生的飞射物,计算龙卷产生的飞射物的碰撞速度是困难的,这是由于下列各项的不确定性造成的:

　　飞射物进入龙卷风场的方式(例如,爆炸的、气动的或滑行的);

　　在龙卷中被加速物体的空气动力学系数;

　　龙卷风场的形状和速度梯度。

　　建议将以下数据作为龙卷产生飞射物的暂行规定:

　　一个 1800 kg 的汽车;

　　一个 125 kg 重的 20 cm 穿甲炮弹;

　　一个 2.5 cm 实心钢球。

　　对于这些飞射物,可把设计基准龙卷最大风速的 35% 作为碰撞速度。

　　(2)皮尔逊Ⅲ分布

　　皮尔逊Ⅲ型曲线是一条一端有限一端无限的不对称单峰曲线,其概率密度函数和分布函数为:

$$f(x,\alpha,\phi,\gamma) = \frac{1}{\mid p \mid T(\gamma)}(\frac{x-\alpha}{\beta})^{\gamma-1}\exp\left\{-\frac{x-\alpha}{\beta}\right\}, \tag{3-25}$$

$$p = p\{x > x_j\} = \int_x^\infty f(x,\alpha,\phi,\gamma)\mathrm{d}x = F(x_j,\alpha,\phi,\gamma)$$

式中 α,β,γ 为 3 个未知参数,它们与常用的 3 个特征参数 E_x,C_v,C_s 有如下关系:

$$E_x = \alpha + \beta\gamma, \quad C_v = \frac{\sqrt{\gamma}}{\gamma + \frac{\alpha}{\beta}}, \quad C_s = \frac{2}{\sqrt{\gamma}} \tag{3-26}$$

　　由样本估计总体参数的方法很多,例如矩法、极大似然法、概率权重矩法、权函数法以及适线法。在一般情况下,这些方法各有其特点,均可独立使用。在本书中,我们应用适线法。

　　适线法估计频率曲线参数的具体步骤如下:

　　①将实测资料由大到小排列,计算各项的经验频率,在频率格纸上点绘经验点据(纵坐标为变量的取值,横坐标为对应的经验频率)。

　　②选定频率分布线型。

　　③初步估计一组参数 E_x、C_v 和 C_s。为了使初估值大致接近实际,可用矩法或其他方法求出 3 个参数值,作为第一次的初估计值。

　　④根据初估的 E_x、C_v 和 C_s,查表计算 xp 值,以 xp 为纵坐标,P 为横坐标,即可得到频率曲线。将此线画在绘有经验点据的图上,看与经验点配合的情况,若不理想,则修改参数再次进行计算。

　　⑤最后根据频率曲线与经验点的配合情况,从中选择一条与经验点据配合较好的曲线作为采用曲线。相应于该曲线的参数便看作是总体参数的估值。

　　(3)耿贝尔分布

　　①耿贝尔分布函数

　　耿贝尔分布存在两种形式.一种建立在最小值上,另一种则是建立在最大值上。我们分别称其为最小极值和最大极值事件。下面分别给出二者的密度函数公式和分布函数公式。

　　耿贝尔分布最小极值的密度函数为:

$$f(x) = \frac{1}{\beta} \exp\left(\frac{x-\mu}{\beta}\right) \exp\left[-\exp\left(\frac{x-\mu}{\beta}\right)\right] \tag{3-27}$$

耿贝尔分布最大极值的密度函数为：

$$f(x) = \frac{1}{\beta} \exp\left(-\frac{x-\mu}{\beta}\right) \exp\left[-\exp\left(-\frac{x-\mu}{\beta}\right)\right] \tag{3-28}$$

式中，μ 是位置参数，β 是尺度参数。

概率分布函数的定义：

$$F(x) = P(X < x) = \int_{-\infty}^{x} f(t)\,\mathrm{d}t \tag{3-29}$$

由此我们可以得到对应的分布函数如下。

耿贝尔分布最小极值的分布函数：

$$F(x) = 1 - \exp\left[-\exp\left(\frac{x-\mu}{\beta}\right)\right] \tag{3-30}$$

耿贝尔分布最大极值的分布函数：

$$F(x) = \exp\left[-\exp\left(-\frac{x-\mu}{\beta}\right)\right] \tag{3-31}$$

假定：

$$F(x) = P(X < x) = \frac{1}{T} \tag{3-32}$$

则有：

$$T = \frac{1}{F(x)}$$

$$1 - F(x) = P(X \geqslant x) = \frac{1}{T} \tag{3-33}$$

②耿贝尔分布模式的参数估计

耿贝尔分布参数可用最大似然或者 L—矩估计法来估计。本书采用矩估计法，通过样本均值和标准方差来估计耿贝尔分布的两个参数，推导如下：

随机变量 x 的 n 阶矩为：

$$
\begin{aligned}
\mu_n' &= \int_{-\infty}^{+\infty} x^n P(x)\,\mathrm{d}x \\
&= \frac{1}{\beta} \int_{-\infty}^{+\infty} x^n \exp\left(\frac{\mu-x}{\beta}\right) \exp\left(-\mathrm{e}^{(\mu-x)/\beta}\right)\mathrm{d}x
\end{aligned} \tag{3-34}
$$

令 $z = \exp\left(\dfrac{\mu-x}{\beta}\right)$，$x = \mu - \beta\ln z$

$$
\begin{aligned}
\mathrm{d}z &= -\frac{1}{\beta} \exp\left(\frac{\mu-x}{\beta}\right)\mathrm{d}x \\
&= -\int_{-\infty}^{0} (\mu - \beta\ln z)^n \mathrm{e}^{-z}\,\mathrm{d}z
\end{aligned} \tag{3-35}
$$

$$
\begin{aligned}
\mu_n' &= \int_{0}^{+\infty} (\mu - \beta\ln z)^n \mathrm{e}^{-z}\,\mathrm{d}z \\
&= \sum_{k=0}^{n} \binom{n}{k} (-1)^k \mu^{(n-k)} \beta^k \int_{0}^{+\infty} (\ln z)^k \mathrm{e}^{-z}\,\mathrm{d}z \\
&= \sum_{k=0}^{n} \binom{n}{k} \mu^{n-k} \beta^k I_k
\end{aligned} \tag{3-36}
$$

式中，$I_k = \int_{0}^{+\infty} (\ln z)^k \mathrm{e}^{-z}\,\mathrm{d}z$ 是欧拉积分。

$$I_0 = 1, \quad I_1 = \gamma, \quad I_2 = \gamma^2 + \frac{1}{6}\pi^2$$

所以,随机变量 x 的零阶,一阶、二阶矩分别为:

$$\mu_0' = 1, \quad \mu_1' = \mu + \beta\gamma, \quad \mu_2' = (\mu + \beta\gamma)^2 + \frac{1}{6}\pi^2\beta^2 \tag{3-37}$$

X 的样本方差:

$$\mu_2 = \mu_2' - \mu_1'^2$$
$$\mu_2 = \frac{1}{6}\pi^2\beta^2 \tag{3-38}$$

因此可以得到两个参数估计:

$$\beta = \frac{\sqrt{6}}{\pi}\sqrt{\mu_2} \tag{3-39}$$

$$\mu = \mu_1' - \beta\gamma \tag{3-40}$$

式中,$\gamma = 0.57722$,欧拉常数。

以上为最大值的参数估计结果。同理,可以估计出最小值的参数估计结果:

$$\beta = \frac{\sqrt{6}}{\pi}\sqrt{\mu_2} \tag{3-41}$$

$$\mu = \mu_1' + \beta\gamma \tag{3-42}$$

三、工程气象参数分析

大气是一个复杂的系统,可以用风速、气压、降水和湿度等气象参数尽可能真实地对其特征进行描述。在这些参数中,某些数值可能达到对安全来说相当重要的程度,在设计中应当通过确定适当的设计基准予以考虑。

搜集与调查区域内参证站建站以来的各气象要素,并按国标 GB 50019—2003《采暖通风与空气调节设计规范》有关规定对上述工程气象参数进行特征值的频率统计分析。

1. 工程气象参数

(1)采暖通风和空气调节系统气象参数

采暖、通风及空调系统的设计气象参数的定义和统计方法遵循 GB 50019—2003《采暖通风与空气调节设计规范》。需求的气象数据如下:

冬季采暖室外计算温度(℃);

冬季空气调节室外计算温度(℃);

冬季空气调节室外计算相对湿度(%);

夏季空气调节室外计算干球温度(℃);

夏季空气调节室外计算湿球温度(℃);

夏季空气调节室外计算日平均温度(℃);

冬季通风室外计算温度(℃);

夏季通风室外计算温度(℃);

夏季通风室外计算相对湿度(%);

冬季平均大气压力(hPa);

夏季平均大气压力(hPa);

冬季室外平均风速(m/s);

冬季最多风向及其频率(%);

夏季室外平均风速(m/s);

夏季最多风向及其频率(%);

全年主导风向及其频率(%);

年平均温度(℃);

全年日平均温度≤+5℃天数(天/年);

全年日平均温度≤+5℃期间内的平均温度(℃)。

(2)给排水设计气象参数

给排水设计气象参数具体参见表 3-3。

表 3-3　给排水设计气象参数

要素	湿球温度	与湿球温度对应的		
		干球温度	大气压力	相对湿度
最近 5 年夏季最热三个月 $p=10\%$ 日平均气温				
最近 5 年夏季最热三个月 $p=5\%$ 日平均气温				
最近 5 年夏季最热三个月 $p=1\%$ 日平均气温				
最近 5 年冬季最冷三个月 累积频率 $p=99\%$ 日平均气温				

2. 需收集资料

(1)月均值及定时观测值

参证站气象站历年各月平均气温、平均气压、平均水汽压、平均相对湿度、平均干球温度、平均湿球温度、降水日数、平均降水量、平均风速及各风向频率等。其中,大气压力需收集冬夏两季每日日均值;温度需收集冬夏两季每日日均温度;干、湿球温度和相对湿度需收集每天四次的定时观测值。

(2)年均值

参证站历年平均气温、平均气压、平均水汽压、平均相对湿度、平均干球温度、平均湿球温度、降水日数、平均降水量、年均风速。

3. 技术方案

(1)利用代表站与厂址地面气象站同步观测资料进行量差分析,进行比较的要素有平均气压、平均温度及极端温度、平均水汽压和平均风速。

(2)以图表形式给出各工程气象参数变化曲线。

(3)按国标 GB 50019—2003《采暖通风与空气调节设计规范》有关规定对上述工程气象参数进行特征值及其频率统计分析。

(4)综合各气象要素统计结果,按规范及任务书要求给出厂址工程气象参数特征值。

数据统计方法采用 GB 50019—2003《采暖通风与空气调节设计规范》中的有关规定。其中:

历年值:逐年值。特指整编气象资料时,所给出的以往一段连续年份中每一年的某一时段的平均值或极值。

累年值:多年值。特指整编气象资料时,所给出的以往一段连续年份的某一时段的累计平均值或极值。

历年最冷月:每年逐月平均气温最低的月份。

历年最热月:每年逐月平均气温最高的月份。

累年最冷月:累年逐月平均气温最低的月份。

累年最热月:累年逐月平均气温最高的月份。

累年最冷三个月:累年逐月平均气温最低的三个月。

累年最热三个月:累年逐月平均气温最高的三个月。

不保证天数:冬季室外空气日平均温度低于室外计算温度的日数,或夏季室外空气日平均温度高于室外计算温度的日数。

不保证小时数:夏季室外逐时空气温度高于室外计算温度的小时数,或冬季室外逐时空气温度低于室外计算温度的小时数。

采暖室外计算温度:以日平均温度为基础,按历年平均不保证 5 天,通过统计气象资料确定的用于采暖设计的室外空气计算参数。

冬季通风室外计算温度:按累年最冷月平均温度确定的用于冬季通风设计的室外空气计算参数。

冬季空气调节室外计算温度:以日平均温度为基础,按历年平均不保证 1 天,通过统计气象资料确定的用于冬季空气调节设计的室外空气计算参数。

夏季通风室外计算温度:按历年最热月 14 时的月平均温度的平均值确定的,用于夏季通风设计的室外空气计算参数。

夏季通风室外计算相对湿度:按历年最热月 14 时的月平均相对湿度的平均值确定的,用于夏季通风设计的室外空气计算参数。

夏季空气调节室外计算干球温度:以小时干球温度为基础,按历年平均不保证 50 小时,通过统计气象资料确定的用于夏季空气调节设计的室外空气计算参数。

夏季空气调节室外计算湿球温度:以小时湿球温度为基础,按历年平均不保证 50 小时,通过统计气象资料确定的用于夏季空气调节设计的室外空气计算参数。

夏季空气调节室外计算日平均温度:以日平均温度为基础,按历年平均不保证 5 天,通过统计气象资料确定的用于夏季空气调节设计的室外空气计算参数。

4. 湿球温度的计算方法

湿球温度是采暖通风、电厂冷却塔等工程设计中的重要气象参数。随着自动气象站在台站的广泛使用,湿球温度的直接观测资料逐渐停止,这给工程设计中湿球温度的气象参数分析和气象资料的应用造成了困难。

（1）空气湿度测量原理

①干、湿球法测湿原理

干、湿球法测湿的原理是在温度表的水银球体包上脱脂纱布，纱布的下端浸入盛水的容器中，纱布在毛细管作用下经常处于湿润状态，此温度表称为湿球。湿球纱布中的水分必然向空气中蒸发，即在湿球与通过湿球的空气之间发生湿交换。水的蒸发量与空气中的水汽压平衡并使湿球温度维持在一定的数值。如果再用一支温度表测量当时的气温（此温度表称为干球），就可以利用干、湿球温度的差值和其他测量条件来计算空气中的水汽压和相对湿度。

②湿敏电容传感器测湿原理

常用的湿敏电容湿度传感器是用有机高分子膜作介质的一种小型电容器。湿敏电容器上电极是一层多孔金属膜，能透过水汽；电极为一对刀状或梳状电极，引线由下电极引出。整个感应器是由两个小电容器串联组成传感器置于大气中，当大气中水汽透过上电极进入介电层，介电层吸收水汽后，介电系数发生变化，导致电容器电容量发生变化，而电容量的变化正比于相对湿度，通过这个特性来计算空气中的相对湿度和水汽压。

（2）有关湿度计算公式

①干、湿球法

用干、湿球温度求空气中水汽压的计算公式：

$$e = E_{tw} - AP_h(t - t_w) \tag{3-43}$$

②湿敏电容法

用湿敏电容直接测得相对湿度时，空气中水汽压的计算公式：

$$e = U \times E_t / 100 \tag{3-44}$$

③饱和水汽压

纯水平液面饱和水汽压采用世界气象组织（WMO）推荐的戈夫—格雷奇（Goff Gratch）公式：

$$\log E_t = 10.79574 \left(1 - \frac{T_1}{T}\right) - 5.028 \log\left(\frac{T}{T_1}\right) + 1.50475 \times 10^{-4} [1 - $$
$$10^{-9.2696 \left(\frac{T}{T_1} - 1\right)}] + 0.42873 \times 10^{-3} [10^{4.76955 \left(1 - \frac{T_1}{T}\right)} - 1] + 0.78614 \tag{3-45}$$

式中，e：水汽压（hPa）；t：干球温度（℃）；t_w：湿球温度（℃）；U：相对湿度（%）；P_h：本站气压（hPa）；E_{tw}：湿球温度 t_w 所对应的纯水平液面的饱和水汽压（hPa），湿球结冰且湿球温度低于 0℃时，为纯水平冰面的饱和水汽压；E_t：干球温度 t 时的纯水平液面饱和水汽压（hPa）；A：干湿表系数（℃$^{-1}$），在百叶箱自然通风情况下 A 值取 0.0007974；$T_1 = 273.15$ K（水的三相点温度），$T = 273.15 + t$（绝对温度 K）。

（3）湿球温度的计算方法

通过自动气象站的气温和相对湿度资料，用式（3-44）和式（3-45）可以计算出水汽压；通过人工观测的干球温度、湿球温度和气压，用式（3-43）和式（3-45）也可以计算出水汽压。如果将自动气象站的气温、相对湿度、气压和计算出的水汽压代入式（3-43）和式（3-45），可以得到等同于人工观测的湿球温度 t_w 的方程，对方程进行求解，就可以计算出湿球温度值。但式（3-45）中同时包含有湿球温度指数和对数的复合函数，方程很难直接一次求解。在工程计算中，这类可收敛的复杂方程（已证）一般采用迭代法求解，就是不断用变量的旧值递推新值来对方程进行求解的方法，但是利用迭代法求解，需要解决迭代变量、迭代关系式和迭代过程控制三个方面的问题。

①迭代变量

通过推导得到的方程是关于湿球温度 t_w 的方程,故迭代变量选用湿球温度 t_w。迭代法进行推算时,要先给迭代变量赋予一个初始值,而初始值的选用对迭代过程的计算至关重要。借鉴相对湿度经验计算的研究,利用式(3-43)和式(3-44),在不考虑气压变化的影响下,湿球温度 t_w 也可以表示成气温 t、相对湿度 U 函数的乘积形式,根据泰勒公式,函数可以近似用泰勒多项展开式表示,如果将泰勒多项简化成二项式,则湿球温度 t_w 可以简化成下面的形式:

$$t_w = a_1 + a_2 t + a_2 t^2 + (a_4 + a_5 t + a_6 t^2)U + (a_7 + a_8 t + a_9 t^2)U^2 \tag{3-46}$$

式中,$a1$、$a9$ 为参数,可以根据实测的气温和相对湿度资料对参数进行求算。本书利用人工观测资料进行计算,得到了不同值下的多组参数。对相近的参数值求平均,可以得到湿球温度的经验公式一般表达式。

计算得到的一般表达式可以直接计算出湿球温度,其湿球温度计算值与真值之间存在一定的误差。但是在迭代关系式计算中,仍可以用一般表达式计算得到的湿球温度作为迭代变量的初始值。

②迭代关系式

迭代关系式是解决迭代问题的关键。湿球温度 t_w 的方程是含有 t_w 指数和对数的复合函数,直接推导其迭代关系式非常困难。分析迭代计算过程可以发现,如果将公式(3-46)计算的湿球温度初始值 t_{w0} 和气温、气压一起代入式(3-45)和式(3-43)可以计算出水汽压 e_0,假设 e_0 和自动气象站观测得到的水汽压 e 相同,即 $\Delta e_0 = (e_0 - e) = 0$ 则初始值 e_0 就是给定气温、湿度和气压条件下百叶箱内的湿球温度;如果不同,则两者之间必然存在差 Δe_0,如果将差异经过迭代关系式,代入计算湿球温度的新值 t_{wn},那么当 Δe_n 的差异趋向于 0 则 t_{wn} 趋向于湿球温度 t_w。利用式(3-43)可以得到 t_w 的方程:

$$t_w = t_t - 1/AP_h(E_w - e) \tag{3-47}$$

根据牛顿迭代法的基本思想,其迭代公式的一般形式可以表示成:

$$X_{n+1} = X_n - t_n H_n g_n \tag{3-48}$$

式中,t_n 为最优步长因子,它表示通过从点 X 出发,沿 $-H_n g_n$ 方向作直线搜索确定 X 的值,当 $H = G-1$ 时(G 为 g 函数的系数矩阵),又称为阻尼牛顿法的迭代公式。考虑湿球温度的计算精度,将最优步长因子 t_n 确定为 0.5 式(6)可以构造湿球温度 t_w 迭代关系式为:

$$t_{w_{n+1}} = t_{w_n} - e_n \times \frac{AP_h}{2} \quad (n = 0, 1, 2, \cdots) \tag{3-49}$$

利用上述迭代关系式计算得到的 t_{wn} 值,经过反复代入式(3-45)和式(3-43)可以计算出 $\Delta e_n = e_n - e(n = 0, 1, 2, \cdots)$,当 Δe_n 趋近于 0 时,则 t_{wn} 逼近 t_w。在上述迭代计算过程中,可以发现迭代尺度是随 e_n 而变化的,在差异较大时收敛速度较快,在差异较小时收敛速度较慢。

③迭代过程控制

在什么时候结束迭代过程,是迭代算法必须考虑的问题。气象观测的湿球温度和水汽压精度均为 0.1,所以当 Δe_n 的绝对值小于 0.05 且 $t_{w_{n+1}} = t_{w_n} - t_{w_n}(n = 0, 1, 2, \cdots)$ 的绝对值也小于 0.05 时,则可以认为 $t_{w_{n+1}}$ 为符合气象观测精度要求的湿球温度值。

第二节　污染型建设项目大气扩散实验及扩散参数

　　大气污染扩散是大气中的污染物在湍流的混合作用下逐渐分散稀释的过程。主要受风向、风速、气流温度分布、大气稳定度等气象条件和地形条件的影响。

　　研究不同气象条件下大气污染物扩散规律的目的在于：①根据当地气象条件，对工业规划布局提供科学依据，预防可能造成的大气污染；②根据当地的大气扩散能力和环境卫生标准，提出排放标准（排放量和排放高度）；③进行大气污染预报，以便有计划地采取应急措施，预防环境质量的恶化（长期的）和防止可能发生的污染事故（短期的）。

一、概述

　　影响大气污染扩散的重要气象因素是大气湍流。所谓大气湍流，是指大气短时间的不同尺度的不规则运动。可以把大气想象为是由大小不同的涡旋（称为湍涡）构成的，一个大湍涡包含着许多小湍涡，而一个小湍涡又包含着许多更小的湍涡。处于湍流中的一团污染烟团，被不同的湍涡携带而逐渐展开。尺度大小和污染烟团相当的湍涡对污染物的扩散最为有效，能把污染烟团拉开、撕裂，而使它变形，加速它的扩散过程。大气中存在着各种尺度的湍涡，多种湍涡的综合作用使污染物在随风移动的同时逐渐散开，和周围的洁净空气相混合而稀释。

　　大气湍流强弱能直接影响大气对污染物的扩散能力。下垫面的状态对大气湍流强弱发生影响：下垫面粗糙起伏，湍流较强；下垫面光滑平坦，湍流较弱。大气温度沿垂直方向分布的状态对大气湍流的强弱也产生影响。这种影响以大气温度随高度的变化率（垂直减温率）Γ 和干绝热减温率 Γ_d 相比较而确定。Γ_d 值为每 0.98℃/（100 m），即每升高 100 m 温度降低 0.98℃。当 $\Gamma > \Gamma_d$ 时，湍流有增大趋势，大气处于不稳定状态，对污染物的扩散稀释能力强；当 $\Gamma < \Gamma_d$ 时，湍流有减弱趋势，大气处于稳定状态，扩散稀释能力弱；当 $\Gamma = \Gamma_d$ 时，大气处于中性平衡状态，污染物被推到哪里就停在哪里。通过示踪烟云的扩散实验，或者观察烟囱排放的污染烟云，可以看到烟云的外形是随着天气情况以及一天中不同时间而变化的，烟云的外形同大气湍流状态相联系。

　　对大气污染扩散过程的研究有两种途径：一种是实验方法，就是针对给定的排放源，测定污染物的浓度分布，并找出浓度分布同时间、空间和气象条件变化的关系，探索其规律。这种方法也可以在实验室内用风洞模拟的方法实施。本节主要阐述实验确定大气污染扩散过程和参数的一些方法和应用。

　　另一种是理论方法，即运用湍流交换的理论建立描写大气污染扩散稀释过程的模式（见大气污染模式），找出浓度分布与气象参数的关系，这将在下一节详细论述。

　　通过大气扩散实验主要的工作就是确定大气扩散参数。大气扩散参数又称大气扩散标准差（atmospheric diffusion standard deviation）、浓度分布均方差（concentration distribution mean square deviation）。扩散质点随浓度中心轴距离的浓度分布的均方差，是大气扩散能力的度量，常以 σ 表示。它与气象条件、地形地貌与源的距离有密切的关系。在直角坐标系中，它在横风向及铅直向上的分量分别表示为 σ_y 与 σ_z。有时，还表示为水平（或垂直）风向脉动角度标准差 σ_A（或 σ_B）。σ 值愈大，说明湍流强度愈大，扩散速率自然也愈大。随着下垫面粗糙度增大、下风向距离 x 增大以及大气稳定度减小，σ 值将增大。

在环境影响评价时，一个地区的大气对污染物的稀释扩散能力，即扩散参数常常是关系到评价指标的重要数据。

一般在建设一个大型的污染性项目时特别是核电站时需要进行大量的大气扩散实验，主要包含大气边界层特征的观测与分析、湍流测量与扩散参数计算、中小尺度风场与输送规律研究以及野外示踪实验研究。

二、大气边界层特征的观测与分析

1. 观测完成的内容

一般选取在冬、夏两季开展大气边界层温度和风的观测。通过观测资料分析，说明冬、夏两季风、温廓线的一般特征，逆温层的出现频率、厚度和强度的统计特征，同时需要以典型个例说明逆温类型和生消规律，确定混合层高度，并分析其演变规律。提供扩散计算应用的对整个评价地区混合层高度的建议取值。

根据夏季在厂址多站低空探测结果，对厂址地区可能出现热内边界层的条件和规律进行分析，推荐实用性热内边界层高度的计算模式。

低空探测，按冬、夏两季观测有效期一般为 15 至 30 天，不少于 15 天，根据具体需要进行加密观测，平均每天观测 8 次，观测时间为北京时间 01、04、07、10、13、16、19、22 时。

根据观测季节和厂址所在地理位置（内陆厂址或滨海厂址）确定观测点位，如果需要进行滨海厂址的夏季热内边界层的分析，则需要设置三个观测点三点一线由滨海向内陆延伸，以便进行夏季热内边界层分析。

可采用双经纬仪追踪施放小球、探空仪探测温度或系留汽艇地面接收站等方法。按照中国气象局编制的《地面气象观测规范》和《高空气象探测规范》的有关章节中的规定进行。所有仪器、仪表需经气象质检部门检定后使用。观测后经数据处理分别给出观测期规定层高度风、温分布、不同高度的平均温度、逆温特征和混合层高度等。

2. 大气边界层特征的分析

主要分析的内容如下：

边界层的温度廓线和逆温层：低空温度廓线的一般特征分析；地面逆温特征分析；高架逆温分析。

低层风廓线：风向随高度的变化；风速廓线的一般特征；风速廓线的幂指数律拟合；地表粗糙度；谷地风廓线的特殊性分析。

根据温度廓线的温度跃变层和用干绝热上升曲线法确定混合层高度。

3. 海陆风分析

滨海厂址会受到海陆风的影响，海陆风的风场结构一般不太鲜明，但是白天有向岸流，夜间风向有转变或出现静小风而使污染物在陆域停滞返回也是值得关心的事件。为此，对海陆风风场类型可做如下规定，并统计为"海陆风事件日"。

（1）白天出现海上来流的风向 4 小时以上，其中至少有 3 小时为持续出现，夜间风向有达90°的变化或地面风速小于 2 m/s。

（2）污染物日间向岸输送至少持续 3 小时以上。

（3）以厂址为源地的污染物向岸、离岸输送交替出现，或虽然在解析区域未出现返回，但输送轨道曲折停滞。

为了了解不同季节中尺度风场及污染物输送规律并统计海陆风的频率，模拟计算取各季节代表性月逐时资料进行。除了配合季节性气候和天气背景分析中尺度风场的一般特征之外，侧重点放在海陆风的三维风场结构，统计出现频率和海陆风的污染物输送行为及季节性的散布型。

利用诊断风产品模拟厂址逐时释放污染物的输送轨道，考察不同类型风场的中尺度扩散规律。必要时可运用动力学预报模式研究海陆风结构和污染物扩散特征。

4. 热内边界层分析

分析温度廓线资料，探讨滨海厂址的"热内边界层"，若实验中观测到热内边界层的出现，需分析出现热内边界层的条件，并推荐实用性热内边界层高度计算公式。热内边界层（TIBL）内与混合层一样，温、湿、风等要素廓线比较均匀，TIBL 顶出现不连续性，由此可确定其高度。可采用经验公式确定 TIBL 高度增加变化规律。即认为 TIBL 厚度 h 正比于陆地路径 x 的 1/2 次方，比例系数从观测数据确定。

三、湍流测量与扩散参数计算

低层大气的湍流状态直接决定污染物的扩散行为。理论研究早已指出，均匀湍流中连续扩散的分布方差正比于速度涨落方差，并与湍流的拉格朗日特征尺度有关。严格地说，大气湍流是非均匀的，但是湍流扩散的定性方面仍不违反统计理论的结论，特别是水平扩散更是如此。

1. 实验及分析内容

根据气象塔的实际情况、扩散实验和建设工程要求，在 30 m 和 100 m 塔层进行湍流观测。超声风温仪传感安装高度为 30 m 和 100 m，冬夏季测量有效时数不少于 480 h。

可与冬、夏两季大气边界层低空探测同期在厂址气象铁塔两个不同高度进行湍流测量，研究和分析当地塔层的湍流特征。从湍流统计量推算并给出不同天气类型和气流方向的扩散参数。湍流测量时间一般不少于 20 天。

2. 探测仪器与仪器安装

湍流测量采用两台超声风温仪同步进行观测。超声风温仪拟采用目前国际先进和应用较为广泛的产品。它是一个测量空间三方向风速分量的风速仪，同时可以获取温度的快速涨落。三个风速测量探头相互垂直，探头声路径 15 cm。风速测量范围为 0～30 m/s，分辨率 0.005 m/s，精度±0.01 m/s；温度测量范围－50～60℃，温度脉动分辨率 0.005℃，精度±0.02℃，平均温度精度±2℃。湍流信号为数字信号输出，采样频率 10 Hz。该风速仪兼有测量温度脉动和平均温度功能。因此除了可测量三分量风速涨落外还可测量温度涨落，并由此计算切应力和湍流热通量，从而得到如莫宁—奥布霍夫长度这类稳定度特征参数。超声风速仪的优点在于其线性响应、不存在转动部分、良好的方向性和频率响应极限较高。

在仪器安装方面，考虑观测期间的主导风向，仪器安装的方向尽量避免塔体对气流的影响。仪器安装于伸出铁塔的横臂外端。

各测量仪器在实验前后均在实验室内进行检定和复检,在野外进行必要的调试。对超声风速仪,我们将探头放在一个无风(封闭)的盒子里,就可以校正零风速。因为它是一种只依赖声换能器路径长度的测量,电子线路调试后一般不再逐一做气动特性标定。

3. 数据采集与资料处理

湍流数据采集用配套的数据采集系统,该系统可同时采集多路超声风温仪信号。它由传感器、滤波器、信号放大、计算机采集、数据存档、结果输出等部分组成。该系统最大输入通道为 48,输入信号经过滤波和放大后由计算机采集并存档和输出。

连续采集的数据中从每小时正点前 10 分钟起截取 30 分钟的数据形成独立的数据组。经必要筛选后计算与研究主题有关的湍流统计量。其中有:平均风速和风向、风分量和温度涨落的标准差;湍流热通量,摩擦速度和莫宁—奥布霍夫长度等。

湍流数据采集系统的软件采取计算机汇编语言和 C 语言相结合,使用灵活、方便、快速。整个湍流数据采集系统具有任意选择采集参数、实时监控采集数据、可无人值守、断电自动保护等特点。湍流数据为连续采集。

4. 湍流统计量的规律

假设塔层湍流统计量遵守近地面层的相似性关系。即有

$$\frac{\sigma_{u,v,w}}{U_*} = F_{u,v,w}\left(\frac{Z}{L}\right) \tag{3-50}$$

式中,σ_u,σ_v,σ_w 是三个方向速度分量的标准差;U_* 称为地面摩擦速度;L 是莫宁—奥布霍夫长度,可由 U_* 和湍流热通量确定。对于中性层结有:

$$\frac{\sigma_u}{U_*} = A, \quad \frac{\sigma_v}{U_*} = B, \quad \frac{\sigma_w}{U_*} = C \tag{3-51}$$

式中,A、B、C 是常数。衡量湍流扩散强弱的湍流度定义为:

$$I_u = \frac{\sigma_u}{U}, \quad I_v = \frac{\sigma_v}{U}, \quad I_w = \frac{\sigma_w}{U} \tag{3-52}$$

如果塔层风廓线也遵守近地面层相似性,那么湍流度也遵守相似性。

5. 利用湍流测量数据确定局地扩散参数

湍流扩散统计理论来自泰勒的扩散统计理论。泰勒首先应用统计方法研究湍流扩散问题,在平稳均匀的湍流场中建立起湍流扩散参数 $\overline{Y^2(t)}$ 与另一个具有统计特征的相关系数 R 之间的关系,这样,只要求得 R 的具体函数式,通过积分即可求得扩散参数 $\overline{Y^2(t)}$,进而求解污染物的湍流扩散问题。

湍流扩散理论指出,扩散参数 (x, y, z) 与相应方向的湍流统计量有如下关系:

$$\sigma_{x,y,z} = \sigma_{u,v,w} \cdot T \cdot f_{x,y,z}(T/T_{x,y,z}) \tag{3-53}$$

式中,T 是扩散时间,$T_{x,y,z}$ 分别是三个方向的特征时间。考虑到为使该方法有实用性,上式的扩散时间 T 可通过平移变换 $X = \overline{U} \cdot T$ 转化为下风距离 X,于是有:

$$\sigma_{x,y,z} = I_{u,v,w} \cdot X \cdot f_{x,y,z}(X/\overline{U} \cdot T_{x,y,z}) \tag{3-54}$$

式中,I_u、I_v 和 I_w 分别为排放高度的三个方向的湍流度实测值,即

$$I_u = \sigma_u / \overline{U}, \quad I_v = \sigma_v / \overline{U}, \quad I_w = \sigma_w / \overline{U} \tag{3-55}$$

式中,$\overline{U}$是平均风速。

Draxler综合大量连续烟云示踪扩散实验数据,推荐以下经验公式:

$$f_{y,z}(X/U \cdot T_{y,z}) = [1 + 0.90(X/U \cdot T_{y,z})^{1/2}]^{-1} \tag{3-56}$$

$$f_z(X/U \cdot T_z) = [1 + 0.94(X/U \cdot T_z)^{0.81}]^{-1} \tag{3-57}$$

其中,第二式用于稳定条件下高架源的垂直扩散,第一式用于其他条件下的扩散时间 T_y 和 T_z 特征时间列于表 3-4。

表 3-4　特征扩散时间 T_y, T_z 用于 (3-54) 式

源高	地面源		高架源	
稳定度	稳定	不稳定	稳定	不稳定
T_y(s)	300	300	1000	1000
T_z(s)	50	100	100	500

应当指出,该方法获得的资料具有欧拉特征。因此,注重分析欧拉特征资料的局限性,从而可正确估计将扩散模式任意扩大到评价区域范围内是否有效。

四、中小尺度风场与输送规律研究

1. 实验及分析内容

开展冬、夏两季中小尺度风场研究,应在厂址附近再增设 2～3 个地面风观测点,观测期各为覆盖低空探测和湍流测量期间的 1 个月。收集并利用厂址所在中尺度区域气象站的资料及本项目安排的观测资料,模拟分析四个代表性月中小尺度风场的基本特征,以及可能出现的海陆风流场。根据特定排放高度的污染物输送轨道,定性分析污染物的输送途径和影响范围。分析和说明厂址附近的海陆分布和地形对扩散影响的分析。中小尺度风场的研究范围,可取以厂址为中心 240 km×240 km 范围,网格距可分别取 2 km 和 500 m。

2. 研究资料与地面风场观测

中尺度风场研究拟收集研究区域及周边的气象站资料,气象数据收集时间与扩散实验的年份一致,以 1、4、7、10 月为各季的代表,收集各站逐时地面风等资料。

为了说明厂址周围复杂地形、海域可能对大气弥散条件的影响,特别是为了说明具有较高分辨率的小尺度范围内的影响,需要在该地区内增设观测点进行风的测量。具体位置根据厂址周围地形情况、周边气象站分布情况再做调整。

逐时风向风速分冬、春、夏和秋季观测,每季观测期为一个月,选择的代表性月为 1、4、7、10 月,地面风观测自动站设置距地面在 10 m 高的铁杆上,设置多个同步观测点,测量所关心的范围内逐时的风向风速。

3. 风场模拟方法

采用质量守恒约束调整的诊断模式计算风场。该模式从气象站实测风资料出发,进行插值与质量守恒约束调整,可根据需要获得适当分辨率的三维风场。

不可压缩性流体的质量守恒方程即连续性方程为:

$$\frac{\partial U}{\partial x} + \frac{\partial V}{\partial y} + \frac{\partial W}{\partial z} = 0 \tag{3-58}$$

质量守恒约束风场模式是以式(3-58)所列方程为基础,根据变分法原理对初始风场进行调整,使其尽量符合质量守恒条件的约束,同时使调整后的风场与初始场的总体偏差为最小,即求式(3-59)的最小值:

$$E(U,V,W,\lambda) = \iiint\limits_{(V)} \Big[\alpha_1^2 (U-U_0)^2 + \alpha_1^2 (V-V_0)^2 + \alpha_2^2 (W-W_0)^2$$
$$+ \lambda \Big(\frac{\partial U}{\partial x} + \frac{\partial V}{\partial y} + \frac{\partial W}{\partial z} \Big) \Big] \mathrm{d}x\mathrm{d}y\mathrm{d}z \tag{3-59}$$

式中,U、V 和 W 为调整后的风场,U_0、V_0 和 W_0 为初始的插值风场,λ 为拉格朗日乘子,α_1 和 α_2 为代表水平及垂直方向观测误差大小的系数。

风场诊断计算中用到的资料包括:各气象站的逐时地面风观测;对应的逐时稳定度分类;逐日高空探空数据;区域地形高度和地面粗糙度。由这些资料和上述原理,风场诊断模式计算出每月逐小时的三维风场。

4. 风场特征与污染物输送规律分析

(1)厂址所在地区代表性季节中小尺度风场的基本特征与分析

以中、小两种水平尺度范围,分别用当地代表性季节的实际气象观测资料和三维风场诊断模式分析区域风场和流动特性。考虑地形对大气流动的影响、风场的日变化和季节变化、系统和局地流动形态。

(2)特定排放高度的污染物输送路径和影响范围分析

用时间连续的三维风场结果,计算特定排放高度的污染物输送轨道,定性分析污染物的输送路径和影响范围。结果同样以中、小两种水平尺度范围表现,了解厂址附近详细情况和较大范围的可能影响。

输送轨迹计算是利用风场诊断模式获得的逐时风场进行 10 分钟时间间隔内插,并以这样的系列数据计算被动扩散物质在近地面代表性风场层面上的拉格朗日轨迹,由此定性分析烟云自源释放后的输送行为。针对所关心的厂址地区的污染扩散问题,取厂址中心为轨迹出发点,计算 1、4、7、10 月每天 24 小时的逐时轨迹。

(3)厂址附近地形对扩散的影响分析

通过对风场资料的深入分析,了解地形对大气流动的作用,并进而分析其对污染扩散传输的影响。以逐时排放污染物到达位置的散布图,分析各季节污染物的影响范围。

五、野外示踪实验研究

1. 工作内容和目的

(1)按照夏季进行野外示踪实验研究,试验次数不少于 15 次。实验条件应尽量覆盖不同天气类型和不同风速,释放高度以 30 m 或 70 m 为主(视厂址现场条件决定)。野外示踪试验除了对陆地取样弧线外,亦应在海上布点取样。

(2)根据各次实验结果,分析不同天气类型及气流方向和厂址附近地形条件下的示踪物扩散行为,以及地面浓度场的基本特征。

（3）根据野外示踪实验获得的浓度及其分布对高斯烟羽模式、高斯烟团模式等的有效性和适用性进行验证，并对各类有效性指标，如相关系数 r、符合指数与非系统误差组合、吻合度 α 等进行比较与讨论。

（4）对试验中获得的扩散参数分析其不确定度，并应用拉丁超立方方法估算其对归一化轴向扩散因子的影响。从示踪实验结果推荐实用扩散参数。

2. 地区风频特征与示踪实验时间选择

根据厂址地形条件和周边水域分布特征，以及厂址近三年气象观测结果，确定适合实验时机时，主要考虑以下因素：

（1）通常只能在出现吹向陆地的情况下开展 SF6 示踪实验，根据厂址地形条件和周边海域分布特征分析表明，确定本区域适合现场示踪试验的风向范围；

（2）下雨时不宜开展实验，因此选择降雨量小的时间开展实验；

（3）大气边界层观测、湍流观测和地面风场观测同步性。

综合考虑上述因素，选择适宜的时机开展现场 SF6 实验。

3. SF6 释放及稳定度分类

SF6 的释放在 100 m 高气象塔上进行，用人工方法把约含 50 kg SF6 的钢瓶连接至铁塔上的释放管路上，调节钢瓶流量以符合均匀释放条件。每次释放时间控制在 60 分钟。关于释放高度，以 70 m 高为主，以代表放射性气载物的释放高度。同时，也考虑在 30 m 高度做二、三次示踪试验，以进行不同高度的影响比较。30 m 高度也可作为将来事故释放条件下的地形对烟羽扩散的影响及地面释放的浓度估算。

野外示踪实验研究应覆盖不同类型和不同风速等气象条件，又希望包含中性、B—C（或 A）、E—F 三类稳定度天气，以中性稳定度为主。SF6 示踪试验期间的天气分类拟采用国际原子能机构（IAEA）推荐的 ΔT 与风速 U 组合方法得到。试验期间的气象条件估算参数，主要来源于厂址铁塔与地面气象站观测数据。

4. 采样点的布置

根据主要关心风向取样点布置的基本原则是采取弧线布点与关心位置多布点相结合基础上，考虑以下原则：

（1）首先遵循的是按弧线布点，在具体点位选取时尽量考虑沿公路或小路布点；

（2）居民点、村庄可适当加密；

（3）为验证模式适当考虑空间分布。

另外在下风向居民集中点，以及可能发生随地形绕流、下洗、翻越、阻滞的位置加密布点。取样点布设范围暂定为 10 km。每次试验选取 4～5 条弧线，每次选取 40～50 个取样点进行采样。

5. 扩散参数估算

可采用最小二乘法估算水平、垂直扩散参数和根据弧线污染物浓度分布估算标准差。

（1）最小二乘法扩散参数的估算

最小二乘法计算机拟合技术求得水平和垂直扩散参数 σ_y 和 σ_z（70 m、30 m 不同高度的值),同时考虑弧线上污染物浓度分布的标准差来确定扩散参数。

假定示踪实验的扩散条件服从高斯扩散模式,则高架连续点源的地面浓度公式为:

$$C(x,y,o;He) = \frac{Q}{\pi \bar{u} \sigma_y \sigma_z} \exp\left[-\left(\frac{y^2}{2\sigma_y^2} + \frac{H_e^2}{2\sigma_z^2}\right)\right] \tag{3-60}$$

式中,$C(x,y,O;He)$ 表示源强为 Q(mg/s)、有效源高为 H_e(m)的源在下风向地面任一点 (x,y)(m)处造成的浓度(mg/m³);$\bar{u}$ 为源高处的平均风速(mg/s);σ_y,σ_z 分别是横向和垂向的扩散参数(m)。

假定 σ_y,σ_z 与下风向距离 $x(m)$ 存在如下的幂函数关系:

$$\sigma_y = p_y x^{q_y} \quad \sigma_z = p_z x^{q_z} \tag{3-61}$$

式中,p_y,q_y,p_z,q_z 可看作常数。则地面浓度公式可以表示为:

$$C(x,y,o;He) = \frac{Q}{\pi \bar{u}(p_y x^{q_y})(p_z x^{q_z})} \exp\left[-\left(\frac{y^2}{2(p_y x^{q_y})^2} + \frac{He^2}{2(p_z x^{q_z})^2}\right)\right] \tag{3-62}$$

这样,只要确定常数 p_y,q_y,p_z,q_z,即可给出 σ_y 和 σ_z。

p_y,q_y,p_z,q_z 的确定可以利用最小二乘法。即使地面浓度的计算值 $C_i[C_i=C(x_i,y_i,O;H_e)]$ 与实测值 C_{mi} 之间的平方和 S 最小,S 由下式表示:

$$S = \sum_{i=1}^{N} [c_i - C_{mi}]^2 \tag{3-63}$$

式中,N 为一次示踪实验所有采样点中采集到样品的点的总数。

实验中的样品采集方法属于不等精度测量,为了权衡各种数据的不同精度,引入标志测量精度的权数 g 作为处理数据时不同数据相对重要程度的指标。则 S 可表示为:

$$S = \sum_{i=1}^{N} g_i [c_i - C_{mi}]^2 \tag{3-64}$$

式中,g_i 为每个采样点的权数。权数的确定方法有多种,为方便起见,g_i 取为:

$$g_i = C_{mi}/C_{m,\max} \tag{3-65}$$

式中,$C_{m,\max}$ 为本次实验中所有取得样品的采样点中的最大浓度测量值。

(2)弧线法扩散参数的估算

根据现场的采样点按弧线布设方式,扩散参数计算也考虑采用弧线法。

一个连续点源所释放的烟流,其横风向的平均浓度分布通常符合高斯正态分布曲线,横风向浓度分布的方差可按下式计算:

$$\sigma_y^2 = \frac{\sum_{i=1}^{N} c_i y_i^2}{\sum_{i=1}^{N} c_i} - \left[\frac{\sum_{i=1}^{N} c_i y_i}{\sum_{i=1}^{N} c_i}\right]^2 \tag{3-66}$$

式中,N 可看成是采样点的个数,y_i 是每个采样点离浓度轴线的距离,c_i 浓度。通常取 x 轴与平均浓度轴线一致,上式右边第二项等于零,于是:

$$\sigma_y^2 = \sum_{i=1}^{N} c_i y_i^2 \Big/ \sum_{i=1}^{N} c_i \tag{3-67}$$

写成积分形式:

$$\sigma_y^2 = \int_{-\infty}^{+\infty} cy^2 \mathrm{d}y \Big/ \int_{-\infty}^{+\infty} c \mathrm{d}y \tag{3-68}$$

若浓度分布对 x 轴对称,则

$$\sigma_y^2 = \int_0^{+\infty} cy^2 \mathrm{d}y \Big/ \int_0^{+\infty} c\mathrm{d}y \tag{3-69}$$

同样可求得垂直浓度分布方差。对地面源来说:

$$\sigma_z^2 = \int_0^{+\infty} cz^2 \mathrm{d}z \Big/ \int_0^{+\infty} c\mathrm{d}z \tag{3-70}$$

(3)扩散参数的不确定度及其对归一化轴向扩散因子的影响分析

①扩散因子的不确定度

根据实测结果,整理分析获得同一高度(以 30 m 为主)不同稳定度天气扩散因子的分布范围即不确定度,并列表给出不同高度,不同稳定度下不同下风距离的 σ_y 与 σ_z 的最大值与最小值,并用图形表示其分布范围分析其差异及原因。

②归一化小时轴向扩散因子

由于对评价问题存在 2 类不同的回答方法:确定论方法和概率方法,因而存在 2 类不同性质的不确定度,称为 A 类和 B 类。A 类是由随机变量引起的,B 类是对系统中确定论成分缺乏了解而引起的。在下述小时轴向扩散因子 χ 的表达式中,扩散参数 σ_y 和 σ_z 的不确定度属于 B 类:

$$\chi = \frac{1}{\pi u \sigma_y \sigma_z} \exp\left[-\frac{y^2}{2\sigma_y^2} - \frac{H^2}{2\sigma_z^2}\right] \tag{3-71}$$

式中,风速 u 取单位风速,即 $u=1$ m/s,因而(3-71)式中的 χ 也可称为归一化小时轴向扩散因子,其物理意义是单位源强、单位风速下不同风向距离轴线上地表空气中的污染物浓度。

③拉丁超立方取样方法

LHS 是传递参数不确定度的数值方法之一,可用于估计参数不确定度所导致的预测结果 Y 的不确定性,LHS 可视为分组阶乘取样方法。通过下述步骤获得 n 个 m 参数组值,此中 n 为样品容量,m 为不确定参数的数目:(a)把每个不确定参数的分布范围分成 n 个等概率的间隔;(b)从每个参数的每个间隔中随机选取一个值作为此间隔的代表值,这样就获得 n 个随机值;(c)随机选出的参数 P_1 的 n 个值与参数 P_2 的 n 个值随机组合成 n 个双参数组,此 n 个参数组再与参数 P_3 的 n 个随机组合成 n 个三参数组,依次类推直至 n 个 m 参数组。由上述 LHS 方法选出的 m 参数组的个数 n 称为样品容量。

对应每一个 m 参数组有一个预测值,当样品容量为 n 时,相应地产生 n 个预测值,把算得的 n 个预测值按大小排列,并分配给最小的预测值——累积概率 $1/n$,分配给次最小预测值的累积概率为 $2/n$,依次类推得预测值的经验分布函数,此经验分布函数提供了样品的分位值,即第 $k/n \cdot 100\%$ 的样品分位值。

环境影响评价领域感兴趣的分位值一般取为 95% 或 97.5%,故只有当 n 较大时,上述样品分位值是预测值 Y 的主观概率分布的相应分位值的代表值。

引入统计允许限值($u\% \cdot v\%$)这一概念,表示对于所希望的 $u\%$ 的分位值,其置信限大于 $v\%$,满足此要求的最小 n 值由下式估算:$1-($百分分位值 $u/100)^n >$ 百分置信水平 $v/100$。

若取 $u=v=95$,得 $n=59$,对由简单随机取样获得的 59 个 m 参数组计算其预测值 Y,保证其最大预测值 Y_{max} 是所希望的模式预测值的 95% 分位值,其置信限大于 95%。

第三节　环境影响评价中大气扩散模式的运用

大气污染扩散研究除了实验研究以外,数值模拟是十分重要的研究方法。实验研究目的在于详细地了解物质变化和运动规律,为理论和模式研究提供基本和可行的参数。

大气污染物扩散模式结合污染源特征和气象、地形资料来定量分析污染物在大气中的输送、扩散特征,预测污染物浓度。最初,模式的研究理论核心是高斯扩散理论,应用范围是小尺度。随着研究的逐渐深入和计算机的发展,突破了高斯扩散理论的均匀平稳湍流的限制,可以求解非均匀、非定常的污染物扩散问题。目前,数值计算已经成为研究的主流方法,应用范围也扩大为大尺度。根据模式不同的理论依据,目前常用的大气污染扩散模式分为三大类:以高斯理论为基础的扩散模式,以拉格朗日方法为基础的扩散模式,以欧拉方法为基础的扩散模式。其中有很多发展成熟的污染物扩散模式应用于不同尺度的污染扩散研究,不少模式在应用中都得到了较好的验证,国内的相关研究中尤其以高斯类模式的应用最为广泛。

一、大气扩散模式简介

1. 基于高斯理论的大气污染扩散模式

高斯理论假定概率分布函数的形式为正态分布,即假设扩散系数 K 为常数。从统计理论出发,在平稳、均匀湍流的假定下,可以证明粒子扩散位移的概率分布符合正态分布形式。对于连续点源发出的烟流的大量试验研究和观测事实表明,尤其是对于平均烟流的情形,其浓度分布是符合正态(高斯)分布的。高斯模式在大多数气象条件下模拟效果都较合理,是模拟污染物扩散的经典方法。

基于高斯理论的大气污染扩散模式被广泛地应用于各种尺度的研究区域,其中以适用于中小尺度的模式居多,有 ISC（Industrial Source Complex Model）、AERMOD（AMS/EPA Regulatory Model）、ADMS（Advanced Dispersion Modeling System）、ISCST（Industrial Source Complex Short Term Model)等。ISC 是开发应用最早的模式,ISC 适用于模拟简单地形下的工业污染源。AERMOD 和 ADMS 是新发展的扩散模式,包含很多相同的科学运算法则,可以替代 ISC 使用。AERMOD 可考虑建筑物对污染源附近地区大气扩散的影响。英国经常应用 ADMS 来评估大型工业区对当地大气污染的影响,ISCST-3 在应用中较为流行,最适合评估工业区对周围大气环境的影响,也是评价大气污染物地面浓度最常使用的模式。

常见的适用于大尺度的扩散模式是 CALPUFF,CALPUFF 可模拟气体污染物的大范围输送,与同类型模式 ISC 相比,由于它采用多点时空变化的逐时气象场,模拟结果更接近实际大气扩散真实的扩散情况,此外,CALPUFF 也能评估二次污染颗粒的浓度,这是其他以高斯理论为基础的模式所不具备的。下一部分将重点论述 CALPUFF 模式在环境影响评价中的应用。

2. 基于拉格朗日方法的大气污染扩散模式

拉格朗日方法是用跟随流体移动的粒子来描述污染物的浓度及其变化。因为污染物是随流体粒子移动的,所以拉格朗日方法是一种描述污染物分布的自然方式。以拉格朗日方法为基础的扩散模式多数适合模拟几十千米到几百千米区域的污染扩散,需要二维随时间变化的气象数据,由于其能正确的描述湍流扩散过程,因此得到较为广泛的应用。应用于中小尺度的模式有 TAPM(The Air pollution Model)、LPM (Lagrangian Particle Model)、LPDM(Lagrangian Particle Dispersion Model)等。

适用于大尺度的模式有 LADM(Lagrangian Atmospheric Dispersion Model)。LADM 能精确地模拟点源附近烟气的输送扩散,由于它模拟结果的实用性该模式被广泛使用。此外,LADM 也能很好的模拟光化学特征。

3. 基于欧拉方法的大气污染扩散模式

欧拉方法是相对于固定坐标系描述污染物的输送与扩散,用欧拉流体速度的统计特征来表述浓度统计量。由于它易于加入源变化、化学变化和其他迁移清除过程,故适合处理较大尺度区域的大气输送和扩散问题。ADPIC(Atmospheric diffusion Particle in Cell)、REMSAD(Regional Modeling System for Aerosols and Deposition)、Models3/CMAQ(Models 3 Community Multiscale Air Quality Mode)、MATCH (Multiscale Atmospheric Transport and Chemistry Model)都是目前常见的应用于大尺度区域的污染扩散模式。

MATCH 是常见的应用于大尺度的污染扩散模式,可用来预报污染物的短期浓度和沉积区域。

二、CALPUFF 大气扩散模式简介

CALPUFF 是一个烟团扩散模型系统,可模拟三维流场随时间和空间发生变化时污染物的输送、转化和清除过程。CALPUFF 适用于 50 千米到几百千米范围内的模拟尺度。它包括了近距离模拟的计算功能,如建筑物下洗、烟羽抬升、排气筒雨帽效应、部分烟羽穿透、次层网格尺度的地形和海陆的相互影响、地形的影响;还包括长距离模拟的计算功能,如干、湿沉降的污染物清除、化学转化、垂直风切变效应、跨越水面的传输、烟熏效应,以及颗粒物浓度对能见度的影响。适合特殊情况,如小静风、风向逆转、再传输和扩散过程过程中气象场时空发生变化。

本小节主要介绍 CALPUFF 大气扩散模式工作原理,介绍了 CALMET 气象处理模块处理气象数据时的主要依据,及 CALPUFF 烟团扩散模块的基本原理,为大气环境影响评价和严重事故风险中大气扩散模式的建立做了理论铺垫。

1. CALPUFF 模式简介

CALPUFF 为非定常三维拉格朗日烟团模式。采用烟团函数分割方法,垂直坐标采用地形追随坐标,水平结构为等间距的网格,空间分辨率为一至几百千米,垂直不等距分为 30 多层。主要包括污染物之排放、平流输送、扩散、干沉降以及湿沉降等物理与化学过程。CALPUFF 模型系统可以处理连续排放源,间断排放情况,能够追踪质点在空间与时间上随流场的变化规律。考虑了复杂地形动力学影响、斜坡流、FOUND 数影响及发散最小化处理。

CALPUFF 模式的作用主要作用包括五个方面,①处理点源和面源的时间变率;②可以模拟离释放源几十米到几百千米的区域内的情况;③能够对一小时到一年的时段的平均场的预测;④可以考虑惯性和那些适合线性清除过程以及化学转化机制污染物;⑤能够考虑复杂地形的作用。为实现这些目标,CALPUFF 模式由三个部分组成:

(1)CALMET 气象模块通过质量守恒连续方程对风场进行诊断,计算并生成三维风场和

微气象场资料。

（2）Gaussion 烟羽扩散模式，通过对 CALMET 输出的气象场与相关污染源资料的叠加，在考虑到建筑物下洗，干、湿沉降，化学转化，垂直风修剪等污染物清除过程情况下，模拟污染物的传播及输送。

（3）CALPOST 后处理模块输出浓度场和沉降通量。图 3-1 为 CALPUFF 模拟系统工作原理图。

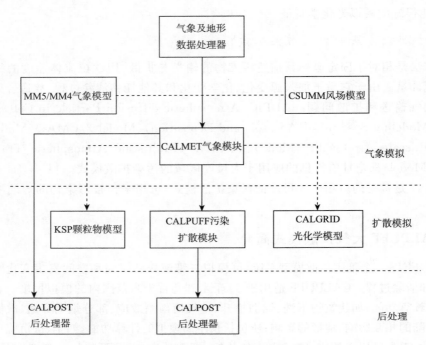

图 3-1　CALPUFF 模拟系统工作原理图

2. CALMET 气象场原理

CALMET 是利用质量守恒连续方程，在三维网格模拟域中描述小时风场与温度场的气象模块，其核心部分包括诊断风场以及微气象场模式。它通过质量守恒连续方程对风场进行诊断，在输入模式所需的常规气象观测资料或大型中尺度气象模式输出场后，CALMET 模式将自动计算并生成包括逐时的风场、混合层高度、大气稳定度和微气象参数等的三维风场和微气象场资料。CALMET 模块在三维风场模拟过程中详细考虑了地形的动力学影响、倾斜气流和阻塞效应。

（1）CALMET 模型中的网格系统

在 CALMET 网格系统中，X 轴和 Y 轴代表的方向分别是东西向和南北向，这样的定义使坐标轴与风向的方向相一致，常用的坐标系是 UTM 坐标系。如果模拟的范围比较大时，需要输入不同的 LLCONF 变量消除兰伯特坐标系中由于地球本身的曲率造成的影响，CALMET 模型中 Z 轴（随地形变化）坐标的计算公式如下：

$$Z=z-h_t \qquad (3\text{-}72)$$

式中，Z 随地形变化的坐标；z 笛卡儿坐标；h_t 地形海拔高度；在随地形变化的坐标系中，风速的垂直速率的计算公式为：

$$W = w - u\frac{\partial h_t}{\partial x} - v\frac{\partial h_t}{\partial y} \tag{3-73}$$

式中，w 为笛卡儿坐标系垂直方向的风速；u、v 为水平方向风速。

（2）诊断风场模块

在 CALMET 模块中，诊断风场模式经过两步模拟，最后形成完整的诊断风场。

①第一步风场的形成

用诊断模型模拟第一步风场时，需要调整地形、坡风、闭合效应的影响，还需要进行三维散度最小化。

a. 动力学地形影响（Kinematic Effects of Terrain）

CALMET 采用 Liu 和 Yocke（1980）方法对地形的动力影响进行了参数化。笛卡儿坐标系的风速垂直分量 w，按如式计算：

$$w = (V \cdot \nabla h_t)\exp(-kz) \tag{3-74}$$

式中，V 区域平均风速，m/s；h_t 地形高度，m；k 为大气稳定度幂指数；z 垂直坐标；N 为地面到用户输入的高度"ZUPT"的 Brunt Vaisala 频数；θ 为位温，K；g 为重力加速度，m/s^2。

b. 斜坡气流（Slope Flows）

CALMET 使用经验方法考虑了复杂地形的坡风尺度。坡风的方向一般朝水流方向。把坡风模拟到第一步网格风场后，形成了调整后第一步风场的风矢量。

$$u_1' = u_1 + u_s \tag{3-75}$$
$$v_1' = v_1 + v_s \tag{3-76}$$

式中，u_1'、v_1' 为考虑坡风前，第一步风场的风速，m/s；u_s、v_s 为坡风风速，m/s；u_1'、v_1' 为考虑坡风后，第一步风场的风速，m/s。

c. 闭合效应（Blocking Effect）

地形对风场的热动力闭合效应用局地 Froude 数进行了参数化。

$$Fr = \frac{V}{N\Delta h_t} \tag{3-77}$$
$$\Delta h_t = (h_{\max})_{ij} - (z)_{ijk} \tag{3-78}$$

式中，F_r' 为局地佛罗德数（Froude 数）；V 为网格点的风速，m/s；N 为 Brunt Vaisala 频数；Δh_t 为障碍物的有效高度，m；$(h_{\max})_{ij}$ 为网格点 (i,j) 的影响半径内的最大地形高度，m；$(z)_{ijk}$ 为网格点 (i,j) 的最大高度，m。对每个网格点计算 Froude 数，如果 Fr 小于临界 Froude 数，且网格点的风有向上的分量，风向被调整为与地形相切；如果 Fr 大于 Froude 数，对风场不进行调整。

②第二步风场的形成

诊断模型的第二步风场由如下几部分组成。内插和外推、平滑处理、垂直风速的 O'Brien 调整、散度最小化。

a. 水平插值

一般在所给的气象资料中只有几个地面站观测的风速。因此，如果欲在每个网格点都要产生风速，必须根据已知的观测资料进行内插和外推。第一步风场按如下方法进行内插。

$$(u,v)_2' = \frac{\dfrac{(u,v)_1'}{R^2} + \sum_k \dfrac{(u_{obs},v_{obs})_k}{R_k^2}}{\dfrac{1}{R^2} + \sum_k \dfrac{1}{R_k^2}} \tag{3-79}$$

式中，$(u_{obs},v_{obs})_k$ 为地面站 k 的观测风速，m/s；$(u,v)_1'$ 为网格点的第一步风速，m/s；R_k 为观测站 k 到网格点的距离，m；R 为用户指定的第一步风场的加权参数。

b. 垂直插值

风速垂直外推由以下公式求得：

$$u_z = u_m \cdot (z/z_m)^P \tag{3-80}$$

式中，z 为网格中点高度，m；z_m 为地面观测点的观测高度，m；u_z 为在高度 z 处的风速 u 分量，m/s；u_m 为观测的风速 u 分量，m/s；P 为风速廓线幂指数。

c. 平滑处理

在将观测资料加入到初始猜测场中，为了避免风场的不连续性，第一步风场需经过平滑处理。CALMET 的平滑处理公式为：

$$(u,v)_2'' = 0.5u_{i,j} + 0.125(u_{i-1,j} + u_{i+1,j} + u_{i,j-1} + u_{i,j+1}) \tag{3-81}$$

式中，$(u,v)''$ 为在网格点 (i,j)，经平滑处理后的风速，m/s；$u_{i,j}$ 为平滑处理前风速，m/s。

d. 垂直风速的调整

CALMET 有两种方法计算垂直风速。一种方法是利用平滑处理后的风场，直接从质量守恒方程求得垂直分量；另一种方法是对垂直风速廓线进行调整，使模拟区域顶层的值为零。

初始垂直速度是由原始质量守恒方程得到：

$$\frac{\mathrm{d}u''}{\mathrm{d}x} + \frac{\mathrm{d}v''}{\mathrm{d}y} + \frac{\mathrm{d}w_1}{\mathrm{d}z} = 0 \tag{3-82}$$

式中，w_1 为地形追踪坐标系下，风速垂直分量，m/s；u''，v'' 为平滑处理后的风速，m/s。O'Brien 调整方程为：

$$w_2(z) = w_1(z) - (z/z_{\text{top}})w_1(z = z_{\text{top}}) \tag{3-83}$$

经调整后，模拟区域顶层的风速垂直分量变成零。但在有些场合，不能进行 O'Brien 调整。

e. 散度最小化

三维风场的辐散强度的限制程序针对固定的垂直速度场调整水平分量 (u,v)，使得在每一个格点处，三维风场的散度值都在规定范围内。在 CALMET 中，水平风分量被定义为每个格点的值，而垂直分量定义为每个格点上面的值。因此，格点 (i,j,k) 处散度值 D_{ijk} 为

$$D_{ijk} = \frac{w_{i,j,k+1/2} - w_{i,j,k-1/2}}{z_{k+1/2} - z_{k-1/2}} + \frac{u_{i+1,j,k} - u_{i-1,j,k}}{2\Delta x} + \frac{v_{i,j+1,k} - v_{i,j-1,k}}{2\Delta y} \tag{3-84}$$

式中，Δx，Δy 为网格边长。

(3)微气象模块

很多研究表明，在进行空气质量扩散模拟时选择恰当的边界层参数可以优化模拟的结果。描述边界层时所采用的主要参数是：地表热通量(Q_h)、地表动力通量(ρu_*^2)和边界层高度(h)。另外，还有一些其他的参数，如：摩擦率(u_*)、湍流系数(w_*)和莫宁—奥布霍夫长度(L)。对于模拟烟羽扩散过程这些参数的选择，Hanna 等(2001)做了很多的研究，有两种方法可以用来计算地表热通量和动力通量，第一种是采用轮廓线的方法，这种方法要求必须具备近地层不同高度上的风速，两个不同高度间的温度差、空气温度和近地层的平滑特征等数据，通常采用 Monin-Obukhov 理论解决近地层通量问题。第二种方法通过能量守恒定律计算计算地表热通量。常采用后一种方法。

①陆上边界层（Overland Boundary Layer）

在 CALMET 模式的路面过程中，采用了基于 Holtslag 和 Ulden（1983）方案的能量收支法。地表能量平衡的计算公式如下：

$$Q_* + Q_f = Q_H + Q_e + Q_g \tag{3-85}$$

式中：Q_* 为净辐射（W/m^2），Q_f 为热通量（W/m^2），Q_h 为显热（W/m^2），Q_e 为潜热（W/m^2），Q_g 为地热（W/m^2）。

②水体边界层（Overwater Boundary Layer）

在中性的气象条件下，海上边界层的动力扩散系数 C_{nN} 可以用 10 m 的风速表示，计算公式如下：

$$C_{nN} = (0.75 + 0.067u)10^{-3} \tag{3-86}$$

式中 u_* 与 u 的关系为：$u_* = uC_{nN}^{1/2}$。

（4）降水插补

CALMET 模型需要把观测站观测到的时变降水数据通过插补的方法网格化到各网格中，有三种插补方法可供选择：$1/d$ 插补、$1/d_2$ 插补和 $1/d_2$ 指数插补，通常默认的插补方法是 $1/d_2$ 插补法。在网格点 (i,j) 处的降水量的表达式为：

$$R_{i,j} = \frac{\sum\limits_{K} R_k/d_k^n}{\sum\limits_{K} 1/d_k^n} \tag{3-87}$$

式中，R_k 为观测站观测的时变降水率，（mm/hr）；d_k 为观测站离网格点 (i,j) 的距离；n 为指数。

3. CALPUFF 烟团模型基本原理

CALPUFF 是一个模拟不稳定状态的多层、多物种污染的高斯型烟团扩散模型，它适用于模拟时空都在变化的气象条件下污染物的迁移、转化和清除。考虑了复杂地形的影响，水上传输，海岸的交界影响，建筑物的下沉影响，干湿沉降以及简单的化学转化，以平流扩散的方式模拟从源排放出来的污染物，可以估算的出在预设点的浓度和沉降量。

在 CALPUFF 模块中，提供了两种常规的烟羽扩散模式。第一种机制是成放射状的对称高斯烟羽扩散模式（PUFFS），另一种是沿着呈线状拉长的扩散机制（SLUG）。CALPUFF 模式允许选择其中的一种机制来进行模拟，也可以混合模拟（近 SLUG 向远场的 PUFF 转变），以采用两种算法的优点，以获得最好的结果。

（1）受体点处计算浓度基本方程

在受体点处计算浓度基本方程为：

$$C = \frac{Q}{2\pi\sigma_x\sigma_y} g \exp\left[\frac{-d_a^2}{(2\sigma_x^2)}\right] \exp\left[\frac{-d_c^2}{(2\sigma_y^2)}\right] \tag{3-88}$$

$$g = \frac{2}{(2\pi)^{1/2}\sigma_z} \sum_{n=-\infty}^{\infty} \exp[-(H_g + 2nh)^2/(2\sigma_z^2)] \tag{3-89}$$

式中，C 为地面浓度；Q 为源强；σ_x，σ_y，σ_z 为扩散系数；d_a 为监测点到污染源之间 X 方向的距离；d_c 为监测点到污染源之间 Y 方向的距离；g 为高斯方程描述的重力加速度；H_e 为污染源有效高度；h 为混合层高度。

（2）扩散作用

在 CALPUFF 扩散模型中，需要考虑垂直方向和水平方向上的高斯扩散系数，即：σ_y 和

σ_z。在第 n 个阶段开始时刻的扩散系数计算公式如下：

$$\sigma_{y,n}^2(\Delta \xi y) = \sigma_{yt}^2(\xi_{yn} + \Delta \xi y) + \sigma_{ys}^2 + \sigma_{yb}^2 \tag{3-90}$$

$$\sigma_{s,n}^2(\Delta \xi_s) = \sigma_{st}^2(\xi_{sn} + \Delta \xi_s) + \sigma_{sb}^2 \tag{3-91}$$

式中，ξ_{yn}，ξ_{sn} 为 $\Delta \xi = 0$ 时，虚拟的源参量，σ_{yn}，σ_{sn} 为在扩散过程中某指定位置上水平和垂直方向上总的扩散系数；σ_{yt}，σ_{st} 为由于大气湍流作用的形成的扩散系数，σ_y 和 σ_z；$\sigma_{yb} \sigma_{zb}$ 为在扩散过程中由于浮力抬升产生的 σ_y，σ_z 分量，σ_{ys} 为面源侧向扩散产生的水平扩散系数分量。

（3）烟羽抬升

烟羽抬升是动力作用和热力作用综合作用的结果。对任何兼有动力和热力抬升的烟源，近距离的抬升主要由动力作用支配，远距离主要由浮力作用支配。CALPUFF 模型中烟羽的抬升关系适用于各种类型的源，各种特征的烟羽。中性或不稳定的气象条件下烟羽抬升的基本方程式：

$$z_n = [3F_m x / (\beta_f^2 u_s^2) + 3F x^2 / (2\beta_1^2 u_s^3)]^{1/3} \tag{3-92}$$

式中，F_m 为动力通量（m^4/s^2），F 为浮力通量（m^4/s^2），u_s 为出口风速（m/s），X 为下风向距离（m），β_1 为中性夹带参数（-0.6），β_j 为喷射系数，$\beta_j = 13 + u_s w$，W 为烟气出口速率（m/s）。

（4）局部烟羽穿透作用

CALPUFF 中烟羽穿透参数 P 和烟羽在混合层下停留参数 f 的计算公式如下：

$$P = \frac{F_b}{u_s b_i (h - h_s)^2} \tag{3-93}$$

$$f = \begin{cases} 1 & (P < 0.8) \\ \dfrac{0.8}{P} - P + 0.8 & (0.08 < P < 0.3) \\ 0 & (P > 0.3) \end{cases} \tag{3-94}$$

式中，u_s 为出口风速，F_b 为初始浮力通量，h 为倒置层的高度，h_s 为烟囱高度，b_i 为倒置层强度，ΔT_i 为穿透倒置层时的温度，T_a 为周围空气温度，g 为重力加速度。

（5）风的垂直剪切作用

可以通过烟羽抬升方程式中的烟囱出口风速计算烟囱顶端风速的变化情况。在很多公式里，都假设烟囱顶端的风速是不变的，这种情况适合比较高的烟囱，但是对于比较低的烟囱，烟囱顶部风速的变化对于正确评价烟羽浮力抬升作用具有非常重要的意义。当烟囱顶部垂直风速近似看作 $u(z) = u_s(z/h_3)$ 时，从比较低的烟囱排出的烟羽抬升高度可根据下面的公式计算：

①中性或稳定条件下：

$$z_w = [[e^2 / (6 + 2p)](F z_m^{3p}) / (\beta_1^2 u_m^3)]^{1/e} x^{2/e} \tag{3-95}$$

$$e = 3 + 3p \tag{3-96}$$

式中，p 为风的指数定律。

②稳定条件下：

$$z_w = [[2/(3 + p)] z_m^p F] / (\beta_2^2 u_m S)]^{1/(3-p)} \tag{3-97}$$

（6）水域附近的烟羽扩散

域边界层与陆地边界层对烟羽的扩散作用具有很大的区别，具体表现在以下三个方面：

①水的热容量比较大，而且可以吸收部分太阳辐射，白天水温变化范围非常小，约为（0～0.5）；

②海洋的表面与陆地相比,比较平整光滑,受空气动力作用的影响比较小;海洋边界层水气来源充足。

(7)复杂地型对烟羽的影响

在 CALPUFF 模型中,在模拟复杂地形对地表污染物浓度的影响时分为三步:

①在 CALMET 模块中根据大尺度地形(整个模拟区域地形变化不明显)调整风场;

②典型特征的地形对大尺度的风场影响小,因此在模拟的过程中可以忽略。

③模拟区域内大、小型尺度地对其影响作用都以单一化处理。

三、大气扩散气象场数值模拟方法应用

气象场要素的数值模拟分析采用动力降尺度方法,首先,在大尺度模式预测和客观分析资料结果基础上,进行中尺度数值模拟分析(WRF),同化出逐时气象要素场,即使用气象方程组计算出没有实测记录时刻的气象要素场,再利用边界层数值模式(CALMET),根据地形条件及地表状况对逐时气象要素场做进一步的诊断分析。因此,数值模拟输出的气象要素场是对实测结果的理论诊断和验证,更能科学地反映大气实际运动状况。

污染物扩散模拟依据高精度的三维气象要素场,使用 CALPUFF 高斯烟团扩散模型模拟时空变化的气象条件下的污染物输送、转化和清除过程。依据地形条件与污染物近地面质量浓度分布来判断数值模拟是不是较好地拟合出逐时气象要素场,并且较好地反映了地形的动力与热力效应。

CALPUFF 系统包括 CALMET 边界层风场诊断模式、CALPUFF 污染物扩散模式和 CALPUFF 结果分析处理模块 CALPOST 三部分以及大量的对标准界面设计的预处理程序,用于气象和地理信息数据的处理。

CALMET 利用质量守恒原理对风场进行诊断,输出逐时风场、温度场、混合层高度、大气稳定度等污染气象参数。CALPUFF 是一个烟团扩散模型系统,可模拟三维流场随时间和空间发生变化时污染物的输送、转化和清除过程。

CALPUFF 事实上是多尺度复杂地形的非静态烟团模式,从 50 km 以内的局地尺度到几百千米几种尺度的模拟都能胜任。它有细致的近距离模拟的计算功能,如建筑物下洗、烟羽抬升、排气筒雨帽效应、部分烟羽穿透、次层网格尺度的地形和海陆的相互影响、地形的影响;还包括长距离模拟的计算功能,如干、湿沉降的污染物清除、化学转化、垂直风切变效应、跨越水面的传输、烟熏效应,以及颗粒物浓度对能见度的影响。适合特殊情况,如小静风、风向逆转、再传输和扩散过程过程中气象场的时空发生变化。

CALPOST 用于计算平均浓度和沉积通量的后处理程序。

1. 选择 CALPUFF 模式的理由

对于属于投资高、大规模涉及大气扩散污染型的大型项目,如果厂址区域为复杂地形,气象条件复杂,大气评价级一般为一级。按大气环境影响评价导则的要求,这样的项目大气环境影响评价应使用非静态烟团多源模式,CALPUFF 模式能满足要求。

大气预测选取近一年的东亚南部的气象资料,进行逐时次和逐日平均浓度计算,给出年内前十个 1 小时平均浓度、日平均浓度预测的最大值及年平均浓度,并给出进行现状监测的敏感点日平均浓度的叠加结果。

按《大气污染物综合排放标准》(GB 16297—1996)附录 C 的要求,合理设置厂界无组织排放监控点。

此外,大气风险后果预测也可使用 CAPUFF 模式进行,结合厂址周围居民的环境敏感目标,预测不利气象条件最大可信事故后果;应给出评价区域所有特征污染物的半致死浓度、伤害浓度、影响浓度及达标浓度的预测值,并标出该范围所有保护目标。半致死浓度范围内不能有居民、学校、医院等敏感目标,伤害浓度范围内为紧急疏散目标。估算最大可信事故的风险值并评估厂址的风险可接受性。

2. 模式的参数及资料

(1)初始气象场

WRF 中尺度数值模式,可采用二到三重嵌套(DOMAIN1、DOMAIN2、DOMAIN3),根据模拟范围确定水平网格距,垂直方向取 23 层,确定厂址中心经纬度及格点数。积分步长取 90 s,运算时间对应气象资料的近一年时间。背景场资料使用对应时段每天 GFS 的间隔 6 小时的预报产品,客观分析资料使用国家气象中心发布的每天 2 次的高空和每天 8 次的地面原始报文资料,此报文资料是经过解报、检误、逐步订正分析得到。

(2)网格距设置及模拟范围

CALPUFF 模式,水平网格距、垂直分层、格点数同 CALMET,输入资料使用 CLAMET 的输出结果。CALPUFF 边界层风场诊断模式,厂址区域水平网格距取 1 km,评价区水平网格距为 0.5 km,垂直方向 11 层(0,20,40,80,160,300,600,1000,1500,2200,3000 m),格点数为按照评价范围确定,输入资料使用 WRF 中尺度数值模式最后一重嵌套的输出结果。

根据具体厂址和评价范围取稍大于评价范围的模拟范围,须包括厂址附近的重要大中城市,以及可能受到项目排放影响的主要城市。

(3)大气污染源清单

确定项目工艺装置、储运、动力系统等的主要产污环节,通过对各主要产污环节进行分析后,确定核实项目有组织排放源、无组织排放源及主要污染物情况(一般有工程分析单位提供源强)。列出源强清单可参照表 3-5 至表 3-8。

表 3-5　正常情况下有组织污染物源强

序号	装置名称	污染源名称	废气量		污染物			排放口参数			备注	排气筒位置编号
			$10^4 \, Nm^3/h$	$10^8 \, Nm^3/h$	t/a	kg/h	mg/m³	高度(m)	内径(m)	温度(℃)		
1												
2												

表 3-6　非正常情况下动力站锅炉源强

非正常工况	废气排放量	污染物排放速率	污染物排放浓度	排放时间
	m³/h	kg/h	mg/m³	天
装置名称				

表 3-7　全厂无组织排放源

排放点	排放形式	污染物排放量 t/a			
		污染物 1	污染物 2	污染物 3	
1					
2					
	合计				

表 3-8　无组织源参数表

序号	位置	几何参数	污染物排放量 t/a			
		长×宽×高/m	污染物 1	污染物 2	污染物 3	
1						
2						
3						

3. 扩散数值模拟计算的主要内容

（1）正常排放模拟评价内容

对近一年历史气象资料和中尺度模式的背景场资料（WRF 产品）进行整理和客观分析。

使用中尺度和边界层模式进行数值模拟分析，获取评价区气象要素场，依据污染源清单，对拟建项目主要大气污染物，使用 CALPUFF 模式分别进行数值模拟分析。

分析模拟区域 1 年中（8760 个小时）各个格点的污染物时平均浓度，给出前 10～20 个污染物小时平均浓度值、出现时间、位置；达标情况，如超标，给出超标率。

年内模拟区域各个格点污染物小时平均浓度最大值，给出分布图。

分析关心点和敏感点的逐时平均浓度的变化，给出前 10～20 个污染物小时平均浓度值、出现时间；达标情况，如超标，给出超标率。

分析模拟区域各个格点 1 年中污染物日平均浓度，给出前 10～20 个污染物日平均浓度值、出现时间、位置；达标情况，如超标，给出超标率。

年内模拟区域各个格点污染物日平均浓度最大值分布图。

分析敏感点逐日平均浓度的变化及其与监测的实况浓度的叠加后的达标情况，如超标，给出超标率。

分析模拟区域各个格点年平均浓度，给出区域年平均浓度分布图；达标情况。

（2）非正常排放预测评价内容

最不利气象条件：依据正常工况下的数值模拟计算分析结果，取模拟区域和关心点污染物小时平均浓度最大值出现的日期和时间，为最不利气象条件的典型时间。

依据模拟区域和关心点的最不利气象条件，对拟建项目主要大气污染物的非正常排放源强，使用 CALPUFF 模式进行逐时的数值模拟分析。模拟时段从典型时的前 1 小时开始到后 12～48 小时结束，预测评价内容包括：逐时浓度变化，浓度指数，应该采取的措施等。

（3）扩散数值模拟计算流程

数值模拟计算 WRF 中尺度数值模拟、CALMET 边界层风温场诊断分析、CALPUFF 污染物扩散数值模拟及 CALPOST、PRTMET 空气质量预测结果分析、气象要素场分析等。计算流程如图 3-2 所示。

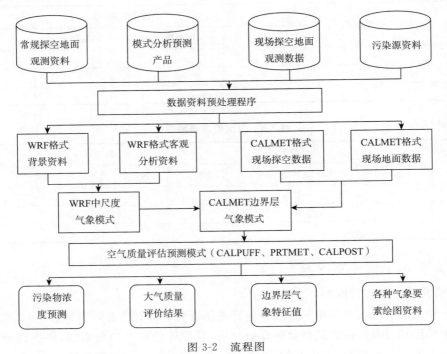

图 3-2　流程图

四、结论

　　一般的污染性大型项目建成后排放的大气污染物种类多,排放源数量大,高、中、低架源错落散布在整个厂区,评价区可能处在有海陆差异的复杂地形上,其周围一般也存在着重要城市,通常只在平坦地形上适用的局地高斯模式难以描述该评价区多尺度复杂流场和浓度场的特征,在大气环境影响评价时,可采用适用于复杂地形上的动态三维流场和烟团扩散的数值模式 CALPUFF 进行大气环境影响评价,由于模式的多尺度和动态的特性,既能模拟局地扩散的特点也能模拟中尺度区域扩散特征,同时还能定量模拟海陆环流和热内边界层对扩散的影响。此外,该模式能给出项目对能见度的影响以及模拟出二次污染物 $PM_{2.5}$ 的生成。利用模式给出的 8760(闰年为 8784)个小时的烟流动态扩散过程,有助于给出项目对大气环境影响的明确定量结论。

参考文献

安兴琴,左洪超,吕世华,等.2005.Models-3 空气质量模式对兰州市污染物输送的模拟[J].高原气象,**24**(5):
　　745-756.
巢清尘.2000.减少气候异常对交通运输影响的评估及对策[J].地理学报,**55**(s1):157-162.
程智,吴必文,朱保林,等.2011.湿球温度循环迭代算法及其应用[J].气象,**37**(1):112-115.
池兵,方栋,李红.2006.随机游走大气扩散模型在核事故应急中的开发和应用[J].核科学与工程,**26**(10):
　　39-45.
迟妍妍.2007.珠江三角洲土地覆被变化对特征大气污染物扩散影响研究[D].北京:中国环境科学研究院.

傅抱璞,翁笃鸣,虞静明,等.1994.小气候学[M].北京:气象出版社:515-516.

高凤姣.2010.大型火电厂热排放对邹县环境气温影响的初步研究[J].气象与环境学报,26(5):46-52.

郝燕波,余琦,曲静原,等.2002.大气扩散模型 ATSTEP 在核应急决策支持系统中的应用研究[J].核动力工程,23(4):102-107.

胡二邦,王寒,许铮,等.2004.适用于我国气象条件的天气取样候选标准[J].辐射防护通讯,24(2).

黄世成,程婷,陈兵,等.2012.大型工程气候可行性论证中的空间分析方法与应用[J].气候与环境学报,25(4):90-95.

黄世成,周嘉陵,陈兵,等.2007.风速资料在大型工程中的应用和订正方法[J].防灾减灾工程学报,27(3):351-356.

蒋维媚.2003.空气污染气象学(第二版)[M].南京:南京大学出版社.

蒋维媚,马福建,等.1991.局地废气排放污染影响的实验模拟[J].应用气象学报,2(3):234-241.

李强,周绍毅.2005.气候可行性论证工作浅析[J].广西气象,26(2):29-31.

凌光坤.2002.干湿球温度快速约算相对湿度[J].广东气象,(3):42.

刘聪,黄世成,张忠义,等.2004.桥梁工程区气象安全保障系统的研究[J].中国安全科学报,14(10):3-6.

刘聪,黄世成,朱安祥,等.2006.苏通长江公路大桥设计风速的计算与分析[J].应用气象学报,17(1):44-51.

刘聪,秦伟良,江志红.2006.基于广义极值分布的设计基本风速及置信区间计算[J].东南大学学报:自然科学版,36(2):331-334.

刘祥梅,郭志华,肖文发,等.2007.基于 GIS 的三峡库区生态环境综合评价Ⅱ.气候评价[J].自然资源学报,22(4):613-622.

刘勇洪,吴春艳,李慧君,等.2007.基于卫星数据的北京市生态质量气象评价方法研究[J].气象,33(2):42-48.

马开玉,丁裕国,屠其璞,等.1993.气候统计原理与方法[M].北京:气象出版社:391-422.

孟斌,王劲峰,张文忠,等.2005.基于空间分析方法的中国区域差异研究[J].地理学报,25(4):393-400.

南京大学气象系湍流科研组.1978.气溶胶扩散规律的初步研究.高校环境科学会议资料.

钱永兰,吕厚荃,张艳红.2010.基于 ANUSPLIN 软件的逐日气象要素插值方法应用与评估[J].气象与环境学报,26(2):7-15.

曲晓黎,付桂琴,贾俊妹,等.2011.2005—2009 年石家庄市空气质量分布特征及其与气象条件的关系[J].气象与环境学报,27(3):29-32.

任志杰,陈静,田华.2011.T213 全球集合预报系统物理过程随机扰动方法研究.气象,37:1049-1059.

荣剑文.2008.湿球温度的计算及应用[J].制冷技术,(4):38-40.

盛黎,周斌,孙明华,等.2013.日本福岛核事故对我国辐射环境影响的监测与分析[J].气象,39:1529-1538.

上海台风研究所.1990.西北太平洋热带气旋气候图集[M].北京:气象出版社.

斯莱德 D H.1979.气象学与原子能(中文版)[M].北京:原子能出版社:46-47.

宋蛊臻,李金成.2005.湿空气湿球温度与其绝热饱和温度之间的偏差计算与分析[J].仲恺农业技术学院学报,18(1):27-29.

宋妙发,强亦忠,等.1999.核环境学基础[M].北京:原子能出版社.

苏志,黄梅丽.2005.气候论证的内容和技术方法探讨[J].广西气象,26(3):17-19.

苏志,李秀存,周绍毅.2009.重大建设工程项目气候可行性论证方法研究[J].气象研究与应用,30(1):37-39.

谭冠日,严济远,朱瑞兆.1991.气候应用手册[M].北京:气象出版社:42-111.

田华,邓国,胡江凯.2007.全球 T213 数值集合预报业务系统简介[C].见:中国气象学会 2007 年年会天气预报预警和影响评估技术分会场.

同济大学数学教研室.1988.高等数学[M].北京:高等教育出版社.

童志权.1988.大气环境影响评价[M].中国环境科学出版社.

屠其璞,王俊德,丁裕国,等.1984.气象应用概率统计学[M].北京:气象出版社:494-495.

王继志.1991.近百年西北太平洋台风活动[M].北京:海洋出版社.

王建,白世彪,陈晔.2004.Surfer8 地理信息制图[M].北京:中国地图出版社:235-240.

王远飞,何洪林.2007.空间数据分析方法[M].北京:科学出版社:129-132.

王自发,庞成明,朱江,等.2008.大气环境数值模拟研究新进展[J].大气科学,32:987-995.

魏华兵,郭江峰.2011.自动气象站湿球温度快速计算方法[J].气象,37(8):1038-1041.

吴俊云,王磊,陈芝久,等.2000.湿球温度与饱和焓值经验关系式[J].暖通空调,30(3):27-29.

徐丽芬,黄晓因.2004.相对湿度计算方法及其编程实现[J].云南农业大学学报,19(4):466-467.

姚仁太,郝宏伟,胡二邦,等.2003.RODOS 系统中两种大气弥散模型链的比较[J].辐射防护,23(3):146-155.

殷剑敏,李迎春,霍治国,等.2003.3S 技术在农业气候论证中的应用研究[J].气象科技,31(5):300-304.

袁业畅,陈正洪.2008.大畈核电站拟址空气湿球温度推算[J].气象,34(11):69-73.

张薇,薛嘉庆.2004.最优化方法[M].沈阳:东北大学出版社.

赵永胜,刘德平,胡长权.2009.无资料地区湿球温度计算方法研究[J].电力勘测设计,(5):32-35.

中国气象局.2003.地面气象观测规范[M].北京:气象出版社.

中华人民共和国建设部.2002.GB 50009—2001 建筑结构荷载规范[S].北京:中国建筑工业出版社.

邹晓勇,彭清静.1998.由干湿球温度计算相对湿度的简捷法[J].无机盐工业,30(5):20-21.

Albergel A D,Martin B,Strauss B,et al. 1988. The Chernobyl accident:Modeling of dispersion over Europe of the radioactive plume and comparison with air activity measurements[J]. Atmos Environ,22:2431-2444.

Baklanov A,Mahura A,Jaffe D,et al. 2002. Atmospheric transport patterns and possible consequenees for the European North after a nuclear accident [J]. Journal of Environmental Radioactivity,60(1-2):23-48.

Barna M G,Gebhart K A,Schichtel B A,et al. 2006. Modelling regional sulfate during the BRAVO study: Part 1. Base emissions simulation and performance evaluation [J]. Atmospheric Environment,40(14): 2436-2448.

Biegalski S R,Bowyer T W,Eslinger P W,et al. 2011. Analysis of data from sensitive U. S. monitoring stations for the Fukushima Daiichi nuclear reactor accident [J]. J Environ Radioact,114:15-21.

Buizza R,Houtekamer P L,Toth Z,et al. 2005. A comparison of the ECMWF,MSC,and NCEP global ensemble prediction system[J]. Mon Weather Rev,133:1076-1097.

Candille G,Cote C,Houtekamer P L,et al. 2007. Verification of an ensemble prediction system against observations[J]. Mon Weather Rev,135:2688-2699.

Carroll J J,Dixon A J. 2002. Regional scale transport over complex terrain a case study:Tracing the Sacramento plume in the Sierra Nevada of California [J]. Atmospheric Environment,36(23):3745-3758.

Carslaw D C,Beevers S D. 2002. Dispersion modeling considerations for transient emissions from Elevated point sources[J]. Atmospheric Environment,36(18): 3021-3029.

Carvalho J C. ,de Vilhena M T M B. 2005. Pollutant dispersion simulation for low wind speed condition by the ILS method [J]. Atmospheric Environment,39(34): 6282- 6288

Cassiani M,Franzese P,Giostra U. 2005. A PDF micromixing model of dispersion for atmospheric flow. Part Ⅱ: Application to convective boundary layer [J]. Atmospheric Environment,39:1471-1479.

Challa V S,Indrcanti J,Baham J M,et al. 2008. Sensitivity of atmospheric dispersion simulations by HYSPLIT to the meteorological predictions from a meso-scale model [J]. Environ Fluid Mech,8:367-387.

Chino M,Nakayama H,Nagai H,et al. 2011. Preliminary estimation of release amounts of 131I and 137Cs accidentally discharged from the Fukushima Daiichi Nuclear Power Plant into atmosphere [J]. J Nuclear Sci Tech,48: 1129-1134.

Dabberdt W F,Miller E. 2000. Uncertainty,ensembles and air quality dispersion modeling:Applications and challenges [J]. Atmos Environ,**34**:4667-4673.

Draxler R R. 2002. Verification of an ensemble dispersion calculation [J]. J Appl Meteorol,**42**:308-317.

Draxler R R,Hess G D. 1997. Description of the HYSPLIT_4 modeling system [C]. NOAA Tech. Memo. ERL ARL-224,NOAA Air Resources Laboratory,Silver Spring,MD. 24.

Draxler R R,Hess G D. 1998. An overview of the HYSPLIT_4 modeling system of trajectories,dispersion, and deposition [J]. Aust Meteor Mag,**47**:295-308.

Engardt M,Siniarovina U,Khairul N I,et al. 2005. Country to country transport of an thropogenic sulphur in Southeast Asia [J]. Atmospheric Environment,**39**(28): 5137-5148

Epstein E S. 1969. Stochastic dynamic prediction [J]. Tellus,**21**:939-759.

Evans R E,Harrison M S J,Graham R J,et al. 2000. Joint medium-range ensemble from the Met. Office and ECMWF systems [J]. Mon Weather Rev,**128**:3104-3127.

Farell C,lyengar A K S,et al. 1999. Experiments on the wind tunnel simulation of atmospheric boundary layers [J]. Journal of Wind Engineering and Industrial Aerodynamics **79**(1): 11-35.

Fushimi A,Kawashima H,Kajihara H. 2005. Source apportionment based on an atmospheric dispersion model and multiple linear regression analysis [J]. Atmospheric Environment,**39**(7):1323-1334.

Galmarini S,Bianconi R,Bellasio,et al. 2008. Forecasting the consequences of accidental releases of radionu-clides in the atmosphere from ensemble dispersion modelling [J]. J Environ Radioact,**57**:203-219.

GivatiR,Flocchini R G,Cahill T A. 1996. Modelling sulfur dioxide concentrations in Mt Rainier area during PREVENT[J]. Atmospheric Environment,**30**(2):255-267.

Graziani G,Mosca S,Klug W,1998. Real-time long-range dispersion model evaluation of ETEX first release [J]. EUR17754/EN.

Hanna S R,Egan B A,Purdum J,et al. 2001. Evaluation of the ADMS,AERMOD,and ISC3 dispersion models with the optex,duke forest,Kincaid,Indianapolis,and Lovett field data sets[J]. International Journal of Environment and Pollution,**16**(l-6):301-314.

Hurley P J,Manins P C,Noonan J A. 1996. Modelling wind fields in MAQS [J]. Environmental Software,**11** (l-3): 35-44.

Hurley P,Manins P,Lee S,et al. 2003. Year-long,high-resolution,urban airshed modelilng:Verification of TAPM predictions of smog and particles in Melbourne,Australia[J]. Atmospheric Environment,**37**(14): 1899-1910.

Katata G,Ota M,Terada H,et al. 2012a. Atmospheric discharge and dispersion of radionuclides during the Fukushima Daiichi Nuclear Power Plant accident. Part I:Source term estimation and local-scale atmos-pheric dispersion in early phase of the accident[J]. J Environ Radioact,**109**:103-113.

Katata G,Terada H,Nagai H,et al. 2012b. Numerical reconstruction of high dose rate zones due to the Fuku-shima Daiichi Nuclear Power Plant accident [J]. J Environ Radioact,**111**: 2-12.

Klug W,Graziani G,Grippa G,et al. 1992. Evaluation of long-range atmospheric models using environmental radioactivity data from the Chernobyl accident:ATMES Report [M]. Amsterdam:Elsevier:366.

Krishna T V B P S,Reddy M K,Reddy R C,et al. 2004 . Assimilative capacity and dispersion of pollutants due to industrial sources in Visakhapatnam bowl area [J]. Atmospheric Environment,**38**(39):6775-6787.

Lee M,Ko Y C. 2008. Quantification of severe accident source terms of a Westinghouse 3-loop plant [J]. Nu-clear Engineering and Design,**238**:1080-1092.

Leith C E. 1974. Theoretical skill of Monte Carlo forecasts [J]. Mon Weather Rev,**102**: 409-418.

Levy J I,Spengler J D,Hlinka D,et al. 2002. Using CALPUFF to evaluate the impacts of powerplant emis-sions in Illinois:Model sensitivity and implications [J]. Atmospheric Environment,**36**(6):1063-1075.

Liu H P,Zhang B Y,Sang J G,et al. 2001. A laboratory simulation of plume dispersion in stratified atmospheres over complex terrain [J]. Journal of Wind Engineering and Industrial Aerodynamics,**89**(l): 1-15.

Liu M K,Yocke M A. 1980. Siting of wind turbine generators in complexterrain[J]. J Energy, 4: 10-16.

Lorenz E N. 1963. Deterministic non-periodic flow [J]. J Atmos Sci,**20**:130-141.

Luhar A K,Hurley P J. 2003. Evaluation of TAPM,a prognostic meteorological and air pollution model,using urban and rural point-source data [J]. Atmospheric Environment,**37**(20):2795-2810.

Mehdizadeha F,Rifaib H S. 2004. Modeling point source plumes at high altitudes using a modified Gaussion, model [J]. Atmospheric Environment,**38**(6):821-831.

Molteni F,Palmer T N,Buizza R,et al. 1996. The ECMWF ensemble prediction system methodology and verification [J]. Q J R Meteorol Soc,**122**:73-121.

Nguyen K C,Noonan J A,Galbally I E,et al. 1997. Predictions of Plume dispersion in complex terrain: Eulerian versus Lagrangian models [J]. Atmospheric Environment,**31**(7):947-95.

Oettl D,Almbauer R A,Sturm P J. 2001. A new method to estimate diffusion in stable,low-wind conditions [J]. Journal of Applied Meteorology,**40**(2): 259-268.

Olivares G,Gallardo L,Langner J,et al. 2002. Regional dispersion of oxidized sulfur in Central Chile [J]. Atmospheric Environment,**36**(23): 3819-3828.

Schichtel B A,Barna M G,Gebhart K A,et al. 2005. Evaluation of a Eulerian and Lagrangian air quality model using perfluorocarbon tracers released in Texas for the BRAVO haze study [J]. Atmospheric Environment,**39**(37): 7044-7062.

Scire J S,Strimaitis D G,Yamartino R J. 2000. A User's Guide for the CALPUFF Dispersion Model(Version 5) [EB/OL]. Earth TechInc(www. src. com/verio/download/download. htm).

Song C K,Kim C H,Lee S H,et al. 2003. A3-D Lagrangian particle dispersion model with photochemical reactions [J]. Atmospheric Environment,**37**(33): 4607-4623.

Toth Z,Kalnay E. 1993. Ensemble forecasting at NMC,the generation of perturbations[J]. Bull Amer Meteor Soc,**74**:2317-2330.

Toth Z,Kalnay E. 1997. Ensemble forecasting at NCEP and the breeding method [J]. Mon Weather Rev, **125**:3297-3319.

U. S. Environmental Protection Agency. 1998. A comparison of CALPUFF model results to two tracer field experiments[S]. EPA-454/R-98-009,Office of Air Quality planning and Standards,Research Triangle Park,NC.

USNRC. 1990. Melcor Accident Consequence Code Systerm(MACCS): Model Description [J]. NUREG/CR-4691-V.

Venkatrama A,Isakovb V,Yuana J,et al. 2004. Modeling dispersion at distances of meters from Urban sources [J]. Atmospheric Environment,**38**(28):4633-4641.

Yamaguchi,Munehiko,Ryota S,et al. 2009. Typhoon ensemble prediction system developed at the Japan Meteorological Agency [J]. Mon Weather Rev,**137**:2592-2604.

Zhang M G,Unol,Yoshida Y,et al. 2004. Transport and transformation of sulfur compounds over East Asia during the TRACE-P and ACE-Asia campaigns [J]. Atmospheric Environment,**38**(40):6947-6959.

Zhou Y,Levy J I,Evans J S,et al. 2006. The influence of geographic location on population exposure to emissions from power plants throughout China [J]. Environment International,**32**(3):365-373.

第四章　风电气象服务

我国政府一直非常重视新能源和可再生能源的开发利用。从长远来看,大力发展新能源和可再生能源可以逐步改善以煤炭为主的能源结构,尤其是电力供应结构,促进常规能源资源更加合理有效地利用,缓解与能源相关的环境污染问题,使我国能源、经济与环境的发展相互协调,实现可持续发展目标。

从近期来看,开发利用新能源和可再生能源除了能够增加和改善能源供应外,还对解决边疆、海岛、偏远地区的用电用能问题、实现消灭无电县和基本解决无电人口供电问题、农村电气化等目标以及进一步改善我国农村及城镇生产、生活用能条件,都将起到非常重要的作用。

近二十年来,我国新能源和可再生能源开发利用已取得了较大进展,技术水平有了很大提高,科技队伍逐步壮大,市场不断扩大,产业已初具规模。

新能源和可再生能源产业发展规划的基本思路是根据新能源和可再生能源的资源、技术状况和市场发展潜力,结合国家经济发展要求,提出技术和产品的推广应用目标。实现这些目标需要具备的设备生产制造能力和相应的配套服务体系以及克服产业发展障碍因素的政策措施和实施行动,有重要的现实意义和深远的战略意义。

无论是太阳能、风能,还是水能等新能源,都与气候与天气变化息息相关。为新能源的开发利用做好气象服务,对于我国的新能源开发利用战略具有积极重要的支撑作用。

中国气象局一直重视对新能源开发利用的气象服务。中国气象局风能太阳能资源中心致力于风能和太阳能开发利用研究,做出了很多极具意义的工作。

我国风能蕴藏量十分惊人,从装机容量上看,风电已超越核电,成为我国的第三大电能。据中国气象局风能太阳能资源中心陶树旺博士介绍,气象部门风能预报业务服务系统和技术流程已逐步形成,开发的风电功率预报系统,以 15 分钟为一个间隔,向风电企业提供精细化服务,预估出未来 24 小时、72 小时内每 15 分钟的风能够发多少电。

中国工程院院士、可再生能源专项风能组副组长李泽椿表示,将先进的探测手段和数值模拟与预报技术应用于资源评估与预测,中国新能源开发和利用的空间还将进一步扩大。随着新能源开发力度不断加大,我国还将为遏制气候变暖、保护绿色地球做出更大贡献。

云南省气象局在中国气象局的领导下,积极参与云南省新能源开发利用项目,提供及时有效的气象服务。对云南各大水电站、风电场、光伏发电站的建设和运行,提供了不可或缺的服务保障。

第一节　风电气象服务总论

一、开展风电气象服务的目的和意义

气候变化是当今世界普遍关注的重大问题,关系着人类的生存与发展。为积极应对气候变化,中国政府提出了到 2020 年单位国内生产总值温室气体排放比 2005 年下降 40%～45% 的行动目标。这一目标为我国大力发展清洁能源,优化能源生产结构提出了明确的任务,也为我国加快风能、太阳能等新能源的开发和利用提出了新的要求。

根据资料表明,我国风能资源可开发量丰富。中国气象局在经过三次全国风能资源调查的基础上,2009 年正式公布了我国陆上 50 m 高度的可开发风能约为 23.8 亿 kW,近海 5～25 m 水深线内装机量可达 2 亿 kW。全球风电行业的发展在 20 世纪 70 年代爆发的石油危机事件后崛起,由于风电技术相较其他新能源应用技术成熟,有更高的成本效益,并且风能资源更具有效性,因此在之后的 30 多年,风电的发展速度一直保持较高的增长率。直至 2010 年起,风电行业的发展开始出现了停滞,增长率开始下滑,2013 年更是跌入了谷底。在经历了十多年的飞速增长后,2013 年,全球风电装机总量首次出现了下降,与 2012 年相比,装机总量下降了 21%,我国风电行业的开发建设的发展速度也同样变缓。但是由于各国政府的重视和政策的支持,2014 年风电行业增长率大幅提升。据 2015 年 2 月全球风能理事会所发布的报告来看,全球风电行业的发展明显回暖。报告指出 2014 年全球风电新增装机容量达到了 51477 MW,与 2013 年相比上升了 44%,而全球风电总装机容量更是超过了 50 GW。在全球风电发展复苏态势中,尤其以中国风电产业发展的势头最为强劲,2014 年新增风电装机量刷新了历史纪录。据资料统计结果,全国范围内除台湾地区外,风电机组新增安装数量达到 13121 台,新增装机容量达 23196 MW,与 2013 年相比增长了 44.2%。而全国风电机组总安装数量达到 76241 台,全国装机容量更是达到了 114609 MW,与 2013 年相比增长了 25.4%。

"十二五"规划明确要求到 2020 年,全国的风电总装机容量要达到 200 GW。而据有关预测也表明,到 2020 年,中国风电累计装机容量将达到 230 GW,可产生的总发电量 4649 亿 kW·h,相当于 $1.488×10^8$ t 标准煤的发电量,由此可见,风电发展产生的能源效益和减排效益十分可观。

风电行业对气象的敏感度极高。在各种气象要素中,风作为首要的要素,不仅是风电生产最重要的气象资源,同时由于风所具有的间歇性、波动性和可控性差等特点,也会给风电行业的建设、生产、调度、维护带来不利影响。此外,闪电雷暴、风叶覆冰、极端低温、高温、台风等天气现象会对风电生产调度、风电场建设、风机维护等环节产生较大的负面影响,甚至会威胁到人身安全。

相应于我国风电行业的迅速发展,中国气象部门也紧随其后,建立了相关的气象服务体系,并成立了"风能太阳能资源中心",就风能,太阳能等新能源的应用与服务做了大量的研究和开发工作。在风电场选址,风能资源评估,风功率预测方面取得了一系列重要的科研成果,并成功应用于实际业务中。

为了更好地适应我国风电事业的发展,更好地为风电行业的建设,生产,维护做好技术服务保障,满足风电行业从选址,建设,运行,维护对气象服务的需求,在中国气象局公共气象服务中心带动下,各主要风电资源大省气象部门亦均逐步开展了相关的科学研究及风电气象服务业务。业务囊括风能资源的评估与预测、风电场建设前期的选址与决策服务、风电场日常运行相关的基本气象要素预报、风功率风速预测预报和气象自然灾害预警等。及时有效的气象服务不仅能直接或间接地提高风电企业运行效率,增加经济效益,同时也大大减少了气象自然灾害给风电行业生产带来的损失。

在国家气象部门和电力部门的协力合作下,通过具体的调查分析,气象服务对风电行业的总体贡献率约为 1.85%,其效益值可达 8.85 亿元。其中,在风力发电的技术研究方面以及风电开发的环节上,气象服务的贡献率可达 2.12%;而风电的调度、风电项目的规划设计、风机的维护以及风电场的建设等环节的贡献率均不低于 1.85%。服务贡献率最低的环节则是风电生产,为 1.62%。

二、风能资源利用简介

1. 风能利用的历史

作为地球上人类能最直观感受到的自然资源之一,风能的利用在我国的历史也很悠久了。比如我国古代就懂得利用风力来驱动帆船,《物源》上这么记载:"燧人以匏济水,……夏禹作舵加以篷碇帆樯"。如果从夏禹时期的帆樯,作为对风能的利用的开端,那么已经有 3000 多年的历史了。人们利用风力来提水,用风力推动风帆航行,利用风力来舂米,灌溉,磨面等。唐代大诗人李白有"长风破浪会有时,直挂云帆济沧海",可见其时,风帆船已经广泛应用于航运。宋代是我国应用风车的全盛时代,其时垂直轴风车甚至沿用至今。而明代应该是风帆时代最辉煌的朝代,郑和七下西洋,风帆船队功不可没。明代的宋应星所著《天工开物》对水平风车曾做了一个较完善具体的描述。同时期的哲学家方以智则在其所著的《物理小识》对水平轴风力机在农业生产中应用的情况做了一个直观的说明。之后,在水平轴风力机的基础上,我国又出现了立帆式风车。而利用风帆船和风力来提水灌溉、制盐的做法则在中国的沿江沿海等地区一直延续,直至 20 世纪 50 年代仍有不少农民使用。只江苏沿海地区,利用风力提水的设备就将近 20 万台。

我国虽然是世界上利用风力最早的国家之一,利用风能的历史悠久,但在科学研究方面的进展却较为缓慢,几个世纪以来,风车的结构形式很固定,一直没有太大的变化。我国在 20 世纪 50 年代后期才开始研制新型风力发电机。在 70 年代中期,国家将风能开发利用列入了"六五"国家重点项目,风电行业才开始得以迅速地发展。

国外风能利用的历史也较长,公元前 200 年波斯就开始利用风能碾米。在公元 1185 年,在英国北部的约克郡出现了西欧第一台风机。14 世纪,荷兰人对传统风车的结构进行了改造,并推广应用于沼泽地积水的排除以及莱茵河三角洲的灌溉等方面。20 世纪初,世界上最早的风力发电站在丹麦建成。第一次世界大战后,根据近代气体动力学理论以及随战争发展起来的螺旋桨式飞机的原理,出现了高速螺旋桨式叶片风轮的风力机。此后,欧美各国相继开展了各种类型的风力机的试验研究。尤其是二战期间,由于能源需求量大,欧英几个国家开始研究大型风力发电机。作为一种替代人力的能源,风力机对生产力的发展起过一定的作用。但是蒸汽机发明以后,风力机使用开始大幅减少。由于风电机的建造和运行,维护成本过高,产生的功率过低,曾经被广泛使用的各类风力机逐步被高效能的蒸汽机所代替,风电行业衰落,几乎奄奄一息。甚至以风车闻名的荷兰,也仅留下了 900 座风机,用于发展旅游。直到 1973 年,中东战争爆发,阿拉伯等石油输出国对西方实行了石油提价和石油禁运,导致战后资本主义世界的第一次经济危机,风能作为一种可再生的,取之不尽用之不竭的天然能源,才再一次被人们重视。

2. 风能的利用特点

相对于传统能源的开发利用特点来说,风能利用具有分布广泛,就地可取的优点。传统的能源主要以化石能源为主,如煤炭,石油,天然气等矿物资源,这些资源都需要先进行探测,开采,加工,再通过运输管道或交通运输等方式运送到需要的地方。这些化石能源资源的地理分布并不均匀。在世界范围来说,煤炭是分布最为广阔的,但又是极为集中的,全球 80% 的煤炭产量主要出自美国、俄罗斯、中国、澳大利亚、印度、德国、南非和波兰这八个国家。随着工业革命的推进,煤作为主要的能源资源被大量的开采消耗,据刚发布的 2015 年《BP 世界能源统计年鉴》,截止到 2014 年底,全球煤炭可采储量仅为 8915.31 亿吨,储采比 110。其中美国以 2372.95 亿吨的储量占据世界首位,约占全球储量的 26.6%,俄罗斯联邦储量位居其次,约 1570 亿吨,占全球储量 17.6%,中国储量位列第三,约 1145 亿吨,占全球储量 12.8%(表 4-1)。

表 4-1 2014 年底,世界石油、天然气和煤炭储量情况

	石油		天然气		煤炭	
	储量(10 亿桶)	占比	储量(万亿立方米)	占比	储量(亿吨)	占比
北美	232.5	13.70%	12.1	6.50%	2450.88	27.50%
美国	48.5	2.90%	9.8	5.20%	2372.95	26.60%
加拿大	172.9	10.20%	2	1.10%	65.82	0.70%
中南美洲	330.2	19.40%	7.7	4.10%	146.41	1.60%
欧亚大陆	154.8	9.10%	58	31.00%	3105.38	34.80%
俄罗斯	103.2	6.10%	32.6	17.40%	1570.1	17.60%
中东	810.7	47.70%	79.8	42.70%	11.22	0.10%
非洲	129.2	7.60%	14.2	7.60%	318.14	3.60%
亚太地区	42.7	2.50%	15.3	8.20%	2883.28	32.30%
澳大利亚	4	0.20%	3.7	2.00%	764	8.60%
中国	18.5	1.10%	3.5	1.80%	1145	12.80%
印度	5.7	0.30%	1.4	0.80%	606	6.80%
世界	1700.1	100.00%	187.1	100.00%	8915.31	100.00%

全球石油的分布,从总体上说分布更是极端不平衡的。主要集中在 20°—40°N 和 50°—70°N 两个纬度带内。其中仅中东地区已探明可采石油储量就将近占了全球储量一半。据 BP 统计,截至 2014 年底,中东已探明可采石油储量占世界 47.7%,约 8197 亿桶。其次是委内瑞拉和沙特阿拉伯,以 2983 亿桶和 2670 亿桶的储量位居第二和第三,占世界储量分别为 17.5%,15.7%。中国石油储量仅 185 亿桶,占世界储量 1.1%(表 4-1)。

中东同样是世界上主要天然气资源集中区,大概 42.7% 的已探明可采天然气储量在中东

地区,约 79.8 万亿 m³。欧洲及欧亚大陆的天然气资源也十分可观,其已探明可采天然气储量大概 58 万亿 m³,占世界储量 31%。中国储量 3.5 万亿 m³,占世界储量 1.8%(表 4-1)。

　　如图 4-1,从各化石能源资源储量分布来看,煤炭资源主要分布在北美、欧亚大陆以及亚太地区,中东地区较少。天然气资源和石油资源则都主要分布在中东地区,除外,欧亚大陆的天然气也颇为可观,中南美洲石油储量也有不小的份额。但总的来说,这些能源资源的分布都较集中而且不均匀。

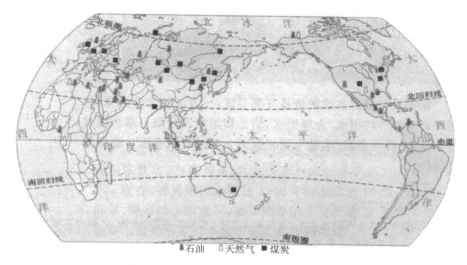

图 4-1　世界煤炭、石油、天然气资源分布图

　　化石能源的分布如此不均匀,对于人类对其开采和利用,是十分不便的。大量的人力、物力、财力、时间都将投入其中,并且在处理及运输过程中,还会耗散一部分的能源,造成很大的浪费。

　　我国的煤炭,石油,天然气分布也主要集中在某几个地区。我国地域辽阔,在一些偏远的地方,远离电网,没有足够的电源保障。边远的地方交通不便,路途遥远,运输成本很难降低。这些地区人口数量少,而地域广,所需供电功率低,目前还只能用柴油发电机组供电,成本过高。

　　相较化石能源来说,风能的分布则要广泛得多。风能的形成主要是由于太阳辐射的入射角度和距离不同,造成了地球表面的受热不均,从而引起了地面上的气流从温度相对低的地方向温度高的地方流动。风能就是太阳能的一种转化形式。可以这么说,风无处不在,每个人都能感受到风的力量。世界气象组织(WMO)将离地面 10 m 高处,风能密度大于 150~200 W/m² 的风能资源,算作可开发利用的风能。据统计,全世界大概有 2/3 的地区风力都可以达到这个量级。

　　虽然风能资源的分布也有一定的局限,受地形影响作用比较明显,主要集中在海岸线附近以及下垫面较为广阔的草原、沙漠、戈壁等地区。但是内陆和山区,因为一些特殊的地理构造,也可以形成大风区。比如我国云贵川等地,理论上其近地面处于小风地,风资源并不丰富,但是其绵延的山脉横贯西南地区,其山脊线上的风速也不可小觑。而西藏、新疆等地较偏远的地方,地方辽阔,风能资源丰富,正适合发展风力发电。并且这些地方的风资源蕴含的风能是相当可观的。

风能还具有能量丰富，取之不尽的优点。煤炭、石油和天燃气等的形成，是漫长而复杂的，是地壳经过几十亿年的长期演变而生成的，短期内无法恢复。随着人类能源消耗量夜以继日的飞速增加，石油、天燃气和煤炭消耗的速度远高于大自然生成的速度，短短几个世纪，人类就能将这几十亿年生成的矿物消耗殆尽。

从储量情况来看，化石能源资源中，世界储量最丰富的还是煤炭，其储采比 110。而石油和天然气的储采比分别仅为 52.5 和 54.1。虽然中国的可采煤炭储量在世界排名前三，但是其储采比仅为 30，也就是说按照中国目前发展和消耗煤的速度，中国的煤炭储量只能够消耗 30 年，这远低于世界 110 年的水平。而中国天然气储采比 25.7，石油储采比仅为 11.9。可见我国的化石能源储备不足，能源资源告急，迫切寻找可靠有力的新能源替代，必须采取强有力的措施及手段来保障我国的能源供给。

风能蕴藏巨大能量。虽然据科学家的计算，从太阳辐射到达地球表面的太阳能，仅有 2％ 左右转化为了风能。但是，就这 2％，所具有的能量也相当惊人。世界气象组织经过测算并估计，整个地球表面的风能可达 2.74×10^6 GW，可利用风能 2×10^4 GW，相当于全球水能利用的 10 倍。而根据科学家古斯塔夫逊的估计，全球边界层的风能，相当于 114 万亿度电的能量，是全世界一年所有燃煤总量获得的能量的 3000 多倍。并且，在自然界中，只要有太阳辐射，风能就可以源源不断的生成并输送。可见，在矿物资源被过度开发，矿物储量日渐枯竭，急需寻找替代能源的当代，开发利用风能，已成为当今世界各国迫切要求，风电行业的大力发展，势在必行。

能源的开发和利用，不可避免的就是环境的污染和生态的破坏。化石能源的利用都是通过燃烧转化为热能，燃烧的过程必然会产生大量的有害物质。例如 NO_2 和 CO_2，是任何燃烧过程都必会产生的产物。含硫的石油和煤燃烧，还会生成 SO_2。

1952 年 12 月 5 日，一场突如其来的黑雾笼罩了整个伦敦，能见度一度下降到 5 km 以下。这场大雾持续了 4 天才散去，4 天内夺走 4000 多人的生命，并多达数千人感染了支气管炎或者相关的其他肺病。类似的事件还有 1930 年在比利时马斯河谷事件，1948 年美国的多诺拉烟雾事件等等。现在我们已经知道了这种新型的大气污染叫作光化学烟雾污染，其主要的元凶之一就是 NO_2 以及汽车，工厂向大气排放的碳氢化合物。

酸雨也是当今世界环境安全不能忽视的一个重要问题。酸雨所带来的危害可以说是毁灭性的，巨大的。酸雨所具有的腐蚀性，可以彻底摧毁作物，并对建筑物造成不可逆的损害。酸雨的成分主要是硫酸和硝酸，我国的煤炭主要成分中含硫较高，酸雨主要是硫酸型的，煤炭里含硫成分越高，造成的污染就越严重，我国又是煤炭消费第一大国，酸雨灾害极其严重。

现代工业的发展，交通，城市运转都会产生 CO_2，CO_2 的大量排放，会造成温室效应。虽然造成温室气体有多种，但目前主要是 CO_2 的作用为主。随着现代化社会发展的速度加快，温室效应也越来越严重，由此引发的环境问题也日益加剧。如果地面温度以目前增长的速度一直发展下去，到 2050 年，全球温度将比当下升高 2～4℃，届时，南北极的冰川融化，海平面上升，一些岛屿国家，沿海低洼的城市地区如中国的上海，日本的东京，美国的纽约，澳洲的悉尼，这些著名的城市都会被淹没，各种可见和不可见的灾难都将发生。

水电、核能、地热能等虽然不会产生如化石能源一样的空气污染，但在其开发和利用过程中，也都存在着各种具有各种特点的污染或生态问题。比如水电站的修建和运行，往往会改变当地河流的生态情境,造成水流变缓、流量减少、水体自净能力大幅度降低、水体富营养化等等问题。风能虽然不会造成空气污染,随着风电站的兴修和发展,越来越多的人关注到,风电场对鸟类迁徙、繁殖、觅食等行为产生了严重的影响。风机叶片等组件的使用周期较短,这些废弃物的处理,也不可避免会造成环境的污染。但是,相对来说,这些影响和污染都是可以通过改进技术、加强管理,使之减少和避免的。因此,相对而言,风能的污染算是比较小的。

尽管风能的优点明显,开发利用方面有几大优越性,但是其开发利用上仍然存在着许多弊端和难题。如空气的能量密度较低,在 3 m/s 风速时,其能量密度大概只有 20 W/m²,而同样的速度,水流在 3 m/s 时,其能量密度可高达 20000 W/m²。风能的能量密度不仅小,且不可控制,不能像水能利用一样兴修水库调节库容。由于风能对天气和气候的变化极其敏感,具有一定的随机性,其强度也是无时无刻都在发生着变化,不仅有年际变化,短时间内还会有无规律的脉动。这些都给风力开发利用带来了不小的挑战。

三、世界及中国风能资源分布

1. 全球陆地风资源总体介绍

据统计,宇宙空间每年向地球辐射的辐射能约为 1.5×10^{18} kWh,大概 2.5% 的辐射能,折合约 3.8×10^{16} kWh 的能量被地球的大气层吸收,这些能量可转化为大约 4.3×10^{12} kWh 的风能。世界能源理事会经过对全球风速数据的整理和统计分析,对地球表面的风资源做了一个估计,以离地 10 m 的风速为准,大约有 0.2889×10^8 km² 的陆地区域的年平均风速可高于 5 m/s,约占地球上陆地面积的 27%。

风场与下垫面的关系十分密切,下垫面的复杂情况会导致相同经纬度地区有不同的风速。由于地形对风场的影响,风能资源的分布具有明显的地域特征,风能资源富集区多集中在开阔大陆以及沿海的岛屿和陆地,如北欧,日本以及美国的加州沿岸城市等。世界气象组织(WMO)1981 年曾对全世界范围内的风能资源做了一个全面的评估,并将全世界的风能资源按平均风能密度和相应的年平均风速分为了 10 个等级,给出了相应的全球风资源分布图。根据世界气象组织的划分标准,北半球的北太平洋、北大西洋和北冰洋的中高纬度的部分洋面以及南半球中高纬度的洋面上是主要的风能高值分布区,均可达 8 级以上。陆地上的风能则一般在 7 级以下,其中以黑海地区、乌拉尔山顶部、美国的西部以及西北欧沿海地区的风能较大。表 4-2 是世界气象组织给出的 10 个风能等级风能密度和风速的下限值。

表 4-2　风能等级表

参数 等级	高度	10 m		50 m	
		风能密度(下限) (W/m²)	风速下限 (m/s)	风能密度(下限) (W/m²)	风速下限 (m/s)
1		100	4.4	200	5.6
2		150	5.1	300	6.4
3		200	5.6	400	7.0
4		250	6.0	500	7.5
5		300	6.4	600	8.0

续表

参数 等级	高度	10 m		50 m	
		风能密度(下限) (W/m²)	风速下限 (m/s)	风能密度(下限) (W/m²)	风速下限 (m/s)
6		400	7.0	800	8.8
7		800	8.8	1600	10.1
8		1200	10.1	2400	12.7
9		1600	11.1	3200	14.0
10		>1600	>11.1	>3200	>14.0

　　为了更好地讨论和分析,本章节利用欧洲中期天气预报中心第三代再分析数据(四维变分同化)做了全球陆上 10 m 高度的年平均风速分布图(图 4-2),该数据为 1979—2014 年的 35 年风速平均值,其网格分辨率为 0.75°×0.75°。

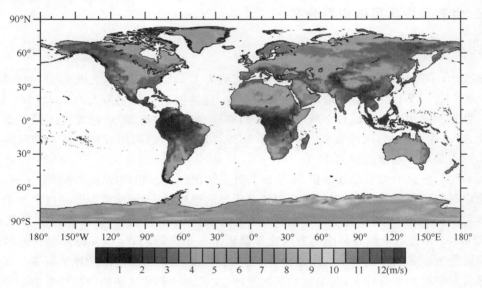

图 4-2　全球陆上年平均风速分布图(高度 10 m)

　　从图 4-2 可以看出,全球陆上 10 m 高度处的年平均风速的分布有着比较明显的规律,风速最小的区域主要集中在赤道地区,绝大部分区域都不超过 3 m/s;风速较高的区域主要集中在南北回归线附近,是全球风资源比较丰富的区域,其风速基本都在 5～6 m/s;总的来说沿海地区的风速要比大陆上空的风速大很多。大陆上,整个欧洲大陆的风速都不小,绝大部分都在 4～5 m/s 以上;亚洲主要以东亚、中亚以及西亚阿拉伯半岛地区为主的风能资源富集区;北非的撒哈拉沙漠地区以及南非大部分地区风能资源都比较可观;新西兰岛屿、澳大利亚由于其特殊的地理位置和地形特征,风资源也十分丰富;北美,特别是美国大陆、中美的加勒比海地区以及南美的南部的风资源尤为丰富。

　　(1)全球大陆沿海地区

　　海陆热力性质的差异越明显,风速越大。从图 4-2,我们可以清楚地看到全球大陆上风能资源最丰富的区域都主要集中在沿海地区。并且这些地区的风有效时间长,一定程度上提高了风的利用率。除了小部分特殊区域如赤道区域以外,大部分沿海地区的风速都超过了5~6 m/s,部分沿海区域上空的风速甚至能够达到9 m/s以上。根据风速的不同,我们将全球大陆沿海地区分为如表4-3中所列的几个风资源区。

表4-3　全球大陆沿海地区风速分布

风速极大区(>7~9 m/s)	风速较大区(>5~6 m/s)	风速较小区(<4 m/s)
欧洲的大西洋沿海以及冰岛沿海	南美洲中部的东海岸	赤道地区的大陆沿海
美国和加拿大的东西海岸以及格陵兰岛南端沿海	南亚次大陆沿海	中美洲的西海岸
澳大利亚和新西兰沿海	东南亚沿海	非洲中部的大西洋沿海
东北亚地区(包括俄罗斯远东地区、日本、朝鲜半岛以及中国)沿海		印度尼西亚沿海
加勒比海地区岛屿沿海		
南美洲智利和阿根廷沿海		
非洲南端沿海		

图4-3是欧洲、美国和加拿大的大西洋沿海地区的年平均风速分布图。该区域的风速基本都在8 m/s以上,风能资源的开发价值十分巨大,风能资源非常丰富。

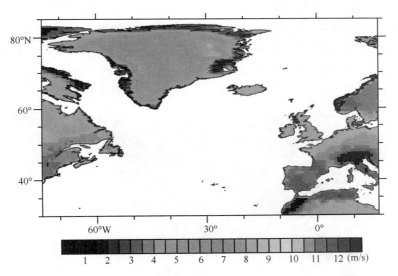

图4-3　欧洲、美国和加拿大的大西洋沿海地区风速分布图

(2)欧洲

欧洲的风资源丰富,欧洲人也特别善于利用风力,可以说是世界上风能开发利用最为发达的地区。如图4-4,同样的,欧洲风资源最丰富的地区也分布在沿海地区,如冰岛沿海,英格兰和爱尔兰的沿海,西班牙、法国、丹麦、德国和挪威靠近大西洋一侧的沿海地带,以及靠近波罗的海的国家的沿海地区,这些沿海区域的年平均风速可达到8 m/s以上。虽然不及沿海地区的强度,欧洲陆地的上风资源也颇为丰富。大部分欧洲大陆的陆地区域年平均风速在4~5 m/s。荷兰、丹麦、挪威南部、波兰以及俄罗斯东部部分等地区风资源相对集中。地中海部分沿海地区的风速也相对较大,可在6 m/s以上。而伊比利亚半岛中部、保加利亚、罗马尼亚和意大利北部等部分地区以及土耳其地区的风速相对较小,基本在3 m/s左右。

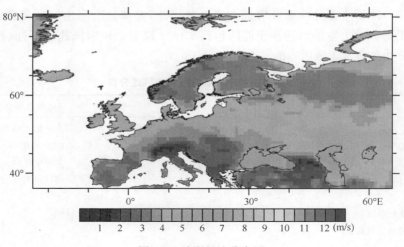

图 4-4 欧洲风速分布图

（3）亚洲

亚洲大陆的面积比较广,地形也相应复杂得多,从而气候也变化比较大,风资源较其他几大洲来说较为一般,且整个亚洲大陆的风速分布差异很大。如图 4-5,风速高值区主要集中在阿拉伯半岛及其沿海、南亚次大陆沿海、中亚地区(主要哈萨克斯坦及其周边地区)、蒙古高原等地区,尤其以哈萨克斯坦和蒙古地区风速最高,这些地区以草原为主,阿拉伯半岛是沙漠地区,这些地区地势平坦而开阔,风速较大,一般在 5～7 m/s 左右,部分区域甚至可达 8 m/s。

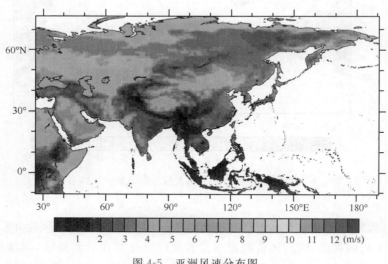

图 4-5 亚洲风速分布图

亚洲东部及其沿海地区沿西太平洋的海域较深,其气候十分复杂且多变,加上台风、海啸等自然灾害现象较多,地震频发,因此不适宜进行风力开发。青藏高原风速虽然很大,但是其海拔太高,空气密度太低,反而风资源缺乏。俄罗斯沿北冰洋海岸气温太低,无法进行风能的开发,尽管其沿岸风速很大,但是恶劣的环境成为风力开发的一大阻力。

（4）非洲

非洲风能蕴藏量也很丰富,虽然从 10 m 高度的风速分布来看,高值区较少,但是靠近大西洋的西撒哈拉沿海地区,撒哈拉沙漠及其以北部分地区以及靠近印度洋的索马里沿海地区,风速都很大,可达到 7 m/s 以上。如图 4-6,其余大部分地区风速则都在 4～5 m/s 左右。相对来说非洲中南部风资源显得有些贫乏,风速基本在 3 m/s 以下,有些地方甚至不到 2 m/s。

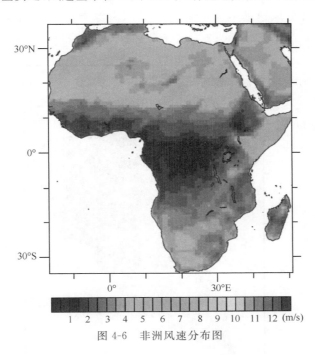

图 4-6 非洲风速分布图

（5）中北美洲

北美洲地形开阔平坦,并且得益于其独特的地理位置,风资源十分丰富。如图 4-7 所示,地势开阔平坦的北美大草原,年平均风速可在 7 m/s 以上,风资源丰富,具有十分可观的开发价值。岛屿众多如加勒比海地区,沿海风速在 6 m/s 左右,而北美洲东西部的沿海区域,其风速可达到 8 m/s。风资源相对集中、蕴藏量大,十分适合进行风电的开发利用。

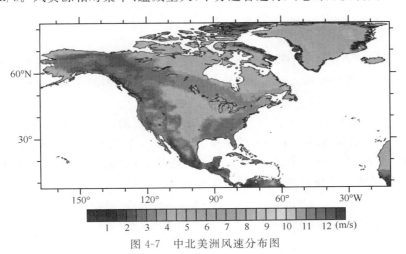

图 4-7 中北美洲风速分布图

(6)南美洲

南美洲陆上风能资源也很丰富,如图 4-8 所示,南美洲西北部大部分地区,风速都较低,在 3 m/s 左右,风能资源较一般。南美洲风速最高的区域集中在阿根廷南部靠近大西洋的沿海地区,可达 7 m/s 以上,风资源丰富,具有很高的开发价值。巴西东南部的高原地区以及安第斯山脉风速在 6 m/s 以上,风资源较为丰富。巴西东部及阿根廷全境,乌拉圭,巴拉圭,以及玻利维亚大部分风速基本在 5 m/s 左右,风资源丰富,蕴藏量较大,其风能具有一定的开发潜力。

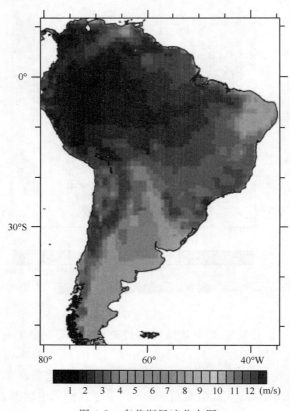

图 4-8   南美洲风速分布图

(7)澳洲

从澳洲的风速分布图 4-9 中可以看出,澳洲的风资源蕴藏量丰富。整个澳洲大陆的风速基本在 5 m/s 以上,部分可到 8 m/s。另外,沿新西兰岛的沿海地区,风速在 6~7 m/s 左右,风资源也比较丰富。

欧洲中期天气预报中心第三代再分析数据精度较为有限。10 m 高度的风速,仅只能做个大概的分析,对全球的风速做一个基本的了解。西班牙一个气象公司 vortex 开发了一款风能资源在线分析软件,利用 Interface vortex 的免费账号,可以试用一个月,可以得到分辨率为 3~9 km 的全球风能资源分布图如图 4-10(离地高度 50 m)。

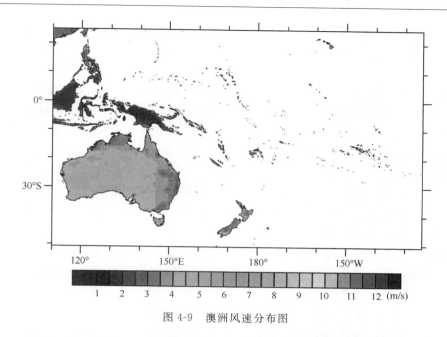

图 4-9　澳洲风速分布图

图 4-10　60 m 高全球风速分布图

从图 4-10 可以更清晰地看到全球风能分布特点,基本和 10 m 高度一致,只是 60 m 高度的风速较 10 m 高度风速要高得多,其中沿海地区尤为明显,几乎都在 8 m/s 以上,全球大部分地区风速都超过了 5 m/s,当下风机的高度基本都在 50～70 m 高度范围,由此可见全球的可开发风能资源实际上是相当丰富的。

2. 中国大陆风资源总体介绍

中国疆土辽阔,又滨临太平洋,沿海地区较多,风能资源相应的也十分丰富。2004—2005

年,中国气象局组织了第三次全国风能资源的普查,普查结果给出了中国风能资源(离地10 m)的理论值,普查报告中同时指出我国可开发风能储量约 43.5×10^8 kW、技术可开发量 2.97×10^8 kW。

联合国环境规划署曾于 2003 年组织国际研究机构用了两年时间,对风能资源评估开展了数值模拟研究,数值模拟结果甚至得出结论:中国陆地上离地面 50 m 高度层风能资源技术可开发量可以达到 14×10^8 kW。这一结论发布后,国家气候中心于 2006 年也对中国风能资源采用数值模拟的方法做了分析:忽略青藏高原地形特殊影响,全国陆地上离地面 10 m 高度层风能资源技术可开发量为 25.48×10^8 kW。

第三次风能资源普查结果显示,中国技术可开发风能资源陆地面积约为 20 万 km²。中国具有巨大风能开发潜力,陆海可开发风能总量约有 $(7 \sim 12) \times 10^8$ kW。可见,未来能源结构中,风能是必不可少的能源基础。

我国的国土面积辽阔,因此地形地貌也十分复杂,风能资源状况及分布特点随地形变化十分明显。为了能有效地进行风能开发利用,首先必须足够了解我国的风能资源分布特点及具体情况。

2002 年 4 月 2 日,国家发布国家标准《风电场风能资源评估方法》(GB/T 18710—2002),将我国风功率密度等级划分为 7 个等级,如表 4-4。

表 4-4　风功率密度等级表

风功率密度等级	10 m 高度		30 m 高度		50 m 高度		应用于并网风力发电
	风功率密度 (W/m²)	年平均风速参考值(m/s)	风功率密度 (W/m²)	年平均风速参考值(m/s)	风功率密度 (W/m²)	年平均风速参考值(m/s)	
1	<100	4.4	<160	5.1	<200	5.6	
2	100～150	5.1	160～240	5.9	200～300	6.4	
3	150～200	5.6	240～320	6.5	300～400	7.0	较好
4	200～250	6.0	320～400	7.0	400～500	7.5	好
5	250～300	6.4	400～480	7.4	500～600	8.0	很好
6	300～400	7.0	480～640	8.2	600～800	8.8	很好
7	400～1000	9.4	640～1600	11.0	800～2000	11.9	很好

注:1. 不同高度的年平均风速参考值是按风切变指数为 1/7 推算的。

　　2. 与风功率密度上限值对应的年平均风速参考值,按海平面标准大气压并符合瑞利风速频率分布的情况推算。

利用 Interface vortex 在线分析得到全国 3～9 km 风速分布图(图 4-11),从图上可以看出,除了青藏高原特殊地形因素的影响,我国风资源最丰富的地区主要集中在内蒙古、黑龙江以及西北部分地区(主要是陕西、甘肃和青海)。东南沿海及附近岛屿地区几乎都是高风值地区,也是风能极为丰富区。东北地区东部和华北地区风资源则属于较丰富。新疆部分地区,以及西南部分区域,风资源也相对丰富。华南大部分地区的风速都较低,有的甚至不足 3 m/s,风资源相对较为贫乏。

图 4-11　全国年平均风速分布图

　　内蒙古是我国内陆风资源第一大省份,其风资源的特点是风速大且分布广。其主要风资源分布于内蒙古东北部地区。该区域最大年平均风速达到 9 m/s 以上,大部分地区的年平均风速都在 6～7 m/s 以上,而且覆盖地区面积很广,具有十分丰富的可开发风能。

　　东北地区主要包括东北三省,风速基本一般都能达到 6 m/s 至 7 m/s 以上,也许是因为其地势开阔平坦,地形简单,风速大且分布广泛。尤其沿着大兴安岭山脉山脊线,风速可高达9 m/s 以上。总的来说,东北风资源十分丰富,开发利用价值极大。

　　沿海及其岛屿地区包括辽宁、天津、河北、山东、江苏、上海、浙江、福建、广东、广西和海南等。这一区域是我国风资源最为丰富的区域,其具体风速分布总体呈现如下规律:离海岸线较近的海上区域及陆上区域(10 km 左右),风速基本都能达到 6 m/s 至 7 m/s;离海岸线较远的海上区域(10 km 至 300 km 以上),风速达到 7 m/s 以上;而离海岸线 10 km 的内陆区域则风速会迅速减少,大概都在 5 m/s 至 6 m/s。

　　总的来说我国风资源分布总体呈现北方优于南方,沿海优于内陆的特点,其中沿海及其岛屿地区与三北地区(东北、西北、华北)是我国风资源最为丰富与集中的两个地区,其开发前景十分广阔。内陆地区风资源总体较为匮乏,而且分布较为分散,但是个别地区由于特殊地形地貌的影响(如大型湖泊、高山等),会形成局部风资源丰富区,具有一定的开发利用价值。

3. 影响我国风能资源分布的气象条件

(1)热带气旋

　　每年夏秋季节,热带气旋对我国东南沿海气候都扮演着重要角色。所谓热带气旋是指:"生成于热带或副热带洋面上,具有有组织的对流和确定的气旋性环流的非锋面性涡旋的统称,包括热带低压、热带风暴、强热带风暴、台风、强台风和超强台风。"

　　热带气旋的名称以及相应的等级标准有着明确的规定(如表 4-5)。台风是一种中心气压极低的圆形气旋,半径约为 1000 km,在台风中心是台风眼,台风眼的大小一般在10～30 km,

在这个范围内的地区,天气一般晴好。而天气最恶劣的位置在台风眼的外壁,在这个范围内常出现破坏性的最大风速。通常除了台风直接正面登陆的地区,受台风影响的直径范围大概800～1000 km 的内的区域,风速一般不超过 10 级。台风的影响极强,当台风在我国沿海登陆后,常伴随着出现大风天气,而风速在大部分风力发电机组所限定的切出风速25 m/s范围内,就可以出现满发电的情况。

表 4-5　热带气旋等级表

热带气旋等级	低层中心附近最大平均风速(m/s)	低层中心附近最大风力级
热带低压(TD)	10.8～17.1	6～7
热带风暴(TS)	17.2～24.4	8～9
强热带风暴(STS)	24.5～32.6	10～11
台风(TY)	32.7～41.4	12～13
强台风(STY)	41.5～50.9	14～15
超强台风(SuperTY)	≥51.0	16 或以上

每年平均有 7 个台风会在我国沿海地区登陆,而每年登录的台风次数,以在广东登陆的台风次数为最多,大概 3.5 次,其次是海南,约 2.1 次,台湾和福建分布为 1.9 次和 1.6 次,浙江、广西、江苏、上海、天津、辽宁、山东合计 1.7 次。可见台风所影响的地区有着明显的规律,呈现由南向北递减的趋势。

(2)寒潮

每次寒潮来袭,都会给我国造成大范围的温度下降,并带来大风天气过程。我国冬季(12月—次年 2 月)主要受蒙古国的西北部的蒙古高压控制。蒙古高压会不断释放小股冷空气,这些冷空气以及一些移动性的高压会不时南下进入我国,造成大幅度的大风降温雨雪天气。影响我国的寒潮路径大致有三条;第一条,西路是最常见的,也是影响我国时间最早,影响次数最多的路径。来自北极的强冷空气,不断汇集发展成强冷高压气团,当发展到一定程度时,就从西伯利亚的西部往南移动,从而进入中国的新疆地区,然后继续沿河西走廊侵入华北、到中原

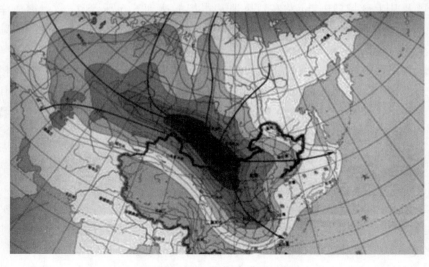

图 4-12　中国寒潮冷空气路径图

再进入华南地区,就像是洪水倾泻似的,所到之处皆受其影响,有时候强冷气团发展极为强大,甚至会影响到西南地区;第二条是中路,强冷空气从贝加尔湖附近,经河套地区南下,进入华北并一直往南发展,侵入我国东南沿海地区;第三条是东路,从西伯利亚东北部南下的冷空气,经过中国东北,有时会绕道日本海或者朝鲜半岛,再侵入我国东部的沿海地区。这条路线的寒潮主要影响在东部,次数相对较少,强度一般不大。

寒潮大风影响范围很广,几乎覆盖全国,年大风频次(日数)分布具有区域性特征。全国有三个大风日数高频区,其中之一是新疆西北部和内蒙古北部地区,每次寒潮入侵都必经此地区,而内蒙古北部本来就地势广阔平坦,地形简单,寒潮一路畅行无阻,这里的大风日数多达50~80天。寒潮常引起灾害,但也因此带来了巨大的风能资源可待开发。

4. 影响风能利用的灾害性天气

(1)台风

台风既能带来大风资源,但是台风也能造成风电场严重的破坏。台风是影响我国,并造成灾害性天气的主要系统之一。由于其所具有的强烈辐合,暖性高湿的特点,台风的能量往往很大,发展迅速而凶猛,每次台风的生成和登陆都伴有狂风、暴雨,甚至风暴潮。台风移近并登陆海岸时,通常会猛烈冲击沿海地区,狂风可引起大范围的海潮,并严重破坏输电线路、建筑物,甚至电场的风力发电机组叶轮,严重地影响了风电的开发利用。

(2)低温

风电场的建设必须要考虑温度的影响。发电机组的零部件,以及发电机组的各材料在低温下都有可能发生变化,热胀冷缩会对发电机组的正常运行,机组的日常维护等方面造成一定的影响。温度的降低,会导致空气的密度增大,随着温度的持续降低,风力发电机组将可能会出现过载现象;温度降低会导致金属材料出现疲劳现象,而金属的疲劳极限会随着温度的降低而降低。在高寒环境下,风电机组大部分的主要零部件都存在着低温疲劳的问题,尤其是焊缝处,由于疲劳极限的降低,极易破裂或脆断;受温度影响的还有电子电气器件,随着温度降低,这些电子电气器件的性能将会受到影响;有些风力发电机组正常运行时,如果遇见温度<-20℃的情形时,当风速超过额定值,将会发生叶片瞬间无规律振动的现象,从而导致风电机组的振动突然增加,机组正常运行发电受到影响,可能会造成风电机组的停机,也有可能同时造成风电机组的叶片不同程度的损伤。另外,在低温时,机油的流动性能会变得缓慢而阻滞,整个机组将难以正常运转,风力发电机组的安全将会受到威胁。

(3)积冰

积冰对风电利用的影响主要是对风电场线路及叶片等的影响。积冰也叫覆冰,是指地面上的建筑物,花草树木,地面基础设施等表面的结冰现象。积冰会一定程度的增加物体的垂直载荷,某种程度上,可以说积冰会增大导线、电杆,风机组件等的面积,使风载荷相应的增加,积冰严重时,有些地区导线甚至会跳头、扭断,拉断,更严重的会导致整体结构倒塌事故的发生。

(4)雷暴

积雨云在迅速发展的阶段产生的强烈的雷电现象,在气象上,我们称之为雷暴。每当出现雷暴天气时,温度、气压、湿度等气象要素会剧烈的变化,从而导致剧烈的天气变化,常常会有大风、暴雨等强烈的天气,甚至会有冰雹和龙卷的出现,虽然雷暴现象是一种局地性的灾害性天气,但破坏力极强。风电场大部分都是露天的,风力发电机组和电线线路通常都是暴露在空旷处,雷暴发生时,风电场往往成为雷电的主要目标,风力发电机组叶片很容易被雷电击中,造成不可修复的损坏,风电机组叶片一旦被雷击中,就只能更换新的叶片。同时还有可能造成发电机被雷电绝缘击穿,机组控制元件被雷电烧毁等。即使雷电没有直接击中风电机组,但是因静电和电磁感应引起的雷电压行波等也可能会造成机组不同程度的损害。

(5)沙尘暴

沙尘暴,通常是指强风将地面上大量的沙尘卷入空中,使空气混浊,水平能见度小于 1 km 的天气现象。能见度小于 500 m 时,可称为强沙尘暴。

发生沙尘暴的时候,通常狂风大作,滚滚黄沙将整个天空都掩盖住,甚至看不到太阳。能见度之低,严重时白昼如夜,伸手不见五指。伴随的强风,力度之大可以刮断输电线路,吹倒电杆,或拔起大树,强大的破坏力,甚至可以严重毁坏建筑物和地面设施。

对风电场来说,沙尘暴具有多方面的危害。首先,大风天气造成的危害。一般沙尘暴爆发过程都会伴有大风天气,风力一般都在 8 级以上,甚至可超过 12 级,强度不亚于台风登陆时的风力,其破坏力可想而知。其次是沙粒及石块会随大风被卷起夹带,大风在移动过程中,这些旋转的石头具有极强的破坏性,会击打并磨蚀裸露的风电机组叶片,从而使叶片表面出现各种大小凹凸不平的坑洞,严重破坏了风机叶片的韧性及强度,机组整体的性能也会受到有影响,继而影响风电机组的出力能力。对风电场仪器设备构成较大的危害。另外,沙尘暴可对土壤造成不同程度的刮蚀,每次风蚀深度可达 1～10 cm;遇到背风凹洼的地形或障碍物时,随风而至的大量沙尘又会造成沙埋,严重的沙埋深度可达 1 m 以上。如风电场建在迎风坡或地势较高的地区,沙尘暴对土地的刮蚀,会对塔基的牢固程度造成影响,在背风坡或地势低洼的地区,其沙埋作用又可使塔架的高度发生变化,影响风能吸收和转换。

四、近年来世界风能发电产业的发展及前景

1. 世界风电发展现状

风能的真正开发利用始于 20 世纪 70 年代,美国、西欧等发达国家迫于石油危机不得不寻找新能源以替代化石能源,投入大量的人力物力,用于研发风力发电机组及相关技术,20 世纪 80 年代开始建立示范风电场、并网发电,成为电网新电源。从 20 世纪 80 年代中期开始,世界风力发电技术取得了快速发展,风机设计和制造趋向成熟,产品进入商业化阶段,机组容量不断增大。在 20 世纪的最后两年,全世界风力发电的装机容量开始快速增长。特别是在欧洲,为实现减排温室气体的目标,对风电执行较高收购电价激励政策,促进了风电技术和产业的发展,风电成本继续下降。由于海上风能资源比陆地丰富,海上风电场在欧洲已从可行性示范进入商业化运行阶段,风电机组技术继续向着增大单机容量的方向发展,并开始研制风轮直径超过 100 m 的 5 MW 机组。

2013 年全球风电年新增总装机容量 35 GW,较 2012 年 45 GW 新增装机容量下降 22%。这是全球风电年新增市场 18 年来的首次下降。全球累计装机容量达到 318.12 GW,同比增长 12.5%。2013 年风电年新增装机市场的下降主要是由美国市场的锐减造成的。截至 2013 年底,美国市场的新增总装机容量仅为 1 GW。相较 2012 年创纪录的 12 GW,2013 年的装机容量是一个十分显著的衰落。造成这一现象的原因是,2012 年底美国的 PTC 政策中断(即到期前未及时宣布延续而造成的市场悲观预期)的结果。但这一反常现象不代表美国、更不代表

全球风电发展的大趋势。截至 2013 年底,有 24 个国家的装机容量超过 1 GW,其中 16 个位于欧洲,4 个位于亚太地区,3 个位于北美,1 个位于拉丁美洲。而全球有风电装机的国家超过了80 个。

2015 年 4 月 1 日,全球风能理事会(GWEC)在土耳其伊斯坦布尔发布旗舰报告《全球风电发展年报》。报告详细记录了 2014 年风电在全球各个市场的显著增长。报告还包括GWEC 对未来 5 年全球风电发展的预测。该预测显示,未来五年内风电将继续呈现增长势头。

2014 年,非经济合作组织(OECD)国家的风电装机容量再次超越了传统的欧洲和北美市场。非 OECD 国家由中国和巴西引领,墨西哥和南非紧随其后。中国的年新增装机达到了创纪录的 2300 万 kW,累计装机容量达到了 1.14 亿 kW。而巴西以 2472 MW 新增装机容量继续引领拉丁美洲并跃居全球风电市场第四位,其累计装机容量也首次进入了全球排名前十之列。2014 年的另一个显著变化是,非洲风电市场实现了首次飞跃。非洲最大的风电场摩洛哥 Tarfaya 风电场(300 MW)并网并投入运营,南非风电起步稳健,2014 年实现了 560 MW 的新增装机容量,使得非洲总装机容量达到 934 MW。除此以外,德国以 500 万 kW 的创纪录装机容量引领欧洲市场,而欧洲市场的风电发展日益显现集中化的趋势。美国风电市场在经历了2013 年的低谷后,在 2014 年开始恢复,并且将在未来两年内持续较为强劲的增长势头。加拿大未来两年的增长势头也比较迅猛。拉丁美洲总装机 3749 MW。其中智利 506 MW,乌拉圭405 MW。

全球风能理事会预测到 2015 年新增装机容量将再次达到 5000 万 kW,到 2018 年将达到6000 万 kW。增长将继续被中国引领,中国也有望实现 2020 年 2 亿 kW 的目标。印度市场也将在未来几年里实现稳步的增长。拉丁美洲也正在成为一个强劲的区域市场,其中的领头力量是巴西,墨西哥紧随其后。

欧洲市场将呈现更加稳定的发展趋势,而北美市场将成为一个充满不确定性的市场,因为2016 年以后的美国和加拿大都将出现政策真空。

2. 中国风电产业发展现状及展望

2015 年 4 月 7 日,国家能源局对外发布《关于做好 2015 年度风电并网消纳有关工作的通知》,要求各省级能源主管部门和电网企业高度重视风电有效利用,优化本地电网调度运行,挖掘系统调峰潜力,确保风电等清洁能源优先上网和全额收购。

中国电力企业联合会发布的数据显示,截至 2015 年 2 月底,我国并网风电装机容量突破1 亿千瓦,继续稳居我国第三大发电类型和世界风电装机首位。全国有 31 个省份建设了并网风电场,其中内蒙古、甘肃并网风电装机容量分别达到 2125 万 kW 和 1053 万 kW,河北、新疆、山东和辽宁超过 500 万 kW。在全国并网 10004 万 kW 风电装机中,国家电网并网风电装机 9135.25 万 kW。

2005 年年底,全国并网风电装机容量仅有 106 万 kW。2006 年,《可再生能源法》实施后,我国风电进入大规模发展阶段,装机规模持续迅猛增长,2009 年突破 1000 万 kW,2012 年突破 5000 万 kW,取代美国成为世界第一风电装机大国。

2015 年 2 月,中国风能协会和国家能源局先后发布最新统计数据,2014 年,中国风电新增装机容量 2335.05 万 kW,同比上升 45.1%,累计装机容量达到近 1.15 亿 kW,其中并网容量近 1 亿 kW,占全部发电装机容量 7%。

世界风电市场走出低谷很大程度上取决于中国的表现。2012—2013 年,中国风电走入低迷,全球风电也进入缓慢增长阶段,2014 年,中国风电装机容量创历史新高,世界风电市场随之复苏。风电重回正轨得益于主管部门国家能源局的持续支持,在世界多国削减可再生能源补贴的宏观环境下,直至 2014 年下半年,中国始终保持了 2009 年制定的风电上网标杆电价。

面对风电快速发展的现状,国家电网公司贯彻《可再生能源法》和国家能源战略,采取多种措施促进风电并网和消纳,推动清洁能源发展。2015 年 1 月 30 日,国家电网公司向社会发布《国家电网公司 2014 年社会责任报告》,其中提到,国家电网成为世界风电并网规模最大的电网。

中国社会科学院预测,未来我国风电年新增装机规模将保持稳定增长,盈利能力大大提升,风电产业有望健康发展。陆上风电发展态势更趋理性规范,海上风电也将加速发展。但也有担心称,油价走低会影响风电等可再生能源的吸金能力。实际上,风电的投资回收期很长,所以,投资者看重的往往是更长久的投资收益,他们对风能等新能源的青睐也不会受油价的短期波动影响。对风电来讲,实力成就未来再确切不过了。在世界很多地区,风电已经成为成本最低的发电模式,而且它的成本还在持续下降。电业界普遍认为,风电行业未来将进入稳定增长的新常态。按照国家能源局规划,风电行业在未来 5 年仍将维持 2000 万 kW 的新增装机规模。

五、风能资源开发利用的气象技术应用和发展

经济的发展需要足够的能源供应作为支撑,社会和经济发展以及提高人类福祉和健康需要能源和相关服务的不断增长。提供能源服务,特别是各类化石燃料的消耗引起的温室气体排放是历史上大气温室气体浓度增加的主要因素。可再生能源具有很大的减缓气候变化的潜力,因此可再生能源的使用可为社会和经济发展、能源获取、安全的能源供应以及减少对环境和人类健康的负面影响做出贡献。

中国能源消费总量在未来相当长的时期内仍将保持一定的增长速度。预计到 2020、2030 和 2050 年,中国能源消费需求将分别达到 45 亿~50 亿 t 标准煤、55 亿~60 亿 t 标准煤、65 亿 t 标准煤。

国际上,我国人均能源资源拥有量处于较低水平,煤炭、石油、天然气等化石能源资源量有限,且分布不均衡。为了切实推动能源生产和消费形式的转变,我国政府正在大力倡导低碳能源战略,而风能资源开发利用已经开始并将继续成为实现低碳能源战略的主力之一。从我国可开发的风能资源规模和资源总量、开发技术成熟程度和经济性等指标来看,各项指标均符合我国可再生能源发展领域的基本原则,从而使得风能资源成为我国可再生能源发展的重点领域。根据国家能源局发布的国家可再生能源发展目标,至 2050 年左右,风电总装机将达到 4 亿~5 亿 kW,届时风电在国家总体电源结构中所占的比例将达到 1/5 左右,风电将成为我国电力供应中的主力电源之一。气象技术作为支撑风电开发利用的主要专业技术之一,其发展水平及其在风能资源开发利用领域的应用水平将是我国从风能大国向风能强国提升发展的重要指标。

1. 影响风能资源开发利用的主要气象技术

气象技术的应用贯穿了风能资源开发利用的整个过程,从风电发展规划、风电场选址、项

目可行性研究,到项目建成后的运行管理、风电并网等,无不涉及气象技术的应用。风能资源开发利用涉及的主要气象技术包括:气象观测(测量)技术、气象统计分析技术、大气数值模拟评估技术和数值天气预报技术。

2. 风能资源测量

(1)风能资源测量技术应用现状和存在问题

①风能资源测量技术应用现状

在风电发展规划、风电场项目设计、建设和风电功率预报中均需要相应的、有针对性的现场气象观测。20世纪90年代后期,我国逐渐步入风能大规模开发时期,风电开发企业先后自发建立了4000多座风能观测塔(但大部分塔在项目建设后被拆除),测风仪主要采用进口的杯式风速计。2008年启动的全国(陆地)风能资源详查和评估项目采用规范、统一的建设标准建立的400座测风塔,安装了国产风速计,形成了全国(陆地)风能资源专业观测网,综合考虑了我国(陆地)风能资源开发利用区域规划和大规模风电场选址需求。已获取的近3年的测风塔观测数据为全国(陆地)风能资源详查和评估成果提供了较为可靠的数据基础。同时,风能观测数据已用于全国风能数值天气预报的检验、订正和模式资料同化,效果良好。若该专业观测网能够长期持续进行观测,可为我国风能数值天气预报的公共服务提供稳定的基础数据支持。

②影响风能资源测量数据质量的因素

目前我国应用最广泛的风电场项目前期工程场地气象观测技术的应用水平已有了一定程度的提高,但仍存在操作不够规范、严谨,专业化程度较低等问题。风电项目工程场地气象观测主要为了获取科学、准确、有代表性的资源总量、资源等级、风机选型、工程安全设计等参数,这是风电项目开发投资决策的关键影响因素。影响气象测量数据准确性的因素主要包括:观测仪器的性能、仪器是否进行了严格的标校、是否根据风电场的地形地貌和风气候特征合理布设测风塔、测风塔和观测仪器的安装质量以及有效的观测运行管理等。我国早期建成的部分风电场的实际运行效益与项目的预期效益相比误差达20%～30%,工程场地风测量误差是重要因素之一。

(2)风能资源测量技术的发展

①测量仪器的发展

随着风电机组向大型化发展,复杂地形的风电场建设、项目设计更精细化和项目后评估以及海上风能资源开发的新需要,使气象测量技术应用呈现向多元化和高端化发展的趋势。如,为了探测更高层的风况,研究风机尾流影响和复杂地形风场分布等需求,遥感式测风设备(包括以超声波、声波和激光等为介质的多种测风雷达)应用越来越受到重视;为探测导致风机疲劳、致损以及影响其发电效率的三维风况及其脉动风谱特征等,超声测风仪以其能精确测量自然界三维风况数据而被广泛应用。

②新型探测数据的处理

遥感和超声波等测风仪器设备在提高风能资源探测高度、扩大探测范围、获取更精细的三维风况数据的同时,对测量操作和数据分析提出了更高的技术要求。如:遥感式测风设备(测风雷达)的数据采样方式与常规的轴式(杯式)测风仪不同,遥感仪器测量的风况数据通常是某一定厚度层(几米或几十米)内的整体平均值,而不是仪器传感器接触点上的测量数据;遥感式测风仪往往在近地面层存在一定高度的"盲区"(即无数据或数据不可靠)。此外,遥感式测风仪往往在晴好天气和清洁大气中使用效果比较好,但在降水、多雾、沙尘等条件下的测量数据的可靠性会不同程度地降低,声波式遥感设备还受环境噪声影响,因此,遥感测风数据应用必须对数据进行质量检验和必要的修正。超声测风仪是最准确的测风设备之一,它能精准地捕捉三维空间上气流的细微波动,但由于超声测风仪是利用超声波传播路径上的时间差来确定气流速度,其数据采样频率越高,对环境的敏感度也越高,气流中的雨滴、尘埃、飞虫等都会干扰声波对风速的响应,同时,仪器部件在响应和传输过程中的短暂故障也会导致信号错误而产生野点数据。研究表明,即使风速样本数据中只有2%~5%的野点数据,对风谱参数计算精度的影响也很显著。以风工程脉动风参数分析为目的的气象测量推荐采用具备有效数据自动识别功能的超声测风仪,以协助判别由于降水、尘埃等影响而产生的无效数据,但这还不够,仍需采取进一步的野点数据判别、剔除措施以确保样本数据的可靠性,工程计算操作一般采取多倍截断方差法对原始数据进行更细致的处理。

3．风能资源评估

（1）风能资源点评估技术应用

风能资源点评估是指利用测风塔（站）观测数据,采用数理统计方法对风能资源各项参数进行直接计算评估,包括：工程场地风机轮毂各高度附近的空气密度、风功率密度、风速频率分布、湍流强度、风向频率和风能方位分布、风速垂直切变等参数。

（2）风能资源区域评估技术应用

风电项目工程场地测风塔观测只能代表与测风塔所在位置的地形、地貌类似的区域的风况,而风电场设计需要掌握每台风机位置的风况特性,因此,区域风场评估技术被广泛应用于风能资源规划和风电机组微观选址等。风能资源区域评估主要依赖大气数值模拟技术,即基于大气动力学和热力学基本原理来描述近地层大气的运动过程以及地形、地貌对大气运动的影响作用。目前,我国风电场项目选址和风电机组微观选址使用的多种商业计算评估软件,从理论框架和计算模型上可分为两大类：一是基于线性理论模型,二是基于流体力学模型。关于风能资源评估内容将在下一节详细叙述。

4．风能数值天气预报

由于风速存在很强的间歇性、波动性,导致风电的不稳定性。风电大规模接入电网会增加电力系统运行的不确定性风险,给电网调度带来压力和挑战,风能预报技术的应用是解决这一问题的有效措施之一。欧美等风电技术发达国家,很早就利用先进的风能数值天气预报技术进行持续、稳定、多元化的风电功率预报服务,有效地提高了风电并网能力,从而成为风电参与电力交易的重要环节。

从风特性和电网安全运营的关键需求来看,转折性天气引起的风速突变可导致并网风电对局部电网运行产生较大的冲击,因而对转折性天气的预报能力的提高将是今后风能数值预报技术发展的重点；进一步发展观测资料同化、集合预报和统计订正技术是提高预报准确率的有效手段。此外,风能预报专业观测网的完善和数据共享机制,是逐步提升我国风能数值预报能力和准确度的重要基础。这一部分内容是时下风能发展的热点问题,也是我们本章讨论的重点之一,在后面章节将详细叙述。

气象技术已广泛应用于我国风电发展规划、风电场资源勘测和评估、风电项目设计建设以及风电并网等诸多重要环节。随着我国风能资源开发利用向更科学、精细化方向发展,对气象技术提出了更高的要求。特别是对风能气象技术基础能力提升起关键作用的专业探测技术和精细化数值模式技术的科学应用和发展等方面,应给予足够重视,为保障我国风能资源开发利用提供更为有效和可靠的支持。

第二节　风能资源评估

一、开展风能资源评估的目的和意义

随着经济和社会的发展,能源需求将持续增长,风能作为新能源和可再生能源,越来越受到世界各国的高度重视,到 2020 年我国能源消费总量将至少翻一番,面临的资源和环境压力很大。在发展电力时,积极发展风能等新能源,对于有效利用我国丰富的风能资源,保护环境,实现能源资源的合理开发和优化配置,促进我国风电建设的更快发展具有重要意义。为此,国家把电力发展和资源利用、环境保护作为一个整体,将调整能源结构,提高能源效率作为解决我国能源问题的重要措施。国家发展改革委要求各有关部门和单位,应当从国家和民族长远利益出发,来认识发展风电的重要性,制定政策,采取措施,大力推进我国风电事业的发展。

风能资源是气候资源的组成部分,气象部门是气候资源的主管部门,要及时追踪国家能源发展的政策和方针,充分认识气象部门在国家发展风电事业中应有的地位和作用,积极参与推进国家风电事业,抓住这次国家发展风电事业的机遇,主动做好风能资源评价工作,将这项工作作为气象部门实施拓展领域战略的重要工作内容抓紧抓好。

目前国内风电装机普遍高度在 50～200 m 之间,而我国目前所拥有的全国风资源监测数据均为各地气象台站的检测数据,即依据陆地上离地 10 m 高度资料计算的风资源情况,而且主要分布在城镇周边,因此要搞清楚中国风能资源储量的合理数值,亟待解决的问题就是得到对中国风能资源情况的实际有效检测数据。风电场投产后的发电量,取决于风资源状况和合理设计。一个预选风电场的开发,首先收集和掌握充分可靠的风能资源情况,保证项目有充分的科学依据,这就需要一方面落实所收集资料的完整性和可靠性;另一方面则是采用合理的数据处理和推算方法对所收集资料进行处理,尽可能不出现有严重偏差的结论,使产生的结果真实、可靠。

近年来,中国风力发电发展迅猛,势头强劲,但关于我国风能资源储量问题,很多专家各执一词,并未达成共识。

1976 年 M. R. Gustavson 提出,在大气层 1 km 以内估算风能被提取量极限为 0.25 W/m^2,全球风能可提取量为 1.38×10^{14} W。进而可以根据中国陆上面积 960 万 km^2 粗略的估算中国陆上风能储量为 240 亿 kW,其中可被提取的风能总量为 24 亿 kW。而吴运东指出中国可开发的风能总量为 44.4 亿～88.7 亿 kW 之间,剔除由于地形、人类的活动等因素,实际可开发的风能储量为可开发储量的 0.1～0.2 倍,即 4.44 亿～17.74 亿 kW(包括海上风能资源)。

薛桁等(2001)则给出了这样的结论:我国风能总贮量(10 m 高度层)为 322.6 亿 kW,这个贮量为"理论可开发总量",而全国风能实际可开发量为 2.53 亿 kW。由中国气象局出版的《中国风能资源评价报告》在薛桁等人工作的基础上,进一步指出:我国陆地上离地面 10 m 高度的风能资源总储量约为 43.5 亿 kW,其中技术可开发量为 2.97 亿 kW,技术可开发面积约 20 万 km²,潜在技术可开发量约为 7900 万 kW。而于午铭对上述估算方法进行了置疑,并提出了新的估算方法,最终以达坂城风资源评估为例给出了相应结论。

由此可见,我国风力发电业内专家对于风能资源储量并未达成共识,因此,对于我国风能资源储量的探讨具有重要的现实意义。

二、国内外风能资源评估进展

20 多年以来,国内外用于风能资源评估的技术方法主要有 4 种:基于气象站历史观测资料的评估、基于气象塔观测资料的评估、风能资源评估的数值模拟以及卫星遥感技术。近 10 年,世界各国都纷纷采用数值模拟技术开展风能资源评估,发展风能资源数值模式系统。当前,应用卫星探测反演的地面风速分布资料进行风能资源评估,有望成为开展近海风能资源评估的有效技术手段。

1. 早期的风能资源评估方法

美国斯坦福大学根据全球 1998—2004 年 7753 个地面气象站和 446 个探空气象站的观测资料,采用最小二乘法得到每个观测站的风速垂直廓线,之后通过插值方法得到了全球 80 m 高度上风能资源的分布,但这个分布是离散式的。由于各国参加国际交换的气象观测资料很有限,例如中国有 2500 多气象站,参加国际气象资料交换的站只有 200 多个,因此该方法得到的风能资源分布只反映出我国的沿海地区有较丰富的风能资源,而内蒙古和新疆丰富的风能资源都没有反映出来。因此,斯坦福大学的风能资源评估结果宏观上、部分地给出了全球风能资源的大体分布状况。

丹麦 Risø 国家实验室收集了欧洲 12 个国家 220 个气象站的观测资料,但各气象站的观测时段并不同步,总体上是从 1961—1988 年,最长的观测时段是 19 a,最短的观测时段是 1 a。大多数的资料长度接近 10 a。首先剔除气象站周围建筑物的影响,对气象站实测资料进行订正;然后根据欧洲的地形地表条件,分成了 5 类地形:山区、平原、沿海、离岸 10 km 的海域和缓坡地形,再考虑各气象站的地表粗糙度,计算风速随高度变化的垂直廓线,最终计算 50 m 高度的 Weibull 分布参数,给出 50 m 高度的风功率密度分布。

中国气象科学研究院分别在 20 世纪 80 年代和 90 年代开展了 2 次风能资源普查,均是采用对气象站历史测风资料的统计分析方法,计算各气象站的平均风速、Weibull 参数等风能参数,在垂直高度上没有进行外推,最后给出 10 m 高度的风能资源分布图谱。我国大陆上内蒙古和新疆风能资源最丰富,年风能密度 100～200 W/m²,其次是中国东部沿岸。其中渤海、黄海、南海沿岸风能密度为 50～100 W/m²,浙江、福建沿岸达 100～200 W/m。陆地上 10 m 高度可开发的风能资源总储量为 2.53 亿 kW。国家发展和改革委组织的我国第 3 次风能普查于 2003 年启动,采用了 2000 多个气象站的 30 a 历史观测资料,虽然技术方法上没有更新,但所用的气象站点数比第 2 次普查的 900 多个站增加了 2 倍多,因此新的中国风能资源分布图谱会更接近实际情况。

总而言之,基于气象站观测资料的风能资源评估主要存在 3 方面的问题:第一,气象站测风高度只有 10 m,而风机的轮毂高度大多数都在 50 m 和 70 m,近地层风速随高度的变化取决于局地地形和地表条件以及大气稳定度。因此从 10 m 高度的风能资源很难准确推断风机轮毂高度的风能资源;第二,我国气象站的间距是 $50\sim200$ km,东部地区气象站分布密度较大,西部地区分布稀少,西部的统计分析结果的误差就会很大,即使是 50 km 分辨率的统计计算结果也只能宏观地反映我国风能资源的分布趋势,不能较准确地定量确定一个区域可开发风能资源的覆盖范围和风能储量;第三,我国的气象站大多数都位于城镇,由于城市化的影响,城镇地区的风速相对较小,对风能资源评估结果有一定影响。所以,基于气象站观测资料的风能资源评估还不能满足我国制定风电发展规划对风能资源评价的需求。

2. 风能资源的数值模拟

近十几年来,欧美国家应用数值模拟的方法发展了许多较为成熟的风能资源评估系统软件。20 世纪 80 到 90 年代,丹麦 Ris∅ 国家实验室在 Jackson hehunt 理论基础上,发展了一个用于风电场微观选址的资源分析工具具软件——WASP,(Wind Atlas Analysis and Application Program)。该软件核心是一个微尺度线性风场诊断式. 利用地转风和单点的测风资料推算周围区域风场的风资源分布. 适用于较为平坦地形(坡度<0.03)。WASP,适用范围在 100 km^2,仅适用于对小范围风资源的调查。因此 90 年代后期 Ris∅ 实验室发展了将中尺度数值模式 KAMM 与 WASP 模式相结合的区域风能资源评估方法,利用网格尺度为 $2\sim5$ km 的中尺度 KAMM 模式输出结果驱动 WASP 从而得到具有较高分辨率的风资源分布图。

美国 True Wind Solutions 公司在应用数值模式评估风能资源方面处于国际领先地位,其产品 MesoMap 和 SiteWind 风能资源评估系统在 20 多个国家和地区将应用于风能能资源评估。MesoMap 是一个中尺度数值模式(MASS)与一个质量守恒的风场模拟线性模式(Wind-Map)相结合的评估系统。MASS 为非静力中尺度天气模式,包括 $2\sim3$ 层嵌套网格,分辨率可到达 $1\sim3$ km,能成功地模拟地形波、峡谷效应、对流风、海湖风以及下坡风等局地性风场,其输出结果用以驱动 WindMap。WindMap 分辨率可达 $100\sim1000$ m,不需要观测塔的资料,只需中尺度模式提供的边界层气象背景场,缺点是计算量大,夜间稳定边界层模拟不好,仅适用于距地面 50 m 以下的高度。

SiteWind 是专门针对风电场尺度的风场模式系统,它由中尺度数值模式(MASS)与多谱有限差分模式(MSPD)嵌套而成。MSFD 包括了动量和质量守恒以及湍流闭台方案,与 WASP 一样需要观测塔的资料,但比 MesoMap 有更高的网格分辨率。SiteWind 可以利用现场实测风资料对风图进行校准,极大地减小了模式误差,因此比 WASP 具有更高的准确性。

澳大利亚联邦科学与工业研究组(CSIRO)也发展了类似的非线性,小尺度风场模型。该模型不仅可以处理陡峭地形的风场模拟问题,而且可以模拟湍流等级,但不能用于较大范围风场模拟。由此他们利用中尺度 TAPM 模式与小尺度非线性模式相结合,以不同模式分别处理 2 种显著不同尺度的影响气流分布的大气过程,从而模拟 10 km 到 100 km 较大范围风资源的分布状况。此外,加拿大气象局将中尺度模式 MC2 与小尺度模式 Ms-micro 相结合建立了 WEST(Wind Energy Simulating T0olKti)数值模式系统,制作了加拿大 5 km×5 km 分辨率的风能资源图谱,并对部分地区进行了 1 km×1 km 的风能资源数值模拟。日本使用美国大气边界层模式 RAMS 也开展了本国的高分辨率的风能资源数值模拟。

总之,将数值模拟技术应用于风能资源评估是一个行之有效的方法。从基础理论上讲,建立在对边界层大气动力和热力运动数学物理描述基础上的数值模拟技术要优于仅仅依赖气象站观测数据的空间插值方法;从实际应用上来看,数值模拟方法可以得到较高分辨率的风能资源空间分布,可以更精确地确定可开发风能资源的面积和风机轮毂高度的可开发风能储量,更好地为风电开发的中长期规划和风电场建设提供科学依据。

3. 卫星遥感技术在海上风能资源评估中的应用

近 10 年来,卫星遥感资料越来越多地被应用到各个领域。2004 年至 2006 年以丹麦 Risø 实验室为主、多家科研机构参加的科研机构执行了由丹麦国家技术科学委员会立项的 SAT-WIND 研究计划,其目的是验证卫星反演资料应用于海上风能资源评估的可行性,这些卫星资料主要包括星载无源微波遥感器(Passive microwave)、高度计(Altimeter)、微波散射仪(Scatterometer)和合成孔径雷达(SAR)探测反演得到的地面风分布资料。

表 4-6 列出了 SAT-WIND 研究计划中所用到的卫星反演地面风速资料,其中包括卫星名称、卫星所有者、资料时段、分辨率和观测频率。可以看出,SSM/I 卫星资料时间序列长度最长,但观测时间频率最高;QuikSCAT 运行了 8 a,探测资料空间分辨率 25 km,每天 2 次;SAR 卫星资料空间分辨率最高,Risø 存储的资料分辨率为 400 m～1 km,但是探测时间频率最低,每月只有 3～8 次。星载无源微波遥感器和高度计探测资料只能提供风速标量值的地面分布,其他卫星探测都可以提供风速矢量的地面分布。由此可见,星载无源微波遥感器获得的海上风图最多,每天 6 次,可用于风参数的计算;微波散射仪探测得到的风图也很有意义,因为它包括海面风矢量信息,观测频率为每天 2 次。SAR 卫星资料与众不同,由于空间分辨率可以达到 400 m×400 m,SAR 卫星可以提供非常靠近海岸区域的风速分布。也就是说可以直接提供海上风电场所关心的近海 3 km 以内区域的风况。因此除 SAR 卫星以外,其他卫星资料均需通过模拟技术将开阔海域的风速反演结果推算到海上风能开发所关心的近海海域,但由此获得的风速分布的分辨率较低,可以描述区域风能资源的分布趋势,还不能满足风电场可行性研究的需要。

表 4-6　SAT-WIND 研究计划中所用到的卫星反演地面风速资料

卫星资料专有名词	卫星资料来源	资料时段	分辨率(km)	观测频率
Passive microwave				
SSM/I	DMSP	1987 年至今	25	6 per day
AMSR-E	NASA	2003 年至今	25	1 per day
Passive Microwave polari				
WindSat	NRL	2003 年至今	25	<1 per day
Scatterometer				
ERS-1 SCAT	ESA	1991—1995 年	25	<1 per day
ERS-2 SCAT	ESA	1995—2001 年	25	<1 per day
NSCAT	NASA/NASDA	1997 年	25	1 per day
QuickSCAT	NASA	1999 年至今	25	2 per day
Midori-2	NASA/NASDA	2002—2003 年	25	2 per day
Altimeter				
Jason-1	NASA/CNES	1991 年至今	10 *	<1 per day
TOPEX/Poseidon	NASA/CNES	1992—2002 年	10 *	<1 per day
ERS-2 RA	ESA	1995 年至今	10 *	<1 per day

卫星资料专有名词	卫星资料来源	资料时段	分辨率(km)	观测频率
GFO-1	US Navy	1998 年至今	10 *	<1 per day
SAR				<1 per day
ERS-1 SAR	ESA	1991—1995 年	0.5	3 per month
ERS-2 SAR	ESA	1995 年至今	0.5	3 per month
Envisat ASAR(IMG,APP)	ESA	2002 年至今	0.5	3 per month
Envisat ASAR(WSN)	ESA	2002 年至今	2	8 per month

注：表中第一列为卫星资料专有名词，第二列为卫星资料来源简称。DMSP(Defense Meteorological Satellite Program)美国国防部的极轨卫星计划；NASA(National Aeronautics and Space Administration)美国国家航空航天局；NRL(Naval Research Laboratory)美国海军研究实验室；ESA(European Space Agency)欧洲航天局；NASDA(National Space Development Agency)前日本宇宙开发事业集团，已于 2003 年 10 月 1 日，与日本航空宇宙技术研究所(NAL)、宇宙科学研究所(ISAS)合并为宇宙航空研究开发机构(JAXA)；CNES(Centre National d'Etudes Spatiales)法国国家太空研究中心。

在 SAT-WIND 研究计划中主要进行了 3 种类型的研究，即卫星反演获得的风能图谱与气象站观测资料分析结果的比较；利用卫星反演风速序列资料分析计算风参数；卫星反演得到的近海风速分布与丹麦和瑞典中尺度数值模拟结果的比较。最终的结果表明：应用卫星反演风速分布进行海上风能资源的评估还是可行的。气象站观测资料最适用于近中性稳定度的岸上风能资源评估，而卫星反演风速分布更适用于评估非中性的岸上和近海风能资源。与中尺度数值模拟结果的比较表明，卫星反演的海上风能资源分布与海上风电场观测结果更相近。

总之，应用卫星反演资料进行风能资源评估优势在于，卫星探测资料覆盖的空间范围很大，有助于近海风能资源的评估；而且卫星资料的获取比建立测风塔观测要经济很多。但卫星资料用于风能资源评估也存在一定的局限性主要是资料的时间、空间分辨率太低，精度也较差。基于卫星反演资料的风能资源图谱可以用来推测海上气象观测点周围的风况，也可以用来监测大范围近海风能资源的变化。

4. 中国风能资源的数值模拟

2005 年中国气象局与加拿大气象局启动了风能资源数值模拟的合作项目，中国气象局风能太阳能资源评估中心引进了加拿大风能资源数值模拟软件 WEST(Wind Energy Simulation Toolkit)，并根据中国的地形特点进行了本地化改进。2007 年中国气象局风能太阳能评估中心采用 WEST 对我国大陆及其近海的风能资源进行了评价，将中国大陆及其近海区域等分为 52 个模拟区域分别进行模拟，然后再拼接成全国风能资源分布。每个模拟区域面积约为 875 km×875 km，最后给出垂直高度为 10 m、50 m、70 m、110 m，水平分辨率 5 km×5 km 的全国陆地和近海风能资源分布。按照美国 NREL 的风能资源区划标准，将 50 m 高度上风功率密度小于 300 W/m²、300~400 W/m²、400~500 W/m² 和大于 500 W/m² 的区域，分别定义为风能资源贫乏区、一般区、较丰富区和丰富区。图 4-13 是数值模拟得到的我国 50 m 高度上风能资源区划，可以看出，我国风能资源丰富的地区主要分布在内蒙古、新疆和甘肃河西走廊，东北和华北的部分地区，以及青藏高原和云贵高原的部分地区。东南沿海海岸也有较丰富的风能资源，但是由于面积太小，图上显示不出来。此外，湖南、广东和广西的部分山区也具有较丰富的风能资源。

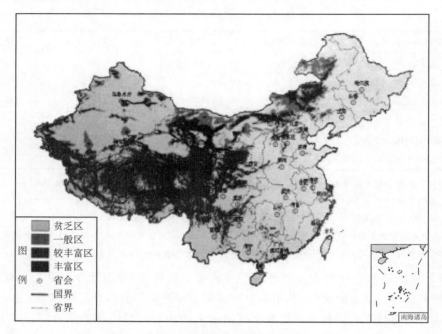

图 4-13　全国风能资源区划图（高度 50 m）

　　由于图 4-13 是 1971 年至 2000 年风能资源平均分布的数值模拟结果，为检验其准确率，采用 1 a 至 2 a 观测时段的铁塔观测资料是不合适的，气象站观测资料的时间长度可以达到 30 a，但是大多数的气象站都不同程度地受到了城市化的影响。对于风能资源评估而言，其观测数据的代表性不够，为此选用周边环境受人类活动影响很小的共 11 个气象站测风资料与 10 m 高度上平均风速数值模拟结果进行对比（表 4-7），结果表明 30 a 平均风速的数值模拟值与实测值的平均相对误差约为 ±12%。

表 4-7　1971—2000 年气象站平均风速与数值模拟结果的对比

气象站		海拔高度（m）	10 m 高度上的平均风速		
			观测值（m/s）	模拟值（m/s）	相对误差（%）
甘肃	马鬃山	1770.4	4.4	4.4	0
	乌鞘岭	3043.9	5.1	6.4	25
	大丰	7.3	3.3	3.4	3
	东山	18.7	3.4	4.2	24
江苏	吕泗	9.6	3.6	4.2	17
	西连岛	22.0	5.2	4.2	−19
	燕尾港	5.0	4.4	3.7	−16
	徐州	41.9	2.4	2.3	−4
山东	潍坊	19.3	3.5	3.4	−3
	海阳	63.9	3.4	2.8	−18
	夏津	37.7	3.2	3.4	6

　　美国可再生能源实验室（NREL）采用美国 True Wind Solutions 公司的数值模式系统对我国东部和近海 300 万 km² 面积的区域进行了风能资源评估，并用 UNDP 在此区域设立的

10 个 70 m 高测风塔的实测数据对数值模拟结果校正,再结合从 500 多个气象站中筛选出来的 170 多个气象站以及 60 多个已有测风塔资料,利用地理信息系统,推算全国 50 m 高度的风能资源技术可开发量,得出我国陆地范围内离地面 50 m 高度的风能资源分布。

将中国气象局风能资源数值模拟结果与 NREL 风能评估结果比较表明,在与 NREL 评估区域相同的情况下,中国气象局陆上风能资源的数值模拟结果与美国 NREL 的风能资源评估结果基本一致,尤其是平均风功率密度 ≥300 W/m² 区域的风能技术可开发量只相差 24%。说明中国气象局数值模拟结果与 NREL,采用东部数值模拟与西部分析观测资料相结合的评估方法得到的结果有一定的可比性。因此,虽然中国气象局数值模拟结果还有待用一定量的观测资料进行校验,但估计与实际风能资源储量不会存在量级上的误差。

5. 中国风能资源评估技术发展展望

目前国外开展风能资源数值模拟的普遍方法是:中尺度模式＋小尺度模式。例如.丹麦 Risø 的 KAMM＋WAsP(KAMM:德国中尺度模式;WAsP:小尺度模式)、美国 True Wind 的 MesoMap(中尺度模式 MASS＋小尺度线性模式 WindMap)和 SiteWind(中尺度模式 MASS＋小尺度非线性模式 MSFD)、澳大利亚的 WindScape(中尺度模式 MM5 或 TAPM＋小尺度线性或非线性模式)和加拿大的 WEST(中尺度模式 MC2＋小尺度模式 Ms-micro)。

风能资源评估一般分为 3 个阶段:普查、详查和风电场选址。在风能资源普查阶段,只要弄清一个国家或地区风能资源的宏观分布就可以了,因此选用中尺度数值模式进行数值模拟就可以满足要求。在风能资源的普查阶段,要求数值模拟结果分辨率达到 1 km,以满足制定风电发展规划的要求。这对于地形平坦的地区,只采用中尺度数值模式还可以满足要求。但对于地形复杂的地区,中尺度模式就不能准确地模拟近地层的风速分布。因为风电开发利用的是 100 m 以下的近地层大气运动产生的风能,近地层是大气边界层的底层,而中尺度模式中对大气边界层的湍流运动过程采用参数化形式来简化处理。因此在平坦地形下,大气在水平方向上的运动尺度远远大于垂直方向上的运动尺度,这种简化的参数化形式还是成立的。但在地形复杂到大气在垂直方向上的运动尺度与水平方向的运动尺度相当时,这种参数化形式就不适用了,必须在基本运动方程中增加湍流交换项,因此需要采用小尺度模式,或者说是大气边界层模式。风电场选址的风能资源评估,要求给出风电场建设范围内 100 m×100 m 或 200 m×200 m 的风能资源分布,这就必须采用小尺度数值模式。对于非常平坦而光滑的地表条件,可采用基于质量守恒原理的小尺度线性诊断模式。对于山区和粗糙的地表条件,需采用基于非线性湍流闭合方案求解的大气边界层模式。如果遇到陡峭地形.或需要计算风机之间尾流的影响,则需要采用计算流体力学模式(CFD)。由此看来,风能资源评估的数值模拟不能缺少小尺度数值模式。

目前各国对中尺度数值模式都比较开放,如美国的 MM5 和 WRF,加拿大的 MC2 等,但对于小尺度模式,一般都是制作成商业软件,为风电场建设工程项目提供技术咨询服务。在我国的风能资源评估工作中,除了中国气象局引进了加拿大风能资源数值模式 WEST 以外,基本上都是采用美国中尺度数值模式 WRF,或者是购买丹麦 Risø 实验室的商业软件 WASP、挪威的 WindSim。中国国土面积大,地形条件十分复杂,国外的数值模式,尤其是欧洲的小尺度数值模式,其中的湍流闭合参数都是基于其本地的近地层湍流观测实验结果确定的,与中国的地形地表状况相差甚远,这也是中国的 WASP 客户普遍反映丹麦 WASP 软件计算结果误差太大的原因。因此,中国的风能资源开发迫切需要自主发展小尺度数值模式。

相信在今后的几年中,中国必将发展出有自主知识产权的小尺度数值模式。包括计算流体力学模式,建立适用于中国的风能资源数值模式系统,为我国风电发展规划、风电场建设和风电场运营的风能资源短期数值预报提供有力的技术支持。此外,在应用卫星反演资料开展我国近海风能资源的评估方面也会取得显著的成绩。

第三节 风电场选址气象决策服务

一、风电场选址综述

能源就是能够提供能量的物质资源,风能就是这样的自然能源之一。风能是太阳能在地球上的一种转化形式,是一种不产生任何污染排放的可再生的能源。风力发电在可再生能源的利用中有着巨大的发展前景,而风电场选址作为风电场建设项目的前期工程,对风力发电场建设的成败及其今后的效益起着至关重要的作用。所以,随着风力发电技术的发展,对风电场选址的研究显得愈发重要。

风电场选址一般包括宏观选址与微观选址。宏观选址是指在一个较大范围的地域内,通过对气象、地理条件等多方面进行综合考察,然后选择一个或多个风能资源丰富且有利用价值的小区域的过程。微观选址则是在宏观选址的基础上,考虑地形、地貌、交通等因素,在既定的那些小区域中进行筛选,并进一步对风力发电机组进行选型及布局,使得整个风电场具有良好的经济、社会效益的过程。

1. 宏观选址

宏观选址主要是对考察地区进行风能资源评估的过程。由于在宏观选址的过程中,用到的是较大范围的较粗糙的气象、地质数据,所以为了对选定的小区域进行细化研究从而进一步获得详细数据,这就需要在某些重点考察的位置安置测风塔,同时这也为下一步的微观选址做好准备。

(1)宏观选址阶段划分

宏观选址大体可分为 3 个阶段:

初评阶段:参照中国国家风能资源分布区划,在风能资源丰富或较丰富地区选出一个或几个待选区域。待选区需要具备以下特点:有丰富的风能资源;在经济上有开发利用的可行性;风能品质好。

筛选阶段:在待选的风能资源区进行进一步筛选,择优选取有开发前景的场址。这一阶段主要考虑一些非气象因素的作用,例如:交通、投资、土地、通信、并网条件等。

测风阶段:对准备开发建设的场址进行具体分析;利用自立测风塔进行现场测风,以取得足够的精确数据(一般来说至少取得 1 a 的完整测风资料);考虑风力发电机组输出对已有电网系统的影响;进行风电场的初步工程设计;对场址建设运行的经济效益、社会效益进行评价。

（2）宏观选址基本原则

①风资源丰富,风能密度应达到 150 W/m² 以上;风速＞3 m/s 的时间全年有 3000 h 以上;

②风功率输出稳定,预建风电场地区的年盛行风向稳定;

③对于预建风电场地区的气象环境情况(如温度、相对湿度、大气压力、空气密度)及风电场内的地理环境情况(如表面粗糙度、障碍物等)有较详细的资料;

④根据风电场的建设目的和装机容量适当选择距地区电网的距离,以便提高电能质量,减少输电损失;

⑤交通便利,有利于施工安装和运行管理;

⑥预建的风电场应距附近的居住地有相当的距离,这样可降低噪声对当地居民的影响。

2. 微观选址

微观选址就是在宏观选址的基础上,考虑预建风电场处的气象、地理及人文条件,对风力发电机组进行选型和具体布局的过程。

（1）风力发电机选型

风力发电的"原料"是风,而风的特性是不稳定。只有解决了风力发电机组与风电场风能资源的匹配问题,才能提高风电场的发电量。对于某一个风电场,应选择合适的风力发电机组,而不能局限于追求风力发电机组容量的最大化。

（2）风力发电机组的布局优化

在风电场中,风力发电机的排列布局是一个非常重要的问题,它将直接影响到风电场的实际年发电量。风力发电机在风电场中的布局排列取决于风电场地域内的风况(风速、风向等)、地形、风力机的类型结构(如叶轮直径 d)、风轮尾流效应的影响等因素。

①现有风电场的布机方案

风电场中的风力发电机可以多种多样的形式排列,但必须遵守一定的原则,即任何一台风机风轮的转动对其前后左右的其他风力发电机能够接受的最大风能产生的影响较小,且总体上风力发电机组的占地最小。

②风机之间的相互影响——尾流效应

尾流效应是指气流经过风轮旋转面后形成的尾流,对位于其后的风力机的功率特性和动力特性将产生很大的影响。

根据风功率计算公式可知,功率的变化与风速变化的三次方成正比,当风速有一个微小变化时,功率就有一个很大的变化。由于风力机尾流效应的存在,下游风力发电机组的出力将大大减少。由于在整个风场范围内的风力机都会产生尾流效应,于是当两台风力机的尾流相遇时会产生效果的叠加,这样处在尾流叠加区域内的风力机的出力可能会受到严重影响。所以风场布置时要尽量减少风力机尾流效应对其下游风力机的影响。

当前国内进行风电场中风力机的布置时通常采用通用的梅花状布置来减小风力机尾流效应的影响,在盛行风向上风力机组间隔为 5～9 倍叶轮直径,在垂直盛行风向上机组间隔为3～5 倍风轮直径。这个原则为经验方法,在一般平坦、地面粗糙度不高的地形中基本适用。但有时也会出现布置不佳,影响风电场发电量的情况。这样在确定风电场布置方案时,就需因地制宜,制定多种不同方案进行对比,最终确定该风电场的最优方案。

③智能优化方法用于微观选址

风电场的微观选址为复杂的非线性约束优化问题。该问题约束条件多,目标函数的导数难以计算,且无法采用以梯度为基础的传统优化算法进行求解。所以一些智能优化方法在微观选址中有着很好的应用。单就目标函数来判断优化结果的优劣,采用遗传算法得到的优化结果略胜于采用传统方法得到的结果。同时利用该方法将变风速变风向条件下与等风速同风向条件下得到的风电场布局特点以及风电场的特征数据进行对比分析,可发现在同一风速下,前者得到的单位风力机发电量会略小于后者,效率也相应地有所降低。所以对于风机的布局优化这类复杂的非线性约束优化问题,遗传算法、粒子群算法等智能优化方法具有很好的优化效果,同时也为风机的布局优化提供了新思路。实际上,智能算法同样适用于风能资源的评估。

④地形地貌对风机布局的影响

a. 平坦地形

当风电场预建在平坦地形时,主要考虑粗糙度和障碍物对风机布局的影响。

(a)地表粗糙度

地表粗糙度是反映地表起伏变化与侵蚀程度的指标,风电场地表覆盖物特征会对风电场风能的输出产生重要的影响。当地表粗糙度在某一位置变化较快时,该处的风速廓线将变得非常复杂。在这类的边缘位置上(由粗糙变为平滑或由平滑变为粗糙时),在下风方向要经过一段距离,才能使风况重新适应新的粗糙度,一般将这一距离称为"过渡区"。

地表粗糙度的增加会导致近地面风速的减小,且增强近地面的湍流强度。随着高度的增加,地表粗糙度对风速及湍流强度的影响将逐渐减弱,当到达一定高度后,其影响可忽略不计。

(b)障碍物的影响

风流经障碍物时,会在其后面产生不规则的涡流,致使流速降低,这种涡流随着来流远离障碍物而逐渐消失。

障碍物对风速的影响主要取决于障碍物距考察点的距离、障碍物的高度、考察点的高度、障碍物的长度以及障碍物的穿透性。

在实际中所说的障碍物一般指建筑物。建筑物等地物对其周围的大气流动(特别是尾部的流动)将产生非常复杂的干扰,在干扰区中,风速和湍流强度均有较大变化。随着建筑物的宽高比及建筑物间的距离不同,一般会形成单体绕流、尾流干扰绕流、顶部绕流等流态形式。

根据经验,当距离大于障碍物高度20倍以上时,涡流可完全消失。所以布置风力机时,应远离障碍物高度20倍以上。

b. 复杂地形

我国70%的陆地都是山区,在山区由于局部环流的影响使流经山区的气流发生改变,由于地形的复杂,各种不同地形下的风速会有不同,即使是同一地形,其不同部位风速也会有所不同。在开发复杂地形风资源时,由于目前对此方面的研究较欠缺,而且目前常用的风资源评估软件对复杂地形的适应性并不良好,所以亟须对复杂地形风资源分布进行研究。而在研究的过程中一般将 CFD 技术与数值模拟相结合,对不同的典型地形地貌进行多尺度数值模拟。

目前国内的研究主要是针对一些典型的山体模型进行数值模拟分析,例如正弦地形、后台阶地形,三维轴对称山丘、二维山坡、二维山脊方体绕流、三维圆形陡坡等。在这些研究中,通常给出了在不同山体特征的情况下,风速和风能的变化以及湍流强度等影响风机布置的相关因素的变化情况。这样就可根据这些分析结果,安全、高效地布置风力发电机。

3. 国内外选址软件简介

风电厂选址软件主要分为两大类：适用于较简单地形的 WAsP（线性模型）类和适用于复杂地形的 CFD（非线性模型）类。其中，由丹麦 Risø 国家实验室开发的 WAsP 软件包和由挪威 WindSim 公司开发的 WindSim 软件包分别是以上两类风资源评估软件中应用率最高的软件。

（1）WAsP

20 世纪 80—90 年代，丹麦 Risø 国家实验室在 Jacksonhe Hunt 理论基础上，开发了用于风电场选址的资源分析工具软件 WAsP。20 世纪 90 年代后期，Risø 实验室发展了将中尺度数值模式 KAMM 与 WAsP 模式相结合的区域风能资源评估方法，利用网格尺度为 2～5 km 的中尺度 KAMM 模式输出结果驱动 WAsP，从而得到具有较高分辨率的风资源分布图。

但 WAsP 本身采用线性模型计算方法，有其一定的局限性，它会随被计算流体经过复杂的地形而带来计算结果的不确定性。所以 WAsP 对地形相对简单、地势较平坦的地区较适用，但对较复杂地形，由于受许多边界条件等的限制，不太适合采用。

（2）WindSim

WindSim 软件是挪威 WindSim 公司设计，基于计算流体力学方法进行风资源评估及风电场微观选址的软件。利用计算流体力学进行风资源评估和微观选址，实际上是求解风场边界条件下的流体力学微分方程，获得微观风场内的基本流动细节，根据空气流动的能量分布，安排风机处于高风能区的一门技术。它主要是通过有限体积方法数值求解 Navier-Stokes 方程，其湍流模型采用湍流动能耗散率闭合方案。

（3）WindPRO

WindPRO 不但具备了 WASP 的所有优点，并以方便灵活的测风数据分析手段，可进行不同高度测风数据比较，提供多种尾流模型的风电场发电量计算，进行风电场规划区域的极大风速计算，具备不断更新的风机数据库等优势，从而被广泛使用。

（4）WT

Meteodyn WT 是由法国 Meteodyn 公司开发的适用于任何地形条件的风流自动测算软件，Meteodyn WT 使用计算流体力学方法（CFD），此方法在风资源评估中的优点是能减少复杂地形条件下评估的不确定性，得到整个场区的风流情况。

（5）WindFarmer

风电场优化设计软件 WindFarmer（Wind FarmDesign & Optimization Software）是由 WINDOPS 有限公司开发，主要用于风电场优化设计即风力发电机组微观选址，是通过 GL 认证和相关实地验证的风资源评估软件。在国外，尤其在欧洲国家，已得到广泛应用，但在国内的用户较少。

二、云南山区风电场选址的方法问题

一般来说，风电场选址以测风资料为主要依据。云南省气象台站除个别台站建于山区外，其余均位于平坝地区，其测风资料不能反映山区的实际风况。据《云南省风能资源云南省风能资源评价报告》，云南省平坝地区风速较低，几乎无建造风电场的地址。云南省广大山区由于地形等特殊条件，造就了若干具备建风电场条件的地址。山区成为云南省风电场选址的重点。鉴于云南省山区普遍缺乏测风等气象资料，在风电场规划工作中，必须解决在缺乏测风资料的情况下,如何进行选址的方法问题。

1. 风电场选址的重点和难点

（1）选址的重点

云南省现有气象台站 125 个,加上已撤销的气象站共 133 站,其中只有太华山为高山气象站,其余 124 站均建于城镇附近,且绝大多数位于平坝区。据 125 站 1981—2010 年的测风资料统计:年平均风速 0.5～2.0 m/s 的 79 站,占总数的 63.2%,2～3 m/s 的 38 个,占 30.4%；3～4 m/s 的 7 站,占 5.18%；4～5.5 m/s 的 4 站,占 5.6%,其中太华山站年平均风速最大,4.5 m/s。

利用 1981—2010 年 125 站的风速资料计算得到,云南 125 个站的有效风功率密度均小于 100 W/m² ,低于功率密度 3 级规定指标（10 m 高风功率密度为 150～200 W/m²）。

我国把风功率密度由小到大分成 7 个等级,作为评价风资源的标准。分级标准指出:只有风功率密度达到或高于 3 级规定指标的风资源,才具备建并网风电场的较好条件（详见 GB/T 18710—2002《风电场风能资源评估方法》）。用平坝地区气象站的测风资料计算得到云南省风功率密度的数据说明,云南省几乎无适宜建风电场的地址。据此,有关部门将云南省列入我国风能最小区或风能贫乏区。

尽管如此,这并不能说明云南省无建风电场的可能。大气环流虽有普遍规律,但局部地形对风速有很大的影响。例如太华山站与昆明站相距不到 15 km,高差约 600 m,太华山站年平均风速 4.5 m/s,昆明站年平均风速 2.1 m/s,前者为后者的 2.14 倍。大山包站（已撤销）与鲁甸站相距不到 30 km,高差约 2000 m,大山包站年平均风速 5 m/s,鲁甸站年平均风速 2 m/s,前者为后者的 2.5 倍。相邻两地年平均风速巨大差异,主要是海拔高差和特殊地形因素造成的。

云南省已开发的山区风电场测风塔的测风资料进一步说明:利用局部地形对风速的显著影响,可以找到建风电场条件很好的地址。云南省某山区风电场 1 号测风塔海拔约 2890 m,与县气象站（年平均风速 2.7 m/s）相距不到 20 km,高差约 900 m,年平均风速前者为后者的 3.3 倍。1 号测风塔 10 m 高年平均风速 8.56 m/s,年平均风功率密度 418 W/m²；30 m 高平均年风速 8.72 m/s,年平均风功率密度 434 W/m²；40 m 高平均年风速 9.12 m/s,年平均风功率密度 502 W/m²,在不考虑空气密度修正情况下,超过风功率密度 3 级规定指标,达到风功率密度 5 级规定指标（50 m 高风功率密度 500～600 W/m²）。

云南省国土面积 39.4 万 km²,其中山区（包括高原）占 94%,面积约 37 万 km²。初步研究分析和实地查勘表明:在如此大的范围内,有不少与 1 号塔所在地地形条件相似的风电场地址和其他类型适宜建风电场地址。因此,云南省风电场选址的重点在广大的山区。图 4-14 是云南的地形图。

（2）选址的难点

风功率密度的计算公式如下:

$$P = \rho V^3 \tag{4-1}$$

式中,P 为风功率密度,W/m²；ρ 为空气密度,kg/m³；V 为风速,m/s。

由上式可知,功率密度与风速的三次方、与空气密度成正比。影响风功率密度的最主要因素是风速。由于云南省风电开发起步较晚,山区普遍缺乏测风资料,是山区风电场选址的第一个难点。

其次,云南省要找风速大的风电场地址,海拔通常在 2500～3500 m。初步估计其空气密度比标准值(1.225 kg/m³)低 30％左右。鉴于风功率密度等级指标是按标准空气密度确定的,因此云南省风电场要达到规定的功率密度,风速应当比规定值更高。

图 4-14　云南地形图

第三,湍流强度是建风电场的重要指标,它对机组性能和寿命有直接影响。云南省气象台均无风速脉动观测记录,无法进行湍流强度计算。因此在风电场选址时,湍流对风电机组运行可靠性的影响无法准确预测。

第四,由于缺乏高山区的冰凌、浓雾、大雪、雷暴、极端气温等灾害的观测资料,对风电机组未来运行条件的确定缺乏科学依据。

综上所述,缺乏山区气象观测资料,尤其是缺乏山区测风资料是云南省风电场选址的主要难点。

三、有关风电场选址重点对象的建议

据云南省山区的实际情况,提出如下 7 类风速可能较高的地址,作为风电场选址的重点对象。

1. 迎风向山脊

迎风向是指山脊的走向与当地的主风向成正交或大角度相交。据云南省情况,山脊的高度要适中,山脊高度最好在海拔 2500～3500 m。高程太低风速不大;高程太高则空气密度太低,且交通、施工、运行条件恶劣。两者均不利风电场的建设。按容量不小于 10000 kW 计,山脊长度应不短于 3 km。当山脊较窄时,风机可采用单排布置,塔间距可适当缩小。当山脊较开阔、高差起伏不大时,则有利于风塔双排或多排布置,塔间距应适当加大。高程在 3000～3500 m 的山脊,多数为草甸、荒地或裸岩,因此工程占地问题比较简单。云南省高海拔山区,冬季常常发生冰凌、浓雾、大雪等灾害,不利于机组运行。

云南省金沙江、澜沧江、怒江、红河、南盘江和伊洛瓦底江六大水系间的分水岭,其走向与云南省主风向呈较大角度相交的地段,有利于风电场的建设;走向与主风向小角度相交或平行的地段,如果分水岭地形较开阔,可采取迎风向多排风机布置,可以建设规模较大的风电场。

大水系分水岭,尤其在位于滇西的部分地段,风速很高。据有关文献介绍,伊洛瓦底江与怒江分水岭高黎贡山,年平均风速高达 8.7 m/s。但当地海拔过高,空气密度过低,交通很不方便,施工及运行条件很差,不宜进行大规模开发,只能选择其中开发条件较好的局部地段进行先期开发。

支流间的分水岭和盆地边缘的高山脊是我们工作的重点对象。这两类山脊数量多,海拔一般在 3000 m 以下,离城镇较近,交通比较方便,这些山脊常常是当地的草山和重点发展的牧区。开发风电不仅不影响畜牧业的发展,还为当地增添风光独特的高山旅游景点。

云南省有些公路沿支流间的分水岭修建,可为那里建风电场提供交通运输条件,值得我们关注。

2. 高台地

高台地是指与周围的地形相比海拔更高、地形起伏相对不大、范围较大的地区。风速较高的高台地有条件布置多排风机塔,常常是规模较大风电场地址。较开阔的山脊可视为长条形高台地。云南省高台地主要分布于滇东北和滇西。高台地常常是高山草甸或旱地。高台地由于海拔高,同样存在施工和运行条件较差的问题。高台地不一定具备高风速,这一点应引起我们特别的重视。例如滇西丽江太安—高美古一带,地形上属于高台地。但风季晴朗日下午实地测得的风速很小。有的高台地如丽江九子海地区,初次测得的风速很高(17 m/s),但设塔测风统计得到的年平均风速较低(4 m/s)。

滇东北昭通大山包则是高台地具有高风速的典型例子。但它涉及省级黑颈鹤自然保护区。开发风电场是否会影响黑颈鹤栖息条件,风电场布局如何避开鸟道以及设置预警装置等问题,需要研究。在选择高台地作为风电场时,可参考这些实例,以提高选址的成功率。

3. 风口地区

云南省航测地形图常常标注以风命名的地区,例如:紧风垭口、大风垭口、二风口、三风口、风力坡、风流坡顶、大风坝等地名,是测绘部门调绘时根据实地调查,以当地居民习惯叫法定名的。这些地区常常是名副其实的风速较高的地区,应是风电场选址的重点关注地区。

在众多的风口中,只有风速较大且风口两侧山坡相对开阔和平坦,有条件采取多排风塔布置,形成较大规模的风口,才能建设风电场。滇东北有三个风口,风速较大,但无建风电场的场地。滇西某风口不仅风速大,且风口以上两边地形开阔,初步估算可建大型风电场。

风口的高风速常常是风口所处的山脊有高风速的一种信号。要特别注意连绵高山脊线的端点或中间鞍部高度骤降形成的风通道,也就是范围较大的风口。这些地方常常是建风电场的较好地址。例如滇西苍山脊线南端,海拔由 4000 多米骤降至 2500～3000 m,形成著名的下关风。风口增速是垭口效应的具体表现。

4. 顺风向的长条形盆地(或地槽)

本节所指的地形,应具备能形成风通道,以产生狭管效应的下列特征:

(1)顺风向指条形盆地的长方向与主风向一致或小角度相交。

(2)盆地两侧有高山或较高山。

(3)迎风侧通道较顺畅。

丽江坝子是具备上述地形特征的典型例子。丽江坝子海拔约 2300 m,长约 20 km,宽约 5 km,呈东北—西南向分布。东西两侧有高山,西侧为著名的玉龙雪山。南侧与鹤庆坝子相通,中间无高山阻隔。鹤庆方向南来气流可比较顺畅进入。西侧南来气流受高山阻挡后产生绕流,也进入丽江坝子通道,增大了通道的气流量。上述地形特征产生狭管效应和绕流效应,是形成丽江白沙一带大风的重要条件。

5. 微波通信中继站(包括电视塔)附近地区

某些控制范围较大的中继站和电视塔,通常位于海拔较高,附近地形开阔,通视条件良好的地区,有利于形成风的通道,可能成为较好的风电场地址。

建中继站和电视塔一般都要修公路,也为建风电场的前期工作和施工提供方便。其次若能利用塔身安装测风仪器,收集风速、风向等资料,则可以节约风电场的前期工作费用。

6. 风力形成植物永久变形的地区

植物长期受风力作用导致明显的永久变形,主要表现为树木的树干倒向某一方向,可以说明当地主风向;其次从变形的程度可以说明风力的大小和持续时间。通常年平均风速的大小是树木变形程度的主要因素。

树木变形程度还与树种和树龄有关。在缺乏山区测风资料的情况下,风力作用下形成的植物永久变形现象,是判别当地风速高低和主风向的难能可贵的重要标志,应作为风电场选址的重要依据。

7. 滇东喀斯特高原孤峰群

滇东喀斯特高原广泛分布孤峰群,孤峰群亦称风峰林地貌,这些孤峰的相对高程约100～200 m,本身就是一群风塔,当孤峰群的地面风速较大加上高度效应和绕流效应的作用,孤峰的峰顶风速将达到地面风速的数倍,很可能是风电场的合适地址。孤峰通常基岩裸露,地质条件较好,也不占林地和农田。在孤峰顶建风塔,施工和运输条件是最主要的制约因素。鉴于目前利用直升机参与风电场施工尚不现实,孤峰群可作为远景风电场开发对象。

图 4-15 是美国 3tier 公司制作的离地 80 m 高度云南风资源分布图。从图中可以清晰地看到,云南中东部和西部大理丽江沿山脊线的风资源分布丰富。非常适合进行风电开发。

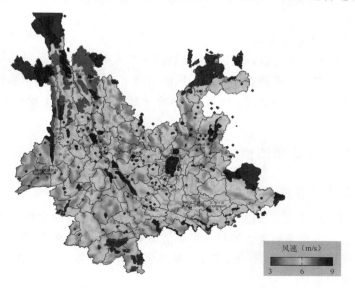

图 4-15　云南离地 80 m 风速分布图

第四节　风电功率预测预报

一、开展风电功率预报的目的和意义

国家能源局 2011 年 7 月颁布了《风电场功率预测预报管理暂行办法》,该办法规定,从 2012 年 1 月 1 日开始,所有已并网运行的风电场必须建立起风电功率预测预报体系和发电计划申报工作机制并开始试运行,以提高风电场与电力系统协调运行的能力,保障电网运行安全,而未按要求报送风电功率预测预报结果的风电场不得并网运行。各风电场预测预报系统从 2012 年 7 月 1 日开始运行并纳入考核机制,其中日预测曲线最大误差不超过 25%,实时预测误差不超过 15%,全天预测结果的均方根误差应小于 20%,对长期预测准确率差的风电场要求进行整改。根据国家新能源长期政策,未来每年还会增加 200~300 个风电场,风电功率预报市场潜力巨大。

风电功率预报之所以受到高度重视,有其必然性:

(1)风电功率预报是风电发展需要

由于风电天然具有的随机性、间歇性、波动性等特点,风力发电给电网调度带来极大的困难(电网发电输电供电需时刻保持平衡),严重阻碍风电发展,国内外风电场运营经验表明:风电功率预报是解决这一问题的主要途径。

(2)电力系统调度需要

对风电进行有效调度和科学管理,可以提高电网接纳风电的能力。电网系统需要风电场风电功率预测预报系统在前一天提供准确的风电功率预测曲线,使得电网可以更多地吸纳风电,提高风力发电在电网中所占的份额,同时根据预报结果,合理安排发电计划,减少系统的旋转备用容量,提高电网的经济性。根据文件规定,国家电网会加大对某些风电功率预报不准的风电场的限电力度。

(3)提高风电场利用效率需要

风电功率预报是风电场运营、提高风机可利用率的重要技术手段,可用于指导风电场的计划检修。根据风电功率预报安排在小风或无风的情况下进行风电场定期维护、检修、故障排除等工作,每年可以增加有效发电时间 60 h 左右,对于装机容量为 5 万 kW 的风电场,每年可增加收益近 180 万元。

二、国内外风电功率预测预报技术发展

1. 风电功率预测预报技术的发展历程

风电功率短期预测技术对于电力系统的调度、运行和风电场的生产和维护都具有十分重大的意义。国外对风电功率短期预测技术的研究开始于 20 世纪 80 年代,随着研究的深入,预测精度不断地得到提高。进入 21 世纪后,随着各国风电装机容量的快速增长,研究人员对风电功率预测技术愈加重视。

持续性模型是最早的预测方法之一,随着研究的深入,数值天气预报方法、统计方法和人

工神经网络方法被应用到风电功率预测技术中,形成了不同的风电功率预测模型。

其中,预报技术多采用中期天气预报模式嵌套高分辨率有限区域模式和发电量模式对风电场发电量进行预报。如丹麦 Risø 国家实验室的 Prediktor 预报系统和丹麦科学技术大学的风能预报系统(Wind Power Prediction Tool,WPPT),由高分辨率有限区域模式(High Resolution Limited Area Model,HIRLAM)、WAsP(Wind Atlas Analysis and Application Program)和发电量计算模式 Risoe Park 组成,HIRLAM 在大尺度天气预报数值模式分析场的驱动下预报局地风速,WAsP 根据局地风速预报风电场范围内的风速,Risoe Park 则在预报风速基础上对风电场发电量进行预报。该预报系统目前已用于丹麦、西班牙、爱尔兰和德国的短期风能预报业务。

20 世纪 90 年代中期以后,美国 True Wind Solutions 公司也开始商业化的风能预报服务。他们开发的风能预报软件 eWind 是由高分辨率的中尺度气象数值模式和统计学模式构成的,使用的中尺度天气预报模式有 MM5(Mesoscale Model)、MASS(Mesoscale Atmospheric Simulation System)、WRF(Thc Weather Research and Forecasting Model)或 OMECJA(The Operational Multi-scale Environment Model with Grid Adaptivity)。统计模式多为多元线性回归和神经网络。eWind 预报风电场的风向风速,并转换成发电量。eWind 和 Prediktor 目前在美国加利福尼亚同时为 2 个大型风电场发布预报服务。

2002 年 10 月,欧盟委员会资助启动了"为陆地和离岸大规模风电场建设发展下一代风资源预报系统"(ANEMOS)计划,目标是发展优于现有方法的、先进的预报模式,重点强调复杂地形和极端气象条件下的预报,同时也发展近海风能预报。数值模式针对复杂地形发展基于 CFD(Computation Fluid Dynamics)、MOS(Model Output Statistics)或高分辨率气象模式的预报技术,最后将数值预报、统计预报和纯粹的天气预报相结合进行预报试验。目前用于风能业务预报的系统还有加拿大的 WEST、德国的 Previento、西班牙的 LocalPred 和 RegioPred、爱尔兰与丹麦的 HIRPOM 等。

目前,国外发达国家风电功率预测预报技术的研究重点是:①将统计模型和物理模型集成为"真正"的组合模型;②引入人工智能算法开发更准确的预测模型;③开发预测不确定性的评估技术与工具。

我国拥有丰富的风能资源储量,风电场风能预报工作虽然开展较晚,但发展较快。国家气候中心于 2006 年就开展了风电场风电功率短期预报技术的研究开发工作,并于 2007 年得到国家"863"计划资助。目前,中国气象局主要部署了 4 套方案:一是以公共气象服务中心研制的、以甘肃北大桥风电场风电功率预报示范系统为例,在全国 10 省开展风电功率预报系统建设;二是由中国气象局公共气象服务中心、部分省气象局、电网公司、中国电科院和国网电科院、科研院校等 12 家单位通过产、学、研相结合的方式开展的复杂地形风电功率预报系统的研制;三是在我国北方 4 个区域推广应用的基于 BJ-RUC 与小尺度动力模式相结合的风电预报系统;四是尝试与美国 NCAR 中心联合开发基于 WRF-RTFDDA-LES 的风电功率预报系统。

经过多年的技术攻关,我国在风电功率预测的研发方面取得了重大突破。国网电力科学研究院自主研发的风电场功率预测系统于福建省电力公司、内蒙古乌拉特风电场等不同现场投运,预测精度达到国外同类产品水平,并在我国首次实现超短期预测功能,预测精度可满足国家电网公司相关功能规范要求,接近或达到国外同类产品的水平。中国电力科学研究院研

发的风电功率预测系统在我国多家省电力公司投运,预测精度已满足国家电网公司相关功能
规范要求,接近或达到国外同类产品的水平。

2. 风电功率预测预报技术的发展前景

由于风资源的不稳定,会造成对电网的冲击,风功率预报的准确率一直都是国内外专家关
注的重点,为了能提高风功率预报的准确率,满足风电并网的要求,海内外专家学者提出了很
多改进方法和建议,陈正洪等将这些方法和建议收集整理并大致归纳为以下几类:

(1)提高 NWP 预报的空间和时间分辨率

根据目前国内外已经投运的风电功率预测预报系统的预测误差分析来看,预测误差主要
来自 NWP 环节。因此,利用遥感技术和高性能计算机技术,改善 NWP 模型的分辨率,一般
能从数十千米(如 60 km、30 km 或 20 km)提高到 1 km 或 2 km,可提高局域天气预报的准确
度,有助于提高预测精度。

由于目前 NWP 的更新频率较低,限制了风电功率预测预报系统输入数据的更新速度,降
低了风电功率预测精度。因此提高天气预报的更新频率,将有利于风电预测模型输入数据的
改善,也将有助于提高风电功率预测精度;如果能采用实时的气象信息,可以对风电功率预测
起到根本性的改善。

(2)采用多个 NWP 模型组合

物理模型预测方法依赖 NWP 数据。目前国内外已投运的风电功率预测预报系统大多依
赖单一模型的 NWP 数据,这使得风电功率预测精度对 NWP 预报精度非常敏感。如果将多
个 NWP 模型组合起来,以提高气象信息的预测精度,不仅可以克服单一气象数据引起的预测
偏差,也有助于物理模型的进一步建立,从而提高风电功率预测的精度,如美国的 AW-
STrueWind 公司的 eWind 预报系统。

(3)多个预测模型和方法进行组合和优化

陈正洪等(2013)认为,除了改善 NWP 系统的性能外,对不同预测方法的预测结果进行组
合和优化,也将是提高风电功率预测精度的途径。从长远的风电功率预测角度来看,首先,提
高 NWP 的预报精度将会有效改善风电功率预测的精度;其次,结合气象信息、物理模型的预
测方法会更具发展前景;再次,多种模型相互结合以提高风电功率预测精度将成为风电预测的
发展趋势。

三、风电功率预测预报关键技术原理和方法

1. 风能并网发电原理

并网型风电系统的基本原理为风吹动风轮机的叶轮,风轮机利用叶轮旋转,从风中吸收能
量,将风能转化为机械能,叶轮通过一增速齿轮箱带动发电机旋转(直驱式风力发电系统无此
环节),发电机再将机械能转化为电能,通过逆变器将直流电转换成交流电后并入电网供用户
使用。可简单总结为:风→带动叶轮→增速→发电机发电→整流成直流电→逆变成交流电→
并入电网(图 4-16)。

2. 风电功率预测预报方法分类及介绍

风电功率预测预报根据分类依据的不同有多种分类方法(图 4-17)。按预测的物理量分类

可分为两种,一种为先预测风速再预测输出功率(物理法),另一种为直接预测输出功率(统计法);按数学模型分类,可分为持续预测法、时间序列法、卡尔曼滤波法、支持向量机法、人工神经网络法等;按输入数据分类可分为使用数值气象预报的预测方法和不使用气象预报的预测方法(即基于历史数据的预测方法);按预报的时间尺度划分可分为超短期预报(未来几个小时)和短期预报(未来 1~3 天或更长时间)。

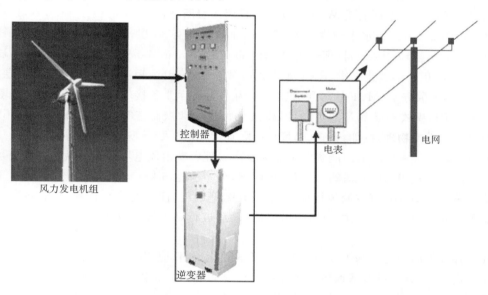

图 4-16 并网风力发电原理

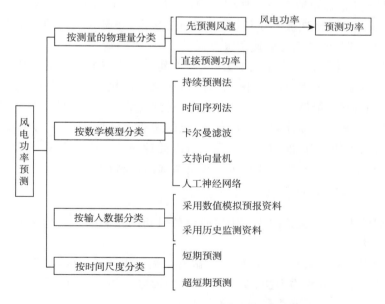

图 4-17 风电功率预测方法分类

3. 采用的数值天气预报模式

随着数值天气预报模式的逐渐完善,其在天气预报中发挥了越来越重要的作用。利用数值天气模式进行风电功率预报,可以克服观测的局限性,延长预报时间尺度,提高预报精度。

WRF(Weather Research and Forecasting)模式具有可移植、易维护、可扩充、高效率、方便等诸多特性,更有先进的数值计算和资料同化技术、多重移动嵌套网格性能以及更为完善的物理过程(尤其是对流和中尺度降水过程)。

陈正洪等(2013)选用的是 WRFV3 版本,采用一层网格,模式中心位于 31.0°N,112.5°E。水平格点数为 201×182,水平分辨率为 15 km;垂直方向为 35 层;时间步长为 60 s(可针对不同的研究区域调整)。主要的物理过程:WRF Single-Moment 6-class 微物理方案,GrclL-Devenyi en semble 积云参数化方案,RRTM 长波辐射方案,Dudhia 短波辐射方案,近地面层方案,4 层土壤的热扩散方案,MRF 边界层方案等。为了与实际业务接轨,采用 NCEP 预报场 GFS 数据作为 WRF 模式初始场和边界条件,模式从每日 08 时(北京时,下同)开始起报,积分 84 h,逐小时输出模拟物理量(如:风速、温度、气压、比湿、经向风、纬向风、云量等)。

中国气象局——风能太阳能资源中心为云南大理者摩山风电场开发的风功率预测预报系统则是以数值模式 WRF 为基础,采用三层网格,分辨率达 3 km×3 km,在该基础上,采用小尺度动力模式 CALMET(诊断风场模式)进行动力降尺度,使精度达到百米级别,再通过双线性插值等方法得到每一台风机确切的风速值,最后进行动力统计订正分析,得到最终的预报结果。

甘肃省气象局则通过基于 T639 全球谱模式同化资料,应用改进和优化的 WRF 中尺度数值预报模式,开展酒泉风电基地风电场 101～20 m 间隔 10 m 各高度层风速预报。预报时效 48 h,间隔 1 h,水平分辨率为 3 km。利用 CALMET 风场诊断模型,对 WRF 中尺度模式降尺度,从而提高其预报能力和精度;利用 WRF-RUC 系统,应用 WRF3DVAR 变分同化技术,通过分析和循环,每天共计 8 次循环运行,实现超短时预报,并研究风速的上下游效应和高低空效应,建立未来 0～3 h 风电基地风速预报方程。

陈正洪等的研究主要是以点带面的方式,即以其中一个点的风速值来代表一个风电场的整体情况。在平原地区,或者下垫面平整的地区,风电厂风机叶片的风速变化并不大,所以这样的做法是可行的,并且能够节省大量的计算力,达到高效及时准确的效果。对于一些处于山区的风电场,或者一些下垫面比较复杂的地区,风的切变十分明显,如果再用以点及面的方法,则预报效果就不太尽如人意,准确率大大降低。因此针对如云南大理者摩山类似复杂地形的风电场,就需要利用小尺度动力模式做进一步更精细的预测预报。

4. 短期风电功率预测方法

为了更直观的表述,本文采用陈正洪等研发的风功率预测预报模型来介绍短期和超短期风电功率预测方法。

短期风电功率预测为未来 3 天内的风电输出功率预测,时间分辨率为 15 min。按照预测方法及适应条件的不同分为物理法、动力统计法和持续法,共细分为 6 种方法(表 4-8),基本涵盖了风电场风电功率预报可能遇到的各种情况。

表 4-8　短期预报方法分类

方法分类	预报方法	建模方案	适应条件
物理法	I	模式风速×理论风功率曲线×K_1×K_2	无测风塔资料,无历史功率数据
	II	模式风速 MOS 订正×理论风功率曲线×K_1×K_2(1 多元回归法,2 神经网络法)	有测风塔资料,无历史功率数据
	III	模式风速 MOS 订正×实际风功率曲线	有测风塔资料,有历史功率数据
动力—统计法	滚动系数	30 天滚动模型	无测风塔资料,有近 30 天功率数据
	固定系数	数值模式回算资料与历史风电功率资料,分月季建模	无测风塔资料,有历史 1 年功率数据
持续法	持续法	持续＋人工修正	以上方法都不能正常使用

注:K_1 为空气密度订正系数,K_2 为折减系数。

(1)物理法

物理方法的预测原理是根据流体力学原理建立起符合风场气象特征信息的流体力学模型,将数值天气预报中风速、风向、温度等预报量作为该模型的输入从而转换成风机轮毂高度附近的风速、风向等预报量,风机轮毂高度的风速预报量按风机实际功率曲线或风机出厂功率曲线输出预测功率。

物理方法建模时主要考虑风电场所在地地形、粗糙度、风速轮廓线的影响,其实质是建立下风模型对风机附近的天气进行预报,进而预测发电功率。

大型风电场风机间距大多在 0.5~1 km 之间,所以物理方法可以大大提高数值天气预报的空间分辨率,前提是下风模型必须精确。这种方法不需要使用大量的历史数据加以建模,但需了解风场所在地的气象特征,提高了对下风模型精确度的要求。

根据对数值模拟风速订正与否及风电功率预报模型建立方法的不同分以下三种方法进行预测。

方法一:WFR 预报风速直接代人理论风电功率曲线

先拟合风机理论风电功率曲线建立风电功率预测模型,再将 WRF 预报的风速代入风电功率预测模型,得到预测功率。本方法适用于风电场既无测风塔数据,也无历史风电功率数据的情况。

方法二:WRF 预报风速 MOS 订正后代入理论风电功率曲线

拟合风机理论风电功率曲线建立风电功率预测模型,将 WRF 预报的风速订正后代入风电功率预测模型,得到预测功率。本方法适用于风电场有测风塔数据,但无历史风电功率数据的情况。

方法三:WRF 预报风速 MOS 订正后代人实际拟合的风电功率曲线

采用风电场历史实测风速数据和风电功率数据建立风电功率预测模型,将 WRF 预报的风速订正后代人风电功率预测模型,得到预测功率。本方法适用于风电场有测风塔数据,也有历史风电功率数据的情况。

(2)动力统计法

统计方法不依赖流体力学原理,因而在建立预测模型时不必要求对风场所在地气象特征信息的详细了解。统计方法的预测原理是基于统计学理论,建立起数值天气预报与风机功率或风速输出之间的统计关联,前者可以直接得到预测功率,后者根据风机实际功率曲线或风机出厂功率曲线转换得到预测功率。统计预测方法需要大量历史资料,如历史数值天气预报及历史风机观测数据,历史资料的质量及长度是影响模型精度的重要因素。

目前,风电功率预测统计方法主要包括时间序列分析法及因果关系分析法两大类。由于风速具有间歇性,当预测时效较长时时间序列分析法的预测精度一般不高,故目前常用的统计建模方法是利用人工智能等因果关系分析方法建立预测模型,在建立的模型上再进行功率预测。这些常用的人工智能方法包括人工神经网络(ANN)、支持向量机(SVM)、模糊逻辑(Fuzzy Logic)等,其用于建模的主要缺点是对历史数据要求较高。

方法一:滚动建模

采用预报当日前30天的数值模拟数据和相应的风电功率数据每日滚动建立风电功率预测模型,将 WRF 预报的模拟资料代入风电功率预测模型,便可得到预测功率。本方法适用于风电场无测风塔数据,有近两个月风电功率数据的情况。

方法二:固定模型

采用一整年的历史数值模拟数据和相应的风电功率数据分月或季建立固定的风电功率预测模型,将 WRF 预报的模拟资料代入风电功率预测模型,便可得到预测功率。本方法适用于风电场无测风塔数据,有一整年历史风电功率数据的情况。

(3)持续法

当数值预报缺失,或以上方法均无法正常运行的情况下,为确保风电场风电功率预测上报率,可采用持续法进行风电功率预报,即使用上一次风电功率预报或当前实测功率结果作为此次预报结果,此种情况只能在尽量达到不迟报、漏报的基础上,人工参考天气预报进行经验修正以提高预报准确率。这是最简单的预测方法,是把最近一点的风速或功率观测值作为下一点的预测值,该法适用于 3 ～6 h 以下的预测。该法通常采用时间序列模型,其预测误差较大且预测结果不稳定。其改进后的方法为卡尔曼滤波法,这一预测法具有可以动态修改预测权值的优点,且预测精度较高,但是建立卡尔曼状态方程和测量方程较为困难,此算法只适用于在线风力发电功率预测。采用时间序列法可以对风速进行时间序列分析,然后将其转换成风电场输出功率,也可直接对风电场的输出功率进行时间序列分析。输入数据通常包含风速、风向、气温、气压等实时数据。

5. 超短期风电功率预测方法

超短期风电功率预测为未来 4 h 的风电输出功率预测,时间分辨率为 15 min。按照预测方法及适应条件的不同分为基于短期预测功率的实时订正、统计外推,后者又细分为 3 种方法(表 4-9)。

表 4-9　超短期预报方法分类

方法分类	预报方法	建模方案	适应条件
实时订正法	实时订正	基于短期风电功率预报结果的实时订正(短期预报订正)	有短期风电功率预报,有实况风电功率数据
统计外推法	线性统计方法	多元回归方法(统计外推——多元回归)	有实况风电功率数据
	非线性统计方法	神经网络方法(统计外推——神经网络)	
	持续法	持续+人工修正	以上方法都不能正常使用

（1）基于短期预测功率的实时订正

基于短期风电功率预报结果，利用实时更新的功率实况数据，对短期风电功率预报结果进行实时订正。

建立模型：

$$Y_i = \overline{O} \times \overline{F} + F_i \tag{4-2}$$

式中，i 为超短期预报时次，Y 为 i 时次超短期功率预测，F_i 为 i 时次短期功率预测，$\overline{F}$ 为过去一段时间实况风电功率平均值，$\overline{O}$ 为过去一段时间短期功率预测平均值。

模型采用逐时次（15 min）滚动建立，$\overline{O}$、$\overline{F}$ 均取过去 2 h 内的算术平均值。

当短期预报结果与实况功率存在一定系统性偏差，该方法效果比较理想。

（2）统计外推

一般来说，基于统计观点的外推模型适用于超短期预测。时间外推法通过归纳风速历史数据的时间序列之间的统计规律，建立风电功率预测值与最近期风电功率时间序列之间的线性或非线性映射。由于历史数据序列反映了流体、热力、地形地貌等因素的影响，故基于统计观点的外推模型可以回避对物理机理掌握不够的困难。

但是，外推法隐含着下述假设：①连续性，即影响事物未来轨迹的那些因素及规律，与该时刻之前一段时间基本保持不变；②渐进性，即事物以缓慢而渐进的方式演化，短期内不会突变。这些假设不但会使外推法在系统结构或边界条件于预测时效内发生突变时失效，即使在系统缓慢变化期间，其预测误差也会随着预测时效的增加而迅速增加，从而严重影响外推法的适用性及强壮性。

陈正洪等（2013）研发的风功率预测预报模型采用了三种统计外推的方法来进行风功率的预测预报，下面略做介绍：

①统计外推法一

利用实况功率时间序列样本的滞后自相关性，建立适当的自相关预报模型，进行超短期功率预报时次（未来 4 h，逐 15 min）的统计外推。自相关预测模型有卡尔曼滤波、时间序列法等多种建立方式，陈正洪等（2013）研发的系统采用人工神经网络法建模。模型预报因子分别输入滞后 15 min，30 min，45 min，60 min 的 4 个功率滞后自相关因子，自相关性的相关系数均超过了 0.85。网络模型参数利用最近时刻的 200 个左右样本进行训练。预报时输入前 4 个时次的因子，可输出获得下一个时次的预报结果；再以该时次的预报结果作为其中预报因子输入，又可输出获得再下一个时次的预报结果，依次进行外推，获得未来 4 h（共 16 个时次）的预报结果。每进行一组外推后，对网络模型进行滚动训练更新。

②统计外推法二

建立输入端为 4 个因子，输出端为 16 个预报时次的神经网络结构。

输入端 4 个因子分别为滞后 15 min，30 min，45 min，60 min 的功率，输出端对应未来 16 个时次预报功率结果。利用最近时刻的 20 个左右样本训练网络参数，并对网络参数进行实时滚动更新。预报时，输入最近 4 个时次的实况功率，获得未来 16 个时次的预报结果。

③统计外推法三

利用最近时刻的 200 个左右样本，分别建立 16 个自回归方程，预报因子分别为滞后 15 min，30 min，45 min，…，240 min 的滞后功率因子。

自回归方程：

$$Y_i = a_i Y_{i-1} + b_i \qquad\qquad (4\text{-}3)$$

式中,Y 为实况功率,i 为滞后时次,通过训练样本确定系数 a、b,为提高预报准确率,方程系数应每次滚动训练获得。

　　预报时,将最近 1 个时次的实况功率代人 16 个预报方程中,获得未来 16 个时次的预报结果。

　　陈正洪等(2013)研发的风功率预测预报技术方法比较完整、全面,并且有多个实际应用实例反馈,较为贴近实际。经过不断研究,通过多模式集合预报等方式,风功率预报预测准确率大幅度提升,目前已经可达到 90% 以上。但是对于不同的方法适用于不同情况的风电场,还需要根据各风电场所在地区的实际情况做具体分析和研究。

参考文献

北京中科伏瑞电气技术有限公司.2010.FR3000F 风电功率预测系统技术说明书[R].

陈二永.1992.云南的风能资源及其利用研究[J].云南师范大学学报,**12**(1):65-70.

陈正洪,等.2013.风电功率预测预报技术原理及其业务系统[M].北京:气象出版社:41.2013.1.

邓院昌,余志.2010.基于参考风电机组的风电场宏观选址资源评价方法[J].太阳能学报,**11**:1516-1520.

范高峰,裴哲义,辛耀中.2011.风电功率预测的发展现状与展望[J].中国电力,**44**(6):38-41.

范宏,陈成优,金义雄.2013.短期风电功率的预测方法[J].上海电力学院学报,(01):44-47.

冯长青,杜燕军,包紫光,等.2010.风能资源评估软件 WAsP 和 WT 的适用性[J].中国电力,**43**(1):61-65.

冯芝祥,朱同生,曹书涛,等.2010.数值天气预报在风电场发电量预报中的应用[J].风能,(4):56-59.

耿天翔,丁茂生,刘纯,等.2010.宁夏电网风电功率预测系统开发[J].宁夏电力,(1):1-4.

谷兴凯,范高锋,王晓蓉,等.2007.风电功率预测技术综述[J].电网技术,**31**(2):335-338.

国电南瑞科技股份有限公司.2011.NSF3100 风电功率预测系统技术说明书[R].

韩爽,杨勇平,刘永前.2008.三种方法在风速预测中的应用研究[J].华北电力大学学报,**35**(3):57-61.

韩爽.2008.风电场功率短期预测方法研究[D].北京:华北电力大学:2-10.

洪翠,林维明,温步瀛.2011.风电场风速及风电功率预测方法研究综述[J].电网与清洁能源,**27**(1):60-66.

洪祖兰.2007.云南山区风电场选址的方法问题[J].云南水力发电,(03):8-12.

胡毅,等.1994.应用气象学[M].北京:气象出版社.

李建林.2010.风电规模化发展离不开风电功率预测[J].变频器世界,(4):49-50.

李俊峰,等.2005.风力 12 在中国[M].北京:化学工业出版社.

李俊峰,等.2014.中国风电发展报告[R].中国循环经济协会可再生能源专业委员会.

李俊峰,高虎,等.2007.中国风电发展报告[M].北京:中国环境科学出版社.

李磊,张立杰,张宁,等.2010.FLUENT 在复杂地形风场精细模拟中的应用研究[J].高原气象,**29**(3):621-328.

李杏培.2009.风电场风速及风电机组发电量的短期预报方法研究[D].北京:华北电力大学.

李泽椿,朱蓉,何晓凤,等.2007.风能资源评估技术方法研究[J].气象学报,**65**(5):708-717.

林海涛.2009.考虑气象因素的风电场风速及风电功率短期预测研究[D].上海:上海交通大学:1-79.

刘永前,韩爽,胡永生.2007.风电场出力短期预报研究综述[J].现代电力,**24**(90):6-11.

刘永前,韩爽,杨勇平,等.2007.提前三小时风电机组出力组合预报研究[J].太阳能学报,**28**(8):839-843.

柳艳香,陶树旺,张秀芝.2008.风能预报方法研究进展[J].气候变化研究进展,**4**(4):209-214.

宁洪涛.2008.基于 WAsP 模式的风能资源评估数值方法研究[D].广州:中山大学.

牛山泉.刘薇,李岩,译.2009.风能技术[M].北京:科学出版社.

彭晖.2009.风电场风电量短期预测技术研究[D].南京:东南大学.

秦剑,琚建华,解明恩.1997.低纬高原天气气候[M].北京:气象出版社.

邵瑶,孙育河,梁岚珍.2008.基于时间序列法的风电场风速预测研究[J].华中电力,(4):3640.

顺本文,王明,施晓晖.2001.云南风能资源的特点[J].太阳能学报,**12**(1):45-49.

宋丽莉,周荣卫,杨振斌,等.2012.风能资源开发利用的气象技术应用和发展[J].中国工程科学,(09):96-101;112.

苏赞,王维庆,王健波,等.2012.风电功率预测准确性分析[J].电气技术,(3):1-5.

孙川永,陶树旺,罗勇,等.2009.高分辨率中尺度数值模式在风电场风速预报中的应用[J].太阳能学报,**30**(8):1097-1099.

孙川永.2009.风电场风电功率短期预报技术研究[D].兰州:兰州大学.

陶奕衫,闫广新,王建军,等.2014.风电场宏观选址综合决策方法的研究[J].四川电力技术,(02):27-30.

汀滢,罗勇,赵宗慈.2009.中国及世界风资源变化研究进展[J].科技导报,(13):98-106.

屠强.2009.风电功率预测技术的应用现状及运行建议[J].电网与清洁能源,**25**(10):4-9.

王健,严干贵,宋薇,等.2011.风电功率预测技术综述[J].东北电力大学学报,**31**(3):20-24.

王建成.2013.短期风电功率预测方法研究[D].广州:华南理工大学.

王建东,汪宁渤,何世恩,等.2010.国际风电预测预报机制初探及对中国的启示[J].电力建设,**31**(9):10-13.

王丽婕,廖晓钟,高阳,等.2009.风电场发电功率的建模和预测研究综述[J].电力系统保护与控制,**37**(13):118-121.

王林,陈正洪,许沛华,等.2013.风电功率预测预报方法效果检验与评价[J].水电能源科学,**30**(3):230-233,131.

王宇.2006.云南山地气候[M].昆明:云南科技出版社.

吴国旸,肖洋,翁莎莎.2005.风电场短期风速预测探讨[J].吉林电力,(06):21-24.

吴培华.2006.风电场宏观和微观选址技术分析[J].科技情报开发与经济,(15):154-155.

许沛华,陈正洪,谷春.2012.风电功率预测预报系统的设计与开发[J].水电能源科学,**30**(3):160-162.

许杨,陈正洪.杨宏青,等.2013.风电场风电功率短期预报方法的比较[J].应用气象学报,**24**(3).

薛桁,朱瑞兆,杨振斌,等.2001.中国风能资源贮量估算[J].太阳能学报,2001,(02):167-170.

杨桂兴,常喜强,王维庆,等.2011.对风电功率预测系统中预测精度的讨论[J].电网与清洁能源,**27**(1):67-71;194

杨珺,张闯,孙秋野,等.2012.风电场选址综述[J].太阳能学报,(S1):136-144.

杨鹏武.2012.云南复杂山地风能资源分析及模拟[D].昆明:云南大学.

杨晓鹏,杨鹏武.2012.基于数值模拟的云南省风能资源分布研究[J].云南大学学报(自然科学版),**34**(6):684-688.

杨秀媛,肖洋,陈树勇.2005.风电场风速和发电功率预测研究[J].中国电机工程学报,**25**(11):1-5.

杨振斌,薛桁,桑建国.2004.复杂地形风能资源评估研究初探[J].太阳能学报,**25**(6):744-749.

杨振斌,薛桁,袁春芝,等.2001.用于风电场选址的风能资源评估软件[J].气象科技,**29**(3):54-57.

杨志凌.2011.风电场功率短期预测方法优化的研究[D].北京:华北电力大学.

英国BP石油公司.2015.2015BP世界能源统计年鉴[S].

张德,朱蓉,罗勇,等.2008.风能模拟系统WEST在中国风能数值模拟中的应用[J].高原气象,**27**(1):202-207.

赵晓丽.2009.基于小波ARIMA模型的风电场风速短期预测方法研究[D].北京:华北电力大学:136.

中国可再生能源学会风能专业委员会.2013.2012年中国风电装机容量统计[R].http://www.cwea.org.cn/.

中国气象局.2006.中国风能资源评价报告[M].北京:气象出版社.

中国气象局.2007.QX/T51—2007地面气象观测规范第7部分:风向和风速观测[S].北京:气象出版社.

中国气象局.2007.QX/T74—2007 风电场气象观测及资料审核、订正技术规范[S].北京:气象出版社.

中国气象局风能太阳能资源中心.2012.风电功率预报系统基础知识及应用技术手册[Z].中国气象局第一届风电功率预报培训班教材,(3):1-58.

中国水电工程顾问集团公司.2011.CFD 风力发电工程—风电场功率预测系统(WPFS).

中华人民共和国国家质量监督检验检疫总局.2002.GB/T 18709—2002 风电场风能资源测量方法[S].北京:中国标准出版社.

中华人民共和国国家质量监督检验检疫总局.2002.GB/T 18710—2002 风电场风能资源评估方法[S].北京:中国标准出版社.

周海,匡礼勇,程序,等.2010.测风塔在风能资源开发利用中的应用研究[J].水电自动化与大坝监测,**34**(5).

朱瑞兆,等.1988.中国太阳能.风能资源及其利用[M].北京:气象出版社.

AWS Truewind,LLC. 2007. An Overview of AWS Truewind'S Approach and Experience in Providing Wind Power Production Forecasting Services to Utilities and Balancing Authorities in North Amcrica(R).

AWS Truewind,LLC. 2007. An Overview of AWS Truewind'S Wind Power Production Forecasting Methods for the AESO Wind Power Forecasting Pilot Project(R).

GWEC(Global Wind Energy Council). 2011. Global Wind Report(R). Annual Market Update 2010.

GWEC(Global Wind Energy Council). 2015. Global Wind Report(R). Annual Market Update 2014.

第五章　太阳能资源利用与气象服务

2011 年 5 月,联合国政府间气候变化专门委员会(IPCC)发布了《可再生能源资源与减缓气候变化特别报告》,该报告评估了生物能、太阳能、地热能、水电、海洋能、风能 6 种可再生能源资源。评估结果表明:在政府有力的政策支持下,到 2050 年可再生能源最高将能供应全球 80% 的能源,这比 2004 年德国全球气候变化咨询委员会发布的预测结果提前了将近 50 年。评估还指出,在所有可再生能源中太阳能资源可开发潜力是最高的,可达目前全球能量需求的 1 万倍以上。

我们知道,太阳辐射在传输的过程中,由于大气层的消耗,以及大气层与地表反射,仅有一半到达地球表面。尽管如此,其所具有的能量仍然惊人,欧洲光伏工业协会(EPIA)曾经测算得出,年到达地球表面的辐射量所具有的能量相当于燃烧 130 万亿 t 标准煤产生的能量。中国地处北半球,南北距离和东西距离都在 5000 km 以上。据测算,我国太阳能理论捕获量达每年 17 000 亿 t 标准煤,年平均日辐射量在 4 kWh/m² 以上,西藏日辐射量最高达 7 kWh/m²。而据中国气象局风能太阳能资源评估中心的研究结果表明,我国新疆东南部、内蒙古西部、甘肃西部、青海和西藏大部分地区构成了一条占国土面积约 20% 的太阳能资源"最丰富带",年日照时数在 3000 h 左右,其中西藏南部和青海格尔木地区是两个峰值中心,年总辐射量约 2000 kWh/m²。与同纬度的其他国家相比,与美国相近,比欧洲、日本优越得多,可见太阳能资源开发利用的潜力非常广阔,再加上国内强劲的电力需求,拉动了光伏的发展。

目前太阳能利用方式主要有光热转换(集热)、光伏发电、聚光热发电(光—热—电)、生物质利用、建筑利用(采光、取暖)等。其中光伏发电是最有效的太阳能利用方式,商业化光伏电池转换效率已达 15%~20%,甚至可提高到 45%(聚光光伏发电,远大于生物能 1%~2% 的利用率),且技术成熟,国外已完成试验示范,大规模商业化应用已持续多年,最近几年发展趋势非常快。

因此,气象部门在太阳能资源开发过程中提高气象服务的保障能力,找准社会需求,面向市场,促进电力能源和气象领域的融合,切实组织开展太阳能资源评估(含气候可行性论证)、气象预报预警等保障服务显得十分迫切。

第一节　太阳能资源利用开发与气象服务

太阳能作为一种能源,还只有 300 多年的历史。1615 年法国考克斯(SoJomon de Caux)是世界上第一个把太阳能转换为机械能的人。法国的皮福瑞(A. Pifre)在 1878 年的巴黎的世界博览会上展出了一台太阳能印刷机而轰动世界。美国的约翰·埃里加逊(John Ericasson)从 1872—1875 年间共建造七台太阳能发动机。他还在 1883 年造了一辆太阳能摩托。在纽约进行了表演。1901 年伊尼斯(A. Eneas)在美国建造了一个太阳能装置,用来驱动一台往复式凝汽发动机,峰值功率可达 7355 W。以后相继出现了平板集热器的太阳能动力装置,同时装置的规模不断扩大,功率也发展到 735507 W 左右。但直到 1954 年,才受到世界各国的重视,成立了应用太阳能协会(AASE),每年开一次会议。

最初只是少数人进行些太阳能利用方面的试验研究。直到 1973 年以后,由于西方世界能源危机和环境污染问题,太阳能利用又重新被人们重视。1973 年 7 月,由联合国教科文组织(UNESCO)、国际太阳能协会(ISES)、地中海地区太阳能协会(COMPLES)、法国太阳能研究和发展协会以及西德、法国、美国政府部门联合召开了"太阳能为人类服务"的国际太阳能会议,论文有 400 篇。有 35 个国家近千名科技研究人员参加会议。1979 年 5 月在美国召开了国际太阳能协会 25 周年大会,参加会议的有 70 多个国家,2000 多名科技人员。1981 年,在英国召开国际太阳能学会有 77 个国家,1600 多科技工作者,并接纳中国为会员国。

太阳能具有取之不尽、用之不竭,分布广、无处不在,清洁无污染,不受能源危机或燃料市场不稳定影响等优点;不利因素则包括能量密度低、受天文地理和气象环境影响大、存在间歇性与不稳定性、开发成本仍偏高等。但是,随着现代科学技术的发展使太阳能利用在技术经济上有质的突破,从而进入商业性应用领域,并迅猛发展。在发展的实践过程中,天气变化以及气候因素对太阳能利用的影响越来越重要,太阳能气象服务也应运而生。

一、太阳能资源的开发利用对气象服务的需求分析

太阳能资源的开发利用对气象服务的要求是多方面的,而且这些需求也是非常有必要的。从国家政府层面上到企业经营运作上,大到项目规划决策和选址,小到光能利用组件的设计与材料的选取,都与气象条件息息相关。现代气象服务含义较为广泛,一般划分为决策气象服务、公众气象服务、专业气象服务和科技服务。无论做什么服务,首先都需要弄清楚服务对象以及其需求,再做针对性的调查分析,提供具有专业性的,有科技含量并具创新的气象服务。

太阳能资源开发利用是随着近两年新能源开发利用热潮才迅速发展起来。对于太阳能资源开发利用的认知也较为有限。在太阳能气象服务方面所做的工作也相对较少,亟需行内各位前辈,专业学者做更深入的研究。

1. 太阳能资源监测与评估

(1)宏观规划和决策

从国家宏观决策方面上来说,国家需要气象部门对区域太阳能资源的监测与区划,来做统筹规划。太阳能资源是国家战略资源,政府在做关于太阳能产业长远战略发展规划时,首先需要对太阳能有一个充分全面的了解。包括对我国太阳能资源总储量,时间、空间的分布规律,技术可利用资源总量及能量转化率等,比如我国及各省太阳能资源的储量和分布情况,精细化的时空分布规律等。这些都需要气象部门的专业人士结合相关行业知识,利用我国各省市县气象站的观测资料,通过一定的处理、分析和研究,做出具有权威性、代表性、客观性、科学性的太阳能资源评估报告,并根据各地实际的地理气候特点,对光伏发电潜能进行估算。这些都是国家和地方政府在做宏观决策时的重要依据。

(2)微观选址和设计

从微观选址和设计方面,由于各省市的地理位置和气候特点不一致,日照强度和资源不尽

相同,而太阳能的利用形式有多种,比如太阳能集热器、太阳能热水器在设计时既要考虑太阳总辐射还要考虑太阳直接辐射,太阳灶、聚光热发电、太阳能聚光光伏发电主要考虑太阳直接辐射,太阳能光伏发电只需考虑太阳总辐射,因此在做规划设计时,还需要气象部门对拟建电站的太阳能资源进行评估以及后评估,从而论证选址的可行性,太阳能利用形式和发电方式的选取的科学性,光电组件的设计和材料的选用的合理性,并估算当地光电发电的潜能,以及太阳能投资的预期效益等。

（3）经济成本和效益

光伏发电的成本一直比较高,对于光伏业界人士来说,最关心的问题莫过于发电效率,发电成本,发电量以及经济收益。如何才能解决这些问题呢？很多业内学者都对此做了大量的研究和论述,主要从工程应用各方面,电站微观选址,以及电站设计优化方面来考虑:如对各种安装方式、材料（单晶、多晶、薄膜等）、各地地理气候和环境的最佳倾角以及发电方式（光热、光电）选择等,这些科学问题都需要研究人员根据太阳能资源特性和实时的大气环境监测数据,进行深入分析和研究,从而提供可靠翔实的应用气象学依据。

2. 太阳辐射及光伏发电功率预报

太阳辐射并不是固定不变的,其随地理、年、日、天气状况变化而呈现出一定的变化规律。对太阳辐射影响最为显著的气象要素主要有云量、能见度或气溶胶。我们都知道这几种要素都是根据天气不断变化的,这就决定了光伏发电出力的波动性和不确定性,和风能发电一样,是一种不可控的电源。而光伏发电装置的输出功率随日照、天气、季节、温度等自然因素而变化,输出功率不稳定,特别是输出功率变化较大时,会对系统接入点造成电压波动和闪变。随着并网光伏发电规模的日益扩大,不管是大规模集中式的还是分布式的接入,光伏发电的不可控性,输出功率的不稳定将对电网的安全、可靠、经济运行带来巨大的挑战。

为了减轻其对光伏发电站造成的破坏和损失,光伏发电功率预报应运而生。类似于风功率预报,利用最前沿的气象数值模式,发挥精细化数值预报技术优势,通过对太阳能辐射特性的了解、研究进行分析,寻找出太阳辐射变化的特点和规律,从而开展辐射及光伏发电功率预报。在不断提高太阳辐射预报准确率的基础上,提高光伏发电功率预报准确率。光伏发电功率预报既有利于电力系统科学调度、制定常规能源发电和光伏发电规划、减少备用旋转容量,还有利于电站合理安排检修计划,提高出力;此外,利用辐射变化的周期性,如辐射的日变化曲线,在夏季负荷高峰期,光伏发电系统可以为电网发挥削峰填谷的作用。

3. 灾害性天气预报预警

太阳能的利用,一般都需要依靠媒介进行转换,无论是光热转换（集热）、光伏发电、聚光热发电（光—热—电）、生物质利用,还是建筑利用（采光、取暖）,都将会有大量的电气部件,机械装置和建（构）筑暴露在自然大气中。我们都知道自然界的万事万物都与天气变化息息相关,或多或少都会受到灾害性天气的影响,有些更是对灾害性天气有着极高的敏感性。

（1）高温天气:比如一些光学组件对温度或者光线极为敏感,遭遇高温天气或者是光线直射的情况下,会对其造成损坏,使光伏组件发电效率下降、组件寿命缩短。

（2）大风冰雹:很多发电设备,仪器或者发电构筑物都是露天的,在大风或者冰雹天气,如果不做好预防措施,这些露天的发电设备、建（构）筑物很有可能会被损坏影响使用。

（3）雷暴:破坏性雷电击对电子电器会造成不可小觑的影响,甚至带来严重的经济损失。

（4）沙尘暴：在北方地区，沙尘暴肆虐，可损坏露天的光伏组件、聚光部件，并且由于沙尘暴的影响，使能见度降低，辐射减少，从而会降低发电效率。

（5）暴雪、冰冻：暴雪冰冻会使温度大幅度的降低，一些对温度敏感的组件会失去活性，使组件输出为零，大范围的暴雪甚至可以导致输电线路倒塌。

（6）暴雨洪涝：一些地区的电站基础设施常常会在暴雨天气遭遇洪涝灾害，被淹没、摧毁等。

可见，天气对太阳能资源开发和利用有着十分重要的影响，设计、施工、运营、使用等，每个阶段都或多或少都会受到天气变化的限制和作用。因此，积极开展有效的、准确的灾害性天气的预报预警对保障光伏电站、电网安全有着非常重要的作用。

二、国内外太阳能资源气象服务现状

1. 太阳能资源监测网与数据库建设

为了更好地开展气候与气候变化与太阳能资源开发利用的研究，世界气象组织（WMO）成立了世界辐射数据中心（WRDC，World Radiation Data Centre），该中心在全球设立了 1280 个辐射观测站点，其中有近 900 个站点的观测时间超过 10 年。

日本作为全球最大的太阳能市场之一，对于太阳能的研究十分重视，其气象厅在全国建有 64 个辐射观测站，大概占其全国气象站总数的 1/4，其中 14 个有直接辐射观测，台站密度约 6000 km² 一个站。

美国建立了美国国家太阳辐射数据库，简称 NSRDB。NSRDB 的建立主要是用以帮助美国国内如太阳能系统设计师、建筑设计师和工程师、可再生能源的分析师和其他相关行业人员进行太阳能资源开发利用的系统规划以及光伏电站选址，由美国国家再生能源实验室（NREL）和美国国家气候数据中心（NCDC）共同建立。NSRDB 向业界提供支持集中式太阳能电站和分布式屋顶电站可行性研究、经济分析和研究太阳能资源的信息。该数据库还用到其他的基础行业数据和工具，包括可再生能源实验室的典型气象年（TMY）的数据集，PV-WattsTM 计算器，太阳能发电建议和系统顾问模型（SAM）。NSRDB 数据库包含 1454 个站点的太阳辐射逐时数据资料以及其他气象要素资料，其中 860 个服务站有连续完整的数据记录，太阳辐射逐时数据资料包括总辐射、直接辐射和散射辐射，时间长度为 1991—2010 年。

美国的 3TIER 公司创建了全球第一个太阳能辐射图谱和长序列历史数据库，分辨率极高，是以往美国太阳能数据库的 3 倍，是美国国家航空航天局（NASA）数据库的 30 倍。3TIER 的数据来源是十多年真实的高分辨率的卫星影像。该影像由分辨率为 2 弧分的宽频可见波长频道每半小时采集一次。由于数据的可用性随地区的变化而发生变化，卫星的选用和数据覆盖时间的长短也略有不同。

欧洲是最早开始发展太阳能的地方，欧洲各国也都一直在开辟新能源利用之路，欧洲科学家和学者在集合了欧洲各国的国家气象观测系统和众多的气象科研机构的观测数据的基础上，制作了欧洲太阳辐射图集（ESRA）。该图集采用数据是经过严格筛选后所剩下的 586 个地面站点的观测资料，包括月平均、逐时、逐半小时资料。这 586 个地面站点的台站密度约为 10000 km² 一个站。

2. 太阳能资源评估及光伏发电系统设计和软件开发

欧洲在太阳能资源的开发和利用上一直走在世界前端。PVGIS 系统以 ESRA 月平均数据为基础,结合了高分辨率数字高程数据和三维空间分析。PVGIS 对欧洲太阳能资源做了详细的评估,并给出了太阳能光伏发电可开发潜力分布,为欧洲相关从业人员提供了基础数据和有效的建议。该系统基于一种数字化高程模型对地形数据的空间分辨率做了进一步的细化增强,将分辨率从 1000 m 提升到了 100 m。对特定位置高程的准确定位,并考虑了邻近山脉遮挡影响,对多山地区太阳辐射的估算准确度有十分明显的提高。

美国采用卫星反演方法得到太阳能资源精细化评估。美国能源部(DOE)国家可再生能源实验室(NREL)和其合作者发布了美国国家太阳辐射数据库的 20 年更新版本,是一个网络版技术报告,提供了在美国及其周边 1454 个位置的太阳能和气象数据的关键信息。更新的数据库涵盖了从 1991 年至 2010 年,第一次包括了 2006—2010 年的数据。它还具有改善的云算法来模拟太阳辐照数据模型,以及基于卫星观测的栅格数据改进的纽约州立大学(SUNY)模型。利用 SUNY 模式对美国绝大部分地区进行模拟计算,可以得出纬度倾斜面总辐射和法向直接辐射的逐时估计值,再由总辐射和水平面直接辐射可计算得出散射辐射。

加拿大开发的清洁能源项目分析软件 RETScreen 功能强大,涵盖多种气候资源评估、能够计算不同安装和运行方式下的辐射量、实现设备选型和容量计算、并可以并可以按照 IPCC 标准做温室气体减排分析、对可研、设计、设备、土建、运输、安装、运行维护、周期性投资等做成本分析,甚至可以做财务评估、敏感性分析和风险分析等。

PVSYST 是由瑞士 Andr Mermoud 博士开发研究的仿真光伏系统,能较完善地对光伏发电系统进行研究、设计和数据分析。软件涉及并网、离网、抽水和直流电网(公共交通)光伏系统,并包括丰富的气象数据和光伏系统的组件数据库。

3. 太阳辐射及光伏发电功率预报

国外在光伏发电初期就开始了系统输出功率预测尝试,近几年已有相关系统的研发和应用报道。将天气预报数据、卫星遥感数据以及地面云量观测信息纳入整个模式体系,形成多信息融合的综合预报系统是未来预测技术的方向。比如,丹麦 ENFOR 公司的 Solarfor 系统将光伏发电系统的历史发电量数据和短期数值天气预报参数结合,从而实现该系统的短期功率预测。美国WindLogics 公司正着手开发适合光伏发电功率预测需求的数值天气预报模式,计划将卫星遥感数据以及地面云量观测信息纳入整个模式体系,形成多信息融合的综合预报系统。

三、国内太阳能资源气象服务现状

1. 规划设计与示范电站建设

国家层面正在推进太阳能资源精细化详查与评估(含专业观测网的规划设计)立项与实施,各地气象部门进行太阳能光伏发电示范电站建设。如 2010 年湖北省气象局建成"太阳辐射能量转换效率气象观测示范工程",包含不同材料、多个固定倾角、单跟踪、多跟踪等安装方式的光伏组件及辐射对比观测,为太阳能资源开发、发电预报获取第一手资料,每月出版分析报告。

2. 太阳能资源监测及评估

目前我国国家级的业务地面辐射观测站为 98 个,就我国的国土面积而言,平均约 10 万 km²

一个站,站网密度较低。从空间分布来看,辐射台站在东部较密而西部较疏,105°E 以西地区仅有 36 个,以东地区则有 62 个,这种分布特征与我国太阳能资源西部大于东部的基本特点是不相符合的。其中一级站 17 个,观测项目为总辐射、直接辐射、散射辐射、反射辐射和净辐射;二级站 33 个,观测项目为总辐射和净辐射;三级站 48 个,只观测总辐射。而 17 个直接辐射站的观测资料过于稀疏,只能反映其所在地的时间变化特征,无法给出全国的总体分布情况,同时也无法满足工程应用中关于"直散分离"的要求,远远不能满足太阳能开发利用的精细化需要。

3. 技术研发

(1)太阳能数值预报模式研究

我国国家层面成立了气象服务专业模式应用研发创新团队,基于 LAPS 三维云分析和 WRF-SES2 耦合模式的太阳能数值预报模式系统研发为其科研开发主攻方向之一。

(2)光伏阵列斜面辐射计算及光伏发电系统设计

上海电力学院太阳能研究所利用美国 NASA 中有关中国太阳辐射数据及 Klein 和 Thecilaker 提出倾斜面月辐射量计算方法,开发出"太阳辐射量与光伏系统优化设计软件",可计算出各地不同方位和不同倾斜面上 12 个月的太阳总辐射量,提供各地最佳倾角选择及离网、并网两种不同系统年总发电量输出结果。

(3)光伏发电功率预报系统开发

国网电科院国家能源太阳能发电研发(实验)中心,提出全网光伏发电功率预测方法和短期功率预测方法,并开发出一套光伏发电功率预测系统,已在甘肃电网上线试运行;湖北省气象局牵头组织开展太阳能光伏发电功率预报示范研究工作,组建太阳能光伏发电业务系统研究队伍,自主研发的《光伏发电功率预测预报系统 V2.0》(登记证号 2012SR029175),采用了物理预报法和动力—统计预报法,具有太阳辐射及光伏功率短期预报(未来 3 天逐 15 min)、超短期或短时临近(4 h)预报功能。

第二节　　中国太阳能资源分布与计算

太阳能是一种清洁的、环保的可再生能源。太阳能发电成为目前备受关注的焦点之一。我国太阳能发电正处于蓬勃发展阶段,详细了解我国太阳能资源分布情况能够有效地指导宏观决策,对我国太阳能资源开发具有重要意义。

目前,一些机构已从事太阳辐射观测、数值模拟工作多年,并取得了重要成果。例如,中国气象局及其下属单位建立了多个太阳辐射观测站、气象站,组成了太阳能资源观测网,获取真实的观测资料,并结合气候统计和数值模拟等方法绘制我国太阳能资源气候分布图。美国可再生能源实验室(NREL)研发了太阳辐射气候模式(ClimatologicalSolarRadiation(CSR)Model),结合云盖、水汽和示踪气体信息,并考虑气溶胶数量,计算得到分辨率为 40 km×40 km 的月平均太阳辐射数据,该数据免费对外开放。美国航空航天局(NASA)通过对卫星观测数据的反演,免费为用户提供分辨率为 1°×1° 的太阳辐射数据。

根据过去一些太阳能辐射资源分布的相关研究,基于中国气象局及其下属单位、NREL 和 NASA 的研究成果得出,我国属太阳能资源丰富的国家之一,全国总面积 2/3 以上地区年日照时数大于 2000 小时,年辐射量在 5000 MJ/m² 以上。

据统计资料分析,中国陆地面积每年接收的太阳辐射总量为 $3.3 \times 10^3 \sim 8.4 \times 10^3$ MJ/m²,相当于 2.4×10^4 亿 t 标准煤的储量。

一、我国太阳能资源分布概述

为了更充分地开发和利用太阳能资源,根据太阳能资源中的一些主要指标进行太阳能资源进行的评估是十分必要的。

以太阳总辐射的年总量为指标,进行太阳能资源丰富程度评估。具体的资源丰富程度等级见表 5-1。

表 5-1　太阳能资源丰富程度等级

指标	资源丰富程度
≥1740 kW·h/(m²·a)	资源丰富
1400~1740 kW·h/(m²·a)	资源较丰富
1160~1400 kW·h/(m²·a)	资源较贫乏
<1160 kW·h/(m²·a)	资源贫乏

利用各月日照时数大于 6 小时的天数为指标,反映一天中太阳能资源的利用价值。一天中日照时数如小于 6 小时,其太阳能一般没有利用价值。

一年中各月日照时数大于 6 小时的天数最大值与最小值的比值,可以反映当地太阳能资源全年变幅的大小,比值越小说明太阳能资源全年变化越稳定,就越利于太阳能资源的利用。此外,最大值与最小值出现的季节也反映了太阳能资源的一种特征。

利用太阳能日变化的特征作为指标,评估太阳能资源日变化规律。以当地正太阳时 9—10 时的年平均日照时数作为上午日照情况的代表,以正太阳时 11—13 时的年平均日照时数作为中午日照情况的代表,以正太阳时 14—15 时的年平均日照时数作为下午日照情况的代表。哪一段时期的年平均日照时数长,则表示该段时间是一天中最有利太阳能资源利用的时段。

根据中国气象局风能太阳能评估中心划分标准,我国太阳能资源地区分为以下四类:

一类地区(资源丰富带):全年辐射量在 6700~8370 MJ/m²。相当于 230 kg 标准煤燃烧所发出的热量。主要包括青藏高原、甘肃北部、宁夏北部、新疆南部、河北西北部、山西北部、内蒙古南部、宁夏南部、甘肃中部、青海东部、西藏东南部等地。

二类地区(资源较富带):全年辐射量在 5400~6700 MJ/m²,相当于 180~230 kg 标准煤燃烧所发出的热量。主要包括山东、河南、河北东南部、山西南部、新疆北部、吉林、辽宁、云南、陕西北部、甘肃东南部、广东南部、福建南部、江苏中北部和安徽北部等地。

三类地区(资源一般带):全年辐射量在 4200~5400 MJ/m²。相当于 140~180 kg 标准煤燃烧所发出的热量。主要是长江中下游、福建、浙江和广东的一部分地区,春夏多阴雨,秋冬季太阳能资源还可以。

四类地区:全年辐射量在 4200 MJ/m² 以下。主要包括四川、贵州两省。此区是我国太阳能资源最少的地区。

一、二类地区,年日照时数不小于 2200 小时,是我国太阳能资源丰富或较丰富的地区,面积较大,约占全国总面积的 2/3 以上,具有利用太阳能的良好资源条件。

图 5-1 是中国气象局风能太阳能资源评估中心最新的总辐射年总量空间分布模拟结果。图 5-2 为 NREL 的直接辐射分布图。中国气象局风能太阳能资源评估中心和 NREL 的资源分布结果显示,两者辐射资源分布大体趋势十分相似,高值区位于青藏高原、甘肃北部、宁夏北部、新疆南部等地。低值区主要位于四川、贵州等地。

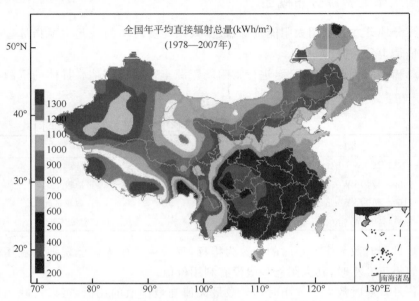

图 5-1　中国气象局风能太阳能资源评估中心提供的中国
1978—2007 年平均的总辐射年总量空间分布(kWh/m²)

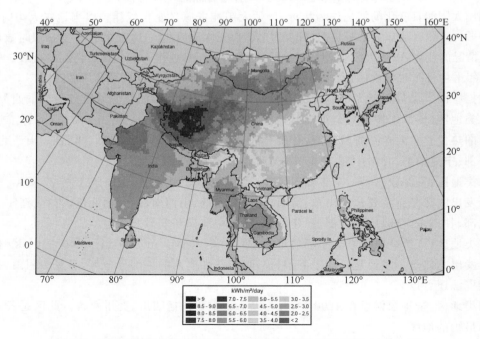

图 5-2　NREL 提供的部分亚洲国家直接辐射空间分布(kWh/(m² · d))

西藏是我国太阳总辐射最丰富的地区。全区年总辐射多在 5000～8000 MJ/m² 之间,呈自东向西递增形式分布。在西藏东南边缘地区云雨较多,年总辐射量相对较少,低于 5155 MJ/m²;雅鲁藏布江中游地区,年总辐射量达 6500～8000 MJ/m²;在珠穆朗玛峰,总辐射量高达 8369.4 MJ/m²。

日喀则地区属于高原季风温带半干旱气候,辐射强度高,日照时间长,年辐射总量为 7769.2 MJ/m²。

根据拉萨气象站的辐射资料显示,拉萨气象站的 1998—2007 年十年的年平均太阳总辐射量为 7403 MJ/m²。

青海省地处中纬度地带,太阳辐射强度大,光照时间长,年总辐射量可达 5800～7400 MJ/m²,其中直接辐射量占总辐射量的 60% 以上,仅次于西藏,位居全国第二。青海省太阳总辐射空间分布特征是西北部多,东南部少,太阳资源特别丰富的地区位于柴达木盆地、唐古拉山南部,年太阳总辐射量大于 6800 MJ/m²;太阳资源丰富的地区位于海南(除同德)、海北、果洛州的玛多、玛沁、玉树及唐古拉山北部,年太阳总辐射量为 6200～6800 MJ/m²;太阳能资源较丰富地区主要分布于青海北部的门源、东部黄南州、果洛州南部、西宁市以及海东地区,年太阳总辐射量小于 6200 MJ/m²。

格尔木市地处青藏高原腹地,位于青海柴达木盆地中南部格尔木河冲积平原上,是我国光伏发电应用的重点城市。柴达木盆地是我国太阳辐射资源丰富的地区之一,年太阳总辐射量在 6618～7356.9 MJ/m² 之间,太阳辐射资源的空间分布由西向东逐渐递减,各地太阳总辐射量普遍超过 6800 MJ/m²,最高达 7356.9 MJ/m²,年平均太阳总辐射量为 7000 MJ/m²,年日照小时数超过 3000 h,是青海省日照小时数最长和日照百分率最大的地区。格尔木气象站 1998—2007 年的太阳总辐射量年际变化,年平均太阳能总辐射量为 6855 MJ/m²。

乌兰地区位于柴达木盆地东北边缘,多年平均太阳总辐射 6678 MJ/m²,多年平均日照时数 3015 h。

德令哈气象站 1998—2007 年的太阳总辐射量年际变化,年平均太阳能总辐射量为 6640 MJ/m²。共和气象站 1998—2007 年的太阳总辐射量年际变化,年平均太阳能总辐射量为 6589 MJ/m²。

新疆位于我国西部,具有丰富的太阳能光热资源。新疆太阳年总辐射量达 5000～6400 MJ/m²,居全国前列。新疆东南部在 6000 MJ/m² 以上,西北部在 5800 MJ/m² 以下。北疆地区太阳总辐射量为 5200～5600 MJ/m²,其中伊犁河谷、博尔塔拉谷地、塔城盆地、额尔齐斯河谷的总辐射量约 5400 MJ/m²;准噶尔盆地中部太阳总辐射量在 5200 MJ/m² 以下,是新疆平原地区太阳总辐射量最少的地区。

哈密属于新疆的重点风能、太阳能开发地区。太阳能资源较丰富,开发利用潜力大。哈密太阳辐射监测站资料显示,哈密地区年平均太阳能辐射总量 6393 MJ/m²。

甘肃省具有丰富的太阳能资源,全省年太阳能总辐射量在 4800～6400 MJ/m²,年资源理论储量 67 万亿 kWh,每年地表吸收的太阳能约相当于 824 亿 t 标准煤,开发利用前景广阔。河西走廊(包括酒泉、张掖、嘉峪关)地区为甘肃省太阳辐射丰富区,年太阳总辐射量分别为 6400 MJ/m² 和 5800 MJ/m²,中部地区(金昌、武威、民勤的全部,古浪、天祝、靖远、景泰的大部,定西、兰州市、临夏部分地区,环县部分地区及甘南州玛曲的部分地区)属于太阳辐射较丰富区,为 5200～5800 MJ/m²,南部(天水、陇南、甘南地区大部)地区相对较低,属于太阳能可利用区,年太阳总辐射量仅 4800~5200 MJ/m²。

　　甘肃区域内有日射观测资料的气象站有 6 个,分别是敦煌气象站、酒泉气象站、民勤气象站、西峰气象站、榆中气象站以及兰州气象站。

　　酒泉气象站 1999—2008 年平均太阳总辐射量为 6125.8 MJ/m²。民勤 1999—2008 年平均太阳总辐射量为 6204 MJ/m²,从全国太阳辐射资源分布情况来看,该地区太阳辐射资源属于较丰富区。

　　宁夏是我国太阳能资源最丰富的地区之一,也是我国太阳辐射的高能区之一,太阳辐射量年均在 4950~6100 MJ/m² 之间,具有阴雨天气少、日照时间长、辐射强度高、大气透明度好等优点。

　　宁夏太阳能分布的总特点是北高南低。灵武、同心地区太阳能资源较高,在 5864~6100 MJ/m² 之间,是我国太阳辐射的高能区之一。南部固原地区太阳能资源相对较少,年平均太阳辐射量在 4950~5640 MJ/m² 之间。

　　河北省太阳能资源丰富,具有较大的可开发利用价值。全省太阳能年总辐射在 1450~1700 kWh/m²,基本都属于太阳能资源较丰富区。太阳能资源呈由南向北、由东向西递增趋势,其中以张家口地区的尚义县、康保县区域太阳能资源最为丰富。根据涞源气象站资料显示,该地区年均太阳辐射约为 5763.82 MJ/m²。

　　整体上,我国属于太阳能资源丰富的大国,全国有 2/3 的地区年辐射量在 5000 MJ/m² 以上。合理有效开发太阳能资源成为现阶段我国解决能源危机、缓解气候变化的重要途径。为了加强太阳能资源开发,方便光伏、光热电站选址,获得高时空分辨率的资源数据仍然是业内人士面临的主要问题。未来,在获得高时空分辨率资源数据问题上,中国气象局将扮演主要的角色。

二、云南省太阳能资源分布及利用概况

1. 云南地形特点对太阳能的影响

　　云南地处中国西南边陲,位于东经 97°31′—106°11′E,北纬 21°8′—29°15′N 之间,北回归线横贯南部,属低纬度内陆地区。在南北方向上,云南省跨越了九个纬度,约有四分之一的区域在北回归线以南。从全省范围看,纬度差异给云南省太阳能分布带来的差异并不明显。

　　云南地形以山地高原为主,山地、高原占全省总面积的 94%。从全省看,从最高点梅里雪山的海拔 6740 m 的主峰到最低点元江和南溪河交汇处的 764 m 的水面,高差约 6664 m。从局部看,因近期地面大幅度抬升,导致河流溯源侵蚀及下蚀力的加强,在大河主支流侵蚀下,西部的高原面遭到解体,形成了南北走向的高耸坡陡的山地与幽深窄狭的峡谷并列的地貌形态,因山高谷深,横断了东西交通,故名横断山地。山顶到谷底间垂直高差大。滇西北太子雪山一带,大部分山峰海拔在 6000 m 以上,山地两侧的怒江河谷和澜沧江河谷的高程约在 2000 m 上下,相对高差在 4000 m 左右。云岭山地中的玉龙雪山和哈巴雪山,海拔分别为 5596 m 和 5396 m,两山之间的虎跳涧大峡谷,其谷底仅 1500 m 多,高差也达 4000 m。南部由于山体较低,一般山峰在 3060 m 以下,但由于河谷底部已低至 500 m 上下,所以,垂直高差也有 1000~2000 m。如红河州南部大围山,主峰大尖山高 2363 m 以上,山下的南溪河河谷只百米。

　　东部高原面上起伏相对较小,一般不足 1000 m,但边缘地带的大河干支流附近的山地,情

况与西部山地相同,也呈山川相间形态。如昭通西部的药山高 4000 m,山下的全沙江河谷的高程不足 500 m,高差也达 3500 m 左右。

在云南省特殊复杂的地理特点情况下,以下三类地形是影响云南省太阳能开发的主要不利地形因素:①起伏地形的背阴面;②坡度较大的山地;③有高大山体遮蔽的地区。

2. 云南日照资源分布

日照是指太阳在一地实际照射的时数。在给定时间,日照时数定义为太阳直接辐射达到或超过 120 W/m^2 的那段时间总和。在空旷的水平地面上,日照时数受大气浑浊度、云雾的光学厚度、季节的变化等因素影响。一地的日照时间一般冬短夏长,夏季高纬地区长于低纬地区,冬季低纬地区长于高纬地区。在地形起伏的地理条件下,某地的日照时数受到此地坡度、坡向、周围地形遮挡三个因素的影响。

云南省大部分地区的年日照时数在 2000～2300 小时之间。云南省年日照时数最大的地方在宾川县,其次周边的永仁县、弥渡县、元谋县,年日照时数最小的地方在盐津县。年日照时数高值核心区基本沿丽江、大理、楚雄境内的金沙江河谷分布。年日照时数低值区基本沿滇东北、滇东、滇东南、滇南的省界呈带状分布,靠省内一侧的年日照时数要高于靠省外一侧。另外在滇西北横断山西侧也有一个年日照时数低值区,也呈带状分布,东缘年日照时数高于西缘。

云南省的全年各月的月日照时数空间分布规律与年日照时数空间分布规律基本相似。大多数地方本地全年月最高日照时数出现在干季,一般在 3 月份,部分地区因为冬半年受昆明静止锋影响,阴雨天多,以及河口县冬半年有雾日数多,因此这些地区全年月最高日照时数出现在雨季的 8 月份。大部分地区全年月最低日照时数一般出现在 7、9 月份,少数地区全年月最低日照时数出现在 1、2 月份。

在综合考虑太阳总辐射、日照时数、日照百分率三个要素的基础上,可以将云南省太阳能资源开发区划分为四类区域:最佳开发区在丽江市中部和东部,大理州东部,楚雄州西部和北部,此区域日照充分,面积较大,地形地貌多样,有利于寻找大面积连片的大规模太阳能资源开发;较佳开发区在迪庆州东部、丽江市北部和西部、大理州西部、保山市中部、德宏州、临沧市东部、普洱市西部、西双版纳州西部、楚雄州东部和南部、昆明市北部和南部、红河州北部和西部、玉溪市;可开发区在迪庆州西部、怒江州南部、保山市北部、临沧市西部、普洱市中部、西双版纳州东部、昆明市中部、曲靖市西部、昭通市南部、文山州西部、红河州中部,由于此区域日照时数偏小,日照不很充分,因此该区域只具有一定规模的工程开发价值;一般区在文山州北部、东部和南部、昭通市北部、曲靖市东部、怒江州北部,此区域全年日照不多,冬季晴天日数非常少,且平均海拔高度不高(怒江北部除外),太阳辐射在大气中的损耗较大。工程可开发的价值不大。

3. 云南省太阳能发展

位于低纬高原的云南,得天独厚的地理优势,其大部分地区的日照都十分充足,而太阳直射辐射强度也不一般,云南土著人大部分皮肤黝黑,就是一个很好的佐证。

全国范围来说,云南省无疑是最适合大规模发展太阳能产业的省份之一。虽然,理论上可利用太阳能资源总量,云南并不是最高的,西藏、新疆、青海、甘肃等省(自治区)的太阳能资源都比云南丰富。但是大规模发展太阳能产业,并不仅仅是太阳能资源充足就可以,还需要能够满足利于开发并网的各种条件。云南南方电网的大规模建设,不仅电网容量大,而且覆盖范围广,基本囊括了云南省全境。而西藏虽然日照比云南更充足,但是电网少,覆盖面低,很多适合发展光伏发电的地方,却没有电网覆盖,在很大程度限制了光伏发电的发展。

云南的太阳能产业发展的迅速,在全国都是领先的。1983年,云南就建立了全国第一个太阳能协会,第二年建立起了云南太阳能研究所。1989年,建立了全国唯一的太阳能质量技术监督站。云南省太阳能协会常务副理事长夏朝凤每每回忆起曾经的辉煌,都有抑制不住的激动。据其介绍,云南省太阳能的利用与研究工作最早从1971年就开始了,在20世纪70年代末,太阳能更是开始了产业化发展,这些产业包含了太阳能光伏发电、太阳能热水器等在内,当时主要以技术咨询、服务、培训以及成果转让为主。

20世纪90年代可以说是云南太阳能产业发展最辉煌的时期。这时期对于云南省太阳能的研究、利用,以及产业化发展可以说是个大发展阶段,从产值到产量再到销售收入均位居当时全国第一。这期间全省有近150多家的太阳能企业,太阳能产值可达5亿元左右。除了云南本省,这些企业的技术和产品还向广东、广西等省(自治区)输出,甚至出口到东南亚国家。

"在云南太阳能行业发展的巅峰时期,云南是中国平板太阳热水器最主要的产地;而云南生产的太阳能热水器产品一度在全国占有25%左右的市场份额",夏朝凤介绍说。然而在2000年之后,由于经济发展水平的限制,云南的整个太阳能行业开始陷入了低迷,并长达五六年,在强烈的市场冲击下,云南太阳能产业龙头老大的位置也只得拱手让出。虽然市场低迷,但是大部分业内人士仍然看好云南市场,在他们看来,云南是一个特殊的市场,资源丰富,发展早,推广范围大,技术成熟,只是相对落后的经济发展和购买力,让云南市场无法做大做强。

随着近两年新能源的崛起,清洁,低碳,安全,无污染的环保理念在全国范围的推广,太阳能作为新能源的代表,受到了政府和民众的首肯,在强力的政策支持下,云南太阳能产业又开始有了新的发展。

太阳能是可再生的清洁能源,光伏发电是目前利用太阳能发电的主流形式。发展可再生的清洁能源替代传统的化石能源是目前世界能源产业发展的主流方向。《中华人民共和国可再生能源法》明确规定:"国家将可再生能源的开发利用列为能源发展的优先领域"。

云南太阳能研究起步较早,云南师范大学等单位在20世纪就开始研究太阳能的应用。然而2010年5月云南才建成第一个并网光伏发电站——石林光伏发电站,装机容量为2万kW。不过该光伏发电站可是当时亚洲之最。

近年来,由于站址选点多涉及林地、耕地,补偿费用高,手续复杂。在现行电价政策条件下,企业很难赢利,严重制约光伏发电产业的发展。目前经设计审查和核准的光伏发电工程项目,总装机容量不下百万千瓦,而开工和投产的项目却寥寥无几。截至2013年底,云南光伏发电站并网装机容量18 kW,约为云南同期风电装机容量的十分之一。

因此,为充分利用云南丰富的太阳能资源,促进可再生能源产业的全面发展,继水电和风电以后,研究、探讨加快光伏发电产业发展的对策具有紧迫的现实意义。

限制云南太阳能产业发展的因素很多,首当其冲是土地问题。然而在一些政策性要求下,光电发展又势在必行。气象部门在这方面,应该找准切入点,利用强大的数据网络和相关的专业知识,寻找适合发展光伏发电的地区,以及为太阳能资源开发利用过程提供可靠的气象保障,加强大气监测,发布准确及时的灾害预警消息,将在一定程度上避免太阳能资源开发利用过程中由于气象灾害带来的危险和损失,从而促进云南省的太阳能产业的发展。

云南气象服务在太阳能发展方面所做的工作还很少,更多的还需要我们在前人的研究和工作之上,做进一步的研究和创新。

三、基本的太阳能资源计算方法

太阳能利用,必须了解不同地区太阳辐射的到达量。到达地面的辐射总量包括太阳直接辐射和天空散射辐射的总和,通常称为总辐射。太阳能一般以太阳总辐射表示。由于太阳能观测站点比较稀疏,只根据实测值还是不能满足要求,目前只能借助现有日射观测站的观测推算太阳辐射能。计算太阳总辐射普遍公式为:

$$Q = Q_0 f(si, \bar{n}) \tag{5-1}$$

式中,Q 为总辐射,Q_0 为基础辐射,$f(si, \bar{n})$ 是表征天空遮蔽情况的函数,其中 si 为日照百分率,$\bar{n}$ 为平均云量。

基础总辐射值(Q_0)通常分为三种:天文辐射、晴天辐射和理想大气总辐射,这三种基础数值从三个不同的方面反映了太阳辐射在受到云削弱前的状态。用这三种基础数据作为变量,分别与总辐射建立回归方程,其系数项和常数项的空间分布的稳定性及相对误差均相当接近。

1. 有关参数计算

(1)太阳赤纬

太阳赤纬是影响天文总辐射量的重要天文因子之一,由式(5-2)计算:

$$\delta = 0.3723 + 23.2567\sin x + 0.1149\sin 2x - 0.1712\sin 3x$$
$$- 0.7580\cos x + 0.3656\cos 2x + 0.0201\cos 3x \tag{5-2}$$

$$x = 2\pi \times 57.3 \times (N + \Delta N - N_0)/365.2422 \tag{5-3}$$

式中,N 为按天数顺序排列的积日。1 月 1 日为 0;2 为 1;其余类推,12 月 31 日为 364(平年);闰年 12 月 31 日为 365。$N_0 = 79.6764 + 0.2422(y-1985) - \text{INT}[0.25 \times (y-1985)]$,其中 y 为年份,$\text{INT}(x)$ 为不大于 x 的最大整数的标准函数。ΔN 为积日订正值,由观测地点与格林尼治经度差产生的时间差订正值 L 和观测时刻与格林尼治 0 时时间差订正值 W 两项组成。

$$\Delta N = (W - L)/24$$
$$\pm L = (D + M/60)/15 \tag{5-4}$$
$$W = S + F/60$$

式中,D 为计算点经度的度值;M 为计算点的分值;L 东经取负号,西经取正号。在我国取负号;S 为计算时刻的时值;F 为计算时刻分值;计算中取 $S=12$,$F=0$。

(2)日地相对距离

日地相对距离是计算日天文总辐射时使用的参数,可以用式(5-5)计算:

$$\rho^2 = 1.000423 + 0.032359\sin x + 0.000086\sin 2x$$
$$- 0.008349\cos x + 0.000115\cos 2x \tag{5-5}$$

式中,x 由(5-3)式计算。

(3)可照时数

可照时数是计算日照百分率时用到的参数,用式(5-6)进行计算:

$$\sin \frac{T_B}{2} = \sqrt{\frac{\sin\left(45° + \dfrac{\varphi - \delta + \gamma}{2}\right)\sin\left(45° - \dfrac{\varphi - \delta - \gamma}{2}\right)}{\cos\varphi\cos\delta}}$$
$$T_A = 2 \times T_B \tag{5-6}$$

式中，T_B 为半日可照时数；$r=34'$ 为蒙气差；φ 为当地纬度；δ 为太阳赤纬。

（4）时差

$$E_Q = 0.0028 - 1.9857\sin x + 9.9059\sin 2x - 7.0924\cos x - 0.6882\cos 2x \tag{5-7}$$

式中，x 由（5-3）式计算。

（5）真太阳时

$$TT = C_T \pm L + E_Q$$

式中，C_T 为北京时；L 为经度时差，由（5-4）式计算；E_Q 为时差，由（5-7）式计算。

（6）月日照百分率的计算

$$S_1 = \text{INT}\left(\frac{S}{T_A}\right) \tag{5-8}$$

式中，S 为月日照时数；A 为月可照时数。

（7）日天文总辐射量的计算

$$Q_n = \frac{TI_0}{\pi\rho^2}(\omega_0 \sin\varphi\sin\delta + \cos\varphi\cos\delta\sin\omega_0) \tag{5-9}$$

式中，Q_n 为日天文辐射总量，单位为 $\text{MJ} \cdot \text{m}^{-2} \cdot \text{d}^{-1}$；$T$ 为周期（$24\times60\times60$ s）；I_0 为太阳常数（$13.67\times10^{-4}\text{MJ} \cdot \text{m}^{-2} \cdot \text{s}^{-1}$）；$\rho^2$ 为日地相对距离；ω_0 为日落时角，$\omega_0 = \arccos(-\tan\varphi\tan\delta)$；$\varphi$ 为地理纬度；δ 为太阳赤纬。

（8）月太阳总辐射量计算

由于我国太阳辐射观测站点较少，对有观测的站点，计算其月太阳总辐射量可以用每天的观测值进行累加，对于计算无观测地点的月太阳总辐射，用经验公式（5-10）计算。

$$Q = Q_0(a + bS_1) \tag{5-10}$$

式中，Q_0 为月天文辐射量，由（5-9）式计算出当月逐日天文总辐射量，然后相加；S_1 为当月的日照时数百分率；a,b 为经验系数，根据计算点附近的日射站观测资料，利用最小二乘法计算求出。

系数 a,b 的确定：首先选择计算点附近有太阳辐射观测气象台站，作为计算系数的参考点。根据参考点历年观测的太阳总辐射和日照百分率，计算系数 a 和 b，其计算公式如（5-11）。

$$b = \frac{\sum_{i=1}^{n}(S'_{1i} - \overline{S'_1})(y_i - \overline{y})}{\sum_{i=1}^{n}(S'_{1i} - \overline{S'_1})^2} \tag{5-11}$$

$$a = \overline{y} - b\overline{S'_1}$$

式中，S'_{1i} 为参考站点的逐年月日照百分率；$\overline{S'_1}$ 为参考点月日照百分率的平均值；$y_i = \frac{Q'_i}{Q'_0}$ 为参考站点逐年月辐射总量与月天文辐射总量的比值；$\overline{y}$ 为参考站点逐年月辐射总量与月天文辐射总量的比值的平均值；n 为选取观测资料的年数。

在计算过程中，应该注意我国 1981 年 1 月 1 日开始使用世界辐射测量基准（WRR），在此之前使用的是国际直接日射表标尺（IPS），两者关系为：

$$\frac{WRR}{IPS} = 1.022 \tag{5-12}$$

因此，在 1981 年 1 月 1 日以前，我国所有辐射资料换成 WRR 必须乘系数 1.022。

第三节　太阳能预报方法及其应用

一、太阳能的应用

太阳能是一种无污染、可再生的清洁能源,通常以光热、光电、光化学方式转换为热能、电能和化学能。自 20 世纪 70 年代以来,由于世界上能源消耗迅速增加,气候变化明显,以及一系列环境问题,太阳能等新能源的开发利用越来越受到关注。世界能源委员会的研究报告认为,到 21 世纪下半叶,太阳能将成为能源利用中非常重要的一种。

光伏发电是目前太阳能利用中技术较成熟的一种太阳能发电系统,具有不消耗燃料、不受地域限制、规模灵活、无污染、安全可靠、维护简单等优点,有离网和并网两种形式,而并网光伏发电系统是目前乃至将来的主流趋势。目前国际上太阳能光伏发电已完成初期开发和示范阶段,正向大批量生产和规模应用发展。

光伏发电系统的实际输出功率主要受太阳辐射照度的影响,而太阳辐射单位面积能量密度低,时间上具有较大的不连续性和不稳定性。它不仅受季节和地理因素的影响,而且与当时的大气透明度、水汽含量、气溶胶、云量、云状、云与太阳的相对位置等密切相关。同时受天文因素的影响,其变化又具有周期性,包括日变化和年变化。

其他环境因素(如温度),对太阳辐射转化效率也会产生影响。光伏发电系统并网运行以后,由于发电量的变化是一个非平稳的随机过程,输出功率的不连续和不确定,会对电网产生较大影响。因此,要想大幅提高光伏发电量比例,提高光电转换效率,降低运营成本,保障电网安全,太阳能预报技术显得尤为重要。对太阳能的预报既要考虑太阳辐射的不稳定性,又考虑其周期性;既考虑天文地理因子的影响,又考虑气象环境因子的影响。

近年,随着太阳能工业的发展对太阳能预报需求不断增加,发达国家对太阳能预报方法的研究发展很快。而目前,我国对太阳能光伏发电预报技术的研究还处于起步阶段,仅有少数几个大学开展以仿真为主的相关研究,对结合气象要素的预报技术研究很少。太阳能预报方法根据预测的物理量,可分为两类,一类是对太阳辐射进行预测,然后根据光电转换效率得到光电输出功率;另一类是直接预测光电系统的输出功率。由于国内有关太阳能预报技术及应用系统的报道罕见,基于光伏发电应用的需求,本书对太阳能预报的机理、方法及其在光伏发电中的应用进行了评述和展望,为国内发展光伏发电提供重要依据。

二、太阳能预报的机理和内容

1. 太阳能预报的基本思路和框架

早期的太阳能预报主要是简单的统计预测模型,但由于太阳辐射照度波动较大,该类模型的预测误差较大,且预测结果不稳定。改进的方法有自回归滑动平均模型法、卡尔曼滤波算法或时间序列法和卡尔曼滤波算法相结合,另外还有一些智能方法,如人工神经网络方法等。这些方法预测的时间尺度较短,对于 0~5 h 的预测,因为其变化主要由大气条件的持续性决定,因此不采用数值天气预报数据也可达到一定的预测效果;对于时间尺度超过 5 h 的预测,不考虑数值天气预报数据无法反映大气运动的本质，因此也难以达到一定的预测效果。随着技术的发展和光伏发电的需求，目前预报已转向机理性较强的数值预报模式。

2. 太阳能预报的机理

精确的太阳能预报是基于辐射传输理论，即太阳辐射穿过大气层传输到达地面的物理过程，包括云、气溶胶、水汽等对辐射的吸收、散射和反射的机理，通过地面气象观测、高空大气探测、卫星遥感、数值模拟等手段获得相关要素的信息，包括大气透明度、水汽含量、气溶胶、云量、云状、温度、湿度等要素，根据这些参数建立太阳辐射预报模型。

根据需要，提前预报的时间尺度有逐时和逐日的，预报时效从小时到数天，例如，有 0～1 h 的临近预报，0～5 h 的短时预报以及 0～48 h/72 h 的预报，空间尺度目前多为单点，而区域预报相对少见。

未来的光伏发电功率管理系统可包括在线监测系统、短期预测系统(1～5 h)和 3 天预测系统。其特点是：①采用数值天气预报结果；②用人工神经网络计算光伏发电的功率输出；③采用在线外推模型计算注入到电网总的光伏发电功率。

目前，国外的光伏发电功率预测系统还处于不断补充和完善之中，而国内相关研究较少，目前仅见有湖北省气象局试验开发的系统。该系统融合中尺度数值天气预报模式、系列光电物理模型、动态统计方法等，可实现未来 3 天逐小时太阳总辐射量以及光伏电站发电功率(或发电量)的预报及误差分析等功能。该系统对太阳辐射及光伏发电量的预报受天气条件制约比较明显。天气较好、日照时数较长时，预报误差明显减小。而在阴雨(雪)日数多的月份，逐时太阳总辐射预报误差偏大。今后应加强预报系统的稳定性，改善预报方法以降低预报误差，提高预报精度。

三、太阳能预报的基本方法

1. 太阳辐射预报方法

国外太阳辐射预报的方法主要有三类。

第一类：基于传统统计方法和人工神经网络的预测方法。

(1)基于实时和历史数据的统计预报，它是一种统计外推方法，相对简单但仅适用于 0～1 h 的临近预报；

(2)基于人工神经网络的预测方法，利用天气类型预报参数化来进行太阳能预报，其预测时效与输入的因子和数据有关，且预报结果具有随机性。这些统计方法主要是以时间序列为基础，对于较长时间的预测效果较差。

第二类：基于卫星云图资料的外推方法，其优点是能处理尺度较小的对流云系统，但由于天气系统和相关云系发展移动过程的非线性，这种方法的预报时效为 0～5 h。

第三类：利用数值天气预报结果进行统计订正的方法，预报时效可达数天。

(1)传统统计预报

传统统计预报方法不考虑太阳辐射照度变化的物理过程，而根据历史统计数据找出天气状况与辐射的关系及其变化规律，建立统计模型，然后进行预测，常用的预测方法有时间序列法、BP 神经网络法、径向基函数神经网络和支持向量机等方法。

①基于时间序列模型的预测法。近年来，国内外学者提出了诸如晴天太阳辐射模型、半正

弦模型、Collares-Pereirs & Rabl 模型及 ARMA 逐时模型等统计模型。目前用于预报时效超过 24 h 的一般统计方法主要有：自回归模型（ARMA）、幂指数移动平均法（EWMA）、自回归集合移动平均法（ARIMA）、线性回归（LR）等。其中，ARMA 方法是利用随机线性方程，但是随机模型并不足以减少误差，并且太阳辐射主要与当地的气候条件有关。

　　Pandit 等（1993）认为只要选择适合的模型参数，ARMA 模型足以预报非线性时间序列数据。因此，预报太阳辐射的时候不需要重建辐射数据序列。预报时，数据一般分为两部分，一部分是确定的，而另一部分是随机的，随机部分通过 ARMA 模型模拟，而确定部分通过 EW-MA 方法模拟。随机部分的误差相对较大，尤其是在正午时候误差比早晚更加明显。但线性统计模型对于太阳辐射这种非线性的时间序列数据预测结果有时并不理想。Kawashima 等（1995）将人工神经网络方法与以上这几种方法进行比较，发现人工神经网络方法的误差相对较小。

　　②人工神经网络预测方法。太阳辐射与诸多因素之间是一种多变量、强耦合、严重非线性的关系，一般关于非线性预测的方法主要有五种：时间序列法、组合法、神经网络法、小波分析法、支持向量机法等。当传统方法不足以满足需求时，人工神经网络不失为解决实际问题的一种合适工具。

　　在以往有关人工神经网络方法的研究中，对太阳辐射进行时长超过 1 h 预测的研究不多。曹双华等（2006）将神经网络模型引入到太阳逐时总辐射预测中，采用 BP 算法，得到了比美国 ASHRAE 模型、ARIMA 和时间序列逐时模型等太阳辐射模型更准确的结果。但 BP 算法是一种梯度下降算法，不能在全局范围内寻优，易陷入局部最优。为此，张礼平等（2008）用遗传算法取代传统的 BP 算法，遗传算法最显著的特点就是隐含并行性和全局空间搜索，为高质量的网络学习训练提供基础。周晋等（2005）建立了日太阳总辐射月均值的神经网络估算模型，利用实测气象数据资料对神经网络进行训练和检验。曹双华等（2006）考虑影响太阳逐时总辐射的气象、地理等因素，对宝山站太阳逐时总辐射建立了混沌优化神经网络预测模型，该模型输出反映了太阳逐时总辐射的变化规律。也有研究利用小波神经网络在提升非线性函数影射能力方面的优势，以及递归网络的优良动态性能，建立对角递归小波 BP 网络（DRWBPN）模型，对次日地面太阳逐时总辐射进行精确预测。进一步提高预测精度的措施还包括：

　　（a）将 ASHRAE 太阳辐射确定性模型的计算结果和神经模糊化处理的气象预报中云量信息加入到网络输入向量中，充分利用已知可靠信息；

　　（b）采用分阶段训练网络的方法，提高有限次数下的训练质量。

　　在今后的研究工作中，可尝试从以下方面改进神经网络预测模型，以提高其预测能力：首先，增加天气类型和改进天气分类算法，以提高模型对复杂天气的适应性；其次，改进输入因子的处理算法，提高对于阴雨无辐射天气以及天气类型转变时的预测能力。同时，这些方法都是基于历史观测数据，没有采用数值天气预报结果，加上太阳辐射照度的波动性较大，其预测的时间尺度较短。

　　（2）卫星反演的预报方法

　　卫星反演的辐射数据是一种高时空分辨率的数据源，可作为太阳辐射短时预报的可靠依据。云是对太阳辐射影响最大的因子之一，准确描述云的空间结构和发展过程是预报太阳辐射的基础。可以通过卫星图像获取云的发生、发展和消亡的一系列信息，同时假定小尺度的辐射变化是由于云的空间变化而造成的，通过不同的算法处理云的运动图像，确定云的运动方向,用于太阳能预报。Beyer 等(1994)、Bannehr 等(1996)、Cote 等(1995)提出了许多获取云运动矢量场的方法,以 Hammer 等(2003)提出的利用关于云运动的基本假设模型算法为代表:①像素的强度在运动过程中保持不变(通常为一定时间间隔);②运动矢量场是平滑的。例如,相邻矢量在方向和长度上没有太大的不同。为了获取运动矢量场,根据运动的模式认为相关区域是两个相关图像,最佳位移向量的严格标准是在一个矩形区域内最小的不同均方像素元。利用当前的图像计算运动矢量场,获取云预报图像,再经过一系列的平滑过滤消除小尺度结构带来的误差。最后,通过云的预报图像进而预报太阳辐射。

Kaifel 等(1992)用一种统计方法通过气象卫星图像来预报云的运动轨迹,其有效时间尺度仅为 1 h,是一种数值方法的尝试。Beyer 以一种具有不同空间尺度的多分辨率分解技术来分析卫星图像,通过交叉系数方法来确定云的运动方向,其水平和垂直梯度方向的信息可用于太阳能预报。

Bannehr 利用一种函数分析方法从卫星图像上获取云的矢量移动场,而 Cote 等(1995)则发展了一种基于卫星图像特征的神经网络方法。Hammer 等(1999)利用 Konrad 提出的算法,发展了一种统计云运动方向的方法。

Hammer(2003)根据一种通过卫星数据获取太阳辐射信息的半经验方法——Heliosat 方法来计算云量。

Heliosat 方法被认为有助于改善整体偏差,特别是针对短时预报。不均匀的云与变化很快的云图像,通常都很难预报,并且有很大误差。天顶角大时,预报误差相对较大,辐射量越大,对应的空间变率误差越低。静止气象卫星 METEOSAT 每 30 分钟可提供一张以欧洲为中心 2.5 km×2.5 km 空间分辨率的图像,其可见光通道图像数据可用于太阳能预报。地表辐射和云的信息是利用改进的 Heliosat 方法获取的卫星观测数据。该方法主要是对每个影响大气辐射传输的像素求导,得到云指数(n)。而 n 和总辐射与晴空辐射的比值——晴空指数 k 之间呈准线性关系,进而可由此关系获得辐射预报结果。但是,从卫星获取的小时地面辐射数据与地表观测的数据有明显偏差,其均方根误差达到 20%～25%。因此,未来的太阳能预报改进可从新一代气象卫星的高质量数据入手。

(3)数值模式的预报方法

电网的运行调度至少需要未来 24 h 的预测数据,统计预报显然不能满足电网调度的需求。这主要是由于没有采用数值天气预报模式,预测的时间尺度难以提高。目前有限区域数值天气预报业务模式的分辨率一般大于 3 km,还无法直接做出云量和云分布的准确预报,特别是对小尺度对流云的预报更加困难。在太阳辐射量预报的基础上,可以通过一系列的模型转换计算预报发电量。当前可用于太阳能预报的数值模式为中尺度数值模式,其中比较成熟的有 MM5 和 WRF,以及 GRAPS 和 ARPS 等,这些模式均有直接向下短波辐射的输出值,其辐射过程大部分相同,可以直接应用于太阳能的预报。此外,还可利用数值模式输出的云量、气温日较差、降水量等要素间接预报或计算太阳辐射量。

目前,基于数值天气模式的总辐射短时预报可具有长达 40 h 甚至更长的时效。从全球数值天气模式到区域模式,任何一个天气模式都可以计算气象变量场,例如:大气中的风速、辐射。全球模式通常是粗分辨率,不能显示细节的小尺度特征,而区域模式可以反映分辨率相对较高的区域特征。因此,可以利用区域中尺度模式耦合全球模式来进行太阳能预报。

PSU/NCAR 开发的 MM5 模式是一个区域尺度的原始方程模式,使用交错网格、四维同化数据,包括许多参数化过程,例如:积云、陆面、边界层和辐射等参数化方案。它分为静力或非静力,利用气压地形跟随坐标,解决了时间分割的有限差分方程和多重网格嵌套。大气辐射的参数化方案提供长波和短波方案,包括大气中的云和降水以及地面要素场的相互作用。不同的模式输入要素也会明显影响辐射的预报准确率,因此要选择有显著影响的输入要素。MM5 通过全球数值天气模式的结果来驱动,输入数据包括气温、垂直风速、相对湿度、位势高度和地表温度等。这些数据的空间分辨率一般为 $0.5° \sim 1.0°$,时间分辨率为 $3 \sim 6$ h。MM5 模式进行空间和时间尺度以及太阳辐射的计算,其预报精度随着不同的参数设置和输入数据而有所差别。

目前,仅有少量研究对 MM5 估算单点太阳辐射的精度进行过对比,更多的太阳辐射区域预报研究还未见。根据 MM5 模式预报的个例研究表明,晴天的误差一般在 $0.25\% \sim 14.7\%$ 之间,多云天气的误差更大为 $2.3\% \sim 64.4\%$,阴天为 $7.8\% \sim 129.0\%$,而这三种天气条件的允许误差分别是 1.85%、6.75% 和 25.8%。可见,利用 MM5 预报太阳辐射误差较大,还不能满足要求。

另外,中尺度数值模式 WRF 对包括晴、阴、雨等天气条件下的地表短波辐射,有一定预报能力,尤其是对晴天辐射的预报能力最佳。但若直接使用模式输出的辐射值作为太阳能发电系统初值来进行电力预报,还有一定距离,可以尝试采用误差订正等方法进行修订,提高可用性。

通过大尺度和中尺度数值天气模式输出的一天或两天的预报结果与实际观测值相比有很大误差。数值模式里的辐射通量对于天气过程非常重要,模式里影响地表辐射预报量的因素主要是云、湿度、气溶胶等的间接效应,但目前该类模式中,没有考虑气溶胶的化学过程,将这些数据和辐射传输模式以及化学模型进行耦合将是一项前瞻性的工作。同时,结合天气模式和统计模型(如 MOS)仍然是一种很大的改进。

MOS 是一种对数值模式输出结果进行客观插值的后处理方法,可进行特殊站点的预报。该方法通过统计方法将观测的天气要素与预报变量进行相关,这些预报量是数值天气模式、初始观测资料或者地理气候数据。在气象术语中定义 MOS 为:统计数值天气模式变量结果与观测变量之间的相关关系,用于模式预报量或利用模式进行变量的不完全预报。MOS 是描述模式输出的历史样本和中尺度模式预报结果之间的关系,可修正某些数值天气模式的方差和模式预报中的不确定性,考虑了一些地方影响和气候效应。从原则上来说,该方法不能预报中尺度特征变量,不能修正数值模式物理分析和参数化方案中的缺陷,也不能改变数值模式中的模块。Glahn 和 Jensenius 早在 1972 和 1981 年分别利用 MOS 方法进行太阳能预报的尝试。Jensenius 认为与云量相关的主要预报变量是相对湿度、750 hPa 垂直速度、200 hPa 风速、700 hPa 露点温度等。统计验证表明该方法提前一天预报的平均误差为 2%,均方根误差为 25%。2004 年 Bofinger 等提出了一种基于欧洲中心数值模式太阳能预报结果的 MOS 方法,其中较好的预报结果是:云量、露点差、500 hPa 相对湿度、2000 m 以下的云量、可降水量。并且利用该方法修正了 2002 年 32 个德国观测站的结果,其结果的偏差小于模式预报结果。

2. 光伏发电量预测方法

光伏发电是利用半导体材料的光电效应,直接将太阳能转换为电能。上述太阳辐射预报是光伏发电量预报的基础,进行光伏发电量预测时主要是根据光伏发电的原理和光电转换效率,建立影响光电转换效率的经验公式和合理的经验系数,输入辐射预报,进行光伏发电量预报。该方法的效果主要决定于光电效率模型和辐射预报的准确性。

光伏组件输出功率(直流)为:

$$P(t) = \eta AG \tag{5-13}$$

式中,P 为输出功率(W);η 为光电转换效率;A 为面积(m^2);G 为辐射(W/m^2)。光伏发电量 E(直流量)计算公式为:

$$E = \int TP(t)\mathrm{d}t \tag{5-14}$$

结合公式(5-13)、公式(5-14),在建立的光电转换模型基础上,输入辐射预报值,即可获得光伏发电量预报值。

常用的光电转换效率模型主要有以下四种,具体见表5-2。

表 5-2　常用的光电转换效率模型

模型	公式	备注
常系数效率模型	$\eta = \eta src$	不同材料的太阳能电池转换效率不同
考虑温度影响的模型	$\eta(T_c) = \eta src[1 - \beta(T_c - 25℃)]$	β 取 0.003℃$^{-1}$~0.005℃$^{-1}$
考虑温度和辐射影响的模型	$\eta(G, T_c) = (a_1 + a_2G + a_3\ln G)[1 - \beta(T_c - 25℃)]$	a_1~a_3 为经验参数,可通过最小二乘法求解
考虑温度、辐射和大气质量影响的模型	$\eta(G, T_c, AM) = p[qG/G_0 + (G/G_0)^m] \times [1 + rT_c/T_0 + sAM/AM_0 + (AM/AM_0)^u]$	经验参数 p, q, m, r, u 可通过实际不同工况测试得到

电力负荷预测主要是为了电网供电容量的预安排,对电力系统控制、运行起着十分重要的作用,也是电网规划决策的前提与基础。其内容包括最大负荷功率、负荷电量及负荷曲线的预测。目前,负荷预测方法很多,使用较多的是时间序列法。

国内在电力负荷预测方面也做过一些相关研究,但与气象数据结合的研究不多。华中科技大学在国内首次提出了气象预报信息与历史发电数据相结合的光伏系统发电量神经网络预测方法。利用神经网络方法,建立了基于逐日天气预报信息的光伏发电量预测模型。由于预测方法简单,考虑因子少,其预报模型远不能满足实际需求。华北电力大学研究了基于支持向量机回归的光伏发电出力预测技术,建模时没有考虑复杂多变的气象条件,虽然仿真实验效果较好,但是应用于实际系统仍有较大距离。

四、太阳能预报系统的应用

以上在有关太阳能预报基本方法中已对其应用方面的优缺点和存在问题做了相应的评述,以下主要对目前太阳能预报的应用系统进行阐述。

目前,国外已开发太阳能预报系统的国家主要有丹麦、美国、德国、瑞士、西班牙、日本等。由于太阳辐射很大程度由天气状况决定,不考虑天气预报数据难以得到较好的预测结果。因而,国外研究的光伏发电输出功率预测系统均将数值天气预报数据作为重要输入。其中,丹麦 ENFOR 公司的 SOLARFOR 系统将光伏发电系统的历史发电量数据和短期数值天气预报结果相结合,从而实现短期(0~72 h)功率预测。美国的 Renewable Energy Science Technology 计划将 JCSDA 发展的通用辐射传输模式(CRTM)用于太阳能预报中的太阳辐射传输计算,可用于卫星遥感的辐射传输计算过程,被很多国家用于数值业务天气预报,WRF 的三维变分同化也用 CRTM 同化卫星资料。在美国从事可再生能源普查和预报的 3TIER 公司,开发了基于太阳总辐射、直接辐射和散射辐射的预报模式。美国加利福尼亚大学开发了一种地面太阳辐射照度观测站,利用实时观测数据、卫星和雷达图像处理数据,计算实时太阳辐射和临近预报值,在此基础上建成 24～36 h 的太阳辐射短期预报系统。

国内太阳能预报技术起步较晚,有效的太阳能预报应用系统罕见。为了发展我国的太阳能预报系统,需要借鉴国外经验,开展基于卫星、气象观测和数值预报的太阳能预报系统。

根据目前实际应用于太阳能预报方法的个例看,主要是卫星资料、模式预报结果结合气象观测统计和外推方法,以及神经网络预测,而数值天气模式仍是当前预报的热点和难点。例如,美国 WindLogics 公司开发适合光伏发电功率预测需求的数值天气预报模式,计划将卫星遥感数据以及地面云量观测信息纳入整个模式体系,形成多信息融合的综合预报系统。因此,今后太阳能预报技术的研究重点和方向主要是综合利用天气预报数据、卫星遥感数据以及地面云量观测信息,形成多层次、多信息融合的综合预报系统,可取得更好的太阳能预报效果。

第四节 计算斜面上的太阳辐射并选择最佳倾角

太阳是地球能量的供给者,源源不断的能量以波的形式沿直线传输到地球上。我们都知道地球是一个不规则的椭球体,同一时刻到达地球表面的太阳光线,其入射角度是不同的。而地球的自转和公转也会使太阳辐射强度呈现时空变化。在光伏供电系统的设计中,光伏组件方阵的放置形式和放置角度对光伏系统接收到的太阳辐射有很大的影响,从而影响到光伏供电系统的发电能力。而国内的并网光伏方阵大部分的组件都是固定安装的,为了能够最大化地利用太阳辐射能,获得较高的太阳能资源开发效益,选择合适的光伏方阵倾角具有十分重要的意义。

任意时段(一般取月、季或年)内,到达倾斜面上的太阳总辐射辐照量达到最大值时,该倾斜面与水平面间的夹角称作最佳倾角。在进行光伏系统设计时,对于最佳倾角的计算,常常需要很复杂的过程。尤其是对数据的处理,因为现在人们还无法精确的预测系统安装后太阳辐照分布的情况,一般都是参照历史气象资料,通常的做法是对近 20 年以上的太阳辐射资料取平均值作为计算依据。在做光伏系统设计时,需要的是峰值日照时数,即在太阳电池标准测试光强 1000 W/m² 下的日照时数;气象站提供的日照时数,则是指太阳每天在垂直于其光线的平面上的辐射强度超过或等于 120 W/m² 的时间长度,这两种日照时数的概念必须厘清。我们从气象站或 NASA 数据库得到的资料,一般为水平面上的太阳辐射量,而大部分的太阳电池方阵是倾斜安装的,因此要获得倾斜面的辐照量,还需要进行一系列复杂的计算。

一、太阳辐射和最佳倾角计算相关

在讨论太阳辐射计算之前,我们先了解一些基本概念及国内外研究现状。

1. 光伏组件放置形式

(1)固定安装式

对于固定式光伏系统,一旦安装完成,太阳电池组件倾角和太阳电池组件方位角就无法改变。因此本节内容主要讲述采用固定安装的光伏系统斜面太阳辐射的计算和最佳倾角的选取。

(2)自动跟踪式形式

其中自动跟踪装置也分为两种:单轴跟踪装置和双轴跟踪装置。

安装了跟踪装置的太阳能光伏供电系统,光伏组件方阵可以随着太阳的运行而跟踪移动,使太阳电池组件一直朝向太阳,增加了光伏组件方阵接受的太阳辐射量。但是目前太阳能光伏供电系统中使用跟踪装置的相对较少,因为跟踪装置比较复杂,初始成本和维护成本较高,安装跟踪装置获得额外的太阳能辐射产生的效益无法抵消安装该系统所需要的成本。

2. 与光伏组件方阵放置相关两个角度参量

(1)太阳电池组件的倾角:太阳电池组件平面与水平地面的夹角。

(2)光伏组件方阵的方位角:方阵的垂直面与正南方向的夹角(向东偏设定为负角度,向西偏设定为正角度)。

一般在北半球,太阳电池组件朝向正南(即方阵垂直面与正南的夹角为 0°)时,太阳电池组件的发电量是最大的。

3. 国内外研究现状

地面应用的独立光伏发电系统,光伏组件方阵平面要朝向赤道,相对地平面有一定倾角。倾角不同,各个月份方阵面接收到的太阳辐射量差别很大。因此,确定方阵的最佳倾角是光伏发电系统设计中不可缺少的重要环节。

设计光伏组件安装的最佳倾角,需要对项目所在地不同倾斜面上所接收的太阳总辐射做具体的研究分析。关于最佳倾角,国内学者做了不少研究,傅抱璞(1983)导出了冬、夏半年晴天直接辐射的最佳倾角公式,李怀瑾等(1982)提出了四季太阳总辐射的最佳倾角与纬度及地平面上总辐射与直接辐射月辐照量之比的联系图。朱超群、虞静明(1992)对倾斜面上太阳总辐射日辐照量公式,进行近似简化,导出了实际总辐射的最佳倾角表示式,并对其精度及最佳倾角的变化特征进行了分析。王炳忠、申彦波(2010)根据美国可再生能源实验室提供的模式,从纯资源角度计算了我国大陆纬度范围内,纬度每间隔 5°处太阳能装置的最佳倾角及其分布规律。杨金焕、毛家俊等(2002)根据天空散射辐射各向异性的 Hay 模型,计算倾斜面上辐射量,推导得到了冬半年朝向赤道倾斜面最佳倾角的数学表达式,对我国一些地区不同方位角的倾斜面上月平均日辐射量及最佳倾角进行了计算和分析。这些前人的研究都很有意义,为当代的太阳能相关行业设计人员提供了很多的经验和思路。

目前有的观点认为方阵倾角等于当地纬度为最佳。这样做的结果,夏天太阳电池组件发电量往往过盈而造成浪费,冬天时发电量又往往不足而使蓄电池处于欠充电状态,所以这不一定是最好的选择。也有的观点认为所取方阵倾角应使全年辐射量最弱的月份能得到最大的太阳辐射量为好,推荐方阵倾角在当地纬度的基础上再增加 15°～20°。国外有的设计手册也提出,设计月份应以辐射量最小的 12 月(在北半球)或 6 月(在南半球)作为依据。其实,这种观点也不一定妥当,这样往往会使夏季获得的辐射量过少,从而导致方阵全年得到的太阳辐射量偏小。也有些人提出,纬度 0°—25°,倾角等于纬度,纬度 26°—40°,倾角等于纬度加 5°～15°,纬度 41°—55°倾角等于纬度加 10°～15°,纬度>55°,倾角等于纬度加 15°～20°。这些都是不合适的,实际上即使纬度相同的两个地方,其太阳辐照量及其组成也往往相差很大,例如,我国拉萨和重庆地区纬度基本相同(仅相差 0.05°),而水平面上的太阳辐照量确相差一倍以上,拉萨地区的太阳直射辐照量占总辐照量的 67.7%，而重庆地区的直射辐照量只占 33.8%。显然加上相同的度数是不妥当的。

二、将水平面上的太阳辐射数据转化成斜面上太阳辐射数据

在讨论最佳倾角的选择方法之前，先介绍利用水平面上太阳辐射计算斜面上太阳辐射的方法。因为我们需要使用的太阳辐射数据是倾斜面上的太阳辐射数据，而通常我们能够得到的原始气象数据是水平面上的太阳辐射数据。当太阳电池组件倾斜放置时，原始气象数据就不能代表斜面上的实际辐射，所以必须要测量斜面上的辐射数据或者采用数学方法对原始的水平面上的气象数据进行修正，以得到斜面上所需的辐射数据。

确定朝向赤道倾斜面上的太阳辐射量，通常采用 Klein(1977) 提出的计算方法。倾斜面上的太阳辐射总量 H_t，由直接太阳辐射量 H_{bt}、天空散射辐射量 H_{dt} 和地面反射辐射量 H_{rt} 三部分组成。

$$H_t = H_{bt} + H_{dt} + H_{rt} \tag{5-15}$$

对于确定的地点，知道全年各月水平面上的平均太阳辐射资料（总辐射量、直接辐射量或散射辐射量）后，便可以算出不同倾角的斜面上全年各月的平均太阳辐射量。下面介绍相关公式和计算模型。

计算直接太阳辐射量 H_{bt} 需要引入参数 R_b，R_b 为倾斜面上直接辐射量 H_b 与水平面上直接辐射量 H_b 之比，

$$R_b = \frac{H_{bt}}{H_b} \tag{5-16}$$

上述公式中倾斜面与水平面上直接辐射量之比 R_b 的表达式如下：

$$R_b = \frac{\cos(L-s)\cos\delta\sin h_s' + \left(\frac{\pi}{180}\right)h_s'\sin(L-s)\sin\delta}{\cos L\cos\delta\sin h_s + \left(\frac{\pi}{180}\right)h_s\sin L\sin\delta} \tag{5-17}$$

式中，s 为太阳电池组件倾角；δ 为太阳赤纬；h_s 为水平面上日落时角；h_s' 为倾斜面上日落时角；L 为光伏供电系统的当地纬度。

水平面上日落时角 h_s 的表达式如下：

$$h_s = \arccos(-\tan L\tan\delta) \tag{5-18}$$

倾斜面上日落时角 h_s' 的表达式如下：

$$h_s' = \min\{h_s, \arccos[-\tan(L-s)\tan\delta]\} \tag{5-19}$$

对于天空散射采用 Hay 模型。Hay 模型认为倾斜面上天空散射辐射量是由太阳光盘的辐射量和其余天空穹顶均匀分布的散射辐射量两部分组成，可表示为

$$H_{dt} = H_d\left[\frac{H_b}{H_o}R_b + 0.5\left(1 - \frac{H_b}{H_o}\right)(1 + \cos s)\right] \tag{5-20}$$

式中，H_b 和 H_d 分别为水平面上直接接和散射辐射量；H_o 为大气层外水平面上太阳辐射量，其计算公式如下：

$$\overline{H_o} = \frac{24}{\pi}I_{sc}\left[1 + 0.33\cos\left(\frac{360n}{365}\right)\right] \times \left[\cos l\cos\delta\sin h_s + \left(\frac{2\pi h_s}{360}\right)\sin l\sin\delta\right] \tag{5-21}$$

式中，I_{sc} 为太阳常数，可以取 $I_{sc} = 1367$ W/m²。

对于地面反射辐射量 H_{rt}，其公式如下：

$$H_{rt} = 0.5 \rho H (1 - \cos s) \qquad (5\text{-}22)$$

式中，H 为水平面上总辐射量；ρ 为地物表面反射率。一般情况下，地面反射辐射量很小，只占 H_t 的百分之几。

这样，求倾斜面上太阳辐射量的公式可改为：

$$H_t = H_b R_b + H_d \left[\frac{H_b}{H_0} R_b + 0.5 \left(1 - \frac{H_b}{H_0}\right)(1 + \cos s) \right] + 0.5 \rho H (1 - \cos s) \qquad (5\text{-}23)$$

根据上面的计算公式就可以将水平面上的太阳辐射数据转化成斜面上太阳辐射数据，基本的计算步骤如下。

①确定所需的倾角 s 和系统所在地的纬度 L。

②找到按月平均的水平面上的太阳能辐射资料 H。

③确定每个月中有代表性的一天的水平面上日落时间角 h_s 和倾斜面上的日落时间角 h'_s，这两个几何参量只与纬度和日期有关。

④确定地球外的水平面上的太阳辐射，也就是大气层外的太阳辐射 H_o，该参量取决于地球绕太阳运行的轨道。

⑤计算倾斜面与水平面上直接辐射量之比 R_b。

⑥计算直接太阳辐射量 H_{bt}。

⑦计算天空散射辐射量 H_{dt}。

⑧确定地物表面反射率 ρ，计算地面反射辐射量 H_{rt}。

⑨将直接太阳辐射量 H_{bt}、天空散射辐射量 H_{dt} 和地面反射辐射量 H_{rt} 相加得到太阳辐射总量 H_t。

三、独立光伏系统最佳倾角的确定

最佳倾角的概念，在不同的应用中是不一样的，在独立光伏发电系统中，由于受到蓄电池荷电状态等因素的限制，要综合考虑光伏组件方阵平面上太阳辐射量的连续性、均匀性和极大性，而对于并网光伏发电系统等通常总是要求在全年中得到最大的太阳辐射量。下面将介绍对于独立光伏系统，如何选择最佳倾角。

对于负载负荷均匀或近似均衡的独立光伏系统，太阳辐射均匀性对光伏发电系统的影响很大，对其进行量化处理是很有必要的。为此，可以引入一个量化参数，即辐射累积偏差 δ，其数学表达式为：

$$\delta = \sum_{i=1}^{12} | H_{t\beta} - \overline{H_{t\beta}} | M(i) \qquad (5\text{-}24)$$

式中，$H_{t\beta}$ 为倾角为 β 的斜面上各月平均太阳辐射量，$\overline{H_{t\beta}}$ 为该斜面上年平均太阳辐射量；$M(i)$ 为第 i 月的天数。可见 δ 的大小直接反映了全年辐射的均匀性，δ 越小辐射均匀性越好。按照负载负荷均匀或近似均衡的独立光伏系统的要求，理想情况当然是选择某个倾角使得 $H_{t\beta}$ 为最大值、δ 为最小值。但实际情况是，二者所对应的倾角有一定的间隔，因此选择太阳电池组件的倾角时，只考虑 $H_{t\beta}$ 最大值或 δ 取最小值必然会有片面性，应当在二者所对应的倾角之间进行优选。为此，需要定义一个新的量来描述倾斜面上太阳辐射的综合特性，称其为斜面辐射系数，以 K 表示，其数学表示式为：

$$K = \frac{365\overline{H}_{t\beta} - \delta}{365H} \tag{5-25}$$

式中,H 为水平面上的年平均太阳辐射量。由于 $H_{t\beta}$ 和 δ 都与太阳电池组件的倾角有关,所以当 K 取极大值时,应当有

$$\frac{dK}{d\beta} = 0 \tag{5-26}$$

求解上式,即可求得最佳倾角。表 5-3 是部分城市的最佳倾角参考值。

表 5-3　部分城市的最佳倾角参考值

城市	纬度 Φ	最佳倾角	年平均日照时间	城市	纬度 Φ	最佳倾角	年平均日照时间
哈尔滨	45.68	$\Phi+3$	4.4 h	杭州	30.23	$\Phi+3$	3.42 h
长春	43.90	$\Phi+1$	4.8 h	南昌	28.67	$\Phi+2$	3.81 h
沈阳	41.77	$\Phi+1$	4.6 h	福州	26.08	$\Phi+4$	3.46 h
北京	39.8	$\Phi+4$	5 h	济南	36.68	$\Phi+6$	4.44 h
天津	39.10	$\Phi+5$	4.65 h	郑州	34.72	$\Phi+7$	4.04 h
呼和浩特	40.78	$\Phi+3$	5.6 h	武汉	30.63	$\Phi+7$	3.80 h
太原	37.78	$\Phi+5$	4.8 h	长沙	28.20	$\Phi+6$	3.22 h
乌鲁木齐	43.78	$\Phi+12$	4.6 h	广州	23.13	$\Phi-7$	3.52 h
西宁	36.75	$\Phi+1$	5.5 h	海口	20.03	$\Phi+12$	3.75 h
兰州	36.05	$\Phi+8$	4.4 h	南宁	22.82	$\Phi+5$	3.54 h
银川	38.48	$\Phi+2$	5.5 h	成都	30.67	$\Phi+2$	2.87 h
西安	34.30	$\Phi+14$	3.6 h	贵阳	26.58	$\Phi+8$	2.84 h
上海	31.17	$\Phi+3$	3.8 h	昆明	25.02	$\Phi-8$	4.26 h
南京	32.00	$\Phi+5$	3.94 h	拉萨	29.70	$\Phi-8$	6.7 h
合肥	31.85	$\Phi+9$	3.69 h				

四、常用最佳倾角计算软件介绍

目前,国内并网光伏电站的光伏组件大多采用固定式安装。对于固定式安装的并网光伏系统,选择合适的方阵倾角对于提高发电量、提升整个项目的收益具有重要的意义。要选择合适的倾角,应计算出不同倾角、项目所在地倾斜面上所能接收的年太阳总辐射量。目前,在光伏电站的工程设计中,广泛应用于最佳倾角选择的软件有几种,早期的 SiemensSolar 公司的 PV Designer、加拿大开发的 RETScreen、丹麦的 PVSystem、德国 PV Sol,其中只有 RET-Screen 是免费的,PVSystem、PV Sol 都是商业软件。国内也有很多公司提供相关的系统设计工具,如:上海电力大学软件、中国大齐新能源的 PV Designer、合肥阳光的光伏电站设计软件、兆伏艾索 EverPlan、山亿 samil power。此外还可以上 SMA 的网站,在产品中选择"plant planning",根据 SMA 的数据库,选择合适的组件倾斜角(需要确定当地离数据库中最近的地点,在计算中需要计算点经纬度和当地的日照情况)。下面对其中几种软件做下简单介绍:

1. RETScreen

RETScreen 是一款清洁能源项目分析软件,用于评估各种能效、可再生能源技术的能源生产量、节能效益、寿命周期成本、减排量和财务风险。该软件由加拿大政府通过 CANMET

加拿大自然资源能源多样化研究所向全世界提供,可免费使用。RETScreen 软件功能较强大,可对风能、小水电、光伏、热电联产、生物质供热、太阳能采暖供热、地源热泵等各类应用进行经济性、温室气体、财务及风险分析。计算光伏发电系统的最佳倾角和发电量只是其功能之一。但该软件不太适用于专业的光伏发电系统设计,软件中的全球气象数据库来自美国航空航天局,其地面数据与中国的气象站提供的地面数据有较大差别,在使用时应予注意。

2. PVSystem

PVSystem 是丹麦开发的一款优秀的光伏仿真软件,用于光伏系统设计,可用于设计并网、离网、抽水系统和 DC 网络光伏系统。基于项目的不同进展阶段,PVSystem 可提供初步设计、项目设计和详细数据分析 3 种水平上的光伏系统研究。

初步设计:在这种模式下,光伏发电系统的产出仅需输入很少的系统特征参数而无须指定详细的系统单元即可被非常迅速地用月值来评估,还可以得到一个粗略的系统费用评估。

项目设计:用详细的小时模拟数据来进行详细的系统设计。在"项目"对话框中,可以模拟不同的系统运行情况并比较它们。这个模块在设计光伏阵列、选择逆变器、蓄电池组或泵等方面能给设计人员提供很大的帮助。

详细数据分析:当一个光伏系统正在运行或被详细监控时,这部分允许输出详细数据,并以表格或者图形的形式显示。

因此,该软件既可通过几个系统特征参数对系统进行粗略的评估,也可用详细的数据对电站进行整体设计。同时,用户可对该软件的数据库进行修改和扩展。除计算最佳倾角和发电量外,该软件还可用于光伏电站其他部分的设计。

3. PV Sol

PV Sol 具有亲切友善的使用者操作界面,可支持太阳光电系统设计规划人员、系统整合安装商及专业太阳光电技术工程师进行太阳光电系统规划、设计、动态模拟和发电量整体评估工作。PV Sol 有标准版,专业完整版,专家版三种版本。三种版本功能介绍如下:

①可自动或手动进行全部光电模组覆盖设计功能。

②可连结全球超过 8000 个气象站的气象资料进行设计(PV ∗ Sol(标准版),Pro(专业版)及 PV ∗ Sol Expert(专家版)。

③可使用软体内建 11000 个太阳光电模板及 2300 个逆变器资料库进行设计规划。

④可自行在不同类型的屋顶上图像化计算太阳光电模板的数量。

⑤可进行简要或详细的遮影分析(PV ∗ Sol Expert(专家版)才有 3D 功能)。

⑥可计算太阳光电系统经济效益分析并产出简要或详细的专案报告

4. 上海电力学院设计软件

该软件是上海电力学院根据 Klein 和 Theilacker 提供的月平均太阳辐射量计算方法,采用 C⁺⁺ 语言编制而成。其主要有三个模块:太阳能辐射计算模块、并网系统设计模块和独立系统设计模块。计算最佳倾角时,既可以自己输入数据,也可用软件自带的数据库。该软件的气象数据库是由国家气象中心发布的 1981—2000 年《中国气象辐射资料年册》统计整理而来。国家气象防灾减灾标准化技术委员会 2009 年 10 月底颁布的《光伏并网电站太阳能资源评估规范(征求意见稿)》中,在计算倾斜面太阳能总辐射时采用了与该软件相同的方法。

5. 中国大齐新能源 PV Designer

PV Designer 是由济南大齐新能源科技有限公司研发的一款光伏系统设计软件。软件主要功能是对光伏系统进行系统设计、模拟运行、财务分析及输出设计方案等。软件主要包括路灯系统设计、离网系统设计、光伏水泵系统设计、用户侧并网系统设计以及高压并网电站设计等。

6. EverPlan

EverPlan 是 Ever-solar 自主研发的光伏电站设计软件。该软件具有以下特点：

①用户可以根据需要选择合适的太阳能电池板和光伏逆变器；

②设计光伏电站中电池板的串并联方式；

③检查设计方案与逆变器是否匹配；

④该设计软件中包含了全球各地区的年光照强度，以及在各地区建电站太阳能电池板的最佳偏向角；

⑤根据用户设计的电站方案和储存在设计软件中的各地区光照信息估算出年发电量；

⑥该软件中存储了 Eversolar 所有逆变器和知名光伏组件资料，可以根据需要自由选择；

⑦中英文两种语言可以自由切换。

参考文献

曹双华,曹家枞.2006.太阳逐时总辐射混沌优化神经网络预测模型研究[J].太阳能学报,(02):164-169.

陈正洪,李芬,成驰,等.2011.太阳能光伏发电预报技术原理及其业务系统[M].北京:气象出版社.

付佳,陈正洪,唐俊,等.2011.太阳能光伏发电预报资料处理子系统研究及实现[J].水电能源科学,**29**(9):150-152.

傅抱璞.1983.山地气候[M].北京:科学出版社.

何明琼,成驰,陈正洪,等.2011.太阳能光伏发电预报效果评价[J].水电能源科学,**29**(12):196-199.

黄文雄.1979.太阳能之应用及其理论[M].台湾:协志工业丛书出版社.

李芬,陈正洪,段善旭,等.2014 太阳能资源开发利用及气象服务研究进展[J].太阳能,(03):20-25.

李怀瑾,朱超群.1982.我国最佳倾斜面上日射时总量和日总量分布特征[J].南京大学学报(自然科学版),(2).

李怀瑾,朱超群.1980.水平面上日射强度确定法[J].气象科学,(1/2).

马金玉,罗勇,申彦波,等.2011.太阳能预报方法及其应用和问题[J].资源科学,(05):829-837.

梅晓妍,王民权,邹琴梅,等.2014.任意朝向的光伏电池板最佳安装倾角的研究[J].电源技术,(04):687-690;733.

沈辉,曾祖勤.2005.太阳能光伏发电技术[M].北京:化学工业出版社.

王炳忠,申彦波.2010.从资源角度对太阳能装置最佳倾角的讨论[J].太阳能,(07):17-20.

王建强.2008.太阳能光伏发电技术第一讲太阳辐射与太阳能资源[J].电力电子,(6).

王淑娟,汪徐华,高赟,等.2010.常用于最佳倾角计算的光伏软件的对比研究[J].太阳能,(12):29-31.

杨金焕,葛亮.2005.太阳辐射量与光伏系统优化设计软件[J].中国建设动态.阳光源,(06):34-36.

杨金焕,毛家俊,陈中华.2002.不同方位倾斜面上太阳辐射量及最佳倾角的计算[J].上海交通大学学报,07:1032-1036.

英国 BP 石油公司.2015.2015BP 世界能源统计年鉴[S].

云南省气象局.2008.云南省太阳能资源评价报告[R].

张礼平,丁一汇,李清泉,等.2008.遗传神经网络释用气候模式预测产品的试验研究[J].气候与环境研究,
　　(05):681-687.

中国气象局.2008.太阳能资源评估方法.中华人民共和国气象行业标准 QX/T89—2008.北京:气象出版社.

周晋,吴业正,晏刚,等.2005.利用神经网络估算太阳辐射[J].太阳能学报,(04):509-512.

朱超群,虞静明.1992.我国最佳倾角的计算及其变化[J].太阳能学报,(01):38-44.

朱瑞兆,等.1988.中国太阳能.风能资源及其利用[M].北京:气象出版社.

Bannehr L, Rohn M, Warnecke G. 1996. A functional analytic method to derive displacement vector fields
　　from satellite image sequences [J]. International Journal of Remote Sensing, **17**(2): 383-392.

Beyer H G, Costanzo C, Heinemann D, et al. 1994. Short range forecast of PV energy production using satel-
　　lite image analysis [C]//Proc. 12th European Photovoltaic Solar Energy Conference. Amsterdam:
　　1718-1721.

Bofinger S, Heilscher G. 2004. Solar radiation forecast based on ECMWF and Model Output Statistics[R].
　　Technical Report ESA/ ENVISOLAR, AO/1-4364/03/I-IW, EOEP-EOMD.

Cote S, Tatnall A R L. 1995. A neural network-based method for tracking features from satellite sensor images
　　[J]. International Journal of Remote Sensing, **16**(18): 3695-3701.

Glahn H R, Lowry D A. 1972. The use of model output statistics (MOS) in objective weather forecasting
　　[J]. Journal of Applied Meteorology, **11**(8):1203-1211.

GWEC(Global Wind Energy Council). 2011. Global Wind Report(R). Annual Market Update 2010.

GWEC(Global Wind Energy Council). 2015. Global Wind Report(R). Annual Market Update 2014.

Hammer A, Heinemann D, Hoyer C, et al. 2003. Solar energy assessment using remote sensing technologies
　　[J]. Remote Sensing of Environment, **86**(3): 423-432.

Hammer A, Heinemann D, Lorenz E, et al. 1999. Short-term forecasting of solar radiation: A statistical ap-
　　proach using satellite data[J]. Solar Energy, **67**(1-3): 139-150.

Jensenius J S. 1989. Insolation Forecasting// Hulstrom R L. Solar Resources [C]. Cambridge: MIT Press.

Jensenius J S, Cotton G F. 1981. The development and testing of automated solar energy forecasts based on the
　　model output statistics (MOS) technique [C]// Proc. 1st Workshop on Terrestrial Solar Resource Fore-
　　casting and on the Use on Satellites for Terrestrial Solar Resource Assessment. Newark: American Solar
　　Energy Society.

Kaifel A K, Jesemann P. 1992. An adaptive filtering algorithm for very short-range forecast of cloudiness ap-
　　plied to Meteosat data[C]// Proc. 9th Meteosat Users Meeting. Locarno.

Kawashima M, Dorgan C E, Mitchell J W. 1995. Hourly Thermal Load Prediction for the Next 24 Hours by
　　ARIMA, EWMA, LR, and an Artificial Neural Network. ASHRAE Transactions, 101, 186.

Klein S A. 1977. Calculation of monthly average insolation on tilted surfaces [J]. Solar Energy, **19**(4): 325-
　　329.

Pandit S M, Wu S M. 1993. Time Series and System Analysis with Applications[M]. New York: 56-103.

WWEA(World Wind Energy ASSociation). 2011. Word Wind Energy Report 2010(R).

第六章　水电气象服务

水电站大多是建在水流落差大,地质条件复杂,地理环境险恶的高山峡谷地带,受天气和气候的影响很大,因此对气象的依赖性很高。在水电站开发不同时期,对气象服务的需求有所不同,水电站施工建设期需要流域与工地现场综合气象保障服务,发电运行和水资源调度时期则需要降水实况、预报、预测与预警气象保障服务等。因此,水电建设开发需要气象服务。

第一节　气象条件对水电工程的影响

水能资源是迄今为止唯一可供大规模经济开发的再生性能源,在经济发展对电力需求日益增长的过程中,世界各国都把水能资源的开发放在重要的位置。尤其是第二次世界大战结束后,人类社会进入了一个前所未有的高速发展阶段,社会经济发展对水能资源尤其是电力的需求日益增大,水能资源的开发和水电站的建设得到空前的发展,水电站的规模也日益扩大,从大型水电站发展到巨型水电站。

巨型水电站的建设是一项庞大而复杂的系统工程,从规划设计到施工建设都有各自的特点和难点,它的建设对整个国家的社会发展、经济政策和产业布局起着巨大的作用。

影响水电工程建设的气象条件变化万千,温度、降水、雷暴、寒潮、大风、雾等都直接影响工程质量。因此,为保证水电工程质量,必须对气象因素引起高度重视,针对现场的自然环境和施工作业环境,要未雨绸缪,根据工程的特点和具体条件,提前做好准备,采取有效的措施来避免或降低因气象因素造成对工程质量的影响,如:冬季、雨季、风季、炎热季节施工时,针对工程特点拟定季节性保证施工质量的有效措施,避免工程质量受低温、暴雨、高温、雷暴等的危害等。

一、水电工程中的主要气象问题

1. 温度对施工的影响

气温是表征某地气候特征最重要的气象要素之一,在施工期间出现高温和低温,都会不同程度地影响工程的进程和质量。

高温天气下,浇筑和养护混凝土将会使混凝土的水泥水合速率与温度蒸发率增加,这将会对混凝土特性及使用可靠性产生负面影响。夏季气温高,混凝土施工中的水分蒸发快,稠度变化大,对于新浇筑混凝土工程可能出现干燥快,凝结速度快,强度降低,并会产生许多裂缝等现象,从而影响了大坝结构本身的质量。因而,针对高温季节等特点,对混凝土拌和、运输、浇筑及养护等采取必要的温控措施,通过采取一系列温控措施,有效保证混凝土质量。

春季和秋季,由于 24 小时之内的温度变化相当大,在混凝土浇筑过程中,因温度变化而导致混凝土收缩产生的早期裂痕也相当严重。冬季(10—12 月)低温和强降温对施工的影响不容忽视,主要影响混凝土浇筑。当日平均气温连续 5 天低于 5℃时,会对施工产生不利影响,应采取冬季施工措施;当气温在 4℃ 以下,混凝土的水化作用将十分缓慢;当气温降至 0℃ 以下时,水化作用基本停滞,这两种情况最都会影响混凝土的强度,从而影响结构本身的质量。气温在短时期内急剧下降(即所谓强降温过程)对施工的影响尤为严重。混凝土内部温度高,外界气温低,内外温差产生了拉应力,温差越大,拉应力越大,当拉应力大于混凝土的抗拉应力时,就容易使混凝土产生裂缝。因此,水电站施工期间,掌握当地气温条件和变化规律,对于合理安排施工具有重要的意义。

2. 寒潮对施工的影响

寒潮是指冬半年引起大范围强烈降温、大风天气,常伴有雨、雪的大规模冷空气活动,使气温在 24 小时内迅速下降达 8℃以上的天气过程,且最低气温在 4℃ 以下,并伴有 5～7 级大风。寒潮会造成大风、低能见度、地面结冰和路面积雪等现象,对水电站建设施工作业安全和工程质量带来较大的威胁和巨大的隐患。

国内目前大型或巨型水电站以混凝土重力坝居多,其次是混凝土双曲拱坝,混凝土大坝施工期间,大多数混凝土大坝的裂缝都是在施工期间由于温度变化而引起的。短时间大幅度的气温骤降使得坝体表层具有很大的温度梯度,从而产生很大的温度应力,极易导致表面裂缝,由于各种原因,其中一些会进一步发展成为深层裂缝或贯穿性裂缝,可能破坏坝的整体性和稳定性。因此,寒潮对坝体表面温度以及最大主应力影响大,容易造成表面裂缝。若大坝在长间歇期间遭遇寒潮气温骤降,那么坝体表面包括浇筑仓面出现裂缝的可能性也很大,尤其对与早龄期混凝土受寒潮冷击时,如果不及时采取表面保温,创面出现裂缝是难以避免的。

对于混凝土大坝浇筑如此大规模的工程,需多年连续施工,施工期间必然会遇到创面长时间受到寒潮冷击,因而做好寒潮预报,对大坝采取表面保温措施,可显著地减少寒潮的影响。

3. 降水对施工的影响

水电站建设中,强度较大和历时较久的降水,不仅造成道路泥泞,同时能造成被挖土方积水,混凝土遭受雨水冲刷后,质量严重下降等。因此,降水对工程进度和质量有较大的影响。

降水对施工影响主要是尾水明挖及地下洞室开挖,尤其是雨季连续降水或强降水是造成地下水位进一步升高、渗水量加大的重要因素。另一方面,连续降水或强降水使流域面的水量加大,上游及周边的降水会陆续汇集到坝区,从而增大坝区的蓄水量,抬升水位,这将给建设中的水库大坝带来压力,严重时会发生漫堤甚至垮坝;由于雨水的冲刷和侵蚀,还会直接影响到大坝等水利基础设施的安全。为了避免山水进入工作面和冲刷边坡,确保施工安全和工程质量,雨季天气预报对电站建设尤为重要。

另外,长时间降雨或短时局地强降雨,会使正在建设的水电站所在流域的各江河流量加大,进入水电站所在山谷后汇积的雨水沿山谷向下游冲去,使下游河水在短时间内上涨几米甚至十几米,除直接产生洪涝造成灾害外,还可以引发山体滑坡、塌方和泥石流等一些地质灾害,造成大坝建筑物冲毁或损坏等,给施工车辆带来严重威胁。降水还会使得路面湿滑,减小路面摩擦系数,给运输及施工车辆的行驶带来安全隐患。

4. 雷暴对施工的影响

雷暴是伴有雷击和闪电的局地对流性灾害性天气,它出现时必有强烈的积雨云活动,因此往往伴有强烈的阵雨或暴雨,有时伴有冰雹和龙卷。雷电是一种大气中瞬时大电流、高电压、长距离的放电现象,产生于积雨云中,使云中产生电荷。云的上部以正电荷为主,云的中、下部以负电荷为主,云的下部前方的强烈上升气流中还有一范围小的正电区。因此,云的上、下之间形成一个电位差,当电位差大到一定程度后,就产生放电,这就是平常所见的闪电现象,放电过程中,闪道中的温度骤增,使空气体积急剧膨胀,从而产生冲击波,导致强烈的雷鸣。当云层很低时,有时可形成云地间放电,这就是雷击。雷击是供电线路中最易引发停电事故的风险因素。工地现场虽有避雷设施,但雷电经高压供电线路引入很难预防。它既导致电气设备损坏,又使工地停电,后者又将影响用电机械的工作效率。

雷暴的持续时间一般较短,单个雷暴的生命史一般不超过 2 小时。我国雷暴是南方多于北方,山区多于平原。多出现在夏季和秋季,冬季只在我国南方偶有出现。雷暴出现的时间多在下午。夜间因云顶辐射冷却,使云层内的温度层结变得不稳定,也可引起雷暴,称为夜雷暴。

雷暴是一种局部的但很猛烈的灾害性天气。雷暴不仅干扰无线电通信,而且可以击毁建筑物、输电设施、输电线路、通信线路和建筑施工仪器设备,击伤击毙施工人员,引起火灾等。因此,在水电工程建设设计施工中,雷暴的防范和预警是一个必不可少的重要环节。

（1）雷电的产生与闪电的分类

雷暴云(积雨云)在形成过程中,某些云团带正电荷,某些云团带负电荷,单一云团各部位电荷极性也是不相同的(理想的三极性雷暴电荷结构见图 6-1)。它们对大地的静电感应,使雷雨云下方的地面或建(构)筑物表面产生异性电荷,当电荷积聚到一定程度时,不同电荷云团之间,或云与大地之间的电场强度可以击穿空气(一般为 $25\sim30\ \mathrm{kV/cm}$),开始游离放电,我们称之为"先导放电"。云对地的先导放电是云向地面跳跃式逐渐发展的,当到达地面时(地面上的建筑物,架空输电线等),便会产生由地面向云团的逆导主放电。在主放电阶段里,由于异性电荷的剧烈中和,会出现很大的雷电流(一般为几十千安至几百千安),并随之发生强烈的闪电和巨响(即雷声),这就形成雷电。其中云层对大地间迅猛的放电,对建筑物、人和建筑物内电子设备(如电力、电子、通信、网络等设备)产生极大危害,是气象灾害研究的重要课题之一。

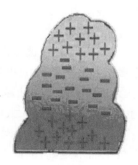

图 6-1　理想的三极性雷暴电荷结构示意图

注:主正电荷区(−40℃以上);负电荷区(−20℃上下);云底附近的次电荷区(0℃附近)

雷暴积雨云的发展共有三个阶段。第一是发展阶段,亦称"积云阶段",其特征是整个云体全为上升气流,云内温度高于云外温度。第二是成熟阶段,云内出现下沉气流,下沉气流的范围从下向上逐渐扩大,降水出现于下沉气流区下方的地面上。雷暴云中温度在上升气流区内较高,在下沉气流区较低。雷电现象主要出现在此时段内,其他剧烈天气现象也多在此阶段出现。第三是消亡阶段,下沉气流扩大到整个云块,降水逐渐停止,云体逐渐消散。每一阶段持续时间约十几分钟至半个小时。雷暴持续的时间一般较短,单个雷暴的生命史一般不超过 2 小时。多个单体雷暴组合成的雷暴群可存在数小时之久,如 1986 年 6 月 6 日 22 时至 7 日 14 时,昆明出现 165.4 mm 的大暴雨,其夜间伴有长达 4 小时左右的强烈雷暴。

常见的闪电主要有云闪和地闪两种形式。云闪是发生在雷暴云内的闪电,通常情况下,约占总闪电数的一半以上。地闪是发生在云和地面之间的放电。一次地闪包括一次或几次大电流脉冲过程,叫"回击(return stroke)"。闪击之间的时间间隔一般为几十毫秒。地闪中,雷雨云上的正电荷向大地放电,即正电荷由云到地称为正闪电,负电荷向大地放电,即负电荷由云到地称为负闪电。在云—地闪电中,向下负地闪最为常见,占 90% 以上;而向下正地闪的概率低于 10%,且一般容易发生在冬季的高原和山区。

(2)雷暴的灾害特征

雷暴天气所伴随的雷电现象具有极其大的破坏力,其破坏作用是综合的,包括热效应、电动力效应、机械效应、冲击波效应、静电感应效应以及电磁场效应的破坏。雷电电荷在传导放电的过程中,产生很强的雷电电流,一般会达到几十千安,有时会达到几百千安,能产生几千、几万甚至几百万伏高压,足以让人畜毙命,电气设备毁坏。雷电通道的温度可达到 5 万华氏度(相当于 27760℃),比太阳表面的温度还要高,能使金属熔化,易燃物体高温起火。闪电产生的静电场变化、磁场变化和电磁辐射,严重干扰无线电通信和各种设备的正常工作,是无线电噪声的重要来源,在一定范围内造成许多微电子设备的损坏、引起火灾,已是 20 世纪 80 年代之后雷电灾害的极重要原因。另外雷电产生的冲击波,可以使附近的人、畜、建筑物遭到破坏和伤亡。

根据产生和危害特点的不同,雷电可分为直击雷、球形雷、感应雷、雷电波侵入四类。

①直击雷

直击雷是云层与地面凸出物之间的放电形成的。直击雷可在瞬间击伤击毙人畜。巨大的雷电流流入地下,令在雷击点及其连接的金属部分产生极高的对地电压,可能直接导致接触电压或跨步电压的触电事故。直击雷产生的数十万至数百万伏的冲击电压会毁坏发电机、电力变压器等电气设备绝缘,烧断电线或劈裂电杆造成大规模的停电,绝缘损坏可能引起短路导致火灾或爆炸事故。

另外,直击雷的巨大雷电流通过被雷击物,在极短的时间内转换成大量的热能,造成易燃物品的燃烧或造成金属熔化飞溅而引起火灾。例如,1989 年 8 月 12 日,青岛市黄岛油库 5 号油罐遭雷击爆炸,大火烧了 60 小时,火焰高 300 m,烧掉 4 万 t 原油,烧毁 10 辆消防车,使 19 人丧生,74 人受伤,还使 630 t 原油流入大海。

②球形雷

球形雷出现的次数少而不规则,因此取得的资料十分有限,其发生的原理现在还没有形成统一的观点。球形雷能从门、窗、烟囱等通道侵入室内,极其危险。例如,1978 年 8 月 17 日晚上,原苏联登山队在高加索山坡上宿营,5 名队员钻在睡袋里熟睡,突然一个网球大的黄色的火球闯进帐篷,在离地 1 m 高处漂浮,唰的一声钻进睡袋,顿时传来嗞嗞烤肉的焦臭味,此球在 5 个睡袋中轮番跳进跳出,最后消失,致使 1 人被活活烧死,4 人严重烧伤。

③雷电感应

也称感应雷,雷电感应分为静电感应和电磁感应两种。静电感应是由于雷云接近地面,在地面凸出物顶部感应出大量异性电荷所致。在雷云与其他部位放电后,凸出物顶部的电荷失去束缚,以雷电波形式,沿突出物极快地传播。电磁感应是由于雷击后,巨大雷电流在周围空间产生迅速变化的强大磁场所致。这种磁场能在附近的金属导体上感应出很高的电压,造成对人体的二次放电,从而损坏电气设备。例如,1992 年 6 月 22 日,一个落地雷砸在国家气象中心大楼的顶上,虽然该大楼安装了避雷针,但是巨大的感应雷却把楼内 6 条国内同步线路和一条国际同步线路击断,使计算机系统中断 46 小时,直接经济损失数十万元。

④雷电波侵入

雷电波侵入是由于雷击而在架空线路上或空中金属管道上产生的冲击电压沿线或管道迅速传播的雷电波。其传播速度为 3×10^8 m/s。雷电波侵入可毁坏电气设备的绝缘,使高压窜入低压,造成严重的触电事故。属于雷电波侵入造成的雷电事故很多,在低压系统这类事故约占总雷害事故的 70%。例如,雷雨天,室内电气设备突然爆炸起火或损坏,人在屋内使用电器或打电话时突然遭电击身亡都属于这类事故。又如,1991 年 6 月 10 日凌晨 1 时许,黑龙江省牡丹江市上空电闪雷鸣,震耳欲聋的落地雷惊醒酣睡中的居民,全区电灯不开自亮又瞬间熄灭,造成 20 多台彩电损坏。

5. 大风对施工的影响

水电站一般地处河谷区域,河谷地区气候多变,地形复杂,除暴雨、雷击、泥石流等气象灾害频发外,大风也是一种多发而又危害严重的灾害性天气。气象上将瞬间极大风速 ≥17.0 m/s 定为大风。按其性质分为雷雨大风、寒潮大风、台风、龙卷等。影响水电站大坝工程的大风以雷雨大风和寒潮大风为主。

在河谷地区,每年 3 月热力条件较差,雷雨大风少发生;4 月和 5 月随着气温增高,雷雨大风逐渐增多;6 月以降水为主,雷雨大风相对较少;7 月和 8 月雷雨大风明显增多,8 月达到全年最多。寒潮大风一般都是由冬季强冷空气到达河谷地区引起。

大风不但可以摧毁建筑物,而且危及施工人员的人身安全。虽然大风出现的频率相对较少,但由于地形的原因,不能忽视一般性大风天气对施工造成的影响。在施工过程中,遇到刮大风,如果进行施工就很不安全,尤其是高空作业更加危险。根据相关规定,4 级以上大风禁止塔吊安装、顶升作业,6 级以上大风禁止吊装作业和高空作业。

6. 雾对施工的影响

雾是贴地层空气中悬浮着大量水滴或冰晶微粒而使水平能见距离降到 1 km 以内的天气现象。水汽是雾形成的一个重要条件,因而湿度的变化是影响雾发生的一个重要的原因。水电站一般处于河谷地区,水汽充沛,河谷地区秋、冬季节是多雾季节,夏季雾较少。各月当中,11、12 月是多雾月,5、6 月是少雾月。雾开始出现时间,大多数在晚上到第二天早上;雾消散的时间一般在中午前后。大雾对水电站建设的交通、运输和施工安全会造成严重威胁。

二、暴雨对水电工程建设的影响

现代化的水电站工程建设历时长,规模大,自动化程度高,气象条件对其影响日益显著。由于水电站大都修建在深山大川之中,因此暴雨、洪涝以及由此引发的泥石流、滑坡等地质灾害是水电站施工和运营后最大的安全隐患之一。如不考虑洪水、暴雨、滑坡、泥石流的影响,轻则会影响施工安全导致人身安全事故,重则引发的围堰垮坝、堤防决口会导致人员伤亡和重大财产损失,甚至为电站工程的安全造成隐患,危及整个电站坝区下游地区的社会安全。

暴雨、洪涝等的不利影响自水电站设计施工开始就需要充分地考虑和预防。

1. 水电站设计规划期

结合区域构造稳定性、水库区工程地质条件和枢纽区工程地质条件,在水电站设计中工程坝址、坝型、坝顶高程、坝顶全长、水库总库容、正常蓄水位的选择还必须考虑洪水洪峰流量的影响。设计单位必须根据《水利水电工程等级划分及洪水标准》(SL252—2000)规定规划设计水电站总库容,确定该水电站工程的规模为大型、中型还是小型;并确定电站工程等级级别。工程主要建筑物溢流坝、电站厂房、左右岸非溢流坝等,次要建筑物临时仓库车间工棚、消能防冲建筑物、附属建筑物等的设计级别,也要严格按照《水利水电工程等级划分及洪水标准》根据洪水级别规划设计。

此外,由于一般水电站的施工周期都很长,少则5、6年多则10多年,因此建设过程中必须对雨季施工中的暴雨、滑坡、泥石流等进行预防。

2. 水电站施工期

水电站工程建设的过程中包括导流工程、主体工程建设、当地建材开采、场内场外交通道路建设等主体工程及配套工程。根据工程特点,施工中对暴雨、洪水等的敏感性不同。暴雨对施工的影响可以分为直接影响和间接影响,直接影响主要是暴雨的同时伴随的雷暴、阵性大风、冰雹等强对流天气对整个施工安全的影响;间接影响是暴雨导致的洪水洪峰和山体滑坡、泥石流等对河床和山体附近工程的威胁。

(1)导流工程

导流工程:导流工程在电站施工初期,一般为采取分期围堰、修建溢流坝或开挖导流洞的方式。导流工程需要在枯水期完成,一般不会受到暴雨、洪水的影响,但是根据前面的介绍,云南省秋季大暴雨占全年大暴雨日数19%,也就是说云南各大流域秋季暴雨洪水出现的概率也近五分之一,而流量对围堰施工、导流工程成功与否影响极大。特别在云南省部分流域,洪水陡涨陡落,预见期短,洪水预报难度较大,河流稍有涨水便会给施工造成威胁。例如,怒江州的贡山、福贡、碧江一带由于特殊的地理位置,冬季(12—次年2月)降水量一般在150 mm以上,这一季节的雨量占全年雨量的比例较省内其他地区大,因此容易形成冬洪。所以在导流工程开始前,除了要认真分析流域多年气候状况,还要采取各种中短期气象预测手段,避免重要天气过程,合理选择施工日期。在导流工程开工后,如遇到难以预测的突发性局地性暴雨,可能造成流量剧增影响施工安全的,要果断停工,确保施工安全,等到洪峰过后再恢复施工。

(2)主体工程

主要有大坝施工和厂房施工。由于云南的水电站厂房一般位于大坝内,所以可以忽略天气条件对其的影响。大坝施工可以大致分为坝基土石方开挖和灌浆及砼施工两种。

①坝基土石方开挖

坝肩(基)土石方施工一般按自上而下,先岸坡后河床的程序进行,围堰形成后,抽干基坑积水,在进行河槽部位的基础开挖。开挖后的渣料结合围堰填筑及场地平整进行堆填,多余渣料采用自卸汽车运至左、右岸上游指定渣场堆放。大坝基础岩石开挖采用火雷管引爆,逐层挖除。

土石方开挖均属河床内作业,在围堰保护下进行,一般的中小型洪水对其并无影响,遇到特大暴雨或特大洪峰,有可能造成围堰失效的,必须立即停工等待。

②灌浆及砼施工

基坑开挖结束,及时浇筑基础砼垫层,形成压浆盖板并达到一定强度后,在进行帷幕灌浆施工。施工方法采用分段进行,先河槽,后岸坡。灌浆方法自上而下,坝体与基础接触段应单独进行灌浆,待凝 24 h 后,方可进行下段。灌浆结束及时进行封孔。与土石方开挖类似,大坝浇灌工程一般不受普通洪峰过境影响,但是暴雨等强降水对其影响很大。一般来说,当降雨强度达到或超过 3 mm/h 时,应停止混凝土拌和,迅速完成尚未进行的卸料、平仓和碾压作业,并采取防雨和排水措施。

(3)其他工程

当地建材开采、场内场外交通道路建设、堆料场地、弃渣场、公用工程,供水、供电系统、环保工程等主体工程及配套工程。此类工程由于其多处于坝区外围,主要考虑不良气象条件增加施工干扰。需要编制雨季施工方案,备足雨季施工材料和防雨物品,提高雨天施工能力。此外,依山而建的工程、建筑需要规避暴雨的间接影响,即滑坡、泥石流等地质灾害。

3. 电站施工对地貌的影响

水利枢纽工程建设过程中导流工程、主体工程建设、当地建材开采、场内场外交通道路建设等,需进行大量土石方开挖、混凝土拌和、大坝浇筑、各种施工机械和运输车辆的运行,以及工地人员的活动等,将给施工区环境带来不同程度的影响,尤其是施工期间局地暴雨造成水土流失产生泥石流、滑坡等衍生灾害的可能性猛增,加剧本地对抗洪水的脆弱性,威胁人身安全和工程安全。其中电站建设期内可能产生水土流失的原因主要有以下三个方面:

一是大坝及厂房生活区建设过程中,大量的土石方开挖,损坏原地表及植被,使表土层扰动松散,抗蚀能力减弱,从而加剧水土流失。

二是建设过程中,施工现场和土、石料堆放场可能造成水土流失。

三是取土场、采石场,表土层剥离以及在取土、采石过程中,将有大量的开挖面、弃土和因受地形和运输条件限制剩余土石料的堆放,易产生水土流失。

由此,对电站施工造成当地水土流失严重,排泄洪能力下降的情况,需要设置适当的致洪暴雨量级阈值,警惕所有可能造成当地洪峰、山体滑坡和泥石流的降水过程。

三、雷暴对水电工程建设的影响

雷暴天气是夏季常见的天气现象,它产生于强烈的积雨云中。一般雷暴伴有雷声、闪电或(和)阵雨,而强雷暴则还伴有暴雨、大风、冰雹等严重的灾害性天气现象。雷电是一种复杂的大气电现象,雷电发生时,因其产生强大的电流、炙热的高温、猛烈的冲击波以及强烈的电磁辐射等物理效应而能够在瞬间产生巨大的破坏作用,常常导致人员伤亡、引起森林火灾、击毁建筑物、供配电系统、通信设备、引燃仓储、炼油厂、油田甚至造成爆炸,严重威胁着社会公共安全和人民生命财产安全。近年来,随着社会经济的发展和现代化水平的提高,特别是由于信息技术的快速发展,雷电灾害的频率和危害程度及其造成的经济损失和社会影响越来越大。水电站大坝大多建设在高山峡谷之间,由于地处山区,其遭遇雷击的情况普遍存在。

形成雷雨云的天气系统,主要包括三类:①锋面类(冷锋、静止锋);②高空低槽、切变线类(春季南支槽、夏季西风槽、川滇切变线、西南低涡、两高辐合区等);③副热带低值系统类(西行台风、倒槽、东风波、赤道辐合带、印度季风低压、孟加拉湾风暴等)以及副高外围的偏南气流,这些天气系统都具有强烈的潮湿辐合上升气流,因而易形成和发展雷雨云。春季主要以南支槽和锋面雷雨为主,夏季主要以切变线、低涡、锋面、赤道辐合带、台风雷雨为主,秋季主要以台风、孟加拉湾风暴、锋面雷雨为主。

从全球、我国及云南的雷暴分布来看,主要多雷暴区是热带地区和山区,一般有南方多于北方,山地多于平原(盆地)的分布规律。除此之外雷击还与局地地形地貌和地质条件有关,易造成雷击灾害的地形因素主要包括以下几个方面。

(1)山岭因素:一般山中的条形盆地,"半岛"形的山头及起伏陡峭地形的边缘等特殊地形区是易遭雷击区。

(2)河流、湖泊、水库等因素:一般河床河湾地带、溪岸、湖泊及水库边缘,以及临江的山顶或山坡等地是经常发生雷击区。

(3)地表因素:一般地下水出口或露头处、地表裂隙、丛山中的潮湿土壤或多孔隙岩石等处也经常发生雷击。

(4)坡向与植被因素:一般向阳坡和迎风山坡、植被茂盛的森林和灌木草丛等处是常遭雷击地区。

另外,易造成雷击的地质因素主要包括:①不同性质岩石的分界地带;②地质年代线错综复杂的地带;②地质构造上的断层地带;④地下导电的矿脉或含矿岩石;⑤局部的良导电地带(主要指岩石中的冲积层或在密致岩石区中的多孔隙岩石地带)。此外,孤立的高大突出建筑物、大树等也是常遭雷击的地方。

雷击分直击雷和感应雷两种。直击雷直接在回路中产生强大的电效应,电压峰值通常可达几万伏甚至几百万伏,电流峰值可达几十千安乃至几百千安,所以其破坏性往往相当强大。感应雷分为静电感应雷和电磁感应雷。感应雷通过静电感应聚集起大量与雷云极性相反的束缚电荷,瞬间放电后,产生的静电电压(感应电压)可达到几万到几十万伏。另外,如此高的静电电压由于雷云放电,束缚力消失,速度快速变化的电流将产生强烈变化的感应磁场,导致附近电力设备产生过大电流遭受破坏。

电站出线回路较多,进出室内的电缆可能在远处遭遇直击雷,强大的雷电流将以光速沿着该电缆传回电源。经过变电站的衰减等,到达电源控制设备仍然有可能达到上千伏电压。如此高的电压对于控制设备很可能是毁灭性的。电站附近的避雷针和避雷带等接闪装置吸收雷电时,布设在其下的直击雷防护系统引下线的周围形成强大的瞬变磁场使附近线缆最大限度地感应而产生感应电流,沿着线缆传输到设备。水电站配套有水坝监测信号系统,受感应雷影响,系统中也将产生较高的浪涌直接对监测设备造成干扰或破坏。监测系统的线路在室外存在遭受直击雷及感应雷的可能,相对巨大的电流往往对这些线路终端的低压设备造成毁灭性的破坏。现代微电子设备的内部结构集成度很高,设备本身抗浪涌能力下降。大部分微电子器件因体积小、耐压低,通流量只有微安级,能耗极小,其允许的能量限值也非常小,是它在应用上的巨大优势,同时又成为它经不起雷电的重大劣势。雷电不仅直接损坏微电子器件本身,还由于其耗能少,灵敏度极高,很小的电场或磁场脉冲就可以使它的正常工作受到干扰,只要几十伏的电压就足以毁坏整个器件。因此,感应雷的防护对高、精、尖的设备就显得尤为重要。

下面就主要从两个方面来探讨水电建设期间雷暴的影响及防护问题。

1. 雷暴对水电站弱电系统的影响及防护

水电站大多建设在山区,且地理位置相对较高,属于雷电频发地区;由于地理条件限制,水电站的各类(工频、避雷针线、弱电系统等)接地系统分散且接地电阻不够小,所以水电站弱电系统必须具备一个针对性很强的防雷电和过电压措施。

要减少或消除雷电和过电压对水电站弱电系统的破坏,我们首先要分析雷电和过电压是通过什么途径和方式来破坏水电站弱电系统。

雷电和过电压对水电站弱电系统的破坏主要途径二种:①过电压击穿设备元器件和电气绝缘;②过电流烧毁设备元器件和连接线。

雷电对水电站弱电系统的破坏主要通过三种方式:①雷电直接对弱电系统放电;②雷电低空云层放电或在水电站对避雷针、避雷线、输电线等物体放电时,空中产生强烈的雷电电磁场,使弱电系统产生很高的感应电压;③雷电击中避雷针、避雷线、输电线等物体时,使弱电系统各接地点间产生很大的地电位差。

下面针对直接雷击、雷电感应过电压、雷电引起的地电位差这三种主要的雷电破坏方式进行研讨。

(1)直接雷击

弱电系统直接雷击是指弱电系统的设备、信号控制输入输出线、电源输入输出线等电气连接装置直接遭受带电云气团放电。防护弱电系统直接雷击的有效方法是在可能遭受雷电的设备上方装设避雷针、避雷线(或消雷器);由于水电站强电防雷措施已经做到位,弱电系统在可能遭受雷电的设备上方装设避雷针、避雷线(或消雷器)后,被雷电直接击中的概率非常的低,所以在弱电系统设备上没有必要再做其他专门针对直接雷击的防护措施。

(2)雷电感应过电压

当雷电放电时,在其放电通道周围产生强烈的雷电电磁场(电磁场强度和放电电流成正比,和距离平方成反比)。水电站周围避雷针、避雷线、输电线等引雷设备较多,引发雷击的概率很高,所以空中产生强烈的雷电电磁场的概率也很高;强烈的雷电电磁场会使没有屏蔽措施的设备高阻抗元器件、线路上感应出很高的电压,同时会在非闭环的导线两端感应出很高的电压。如果不加防护或防护不当,雷电感应过电压很可能击穿弱电系统设备的电气元器件和绝缘。为了保护水电站弱电系统的设备免遭"雷电感应过电压"的干扰和破坏,机房建筑应做防御雷电电磁脉冲干扰的笼式避雷网——法拉第笼;建筑物各部分的交流工作地、安全保护地、直流工作地、防雷接地应与建筑物法拉第笼良好接地,避免接地线之间存在电位差,以消除感应过电压的产生;设备机房的接地系统应做成闭环型。引入机房的各类弱电线(通信线、信号线、控制线、低压直流线等)通过无屏蔽措施的区域时,应使用接地良好的金属管加以保护,同一方向且接入同一设备的各类弱电线,尽量通过同一金属管,这样可以降低线—线、线—地雷电感应电压。

（3）雷电引起的地电位差

前面谈到水电站地理条件特殊，因此由雷电（或工频单相接地）电流引起的不同接地网或者同一接地网不同接地点之间的梯级电位差，达到可以损坏弱电系统设备数值（大于100 V）的概率非常大（每年数次）；习惯将地电位差引起的过电压称作地电位反击。如果将地电位反击源看作一个电势源，其电动势并不大（一般小于1 KV），但是其内阻很小；而雷电感应电势源的电动势和内阻都非常高，所以防止地电位反击对弱电系统破坏和防止雷电感应过电压对弱电系统破坏的方式方法也不相同；防雷电感应过电压的重点是降压，防地电位反击的重点是限流。由于地电位反击和雷电感应过电压均属多发，且二者基本伴生，所以弱电系统的防雷电和过电压防措施，必须二者统筹兼顾，并且根据现场实际情况和要求，寻求一个经济高效的可行方案。

2. 雷暴对电站架空线路的影响及防护

对架空线路要求适当加强绝缘配合，主要是防止杆塔和挡距中的各种可能放电途径，其中涉及气象条件。过电压分为外过电压（由雷击引起，分直击雷和感应雷）和内过电压（由系统参数发生变化时的电磁能振荡和积聚而引起）。雷电过电压绝缘配合必须考虑雷暴时的风速和气温。在《电力设备过电压保护设计技术规程》（SDJ7—79）中，规定雷暴时风速一股取10 m/s，气象恶劣的地区采用15 m/s。实际设计中一般在最大设计风速取 >35 m/s 的地区，雷暴对风速采用15 m/s。对有运行经验和气象资料证明雷暴时风速较大的地区，也应采用15 m/s，这样保证率可达90%以上。雷暴时的风速与气温相关性较弱，一般雷暴时的气温均取为15℃，保证率多取为90%。

雷暴是最严重的气象灾害之一；20世纪50—60年代以来随着静电感应、电磁感应和雷电波入侵等危害的日趋严重，法、意、英、美、日先后推出放射性避雷汁、高脉冲避雷针、动力球型避雷针、电离锥体避雷针、复合阳极避雷针等新的防雷技术，但其防雷机理与常规避雷针一样，仍是引雷，仅使其防雷保护范围有所扩大，效益有所提高而已。

为了保证供电和通信正常和弱电设备的运行安全，必须装置防雷设备，气象台站的雷暴日数和雷暴小时数可作为防雷设计的参考.

（1）雷击密度

一般以每年单位面积（km^2）受雷击次数表示雷击密度 N。雷暴次数包括云间放电、云内放电和云地放电，落雷主要关心云地放电，而云间放电与云地放电之比，温带约 1.5～3.0，热带 3～6。雷击密度与当地年平均雷暴日数 n_d 呈指数关系

$$N = 0.023^{n_d} \tag{6-1}$$

我国的分布大体为西北 $n_d < 20$，东北约为30，华北、华中，40～45，长江以南至 23°N，40～80，23°N 以南，$n_d > 80$。

（2）雷击过电压及其电磁干扰的形成

落雷时，在被直接击中的导线上会产生过电压（直击雷），在附近导线上也产生过电压（感应雷），且在周围空间产生干扰电磁场。当雷击架空线路时，雷击点的过电 U（kV）可表示成

$$U = iZ/4$$

式中，i 表示雷电流（kA），Z 为导线波阻，其值约 300～400 Ω。若 $i = 50$ kA（相当于中等雷电），则 $U = 5000$ kV。此值甚高，将造成对线路用户和设备的危害。雷击若在导线附近，此时

产生的感应电压 U_R 表示成

$$U_R = 25ih/S \qquad (6\text{-}2)$$

式中,h 为架空线高度(m),S 为雷击点离线路的距离(m)。若设 $h=10$ m,$S=500$ m,同样的雷电流在导线上引起的感应过电压为 25 kV,对 330/220 V 的低电压交流配电线路,尽管是瞬间的,影响也很大。当雷击避雷铁塔或建筑物避雷带时,在塔顶 A 处(见图 6-2)产生的过电压 U_A 为

$$U_A = L_A \cdot \mathrm{d}i/\mathrm{d}t + iR \qquad (6\text{-}3)$$

式中,L_A 为铁塔对地电感,R 为接地电阻。在附近 A 处的过电压,以 L_A 代入,$i=50$ kA,$R=2$ Ω,至地面 10 m,$L_A=0.5\times10^4$ L(H),$U_A=225$ kV。流经塔基的雷电流,在地中形成图 6-2 中以虚线表示的电位分布。当 A 与 B(某设备)间的距离不足以承受该电压时,它们之间将发生击穿放电,从而危及该设备。此时若在地中或地面用导线相连,如图中的虚线,则仍可避免发生此类击穿事故。由此可见在设备和建筑物周围铺设闭合的均压散流接地装置,并与室内设置的接地工作母线呈良好电气连接,确是防雷电的有效措施。同样地中若另有孤立电缆 C,也可能产生与塔基之间地中放电击穿。上述分析对指导防雷设备及安装各种弱电设备,易燃易爆场所的防雷措施具有理论和实践意义。

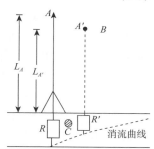

图 6-2　避雷铁塔及其闭合的均压散流接地装置

　　目前我国常规防雷设计,大多采用建筑主筋作为引下线,利用地基作为接地装置,使整个钢筋框架结构形成类似法拉第笼。但实验表明建筑物内外空间场强仅差约一倍,即钢筋网的电磁的屏蔽系数为 0.5。因而雷电干扰磁场仍会沿各种连接电线,电源引入线,通信引入线窜入设备,造成危害,其中主要从电源线路入侵。

　　在高压放电瞬间,处于高电位处的电极对建筑物的杂散电容,也会产生电流放电。当雷击铁塔或避雷针时,雷电流不但在受保护的机房中,还在附近空间及散流接地装置周围的土壤中形成高频电磁场,而这时若有与室内用电设备相连接的屏蔽不良的各种馈线时,也会危及这些用电设备,应充分引起重视。国外常出现微机系统受雷电干扰而失控的报道,国内也常有因感应雷击引起油库爆炸、电站大面积停电造成重大损失的情况。

　　屏蔽可防电磁干扰,以电缆外表连接金属管时,屏蔽效果良好,而双层屏蔽又比单层屏蔽要好。若将电缆、导线穿入金属管埋入地中、使铁管双端良好接地,屏蔽效果甚佳,可超过40 dB。说明可靠的屏蔽措施是防雷干扰的有效办法。我国防雷专家总结防雷(直接、感应)实践,提出等电位全方位系统防雷的科学方法,首先实施进户电源防雷,用少量资金达到最大面积、最大比例、最有成效的防雷安全保护。采用避雷针(网、带、线)接闪器、引入线、均区分流、屏蔽、接地、过电压保护等环节的完整系统,其中均压与接地是关键技术。还应建立一套行之有效的技术安全规程和规范,只要严格按照这些规程、规范进行设计、施工、安装和检测,就能将雷击损失减至最小。

四、寒潮对水电工程建设的影响

1. 建筑施工

建筑施工大部分在室外进行. 同时包含相当部分的易损材料,受天气气候影响较大。若

能充分利用有利的气象条件,可望节约资金、材料和人工,否则常招致材料浪费,无效劳动,设备闲置。

水泥预制件的生产过程分为配料、加工成型、养护、成品检验4个阶段。每一阶段都和气象条件密切相关,气象条件不仅制约生产周期,而且还影响产品质量、改变配料方法等。

(1)配料

预制件的配料有水泥、细砂、碎石和水。根据工程需要,在预制件内有时还放入不同型号的钢筋。配料时要考虑整个生产过程的气象条件。一般要求日平均气温≥5℃,相对湿度≥70%,避免阳光直射和雨淋,即使小雨也影响预制件配料的水灰比。雨水可使砂膨胀,含水量增加,相应的应测定细砂的含水量,以便调整水灰比。若未来15天内日平均气温<5℃时,可选用发热量大和凝结硬化快的硅酸盐水泥,也可在配料中添加适量促凝剂以便提高早期强度。

(2)加工成型

经均匀搅拌的配料,注入加工模型加工模型,使之密坚成型。此阶段要求平均气温≥5℃,平均相对湿度≥80%,不出现降水。

(3)养护

养护阶段对气象要素变化最为敏感。中小型预制件厂多采用自然覆盖养护法。即在室外自然条件下,加盖能吸湿保温的草垫或麻袋片等覆盖物,采取浇水湿润防风防干,保温防冻等措施进行养护。最理想的气象条件是气温≥24℃,相对湿度>90%。相对湿度对产品质量影响较大,它能改变混凝土的收缩程度。湿度过小,易引起混凝土裂缝,使产品质量下降。温度影响养护时间的长短并决定养护期内的浇水次数。当构件处于阳光照射下,构件表面温度与气温差值增大,则上述浇水次数还要增加50%,当相对湿度<30%时,浇水次数需再增加30%,当气温<5℃时,应停止浇水、采取防冻措施。

(4)产品检验

主要指检验其抗拉、抗压强度。在实际生产中,预制件所达到的强度,为标准强度的70%以上,就列为合格并结束养护阶段。

建筑施工中有大量混凝土浇筑工程任务,作业条件比水泥预制件更复杂.与气象条件关系更为密切。

混凝土浇筑施工期包括投资、备料和推放;主要应考虑月平均气温和气温年较差,以气候信息确定最佳施工期(雨季不利于施工,室外作业应避开高温和低温季)。水泥质量是混凝土配料、保管的关键。一般水泥吸湿性强,受潮后,易导致凝固时间、强度和烧失量的不利变化,并产生结块,甚至失效。为此水泥保管必须保持干燥,并注意保存期。

施工中混凝土的配料、搅拌原则上与预制件的生产基本一致,此外还应注意下述方面:下雨应避免作业或采取防雨措施。积雪达2~3 mm时,易在混凝土上形成水层,影响强度,应加盖草帘。冬季拌料,所加水的温度应调节至使出机口的混凝土温度为13~15℃,并对滑模加以防护,使混凝土浇注温度不低于8~10℃。初凝后应覆盖保温材料,以便在适宜的温度条件下度过设计龄期硬化阶段。

施工中涉及混凝土的几个界限温度:气温<-12℃,混凝土易冻裂;气温<-15℃,滑模施工易产生冻结;日平均气温>25℃或最高气温>32℃,滑模施工中混凝土易与模板粘连产生拉裂,甚至变形断裂,此时应加缓凝剂。

过程温度变化对大体积混凝土质量影响极大。在 100 h 内气温日变化超过 6℃,大体积混凝土工程极易产生裂缝,尤其是强冷空气或寒潮侵袭,必须根据预报避开温度剧变期施工。

2. 通信线路的影响

主要是对电缆架空线路的影响,架空线路包括输电线、通信线、电气化铁路接触网,在其选线、设计中必须考虑气象资料,主要的气象要素为风、积冰和温度。一般取 15 年一遇的最大风力、最大积冰厚度、最高和最低气温作为计算依据。特别重要的线路,包括特大跨越地段,还应考虑更长的重现期的风力、冰厚和温度极值,按特殊荷载考虑。

电线积冰增加导线和杆塔的荷载,同时改变了圆截面形态,扩大了受风面积,极易产生不稳定的弛振,常造成跳头、扭转、断线、倒杆、停电、中断通信等严重事故。电线积冰在电力、邮电部门称为覆冰、冰凌,可出现于输电线、电线、避雷线、通信线上。

（1）电线积冰形态

晶凇或雪凇:雪晶碰撞导线,表面水膜因降温而冻结在导线上,发生于 0～3 m/s 风速和 −2℃ 条件下,也可在 −10℃ 以下的低温由水汽直接在导线上凝华形成;质轻,结构松散,易脱落,密度小（0.1 g/cm³）,出现概率小,对高频衰减有影响,一般无危害。

雾凇:由过冷雾滴碰撞冻结而成,呈乳白色,不透明,在 5 m/s 风速,−8℃ 条件下形成。凇结物具有迎风生长呈三角形截面特征,密度 0.2～0.5 g/cm³,也较易脱落,在湿润地区因持续时间长,强度大,出现概率大,危害甚大。

雨凇:由较大过冷却雨滴碰撞冻结形成,形成时风速一般较大,气温为 −3～−1℃;白色透明,结构坚硬,密度大 0.5～0.9 g/cm³,出现概率小,但危害最大。

混合凇:俗称粗冰,由形成雾凇和雨凇的条件交替出现而混合组成,密度 0.5～0.6 g/cm³,出现概率小,但危害很大。

电线积冰是导线半径、云、雾含水量、滴谱,风向风速、气温和天气过程持续时间的函数。积冰形状在风小时（0～4 m/s）呈圆形,风稍大（3、4 级）呈椭圆形或具有迎风生长的三角形截面形态,当气温分布不稳定时,水滴直径随之变化,可出现不规则状混合凇;当风力为 5、6 级时,不活动杆塔上出现散射状积冰,呈迎风梳齿形态。积冰温度条件在 −10～0℃ 范围内均可出现,但主要发生在 −5℃ 以上。

积冰厚度与电线直径有关,但随风速、气温、云雾滴谱而异,变化比较复杂。细线,对流场影响小,易于收集小水滴,热容量小,易于冻结,易于扭转,积冰量常比粗线严重。粗线不易扭转,风大时,电线越粗积冰越重,尤其是在雨凇条件下。相对于线径 4 mm 的覆冰厚度,线径为 10、15、20 mm 的折减乘数,分别为 0.89、0.82 和 0.77。另外电线积冰与架空高度密切相关,积冰厚度随高度的变化规律一般符合乘幂律。

通电导线对水滴具有吸引作用,积冰厚度比不通电的大 25%～40%。按感应理论,导线带电会对积冰有影响,但差别是否有这么大尚待进一步研究。贵州六盘水地区也发现带电与否存在差异,如带电导线为雾凇,积冰较厚,而地线、拉线却为雨凇,由于雨滴浓度比雾滴小 3～4 量级,冰厚不及带电导线。而且风速越大,电场效应越小。

在积冰扭转力矩作用下,档距中心线段因扭转作用,积冰比较均匀,冰重增长较快,线夹附近冰重较小。积冰以风向与导线呈垂直交叉状态为最重,与交叉角的正弦成正比。这在线路布线设计中应注意局地重冰区,尽量采取与盛行风一致的方向走线。

特殊地形可影响风力、气温,从而加重积冰,选线时应避开风口、迎风坡、山垭口,尽量从起伏不大或受屏蔽的地形通过。跨越河段或临水面的导线、塔杆的覆冰厚度比非跨河段的大,既受水面温度较高,输送水汽较多的影响,也因水面风速较大,且多偏向垂直于线路走向所致,平均增大系数可达 1.2 左右。

电线积冰过程常可分为三个阶段,即快速增长、缓慢增长或维持、融化消失阶段。冰害事故主要发生在维持和消失阶段的中后期。其中融化消失过程中,因导线脱冰跳跃产生接地短路事故最难防治。为了避免和减轻电线积冰危害,既要对积冰危害进行警戒预报,又要预报冷空气撤退时机,以便电力部门提前做好均匀短路融冰预防措施。

第二节　　气象监测预测与水电工程建设

水电资源开发多是在地质条件复杂,地理环境险恶的高山峡谷中建设,受气候和天气的影响极大,对气象依赖性极高。

从水电开发的需求过程讲,一是水电开发初期勘查设计阶段需要气候背景评估和气象变化资料服务;二是水电站施工建设阶段需要工地现场综合气象条件保障服务;三是发电运行、水资源调度时期需要降水实况、预报、预测与预警气象保障服务;四是流域生态环境保护与建设等过程需要气象背景服务;五是整个水电事业的安全度汛和防洪抢险要求实时气象资料和预报保障服务。

水电开发对气象服务的需求本质是"安全度汛中提供雨情和预报信息、施工建设中提供流域与现场综合气象保障服务、电厂发电中提供水资源预测预警信息"。安全度汛是水电建设的生命线,在大自然露天下建设与发电的水电企业,时刻受到暴雨、山洪的威胁和影响。流域水情、工地施工受天气气候变化下的降水、大风、雷电、气温等气象要素的变化影响,对工程建设产生有利或不利的施工环境条件,甚至会出现工程气象灾害。发电厂水库和流域的来水量,受大气环流变化的影响而出现季风气候下的"丰、歉、平"等水资源的年际、年内不稳定性变化,不能为人所控制,不能高效、高质量地保证水电出力,可见气象服务水电工程的重要性。

气象为水电服务的最终目的,一是为水电站建设的工程施工安全度汛和防灾减灾提供气象保障服务;二是为水电站建设工程施工部署决策当好参谋,同时为工程设计提供气象依据;三是提供准确的气象信息,保障水电建设在安全、适宜的气象环境条件下进行;四是结合天气气候变化情况和信息,使相关水电建设决策做到"趋利避害";五是结合气象预报预测和预警产品信息和服务,提高发电用水的水资源利用率;六是为水电站建设关键工期提供专题专项气象保障服务;七是提供气象资料和产品,为水电发电水库流域生态保护和防治泥沙提供气象环境保障服务。

一、水电站工程建设中的气象监测体系

按照水电站工程建设气象服务需要,结合《地面气象观测规范》《新一代天气雷达选址规定》《自动气象站观测规范》《各类气象探测环境的技术规定》及《气象信息网络系统资料传输业务规程》等气象观测业务规范要求,选择布设水电工程现场及周边地面气象观测站和自动气象观测站,闪电定位仪及大气电场仪系统,建设气象雷达监测系统、建设气象卫星地面接收站,建

设水文气象局域网、水文气象数据库,以及建设剖面观测网站,构成覆盖工程现场及相关区域的立体气象观测网。

1. 气象观测网建设

(1)气象监测站网

地面气象监测站网主要功能:一是准确及时监测施工区气象要素,特别是灾害性天气。二是准确及时监测流域降水实况,其主要由地面气象站和自动气象站构成:

①地面气象监测站网

在电站施工区建设一个标准的地面气象观测站(主站),按地面观测规范要求布置全套自动气象站观测仪器,作为坝区天气预报的校核依据站,同时也为电站建设提供实时的气象观测数据。地面基准气候观测场距周围建筑、树木等障碍物的距离不小于障碍物自身高度10倍,场地内地面植被与该区域平均状况相同。观测站建设要确保所获取的气象观测资料不受测点周围环境的干扰;获取的气象资料在电站附近具有代表性。同时在观测场处设置独立避雷针,使观测场仪器设备在直击雷防护区内,具体安装应符合 GB 50057—1994《建筑物防雷设计规范》和《地面气象观测规范》的要求。

观测场地一般要求 25 m(东西向)×25 m(南北向),按照现有《地面气象观测规范》中有关仪器布设原则,进行自动气象站仪器架设。如果受条件限制,也可以按照现有《地面气象观测规范》中有关仪器布设原则,对观测场地的大小及仪器架设进行适当调整、整合。

②局地气候自动监测站

根据坝区施工的要求,在施工区不同高程再建 3~4 个简易观测站(辅助站),该站作为坝区局地气候监测站,尤其在库区影响显著的库段,特别是水面较宽的库段建立水平与垂直相结合的剖面,以提高施工区天气监测与预报能力。自动气象站土建、供电、供水、交通等,可根据实地情况进行规划。考虑到局地气候监测站分布在坝址区域两岸河谷至山脊,存在着交通、电源、信息传输以及人员工作、生活等方面的困难,建议观测点建设采用无人值守的自动观测方式,采用无线传输,太阳能供电。

为了获取高稳定、可靠和准确的观测资料,自动气象站仪器架设场地必须选择局地人类活动影响小的,具有下垫面代表性的测点。其观测数据应代表周围 100 km 内的平均状况,且观测环境 50 年不受破坏。"观测点"建设要确保所获取的气象观测资料不受测点周围环境的干扰;获取的气象资料在不同区位不同高程具有代表性。

(2)气象观测项目

气象站地面项目:干球温度、湿球温度、温度自记、湿度自记、极端最高温度、极端最低温度、降水量、雨量自记、地温、蒸发量、风向、风速、气压、日照等;

气象站高空项目:云特征、高空大气温度、湿度、风向和风速等;

自动气象站观测项目:气温、湿度、气压、降水、风向风速、蒸发、相对湿度;

灾害性天气观测项目:大风、冰雹、强雷电、强降水(暴雨大雨)、低温、冰冻等。

2. 气象卫星系统

在水电站水文气象中心安装一套卫星云图接收设备,接收国家卫星气象中心下发的云图资料。该系统可提供大范围的云系信息,包括云顶高度、温度、云团面积、云风矢量、云团降水估算等。可监测对流域天气云系变化和天气演变进行实时监测,提高对灾害性天气发生的预报能力。

建设 CMACOST 卫星地面接收系统,接收所需的气象资料开展预报。接收大量气象卫星综合业务应用系统所需的气象资料开展预报预报,用于电站工程建设保障服务。

3. 天气雷达与闪电定位仪监测系统

由于雷电往往和暴雨、龙卷、冰雹等强对流天气现象有很强的相关性,因此利用雷达和闪电定位仪通过对雷电活动范围、强度、频度等参量的监测,可为该区域上述灾害性天气的监测和预报的提供重要依据。

天气雷达系统是地基气象观测系统中最重要的遥感探测系统,是监测、预警突发灾害性天气最有效的技术手段,在综合气象观测系统中,天气雷达以其高时空分辨率、及时准确的遥感探测能力,在中小尺度对流性天气监测、预警方面,成为极为有效的工具。

多普勒雷达具有高分辨率、扫描范围广、反演产品多的特点,其不仅具有测定降水粒子反射率因子 Z 的功能,还能测定降水粒子的径向速度 V,尤其在探测和反演物理量属性方面有显著特点。其产品可分为:基本数据产品、物理量产品、自动识别产品、风场反演产品等丰富的雷达产品。如:立体扫描数据、等高平面位置图像、垂直最大回波强度图像、任意垂直剖面图像、雨强分布、平均风向风速、垂直风廓线图像等。

利用云南省 6 部新一代天气雷达和 5 套闪电定位仪组成水电专业监测系统,利用拼图观测回波提供全省各流域面雨量分析应用,利用距水电站最近雷达 6 分钟一次的实时观测资料,为水电站邻近区域面雨量分析(0～150 km)和施工现场强降水提供预警与警戒服务。

密切监视工程现场及周边的降水云团活动情况,重点探测中小尺度天气系统、监测灾害性天气。

①每年 4 月到 10 月雷达开机全天连续立体扫描观测。

②观测采用 VCP21 体扫模式(特殊情况按要求采用其他模式)。

③若在雷达有效监测范围内(仰角 1.5°)发现基本反射率中心强度大于 40 dBz 回波时,及时与工程现场气象服务人员进行联防通报,发现灾害性天气应及时报告。

④雷达观测参加组网,资料拼图时段为 5 月 15 日—10 月 5 日,拼图时间为北京时间 08 时、11 时、14 时、17 时、20 时、23 时,正点前 10 分钟内采样,正点后 5 分钟内上网传输。拼图产品:

基本反射率	RPPI	仰角 1.5°	半径 230 km
组合反射率	CR		半径 230 km
垂直液态含水量	VIL		半径 230 km
一小时累积降水	OHP		半径 230 km

⑤认真记录工程现场气象服务指挥人员下达的加密观测(开始、结束)指令并及时报告、严格执行。

闪电定位仪是通过测量闪电所辐射的甚低频电磁脉冲来进行雷电定位的,它对探测云地闪电特别有效。除实时探测雷电信号外,在地图终端上记录的雷电信号在不同的时间段以不同的颜色显示,由此可以推断雷暴移动的趋势。

地面电场仪是通过测量闪电发生时和发生前后地面上电场的变化来推测雷电发生的可能性,可以对发生雷电的危险性做出一定的预报。

闪电和雷击是影响电站工程施工和电力网络安全调度的重要自然现象,建立闪电定位仪和地面电场仪,并形成综合观测网,结合天气形势的分析,将能有效地预警强雷电发生地和移动范围,通过人工及时采取措施可最大限度减少雷击损失。

雷电监测网的建设,不仅能够改变人工目测雷电的落后状况,而且还可以提供雷电预警等多种服务,并且利用雷电数据还可以进行强对流天气的预警。

利用闪电定位仪提供的实时闪电强度和位置参数,建立水电建设关键区域,监测、预警及警戒关键区内可能出现的雷暴、强降水或不稳定天气出现的位置,提供实时服务,并在电站坝区建立电场仪,以弥补雷达距离监测效果不足。

4. 专业气象观测站布设

根据水电工程建设运行的需要,及时建设农业气象观测站、生态气象观测站、酸雨观测站、辐射观测站、GPS 水汽观测站、交通气象观测站等专业气象观测站。

5. 风廓线仪雷达监测系统

风廓线雷达是一种新型的多普勒测风雷达,可以测量测站上空风向、风速廓线和垂直运动的分布情况,其探空的时间密度和空间分辨率较气球探空要高,探测的结果也比气球探空客观和准确。

风廓线雷达可分为四种类型:平流层/对流层风廓线雷达(近地面至 20 km);对流层风廓线雷达(近地面至 16 km);低对流层风廓线雷达(近地面至 6 km)和边界层风廓线雷达(近地面至 3 km),边界层风廓线雷达对中小尺度对流系统的发生发展能够进行有效的监测。利用风廓线雷达探测获得的气象资料包括:水平风廓线、垂直风廓线、温度廓线、合成风廓线、风切变等状况。

6. 低空流场观测项目

低空流场观测是指对 3000 m 高度以下的大气进行的探空观测,获取低层大气各个不同高度上气压、温度、湿度、风向风速等气象要素随高度的分布状况。在水电工程现场进行 2~3 期低空流场观测,获得低层温度场、风场资料是十分必要的。

7. 气象监测资料系统平台建设

(1)建设水电专业气象服务软件平台系统

水电综合气象服务资料量大,项目多,流域广,内容杂,项目散,专项要求性强,工程性明显,并且水电与气象的技术、业务结合有很多技术性接口问题,因此,应用气象为水电服务的理论与技术、方法与模型,建立水电专业气象业务服务软件平台,为专业预报服务人员提供分析条件和手段,实现人机交互应用,提高水电服务的效率,是建立整个水电专业气象服务系统的基本保障。

(2)建立水文气象历史和实时资料数据库软件系统

①以国家气象观测网历史和实时资料为基础,资料时间细化到小时,加上区域气象观测站实时资料,资料时间细化到小时或分钟,再收集水电站流域部分和水文系统的降雨资料,形成精细化面雨量水电水情服务资料库,编制统计、查询、显示和分析等数据库管理系统,组成流域水电服务的基本面雨量水情水文气象基本资料软件服务系统;

②以天气雷达实时拼图或单机观测回波为资料,建立流域和施工现场(电站)上空的一般降水和强降水雷达回波数据库实时显示、统计、查询和分析等管理系统,组成流域面雨量辅助资料应用软件服务系统;

③利用闪电定位仪提供的实时闪电资料,自动收集每个施工现场(电站)50 km 范围内的电场强度和位置资料,再加上在施工现场(电站)安装的电场仪电场强度实时资料,形成闪电数据库,建立资料管理系统,组成为现场天气预警警戒雷暴、强降水或不稳定天气应用的资料软件服务系统。

(3)建立流域和电站工地水文气象警械预警服务软件系统

①建立流域内实时观测资料的等雨面显示和强降水落点自动报警软件系统;

②研究降水与流域来水量(流量与水位)关系模型,建立由降水引起的流量与水位变化自动报警软件系统;

③研究回波强度与对应降水量关系模型,形成流域红线区雷达警戒面和施工现场雷达警戒红点,再结合水电施工和发电的重点部位和要求,精细化、针对性地建立预警警戒服务软件系统;

④利用天气气候背景的卫星云图、天气图和数值预报等产品,形成能分析流域内可能出现强降水的气象应用综合软件系统,提供背景天气信息服务。集成以上警戒服务软件系统,参照天气背景预报产品,形成人机结合的综合预报预警和警戒服务软件系统。增强流域内强降水定时、定点和强度落区及流域来水量预报预警和警戒服务能力。

⑤在监测、预报有短时强降水、雷暴活动、强雷击、冰雹、大风、大雾(能见度≤500 m)、强降温、高温(t_{max}≥35℃)、低温(t_{min}≤5℃)、凌冻、地质灾害气象条件等天气时,进入气象预报预警系统流程。目前以各施工区域为重点,以监测为主要手段,以短时大风、暴雨为主要预报对象,结合卫星云图、天气动力学模型,研究大风、暴雨回波生消规律,建立一套短时大风、暴雨预报客观模型,并根据不同天气的概念模型和临近预报方法及有关报警指标做出临近灾害性预报预警。

(4)建立水电天气气候预报预测服务保障系统

①基于气象 MICAPS 系统,分析和细化所有资料和应用过程,形成水电天气预报分析系统,提供流域内中短期天气背景和预报产品服务;

②建立流域内水电应用短期气候预测分析软件系统,基于单电站和整个流域梯级电站开发,再结合中短期预报,建立流域内水资源调度应用的气象预报预测和预警服务系统;

③以农气站、辐射站、酸雨观测、大气本底观测站、土壤湿度观测点、气象卫星、EOS/MODIS 资源卫星等资料为基础,建立分析应用软件系统,为流域生态建设与保护,为国际河流生态变化提供气象生态环境信息服务。引进高分辨率卫星资料,进行流域内生态、水资源和洪水变化情况分析应用;

④以大气环流和季风气候变化资料为背景,基于流域内的气象站资料,建立流域内干流和支流分区域的细化水电气候评价和应用评估分析软件系统,为水电开发提供精细化水电气候评价和评估服务;

⑤条件成熟时,研究和建立水电开发气象服务专家系统软件。

(5)建立实时资料、警戒信息和预报预测服务产品分发软件系统

建立水电气象信息服务分发系统是做好水电服务非常重要的保证。以互联网、手机短信、电话、传真、电视系统或远程遥控显示系统为支撑,建立水电气象实时资料、气象警戒信息和气象背景信息自动分发和人工对话辅助分发计算机服务系统软件,为水电提供及时和全方位气象综合信息服务。

(6)形成(构建)综合水电专业气象服务体系

借助气象系统光纤网,利用外部互联网和电力通信网,与水电业务有机结合,加强气象观

测、通信、预报和服务等业务系统对水电的服务能力,组建专业水电服务组织,形成省、地、县及现场四级水电专业气象服务系统,明确各自任务与分工,在气象业务体制改革的基础上,形成结构优化的多轨道、集约化、研究型、开放式的水电专业业务技术体系,增强气象业务和服务能力,提升气象科技水平,是建立整个水电服务系统的最终目标。

（7）建立水电专业气象服务通信与计算机网络系统

水电专业气象服务通信与计算机网络系统由气象观测与业务通信系统、气象服务通信系统和计算机网络组成。

①以中国电信、移动或联通等公司提供的手机短信网、GPRS 网和互联网接入方式为主,形成区域自动雨站网的气象观测通信系统。以气象系统的光纤网为主,形成气象站气象观测资料通信网、雷达信息观测通信网和闪电与电场资料观测通信网;

②以互联网、程控电话网、无线手机和 GPRS 网和电力系统的综合通信网为主,形成水电气象综合信息服务网,并通过水电专用分发软件系统进行自动或人机对话方式进行服务信息分发与传送;

③利用气象专用互联网服务器、托管服务器或租用电信服务器空间,形成互联网下的水电气象服务计算机广域网。另外还可实现水电接入气象网或气象接入电力网的广域网方式实现水电气象服务计算机网。

（8）水电服务"三支撑"系统

①深入水电专业服务理论与技术研究,使水电气象服务的主要工作由单纯的施工现场预报服务转向各类技术分析、天气与水情预报、逐步参与梯级水库水资源调度服务等方面,实现技术方法支撑。

②建立相应的专业观测、通信、数据处理、预报和服务等业务系统,这些转变要求气象值班人员要不断提高自身的专业知识、不断提升整体综合服务素质,真正做到让水电部门放心、让被服务单位满意,实现业务支撑。

③利用观测通信网和服务通信网,基于结合水电服务的专业气象业务系统,加上专业气象服务人员和组织机构的保障,实现专业通信、专业综合技术、专业业务和专业服务的综合体系支撑。

（9）最终形成气象为水电开发的综合服务

①产品类服务:资料类产品、预报类产品、预测类产品和警戒类产品等。

②系统类服务:观测系统、通信系统、业务系统、服务系统、软件系统和产品分发系统等。

③体系服务:由人才、组织和整个水电专业气象服务系统构成为水电的系统服务。

第三节　水电气象服务思路

水电开发与气象服务关系如何？在水电开发的不同阶段和时期所需要的气象服务有哪些？目前,我们进行的水电气象服务业务包括哪些方面？水电气象服务需要如何规划？以及各种气象服务系统平台如何构建,这些内容构成了现代水电气象服务的基本内容。

一、水电开发与气象服务的关系

水电开发多在地质条件复杂,地理环境险恶的高山峡谷中建设,受气候和天气的影响极大,对气象依赖性极高。从水电开发的需求过程讲,一是水电开发初期勘查设计阶段需要气候背景评估和气象变化资料服务;二是水电站施工建设阶段需要工地现场综合气象条件保障服务;三是发电运行、水资源调度时期需要降水实况、预报、预测与预警气象保障服务;四是流域生态环境保护与建设等过程需要气象背景服务;五是整个水电事业的安全度汛和防洪抢险要求实时气象资料和预报保障服务。水电开发对气象服务的需求本质是“安全度汛中提供雨情和预报信息、施工建设中提供流域与现场综合气象保障服务、电厂发电中提供水资源预测预警信息”。安全度汛是水电建设的生命线,在大自然露天下建设与发电的水电企业,时刻受到暴雨、山洪的威胁和影响。流域水情、工地施工受天气气候变化下的降水、大风、雷电、气温等气象要素的变化影响,对工程建设产生有利或不利的施工环境条件,甚至会出现工程气象灾害。发电厂水库和流域的来水量,受大气环流变化的影响而出现季风气候下的“丰、歉、平”等水资源的年际、年内不稳定性变化,不能为人所控制,不能高效、高质量的保证水电出力,迫使云南电力产业的发展思路强调水电、火电并举开发发展,保证汛枯季电力供应平衡。可见水电对专业气象服务的需求性与重要性。

气象为水电服务的最终目的,一是提供准确的气象信息,保障水电建设在安全、适宜的气象环境条件下进行;二是结合天气气候变化情况和信息,使相关水电建设决策做到“趋利避害”;三是结合气象预报预测和预警产品信息和服务,提高发电用水的水资源利用率;四是提供气象资料和产品,为水电发电水库流域生态保护和防治泥沙提供气象环境保障服务。过去,气象与水电相互不了解,气象提供的资料、预报等综合信息和服务缺少针对性、有效性、互融性、量级性和需求性等,还是传统意义下的初级产品和服务,水电对气象提供的初级产品和服务还要结合自身的业务情况进行加工分析,才能形成对水电有用的参考信息或决策服务信息,气象并没有直接形成对水电服务的终极产品和服务。由于双方的理论技术方法、业务和服务等没有互融渗透,耦合性差,气象对水电服务的互联技术含量低,应用效果有限。今天,气象不能浮在电力气象服务的表面,而应沉到电力企业底层,学习和了解电力各过程与气象应用的关系,创新出适应电力气象服务的新方法和新经验,气象要创新和建立新的气象服务机制,一定要了解服务对象与气象有关的理论、技术、业务、行政和管理体制等,再结合气象自身的应用知识服务系统,以气象资料、预报等产品为基质,再加上气象理论、技术、业务、行政和管理等知识和过程,渗入到服务对象的业务体系中,才能形成真正意义下的对服务对象有“全天候、针对性、无缝隙”的专业气象服务。要让气象内部建设与外部服务结合,除传统的气象服务业务外(资料、预报服务等),还要把气象知识融入客户的系统中,实现从传统的气象信息产品服务转向气象知识工程体系服务,表现为气象服务的内容、方式和方法要发展变化。

二、水电开发不同阶段的气象服务内容

由水电开发中的汛期安全防洪度汛和水资源的有效利用形成了水电与气象的主要依赖关系,在水电勘测设计、现场施工、电厂发电和其他辅助工程等整个开发和应用过程中,存在着对气象环境和气象要素变化条件的各种需求和应用。在整个水电开发过程中,水电设计、建设和发电中的技术指标体系和气象要素变化息息相关,有互相内联与深入的技术合作耦合;在不同时段、不同性质和不同工程下,由于水电任务和过程不同,对气象产品和服务要求不同;由于水电处于天然环境下,又是利用天然降水的特殊性,在安全生产和业务保障上,对气象产品和服务有一定的特殊要求,有直接气象服务和间接气象服务。因此,做好水电服务不仅仅是气象资

料与产品服务,而应该建立一套适宜水电气象服务的知识工程系统为支撑,提供的水电服务应是水电气象知识工程系统服务和体系服务。

1. 水电站勘测设计阶段

在经济高速增长对环境造成巨大破坏以后,可持续发展意识已经成为世界各国发展的主流意识形态,人们对环保的关注达到了一个前所未有的高度。而水电站在建设过程中,由于大坝修建、占地、场地开挖、河道引水及其他等施工行为,对水电站涉及区域的河流水文特性、天气气候、生态环境及水资源利用等方面都会造成影响,因此水电站在设计规划时期对气候背景分析和生态环境影响评估的要求更加严格,不单是提供简单的气候背景数据,而是要求对电站建成发电后可能造成的气候及生态的变化有科学依据的进行预测和评价。因此,水电气象服务在此时就应该介入和展开,不仅要对流域气候背景的分析更加翔实全面,还要通过科学计算和模式模拟等方式对未来的气候变化进行预测并与原气候背景对比,给出正确影响评价,提供合理的规划建议和保护措施,以求水电站建设对天气气候产生的影响降到最低。

按水电站勘测和设计、建设与发电等要求,我们可以为其提供水电专业气象背景分析和资料服务;为流域来水量提供空中水资源时空分布和量级等评估分析服务;为水电站选址提供气象观测和环境条件分析服务;为整个流域气候环境进行水电开发提供细化到县乡或小流域的综合评估服务;提供流域内的气象资料服务等。

2. 水电站施工阶段

水电站一般建设在深峪的江河上,地理地势环境狭长、陡峭和险峻,工作面难展开,现场施工,一是怕上游流域由强降雨而引发的洪峰带来大量洪水和泥沙冲毁工程设施和破坏施工环境而影响施工进度,形成间接的水电气象灾害;二是怕施工现场的直接强降雨引发的洪涝损毁工程并危及生命安全;三是怕大风、雷暴和低温等影响工程作业安全,特别是高空作业安全和影响建筑工程质量等。后两项容易形成直接的水电气象灾害。

现在,水电站施工方法机械化和智能化程度已大大提高,工期大幅缩短,但也对施工期天气条件和天气要素的要求更加苛刻。比如在进行大坝浇灌时,风速的变化可引起机械臂的定位偏差,从而出现浇灌错误导致返工。而不同温度和湿度条件下水泥的标号亦有不同,预测不准也有可能造成返工、延误工期、增加成本。在这种情况下,对气象保障的需求不仅贯穿了整个工期,而且气象保障服务的内容也远超出了传统意义的预报范畴,对气象工作者的服务能力要求大大提高,并高度地需要主动、及时的服务意识。

因此,按水电现场施工的不同工程性质,不同时间进度,不同项目要求,我们气象部门应该积极主动地与水文部门合作发展水电气象服务。服务内容包括:①建立流域降雨与流量及水位的水文气象关系分析方法与应用系统,为机坑开挖、工程截流、合拢筑坝、枢纽和围堰安全等各项施工和工程提供流域雨情水情气象保障服务;②结合工程性质和施工进度,建立“全天候、针对性、无缝隙”的现场施工 0~24 小时的强降雨预报预警气象保障业务服务系统,为重点部位、工程坝肩防汛、进水口高边坡防汛、覆盖层、岩质高边坡的支护和排水、对外交通、辅助通道处滑坡和陡岩部位的防汛、专用公路重要危险部位、工程坝肩槽部位以上原状坡和卸荷体的支护、主体工程与辅助工程等工程项目提供实时专业气象环境变化保障服务;③针对各项施工项目性质和要求,提供现场大风、雷暴和低温观测、预报和预警等专项气象服务,建立水电专业综合气象保障系统,提供现场水电专业气象综合保障服务。

每年的汛期,是水电站建设的关键时期,防洪任务高于一切,需要重视流量与水位的关系,要认识到流量是核心,水位是关键。盯住流域内的强降雨过程,特别是施工现场大暴雨过程,准确提供流域和施工现场降水预报,及时提供流域实时观测面雨量,盯住上游流域过来的洪峰,是汛期水电气象服务的重中之重。建立"全天候,无缝隙"的资料和预报服务是最基本的服务需求。参照设计方的工程设计防洪度汛标准要求,按照电力系统的相关规定的要求,结合气象内部的行政要求和业务应用,建立有项目针对性的水文气象预报预警服务体系,为业主方和施工方做好水电应急预案分级启动、健全现场信息机制、应急救护和抢险机制等提供及时服务。

3. 电厂发电与营运阶段

防汛、提高水能资源利用效率是气象为水力发电服务的两大主要任务。在电厂发电和营运阶段,需要的气象服务与以前的阶段有较大区别。需要开展水文气象预报模型和预报方法研究,探索水库蓄水后水体运动规律,提高来水和洪水预报精度,实现精细化水文气象流量水位预报服务系统,为发电提供水能定量分析应用、防洪调度,大坝与枢纽安全等服务;建立上游流域的精细化降水观测和预报系统,提高预报精度,延长预见期,增强干旱预测能力,提供流域来水量、洪水和干旱的长中短预测、预报、预警实时服务,为编制年度枢纽度汛方案,充分挖掘潜力,尽可能发挥枢纽的防洪效益,做好导流底孔和泄洪设施的检查和维护等气象保障服务;利用一切气象观测手段和提高预报能力,建立发电厂厂区汛期的防汛气象警戒预警系统,提供电站安全气象保障服务;利用上下游水电站的调度信息,加强联络和沟通,结合整个流域的天气气候变化预报预测,建立梯级电力调度气象保障服务系统,为汛期水位蓄水及汛前的消落调度工作、优化梯级枢纽运行、实现梯级发电总效益最大化等服务;适应水电发电的各项需要,加强干支流水情资料信息的收集和应用,逐步形成完整的水情气象信息库,为电站水库运行方案对防洪、发电、航运、灌溉、供水、工程建设、泥沙淤积的影响研究提供气象服务;做好雨情收集、掌握水情、工情资料和了解地方防汛部门的防洪预案,开展汛期电厂水库动态流量水位天气警戒服务系统研究,为水电科学调度,协调好防汛与发电之间的关系,避免近年来水库调度出现的"先弃后缺"问题,建立科学的水电调度决策体系,合理控制水库汛限水位等,主动提供气象背景参考建议服务;开展短期气候降雨预测系统在水火电间配合发电的试用,为从根本上解决汛枯矛盾,优化水火电调度,使汛枯电量基本均衡,做天气气候背景服务。

4. 其他方面

除水电建设外,电站建设中还会衍生大量其他辅助性产业、工作和工程等,如电站建设公路、水路、砂石料厂、生活区、移民、生态、四周环境变化、国际河流影响等,大多需要气象服务。我们可以开展的相关气象服务包括:可建立其他水电站辅助工作的气象有保障服务;建立通航和水利枢纽航运气象服务;建立工程蓄水后对库区生态环境影响的气象预报和评价服务,开展天气气候变化的关系研究服务,实现工程与环境、人与自然的和谐发展;开展工程移民及移民设施和生活的气象保障服务;开展流域区水资源保护与生态保护过程天气气候的作用与评价,为河流综合应用环境过程提供气象条件保障服务。

三、水电气象业务

目前,水电气象的业务主要包括水电天气气候业务、水电气候变化及生态气象业务、水电人工影响天气与防雷减灾业务等几个方面。

1. 水电天气气候业务

利用天气业务 0～10 天天气及相关气象次生灾害预警预报（包括突发性、高影响天气的预报、常规气象要素预报、重要天气过程预报、天气次生灾害预警预报），专业气象预报以及相应的观测、信息处理和服务，同时引进水电专业应用内容，形成水电天气业务和服务，做到对水电的天气尺度背景影响系统的预报服务，流域上空的区域中尺度影响天气系统预警服务和小流域上空的中小尺度天气系统警戒服务。并利用气候业务（包括月、季、年和年际尺度的气候系统监测与诊断、短期气候预测、气候系统影响评价、气候应用与服务、气候资源开发利用等）以水电服务为基础，进行水电专业处理，形成水电气候业务与服务。

2. 水电气候变化及生态气象业务

利用气候变化业务（包括年代际及以上尺度的气候变化检测、预估、影响评估、应对措施以及气候变化外交谈判的科技支撑等），重点开展水电站流域气候变化的影响评估、应对措施业务。在生态与农业气象业务基础上进行拓展，形成水电生态气象服务，服务内容包括生态系统的气象监测、预报、评估和服务等。

3. 水电人工影响天气与防雷减灾业务

云南由于受季风气候影响，干湿季明显，全省平均80％以上的降雨集在汛期，雨季丰水、干季枯水，对平衡发电影响极大，由于受大气环流的年际影响，就是汛期也可能出现少雨天气，因此，在确保防洪条件下，通过地面火箭高炮或空中飞机播撒开展人工增雨，实现流域土壤增湿、地下增流、水库增水、高山增雪、森林防火灭火等，提高空中云水资源利用，实现流域水资源增加。另外，云南省是全国雷暴高发区，全省大部分地区年均雷暴日数在 80 天以上，气象部门提供的闪电强度和位置、现场电场强度等信息，可以为水电施工现场和发电增加气象保障服务能力和手段。

四、现代水电气象服务业务调整规划和思考

如今的水电行业已经完全不同于 20 年前的水电行业，原有的水电气象保障服务模式已经不能满足现代新电站的需求，如果不及时调整和进步，轻则无法实现效益的提升，重则可能丧失服务市场。但是反过来，如果能突破水电气象保障服务的创新瓶颈，开拓水电市场和提高经济效益将是水到渠成的事情。因此，对水电气象服务来说，新的形势和要求既是机遇也是挑战。我们应该根据水电行业整个过程提供重点突出的特色服务，即将水电气象保障服务"全程化"和"特色化"，全程跟踪提供服务，在不同时期确定服务对象和服务内容，提高预报针对性和准确率，明确服务责任。

1. 业务调整

首先针对梯级调度的特点，对营运期梯级电站不同流域的预测内容、预报时效和发布方式进行调整，减少重复劳动，提高产品效率。其次，针对不同时期水电站的需求，联合气象部门不同业务单位间的优势力量提供重点服务和特色服务。例如，在勘测设计期，增加气候背景分析和评估工作；在施工建设期，增加提示和预警服务；在发电运营期，增加人工增雨服务和年度气候评价；在产品输送期，增加工业生活用电负荷气象指导产品和冬季电线积冰预报预警服务等。

2. 加强研发与合作

没有科研开发支持的业务是没有生命力的，必须重视气象水电保障服务的技术创新和能

力开发工作。水电服务本来就是一个需要多部门协作才能顺利开展的工作。未来需要加强气象部门内部的分工协作,开展好电站勘探期气候评估与气象论证等工作;开展好电站施工前期雨量站和自动气象站的选址和安装工作;开展好电站施工、营运和传输过程中的防雷避雷工作;开展流域人工增雨业务。同时,需要加强与专业科研部门的合作,加快最新科技成果的转化和应用;加强与水文部门的合作,优化水文气象预报耦合模式等。

3. 引入简化的服务质量管理体系

提高水电气象保障能力,不仅要提高预报水平,提高服务水平,还需要建立质量意识,提高管理水平。在这个方面,可以借鉴 ISO 9000 质量管理体系的经验,在水电气象保障服务工作中引入简化的质量管理体系。

从水电服务的特点出发,在进行质量管理体系实施时应坚持以预防为主和依靠电站评价的指导思想。预防源于服务质量的非储存性,因为一旦出现气象服务质量问题,常常难以像硬件设备那样进行返修;而服务的主动性决定了服务要迎合电站的期求。作为服务的对象,电站必然具有多样性的要求,使得我们对服务过程的质量控制显得尤其重要,建立和保持质量管理体系,可以有效地控制服务过程。具体需要充分考虑工作目标、要求、组织结构及资源等,并注意以下几个方面。

(1)确定质量目标

质量目标即为"在质量方面所追求的目的"。质量目标应符合以下要求:

①需要量化,是可测量评价和可保证的指标,包括预报评分和客户满意度;

②先进合理,起到质量管理水平的定位作用;

③可定期评价、调整,以适应水电气象服务现场内部和电站外部环境的变化;

④为保证目标的实现,质量目标要层层分解,落实到每一个部门及个人。

(2)完善组织结构,明确职责权限

与质量管理体系相适应的组织结构可以有效保证质量管理体系的运行。水电保障服务的运行涉及气象部门内部及水文、电站等多个部门的活动,这些活动的分工、顺序、途径和接口都需要按照合理的组织结构和职责分工来实现,做到职权分配明确,隶属关系清楚,联系渠道顺畅,并形成相关文件。为此,需要完成以下工作:

①设置合理的组织结构,绘制组织机构图;

②根据组织的质量管理层次、职责及相互关系,绘制质量管理体系组织机构图;

③将质量管理体系的各要素分别分配给相关职能部门,编制质量职责分配表;

④规定部门质量职责和相关人员质量职责;

⑤明确对质量管理体系和过程的全部要素负有决策权的责任人员的职责和权限。

(3)资源配置

资源配置指的是依据标准要求科学配置各类人员和基础设施,在对所有质量活动策划的基础上规定其程序和方法以及规定工作信息获得、传递和管理的程序和方法等。在水电服务中资源配置的重点是人力资源配置;即通过"优势定位原则"和"动态调节原则"最大限度地发挥人力资源的作用。优势定位内容一是指人自身应根据自己的优势和岗位的要求,选择最有利于发挥自己优势的岗位;二是指管理者也应据此将人安置到最有利于发挥其优势的岗位上。动态原则是指当人员或岗位要求发生变化的时候,要适时地对人员配备进行调整,以保证始终使合适的人工作在合适的岗位上。

五、水电服务气象观测系统的建设

1. 云南省六大流域水电服务天气气候观测网的建设

按照观测业务技术体制改革的总体要求,依托全省气象部门调整后的 10 个国家气候观象台、116 个国家气象观测站网布局和台站观测任务的实时资料,组成云南六大流域水电服务的基本天气气候观测网(平均观测密度为 3127 km²/气象站),形成流域 100～1000 km 内的区域尺度雨情观测系统,为水电天气预报、气候预测、气候分析评估等提供服务。

2. 云南省各流域水文气象自动雨情观测系统的建设

在全省气象系统规划 2000 个左右区域气象观测站组成综合观测体系时,把为水电服务作为一个重点,形成各个流域水文气象自动雨情网观测系统(平均观测密度为 185 km²/雨量站),局部重点流域增加观测密度(力争达到 30～60 km²/雨量站),做到精细化、针对性观测,形成流域10～100 km 中小尺度雨情观测系统,实现流域面雨量观测。各个流域雨情观测网组成全省面雨量观测网系统。同时,需要与四川等外省气象部门合作,建立好金沙江全流域的气象水情系统;与水文部门合作,加密和扩大雨情水情资料应用,为电站提供水电水文气象实时资料服务。

3. 云南省流域天气雷达与闪电定位仪监测系统的建设

利用全省 6 部新一代天气雷达和 5 套闪电定位仪组成水电专业监测系统,利用拼图观测回波提供全省各流域面雨量分析应用,利用距水电站最近雷达 6 分钟一次的实时观测资料,为水电站邻近区域面雨量分析(0～150 km)和施工现场强降水提供预警与警戒服务。同时,利用闪电定位仪提供的实时闪电强度和位置参数,建立水电建设关键区域,监测、预警及警戒关键区内可能出现的雷暴、强降水或不稳定天气出现的位置,为电站建设施工提供实时气象保障服务。

4. 云南省水电站与水库流域生态观测系统的建设

利用全省 32 个农气站、5 个辐射观测站、6 个酸雨观测站、1 个大气本底观测站、极轨气象卫星、EOS/MODIS 卫星和 DVB-S 系统接收站、8 个土壤湿度观测点、1 个自动土壤湿度观测站的资料,拓展观测服务,建设水电库区流域生态监测系统,为流域生态建设与保护,为国际河流生态变化提供气象环境变化信息服务。

5. 建立施工工地和电厂现场观测系统

气象部门应该在已建成、正在建设或即将建设的水电站区域内建立多要素自动气象站,形成施工工地各水电厂气象观测系统,以此积累和提供水电站施工现场的综合气象观测资料,为电站施工和度汛防洪等方面提供各种有针对性的气息保障服务。另外,在施工现场增加电场强度观测项目,可增强天气预警能力和提高电场服务水平。

六、水电气象服务软件系统的建设

1. 水电气象历史和实时资料数据库软件系统的建设

以云南省为例进行介绍。以云南省气候观象台、国家气象观测网的 126 个观测站历史和实时资料为基础,资料时间细化到小时,加上全省将规划建设的 2000 个区域气象观测站实时资料,资料时间细化到小时或分钟,再收集金沙江四川流域部分和水文系统的降雨资料,形成全省精细化面雨量水电水情服务资料库,编制统计、查询、显示和分析等数据库管理系统,组成云南六大流域水电服务的基本面雨量水情水文气象基本资料软件服务系统。以全省 6 部天气雷达实时拼图或单机观测回波为资料,建立流域和电站施工现场上空一般降水和强降水雷达回波数据库实时显示、统计、查询和分析等管理系统,组成全省六大流域面雨量辅助资料应用软件服务系统。利用全省闪电定位仪提供的实时闪电资料,自动收集每个施工现场(电站)50 km 范围内的电场强度和位置资料,再加上电站施工现场安装的电场仪实时资料,形成闪电数据库,建立资料管理系统,组成为现场天气预警警戒雷暴、强降水或不稳定天气应用的资料软件服务系统。

2. 流域和电站施工现场水电气象警戒预警服务软件系统建设

首先,建立流域内实时观测资料的等雨面显示和强降水落点自动报警软件系统。其次,研究降水与流域来水量(流量与水位)关系模型,建立由降水引起的流量与水位变化自动报警软件系统。第三,研究回波强度与对应降水量关系模型,形成流域雷达警戒面和施工现场雷达警戒点,再结合水电施工和发电的重点部位和要求,精细化、针对性地建立预警警戒服务软件系统。第四,利用天气气候背景的卫星云图、天气图和数值预报等产品,形成分析流域内可能出现强降水的气象应用综合软件系统,提供背景天气信息服务。集成四种警戒服务软件系统,参照天气背景预报产品,形成人机结合的综合预报预警和警戒服务软件系统,以此增强流域内强降水定时、定点和强度落区及流域来水量预报预警和警戒服务能力。

3. 水电天气气候预报预测保障服务系统的建设

基于气象 MICAPS 系统,分析和细化所有资料和应用过程,形成水电天气预报分析系统,提供流域内中短期天气背景和预报产品服务。建立流域内水电应用短期气候预测分析软件系统,基于单电站和整个流域梯级电站开发,再结合中短期预报,建立流域内水资源调度应用的气象预报预测和预警服务系统。以农气站、辐射站、酸雨观测、大气本底观测站、土壤湿度观测点、气象卫星、EOS/MODIS 资源卫星等资料为基础,建立分析应用软件系统,为流域生态建设与保护,为国际河流生态变化提供气象生态环境信息服务。引进高分辨率卫星资料,进行流域内生态、水资源和洪水变化情况分析应用。以大气环流和季风气候变化资料为背景,基于流域内的气象站资料,建立流域内干流和支流分区域的细化水电气候评价和应用评估分析软件系统,为水电开发提供精细化水电气候评价和评估服务。

4. 水电资料与服务产品分发系统

水电气象服务面向大中小型的各类水电用户,分散在全省各流域。有以发电为主的水电站用户,有以建设为主的施工现场用户,对气象服务的需求不同;有投资和管理的业主方,有现场施工的施工方,服务对象不同;水电气象服务有实时气象资料服务、气象警戒服务和气象天气背景服务,时间不同,建设进度不同,服务内容不同。因此,建立水电资料与服务产品分发系统是做好水电服务必不可少的内容。要做好水电气象保障服务,需要以互联网、手机短信、电话、传真、电视系统或远程遥控显示系统为支撑,建立水电气象实时资料、气象警戒信息、气象背景信息自动分发和人工对话辅助分发计算机服务系统软件,为水电提供及时和全方位气象综合信息服务。

第四节　云南水电气象服务

　　云南地处低纬高原,受低纬高原季风气候和冷空气的共同影响,自然灾害频发,再加上多大山沟壑的地貌特征和特殊的地理地质结构特征,对水电站的建设施工和生产运营带来诸多不利的影响。下面主要介绍云南省气象服务中心在暴雨、洪涝方面的水电气象服务以及大气电场仪在金沙江下游地区雷暴天气中的应用。

一、暴雨、洪涝水电气象预报服务的内容和思路

　　云南是季风气候区,存在干季和雨季之分,因此夏季风建立和盛行时期,就是云南的暴雨季节,也是多洪涝灾害的季节。雨季,经常有暴雨等强对流天气过程产生的洪涝引发山体滑坡、崩塌和泥石流等地质灾害,需要防范暴雨、洪涝、泥石流及其衍生灾害对水电站建设和生产运营带来的安全威胁。

1. 暴雨、洪涝特征

　　暴雨和洪涝是云南夏秋常见的气象灾害。暴雨是指短时间内出现的大量降水,洪涝则指长时间降雨或短时的暴雨造成的山洪暴发、河水猛涨、城镇进水、淹没农田、冲毁道路等灾害。

　　(1)云南暴雨的时空分布

　　根据云南多年暴雨情况(1961—1995 年)统计,云南省暴雨频数分布具有自南向北减少的特征(图 6-3),大值中心在红河、普洱西部;小值区在迪庆州。根据秦剑等人的研究,云南的多

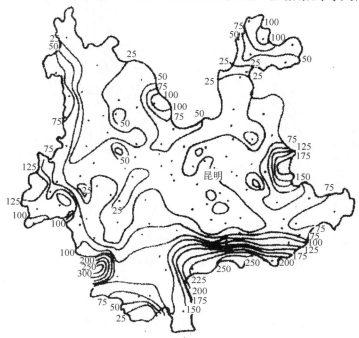

图 6-3　云南暴雨频数分布图(1961—1995 年)(单位:次)

暴雨站点都分布在滇中周围的边远台站,它们分别属于思茅、红河、德宏、曲靖、西双版纳、临沧、丽江、昭通和文山9个地、州。显然,云南多暴雨区如此分布是与气流的运行、地形条件和暴雨系统有着很大的关系。

与季风区相对应,云南暴雨主要出现在夏季(6—8月)。夏季全省性暴雨占全年暴雨总天数的72.1%,同时,100 mm以上的大暴雨在夏季占全年大暴雨总数的74.7%。由于孟加拉湾风暴的特殊作用,秋季(9—11月)是云南暴雨的第2多发时段,秋季全省性暴雨占全年暴雨总天数的18.8%,而且秋季暴雨的强度也不弱,100 mm以上的秋季大暴雨占全年大暴雨总数的19.1%。春季全省性暴雨过程少,仅占全年暴雨总天数的8.5%,春季100 mm以上的大暴雨占全年日数的7.2%。而冬季基本没有暴雨过程。

(2)云南洪涝的时空分布

云南洪涝季节性很强,主要发生在夏季的多雨时期,其次春秋,冬季基本没有。

云南洪涝的空间分布特征明显,根据秦剑等人的研究,洪涝灾害最严重的是点苍山—哀牢山一线的东部和北部地区,尤其是滇东北的昭通、东川、曲靖等地州,平均每年1～2次。其次是滇东南地区,平均每3年发生2次。点苍山—哀牢山西部和南部地区出现较少,平均4年才出现一次,危害也较轻。而根据他们对全省洪涝出现频率的分析(图6-4),云南多洪涝区主要有三块,依次是普洱、红河、文山和玉溪;大理及以北、丽江东部金沙江流域和昭通、曲靖北部。少洪涝区有迪庆、怒江、德宏、西双版纳和曲靖中部,其他地方是介于多和少之间的易洪涝区。

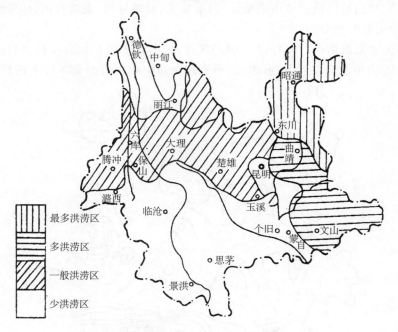

图6-4　云南洪涝灾害分布图(1950—1978年)

2. 暴雨、洪涝成因

云南的暴雨、洪涝的成因除了大气环流变化外,持续的偏南暖湿气流、繁多的降雨天气系统和特殊的地理环境作用是三个非常重要的原因。

（1）持续的偏南暖湿气流

源源不断的水汽输送是产生暴雨的关键因子，云南暴雨的水汽来源是其西南方的孟加拉湾和东南面的南海洋面。在夏季风建立后的整个夏半年雨季，云南一直处于偏南暖湿气流的控制，降水充沛，多局部暴雨洪涝产生。

云南盛夏的5类强降水天气形势也无一例外的是偏南暖湿气流唱主角：孟加拉湾低槽型，云南正好位于槽前的西南暖湿气流控制下；两高辐合型，由青藏高压和西太平洋副高在云南贵州之间形成滇黔辐合区，其东侧为副高外围偏南暖湿气流，辐合区内南北气流交绥，极易产生不稳定降水；副高西伸型，此型西太平洋副高西伸到滇中附近，从南海—云南有一支较强的东南暖湿气流，强烈的降水发生在副高边缘的滇中、滇南；季风辐合型，此型无明显系统影响云南，西南季风与东亚季风在中南半岛至云南形成一支强的偏南暖湿气流；辐合带北抬型，由于赤道辐合带北抬，低纬热带洋面的低值系统纷纷北上，云南总有西南或东南气流输送丰厚的暖湿气流，产生不稳定降水。

秋季是孟加拉湾风暴活跃时期，若遇南支槽东移，则会在槽前汇合成一支非常强的西南暖湿气流，造成云南滇中及以南的大片暴雨。一般在卫星云图上可以清楚看到，有一条明亮的云带从孟加拉湾指向云南甚至到华南，水汽十分充沛。这时的暴雨极可能比盛夏还猛烈，洪涝的危害也更加突出。

（2）繁多的降雨天气系统

云南的主要降雨天气系统主要有三大类：西南季风系统，东亚季风系统和局地产生的系统。

①西南季风系统

印度季风低压（槽）在孟加拉湾从南向北加强发展，使其前部向东北方伸入云南，形成一个低槽，槽底有一支强劲的西南气流，水汽含量丰富。这个伸向滇西的低压槽极易在滇西南一带形成大雨、暴雨，降雨中心一般在德宏、保山、大理或临沧、普洱。

青藏高压在夏季是一个移动性高压，它每一次东移下高原，都会给云南带来一次明显的降雨过程。青藏高压本身不是降雨系统，但当其加强东移时往往在高压前部形成一个低槽，随着青藏高压继续东移，在西太平洋副热带高压的共同作用下，低槽北段东移，南段形成准东西向的川滇切变线与地面冷锋配合产生大、暴雨，或与西太平洋副热带高压相对峙形成准南北向的"滇黔辐合区"强降水，或高压前部冷平流入侵云南省与偏南暖湿气流相遇出现暴雨天气。

西南低空急流一般都有湿舌相伴，带有非常多的水汽，极易成云致雨，它不仅在高原地形动力抬升作用下或在进入云南冷空气的激发下可以产生强烈的降雨天气，而且还能将暴雨区外围的水汽迅速向暴雨区集中，保证继续降雨所必需的源源不断的充足水汽供应和重建位势不稳定层结，从而引发洪涝灾害。

②东亚季风系统

西太平洋副热带高压和南海—西太平洋热带辐合带（简称热带辐合带）是东亚季风成员中与云南大、暴雨天气关系最直接的天气系统。

陶诗言等（1964）指出，副热带系统同中国暴雨关系密切，尤其是西太平洋副热带高压的进退、维持和强度变化同暴雨关系最密切。云南常常受西太平洋副热带高压外围的东南气流控制，多边缘不稳定降水。当它加强西伸时，不利于孟加拉湾低值系统北上，云南少降雨；而当它减弱东退时，则有利于低值系统北上，云南多大、暴雨；当西太平洋副热带高压偏北时，云南多热带洋面低值系统:台风、东风波、热带辐合带等的影响,降雨概率增大;当副高偏南时,有利于中纬度低槽、低涡影响滇中及以北,此时地面昆明准静止锋也活跃起来,当它维持在 105°E 以东时,又常常与东移的青藏高压或与青藏高压分裂南下的滇缅高压相峙,在滇中形成多暴雨天气。

热带辐合带(ITCZ)是伴随西太平洋副热带高压北上影响云南的。ITCZ 多在盛夏北上到北回归线附近,常与孟加拉湾季风槽相连于中南半岛北部、云南南部之间,此时两个洋面的热带降水系统纷纷沿辐合带北上,常在滇南产生大片暴雨区。

③局地产生的系统

对云南产生强烈降水天气的区域性系统主要有西南涡、川滇切变线、滇黔辐合区以及孟加拉湾风暴。

西南涡是地形性、季节性天气系统,涡源位于青藏高原东南侧横断山脉北部,属于云南德钦、香格里拉、丽江和四川巴塘、九龙一带,多在 4—9 月产生。涡源地常受西南暖湿气流和青藏高原下滑的冷空气共同影响,再加上特殊的南北向地形对气流的强迫作用,极易在 700 hPa 高空出现气旋性曲率,形成西南涡。当西南气流较强时,西南涡多沿金沙江东移,暴雨区一般在滇中以北地区;当 500 hPa 青藏高压脊前的偏北气流较强时,西南涡向东南移动,在滇中造成暴雨天气。

川滇切变线是在云南、四川交界处的一条准东西向的气旋式风场不连续线,表现在 700 hPa 等压面上最明显。是整个西南地区夏季的主要降雨天气系统。与西风槽、地面冷锋或低涡结合可造成明显的大到暴雨天气;单一的切变线也可以产生强烈天气,但影响范围不大,持续时间不长。川滇切变线在云南全省性暴雨过程中出现次数最多,所以被认为是所有暴雨天气系统中,对云南盛夏暴雨贡献最大的。

滇黔辐合区是出现在夏季 500 hPa 上,在西太平洋副高和青藏高压之间的辐合区,位置在云贵之间摆动,是一个暴雨天气系统。当青藏高压与副高势力相当时,辐合区容易出现强度大而持续长的降水。

孟加拉湾风暴源地在孟加拉湾,孟湾是全球热带风暴活动频繁的区域之一,初夏 5 月和秋季 10—11 月是孟湾风暴的活跃期间,其外围云系常造成滇中以南的暴雨洪涝,我国只有云南和西藏受其影响。

(3)地理环境的作用

云南地形十分复杂,不仅对气流扰动的作用十分明显,对洪涝的产生也具有特别作用。

总的看来,云南地理环境的调蓄洪能力与长江中下游相比是较强的,主要原因是多地震的新构造运动导致基岩破碎,以及喀斯特地貌作用,使得地表下渗容量特大所致。另外,云南植被覆盖率自 20 世纪 90 年代以来也有所回升。在植被覆盖率高的地方,如西双版纳、怒江、德宏、迪庆和丽江等地都大于 30%,植被流域的调蓄洪能力明显增强。植被覆盖率低的地方,如红河、文山、昭通、东川等都在 20% 以下,地表调蓄洪能力差,都是多洪涝区。

云南河流落差大,排洪能力强,但是少数河段由于人为因素排泄能力偏弱,遇到较大暴雨就洪水泛滥,危害一方。云南主要的洪泛河段有:龙川江楚雄段、小江新村段、昭鲁大河昭通段、牛栏江塘子以下、南盘江沾益—曲靖—陆良—宜良段、华溪河曲江段、泸江开远段、甸溪河竹园段、元江元江段、川河景东段、弥苴河邓川段、澜沧江景洪段、南垒河孟连段、姑老河孟定段、大盈江下拉线段、瑞丽江瑞丽段等,这些地方洪涝成灾率较高。

3. 水电气象服务主要内容

水电站所处的流域特点和电站的施工设计决定了不同的水电工程对气象服务产品的需求倾向不同,因此优质的电站施工期气象服务必然是各有特色的,但水电工程特性又决定了主要的服务内容和服务思路是一致的。水电站施工建设中必须全程伴随气象部门暴雨、洪水的预测服务,并协助施工单位建立和落实防洪度汛措施。

云南水电气象服务经验基本的内容和思路简介如下(参见表 6-1)。

表 6-1　水电气象服务全程服务重点内容一览表

开发时期	服务对象	气象需求	特色服务
勘测设计期	勘测设计院,电站筹建处		气候背景分析,气候变化评估,资料分析
			仪器设备的选址、安装、调试和维护
施工建设期	施工方,电站筹建处	短中长期降水天气预测;汛期重大过程来水量(洪水)预测	上游降水短期和长期预测;现场无间隙天气气候预测和气象要素预测
		短时强对流性天气现象	雷电监测和防雷
发电运营期	各电站水调中心	年度气候总体评价;短中长期降水天气预测;汛期重大过程来水量(洪水)预测	增加蓄水气象提示和汛期强降水预警,引入区域气候模式延长预报时效与水文预测模式耦合,实现来水量预测,增强电站防洪能力
		人工增水服务	根据电站需求和天气情况在流域上游、支流和库区进行人工增雨作业,提高径流量
		技术创新和能力开发	开发适合流域局部预报方法和产品,开发提高服务能力的新工具
电力输送期	电网公司调度中心	短期降水和气温预测	电力负荷气象指导产品,冬季增加电线积冰预警
外围需求	所有服务对象	重点活动及特殊基建工作等的预报服务	机动灵活,服务周到

为水电站提供长、中、短期、短时坝区及流域面雨量服务。做到长期预报报趋势(偏多,偏少及丰年、歉年),中期预报报过程(降水时段、降水量区间),短期预报报强度(每次降水的量级,如≤10 mm,≥10 mm,≥20 mm,≥30 mm,≥50 mm 等),短时预报报落区(堵河流域上中下游分块)。具体预报产品如下:

(1)长期预报(月、季、年)

每年:长期年报一份,季报四份,月报十二份,为水电站制定来年及后期的施工计划提供参考。

(2)中期预报(旬报、周报)

旬预报每旬一份;未来 10 天预报,为水电站掌握旬内的施工进度提供依据。

周预报每周一份;未来 7 天预报,每日 3 天滚动预报。

(3)短期预报(48 小时),每天一次。

(4)3～6 小时短时及临近预报(5～9 月)。

48 小时以内的面雨量预报多集中在汛期,是施工防洪决策的重要依据。

(5)重要天气通报(强降水和连续降水等)。

重要天气适时发布,突发性天气临时发布。

(6)雨量实况通报(流域内 24 小时自动站观测)及其他气象、水文资料。

(7)流域面雨量预报

(8)年度气候综述

每年一次,提供坝区气候总体评价,对流域降水量情况做一些技术回顾。

(9)现场气象服务。根据需要派气象专业人员进行现场气象情况监测和决策参考服务。

4. 致洪暴雨预报服务思路

至洪暴雨的预报服务不仅需要准确的预报,还需要及时的服务沟通。因此水电气象服务要本着重视、及时、主动的服务意识,中期、短期和临近动态结合,为电站施工提供全方位气象预测和指导服务产品。

中期预测提供周、旬内致洪暴雨过程提示,预报内容提供指挥部,主动为工程施工决策提供天气建议;短期预测量化和修正致洪暴雨过程时间、量级,预报内容提供指挥部和施工方领导,主动为工程施工进度安排提供天气建议;

临近预测监测致洪暴雨过程开始时间、持续时长、预测雨强变化情况,预报内容提供指挥部、施工方领导及施工现场负责人,主动为超强暴雨、洪峰过境时段停工与复工提供天气建议。因此,气象服务要根据工程安排做好降水和气温预报,同时注意对不良气象条件和特大暴雨、特大洪峰的预测。

5. 云南水电气象暴雨预报个例

溪洛渡巨型水电站主体施工区是在昭通市永善县溪洛渡镇,其附属工程施工区有普洱镇及四川的新市镇等地,新市镇位于溪洛渡东北方约 50 km 处,普洱镇位于溪洛渡偏东方约 40 km处。2007 年 8 月 29 日新市出现大雨(36.2 mm),30 日新市出现暴雨(91.9 mm),31 日新市出现中雨(11.6 mm)。8 月 31 日溪洛渡坝区出现了大到暴雨天气,日降水量三坪站 69.7 mm,塘房坪站 26.5 mm,杨家坪站 38.1 mm。31 日三坪站降水主要集中在 10 时至 12 时之间,其中 10 时至 11 时 1 小时降雨达 45.4 mm。这次过程特点是雨量在时间上和空间上都分布不均,雨强较大。溪洛渡水电站工程正处于上围堰爆破拆除的前期准备施工中,流域和坝区的强降雨预报都是施工气象保障的重点。通过分析,可确定这是一次副高东撤时,其西部伴有低槽东移,有上升运动的发展,配合水汽和热力条件分析,我们在 8 月 30 日下午提前准确发布了大到暴雨的天气预报,为工程施工提供了准确、优质的气象服务。现就两次暴雨落区的不同形势做进一步的分析,对主要的预报着眼点做分析研究,以供今后水电工程建设暴雨、洪涝预报服务参考。

(1)天气形势

①500 hPa 天气形势分析

由于前期受超强台风"圣帕"登陆后西移的影响,25 日 08 时副高脊线北抬到德格—武都—郑州一线,随着"圣帕"西移消失,副高逐渐南移,8 月 27 日 08 时(图 6-5a)可看到,副高西侧 588 线仍位于青藏高原东部,但在副高内部可看到有多个相对高值区,其相邻区域就有相对低值区,则从位势高度值的分布及风场分布上可看到,川东的成都至达川间有一低值辐合区;8 月 28 日 08 时(图 6-5b)西太平洋副高西侧仍在高原东部,但其内部结构又有所变化,从位势高度值看副高西部有所减弱,而沿海的主体中心位置却西移到大陈岛,川东南宜宾站位势高度由 27 日 08 时 589 dagpm 降到 585 dagpm,原川东辐合区有明显南移迹象;28 日 20 时副高西侧略有减弱,川西高原北部出现了切变线;29 日 08 时(图 6-5c)副高主体中心位置很快西南移到湖南南部,但高原东部副高的西侧明显减弱,西昌降到 587 dagpm,榆中—武都—成都出现浅槽,高原中部出现低值区;29 日 20 时(图 6-5d)副高主体中心位置西北移到贵州北部,588 线在重庆—宜宾—西昌一带,中心位置达到了这次西进的顶点;30 日 08 时(图 6-5e)副高减弱东退,中心位置位于湖南中部,高原中部形成的低槽也在向东移动,位于达日至拉萨一线;30 日 20 时低槽东移至玛曲—阿坝—巴塘—中甸,8 月 31 日 08 时(图 6-5f)低槽已移到达川—资中—越西一线,溪洛渡坝区已处于槽前的西南气流内,副高中心位置东退到江西省中部;8 月 31 日 20 时副高东移出海。

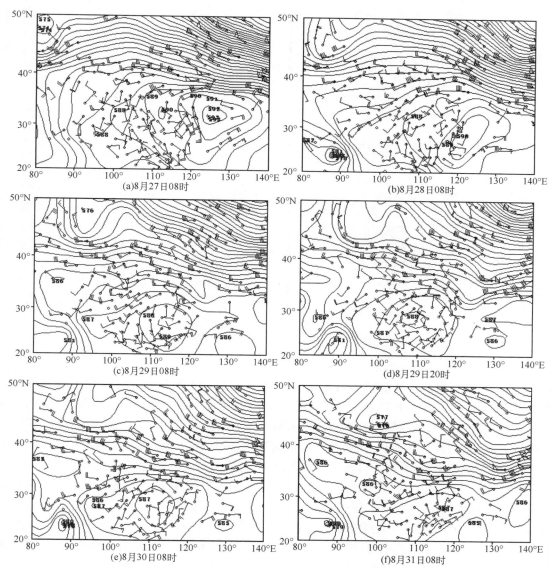

图 6-5　2007 年 8 月 27 日至 31 日 500 hPa 形势变化

②700 hPa 天气形势分析

700 hPa 上,8 月 28 日 08 时(图 6-6a)在青海形成一低值区,其南端到达川西高原,溪洛渡、新市镇均在其东侧的偏南气流内;29 日 08 时(图 6-6b)低值区东南移,其主体在河套至川西北,而从风场上可看到成都与宜宾站存在辐合,丽江、西昌、宜宾、重庆、达川为一致的西南气流,且巴塘转为东南风;30 日 08 时(图 6-6c)巴塘转为南风,低值系统已东南压,切变线位于汉中—成都—巴塘一线,而且西昌、威宁与宜宾之间存在风速辐合,辐合区南移;31 日 08 时(图6-6d)川南低涡明显,且西昌与宜宾之间仍存在风速辐合。

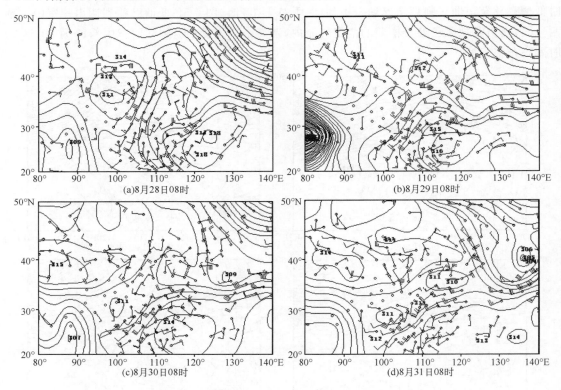

图 6-6　2007 年 8 月 28 日至 31 日 700 hPa 形势变化

③影响系统的确定与预报

8 月底的溪洛渡施工区暴雨都与副高的变化有关,但由于前期受"圣帕"台风减弱西行的影响,副高北抬,24 至 25 日溪洛渡受其影响出现暴雨,随后副高南移,给后来副高的变化预报增加了难度。28 日副高西端略有减弱且川东辐合区有所南移,28 日 20 时川西高原北部出现了切变线,29 日副高主体西进,但高原低值系统东南移,且低层 700 hPa 成都与宜宾间存在辐合,30 日该辐合区南移,且高原低值系统也东南移,地面上川北有弱冷空气南下入侵,溪洛渡、新市镇均处在高原低值系统东南侧的西南气流中,出现强对流性天气,29 日、30 日新市镇分别出现了大雨和暴雨,从地面降水分布来看,29 日暴雨中心在成都附近,30 日暴雨中心南移到峨眉到沐川一带;30 日 14 时,地面冷锋位于合作—达日—丁青一线,副高 30 日 08 时比 29 日 20时有所减弱,未来如果副高东退,则 500 hPa 低槽将很快东南移,地面冷锋也会南下,从高空探测资料分析,副高已有东退迹象,结合数值预报产品分析可以确定副高将东退,果断发布了 31日溪洛渡坝区有大到暴雨的天气预报。

28 日开始 700 hPa 两地均处于西南气流中,有利于水汽的输送,这是这两次暴雨形成的必要条件之一;30 日新市镇暴雨和 31 日溪洛渡暴雨仅差 50 km,前者是在副高西北侧有弱冷空气入侵和低层辐合产生扰动而形成的,辐合区偏北,故溪洛渡没有出现强降雨;31日暴雨是在副高减弱东退的情况下有利于影响系统东南移,形成了溪洛渡暴雨,从28日开始700 hPa辐合区一直都在向南移动,30日08时700 hPa上风速辐合区位于西昌、威宁至宜宾之间,由于辐合区偏南,31日较强较明显的系统影响时新市镇只出现了11.6 mm的降水。

(2)数值预报产品的应用

采用常规实况天气图分析外推天气系统的演变,结合地面本站气象要素的变化,再利用数值预报产品进行确诊,才能使预报更为准确。在这次暴雨预报中,ECMWF数值预报产品发挥了较好的作用,特别是其风场、高度场、温度场的预报较为准确,对系统影响时间的确定有较大的帮助。

30日发布预报时能看到ECMWF以29日20时为初始场场生成的数值预报产品,其预报溪洛渡31日20时850 hPa温度有所下降,说明低层有冷空气侵入;其预报30日20时(图6-7a)副高位置和高原上的低值系统与前面分析的实况资料基本相同,预报31日20时(图6-7b)副高减弱东退,溪洛渡坝区已受低槽影响;结合风场预报,30日20时高原低槽前沿还在川西高原北部一带,31日20时槽前已影响溪洛渡坝区,因此,在预报会商时就确定出溪洛渡的降水主要是在31日白天。

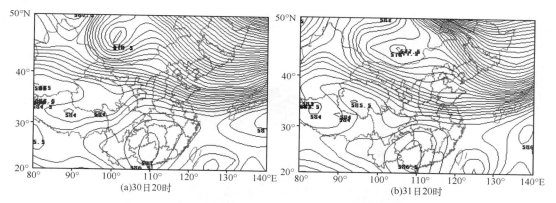

图6-7 8月30日20时(b)8月31日20时500 hPa高度场预报

(3)850 hPa图与短时临近预报

由于云南地处于低纬高原,大部分地区海拔较高,在850 hPa层之上,就溪洛渡而言,850 hPa层就是接近地面。但是,在溪洛渡东北方向的川东南850 hPa为东北风时,则有利于回流冷空气南下,东北方向的云团有利于向溪洛渡坝区移动。

一般冷锋前对流较强,往往会造成较强的降水,而30日夜间,冷锋前沿也有强对流发生,影响到偏东的普洱镇等,并没有给溪洛渡坝区带来强降水,给人以该系统不会再有较大影响的错觉。而31日08时前后,从卫星云图和雷达回波图可分析出主体云系已经处在溪洛渡上空,但地面没有降水,而在溪洛渡坝区的东北方向有回波发展,而这时08时高空资料还不能看到,从30日20时850 hPa图上反映,成都、宜宾均为东北气流,低层的东北气流有利于东北方向的云团向溪洛渡坝区发展,结合雷达回波径向速度图分析,当发现雷达回波在豆沙溪沟中段加强时果断发出了溪洛渡坝区暴雨天气警报。

二、大气电场仪在金沙江下游地区雷暴天气中的应用研究

雷暴天气是由水汽条件、不稳定层结条件和抬升力条件等三方面条件综合作用而造成的。抬升力条件是与雷暴天气的触发系统及其配置情况决定的。溪洛渡坝区雷暴天气的环流形势可以分为两高辐合类、东风带系统类(台风倒槽、东风波)、低槽类、副高边缘高能不稳定区类、高原涡类五类。

为了提高金沙江下游溪洛渡坝区雷暴的监测预警能力,2006 年 7 月 13 日我们在金沙江下游溪洛渡坝区安装了一套 DNDY 大气电场仪,其有效探测范围为方圆 5～12 km,这一有效探测半径与雷暴单体的水平尺度大致相同,并建成坝区雷电预警系统,使坝区的雷电预警能力有了质的飞跃,为施工安全气象保障提供了一种有效的监测预警手段。

1. 大气电场仪的工作原理及功能

地面电场仪是直接安装在地面上进行电场测量的。如图 6-8 所示,与云底部相反的电荷会被地面电场仪感应到,而在地面电场仪灵敏度范围内,地面电场仪上的感应电荷强度与云底部附近的电荷成正比,因此地面电场仪可以实时探测其周围地区的大气电场信号。

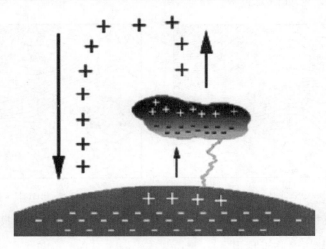

图 6-8　云电荷变化

太阳风、等离子体以及磁气圈中地磁场的交互作用,形成了太阳风与磁气圈之间的大气电场层。正常条件下,大气电场强度为每米几百伏,但是暴风雨的来临能推进大气电场强度到每米几千伏。在晴朗的天气里,电场强度范围是:-500 V/m 到+500 V/m。接近雷暴的时候,电场强度随着闪电能量的增加而逐渐增加。电场强度达到±2 kV/m,说明闪电的能量高。而当雷暴产生时,大气电场强度能增大到 14 kV/m 以上。由于这个变化过程较为缓慢,大概需要 30 分钟的时间,所以可以使用地面电场仪来了解其周围地区雷暴的发展活动状况,并预测严厉暴风雨产生的可能性。

大气电场仪可以实现下列功能:

①实时以数据列表的形式显示地面电场数据;

②实时绘制地面电场的时间变化曲线;

③实时探测来自电场变化的闪电冲击;

④在 Internet 上实时共享数据,比较不同地理位置上暴风场强的变化;

⑤实时动态分析、显示、记录、处理暴风雨期间的电场探测数据;

⑥自动保存地面电场资料,以备资料的再处理、浏览以及分析研究用;

⑦设置雷暴临近等级报警阈值,当闪电位置或地面电场值达到报警阈值时,发出报警;并监测雷暴放电次数。

2. 金沙江下游溪洛渡水电站坝区大气电场特征

电场是雷电累积程度的特征参数。大气电场仪是利用导体在电场中产生感应电荷的原理,首先由静电场仪传感器的动片旋转使定片的感应电荷转换为和大气电场成正比的电压量,然后再由雷暴电场仪处理并显示电场值,电场值传送至计算机终端。

(1)晴天大气电场

在分析雷暴天气的大气电场之前,应该对作为背景场的晴天电场进行分析。

$$E = \frac{V}{\lambda R_c} \tag{6-1}$$

式中,E 为地面晴天大气电场,V 为电离层电势,λ 为地面晴天大气总电导率,R_c 是整层晴天柱体电阻。则:

$$\frac{1}{E}\frac{dE}{dt} = \frac{1}{V}\frac{dV}{dt} - \frac{1}{R_c}\frac{dR_c}{dt} - \frac{1}{\lambda}\frac{d\lambda}{dt} \tag{6-2}$$

地面晴天大气电场的变化是大气电场全球性普遍的变化及其局地的日变化机制的综合结果。

图 6-9 是选取晴天的 13 个个例(2006 年 7 月 25 日、2006 年 8 月 2 日、2006 年 8 月 14 日、2006 年 10 月 10 日、2006 年 11 月 1 日、2007 年 8 月 3 日、2007 年 8 月 14 日、2007 年 9 月 18 日、2007 年 9 月 19 日、2007 年 9 月 20 日、2007 年 9 月 21 日、2007 年 12 月 6 日)的逐小时平均电场值的合成。

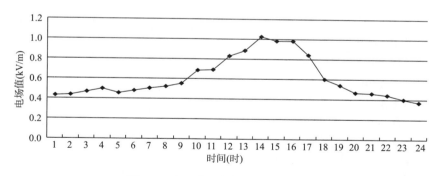

图 6-9　地面晴天大气电场的日变化

从图中可以看到,溪洛渡水电站坝区地面晴天大气电场变化简单而有规律。呈单峰型的分布,与气温的日变化基本同步。由于大气柱体电阻因其温度的变化而变化,大气电场的变化取决于 $\frac{dR_c}{dt}$,当 $\frac{dR_c}{dt}$ 在 14:00 与 16:00(北京时间,下同)之间出现最大值时 $\left(\frac{dR_c}{dt}>0\right)$,地面大气电场便出现了峰值;当 $\left(\frac{dR_c}{dt}>0\right)$ 在 23:00—0:00 出现最小值时 $\left(\frac{dR_c}{dt}>0\right)$,地面大气电场便出现了谷值。

这主要是溪洛渡坝区地处西南山地河谷地区,晴天时,随太阳的短波辐射的增强,对近地面层大气加热更快,在这之后大气温度下降,温度的极值出现在 13:00 与 15:00 之间,同时也是由于山地午后湍流对流活动加强,因此此时电场强度最大。

晴天时大气电场的峰值为 2.65 kV/m,谷值为 −3.309 kV/m。

可见,晴天大气电场的日变化规律性较强,但其量级较小,作为背景场,在雷暴天气过程中其作用完全可以忽略。

(2)雷暴天气的大气电场特征分析

①雷暴天气的峰值电场强度

由表 6-2 可知,发生雷暴天气时电场峰值(大气电场值为正)与谷值(大气电场值为负)的平均分别为 38.439 kV/m 和 −39.645 kV/m,最小的峰值为 7.924 kV/m(2007 年 8 月 5 日),75% 以上的峰值为 50 kV/m(±50 kV/m 是溪洛渡大气电场仪的最大观测值);75% 以上的谷值小于 −28.346 kV/m(50% 以上的谷值为 −50 kV/m),绝对值最小的谷值 −8.803 kV/m(2007 年 8 月 5 日)。

表 6-2　溪洛渡水电站坝区 2006—2007 年雷暴个例的大气电场峰谷值统计表(单位:kV/m)

日期	峰值	谷值
2006 年 7 月 17 日	24.237	−31.074
2006 年 7 月 18 日	50.000	−43.236
2006 年 7 月 22—23 日	50.000	−50.000
2006 年 7 月 31 日—8 月 1 日	50.000	−50.000
2006 年 8 月 1 日	19.280	−21.013
2006 年 8 月 4 日	50.000	−50.000
2006 年 8 月 10 日	33.785	−27.436
2006 年 8 月 13 日	50.000	−50.000
2006 年 8 月 15 日	17.741	−23.822
2006 年 8 月 17—18 日	50.000	−50.000
2006 年 8 月 28 日	7.924	−17.790
2006 年 9 月 1—2 日	50.000	−50.000
2006 年 9 月 4 日	50.000	−50.000
2007 年 4 月 13 日	50.000	−50.000
2007 年 5 月 20 日	50.000	−50.000
2007 年 6 月 28 日	50.000	−50.000
2007 年 7 月 6 日	50.000	−50.000
2007 年 7 月 18 日	50.000	−50.000
2007 年 7 月 29 日	14.737	−33.077
2007 年 8 月 1 日	14.933	−9.292
2007 年 8 月 5 日	7.949	−8.803
2007 年 8 月 6 日	8.828	−15.226
2007 年 8 月 10—11 日	50.000	−50.000

续表

日期	峰值	谷值
2007 年 8 月 19 日	50.000	−50.000
2007 年 8 月 24 日	50.000	−50.000
2007 年 8 月 31 日	50.000	−50.000
最小	7.924	−50
四分位数(1)	20.519	−50
中位数	50	−50
四分位数(3)	50	−28.346
最大	50	−8.803
平均	38.439	−39.645

63.3%的雷暴个例峰值和谷值的绝对值都达到 50 kV/m,即大气电场值在+50 kV/m 和 −50 kV/m 之间变化。23.3%的雷暴个例谷值的绝对值大于峰值,13.3%的雷暴个例谷值的绝对值小于峰值。可见溪洛渡水电站坝区雷暴天气过程中大气电场变化很大。

②雷暴天气的电场强度变化特点

44%的雷暴天气过程中,从大气电场仪第一次报警(电场值的绝对值达到 5 kV/m)到第一次闻雷前大气电场值为负值(表示负闪),并且在第一次闻雷前 6~35 分钟闪电次数和(或)大气电场值有一个积累到跃增的过程,临近第一次闻雷大气电场值出现不规则的震荡,第一次雷声往往出现在第一个拐点(对应大气电场值<−10 kV/m)前后 18 分钟之内。

第一次闻雷之后,大气电场值不规则振动加剧,表明闪电密度的加大和雷电强度的加强,雷暴结束时有振动——EOSO(End of storm oscillation)过程。92.3%的雷暴结束时为云闪(对应大气电场值为弱正值)。这是雷暴天气规律性特征最明显的一种大气电场变化过程,也是强雷暴过程的典型特征。因此,雷电主要出现在积雨云的成熟到消亡时期(典型强雷暴过程大气电场变化见图 6-10)。但大多数雷暴天气这一特征不明显。而是在第一次闻雷前有的为正闪,或者电场弱但出现云闪,或者看不出任何规律,只有不规则的振动。

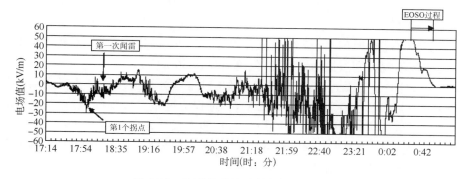

图 6-10 典型强雷暴过程大气电场变化

a. 雨暴天气

将雷暴天气过程中一个以上自动站出现大雨或暴雨的个例归类为“雨暴”。这类个例有 8 个,分别是:2006 年 7 月 18 日、2006 年 8 月 13 日、2006 年 9 月 4 日、2007 年 7 月 6 日、2007 年 7 月 18 日、2007 年 8 月 1 日、2007 年 8 月 10 日、2007 年 8 月 31 日。

产生强降水的雷暴大气电场特征有三种情况：①强降雨出现在雷电密度最大的时间之后（2006 年 7 月 18 日、2006 年 8 月 13 日、2006 年 9 月 4 日、2007 年 7 月 6 日、2007 年 8 月 10 日）；②强雷电与强降雨叠加（2007 年 8 月 31 日、2007 年 7 月 18 日）；③电场（雷电）很弱（2007 年 8 月 1 日），对流性降水弱，以连续性稳定性降水为主，持续时间长。

如图 6-11 所示，第一种情况具有和典型的强雷暴过程相同的特征，即从大气电场仪第一次报警到第一次闻雷前大气电场值为负值（表示负闪），并且在第一次闻雷前 6～35 分钟闪电次数和（或）大气电场值有一个积累到跃增的过程，临近第一次闻雷大气电场值出现不规则的振荡，第一次雷声往往出现在第一个拐点（对应大气电场值＜－10 kV/m）前后 18 分钟之内。第一次闻雷之后，大气电场值不规则振动加剧，表明闪电密度的加大和雷电强度的加强，大气电场值出现多次在±50 kV/m 的峰值，强雷电持续一个小时之后开始出现强降水，且有 2 个以上与降水有关的振动 FEAWP(Field excursion association with precipitation) 过程，雷暴结束时有振动（EOSO）过程。

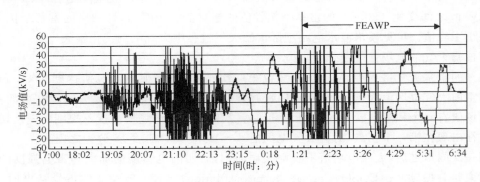

图 6-11　2006 年 9 月 4—5 日典型雨暴天气大气电场变化曲线

逐次雨暴过程大气电场变化主要特征如下：

(a)2006 年 7 月 18 日

在第一次闻雷前，大气电场仪为负，在第一次闻雷(3:20)前 20 分闪电次数有一个积累到跃增的过程，并且临近第一次闻雷大气电场值出现不规则的振荡（振幅小），第一次雷声出现在第一个拐点(－17.326 kV/m)之后 4 分钟，比谷值(－34.2 kV/m)提前 15 分钟。第一次闻雷到雷暴结束(3:55)（持续时间 25 分钟，较短）均为负闪，且以地闪居多，雷暴结束时有 EOSO 过程，雷暴过程呈不规则剧烈振动，峰（谷）值绝对值达 50 kV/m。

4:28 开始另外一次雷暴过程，变化特征相似，以雷电为主持续一个小时之后开始出现强降水，并出现多个与强降水有关的振动 FEAWP 过程。这是一次夜间（后半夜的）雨暴过程，强降水开始前，雷电持续时间长，地闪次数较多，说明有系统移近，谷值－42.503 kV/m）。

从上述两个时间段的雷暴过程比较可知，以风为主的雷暴持续时间短，而以强降水为主的雷暴持续时间长，且峰值的绝对值小于前者。

(b)2006 年 8 月 13 日

在第一次闻雷前，大气电场仪为正负交错，并且在第一次闻雷前 12 分闪电次数有迅速增加过程，临近第一次闻雷大气电场值出现不规则的振荡(小)。雷暴结束时有振动——EOSO 过程，雷暴过程呈不规则振动，谷值－45.9 kV/m。5:29 开始另外一次雷暴过程，变化特征相似，以雷电为主持续一个小时之后开始出现强降水，出现多个与强降水有关的振动 FEAWP 过程。

(c)2006 年 9 月 4 日

在第一次闻雷前,大气电场仪为负,并且在第一次闻雷前地闪电次数有一个跃增的过程,临近第一次闻雷大气电场值出现不规则的振荡。而后在 1 小时后出现强降雨和多个与强降水有关的振动 FEAWP 过程。降雨持续时间较长,主要降雨集中在 2—3 时。

(d)2007 年 7 月 6 日

雷电密度小,但出现 2 个以上与强降水有关的振动 FEAWP 过程。

(e)2007 年 7 月 18 日

云闪最强的时候雨强也最大。

(f)2007 年 8 月 1 日

这是电场最弱的一次,但暴雨最大的一次,但雨强大的时段主要出现在 7—8 时之间。是以层状云的稳定性降水为主,层状云上局部不稳定导致的雷暴。

(g)2007 年 8 月 10 日

主要降水出现在 3—7 时,5—6 时最大。

在第一次闻雷前,大气电场仪为负,并且在第一次闻雷前 20 分钟大气电场值有一个积累到跃增的过程,临近第一次闻雷时,大气电场值出现不规则的振荡,第一次雷声比第一个拐点(−42.747 kV/m)滞后 3 分钟。第一次闻雷前为负闪,雷暴结束时无振动——EOSO 过程,有多个与强降水有关的振动 FEAWP 过程。属强雷电与强降雨叠加型。

(h)2007 年 8 月 31 日

强雷暴与强降雨的叠加型,地闪强而密度大。

b. 风暴天气

将雷暴天气过程中一个以上自动站出现 7 级以上短时大风灾害性天气的个例归类为"风暴"(其中 13.9 m/s≤瞬时极大风力<17.0 m/s 为一般性大风,瞬时极大风力≥17.0 m/s 为灾害性大风)。这类个例共有 8 个,分别是:2006 年 7 月 22 日、2006 年 7 月 31 日、2006 年 8 月 15 日(图 6-12 和表 6-3)、2006 年 8 月 17 日、2006 年 9 月 1 日(图 6-13 和表 6-4)、2007 年 4 月 13 日、2007 年 8 月 19 日。这类雷暴过程中大气电场值的变化一般具有强雷暴的典型特征。大风可以出现在强雷电之前、之后或者期间,其中以出现在强雷电之后居多(5 个个例),出现在强雷电之前的 2 个,出现在强雷电期间的只有 1 个。值得注意的是,有时大气电场峰值不大,容易被预报员忽视,但可以看出闪电密度特别大,这类也是强雷暴,也可以产生灾害性大风,如 2006 年 8 月 15 日。

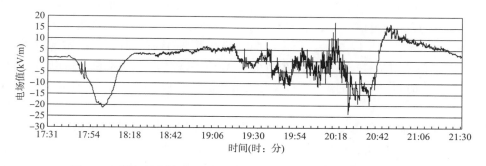

图 6-12 弱电场值风暴天气(2006 年 8 月 15 日)大气电场变化曲线

表 6-3　2006 年 8 月 15 日风暴天气大风情况

三坪			杨家坪			塘房坪			永善		
极大风速	极大风向	出现时间	极大风速	极大风向	出现时间	极大风速	极大风向	出现时间	极大风速	极大风向	出现时间
19.3	WSW	20:02	14.1	NE	20:02	14.3	NNE	20:10	13.2	W	20:02

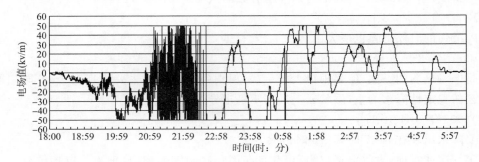

图 6-13　典型风暴天气(2006 年 9 月 1 日)大气电场变化曲线

表 6-4　2006 年 9 月 1 日风暴天气大风情况

三坪			永善		
极大风速(m/s)	极大风向	出现时间	极大风速(m/s)	极大风向	出现时间
20.1	NW	20:06	11.8	SSE	18:01

逐次风暴天气过程的大气电场变化特征如下：

(a)2006 年 7 月 22 日

在第一次闻雷前,大气电场仪为负,并且在第一次闻雷前 35 分闪电次数有一个积累到跃增的过程,临近第一次闻雷大气电场值出现不规则的振荡(小),第一次雷声出现在第一个拐点(−27.607 kV/m)之后 18 分钟,比谷值(−27.607 kV/m)滞后 18 分钟。雷暴结束时无过程,雷暴过程呈不规则振动,峰(谷)值绝对值 50 kV/m。20:19 开始另外一次雷暴过程,变化特征相似,以雷电为主持续一个多小时,有多个与强雷暴有关的振动。强雷电持续时间长,且峰值的绝对值大。大风出现在强雷电之后。

(b)2006 年 7 月 31 日

在第一次闻雷前,大气电场仪为负,并且在第一次闻雷前 23 分钟闪电次数有一个积累到跃增的过程,临近第一次闻雷大气电场值出现不规则的振荡(小),第一次雷声出现在第一个拐点(−19.939 kV/m)之前 17 分钟。第一次闻雷前有由正闪到负闪的转变,雷暴过程不规则振动剧烈,峰(谷)值绝对值 50 kV/m,雷暴结束时无 EOSO 过程。以风和强雷电为主的雷暴持续时间长(1 个小时),且峰值的绝对值大,大风出现(16:03)在地闪密度明显增大后 1 小时。

(c)2006 年 8 月 15 日

在第一次闻雷前,大气电场仪为负,并且在第一次闻雷前 6 分钟大气电场值有一个积累到跃增的过程,临近第一次闻雷大气电场值出现不规则的振荡(小),第一次雷声出现在第一个拐点(−20.574 kV/m)之前 6 分钟。雷暴结束时无 EOSO 过程,雷暴过程峰值小(−21.087 kV/m)。

(d)2006 年 8 月 17 日

在第一次闻雷前,大气电场仪为负,并且在第一次闻雷前 6 分钟大气电场值有一个积累到跃增的过程,临近第一次闻雷大气电场值出现不规则的振荡(小),第一次雷声出现在第一个拐点(−20.574 kV/m)之后 1 分钟。大风发生前电场值不大,且大风出现在强地闪之前。

(e)2006 年 9 月 1 日

在第一次闻雷前,大气电场仪为负,并且在第一次闻雷前 6 分钟大气电场值有一个积累到跃增的过程,临近第一次闻雷大气电场值出现不规则的振荡(小),第一次雷声出现在第一个拐点(−29.121 kV/m)之前 20 分钟。大风发生前电场值不大,在强地闪之前出现大风,而后出现强雷电和强降雨。

(f)2007 年 4 月 13 日

大风之前闪电弱(负的云闪为主),电场较强,谷值−46.133 kV/m,比大风时间提前 8 分钟。

(g)2007 年 6 月 28 日

第一次闻雷为远雷;且在强地闪和强雷电后才出现大风。

(h)2007 年 8 月 19 日

雷暴出现后振动很大,这是预见期最长的一次雷暴。大风出现在强雷电期间。

c. 普通雷暴

将伴有或不伴有 6 级以下阵风和(或)中雨以下量级降雨的个例归类为"普通雷暴",这样的个例 8 个,分别是 2006 年 7 月 17 日、2006 年 8 月 4 日、2006 年 8 月 10 日、2006 年 8 月 28 日、2007 年 5 月 20 日、2007 年 7 月 29 日、2007 年 8 月 5 日、2007 年 8 月 6 日。

这类雷暴过程伴有或不伴有其他天气现象,当过程雨量伴有中雨量级的降水天气或者 1 小时降水超过 10 mm 短时降水天气时会出现多个与降水有关的振动过程 FEAWP,这类雷暴往往闪电密度大时但电场强度峰值和陡变小,或者峰值大但闪电密度小,且第一次闻雷前为正闪的雷暴个例都出现在这一类型中。典型个例的大气电场变化见图 6-14。

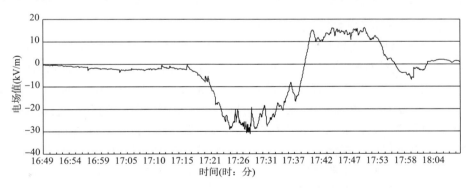

图 6-14　普通雷暴天气电场变化曲线(2006 年 7 月 17 日)

逐次普通雷暴过程大气电场的主要特征如下:

(a)2006 年 7 月 17 日

在第一次闻雷前,大气电场仪为负,并且在第一次闻雷前 20 分大气电场值和闪电次数有一个积累到跃增的过程,临近第一次闻雷大气电场值出现不规则的振荡,第一次雷声比谷值(−30.415 kV/m)滞后 9 分钟。第一次闻雷前为负闪,而后转为正闪(与最后一次雷击往往是云上的正电荷向大气放电—正闪的特征相符),雷暴结束时有振动(EOSO)过程,呈单波型。

这是一次午后到傍晚的普通雷暴过程。

(b)2006 年 8 月 4 日

这是一次发生早上 6—8 点的雷暴过程,以不规则的振动为主要特征,以正闪为主,雷电密度小。

(c)2006 年 8 月 10 日

在第一次闻雷前,大气电场仪为正,并且在第一次闻雷前 20 分大气电场值和闪电次数有一个积累到跃增的过程,临近第一次闻雷大气电场值出现不规则的振荡,第一次闻雷比谷值(−26.02 kV/m)滞后 9 分钟。第一次闻雷前为正闪,而后转为负闪(与最后一次雷击往往是云上的正电荷向大气放电—正闪的特征不符),雷暴结束时无振动(EOSO)过程,呈单波型。这是一次午后的普通雷暴过程。

(d)2006 年 8 月 28 日

在第一次闻雷前,大气电场仪为负,并且在第一次闻雷前 6 分大气电场值有一个积累到跃增的过程,并且临近第一次闻雷大气电场值出现不规则的振荡(小),第一次雷声出现在第一个拐点(−10.513 kV/m)之后 39 分钟。

(e)2007 年 5 月 20 日

正闪为主,并且出现多个与强降水有关的振动 FEAWP 过程,出现中雨天气。

(f)2007 年 7 月 29 日

这应该是电场值最小的一次放电,属远雷。

(g)2007 年 8 月 5 日

以不规则的振动为主要特征。

(h)2007 年 8 月 6 日

找不到规律,雷暴过程中呈不规则的振动。

3. 大气电场仪在金沙江下游溪洛渡水电站坝区雷暴天气中的预警

(1)大气电场仪对雷暴临近预报中的指示意义

大气电场仪是测量大气静电场变化,无定向方式预警雷电发生的专用精密设备。大气电场仪可以对闪电事件进行有效的监测。当电场值超过门限阈值时,出现报警,预示闪电即将发生;当有闪电发生时,大气电场仪指示的大气电场值会出现明显不规则振动。一般来说,若大气电场值达到 ±5 kV/m 以上时,预示雷暴云已经在方圆 15 km 范围以内了,因此,一般设置报警阈值为 ±5 kV/m,这时结合雷达回波和卫星云图的分析,可以确定未来雷暴影响本站的大致时间。

此外,大气电场仪可以探测到雷暴云中的弱放电,而这种弱放电正是出现明显的闪电过程的先兆。资料表明,雷暴云中弱放电比主要的云放电过程早约 20~30 min。当大气电场仪探测到云中的弱放电时,即可以知道闪电即将发生。

(2)溪洛渡雷电预警系统

溪洛渡水电站雷电预警系统由地面电场仪实时探测周围地区的电场信号,经数据采集系统进行一系列数字信号处理后,通过网络通信方式将电场数据传送到计算机上,由专门的地面电场处理软件进行实时电场资料的显示和使用。逐次雷暴过程大气电场特征值见表 6-5。

表 6-5 溪洛渡水电站坝区 2006—2007 年 25 次雷暴天气过程的大气电场特征值

序号	雷暴出现日期	首次报警时间	坝区首次闻雷时间/对应电场值(kV/m)	雷暴预见时效(分钟)	过程持续时间	雷暴强度
1	2006 年 7 月 17 日	17:19	17:37/—12.637	18	1 小时	较强
2	2006 年 7 月 18 日	03:00	03:20/—12.125	20	7 小时	最强
3	2006 年 7 月 22 日	17:45	18:20/—13.810	35	8 小时	最强
4	2006 年 7 月 31 日	13:28	13:51/—12.149	23	10 小时	最强
5	2006 年 8 月 4 日	05:54	06:24/—12.173	30	2 小时	最强
6	2006 年 8 月 10 日	14:19	14:32/—12.418	13	20 分钟	较弱
7	2006 年 8 月 13 日	03:12	03:25/—14.347	13	8 小时	最强
8	2006 年 8 月 15 日	17:51	17:57/—12.686	6	3.5 小时	弱
9	2006 年 8 月 17 日	19:57	20:10/—12.808	54	6.5 小时	最强
10	2006 年 8 月 28 日	17:10	18:07/—8.627	54	1 小时	较弱
11	2006 年 9 月 1 日	18:29	19:04/—10.391	57	8 小时	最强
12	2006 年 9 月 4 日	17:19	18:54/—12.662	60	13 小时	最强
13	2007 年 4 月 13 日	16:33	19:04/—7.045	37	4 小时	弱
14	2007 年 5 月 20 日	19:05	19:20/24.457	15	2 小时	较强
15	2007 年 6 月 28 日	18:16	19:25/7.485	9	4 小时	弱
16	2007 年 7 月 6 日	00:48	1:26/—2.088	38	5 小时	弱
17	2007 年 7 月 18 日	00:10	1:15/—3.407	60	13 小时	最弱
18	2007 年 7 月 29 日	16:18	18:18/+7.000	120	3 小时	弱
19	2007 年 8 月 1 日	00:51	0:58/—7.021	7	2.5 小时	弱
20	2007 年 8 月 5 日	18:11	21:48/—7.367	59	3.5 小时	最弱
21	2007 年 8 月 6 日	20:50	21:27/—12.000	37	1.5 小时	最弱
22	2007 年 8 月 10 日	20:34	20:40/—8.803	6	9 小时	较强
23	2007 年 8 月 19 日	15:44	18:11/—7.705	120	3.5 小时	较强
24	2007 年 8 月 24 日	3:31	3:44/—37.814	13	11 个小时	强
25	2007 年 8 月 31 日	9:14	9:45/—12.857	31	6.5 小时	强

①系统的预警时间

该系统所使用的电场仪能有效地监测坝区方圆 5~12 km 内的雷暴系统,在 5 kV/m 的报警阈值下,电场仪投入运行后,已成功监测到 2006 年汛期到 2007 年坝区 25 次明显的雷暴天气过程(其中 14 次为强雷暴),一般提前 13~59 分钟发出报警,最长的报警时间提前 2 小时以上,提前 6~9 分钟发出报警的个例只有 4 个(但一般为弱雷暴),为值班预报员向各施工单位发布雷电预警信息、施工单位及相关人员及时做出预防措施提供了较为充裕的时间,对雷暴的预警起到了很好的服务效果。

②通过该系统可判别闪电的种类

实时电场曲线图中电场负值对应的闪电类型为负闪,而电场正值对应的是正闪。科学工作者的测试也表明:雷暴发生时,大部分是负电荷从雷雨云向大地放电,少数是雷雨云上的正电荷向大地放电,在一块雷雨云发生的多次雷击中,最后一次雷击往往是雷雨云上的正电荷向大地放电。负闪中的负地闪会对地面设施,尤其是对坝区的电力设施会造成严重威胁,需要及时做出预防措施,避免造成人员伤亡和财产损失,这一特性,对于提高雷电预警服务质量发挥了积极的作用。

　　③可监测云闪和地闪来看雷电的持续时间和强度

　　一般来说,雷暴云起电的过程很短,而且在发生云闪或地闪时,雷暴云中电荷量在瞬时的突然变化,反映到地面电场能形成脉冲式变化(陡变)。即电场值变化曲线图上每个"长针"代表闪电放电一次,且云闪陡变值小(对应电场仪图上"针形"短),地闪和雷声大时电场值陡变大(对应电场仪图上"针形"长)。"长针"频率越高,表示闪电密度越大,雷暴所带电的强度就越大,雷暴越强,整个连续的"长短针"走向,就是雷暴过程中的振动。

　　(3)问题与讨论

　　通过大气电场仪探测资料来区别云闪和地闪,必须通过陡变来识别,一般云闪陡变值小(对应电场仪图上"针形"短),地闪和雷声大时电场值陡变大(对应电场仪图上"针形"长),从而大致看出云闪和地闪的密度。但陡变多大为云闪?多大为地闪?只有通过与雷电监测系统的闪电定位仪资料的比较才能确定,这是今后需要进一步做的研究工作。

　　通常情况下,距离闪电源区30～40 km的范围内能够听到雷声。大气电场仪的有效监测范围为方圆5～12 km,超出了这个范围,即使听到雷声,也不会发出报警信号(漏警),这样的雷电称为远雷,在溪洛渡水电站坝区时有出现,远雷对坝区地面设施不会造成太大影响,但需要通过全省闪电定位仪监测网观察闪电的走向,做好预警准备。另外由于设备的原因,比如仪器问题也会出现漏警。统计结果显示,溪洛渡水电站坝区雷暴天气的漏警率为13.5%,是比较低的,其中大多是因为远雷而出现漏警。

　　大气电场仪可以监测雷电强度:闪电密度越大和(或)电场强度值越大,雷暴越强,可以看出不同雷暴类型之间大气电场波形的有所差别,但因雷暴系统的复杂性,大多是多种特征的叠加,因此,在灾害性天气出现之前并不能预测未来大气电场波形的分布而分辨出是什么类型的灾害性天气,这时只有依靠卫星云图和雷达回波的诊断和跟踪才能判断。因此大气电场仪的主要功能还在于提前预警——说明近距离有雷暴系统影响和本地区的不稳定层结。

参考文献

陈忠明,徐茂良,闵文斌,等.2003.1998年夏季西南低涡活动与长江上游暴雨[J].高原气象,**22**(2):162-167.

陈宗瑜.2001.云南气候总论[M].北京:气象出版社.

段旭,李英,孙晓东.2002.昆明准静止锋结构[J].高原气象,**21**(2):205-209.

樊平.1956.昆明准静止锋[J].天气月刊,**3**(副刊):14-16.

昆明市气象局.2006.对云南水电开发气象保障服务的分析与思考[C].全省水电气象服务研讨会文集:31-55.

罗松,曾厅余,郑洪.2006.昭通多普勒天气雷达对金沙江流域降水的探测能力分析[C].全省水电气象服务研讨会文集:81-87.

罗松,吴星霖,谢洪斌.2007.2007年8月底溪洛渡施工区两次暴雨预报思路分析[C].2007年度溪洛渡水电站建设气象服务经验交流会文集:56-59.

罗燕.2007.多普勒天气雷达在云南水电气象服务中的应用[C].2007年度溪洛渡水电站建设气象服务经验交流会文集:72-73.

潘里娜,鲁亚斌.2007.一次高原低涡诱发溪洛渡电站暴雨的预报难点分析[C].2007年度溪洛渡水电站建设气象服务经验交流会文集:30-36.

秦剑,琚建华,解明恩,等.1997.低纬高原天气气候[M].北京:气象出版社.

秦剑,潘里娜,石鲁平.1990.南支槽与冷空气结合对云南冬季天气的影响[J].气象,**17**(3):39-43.

秦剑,解明恩,刘瑜,等.2000.云南气象灾害总论[M].北京:气象出版社.

秦剑,赵刚,朱保林,等.2012.气象与水电工程[M].北京:气象出版社.

秦剑,朱保林,赵刚.2010.云南水电气象[M].昆明:云南科技出版社.

全省水电气象服务研讨会文集[C].2006.昆明:云南省气象局.

陶诗言,朱福康.1964.夏季亚洲南部100毫巴流型的变化及其与西太平洋副热带高压进退的关系[J].气象学报,(04):385-396.

田永丽.2010.云南水电气象服务的思考[J].云南气象,**30**(1):1-5.

万云霞,赵尔旭.2007.近46年溪洛渡电站气候变化的多尺度特征分析[C].2007年度溪洛渡水电站建设气象服务经验交流会文集:82-87.

王强,周永生,罗松.2006.溪洛渡水电站气象服务前期技术准备[C].全省水电气象服务研讨会文集:76-80.

吴星霖,罗松,刘瑜.2007.溪洛渡水电站截流期气候背景分析[C].2007年度溪洛渡水电站建设气象服务经验交流会文集:46-50.

吴星霖,罗松,杨友萍.2008.多种资料融合技术在强降水天气预报中的作用探讨[C].2008年云南省重大灾害性天气气候技术总结文集:224-231.

吴星霖,罗松,詹正杰,等.2007.水汽图像在溪洛渡水电站强降水天气预报应用的个例分析[C].2007年度溪洛渡水电站建设气象服务经验交流会文集:74-80.

吴星霖,张云瑾,林月.2008.溪洛渡水电站工程冬季施工的气温条件分析[J].云南大学学报:自然科学版,**30**(S2):334-338.

吴星霖,朱保林,罗松,等.2008.大气电场仪在溪洛渡水电站坝区雷暴天气预报预警中的应用研究—结题报告[R].昆明:云南省气象服务中心.

张腾飞,段旭,鲁亚斌,等.2006.云南一次强对流天气冰雹过程的环流及雷达回波特征分析[J].高原气象,**25**(3):531-538.

张腾飞,鲁亚斌,杞明辉,等.2007.金沙江下游天气气候特征及强降水成因分析[C].2007年度溪洛渡水电站建设气象服务经验交流会文集:6-12.

张腾飞,张杰,马联翔.2006.一次西南涡影响云南强降水过程分析[J].气象科技,**26**(4):376-383.

赵尔旭,万云霞.2007.近46年溪洛渡电站气候变化特征[C].2007年度溪洛渡水电站建设气象服务经验交流会文集:1-5.

赵刚,朱保林.2007.AREM中尺度数值模式在溪洛渡水电站气象服务中的初步应用[C].2007年度溪洛渡水电站建设气象服务经验交流会文集:13-17.

赵蔚.2006.南票地区大气扩散参数实测计算[J].气象与环境学报,**22**(3):33-36.

郑媛媛,俞小鼎,方翀,等.2004.一次超级单体风暴的多普勒天气雷达观测分析[J].气象学报,**62**(3):317-328.

中国气象局局科教司.1998.省地气象台短期预报岗位培训教材[M].北京:气象出版社.

中国水电顾问集团成都勘测设计研究院.2009.控制技施设计报告[R].成都.

钟雄炎,钟咏暖.2007.用逐步回归方法建立前汛期降水量的预报方程[J].广东气象,**29**(增刊):25-26.

朱保林,赵刚,綦正信,等.2010.溪洛渡水电站坝区气温时空分布特征分析[J].云南大学学报(自然科学版),**32**(S2):177-182.

朱保林,赵刚.2007.大气电场仪在溪洛渡水电站坝区雷暴监测中的初步应用[C].2007年度溪洛渡水电站建设气象服务经验交流会文集:18-25.

朱乾根,林锦瑞,寿绍文,等.2000.天气学原理和方法(第三版)[M].北京:气象出版社.

第七章　交通旅游气象服务

　　交通旅游气象服务是新时期防灾减灾的一项重要工作,是惠泽大众的一项事业,既面向公众,又面向政府决策管理部门。交通旅游气象服务主要包括交通气象服务和旅游气象服务两大方面,两者可以相互独立,也可以相互联系、相互影响。本章把交通气象服务和旅游气象服务融为一体,系统地介绍了交通旅游气象服务的目的、意义、气候背景、服务方式、服务手段、服务流程规范及对交通旅游气象服务工作的后继展望。

　　交通旅游气象服务是指为了改善交通通行能力、保障交通安全、方便旅游出行、提高交通运输质量、满足各方服务需求(交通及旅游管理决策部门、风景区、旅行社和公众等)所进行的气象监测、气象灾害的预警预报和服务工作。

第一节　交通旅游气象服务的目的及意义

　　交通旅游气象服务主要是基于公路、铁路、水运和航空等出行途径的旅游气象服务,本章主要以介绍道路(铁路和公路)交通旅游气象服务为主。加强道路交通旅游气象灾害的监测、预警及预报工作,建立道路交通旅游气象的实时监测、信息自动收集、气象预警预报系统,提供道路交通旅游气象灾害的气象应急服务,不仅是气象部门增强服务能力、拓宽服务领域、提高服务质量、发挥气象服务效益的重要途径,也是实现道路交通安全、畅通高效和公众安全旅游出行的重要保障之一。

一、交通旅游气象服务的必要性

1. 交通气象服务的必要性

　　交通运输是国民经济和社会发展的基础性、先导性产业,是合理配置资源、提高经济运行质量和效率的重要基础,是连接生产、流通、分配、消费诸环节的纽带。截至 2014 年 12 月,我国铁路营业里程达到 11.2 万 km,其中高铁营业里程达到 1.6 万 km,营业里程世界第一;内河航道通航里程 12.63 万 km,港口拥有生产用码头泊位 31705 个;民用航空机场 202 个;公路总里程 446.39 万 km,其中高速公路通车里程已达到 11.19 万 km,稳居世界第一位。

　　2014 年,我国交通运输行业运行总体平稳,交通运输各项事业稳中有进。全社会完成客运量 220.94 亿人、旅客周转量 30097.39 亿人千米,货运量 431.30 亿吨、货物周转量 181509.19 亿吨千米,比上年分别增长 4.1%、9.2%、6.9% 和 10.3%。其中,93.32% 的建制村开通了客运线路,北京、河北、辽宁、吉林、黑龙江和上海 6 省(市)已全面实现"村村通客车"。全国港口完成货物吞吐量 124.52 亿吨、集装箱吞吐量 2.02 亿吨,分别比上年增长 5.8%、

6.4%。全年邮政行业业务总量完成 3696.1 亿元,其中快递业务量完成 139.6 亿件,比上年增长 51.9%。

与一般公路相比,高速公路具有线型好、设计标准高、交通流量大、行车速度快等优越性的特点。我国最早兴建高速公路的省份是台湾省。1970 年,北起基隆、南至高雄的南北高速公路开始兴建,于 1978 年 10 月竣工,历时 9 年,全长 373 km。内地兴建的高速公路起步较晚,但起点高、发展快。最先开工的是沈大高速公路,于 1984 年 6 月 27 日开工,于 1990 年 8 月 20 日开始通车;而第一条完工投入使用的是沪嘉高速公路,于 1988 年 10 月开始通车,沪嘉高速公路始建于 1984 年 12 月 21 日。运输能力巨大的高速公路在我国国民经济建设中已起到了骨干作用,逐渐显示出了巨大的经济、社会效益。统计表明,我国已规划完成的国家高速公路网将惠及到十多亿人口,其直接服务区域的 GDP 将占全国总量的 85% 以上。

铁路作为国家重要基础设施、国民经济大动脉和大众化交通工具,在统筹城乡和区域发展中肩负重大责任。据预测,到 2020 年,中国城镇化率将由 2007 年的 44.9% 提高到 60% 以上,城镇化率的提高,离不开铁路这一基础设施的支持。党的十六大以来,中国初步形成了东中西优势互补、共同加快发展的可喜局面,但区域发展不平衡的问题仍然比较突出。中国区域发展的不平衡,一个重要原因是铁路基础设施发展不平衡。西部 12 省(区、市)占中国国土面积的71.5%,集中了中国 50% 以上的煤炭储量和 81% 以上的天然气储量,但进出西部的铁路能力十分紧张。没有铁路大通道的保障,实施西部大开发难以想象的。铁路具有占地少、能耗低、污染小的优势,加快铁路发展,对于中国建立资源节约型和环境友好型的发展模式具有特殊意义。高速铁路以其速度快、运能大、能耗低、污染轻等一系列的技术优势,适应了现代社会经济发展的新需求。目前,我国已成为世界上高速铁路系统技术最全、集成能力最强、运营里程最长、运行速度最高、在建规模最大的国家。

在整个交通运输的过程中,除了道路(或轨道)、车辆本身的因素外,气象条件已成为影响交通安全的最重要因素。现代高速公路或铁路所追求的"高速、高效、安全、舒适"等效果,很大程度上都已受到气象因素的严重影响和制约。在现有的技术水平上,气象灾害对交通的影响是很难阻止和控制的。但是,通过对气象信息进行合理的、实时的收集分析,处理发布,却可以大大地减少高速公路或铁路的交通安全事故,给交通带来更多安全可靠的保障。为了能最大限度地减少气象灾害对道路的不利影响、降低道路的自然灾害受损度、确保经济发展稳定和群众出行安全,开发设计一个稳定可靠的集气象信息采集、预警预报及信息发布为一体化的交通气象服务平台,开展交通气象服务工作显得至关重要。

2. 旅游气象服务的必要性

随着经济社会的快速发展和人民生活水平的日益提高,旅游已由过去的"奢侈品"转为人们生活中的"必需品"。2013 年 10 月 1 日,《中华人民共和国旅游法》正式实施,并提出"力争到 2020 年我国旅游业规模、质量、效益基本达到世界旅游强国水平"。

2014 年国内旅游达 36 亿人次,同比增长 10%;入境旅游 1.28 亿人次,下降 1%;出境旅游首次突破 1 亿人次大关,达到 1.09 亿人次。全年旅游总收入约 3.25 万亿元,增长 11%。2015 年旅游发展预期目标为旅游总收入 3.66 万亿元,增长 11%。中国的旅游景区的质量等级划分为五级,从高到低依次为 AAAAA、AAAA、AAA、AA、A 级旅游景区。截至 2015 年 7 月,国家旅游局共确定了 201 家国家 5A 级旅游风景区。5A 级旅游风景区对交通的便利性提出了较高的要求:可达性好,交通设施完善,进出便捷;具有一级公路或高等级航道、航线直达,或具有旅游专线交通。

　　以旅游大省云南为例,其凭借复杂的地理环境、丰富的生物资源和多样性民族文化,已成为世界知名的旅游度假胜地,受到了广大旅游爱好者的青睐。按照现目前的发展,旅游业已成为云南省的支柱产业之一。经过改革开放 30 多年的发展,云南省逐步形成 3 大旅游热线,即以丽江、大理、香格里拉为中心的滇西北旅游线;辐射延伸到以地热火山奇观而著名的腾冲,中缅边境的瑞丽,西南古丝绸之路的滇西旅游区;以西双版纳为中心的滇南旅游线。目前,全省拥有世界文化遗产 2 个,世界自然遗产 3 个;国家级风景名胜区 10 个,国家旅游度假区 1 个;省级风景名胜区 48 个,省级旅游度假区 6 个,旅游资源极其丰富。从近几年情况来看,2009年到 2013 年云南累计接待海内外旅游者从 1.2 亿人次增长到 2.4 亿人次,旅游业总收入从810 亿元增加到 2110 亿元,旅游业发展势头强劲。近年来,云南省不断加大对旅游业的投入力度,2013 年 11 月 29 日,云南省委、省政府召开全省旅游业发展大会,指出云南当前和今后一段时期,必须追求“旅游强省”的更高目标,奋力推动云南旅游业跨入新阶段、迈入新境地、创造新业绩、做出新贡献。随着西部大开发战略的实施、中国—东盟自由贸易区的建设和澜沧江—湄公河次区域旅游的进一步发展,云南省旅游业有着巨大的市场需求和发展空间。

　　气象和旅游有着密不可分的关系,天气气候条件对气候景观、旅游质量和出行旅游安全有着非常重要的作用。越来越多的旅游者开始根据天气及气候条件安排自己的出游计划,气象信息已成为旅游者出游所必需的公共服务信息。因此,在旅游快速发展的同时,也对旅游气象服务提出了新的需求。

二、国内外交通旅游气象服务的状况

1. 交通气象服务的状况

　　气象因素对于道路交通的安全畅通有着举足轻重的影响,道路交通气象服务越来越受到了世界各国的重视。早在 20 世纪 80 年代初期,在各种天气条件下的行车安全问题就引起了欧洲各国的注意。随后,1985 年 2 月,第一个国际性交通气象组织——欧洲交通气象委员会(SERWEC)在哥本哈根建立,并于 1992 年更名为国际交通气象委员会(SIRWEC)。多年来,许多发达国家对交通气象信息的服务工作都极为重视,并投入了很大的人力、物力、财力对预报方法和服务手段进行研究,现已取得较大成效。如 1992 年成立的由北美、欧洲等 34 个国家参与的国际道路天气常设委员会(SIRWEC),致力于降低和减少气象条件对交通的不利影响,合作研发出道路气象信息系统(RWIS),RWIS 的花费和效益比为 1:8,已有 30 多个国家和地区在使用该系统,很多国家都通过应用此系统显著性提高了自己的交通管理水平。

　　近年来,国内掀起了一股研究交通气象服务的热潮,我国交通气象服务进入了一个快速发展的时期。针对重点地区、重点路段的需求,中国气象局及江苏、河北、云南、北京、上海、四川等许多省(区、市)气象局逐步建立了交通气象监测网和交通气象信息服务系统,为交通运输的畅通和安全提供气象保障服务,并取得了一些成效。

　　公路交通气象服务方面:江苏省气象局在全国率先开展交通气象保障服务工作,2005 年,经中国气象局批准,成立了南京交通气象研究所,这是我国第一家、也是唯一从事交通气象工作的专业科研与服务机构,其为全面推进道路交通气象服务奠定了基础。2006 年 12 月,上海区域气象中心在江苏设立区域交通气象业务中心,这又是我国第一个区域联合的交通气象科研与服务机构,开拓了交通气象监测预警预报服务的新模式,极大地推动了区域交通气象服务工作的进步。2012 年 12 月—2013 年 7 月,根据公路交通气象灾害监测预警服务业务建设的要求,中国气象局充分凝练公路交通业务发展需求,开展了公路交通气象监测数据融合、空间分析和道路反演算法研究、公路交通气象关键技术开发与集成等研究工作。在研究的基础上,初步建设完成了面向行业、决策和专业用户的综合交通气象与路况信息的一站式服务系统平台(智慧交通气象服务系统平台)。该系统平台极大地提升了国家层面(中国气象局和中国交通部)对交通气象服务工作的重视。目前系统已在交通运输部路网中心、阿里巴巴物流专项平台等推广使用,并具有面向省级气象部门及其他行业领域的推广能力。

　　铁路交通气象服务较公路交通气象服务开展的略晚,目前,中国气象局及新疆、西藏、辽宁、宁夏、云南等许多省(区、市)气象局均已和铁路决策管理部门联合开展铁路气象服务工作,为铁路的安全畅行提供了基本的气象保障服务。2012 年 9 月,中国气象局打造的铁路气象服务系统 V2.0 上线运行,该系统的功能、时效性、稳定性等方面与旧系统相比有较大程度的提升,界面显示更加精细,分辨率达到 1 km。该系统为铁路交通决策提供了有效的气象支撑,提高了铁路交通气象服务水平。2013 年 4 月,中国气象局牵头的公益性行业(气象)科研专项经费项目"铁路(高铁)气象监测预警、预报服务关键技术研究",经过前期一系列准备工作正式启动。该项目旨在紧紧围绕当前铁路安全运营的气象服务需求,通过气象、铁路部门相关业务科研单位的联合攻关,对铁路气象监测预警、预报服务的各个关键技术环节进行系统性的研究。该项目组织在铁路气象灾害防范应对领域具有长期研究基础和特色的中国铁道科学研究院,以及北京市气象局、新疆维吾尔自治区气象局、吉林省气象局和湖北省气象局 5 家业务科研单位共同参加。

　　总体来说,目前国内的道路交通气象服务业务发展具有各地区不均衡、服务水平参差不齐等特点。此外,交通气象服务的精细化、专业化程度还远远不能满足交通运输业在提高经济效益和安全保障等方面的需求,与国际先进水平相比也还有较大差距。因此,继续深入开展交通气象服务对保障道路交通运输安全具有深远的意义。

　　2. 旅游气象服务的状况

　　近年来,随着全球气候变化的加剧,局地性、突发性气象灾害呈现多发、频发的趋势,且具有难预防等特点。加之旅游出行人次日益攀高,由气象灾害造成或引发的旅游损失也越来越大,已经严重影响到广大旅游者的出游安全和旅游经济的持续健康发展。例如,2008 年,根据不完全统计,中国旅游业因为南方低温雨雪冰冻灾害直接经济损失 69.7 亿元。受灾严重的贵州、湖南、安徽、江西、广西、湖北、浙江 7 省(区)旅游活动一度全部或部分暂停,致使国内外游客短期内大量退团,波及全国旅游行业。旅游气象灾害不同于一般的自然灾害。旅游是以旅游者流动为主要特征的,同时气象灾害的风险不仅发生在旅游活动当时,对旅游活动开展的旅游决策也有重要影响。气象灾害的频发对交通旅游气象服务提出了新的要求:①如何准确预测恶劣天气带来的交通旅游风险? ②如何及时做好旅游气象灾害预警服务? ③如何有效帮助游客规避旅游气象灾害风险和安全健康出行?

　　相比发达国家来说,我国的气象服务业的起步晚且发展缓慢,气象服务供需不平衡,由此导致的能够提供的旅游气象类产品较少,也间接地阻碍了旅游气象服务产业的发展。由于技术本身的限制,我国目前能提供的旅游气象类服务难以满足客户的多样性要求。此外,目前我国气象队伍的公共服务意识有待加强,其原因在于我国现在的气象产业的产出不强,消费者的需求也不是很强烈,打击了气象服务产业人员的积极性,服务的意识变弱。

气象部门目前旅游气象主要服务项目有:①常规气象预报;②假日旅游气象服务;3. 根据旅游者需求提供精细化、有针对性甚至是定制式服务产品,主要包括天气气候景观和专项旅游产品两大类。天气气候景观主要指以特定天气气候条件为成因的旅游景观,如北京香山红叶、玉渊潭樱花、黄山日出、云海以及吉林雾凇等。专项旅游产品以一定的天气气候条件为旅游活动支撑或主要吸引物之一,如滑雪、高尔夫、海钓以及"好空气游"、避暑避寒旅游等。这些产品还可以继续深加工,形成全国范围、围绕某一主题的动态产品地图。以赏花游为例,一方面可以根据季节推出不同的赏花产品,另一方面,某一种赏花活动全国范围可按月份、按空间预报最佳推荐观赏时间等。随着旅游气象服务产品的不断丰富与完善,最终将形成多维的旅游气象服务产品谱系。

此外,针对企业的需求,气象部门联合企业共同开发了一些指数预报产品,例如啤酒指数、息斯敏过敏气象指数、逛街指数等,随着合作的开展,气象服务产品库也将不断地丰富,研发涉及的范围也将越广泛,精细化预报、短时临近预报也可以作为气象服务产品加工封装后推广使用,例如为高尔夫球场以及会员提供场地天气实况等。

气象部门和旅游部门需要更加高度重视旅游气象服务的发展,加强双方合作,在合作中把握发展旅游气象服务的主题,不断提升旅游气象服务能力,强化旅游气象灾害风险评估及预警能力建设,为旅游业防灾减灾提供基础,为生态旅游发展做出积极贡献。2013 年 5 月 28 日,中国旅游报社与中国气象局公共气象服务中心在京签订合作框架协议。旨在建立高效的信息共享和沟通交流机制,共同推进旅游气象观测、预报预警和灾害防御能力建设。

最近几年,我国旅游气象服务发展进入了一个快车道。中国气象局及安徽、山西、四川、浙江、云南等许多省气象局逐步建立了旅游气象服务系统,为交通旅游的安全出行、景区的气象灾害防范、旅游部门的决策管理提供了气象保障服务,并取得了一些成效。

2014 年 3 月,中国气象局表示,将用 1 年时间,结合安徽黄山旅游气象服务示范建设成果,选择全国重点山岳型景区开展旅游气象服务示范建设,建立旅游气象服务基础数据库,研发雷电、暴雨、山洪等重点气象灾害监测预警指标方法,开发具有特色的专业化旅游气象服务产品,搭建气象、旅游、景区三方及气象部门所在的国家、省、地(市)三级旅游气象业务共享平台,实现景区气象服务和旅游资讯信息在国家、省级的对接和共享。项目拟在中国气象局以及河北、山西、内蒙古、吉林、黑龙江、安徽、福建、江西、山东、河南、湖北、湖南、广东、广西、重庆、四川、贵州、云南、陕西、甘肃、宁夏、青海省(区、市)气象局实施。山岳型景区是以山地为旅游资源载体和构景要素的具有美感的地域综合体。山岳型景区旅游气象服务示范建设完成后,游客旅游出行将享受到更加精细化的气象服务。

三、交通旅游气象服务的意义

1. 交通气象服务的意义

国民经济的迅速发展及大力发展基础公用设施国策的确定,使得交通运输基础设施的建设工作近年来成效显著。以云南省道路交通为例,全省 129 个县级以上城镇已有 123 个通高等级公路,全省公路总里程达到 22.29 万 km,高等级公路里程达到 1.4 万 km,高速公路通车里程达到 3200 km。根据《云南省人民政府云南省公路网规划(2005—2020 年)》以及《云南省"十二五"公路建设规划》,到"十二五"末,云南高速公路总里程可达 4500 km。目前,南北大通道、龙瑞、宣普高速公路等建设项目正在扎实推进,云南省公路交通条件将得到进一步改善。铁路方面,目前云南铁路有准轨沪昆、成昆、南昆、内六及米轨昆河等干线,里程约 3000 km,规划在今后几年通过泛亚铁路滇藏铁路等的建设达到 6000 km。泛亚铁路大(理)瑞(丽)铁路、玉(溪)磨(憨)铁路、祥(云)临(沧)铁路等的开建,沿线城市的旅游业发展或迎来新机遇,尤其是西双版纳、瑞丽、大理等以旅游为主的城市,其旅游产业的发展或迎来暖冬。

在道路交通基础设施高速推进的同时,道路交通事故也在逐年上升。据不完全统计,2014 年以来,由于天气因素而造成的公路交通事故约占事故总数的 60%~70%,其中有 40% 的高速公路交通事故、70% 的特大交通事故和 65% 的直接经济损失发生在恶劣天气条件下。另据 2003—2007 年我国道路交通事故统计年报的统计数据,在雨、雪、雾天气条件下,高速公路事故死亡人数占总数的 16.9%,高出所有事故平均水平 6.3 个百分点。

道路交通运输属于对气象高度敏感的行业,其所追求的快速、高效、安全、准时的目标,在很大程度上要受到气象因素的影响,而交通事故的高发期,也多为多雾、多雨、多雪的季节。影响道路交通的主要气象灾害是浓雾、低温、积雪、暴雨及其引发的次生灾害(滑坡、泥石流等)和局地大风等。其对交通安全的影响关系图如图 7-1 所示。

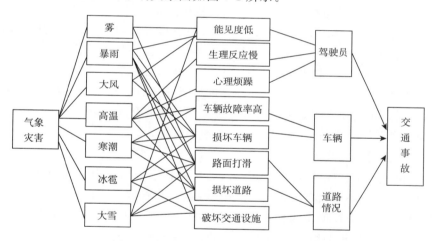

图 7-1 气象灾害对交通安全的影响关系

从图 7-1 中可看出,恶劣气象条件下的交通事故发生原因是灾害性天气破坏了人、车、路组成的道路交通系统的协调,从而导致了交通事故。气象灾害对道路交通事故的发生绝大部分是间接影响。固然,现阶段人类还没有能力阻止恶劣气象的发生,因此,要防治恶劣气象条件下的交通事故,应通过及时、合理的气象预警信息提高人、车、路自身以及他们之间在恶劣气象条件下的相互适应性。

公安部交管局根据近年来发生的交通事故统计数据,总结出了 10 个比较危险的路段,其中多个路段通车以来因交通事故导致死亡人数超百人。比如:云南省嵩待高速公路 57 km 至 78 km 路段,据不完全统计,自 2009 年 1 月以来,嵩待高速公路共发生 14 起特大交通安全事故,其中 11 起发生在这一"危险路段",恶劣天气是最主要的原因之一。

恶劣天气对交通安全的影响越来越引起公众和交通管理部门的重视,开展交通气象服务已经成为一个引起全球关注的问题。因此,在社会经济迅速发展的今天,如何发挥气象服务趋利避害的重要作用,实现交通气象服务的专业化已经成为气象和交通部门都十分重视的问题。大力开展道路交通的灾害性天气预报预警服务,为道路交通的运营管理提供科学信息,既是气象部门预报预测业务体制改革中专业化气象预报业务的一种拓展,也是交通管理部门发展到一定阶段提出的必然要求。

2. 旅游气象服务的意义

中国的旅游行业最近几年得到了高速的发展,但从现实来看,中国传统旅游经营模式难以满足人们日益增长的旅游消费需求,据 2011 年《世界旅游业竞争力报告》显示,排名前 24 位的均为发达国家,中国全球排名第 39 位,这与中国的世界经济地位明显不符。根本的原因在于旅游产业组织的孱弱,致使中国旅游业竞争力明显落后于西方发达国家,难以实现"旅游强国"的目标。

因此,依托 IT 技术发展智慧旅游,满足个性化需求,是中国旅游业转型的重要方向。智慧旅游是基于云计算、物联网、移动通信技术,以满足旅游者个性化需求、实时旅游搜索和共同解决旅游方案为目的,贯穿旅游要素的,使旅游资源最大化利用的创新思维的综合体现的旅游模式。旅游产业转向现代服务业的重要方式是要融合旅游业及相关行业(交通、气象、公安、消防等部门)的资源,加强旅游产业链及各种旅游组织机构的相互关系。

要发展旅游,离不开气象、交通等资源的整合;要发展气象,也必然离不开交通、旅游等资源的融合。交通旅游气象服务平台的建设具有重要的意义:一是扩大旅游、交通、气象资源的利用深度和提高使用效率;二是推进气象灾害监测预警体系建设;三是最大程度减轻气象灾害的损失;四是促进社会和谐发展与互动;五是促进跨行业信息联动和倍增社会效益,拉动相关产业发展;六是提升相关政府职能部门的公众服务形象和公众满意度。

开展旅游气象服务工作,还能满足以下四方面的需求。

(1)有关管理部门防灾减灾的需求

以云南省为例,云南特殊的地理环境条件,几乎囊括了中国从南到北的各种气候类型,形成了"一山分四季、十里不同天"的典型立体气候特点。北有雪山冰川,夏可避暑;南有热带雨林,冬可避寒;特别是在以昆明市为代表的海拔 1800～2000 m 的中部广大地区,形成了冬无严寒、夏无酷暑、气候温和、年平均气温 20℃左右的"春城气候",与众多高原湖泊和良好生态环境构成优美舒适的度假条件,成为休闲度假的四季旅游天堂,对国内外旅游者具有很强的吸引力。

云南高原山地遍布,气候复杂多样,天气多变,极易出现雷电、暴雨、大风等灾害性天气以及山洪和地质等次生灾害。基于防灾减灾的要求,气象部门需向旅游决策管理部门和景区及时提供气象预警信息和相关精细化预报服务产品,以避免气象灾害对游客生命财产安全造成威胁。

(2)公众旅游出行的需求

公众旅游出行前,一般都要了解目的地天气情况和气象景观出现概率预报,以便安排旅游行程和旅游活动。这就要求气象部门必须做好景区短期预报、气象灾害预警,并针对某些特殊景观做好气象服务,同时还需针对节假日等做好专题气象服务和旅游地推荐服务。

（3）景区资源保护的需求

各大旅游景区一般都拥有许多古树名木以及其他良好的生态环境。古树名木的雷电灾害防御以及生态环境的保护都需要气象服务保障。

（4）旅行社等旅游专业用户的需求

气象部门应根据旅行社等旅游专业用户的需求，定时、定点、定量地提供精细化预报产品，及时提供各景区气象灾害预警信息，按各景点特色做好特殊景观预报服务产品，以满足旅行社等用户对专业气象服务的需求。

第二节　交通旅游气候背景

天气直接影响到交通旅游的质量和效率，灾害性天气甚至可导致交通运输的中断和交通事故的发生，影响公众旅游出行，造成不良的社会影响和巨大的经济损失。雾、强降水、大风、高温、暴雨、积雪、结冰、雷电、台风等天气以及由它们造成的次生灾害（如横风、路面积水和打滑、强降水时的低能见度、爆胎等）或伴生的地质灾害（如山体坍塌、滑坡、泥石流）是影响交通旅游的主要气象灾害。

1. 天气对铁路运输的影响

铁路是专线运输，但其受天气、气候因素的制约非常明显。

暴雨是对铁路交通运输影响最大的灾害性天气，暴雨对铁路的影响主要表现在两个方面：一是暴雨直接引发山洪或者洪涝，冲毁路轨、桥梁、通信电力设施、涵洞和防护工程，其影响的程度和范围主要取决于暴雨的强度、范围和持续时间。二是暴雨引发泥石流、滑坡、塌方等地质灾害，冲毁铁轨、桥梁、通信电力设施等，造成铁路运行中断、列车颠覆等重大事故。

低能见度天气（降水、大雾、暴风雪和沙尘暴）对列车的行驶也有一定影响。当能见度低于1 km时，火车需减速，否则易引发事故。

冰冻积雪等灾害对铁路交通也有重要影响，主要表现在积雪掩埋铁轨、路面打滑，影响行车速度，造成列车晚点甚至列车颠覆。此外，积雪冰冻容易压倒电线杆、拉断电线，造成电力通信中断，使铁路指挥系统失灵，导致火车不能正常行驶。

大风灾害可吹倒树木、阻断交通，风蚀路基，促使能见度降低，大风还能直接危害列车，造成行车速度减慢，甚至使列车颠覆。

气温对铁路也有直接的影响，当气温低于 −25℃ 时，铁轨会明显缩短，轨道缝隙增大。气温连续数天高于 25℃，铁轨会热涨，造成铁轨接头隆起或错开。另外，低温或高温对列车运行调度系统也会有很大危害。

此外，雷暴也对铁路运输安全有危害，雷暴对高架电线，特别是对电气化铁路动力输电线威胁较大，可使电动机车失去动力。另外，雷暴可危及铁路通信或信号，造成通信中断，指挥失灵。

2. 天气对公路运输的影响

天气对公路交通的影响主要表现在对道路情况、司机视野、行车速度以及车辆本省的影响。据江苏省气象局对 2002—2007 年福建、浙江、江苏、安徽的公路交通事故资料统计：在四类高影响天气中,雨天发生交通事故的次数最多(占总事故数的 23.5%),雾天事故造成的经济损失最大(占经济损失总量的 25.5%),风的影响最小。平均有 26% 左右的交通事故是在灾害性天气情况下发生的。

降水对公路交通的影响主要表现在四个方面:一是降水可导致道路潮湿,路面的摩擦力变小,容易造成车辆打滑。二是暴雨致使道路积水,行驶车辆看不清路面状况,车轮夹卷的泥水,引起能见距离突然变差,暴雨还可以引起坍塌、滑坡、泥石流等次生灾害。三是强降水时导致的能见度急剧下降,如 1.6 mm/min 就可引起能见度急降至 200 m 以下,且强降水时在行驶车辆的玻璃上形成的雨点和水帘、雨刮器来回转动等因素都对驾驶员视线形成障碍,易引发交通事故。四是降水结束后,降水产生的残留物对路况和交通造成的持续不良影响。

能见度是影响公路交通的一项重要气象因子。低能见度是引发交通事故、影响交通运营效益的主要灾害性天气。气象观测的能见度距离大约是司机行车时可视距离的 3～5 倍,当能见度较低时,司机必须低速慢行,谨慎驾驶。据统计,雾天高速公路的事故率是平常的 10 倍,故有"浓雾"是高速公路的"杀手"之说。此外,低能见度对水运、航空交通的影响也很严重。

高温对公路交通的影响主要有以下几个方面,①当气温高于 30℃,因空气密度小,发动机难以发动;②高温导致轮胎气压过高,一方面引起摩擦系数降低,影响行车速度,另一方面可能引起爆胎,导致事故;③酷暑高温时节,影响驾驶员的视线,引起疲劳;④当路面温度达到一定值时,受到重型车辆碾压发生形变,增加路政养护工作量。降温后变形的路基变硬,又会引发高速行驶的车辆出现交通事故。

冰冻、积雪等低温天气主要是导致路面摩擦力降低,引起道路打滑。

大风对公路交通有一定的影响,高速行驶的汽车受到横风作用时,往往诱发车祸。此外,大风导致的障碍物坠落及大风引起的沙尘使能见度剧降等也会影响行驶车辆的安全。

冰雹、雷暴等强对流天气可直接影响车辆行驶,影响加油站安全等。

3. 天气气候对旅游的影响

中国自古就有观云海、赏月光、看日出等传统,气候旅游资源利用已有 2000 多年的历史。气候旅游资源具有流动性、易变性、周期性和地域性的特点。天气气候对旅游的影响主要表现在三个方面:

(1)天气气候条件影响区域自然景观的形成。首先,气候是造成旅游周期变化的重要因素,天气气候背景的优劣是决定一个地区旅游业发展的先决条件之一,也是旅游者考虑的主要因素。在我国,夏季的游客主要集中在沿海海滨、湖滨和山区,以及海拔在 1000 m 以上的高山地,如庐山、泰山、黄山、华山等,这是由于这些地区的气候相对凉爽宜人。冬季由于气候寒冷,我国的低纬地区的海南岛、北海、昆明等地成为游客主要来往的地方。其次,天气现象是重要的构景要素。如云、冰、雾、雨、霞光等总是要与山、水、林等要素相结合才能形成优美的景观。

(2)灾害性天气对旅游资源造成严重的影响。气候旅游资源,如日出、云海、雾凇、雨凇、云雾、霞光、冰雪奇观等都有很大的观赏价值,但是这些天气现象超过灾害性天气的标准,就可能给旅游基础设施如电力、通信、交通及自然景观造成损坏,并可能会严重威胁游客的生命财产安全,如因暴雨引发的山洪泥石流经常给山地游客造成严重的生命财产损失。

(3)天气气候会影响游客的观赏效果和舒适度。首先,天气气候是旅游活动的基本条件,影响其能否顺利进行,适宜的天气,可以为旅游活动提供便利;相反,恶劣天气条件会给旅游活动带来诸多困难。其次,影响游览效果和气氛,比如观看日出、彩霞、雾凇等特定的气候旅游资源项目,需要靠天气来决定是否能如愿以偿。再次,天气气候还可影响游客的舒适度,比如,天气闷热会使游客烦躁不安。最后,不利天气会导致游客大量减少,旅游收入减少,强降水、大雾、冰雹等灾害性天气不仅影响旅游的人气,还会波及与旅游密切相关的交通、酒店等行业。

要科学合理的开展交通旅游气象服务,就有必要对交通旅游沿线及景区的气象灾害进行普查,查找出气象灾害频发点,对公众或决策管理部门进行警示,此外,还需对大范围的气候背景做必要的了解和分析,掌握其交通旅游干线的气候背景才能进一步做好气象服务工作。

一、交通气象灾害普查

要开展交通旅游气象服务工作,就有必要熟悉交通事故和气象灾害频发的路段或点,建立事故或灾害频发点数据库,研发灾害性天气预警模型。

公安部交通管理局 2015 年 2 月公布了 2014 年全国交通事故多发、死亡人数集中的 10 个路段。这 10 个路段的通车里程共计 153 km,全年共发生交通事故 1203 起,造成 451 人死亡,平均每 10 km 发生 78 起、死亡 30 人。具体如下:①国道 102 线天津河北交界 80 km 至 90 km 路段。②国道 104 线山东境内 533 km 至 540 km 路段。③国道 327 线山东境内 77 km 至 87 km路段。④国道 105 线广东境内 2595 km 至 2605 km 路段。⑤甘肃省道营兰线 95 km 至 104.4 km 路段。⑥四川成都绕城高速 50 km 至 70 km 路段。⑦浙江杭州绕城高速 95 km 至 114 km 路段。⑧青银高速陕西榆林境内 1050 km 至 1070 km 路段。⑨京昆高速四川广元境内 1553 km 至 1573 km 路段。⑩京昆高速陕西安康境内 1153 km 至1172 km路段。行经上述 10 大交通事故高危路段的驾驶人须注意观察道路情况,提防灾害性天气的发生,谨慎驾驶。行经道路中央、路侧开口路段,视距不良、线形不好时,要提前减速,确认安全情况下慢速通过,避免发生车辆碰撞和单方事故。

2014 年,全国开展了针对 15 条高速公路和 6 条西部国道的交通气象灾害普查。该工作主要对影响或危及公路交通安全、通行能力、交通设施的气象条件开展气象灾害普查,重点调查公路气象灾害致灾因子、公路基础地理信息、路面材质、重点路段周边地质环境等信息。从 2014 年全国普查的气象灾害频发点数据来看,受地形及气候差异性的影响,我国主要的交通气象灾害风险隐患点集中在我国中东部地区和西南地区,影响我国公路交通的主要气象灾害依次是:强降雨、雾、结冰、道路积雪和团雾(图 7-2)。公路交通气象灾害引发的主要次生灾害主要有滑坡、崩塌、泥石流等。

图 7-2 公路交通主要气象灾害

此外,根据《2014年全国公路交通气象灾害风险普查工作方案》,云南也开展了本地化的公路交通气象灾害风险普查工作。该项工作还涉及针对普查路段所辖州市的上下联动、分工协作、分级负责、共同参与。

通过对杭瑞高速(G56)、汕昆高速(G78)、银昆高速(G85)云南段的普查,调查掌握了三条高速公路的气象灾害类型、主要致灾气象因子及其致灾临界值、致灾前后气象监测代表站观测数据和灾害影响情况以及隐患点(段)气象监测预警设施建设情况;调查掌握了上述三条高速上的主要桥梁隧道信息。

这三条高速公路的气象灾害调查结果如下:三条高速共普查到43个隐患点(段),G56、G85、G78分别有29、8、6个隐患点。G56在云南境内的里程最长,隐患点占了67%。三条高速公路隐患点上的气象灾害主要有路面积冰、大雾、团雾、强降水、积雪以及降水导致的洪灾、滑坡等。调查表明:受一种气象灾害影响的隐患点比例最高。

对云南省高速公路隐患点影响最大的是地面积冰,对31个隐患点有影响,其次是雾和强降水,分别对13、12个隐患点有影响,影响最小的气象灾害因子是积雪,只对1个隐患点有影响(图7-3)。

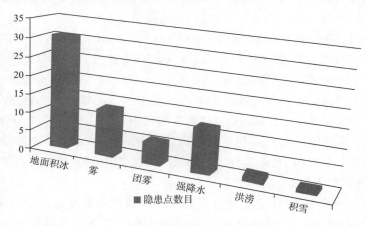

图7-3　普查高速公路隐患点数目

本次普查的三条高速公路上,主要特大桥梁有5座,大桥30座(图7-4),普遍受到横风影响。其次由于桥上桥下都通风,桥面温度较低,夜晚容易积冰。此外,受强降水影响容易造成滑坡、危岩落石等次生灾害损毁道路桥梁。

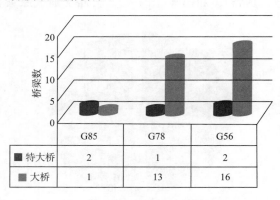

	G85	G78	G56
特大桥	2	1	2
大桥	1	13	16

图7-4　普查高速公路桥梁数

主要特长隧道 4 条,长隧道 8 条,中隧道 8 条,短隧道 23 条(图 7-5),主要气象灾害类型为雨涝和结冰。值得注意的是:云南本地的大车(特别是大货车)会配备淋水箱来对制动系统进行降温,冬季泼洒到隧道内的水因地面温度较低容易结冰,形成隐患。

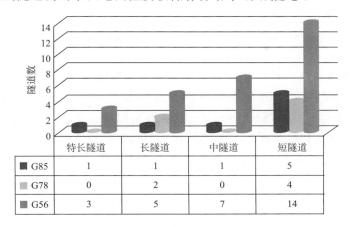

	特长隧道	长隧道	中隧道	短隧道
■ G85	1	1	1	5
■ G78	0	2	0	4
■ G56	3	5	7	14

图 7-5　普查高速公路隧道数

通过交通气象灾害普查工作的开展,交通气象服务工作的开展及需求可总结为以下三点:①交通、交警部门对于与公路交通安全密切相关的预警和预报需求强烈,气象部门需要重点加强交通沿线雾、雨雪、积冰等气象灾害的监测、预报、预警服务,提高交通行业气象服务的专业化、精细化水平。②进一步加强气象部门和交通主管部门的合作,加快交通气象保障系统的建设,在气象监测站网布设、决策机制、预警信息发布和数据共享等方面深化合作,切实准确高效的服务于驾乘或出行人员。③交通沿线多要素自动气象站少,对于研究交通气象灾害以及提高交通气象灾害的监测和预报预警服务不利。因此,在交通的关键路段、气象灾害频发路段安装气象监测设施很必要。

二、交通旅游气候背景

为了进一步的做好交通旅游气象服务工作,气象部门或者交通旅游决策管理部门有必要掌握交通旅游干线的布局特点、气候带分布、气温特征、降水特征、气候旅游资源类型及灾害性天气分布规律等。可以说,气候背景是开展交通旅游气象服务工作的基础,熟悉了交通旅游干线的气候背景状况,才能更好地开展好交通旅游气象服务工作。

1. 中国交通旅游干线的布局特点

(1)高速公路布局特点

目前,国家高速公路网采用了放射线与纵横网格相结合的布局方案,形成由中心城市向外放射以及横贯东西、纵贯南北的大通道,由 7 条首都放射线、9 条南北纵向线和 18 条东西横向线组成,简称为"7918 网",此外,还包括辽中环线、成渝环线、海南环线、珠三角环线、杭州湾环线共 5 条地区性环线,2 段并行线和 30 余段联络线。总规模约 8.5 万 km,其中:主线6.8 万 km,地区环线、联络线等其他路线约 1.7 万 km。

首都放射线 7 条为:北京—上海、北京—台北、北京—港澳、北京—昆明、北京—拉萨、北京—乌鲁木齐、北京—哈尔滨。

南北纵向线 9 条为:鹤岗—大连、沈阳—海口、长春—深圳、济南—广州、大庆—广州、二连浩特—广州、包头—茂名、兰州—海口、重庆—昆明。

东西横向线 18 条为:绥芬河—满洲里、珲春—乌兰浩特、丹东—锡林浩特、荣成—乌海、青岛—银川、青岛—兰州、连云港—霍尔果斯、南京—洛阳、上海—西安、上海—成都、上海—重庆、杭州—瑞丽、上海—昆明、福州—银川、泉州—南宁、厦门—成都、汕头—昆明、广州—昆明。

(2)高速铁路布局特点

2008 年中国首条高铁开通运营。根据国家《中长期铁路网规划》,我国将建设"四纵四横"的铁路快速客运通道。到 2020 年全国铁路营业里程达到 12 万 km 以上,其中客运专线 1.6 万 km 以上,由客运专线、城际铁路和快速客货线路构成的快速客运网总规模达到 5 万 km 以上,基本覆盖 50 万以上人口城市。目前,中国"四纵四横"快速铁路网主骨架已初具规模。

所谓"四纵"是:京沪高铁、京广深(香港)高铁、京沈—哈大高铁、东南沿海高铁。所谓"四横"是:徐州—郑州—兰州高铁、上海—杭州—南昌—长沙—昆明高铁、青岛—太原高铁、上海—南京—武汉—重庆—成都高铁。

(3)交通对旅游的影响

旅游的兴起与交通的发展密切相关。随着中国高速铁路及高速公路的快速发展,中国旅游发展格局已经迎来巨变。中国旅游是 20 世纪 80 年代发育起来的,受当时社会经济环境的影响,形成了以入境旅游为主体,以主要城市为依托,以主要景区为纽带,以观光旅游为核心,以旅行社为运营方式的固有模式。中国交通网路的快速发展,特别是高铁的发展已成为中国旅游发展模式和发展格局发生巨变的重要动力,并已经逐步改变中国旅游市场的客源结构,体现为团队数量降低、散客数量增加。

随着高速公路及高速铁路网络化的逐步拓展,人们的出行变得更为简单,它让原本相隔千里的城市不再遥不可及,让双城生活变成现实。高速交通网路时代缩短了"旅"的时间,延长了"游"的时间,成为目前旅游方式中最火的选择。

2. 中国交通旅游的气候背景

交通旅游气象服务人员在提供气象服务过程中,不仅需要熟练掌握各地天气特征,还要了解各地的气候特征。

我国地处于典型的东亚季风气候区,气象灾害种类多,强度大,是全球受气象灾害影响最为严重的国家之一。在全球气候变化背景下,极端天气气候事件呈多发重发态势,气象灾害对我国经济社会的影响越来越不容忽视,这其中包括对交通旅游行业的影响。无论是夏季的台风、暴雨、强对流灾害,还是冬春季的低温雨雪冰冻以及雾和霾、沙尘等恶劣天气都会对交通旅游安全构成严重威胁。

中国的气候带大致分为 5 类:热带季风气候、亚热带季风气候、温带季风气候、温带大陆性气候、高山高原气候。

(1)热带季风气候主要分布于热带纬度 10°至 20°的大陆东岸地区,是亚洲独有气候。具体分布在雷州半岛、海南岛、南海诸岛、台湾南部等地。其特点为全年高温,全年气温在 16~35℃之间,最冷月平均温也在 18℃以上,降水与风向有密切关系,冬季盛行来自大陆的东北风,降水少,夏季盛行来自印度洋的西南风,降水丰沛,年降水量大部分地区为 1500~2500 mm,但有些地区远多于此数。

（2）亚热带季风气候是热带海洋气团和极地大陆气团交替控制和互相角逐交绥的地带,主要分布在秦岭淮河线以南,热带季风气候区以北,横断山脉3000 m 等高线以东直到台湾,具有夏季高温多雨,冬季温和少雨的特点。气温的季节变化显著,四季分明,1 月平均气温普遍在0℃以上,7—8 月份平均气温一般为 25～35℃,由于受海洋气流影响,年降水量一般在 800～1000 mm,属于湿润区,降水的季节分配,以夏雨最多,春雨次之,秋雨更次,冬雨最少,但冬季的雨量亦可占全年降水量的 10％以上。该地区植被主要为常绿阔叶林。

（3）温带季风气候分布在我国北方地区。也就是秦岭淮河线以北,贺兰山、阴山、大兴安岭以东以南,具有夏季高温多雨,冬季寒冷少雨的特点。冬季受温带大陆气团控制,寒冷干燥,且南北气温差别大;夏季受温带海洋气团或变性热带海洋气团影响,暖热多雨,且南北气温差别小。冬季在强大的西伯利亚大陆冷高压的影响下,盛行冬季风,以偏西偏北风为主,风力强劲,天气晴寒,雨雪稀少。最冷月平均气温南北差异大,南部在 0℃以下,北部可达－20℃,平均纬度递减率为 2℃/纬距。夏季在太平洋副热带高压的影响下,盛行夏季风,以偏东偏南风为主,风力较小;潮湿多雨,6—8 月降水量占年降水量的 70％以上。最热月平均气温南部可达 26℃以上,往北有所降低,也不低于 20℃,平均纬度递减率仅为 0.4℃/纬距。自然植被为落叶阔叶林和针阔叶混交林。这种气候带的主要灾害性天气是:冬春季为寒潮(沙尘暴、霜冻、白害),夏季为强对流天气(雷雨、大风、冰雹)。

（4）高山高原气候一般分布在海拔较高的青藏高原和天山山地,具有高寒缺氧,日照时间长,太阳辐射强等特点,气温低、日较差大,年变化小,降水量少。

（5）温带大陆性气候分布在广大内陆地区,平均年降水量一般不足 500 mm,属于半干旱区或干旱区。土地荒漠化严重,水土流失严重。其气候特征是:冬冷夏热,年温差大,降水集中,四季分明,年降雨量较少,大陆性气候较强。

气温特征:中国1月份气温最低的地方是黑龙江省的漠河镇,那里曾出现过－52.3℃的极端最低气温,最高气温出现在海南岛、台湾南部,1月份平均气温 0℃等温线位于秦岭—淮河一线。7月份气温最高处在吐鲁番盆地,那里极端最高气温曾达 49.6℃,最低气温在青藏高原区。

降水特征:我国降水较多的区域是台湾东北部及喜马拉雅山东南部,年降水量最高纪录的是台湾的火烧寮,年平均降水量达 6558 mm。年降水量最少的是吐鲁番的托克逊,年平均降水量仅 5.9 mm。我国的降水集中在夏秋季节,季节变化大、年际变化大。南方的雨季开始早,结束晚,雨季长;北方的雨季开始晚,结束早,雨季短。

气象灾害特征:我国是一个灾害性天气频繁的国家,影响我国的气象灾害很多,主要有干旱、暴雨、台风、风雹、低温冷冻、雪灾 6 种气象灾害,其主要特征有:气象灾害类别多、发生频次高、危害范围广、地域性强、季节性显著、持续时间较长,多种气象灾害的群发性和连锁性强,气象灾害造成的交通、农业、旅游等行业的经济损失严重。

气候旅游资源及类型:我国的气候旅游资源类型多样,大部分地区位于适于旅游活动的温带和亚热带地区,从气温和干湿状况来说气候条件十分优越,我国从南到北,从东南到西北,气候类型很多,还有不同高度山地气候和海滨气候。由于下垫面的影响,小气候类型更为复杂多样,因此有多种气候旅游资源。华北平原四季分明;云贵高原四季如春;南岭以南终年少见霜雪,长夏无冬;东北北部冰封雪盖,长冬无夏。各地气候的差异,便于组织与气候条件相适应的多种旅游活动。即使在同一季节,也可以在全国开展多种气候旅游:隆冬季节在海南岛可以避寒,还可以进行滑水、帆船等水上娱乐活动;而在哈尔滨可以观赏"千里冰封,万里雪飘"的北国风光,也可以组织滑雪、冬猎、观赏冰雕等旅游。

影响我国交通旅游的主要气象灾害是台风、浓雾、低温冷冻、积雪、沙尘暴、局地大风、强降雨及其引发的次生灾害(洪涝、滑坡、泥石流等)。台风多发生在中国东南沿海地区,对交通旅游的影响很大,严重的可吹翻船舶汽车,破坏交通干线等;暴雨洪涝多发生在东北、黄河流域、长江、淮河、珠江流域等,经常会破坏房屋、电力设施等;寒潮冰冻天气除青藏高原、滇南外,各地都受影响,会造成通信输电线路中断,交通受阻;沙尘暴天气主要分布在西北、华北地区,严重影响交通干线的能见度,对交通有极大的危害性;浓雾天气全国范围均有发生,也会严重影响公众的旅游出行。

以中国南北向最长的深海高速 G15 为例,其经过的主要城市为:沈阳、青岛、厦门、广州、海口等沿海城市。该线路途经温带季风气候、亚热带季风气候、热带季风气候 3 个气候带,该条线路主要的交通气象灾害有台风、暴雨、浓雾、低温冷冻、积雪等。而中国东西向最长的连霍高速 G30 经过的主要城市为:连云港、郑州、西安、兰州、乌鲁木齐、霍尔克斯等城市。该高速公路主要途经温带季风气候、温带大陆性气候 2 个气候带,其面临的气象灾害主要有浓雾、低温冷冻、积雪、高温、干旱等。

由于各地气候带及交通旅游干线的差异性,各地在开展交通旅游气象服务工作时,根据本地化的不同特性,其侧重的灾害性天气及气候景观监测预报及预警工作等均会有所不同。为了更细致地分析和了解各地交通旅游干线的气候背景,下面主要介绍云南省交通旅游的气候背景特点。

3. 云南交通旅游的气候背景

在云南,旅游出行的主要方式是公路交通。全省高速公路、高等级公路以昆明为中心成辐射状,通达西双版纳、德宏等 16 个州市,通车旅程位居西部第一。同时,还有 7 条国道、61 条省道连接省内及国内外各大中城市。

云南地处云贵高原,平均海拔约 2000 m,高原气候特征显著。光照好,太阳辐射强;气温日较差大,最大日温差超过 20℃;早晚凉爽,中午燥热,一天之中可感受"春夏秋冬"四季的变化。云南独特的低纬高原气候特征可概括为"冬暖夏凉"和"夜冬昼夏"。影响云南的天气系统种类较多,主要有:昆明准静止锋、冷锋、切变线、两高辐合、南支槽、西南涡、西行台风和孟加拉湾风暴等。云南天气具有显著的季节性,暴雨主要出现在夏季,寒潮发生在冬春季,而大风和冰雹多发生在春季和初夏。云南以其"彩云南见"的天气特色而得名,以其"四季如春"的气候特色而著称,以其"十里不同天,一山分四季"的万千气象而引人瞩目。云南境内高山峡谷交通、盆地湖泊星布、山川河流纵横、地形地貌复杂,南北高差达 6 千多米,气温相差近 20℃,立体气候特征十分显著。

云南是我国气象灾害严重的省份之一,灾害性天气种类多,除了没有沙尘暴、海啸和台风的正面袭击外,其他种类灾害性天气都会在云南出现,而且具有分布广、频率高、灾情大的特点,可以说是"无灾不成年",每年都给当地的交通、旅游和经济建设造成了严重的危害。

影响云南交通旅游的主要气象灾害是浓雾、低温、积雪、局地大风、强降雨及其引发的次生灾害(滑坡、泥石流等)。其中滇东北主要的交通旅游气象灾害为浓雾、低温、强降雨及其引发的次生灾害(滑坡、泥石流等);滇东主要的交通旅游气象灾害为浓雾、低温;滇东南主要交通气象灾害为浓雾;滇中滇西滇南的交通旅游气象灾害为浓雾、强降雨及其引发的次生灾害(滑坡、泥石流等);滇西北主要的交通旅游气象灾害为低温引起的道路结冰、积雪。

为得出云南省交通旅游干线的气候背景,以昆明为中心点,南北纵向选取兰磨线 G213,东西横向选取沪瑞线 G320,分析其沿线的气候背景及灾害性天气特征。

(1)兰磨线 G213 沿线(南北向)气候背景

云南省境内兰磨线 G213 依次途经昭通、曲靖、昆明、玉溪、普洱、西双版纳六个地区,依据最新的云南省气候区划细分(段旭等,2009),G213 沿线主要分为 5 个气候带:北热带、南亚热带、中亚热带、北亚热带和温带(图 7-6)。

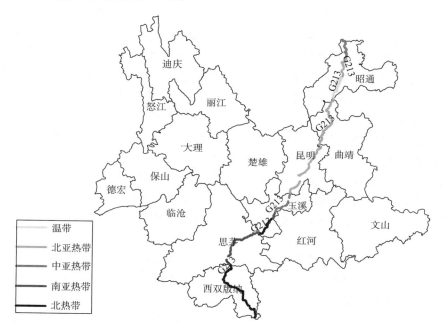

图 7-6　G213 沿线经过的气候带

①滇东北地区

滇东北地区主要包括昭通市和曲靖市两个市。

昭通市位于云南省东北部,地处云、贵、川三省结合处;金沙江下游沿岸;坐落在四川盆地向云贵高原抬升的过渡地带。昭通历史上是云南省通向四川、贵州两省的重要门户,是中原文化进入云南的重要通道,素有小昆明之称,为中国著名的"南丝绸之路"的要冲,素有"锁钥南滇,咽喉西蜀"之称。境内群山林立,海拔差异较大,具有高原季风立体气候特征,其气候带可细分为中亚热带气候、温带气候、北亚热气候三个气候带。境内四季差异较小,但是不同的海拔上气候有着较大的差异,而在同一海拔上,昭通南部温度比北部高,湿度比北部低。昭通全年平均气温在 11℃~21℃之间,最低气温出现在 1 月,月平均气温在 1℃~12℃之间,最高气温出现在 7 月,月平均气温在 20℃~27℃之间。降水比较丰富,年平均降水量为 674.6 mm,但是南北分布不均,南干北湿,涝灾和旱灾时有发生,12 月降水最少,7 月降水最多。冬季昆明准静止锋经常影响该地区,可造成该地降温、降水和发生局地强对流天气。

曲靖市每年举办罗平油菜花旅游节、陆良大型国际沙雕节、沾益珠江源旅游节、麒麟文化风情旅游节、宣威火腿文化美食节、会泽大海草山节等。这些大型节庆活动异彩纷呈,吸引着大量中外游客。曲靖地区属于北亚热带,普遍为亚湿润类型。地势西北高,东南低。冬春光照条件较好,春温不稳,风高物燥,降水不均;夏无酷暑,降水集中,涝旱兼有,风和日丽;秋季降温快,阴雨多;冬暖冬干,寒潮降温的气候特点。年均降雨量 944.8 mm,降水最少的月份为 12月,最多为 6 月;年平均气温 15.1℃,最冷月出现在 1 月,最热出现在 7 月。

滇东北地区经常出现的浓雾、低温、强降雨及其引发的次生灾害(滑坡、泥石流等)对交通旅游干线影响很大。

②滇中地区

滇中地区的昆明是全国十大旅游热点城市,首批中国优秀旅游城市。截至 2012 年,全市有各级政府保护文物 200 多项,有石林世界地质公园、滇池、安宁温泉、九乡、阳宗海、轿子雪山等国家级和省级著名风景区,还有世界园艺博览园和云南民族村等 100 多处重点风景名胜,10多条国家级旅游线路,形成以昆明为中心,辐射全省,连接东南亚,集旅游、观光、度假、娱乐为一体的旅游体系。昆明地处云贵高原中部,包括北亚热带气候和中亚热带气候,年平均气温16.5℃,年均降雨量 1450 mm,无霜期 278 天,气候宜人。日照长、霜期短。昆明全年温差较小,历史上年极端气温最高 31.2℃,最低 -7.8℃。昆明气候的主要特点有以下几点:①春季温暖,干燥少雨,蒸发旺盛,日温变化大;②夏无酷暑,雨量集中,且多大雨、暴雨,降水量占全年的 60% 以上,故易受洪涝灾害;③秋季温凉,天高气爽,雨水减少。秋季降温快,天气干燥,多数地区气温要比春季低 2℃左右。降水量比夏季减少一半多,但多于冬、春两季,故秋旱较少见;④冬无严寒,日照充足,天晴少雨。⑤干、湿季分明。全年降水量在时间分布上,明显地分为干、湿两季。5—10 月为雨季,降水量占全年的 85% 左右;11 月至次年 4 月为干季,降水量仅占全年的 15% 左右。

滇中地区的玉溪市主要景点有哀牢山、抚仙湖、寒武纪古生物化石群等。玉溪市主要包括南亚热带气候、中亚热带气候、北热带气候等三个气候带。其气候随复杂的地形地貌及受印度洋、北部湾温湿与干燥气流综合影响变化,具有冬春干季、夏秋雨季的特征。温和湿润,年平均气温 15.4~24.2℃,最高 32.2℃,最低 -3℃;年平均降水量 787.8~1000 mm,多集中于 6—10 月,尤其是雨季集中于 5—10 月,大、暴雨多集中 6—8 月,范围小、强度大的"单点暴雨"频繁发生;相对湿度 75.3%,绝对湿度 13.6 hPa;年平均蒸发量 1801 mm。1—3 月份为霜期,偶见降雪。由于地形复杂,高差较大,一般山区比坝区降雨量大,温度较低,自山顶到谷底,全年和昼夜温差变化亦较显著。

浓雾、强降雨及其引发的次生灾害(洪涝、滑坡、泥石流等)是滇中地区主要的交通旅游气象灾害。

③滇南地区

普洱市名胜古迹甚多,有省级文物保护单位 10 项,县级文物保护单位 49 项。民俗风情奇异多彩,有不少珍禽异兽和奇花异木。属于南亚热带气候,气候有高温、多雨、湿润、静风的特点。年均气温 17.8℃,年均降雨量 1524.4 mm,无霜期 318 天,冬无严寒,夏无酷暑,四季温和。

西双版纳州以神奇的热带雨林景观和少数民族风情闻名于世,有中国唯一的热带雨林自然保护区,气候温暖湿润,树木葱茏,占有全国 1/4 的动物和 1/6 的植物,是名副其实的"动物王国"和"植物王国"。西双版纳年平均气温在 18~22℃ 之间,年均温 20℃ 的等温线相当于850 m 等高线。西双版纳最冷月均温 8.8~15.6℃,长夏无冬,秋春相连且为期较短,年日照时数 1800~2100 小时,季节分配较均匀,其气温年较差不大,日较差则较大,如最冷月与最热月温差只有 9.9℃,而日温差最大可达 27.3℃,这和我国大部分地区迥然不同。从西双版纳地貌垂直分异而言,800 m 以下为热性气候(热带),800～1500 m 为暖热性气候(南亚热带),1500 m 以上为暖温性气候(中亚热带)。州内史无雪迹,只是海拔较高处有轻霜,特大寒潮时有短时 0℃左右的低温,会对热量敏感性的热带作物造成灾害。西双版纳有明显的干湿季之分,年降水量在 1193.7～2491.5 mm。其中盆地稍低,而山区略高。湿季降水占年总量的82%～85%,7—8 月份月降水量皆在 250 mm 以上,最少的 2 月份降水量只有 20 mm。

　　(2)沪瑞线 G320 沿线(东西向)气候背景

　　云南省境内沪瑞线 G320 依次途经曲靖、昆明、楚雄、大理、保山和德宏六个地区,依据最新的云南省气候区划(段旭等,2009),沿线主要分为 4 个气候带:北热带、南亚热带、中亚热带和北亚热带(图 7-7)。

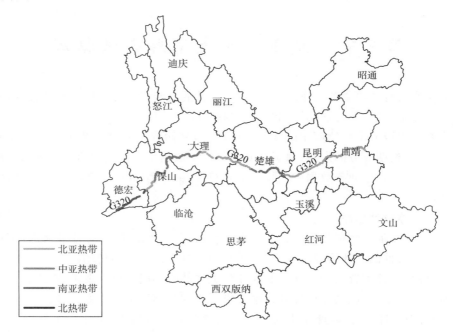

图 7-7　G320 沿线经过的气候带

　　①滇中地区

　　楚雄市主要景区有武定狮子山、元谋土林、彝人古镇、禄丰世界恐龙谷、楚雄州博物馆、黑井古镇、南华咪依噜风情谷、楚雄紫溪山、大姚石羊古镇、永仁方山、中国彝族十月太阳历文化园、牟定化佛山、大姚三潭、姚安光禄古镇、武定罗婺彝寨等。楚雄市包括中亚热带和北亚热带,普遍为亚湿润类型,该区域气候四季分明,气温日差较大,年差较小。地势西北高,东南低,从西北向东南倾斜。年均降雨量 890.5 mm;年平均气温 16.4℃,最冷月出现在 12 月,最热出现在 6 月。

　　大理市地处低纬高原,四季温差不大,干湿季分明,以低纬高原季风气候为主,境内以蝴蝶泉、苍山、洱海、大理古城、崇圣寺三塔等景点最有代表性。大理市包括北亚热带和中亚热带,普遍为亚湿润类型,该类地区多春旱、冰雹发生。年均降雨量 1054.9 mm,降水最少的月份为 12月,最多为 8 月;年平均气温 15.1℃,最冷月出现在 12 月,为 8.4℃,最热出现在 6 月,为 20.3℃。

　　②滇西地区

　　保山市管辖的腾冲素有"天然地质博物馆"之美誉,分布着中国最密集的火山群和地热温泉,中国十大魅力名镇之首的和顺古镇和火山国家地质公园也坐落于此。保山地区包括北亚热带和中亚热带,普遍为亚湿润类型,该区域气候四季分明,气温日差较大,年差较小。境内地形复杂多样,坝区占 8.21%,山区占 91.79%。整个地势自西北向东南延伸倾斜。年均降雨量992.2 mm,降水最少的月份为 12 月,最多为 8 月;年平均气温 16.2℃,最冷月出现在 1 月,为9.1℃,最热出现在 6 月,为 21.5℃。

德宏州属于南亚热带,为湿润、亚湿润类型,雨水差异很大,春季温差悬殊,有春霾、春霜、大风灾害,冬季多雾等特点。年均降雨量 1638.7 mm,降水最少的月份为 1 月,最多为 7 月;年平均气温 19.8℃,最冷月出现在 1 月为 12.6 ℃,最热出现在 6 月和 8 月,为 24.2 ℃和 24.2℃。

滇西的交通旅游气象灾害主要为浓雾、强降雨及其引发的次生灾害(洪涝、滑坡、泥石流等)。

第三节　交通旅游气象综合数据库

在开展交通旅游气象服务工作时,除了对区域性的气候背景特点熟悉和掌握外,还需基础的数据(交通、旅游、气象等行业)做强有力的支撑。

交通旅游气象服务平台所应用的数据来源较广,存储方式复杂。在满足基本业务流程的基础上,需要考虑长期业务的发展,除了从复杂的气象数据中提取目前所应用的数据加以存储管理外,同时应兼顾其他业务数据(交通、旅游等行业)共同存储的要求,建立交通旅游气象综合气象数据库。

数据库的总体设计思路:

(1)结合用户需求和数据处理过程的特点,合理设计关系数据库的目录结构,实现对关系型数据库内各类文件的有效管理,便于应用系统和系统用户的访问使用。

(2)满足各个软件配置项的独立性要求和各类文件的不同安全性要求,在进行非关系型数据库设计时按照业务规则、功能属性和权限要求对文件存储区进行规划设计。

(3)综合考虑文件数量、磁盘容量、使用时效和系统性能等因素,设计合理、有效的非关系型数据库的维护管理策略,使非关系型数据库满足系统对文件的使用时效要求和快速检索要求。

(4)在满足以上原则的基础上,尽可能地简化非关系型数据库的目录结构、减少目录级别。

数据库的总体设计原则:

(1)逻辑模型设计遵循关系型数据库设计理论的第三范式,要求具有应用系统需要表达的所有信息并且消除数据冗余。

(2)物理模型的设计是在逻辑模型的基础上,为了优化应用系统的性能而采用增加冗余、创建索引等设计方法和技术。

(3)在设计数据库表时,需要估算数据库表的大小和数据增长量,便于创建数据库时合理分配空间,减少磁盘碎片的产生。

(4)为了实现数据的快速检索,需要遵循拆分数据量大的数据库表、对查询频繁的字段进行索引等设计原则。

(5)遵循关系型数据库完整性、一致性、可扩展性等通用设计原则。

综合设计的思路及原则,交通旅游气象综合数据库包含实况气象站数据库、精细化预报产品数据库、WRF 预报产品数据库、指数预报产品数据库、GIS 地理信息数据库(路网、风景区及行政区划等)五部分(图 7-8),本章以云南省交通旅游气象综合数据库为例介绍。

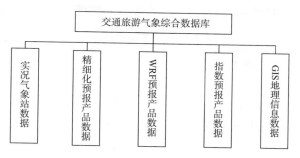

图 7-8　交通旅游气象综合数据库组成

一、实况气象站数据库

实况气象站数据库中主要包含国家气象站、区域自动气象站和交通自动气象站的实时观测数据。气象站采集的数据为原始报文数据,报文数据需通过后台处理程序有规则的加工处理,自动录入到数据库中。

一般来说,气象站观测的数据主要包括气温、气压、风向、风速、水汽压、相对湿度、降水、云、能见度、天气现象等要素。

1. 国家气象站数据库表信息

云南省的国家气象站目前有 125 个,主要分布在各个县份,其所处位置如图 7-9 所示:

图 7-9　国家气象站分布

国家气象站数据库表主要设计为每小时更新一次的数据库表 TABTIMEDATA,及每天 08 时、14 时、20 时自动统计的数据库表 T_QH。TABTIMEDATA 数据库表主要包括气温、相对湿度、风速风向、降水量等物理量,其主要的数据及信息如表 7-1 所示。

表 7-1　TABTIMEDATA

物理量	数据库字段	单位	示例数据(含义)
气温	DRYBULTEMP	0.1℃	124(定时的空气温度值)
相对湿度	RELHUMIDITY	%	61(定时的相对湿度值)
风速	INSTANTWINDV	0.1 m/s	68(定时阵风的风速)
风向	INSTANTWINDD	1°	299(定时阵风风向)
降水量	PRECIPITATION	0.1 mm	12(一小时累积降水量)

T_QH 数据表主要为统计数据表,每天 00 时、08 时、14 时分别统计每个国家气象站的数据,主要包括能见度、天气现象、风速风向等要素,其主要的数据及信息如表 7-2 所示。

表 7-2　T_QH

物理量	数据库字段	单位	示例数据
能见度	三个字段:V08(08 时能见度),V14(14 时能见度),V20(20 时能见度)	100 m	80
天气现象	六个字段:W08_1(08 时现在天气),W08_2(08 时过去天气),W14_1(14 时现在天气),W14_2(14 时过去天气),W20_1(20 时现在天气),W20_2(20 时过去天气)	编码	98
风向	三个字段:C08_2(08 时风向),C14_2(14 时风向),C20_2(20 时风向)	1°	16
风速	三个字段:C08_3(08 时风速),C14_3(14 时风速),C20_3(20 时风速)	0.1 m/s	3

2. 区域自动站数据库表信息

区域自动站数据库表主要设计为采集高速公路及国道沿线 10 km 范围内的自动气象站数据,道路沿线的自动气象站其所处位置如图 7-10 所示。

自动站主要观测的要素为降水量、气温和风速风向。其数据库表 TABTIMEDATAMWS 采集的主要数据及信息如表 7-3 所示。

表 7-3　TABTIMEDATAMWS

物理量	数据库字段	单位	示例数据(含义)
气温	DRYBULTEMP	0.1℃	124(定时的空气温度值)
风速	INSTANTWINDV	0.1 m/s	68(定时阵风的风速)
风向	INSTANTWINDD	1°	299(定时阵风风向)
降水量	PRECIPITATION	0.1 mm	12(一小时累积降水量)

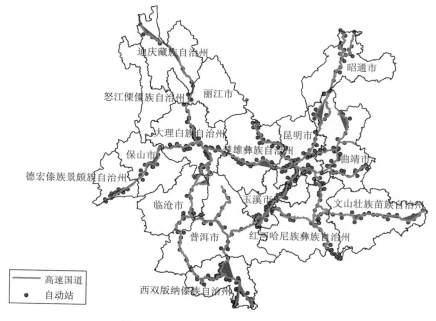

图 7-10 道路沿线的区域自动气象站

3. 交通气象站数据库表信息

交通气象站观测的数据除常规的气温、气压、风向、风速、相对湿度、降水、能见度、天气现象外,还对路面温度、状况等进行观测,目前云南已建成的交通气象站共 22 个,主要分布在昆磨高速 G8511 沿线,交通气象站其所处位置如图 7-11 所示。

图 7-11 交通气象站

云南省内的交通气象站的基本信息如表 7-4 所示。

表 7-4　云南省公路交通自动气象站信息详表

州(市)	站名	站号
昆明	路政管理	T4551
	澄江出口	T4552
	余家海	T4553
玉溪	刺桐关	T5575
	小街	T5576
	骆子菁	T5577
	杨武	T5578
	青龙厂	T5579
	元江	T5580
	小曼萨河	T5581
普洱	大风垭口隧道	T2291
	老苍坡隧道	T2292
	通关收费站	T2293
	臭水收费站	T2294
	宁洱隧道	T2295
	普洱隧道	T2296
	曼歇坝隧道	T2297
	南岛河	T2298
西双版纳	菜阳河	T7491
	雨林谷大桥	T7492
	勐远隧道	T7493
	磨憨	T7494

交通气象站数据库表 T_TRAFFIC_DATA 的主要数据及信息如表 7-5 所示。

表 7-5　T_TRAFFIC_DATA

物理量	数据库字段	单位	示例数据
气温	TEMP	1℃	15.0
路面温度	ROAD_TEMP	1℃	11.9
降水	HOUR_RAIN	1 mm	3.9
风速	IN_SPEED	1 m/s	0.8
风向	IN_WIND	1°	339
能见度	AVG_VISIBILITY_1	1 m	13042
相对湿度	HUMIDITY	%	66
天气现象	WEATHER	无	11

二、精细化预报产品数据库

精细化预报数据库主要设计为 125 个区县预报及 1513 个乡镇预报的文件储存表,预报时效为 7 天(168 小时)。为方便管理,区县预报及乡镇预报的数据格式一样,不同的物理量存储在不同的列。其主要的数据及含义如表 7-6 所示。

表 7-6　精细化预报数据含义

物理量	对应精细化预报文件中的列号	单位	示例数据
气温	第 12 列(日最高气温预报值), 第 13 列(日最低气温预报值)	1℃	23.3、19.3
天气现象	第 20 列(12 小时天气现象)	编码	1.0
降水	第 16 列(24 小时内累计降水量), 第 17 列(12 小时内累计降水量)	1.0 mm	11.3、5.2
风速	第 22 列(12 小时内的最大风速)	1.0 m/s	0.00
风向	第 21 列(12 小时内的盛行风向)	1.0°	0.00
相对湿度	第 13 列,(日最小相对湿度) 第 14 列,(日最大相对湿度)	%	91.3、77.9
能见度	第 11 列(12 小时后的能见度)	1.0 km	12.0

精细化预报产品中天气现象主要为编码,不同的天气现象存储的编码也不一样,其编码含义如表 7-7 所示。

表 7-7　精细化预报天气现象编码含义

代码	含义	代码	含义	代码	含义
00	晴	01	多云	02	阴
03	阵雨	04	雷阵雨	05	雷阵雨伴冰雹
06	雨夹雪	07	小雨	08	中雨
09	大雨	10	暴雨	11	大暴雨
12	特大暴雨	13	阵雪	14	小雪
15	中雪	16	大雪	17	暴雪
18	雾	19	冻雨	20	沙尘暴
21	小到中雨	22	中到大雨	23	大到暴雨
24	暴雨到大暴雨	25	大暴雨到特大暴雨	26	小到中雪
27	中到大雪	28	大到暴雪	29	浮尘
30	扬沙	31	强沙尘暴		

三、WRF 预报产品数据库

WRF 预报数据为云南省气象科学研究所根据云南地形气候等特点,本地化的 WRF 模式运行的预报数据,其预报产品的空间分辨率为 3 km,数据存储格式为 MICAPS4 类格点数据。WRF 预报产品数据库中采集的数据主要包含以下几类。

(1)12 小时变温预报

每天自动采集 2 个变温预报数据文件,08 时 1 个,20 时 1 个,如表 7-8 所示。

表 7-8　12 小时变温预报数据

数据发布时间	数据实例
08 时	14041308.024
20 时	14041320.024

(2)12 小时降水预报

每天自动采集 4 个降水预报数据文件,08 时 2 个,20 时 2 个,如表 7-9 所示。

表 7-9　12 小时降水预报数据

数据发布时间	数据实例
08 时	14041308.024、14041308.036
20 时	14041320.024、14041320.036

(3)24 小时降水预报

每天自动采集 10 个降水预报数据文件,08 时 5 个,20 时 5 个,如表 7-10 所示。

表 7-10　24 小时降水预报数据

数据发布时间	数据实例
08 时	14041308.024、14041308.036——14041308.072
20 时	14041320.024、14041320.036——14041320.072

(4)最高气温预报

每天自动采集 4 个最高气温预报数据文件,08 时 2 个,20 时 2 个,如表 7-11 所示。

表 7-11　最高气温预报数据

数据发布时间	数据实例
08 时	14041308.036、14041308.060
20 时	14041320.036、14041320.060

(5)最低气度预报

每天自动采集 4 个最低气温预报数据文件,08 时 2 个,20 时 2 个,如表 7-12 所示。

表 7-12　最低气温预报数据

数据发布时间	数据实例
08 时	14041308.036、14041308.060
20 时	14041320.036、14041320.060

(6)平均温度预报

每天自动采集 6 个平均温度预报数据文件,08 时 3 个,20 时 3 个,如表 7-13 所示。

表 7-13　最低气温预报数据

数据发布时间	数据实例
08 时	14041308.024、14041308.048、14041308.072
20 时	14041320.024、14041320.048、14041320.072

四、指数预报产品数据库

交通旅游气象综合数据库除了常规的采集实况、预报产品数据外,还需根据交通、旅游的行业特点,采集一些相关气象指数预报模型的数据产品,以达到更直观的为公众或决策管理部门服务的目的。

气象指数预报是气象部门根据公众普遍关心的生产生活问题和各行各业（交通、水利、农业、旅游等）工作性质对气象敏感度的不同要求，引进数学统计方法，对温压湿风等多种气象要素进行计算而得出的量化预测指标。气象指数预报是对天气预报的进一步深化，进一步加工应用。

指数预报产品数据库中主要包含穿衣指数、感冒指数、紫外线强度指数、人体舒适度指数、空气干燥度指数、钓鱼指数、郊游指数、洗车指数、爆胎指数、登山指数、旅游指数、出行指数、空气质量等级等。交通旅游气象服务平台在使用时，通过空间地理信息系统，对数据进行图层叠加，进而查询显示，给公众或决策部门提出相关的交通出行旅游及管理的意见。

以下主要介绍指数预报产品数据库中采集的穿衣指数、感冒指数、旅游气象指数及空气质量等级预报数据产品。

1. 穿衣指数预报产品

穿衣气象指数是根据季节、气温、空气湿度、风及天气等相互组合确定的一个综合性的气象参数，根据人体实验及生活体验，不同的参数有不同的穿衣戴帽及布料。一般来说，温度较低、风速较大，则穿衣指数级别较高。

衣服能够调节人体与外界环境的热量交换，直接影响人体温度，适宜的着装能改变外界条件的不利影响，使人体保持在一个相对舒适的环境中。穿衣要以环境气象条件为依据，在不同的气温条件下，其衣服的厚度、面料等都是不同的。影响穿衣的气象因素主要有温度、风速、湿度、气压等。气温低、风大就需要穿比较厚的衣服；气温高、闷热就需要穿薄衣服。以预报云南省125个国家气象站7天的穿衣指数数据为例，其每天发布14个数据产品文件，08时7个，20时7个，如表7-14所示。

表 7-14　穿衣指数预报数据

发布时间	数据实例	数据含义
08 时	2014040308024czzs. txt、 2014040308048czzs. txt、 2014040308072czzs. txt、 2014040308096czzs. txt、 2014040308120czzs. txt、 2014040308144czzs. txt、 2014040308168czzs. txt	第一列：站号、第二列：纬度、第三列：经度、
20 时	2014040320024czzs. txt、 2014040320048czzs. txt、 2014040320072czzs. txt、 2014040320096czzs. txt、 2014040320120czzs. txt、 2014040320144czzs. txt、 2014040320168czzs. txt	第四列：穿衣厚度，单位为 mm、第五列：穿衣等级

穿衣指数等级分为7个等级，指数越小，穿衣的厚度越厚。其等级含义如下：3级，炎热，建议穿背心；2级，热，建议穿短袖；1级，暖，建议穿衬衫；0级，舒适，建议穿西装；一1级，凉，建议穿大衣；一2级，冷，建议穿棉袄；一3级，寒冷，建议穿厚羽绒服。

2. 感冒指数预报产品

感冒指数是气象指数之一，是气象部门就气象条件对人们发生感冒的影响程度，根据当日温度、湿度、风速、天气现象、温度日较差等气象因素提出来的，以便市民们，特别是儿童、老人等易发人群可以在关注天气预报的同时，用感冒指数来确定感冒发生的概率和衣服的增减及活动的安排等。

　　感冒是天气对人体健康影响最常见的病症,感冒的病原体不同,流行的季节也不同。流感常常发生在秋、冬、春三季,热感冒的主要病原体偏爱高温高湿的环境,因此主要发生在夏季。感冒病毒在适当的条件下能稳定生存,但对紫外线较为敏感。冷空气是感冒病毒适宜生存的环境,冷空气系统的空间尺度十分深厚,气团内部的病毒很难受到紫外线的直接照射。以预报云南省 125 个国家气象站 7 天的感冒指数为例,其发布 14 个数据产品文件,08 时 7 个,20 时 7 个,如表 7-15 所示。

表 7-15　感冒指数预报数据

发布时间	数据实例	数据含义
08 时	2014040308024gmzs. txt、2014040308048gmzs. txt、2014040308072gmzs. txt、2014040308096gmzs. txt、2014040308120gmzs. txt、2014040308144gmzs. txt、2014040308168gmzs. txt	第一列:站号; 第二列:纬度; 第三列:经度;
20 时	2014040320024gmzs. txt、2014040320048gmzs. txt、2014040320072gmzs. txt、2014040320096gmzs. txt、2014040320120gmzs. txt、2014040320144gmzs. txt、2014040320168gmzs. txt	第四列:感冒指数; 第五列:感冒等级

　　感冒指数分为 4 个等级,级数越低,感冒发生率就越高,气象因素对感冒的发生就越有利。等级含义如下:4 级,安全期,不易引发感冒;3 级,提防期,需要预防感冒;2 级,易发期,容易诱发感冒;1 级,高发期,极易诱发感冒。

3. 旅游气象指数预报产品

　　旅游气象指数是气象部门根据天气的变化情况,结合气温、风速和具体的天气现象,从天气的角度出发给市民提供的出游出行建议。一般天气晴好,温度适宜的情况下最适宜出游;而酷热或严寒的天气条件下,则不适宜外出旅游。旅游指数还综合了体感指数、穿衣指数、感冒指数、紫外线指数等生活气象指数,给市民提供更加详细实用的出游提示。

　　旅游气象指数是综合考虑各种极端天气条件后得到的是否适宜旅游的一项指标,共分为 5 个等级,级数越高,越不适应旅游。假设最理想的环境条件为 10 分,然后逐个考虑极端环境气象条件,逐渐减分。旅游气象指数预报考虑了降水、温度(高温、低温)、大风、大雾、雷电等。以预报云南省 125 个国家气象站 3 天的旅游气象指数为例,其发布 6 个数据产品文件,08 时 3 个,20 时 3 个,如表 7-16 所示。

表 7-16　旅游气象指数预报数据

发布时间	数据实例	数据含义
08 时	lyindex2015071608_24. txt、lyindex2015071608_48. txt、lyindex2015071608_72. txt	第一列:站号; 第二列:经度;
20 时	lyindex2015071620_24. txt、lyindex2015071620_48. txt、lyindex2015071620_78. txt	第三列:纬度; 第四列:旅游气象指数

　　旅游指数等级含义如下:1 级,条件优,非常适宜旅游;2 级,条件较好,适宜旅游;3 级,条件一般,基本适宜旅游;4 级,条件较差,不太适宜旅游;5 级,条件差,不适宜旅游,一般不要外出旅游。

4. 空气质量预报产品

空气质量预报又称空气污染气象指数预报,是指气象条件与污染物扩散之间的关系,主要是分析什么样的气象条件有利于污染物的稀释与扩散、使大气污染程度减轻,而什么样的气象条件不利于污染物的稀释与扩散、使大气中的污染物聚集,加剧污染程度。例如在冬季,在稳定的高气压控制下,一般天气晴好,风力不大。早晚在近地面易形成逆温,这时空气中的污染物就滞留在近地面层,容易形成污染。而在低气压控制下或冷高压前部,往往风力较大,污染物易于扩散,故不会造成空气污染。由于空气中的污染物在大气中的传播、扩散受到气象条件的制约,因此充分利用气象条件便可成为防治污染有效而又现实的途径之一。当预报未来将出现易于形成污染的气象条件时,有关部门就有可能及时采取措施,控制或减少污染物的排放量,降低或避免污染物对周围环境的影响;同时也可以利用有利的气象条件进行自然净化。

空气质量是当前社会人们所关心的一个热门话题。在清洁的空气中,人的感觉会十分良好,而污浊的天气会影响人的心情,进而影响交通旅游出行的效果。大气污染的原因有人为的影响和自然的影响两种。大气污染物的扩散,在很大程度上受风向、风速和气温的垂直、水平变化而影响。一般情况下,冬季比夏季污染严重,早晨比中午污染严重。逆温层越厚,维持时间越长,污染就越严重。以预报云南 16 个州市未来三天的空气质量预报数据为例,每天 20 时发布 3 个数据产品文件,其数据及含义如表 7-17 所示。

表 7-17　空气质量预报数据

发布时间	数据实例	数据含义
20 时	kqzl2014110224. txt、kqzl2014110248. txt、kqzl2014110272. txt	第一列:站号;第八列:SO_2 浓度;第九列:NO_2 浓度;第十列:PM_{10} 浓度;第十一列:CO 浓度;第十二列:O_3 浓度;第十三列:$PM_{2.5}$ 浓度;第十四列:AQI 指数;第十五列:AQI 等级;第十六列:污染物;第十七列:首要污染物

AQI 空气污染等级分为 6 级,其等级含义如下:6 级,严重污染;5 级,重度污染;4 级,中度污染;3 级,轻度污染;2 级,良;1 级,优。

首要污染物编码含义如下:0 为无、1 为 SO_2、2 为 NO_2、3 为 PM_{10}、4 为 CO、5 为 O_3、6 为 $PM_{2.5}$。

五、GIS 地理信息数据库

GIS 地理信息数据库是交通旅游气象服务平台的空间定位及分析框架,能给公众或决策管理部门直观的显示,该数据能够反映和描述区域范围内有关的交通、旅游和气象要素的位置、形态和属性等信息。

GIS 地理信息数据库主要包括路网、行政区划、风景区、道路桥梁等相关地理信息数据。GIS 地理信息数据库中的数据均以空间数据结构存储,交通旅游气象服务平台在使用时通过空间数据引擎查询显示。

GIS 地理信息数据库主要有行政境界面、道路线、铁路线、POI 信息点、道路桥梁等数据(表 7-18)。其中道路线主要包含高速公路、国道、省道及县道,行政区划境界面数据包含省份、州市、县份及乡镇的行政边界。POI 信息点包括加油加气站、服务区、长途汽车站、公路收费站、桥梁收费站、风景区、机场等信息数据。

下面以云南省为例进行介绍。

表 7-18　地理信息数据库内容说明

序号	图层	包含要素	属性项	描述	实例
1	境界面 （BOUPL）	省、州市、区县、乡镇	CLASID	国标码	660100
			NAME	名称	木央镇
			PAC	编码	532628106
			SSXS	所属县市	富宁县
2	道路线 （ROALN）	高速公路、国道、省道、县道、主干道、次干道、支路等	CLASID	国标码	410101
			ENTIID	道路编码	G320
			NAME	名称	沪瑞线
			MATRL	材质	沥青
			RTEG	高等	高等
			WIDTH	路宽	4
3	铁路线 （RAILN）	铁路线	CLASID	国标码	410101
			ENTIID	编码	0861
			NAME	名称	盘西
			XZQHMC	行政区划名称	盈江县
4	POI 信息点 （POI）	收费站、加油站、客运站、风景区等	NAME	名称	昆明收费站
			TYPE	分类代码	81504024
5	桥梁隧道 （TFCLN）	桥梁，隧道等	CLASID	国标码	450306
			NAME	名称	八宝桥
			TYPE	类型	G8511
			LEN	长度	15.2333

1. 路网数据

云南是一个山区半山区占国土面积 95% 以上的边疆省份，全省客货运输 90% 以上依赖公路，古有马帮联络的"南方丝绸之路"，近代有"滇越铁路"及民营资本修建的"个碧石铁路"。目前，全省 16 个州市全通高速公路，"七出省（省级公路）、四入境（周边国家）"通道全部高速化。

云南的公路交通网以昆明为辐射中心，通过京昆高速、渝昆高速等 10 条高速公路，G108、G213 等 7 条国道（表 7-19），S101、S102 等 61 条省道形成网络连接省内及国内外各大中城市。

表 7-19　云南省境内高速公路和国道一览表

编号	简称	地方命名（经过地区）	类别
G85	渝昆高速	昆嵩高速（昆明—嵩明）、嵩待高速（嵩明—待补）、昭待高速（待补—昭通）、水麻高速（水富—麻柳湾）	纵线
G5611	大丽高速	大丽高速（大理—丽江）	联络线
G8511	昆磨高速	昆玉高速（昆明—玉溪）、玉元高速（玉溪—元江）、元磨高速（元江—磨黑）、磨思高速（磨黑—普洱）	
G8011	开河高速	开河高速（开远—河口）	
G56	杭瑞高速	昆楚高速（昆明—楚雄）、楚大高速（楚雄—大理）、大保高速（大理—保山）、保龙高速（保山—龙陵）	横线
G60	沪昆高速	曲胜高速（胜境关—曲靖）、昆曲高速（曲靖—昆明）	
G78	汕昆高速	石兴高速（兴义—石林）、昆石高速（石林—昆明）	

续表

编号	简称	地方命名(经过地区)	类别
G80	广昆高速	昆石高速(昆明—石林)、平锁高速(锁龙寺—平远)、砚平高速(平远—砚山)、罗富高速(富宁—罗村口)	横线
G5	京昆高速	昆武高速(昆明—武定)、元武高速(武定—元谋)	放射线
G5601	绕城高速	昆明市绕城高速公路	环线
G108	京昆线	G108 国道(永仁—昆明)	纵线
G213	兰磨线	G213 国道(绥江—昆明—磨憨)	纵线
G214	西景线	G214 国道(德钦—临沧—景洪)	纵线
G326	秀河线	G326 国道(宣威—曲靖—河口)	纵线
G320	沪瑞线	G320 国道(富源—曲靖—昆明—保山—瑞丽)	横线
G323	瑞临线	G323 国道(富宁—开远—元江—临沧)	横线
G324	福昆线	G324 国道(罗平—昆明)	横线

云南省的公路交通网示意图如图 7-12 所示。

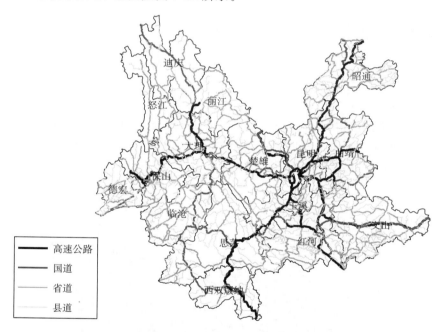

图 7-12　云南省公路交通路网图

　　云南的铁路交通网是准轨、米轨、寸轨三轨并存的铁路网,管辖准轨贵昆、成昆、南昆及米轨昆河、蒙宝 5 条干线,盘西、羊场、东川、东王、昆阳、安宁、罗茨准轨支线,昆小、昆石、草官米轨支线和鸡个寸轨支线。干线中,成昆线在四川省攀枝花站 K750＋897 处与成都局交界,贵昆线在凤凰山站 K367 处与贵阳分局交界,南昆线在贵州省威舍站 K491＋129 处与柳州局交界;昆河线在中越铁路大桥 K464＋444 处与越南社会主义共和国相衔接,直达越南海防。

　　目前云南铁路里程约 3000 km,规划在今后几年通过泛亚铁路、滇藏铁路等的建设达到 6000 km。云南省的铁路交通网示意图如图 7-13 所示。

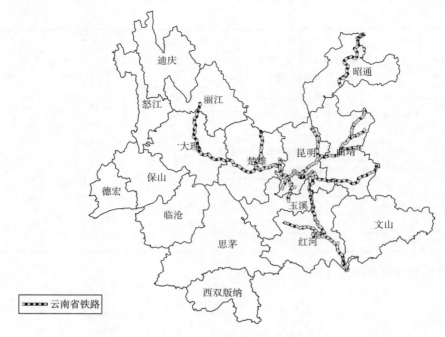

图 7-13　云南省铁路交通路网图

2. 行政区划数据

云南全省辖 8 个地级市、8 个自治州（合计 16 个地级行政区划单位）；13 个市辖区、14 个县级市、73 个县、29 个自治县（合计 129 个县级行政区划单位）；2756 个乡镇。云南省精细到乡镇的行政区划示意图如图 7-14 所示。

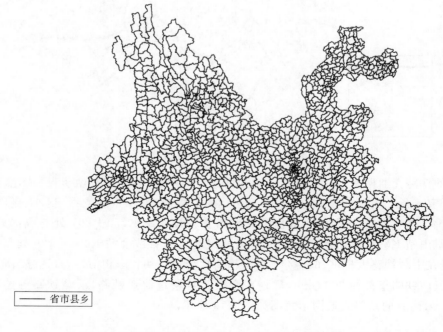

图 7-14　云南省行政区划（省界、州市界、县界、乡镇界）示意图

3. 风景区数据

云南全省目前有 5 家 AAAAA 级旅游风景区、29 家 AAAA 级旅游风景区、12 家 AAA 级旅游风景区、2 家 AA 级旅游风景区（表 7-20）。320 家旅行社、17 家旅游汽车公司、2000 辆旅游车、40 家旅游购物店、2820 家酒店、1.4 万名导游、12 万旅游相关从业人员、5000 辆旅游大巴。

表 7-20　云南省主要旅游风景区一览表

名称	级别	名称	级别
西双版纳热带植物园	5A	大理崇圣寺三塔	5A
丽江古城景区	5A	玉龙雪山景区	5A
石林风景区	5A	泸西阿庐古洞	4A
梅里雪山景区	4A	宾川鸡足山景区	4A
腾冲和顺景区	4A	建水燕子洞景区	4A
大观公园	4A	罗平九龙瀑布群景区	4A
西山森林公园	4A	德宏南甸宣抚司署	4A
云南民族村	4A	沾益珠江源景区	4A
宜良九乡风景区	4A	玉溪汇龙生态园	4A
陆良彩色沙林景区	4A	西双版纳野象谷	4A
丽江玉水寨景区	4A	潞西市勐巴娜西珍奇园	4A
云南世界园艺博览园	4A	昆明市大观公园	4A
大理南诏风情岛	4A	西双版纳原始森林公园	4A
西双版纳傣族园	4A	昆明金殿名胜区	4A
腾冲热海国家风景名胜区	4A	玉溪通海秀山历史文化公园	4A
玉溪映月潭休闲文化中心	4A	德宏州瑞丽莫里热带雨林景区	4A
西双版纳热带花卉园	4A	丽江束河古镇	4A
迪庆州香格里拉硕都湖景区	3A	迪庆霞给藏族文化村旅游景区	3A
西双版纳州勐景来旅游景区	3A	楚雄州元谋土林旅游景区	3A
红河州建水朱家花园景区	3A	曲靖市罗平多依河旅游景区	3A
腾冲火山国家公园	3A	邱北普者黑风景区	3A
通海秀山公园	3A	武定狮子山景区	3A
丽江黑龙潭公园	3A	大理蝴蝶泉公园	3A
云县漫湾百里长湖景区	2A	临沧五老山国家森林公园	2A

云南省的旅游风景区示意图如图 7-15 所示。

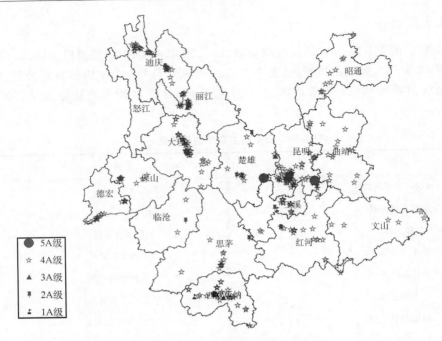

图 7-15　云南省主要旅游风景区示意图

第四节　交通旅游气象服务业务平台设计及实现

交通旅游气象服务业务平台主要设计为交通旅游气象业务系统和交通旅游气象服务系统两大部分。

交通旅游气象业务系统是气象部门开展交通旅游气象服务工作的现代化服务手段。交通旅游气象业务系统的主要用户是气象部门的业务值班人员,根据交通旅游气象监测、预报、预警服务业务应用需求的特点,交通旅游气象业务系统建设采用 C/S(客户端/服务器)开发结构。

交通旅游气象服务系统是气象部门对外开展交通旅游气象服务工作的现代化服务方式。交通旅游气象服务系统是一个对外的服务系统,主要提供给交通旅游决策管理部门和公众用户使用。系统采用流行的 B/S 结构,基于 WebGIS 开发,以跨平台开发语言为主,综合 WEB 和数据库技术,用于在局域网或互联网上发布产品。系统通过统一的大型空间数据库引擎对存储在后台数据库中的数据进行存取操作,从而保证数据的统一性和共享性。

一、交通旅游气象业务系统的结构设计

交通旅游气象业务系统的设计要以交通旅游气象实况信息监测数据为基础,以专业化预警预报方法和模型为手段,以应用 GIS 等计算机网络技术为工具,面向各类公众或专业用户,提供准确、及时的交通旅游气象监测预警预报服务产品。交通旅游气象业务系统研发的基本思路和设计原则如下。

1．基本思路

(1)顶层设计科学化：按照规范化、符合地方实际原则科学设计系统功能，系统具备灵活性、易维护性、二次开发能力。

(2)实况信息监测自动化：对交通旅游气象实况信息实现自动监控和报警。

(3)预警预报方法专业化：研发针对交通旅游气象业务的专业化预警预报方法和模型，实现"点"、"线"、"面"的精细化要素预警预报。

(4)产品加工现代化：应用 GIS 等计算机网络技术制作交通旅游气象服务产品，实现服务产品的自动加工制作。

(5)信息发布快捷化：面向公众、专业和决策等不同类型用户通过电视、广播、声讯、网站、短信、E-Mail、传真等服务手段快速、自动分发产品。

(6)业务流程规范化：规范交通气象监测、预警、预报和服务的业务流程和工作流程。

2．系统设计原则

系统软件设计采用分层架构技术，以通用性、稳定性定层次，同一层次以功能划分。设计中主要考虑以下几点：

(1)根据应用需求和功能合理划分软件的层次结构，上层的实现基于下层的功能和数据，并且使同层间功能耦合度达到最小。

(2)在同一层次结构中，按功能相关性和完整性的原则，把逻辑功能和信息交换紧密的部分以及在同一任务下的处理过程放在同一功能组件包中。

(3)功能组件与系统主控部分有很强的接口能力，使组件具有可拆卸性，以便于实现对单个组件的更新和不断优化。

3．系统总体架构

按照总体设计思路及原则，交通气象业务系统架构可以分为基础设施层、数据层、平台服务层、应用层，系统总体架构如图 7-16 所示。

(1)数据存储层

数据存储层是指交通旅游气象服务综合数据库，主要由基础地理信息(行政区划)、交通旅游地理信息(公路、铁路、风景区、加油站、服务区等)、气象观测信息(交通气象站、国家气象站等)、交通旅游气象灾害频发点数据、交通旅游气象服务产品和交通旅游气象灾害预警指标库等各类信息于一体的交通旅游气象综合数据库等组成。

(2)平台服务层

平台服务层立足于解决交通旅游气象服务的共性需求，在统一数据库和数据访问接口的基础上，开发交通旅游气象服务的公共模块，能够满足绝大多数情况下的服务需求。平台服务层主要由交通旅游气象地理信息综合显示，交通旅游气象灾害实况监测、预报预警方法及模型，交通旅游气象服务产品制作，交通旅游气象服务产品分发，系统管理维护等功能模块组成。

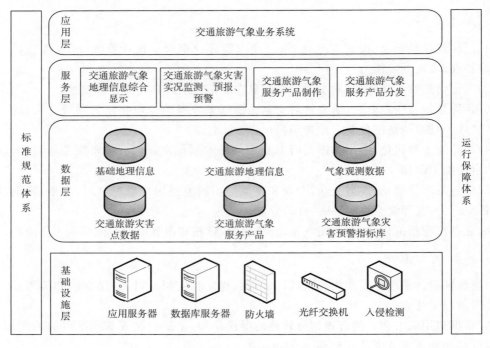

图 7-16　业务系统总体架构图

二、交通旅游气象业务系统的功能实现

交通旅游气象业务系统的功能实现包括以下 7 个方面,即:交通旅游监测子系统、交通旅游预报子系统、产品订正子系统、产品制作子系统、产品管理分发子系统、系统管理子系统以及地面观测资料子系统。

交通旅游监测子系统:主要是对气象观测站进行实时监测,对超过报警级别、指标的能见度、降水量、风、温度以及相对湿度等气象数据,能够实时报警,及时提醒气象服务人员进行关注。

交通旅游预报子系统:主要是通过绘制预报落区或者导入已有的预报落区或 MICAPS、WRF 数据,用交通旅游干线数据进行反演,得到交通旅游干线受某种天气现象影响的图片。同时具备可以生成专题图,提供交通旅游干线的预报预警服务功能。

产品订正子系统:主要对加载的交通旅游气象图层数据产品进行订正与复查操作,并在订正完成后将图层数据进行另存。通过相关的标准对数据的正确性进行判读,保证数据的正确性。

产品制作子系统:提供图形产品与 Word 产品两种类型产品的制作,主要包括专题图产品、实况产品、临近预报产品、预报预警产品、灾害预警产品等。通过预先设置好的模板,可以快速地制作产品。

产品管理分发子系统:可提供多种方式对服务产品进行分发,以及对服务产品的常规管理,分发方式主要包括 E-mail 分发、Notes 分发、FTP 分发、局域网分发以及同时包括以上几种方式的一键式分发。产品管理主要是对图片与文字两类产品进行管理。

系统管理子系统:为业务系统提供简单方便的配置管理,实现良好的本地化支持。主要包括站点信息与路网的更新、显示范围设置、系统风格设置、分发服务器配置、接受对象设置、服务用语设置、产品根目录设置以及帮助。

地面观测资料子系统：主要包括地面填图实况、降水实况、温度实况、相对湿度实况、自动站填图、地面气压与变压以及客观分析，业务使用人员可以快速找到相应的地面监测资料。

1. 交通旅游监测子系统

交通旅游监测子系统是对国家气象站、交通气象站以及区域气象站进行实时监测，对超过报警级别、指标的地面温度、能见度、风速、温度、相对湿度等气象数据能够实时报警，及时提示气象服务人员进行关注。

交通旅游监测主要有监测设置、阈值管理以及监测三部分组成。交通旅游监测子系统提供监测报警设置，空间数据快速加载显示以及视图窗口的控制，能够设置监测区域，实现特定区域的监测报警，如图 7-17 所示。

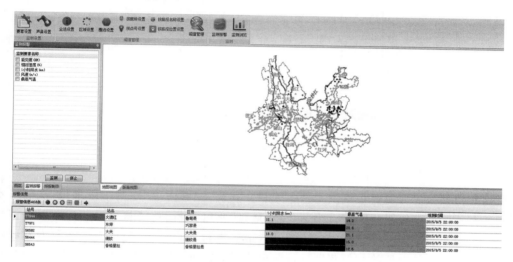

图 7-17　交通旅游监测主界面

（1）监测设置

主要功能为设置管理业务人员所关心的天气现象，为后面的阈值管理模块提供最基本的天气要素；通过声音设置来管理语音或鸣笛等报警信息，增加对业务人员的提示途径。

要素设置主要是设置最基本的所需监测的天气要素，并使之与数据库字段相关联，其提供了简单的要素管理功能，为后面的阈值管理模块提供底层服务。

声音设置是为起到提示业务人员的功能而进行的设置，旨在连续监测时避免业务人员遗漏超过指定阈值的观测站而进行报警提示。

（2）阈值管理

阈值管理主要是对站点的监测要素阈值进行设置与管理，在监测报警时根据阈值等级以不同的颜色显示，从而进行报警提示。阈值管理主要包括全选设置、区域设置、单点设置与多点设置，另外还有对已设置好的监测要素阈值进行管理的功能。

（3）监测

通过各站点的实况监测数据与阈值设置中所设置的阈值进行比较，并以多种方式呈现监测结果。通过检索数据库以往数据,用以生成单站点各监测要素的 24 小时曲线,从而直观地表达该天气现象的变化。

①监测报警

监测报警是将实况数据与阈值信息进行比较,并将超过固定阈值的站点渲染为其所超最大级别阈值对应的颜色并显示在地图上。另外监测结果还会以表格的形式显示在主界面的最下方。

②监测浏览

监测浏览用以查看单站点监测要素的监测信息,还可以调数据库中过去 24 小时的历史数据,生成 24 小时气象变化曲线,如图 7-18 所示。

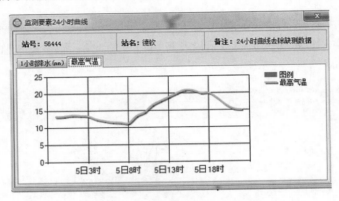

图 7-18　监测要素 24 小时变化曲线

2. 交通旅游预报子系统

交通旅游预报模块主要是提供专题图的制作方式,能够通过"绘制落区预报"功能对不同天气现象与不同影响等级落区进行绘制,然后通过"落区分析"功能将所绘制的落区反演到道路图层从而获取落区影响范围内的道路路段,最后进行保存,从而完成天气现象专题图的制作。该选项卡还支持对所绘制的落区进行导出或对以往落区进行导入操作。"其他预报数据"主要支持预报数据(MICAPS 数据、WRF 预报数据、精细化预报数据等)的导入(图 7-19)。

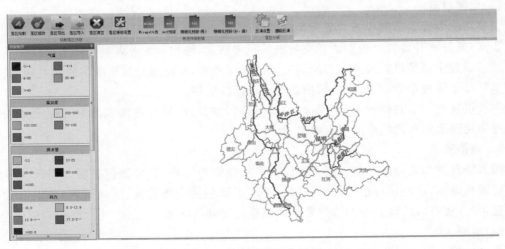

图 7-19　交通预报制作界面

（1）落区预报

通过对交通旅游沿线的气象观测站的实况数据与预报参数数据分析得出各天气现象的不同影响等级。在落区预报的落区等级设置功能中设置相应的影响等级，然后通过落区绘制、落区修改、落区清空功能来完成不同天气现象与不同影响等级落区的绘制工作，其主要是针对落区的编辑操作。

落区等级设置是对采集数据与参数数据分析得出的各天气现象的不同影响等级进行设置并保存为 xml 文件的过程，其主要是为落区绘制提供依据数据，如图 7-20 所示。左侧分组项下表格为落区名称项，右侧子类设置项下表格为该天气的具体影响程度及其表现形式。

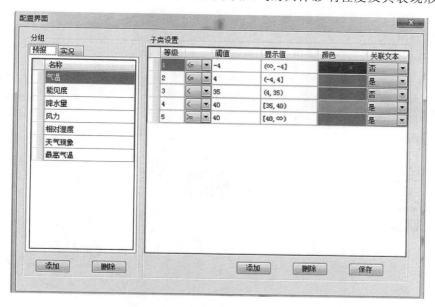

图 7-20　落区等级设置配置界面

落区绘制是将各天气影响程度用颜色的表现形式将其表现在地图上。它会显示出在"落区等级设置"中设置好的在绘制面板显示的天气现象与各影响等级数值范围及表现颜色。落区修改提供落区移动、落区范围修改、落区等级修改与落区删除功能。落区清空是在需要重新绘制落区或删除所有落区时进行的操作。落区导入与导出功能主要在于对绘制的落区进行管理，包括落区的导入与导出。

（2）其他预报数据

"其他预报数据"主要支持预报数据（MICAPS 数据、精细化预报数据）的导入。MICAPS 数据导入主要导入数据为 14 类与 4 类（WRF）数据。精细化预报数据主要支持县市级、乡镇级数据的导入。

（3）落区分析

落区分析是在设置好反演参数后，将灾害性天气的落区反演到道路受影响的路段，从而完成专题图的制作。

3. 交通旅游订正子系统

产品订正的功能流程为产品加载、订正以及产品输出。针对不同类型的产品，提供多种的订正区域选择方式,在对所选区域内的数据进行订正完成后,可对订正结果进行复查与修改,并且可以将订正后的产品进行另存,见图 7-21。

(1)产品加载

提供打开本地 shp 产品、实况产品、预报产品三种产品类型的加载与显示以及对加载产品移除的功能,每次只能加载订正一种产品。

(2)订正

订正功能主要针对在上步所添加的各类产品,提供多边形订正、圆形订正、矩形订正三种区域选择方式,对所选区域内的数据进行订正,具有单一数据订正、多数据同时订正的数据选择方式,订正完成后使用订正复查功能来保证数据订正的准确性。

(3)结果输出

主要对订正后的产品进行输出,默认的输出格式为 ∗.zip。

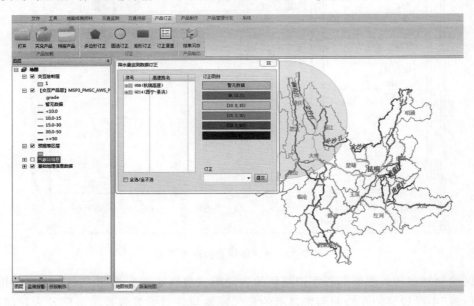

图 7-21　产品订正界面

4. 产品制作子系统

产品制作子系统主要提供快速制作服务产品的功能,提供了制作图形产品与 Word 产品两类产品的功能,见图 7-22。

(1)图形产品

图形产品主要是制作以道路为底图的专题图产品,可以对系统所加载的 MICAPS 数据、实况数据、预报数据以及落区数据,在经过相关的操作处理后,生成相应的专题图。

(2)Word 产品

Word 产品提供了快速制作文字产品的功能,通过预先定制好的文字产品模板,调用相应的文字产品模板,可以快速地制作。在模板的基础上提供各类词条列表对文字产品进行编辑制作,方便快捷。文字模板主要包括实况产品模板、临近预报产品模板、预警预报产品模板以及灾害预警产品模板等。

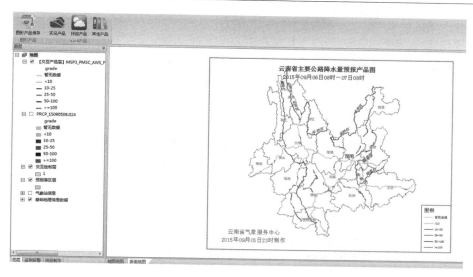

图 7-22　产品制作界面

5. 产品管理分发子系统

产品管理分发主要提供对交通气象服务产品进行上传或分发,包括 Word 文档产品与图片产品,同时提供产品的查询和浏览功能。图片提供多种格式的图片存储格式,文字产品以 Word 格式存储。产品以列表的形式展示,可根据产品生成的时间进行查询。

(1)分发

主要提供 5 种方式进行的上传与分发,即:一键式分发、E-mail 分发、Notes 分发、FTP 分发以及局域网分发。

(2)产品管理

"产品管理"中包括"图片产品"和"文字产品"两种产品管理。提供产品的查询和浏览功能。图片产品以图片的形式存储,提供多种格式的图片存储格式,文字产品以 Word 格式存储。产品以列表的形式展示,可根据产品生成的时间进行查询。

6. 系统管理子系统

系统管理子系统中主要提供系统的管理和设置功能,由基础信息更新、系统设置、帮助三个功能组组合而成的系统后台设置模块。基础信息更新是指对站点图层和路网图层的更新。系统设置包括:分发服务器配置、接收对象设置、服务用语设置、产品根目录设置、清除临时文件五个要素。

(1)分发服务器配置

分发服务器配置包括 E-mail 设置和 Notes 设置,是发件人的信息的配置,设置完成后可在产品分发模块中使用。

(2)接收对象设置

接收对象设置是对产品接收对象的单位名称、接收人、邮件地址、IP 地址进行添加、删除、修改设置。

（3）服务用语设置

服务用语设置是对 Word 产品在编辑时快捷短语的设置。

（4）产品根目录设置

产品根目录设置是对实况订正目录、预报订正目录、产品输出目录的路径设置，使其他模块中相应功能能够正常使用。

（5）帮助

帮助模块中主要提供版本信息的查看以及浏览系统帮助文档。用户点击"帮助"按钮，可以打开系统的帮助文档。

7. 地面观测资料子系统

地面观测资料模块中提供了集成显示地面观测资料和高空观测资料（MICAPS 数据）的功能，方便业务人员调用分析，此外，系统模块还提供地面观测资料根目录设置功能，可对地面观测资料根目录路径进行更改设置。主界面如下图 7-23 所示。

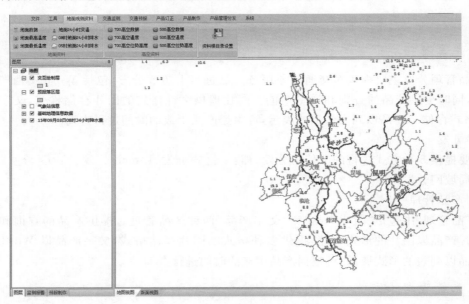

图 7-23　加载 MICAPS 资料主界面

8. 常用工具

常用工具（图 7-24）主要是业务系统的一些操作地图用的工具，其中"地图工具"主要用于操作图层的视图，"版面工具"主要用于操作版面视图地图。主要功能为放大、缩小、编辑、识别与选取等地图常用工具。

图 7-24　常用地图工具

（1）地图工具

"地图工具"的主要功能为识别图层的要素属性。选择要素的主要功能是在地图上拉一个框，被选中的要素高亮显示。

其他功能与上述几个功能操作相似也比较简单，在此就不一一列举赘述。

（2）版面工具

版面工具与地图工具相似，唯一值得说明的是在删除元素和编辑元素之前都需要选取元素，插入的图例、标题与文本都属于版面元素。

三、交通旅游气象服务系统的结构设计

交通旅游气象服务系统主要面向社会公众、交通及旅游决策管理部门和交通旅游专业用户等。系统能够在后台把监测、预报、预警等数据自动加工处理成 GIS 图层数据，生成各类气象服务产品，叠加到在线 GIS 地理信息系统中，方便各用户的浏览与使用。其系统设计要遵循适用性、易用性、可靠性、安全性、易维护性等原则。系统的基础是交通地理信息数据及气象监测、预报及预警数据，核心技术为专业化的预警预报方法和模型，通过应用 GIS、计算机网络技术等工具，面向各类用户，提供准确、及时的交通气象监测、预警、预报服务产品，达到为各级用户防灾减灾的目的。

1. 服务对象

（1）社会公众：由交通、旅游、气象、公安、消防等部门联合，研制集交通状况、气象实况、气象灾害预警预报信息、旅游出行参考建议等资源为一体的交通旅游气象服务产品，通过服务系统为社会大众提供准确及时的服务产品，为公众旅游出行驾驶提供参考建议。

（2）政府决策部门：向政府提供"决策气象服务"、"重要天气报告"等相关的服务产品，为政府部门在道路运输"保安全、保畅通"中提供科学有效的决策依据，加强道路及景区防灾减灾体系效能，提高气象防灾减灾能力。

（3）交通及旅游决策管理部门：实现道路及景区的实时气象环境监测、气象灾害的预警预报，为交通旅游部门调度指挥提供及时、准确的气象信息，提高交通及旅游管理部门的安全管理能力和应对交通旅游气象灾害的能力。

2. 系统总体架构

为了能将气象路段信息和地理数据、地理信息服务有机地集成，提供标准化、多元化的信息服务，交通旅游气象服务系统采用基于 ArcGIS Server 的三层 B/S 体系结构。该架构可以提高应用服务器及数据库服务器的运行效率，降低应用系统部署和管理的难度。交通旅游气象服务系统总体架构图如图 7-25 所示。

（1）表现逻辑层：利用 Flex 等技术，实现交通旅游气象信息的显示，客户端向服务器发送请求后，利用浏览器软件对服务器发回的执行结果进行本地解析后生成用于展示的页面。该层提供了用户与系统交互的界面，主要实现路段气象数据显示、系统交互等功能。客户端的浏览器通过 Web 传输协议将用户指令提交给业务层进行逻辑事务处理，并接受事务处理之后的结果。

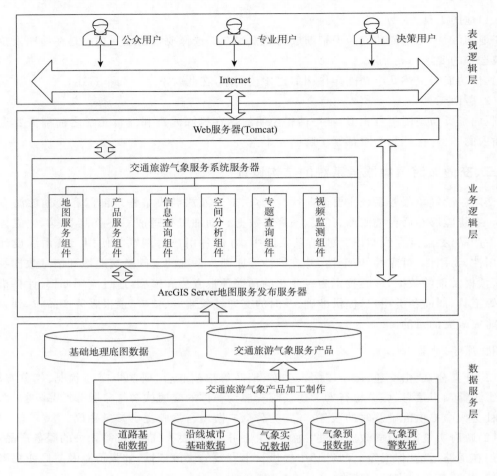

图 7-25　交通旅游气象服务系统总体架构图

(2)业务逻辑层:由 Web 服务器和 GIS 应用服务器组成。系统使用 Tomcat 作为 Web 服务器,主要负责用户通过 Web 浏览器和 Web Services 发送的请求,并根据用户请求从 ArcGIS Server 服务器中获取相应的服务对象代理。采用 ArcGIS Server 作为 GIS 应用服务器,提供空间数据集与交通旅游气象服务信息的整合、发布、应用等功能。

(3)数据服务层:主要负责 GIS 数据组织和管理,交通旅游气象数据的存储和深加工。系统采用 ESRI 的 File Geodatabase 对基础地理地图数据、道路和沿线城市等空间数据进行管理,采用 Oracle 数据库存储国家观测站、区域自动站和交通监测站气象实况数据。开发后台数据处理程序对存放在数据库中的气象实况数据、预报员分析得出的气象预报和预警数据进行深加工,生成可用于客户端展示的交通旅游气象服务产品。

3. 系统功能结构

交通旅游气象服务系统以气象监测数据和空间数据为基础,将气象实况、预报与预警数据与道路数据分析处理,采用数据反演技术,生成道路气象产品专题产品。利用 WebGIS 富客户端的方式进行发布和展示。系统集成气象服务数据库、气象数据处理子系统、服务产品制作子系统和综合信息展示与查询子系统。系统功能结构如图 7-26 所示。

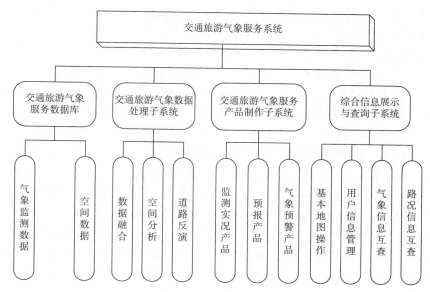

图 7-26　交通旅游气象服务系统功能结构图

（1）交通旅游气象服务数据库

交通旅游气象服务数据库实时收集国家观测站、区域自动站和道路沿线气象站的气象观测数据和空间数据，对海量气象观测信息进行管理，供交通气象服务系统使用。

（2）交通旅游气象数据处理子系统

交通旅游气象数据处理子系统主要在后台运行，采用 C/S 体系架构，依托交通气象服务数据库，处理道路矢量数据，开展道路沿线国家观测站、区域自动站、交通监测站气象监测信息融合；以气象观测数据为基础，应用多种数据内插算法及人工神经网络、遗传算法等进行空间分析和道路反演，并将数据处理结果提供给综合信息显示与查询子系统使用。

（3）交通旅游气象服务产品制作子系统

交通旅游气象服务产品制作子系统采用 C/S 体系架构，整合交通旅游气象要素信息，制作监测实况（综合气象条件、能见度、高影响天气）、预报（路段气象预报、沿线城市预报、指数预报）、预警（气象预警）3 大类 7 种气象产品，并按照交通、旅游、气象行业标准，制定产品接口规范，为综合信息展示与查询子系统产品接入提供格式标准，子系统预留接口，为综合信息查询显示与查询子系统提供产品处理结果。

（4）综合信息展示与查询子系统

综合信息展示与查询子系统采用 B/S 体系架构，接入行政区划、风景区、道路及江河湖泊等地理信息数据地图，充分利用交通旅游气象数据处理子系统和交通旅游气象产品制作子系统处理结果，提供综合气象条件、高影响天气、能见度实况、路段气象预报、沿线城市 7 天预报、指数预报以及气象预警 7 种气象产品。此外，系统还提供路况信息的地图显示、信息分段定位、气象信息和路况信息图表属性互查、重要信息标注等综合信息交互功能，真正实现了综合交通气象与路况信息一站式服务的公共交通旅游气象服务平台。

4. 设计与开发的关键技术

由于气象信息本身具有超高时效性,路段气象信息具有准确的空间定位特征,在系统设计开发过程中,道路气象数据反演技术是需要解决的关键技术。

道路气象数据反演技术是指将气象数据与道路数据叠加,表明道路受到某种天气影响,反演结果称为道路沿线气象服务产品,一般要求包括图形和文字产品。图形产品主要以道路为专题表现载体,采用不同颜色来表达某一段道路受某种天气现象的影响;文本产品则逐一描述一段道路的实况或预报天气条件、影响等级、影响状况、提示用语等。

道路气象数据反演过程首先需要对预报、实况和预警气象信息进行深加工,生成可用于叠加分析的空间多边形图形气象产品。预报信息是落区产品,为 MICAPS 文本格式文件,表达了相应地理空间内未来可能发生的高影响天气类型,可直接转换成矢量多边形数据。实况信息数据组织是对存放在数据库中的国家观测站、区域自动站和交通监测站三种观测信息进行站点融合,全部参与道路气象数据反演,对融合后的站点信息采用构建泰森多边形的方法,生成多边形数据。预警信息组织是以预警站为中心,影响范围为半径生成缓冲区数据。气象数据经过预处理后,采用 GIS 空间叠加分析,即将天气信息与道路信息叠加,物理打断道路数据,然后根据不同的天气现象,赋予路段不同的属性值。道路气象数据反演技术流程如图 7-27所示。

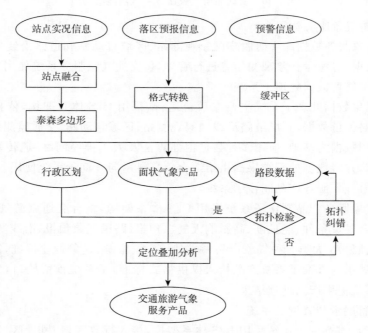

图 7-27　道路气象数据反演技术流程

四、交通旅游气象服务系统的功能实现

以云南省为例,根据交通旅游旅游气象服务用户需求,以 WebGIS 为基础架构,搭建云南省主要国道及高速公路沿线交通旅游气象服务平台,开展云南省综合交通旅游气象与路况信息的一站式服务。

系统实时处理并提供综合实况气象条件、高影响天气、能见度实况、交通站实况、路段气象预报、沿线城市 7 天预报、气象灾害频发点、气候背景、视频、图片等近 10 种交通气象服务产品,并能根据公路、城市、县区逐级筛选,进行公路交通观测站数据的分路段定位和查询,方便快捷地实现路段产品高亮显示,为用户提供实时、快捷、直观的公路交通旅游气象服务。

1. 运行环境

系统由数据处理和前端 Web 程序组成。数据处理程序安装部署在后台数据服务器上,实现气象实况及预报预警数据实时处理,为前端 Web 程序展示和访问提供数据和产品支持;前端 Web 程序为用户访问界面,可通过固定网址访问,支持多用户交互操作。

系统正常运行需要提供能连接 Internet 的计算机网络环境,需要安装 Adobe Flash Player 10.2.0 或以上版本,浏览器支持常用浏览器,如 IE、搜狗浏览器、火狐浏览器等。

推荐计算机内存配置 1G 或以上,最低配置 intel 集成显卡,硬盘剩余空间 2G 以上时,系统页面浏览较为连续和稳定。

2. 功能内容

提供集成综合实况条件、高影响天气、能见度、交通站等监测数据产品,及路段预报、沿线城市、气象灾害频发点、气候背景等道路产品,并支持公路沿线多媒体、图像视频采集、播放,及雷达图、云图等常用气象产品展示。

（1）道路产品

①综合实况条件主要是提供国道和高速公路分路段实时监测的气象条件,标识对道路交通的影响程度,点击边栏或路段可查询详情(图 7-28)。

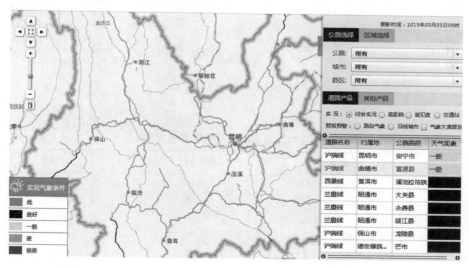

图 7-28　综合实况条件界面

综合实况条件的显示说明如表 7-21 所示。

表 7-21　综合实况条件显示说明

路段颜色	说明
绿色	气象条件利于交通运行
蓝色	气象条件对交通运行稍有影响
黄色	气象条件对交通运行有一定影响
橙色	气象条件差,注意行车安全
红色	气象条件很差,小心驾驶

②高影响天气实况主要是提供国道及高速分路段高影响天气的实况监测状态。根据云南省本地的交通旅游业务服务需求,提供了毛毛雨、小雨、中雨、大雨、冻雨、雨夹雪、小雪、中雪、大雪、轻雾、雾、霾、雷暴、冰雹 14 种对于道路运输有较高影响的天气提醒,点击边栏或路段可查询详情(图 7-29)。

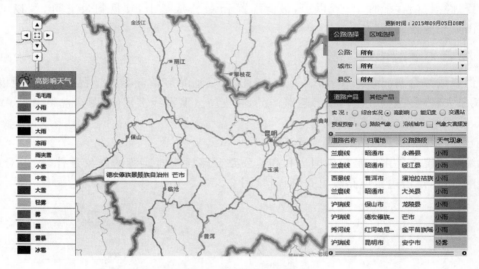

图 7-29　高影响天气界面

高影响天气实况的显示说明如表 7-22 所示。

表 7-22　高影响天气实况显示说明

路段颜色	说明	路段颜色	说明
淡蓝	附近路段受毛毛雨影响	绿色	附近路段受中雪影响
纯蓝	附近路段受小雨影响	深绿	附近路段受大雪影响
天蓝	附近路段受中雨影响	淡灰	附近路段受轻雾影响
深蓝	附近路段受大雨影响	灰色	附近路段受雾影响
晒黑	附近路段受冻雨影响	褐色	附近路段受霾影响
卡其布	附近路段受雨夹雪影响	红色	附近路段受雷暴影响
淡绿	附近路段受小雪影响	紫色	附近路段受冰雹影响

③能见度实况主要是提供国道及高速分路段能见度气象实况监测状态,点击边栏或路段可查询详情(图 7-30)。

图 7-30　能见度实况界面

能见度实况的显示说明如表 7-23 所示。

表 7-23　能见度实况显示说明

路段颜色	说明
绿色	路段能见度 1000～10000 m
蓝色	路段能见度 500～1000 m
黄色	路段能见度 200～500 m
橙色	路段能见度 50～200 m
红色	路段能见度小于 50 m

④交通气象站实况主要是提供高速公路及国道沿线的交通气象站实况信息,提供交通气象站过去 24 小时的气温、地面温度、降水、风速风向、能见度实况监测信息,并根据各气象要素分级对交通站气象条件进行分级(图 7-31)。

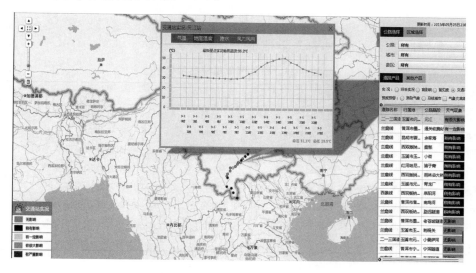

图 7-31　交通站实况气象条件

交通气象站实况显示说明如表 7-24 所示。

表 7-24　交通气象站实况显示说明

路段颜色	说明
绿色	气象条件利于交通运行
蓝色	气象条件对交通运行稍有影响
黄色	气象条件对交通运行有一定影响
橙色	气象条件差,注意行车安全
红色	气象条件很差,小心驾驶

⑤路段气象预报主要是提供道路天气预报,预报时效为 12 小时,分别提供分路段阵雨、小到中雨、中到大雨、大到暴雨、暴雨、雷暴、冻雨、雨夹雪、小到中雪、中到大雪、大到暴雪、暴雪、雾、雷阵雨、冰雹 15 种天气现象预报,为交通服务提供气象参考,点击边栏或路段可查询详情(图 7-32)。

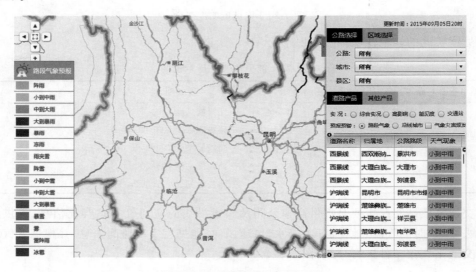

图 7-32　路段气象预报界面

路段气象预报的显示说明如表 7-25 所示。

表 7-25　路段气象预报显示说明

路段颜色	说明	路段颜色	说明
青色	附近路段受阵雨影响	绿色	附近路段受中到大雪影响
淡蓝	附近路段受小到中雨影响	深绿	附近路段受大到暴雪影响
蓝色	附近路段受中到大雨影响	橄榄	附近路段受阵雪影响
天蓝	附近路段受大到暴雨影响	灰色	附近路段受雾影响
晒黑	附近路段受冻雨影响	褐色	附近路段受暴雪影响
卡其布	附近路段受雨夹雪影响	红色	附近路段受雷阵雨影响
淡绿	路段受小到中雪影响	紫色	附近路段受冰雹影响
深蓝	路段受暴雨影响		

⑥沿线城市预报主要是提供国道及高速分路段所经城市未来 7 天天气预报和城市指数预报,为决策服务提供参考,点击边栏或路段可查询详情(图 7-33、7-34)。

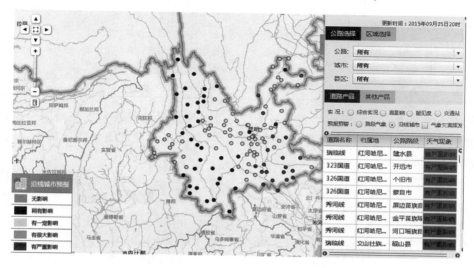

图 7-33　沿线城市预报界面

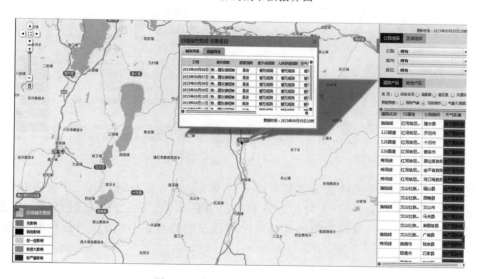

图 7-34　沿线城市指数预报界面

沿线城市预报主要提供了云南省道路沿线 125 个区县以上行政城市未来 168 小时的天气预报,主要包括天气现象、气温、风速、风向信息,同时提供各城市穿衣指数、感冒指数、紫外线指数、人体舒适指数等 10 余种城市指数预报,并能根据城市预报的气象条件对城市站点进行颜色标注,并设置分级显示,城市预报产品显示的优先级按照天气影响程度由强到弱排序。

沿线城市预报的显示说明如表 7-26 所示。

表 7-26　　沿线城市预报显示说明

路段颜色	说明
绿色	气象条件利于交通运行
蓝色	气象条件对交通运行稍有影响
黄色	气象条件对交通运行有一定影响
橙色	气象条件差,注意行车安全
红色	气象条件很差,小心驾驶

⑦气象灾害频发点主要是提供各条高速公路及分路段气象灾害频发点路段信息,并给出相应的警示语,为决策服务或公众出行提供参考。气象灾害频发点随交通气象灾害的普查不定期更新(图 7-35)。

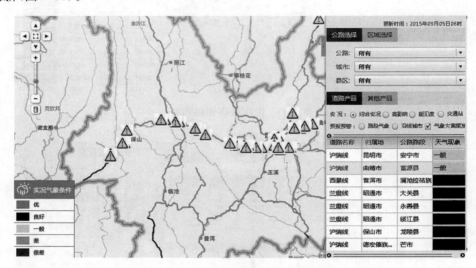

图 7-35　气象灾害频发点界面

⑧气象预警主要是提供各条国道及高速分路段气象预警信息,根据《气象灾害预警信号发布与传播办法》(中国气象局第 16 号令),分别提供蓝色预警、黄色预警、橙色预警、红色预警,为决策服务提供参考。气象预警数据具有不定期性及时效性,因此需要对预警数据进行实时的更新。

(2)其他产品

交通旅游气象服务系统中的其他产品主要分为视频产品、图片产品及相关的行政区划、风景区、机场等图层数据等。

①视频产品主要是提供各国道和高速路段分路段实时气象信息、路况视频信息及天气预报视频等,帮助用户实时了解道路交通气象综合情况,点击边栏或路段可查询详情(图 7-36)。

②图片产品主要是提供雷达、云图等图片信息,并提供多张图片播放功能,帮助用户通过单要素气象信息了解气象状况。点击上一页、下一页、播放/暂停进行图片操作(图 7-37)。

③可选产品主要为地理信息的图层数据:包含行政区划(图 7-38)、机场(图 7-39)、风景区(图 7-40)等图层。帮助用户通过图层的叠加了解各区域的地理信息状况。

图 7-36　视频产品界面

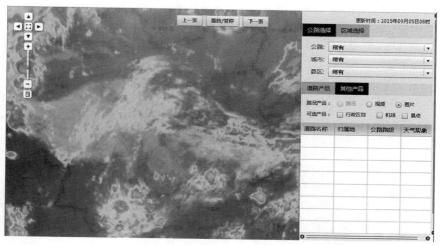

图 7-37　图片产品界面

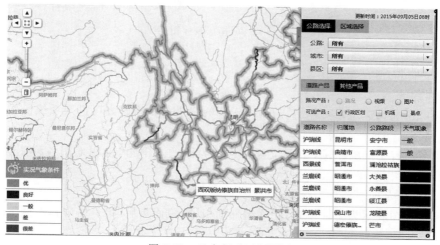

图 7-38　云南行政区划图层

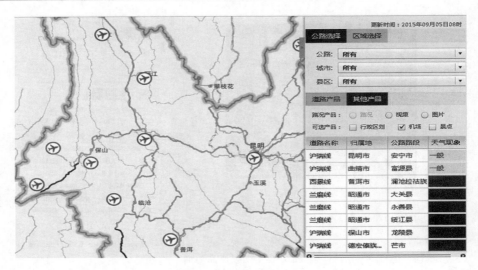

图 7-39　云南机场图层

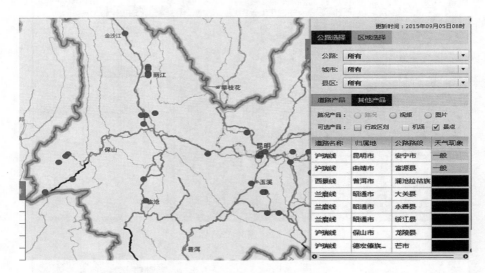

图 7-40　云南风景区图层

3. 系统功能

(1)系统登录

登录窗口在系统初始化时弹出,需输入正确的登录名及密码方可进入系统操作。

(2)图例

不同的产品有不同的图例,图例位置在系统界面的左下角,说明地图各种图标和颜色意义,为系统使用者提供参考。

(3)地图界面全屏

系统可将地图展示为全屏模式,隐藏组件面板;隐藏面板后,可点击屏幕右侧滑块,恢复面板显示。

（4）地图操作

操作地图基本工具，点击不同的按钮可实现地图移动、放大和缩小等功能。

地图图层，实时加载展示公路干线 7 种气象要素图层，通过操作公路分路段可查看详细交通气象服务信息。

（5）道路筛选

首先根据公路路段进行筛选，并级联云南城市、县区筛选，经过筛选的道路信息实时显示在地图和下方列表中（图 7-41）。

（6）区域筛选

首先根据城市进行道路及其辖区内高速公路路段筛选，并级联县区行政区划、公路筛选，经过筛选的道路信息实时显示在地图和下方列表中（图 7-42）。

图 7-41　道路筛选

图 7-42　区域筛选

（7）图表互查

根据右侧路线筛选结果，点击任意一行，地图上将会放大定位到该路段并红色高亮标注，同时在地图上标注出该路段详细气象服务信息。

根据地图已有的图层信息，点击后，地图定位到分路段，并在分路段的中心位置标记红色叉号，并高亮显示该路段的气象状态（图 7-43）。

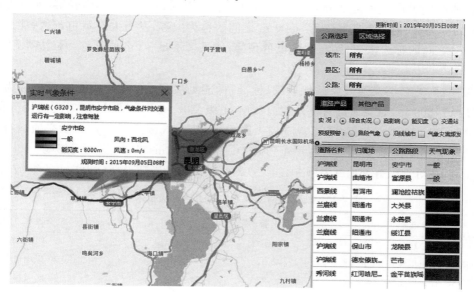

图 7-43　图表互查界面

第五节　交通旅游气象服务规范

交通旅游气象服务业务平台主要包括服务系统和业务系统两部分,在深入分析交通旅游气候背景,建立交通旅游气象综合数据库,研发交通旅游气象灾害预警预报方法和模型的基础上,有必要研发交通旅游气象灾害致灾指标,对交通旅游气象灾害的阈值进行分类标号,有必要规范灾害性天气对交通旅游影响的提示语,同时有必要建立交通旅游气象服务的业务流程和规范。此外,对交通旅游气象服务产品的规范化管理,也有助于后续更深入地开展交通旅游气象服务工作。

一、交通旅游气象服务产品阈值分级标号

交通旅游气象服务产品主要分为监测及预报两大类,要做好交通旅游气象服务的相关工作,就有必要对各类天气现象或道路状况等级进行划分,设定阈值,用醒目的颜色对各等级的天气现象进行标号,以对公众、专业用户或决策管理部门进行警示。

为了交通旅游气象服务平台的统一管理及产品的规范应用,服务产品相关的气象要素的分级指标、颜色标示及分级标号需要规范化、标准化。

1. 监测产品

交通旅游气象实时监测产品主要包括能见度、风向、风速、气温、路面高(低)温度、道路状况、强降水、雷暴等高时空分辨率的监测、诊断产品。

(1)能见度

能见度主要的划分参考依据分为以下两种。

①按水平能见度距离可划分为:能见度距离在 1～10 km 之间的称为轻雾;能见度距离低于 1 km 的称为雾;能见度距离 200～500 m 之间的称为大雾,发布大雾黄色预警;能见度距离50～200 m 之间的称为浓雾,发布大雾橙色预警;能见度不足 50 m 的雾称为强浓雾,发布大雾红色预警。

②按照《高速公路交通气象条件等级》标准,低能见度(L)对交通的影响可划分为 6 个等级。0 级:$L>500$ m,对交通运行基本没有影响;1 级:200 m$<L\leqslant500$ m,对交通运行有影响;2 级:100 m$<L\leqslant200$ m,对交通运行有较大影响;3 级:50 m$<L\leqslant100$ m,对交通运行有很大影响;4 级:$L\leqslant50$ m,对交通运行有严重影响;99 级,10000 m$<L$,对交通无影响。

综上,为更好地做好交通气象服务,能见度对交通旅游的影响可划分为 6 个等级(表 7-27)。

表 7-27　能见度对交通旅游的影响分级技术指标

划分指标	RGB 标示	颜色	级别	对交通旅游的影响
能见度>10000 m	无	无色	99	无影响
1000 m<能见度≤10000 m	173,216,230	淡蓝	0	影响微小
500 m<能见度≤1000 m	0,0,255	纯蓝	1	稍有影响
200 m<能见度≤500 m	255,255,0	纯黄	2	有一定影响
50 m<能见度≤200 m	255,165,0	橙色	3	有很大影响
能见度≤50 m	255,0,0	纯红	4	有严重影响

（2）每小时累计降水量

按照《高速公路交通气象条件等级》的标准，每小时累计降水量对交通的影响可分为 4 个等级。0 级，无降水，对交通运行没有影响；1 级，一小时降水量≥15 mm，对交通运行有影响，能见度降至 200 m 左右；2 级，一小时降水量≥30 mm，对交通运行有很大影响，能见度可降至 100 m～150 m，最低可降至 100 m 以下；3 级：一小时降水量≥50 mm，对交通运行有严重影响，能见度可降至 100 m 或以下，最低可降至 50 m。

针对一小时降水量（R）对云南本地的交通影响状况，影响等级订正为以下 6 个等级：99 级，$R<0.1$ mm，对交通旅游无影响；0 级，0.1 mm≤$R<10$ mm，对交通旅游的影响微小；1 级，10 mm≤$R<15$ mm，对交通旅游稍有影响；2 级，15 mm≤$R<30$ mm，对交通旅游有一定影响；3 级，30 mm≤$R<50$ mm，对交通旅游有很大影响；4 级，$R>50$ mm，对交通旅游有严重影响（表 7-28）。

表 7-28　每小时累计降水量对交通旅游影响的分级技术指标

划分指标	RGB 标示	颜色	级别	对交通旅游的影响
降水量<0.1 mm	无	无色	99	无影响
0.1 mm≤降水量<10.0 mm	173,216,230	淡蓝	0	影响微小
10.0 mm≤降水量<15 mm	0,0,255	纯蓝	1	稍有影响
15.0 mm≤降水量<30 mm	255,255,0	纯黄	2	有一定影响
30.0 mm≤降水量<50 mm	255,165,0	橙色	3	有很大影响
降水量≥50.0 mm	255,0,0	纯红	4	有严重影响

（3）24 小时累计降水量

24 小时的累积降水量对交通旅游的影响可划分为 7 个等级。划分标准分别为：99 级，无降水或 24 小时内降水量小于 0.1 mm，对交通旅游无影响；0 级，小雨，24 小时内降水量为 0.1～9.9 mm；1 级，中雨，24 小时内降水量为 0.0～24.9 mm；2 级，大雨，4 小时内降水量为 25.0～49.9 mm；3 级，暴雨，4 小时内降水量为 50.0～99.9 mm；4 级，大暴雨，24 小时内降水量为 100.0～249.9 mm；5 级，特大暴雨，24 小时内降水量大于等于 250.0 mm（表 7-29）。

表 7-29　24 小时累计降水量对交通旅游影响的分级技术指标

划分指标	RGB 标示	颜色	级别	对交通旅游的影响
降水量<0.1 mm	无	无色	99	无影响
0.1 mm≤降水量<10.0 mm	173,216,230	淡蓝	0	影响微小
10.0 mm≤降水量<25 mm	0,0,255	纯蓝	1	稍有影响
25.0 mm≤降水量<50 mm	255,255,0	纯黄	2	有一定影响
50.0 mm≤降水量<100 mm	255,165,0	橙色	3	有很大影响
100.0 mm≤降水量<250.0 mm	255,0,0	纯红	4	有严重影响
降水量≥250.0 mm	128,0,128	纯紫	5	超严重影响

（4）风力风速

风力是指风吹到物体上所表现出的力量的大小，一般根据风吹到地面或水面的物体上所产生的各种现象，把风力的大小分为 18 个等级，最小是 0 级，最大为 17 级，12 级以上的风叫台风或飓风，摧毁力极大，陆地少见。

风速是风的前进速度。相邻两地间的气压差愈大,空气流动越快,风速越大,风的力量自然也就大。所以通常都是以风力来表示风的大小。风速的单位用每秒多少米或每小时多少千米来表示。风力等级划分标准如表 7-30 所示。

表 7-30　风力等级划分标准

风级	名称	风速(m/s)	风速(km/h)	陆地地面物象
0	无风	0.0～0.2	<1	静,烟直上
1	软风	0.3～1.5	1～5	烟示风向
2	轻风	1.6～3.3	6～11	感觉有风
3	微风	3.4～5.4	12～19	旌旗展开
4	和风	5.5～7.9	20～28	吹起尘土
5	清风	8.0～10.7	29～38	小树摇摆
6	强风	10.8～13.8	39～49	电线有声
7	劲风(疾风)	13.9～17.1	50～61	步行困难
8	大风	17.2～20.7	62～74	折毁树枝
9	烈风	20.8～24.4	75～88	小损房屋
10	狂风	24.5～28.4	89～102	拔起树木
11	暴风	28.5～32.6	103～117	损毁重大
12	台风(飓风)	32.7～36.9	118～133	摧毁极大

按照《高速公路交通气象条件等级》的标准,风力等级对交通旅游的影响可划分为 5 个等级。0 级,平均风和阵风均<7 级(<14 m/s),对交通旅游无影响;1 级,平均风≥7 级(≥14 m/s)以上或阵风 8 级(≥17.2 m/s),对交通旅游有影响;2 级,平均风≥8 级或阵风 9 级(≥20.8 m/s),对交通旅游有较大影响;3 级,平均风 10 级(≥24.5 m/s)以上或阵风 11 级(≥28.5 m/s),对交通旅游有很大影响;4 级,平均风≥12 级(≥32.7 m/s)以上或阵风≥13 级(≥37 m/s),对交通旅游有严重影响(表 7-31)。

表 7-31　风力等级对交通影响的分级技术指标

划分指标	RGB 标示	颜色	级别	对交通旅游的影响
平均风 0～6 级或阵风 0～7 级	无	无色	99	无影响
平均风 7 级或阵风 8 级	0,0,255	纯蓝	1	稍有影响
平均风 8～9 级或阵风 9～10 级	255,255,0	纯黄	2	有一定影响
平均风 10～11 级或阵风 11～12 级	255,165,0	橙色	3	有很大影响
平均风≥12 级或阵风≥13 级	255,0,0	纯红	4	有严重影响

注:平均风指 2 分钟平均风速。

(5)气温

日最高气温达到 35℃以上,就是高温天气。高温天气会给人体健康、交通、用水、用电等方面带来严重影响。高温热浪使人体不能适应环境,超过人体的耐受极限。高温热浪往往使人心情烦躁,甚至会出现神智错乱的现象,容易造成公共秩序混乱、交通事故伤亡等事件的增加。

低温天气常常引发寒潮,寒潮是一种大型天气过程,往往引发多种严重的气象灾害。由于寒潮出现的地区和季节不同,其强度和危害也不完全一样,但它带来的灾害性天气对工农业生产和百姓日常生活的影响通常都很大,对农业、牧业、交通、电力、甚至人们的健康都有比较大的影响。寒潮天气的影响广泛,造成的交通气象灾害也比较严重和多样化,寒潮伴随的大风、雨雪和降温天气会造成大风、低能见度、地面结冰和路面积雪等现象,对航空、公路、铁路交通和海上作业安全带来较大的威胁,严重影响人们的生产生活。

按气温对人体的舒适度及对交通的影响程度,气温对交通旅游的影响可划分为 10 个等级。－4 级,气温＜－10℃,对交通旅游有严重影响;－3 级,－10℃≤气温＜－4℃,对交通旅游有很大影响;－2 级,－4℃≤气温＜－2℃,对交通旅游有一定影响;－1 级,－2℃≤气温＜1℃,对交通旅游稍有影响;0 级,1℃≤气温＜10℃,对交通旅游影响微小;99 级,10℃≤气温＜25℃,对交通旅游无影响;1 级,25℃≤气温＜30℃,对交通旅游稍有影响;2 级,30℃≤气温＜35℃,对交通旅游有一定影响;3 级,35℃≤气温＜40℃,对交通旅游有很大影响;4 级,气温≥40℃,对交通旅游有严重影响(表 7-32)。

表 7-32　气温对交通旅游影响的分级技术指标

划分指标	RGB 标示	颜色	级别	对交通旅游的影响
气温＜－10℃	210,180,140	晒黑	－4	有严重影响
－10℃≤气温＜－4℃	128,128,128	灰色	－3	有很大影响
－4℃≤气温＜－2℃	0,128,0	绿色	－2	有一定影响
－2℃≤气温＜1℃	124,252,0	草绿	－1	稍有影响
1℃≤气温＜10℃	173,216,230	淡蓝	0	影响微小
10℃≤气温＜25℃	无	无色	99	无影响
25℃≤气温＜30℃	0,0,255	纯蓝	1	稍有影响
30℃≤气温＜35℃	255,255,0	纯黄	2	有一定影响
35℃≤气温＜40℃	255,165,0	橙色	3	有很大影响
气温≥40℃	255,0,0	纯红	4	有严重影响

(6)相对湿度

相对湿度对交通最为显著的影响是导致雾天气,雾是一种高影响天气。由于雾会使能见度降低,对公路、航运、海运交通影响比较大。特别是对高速公路、飞机起降的影响最大。雾天气常常导致能见度降低,车速减慢,车速的降低同时也带来出行时间和行程延误的增加,将直接影响道路的通行能力。特别是在交通流量较大的路段,公路设施实际通行能力的下降可能会导致较为严重的交通拥堵,且这种拥堵在部分路网发达、交通出行强度大的地区,会造成区域路网的运行阻塞、甚至瘫痪。根据交通运输部的有关统计,我国每年地方上报的公路阻断事件中,大约有四分之一到三分之一是由雾天气所致。

相对湿度还对人体的舒适度有很大的影响,相对湿度太高或者太低都会影响人的心情及情绪,心情不好或者情绪低落必然导致一些不必要的交通事故或者问题发生。一般来说,最宜人的室内温湿度是(在此范围内感到舒适的人占 95％以上):冬天温度为 20 至 25℃,相对湿度为 30％至 80％;夏天温度为 23 至 30℃,相对湿度为 30％至 60％。在装有空调的室内,室温为 20 至 25℃,湿度为 40％至 50％时,人会感到最舒适。工作效率高的室温度:20℃,相对湿度应是 40％至 60％,此时,人的精神状态好,思维最敏捷。

按相对湿度对人体的舒适度及对交通的影响程度,相对湿度对交通旅游的影响可划分为6 个等级(表 7-33)。

表 7-33　相对湿度对交通旅游影响的分级技术指标

划分指标	RGB 标示	颜色	级别	对交通旅游的影响
相对湿度<40%	无	无色	99	无影响
40%≤相对湿度<50%	173,216,230	淡蓝	0	影响微小
50%≤相对湿度<70%	0,0,255	纯蓝	1	稍有影响
70%≤相对湿度<80%	255,255,0	纯黄	2	有一定影响
80%≤相对湿度<90%	255,165,0	橙色	3	有很大影响
相对湿度≥90%	255,0,0	纯红	4	有严重影响

（7）路面温度

路面温度是对交通旅游影响很重要的一个因素，高温可能引发车辆爆胎，低温会导致道路结冰，车胎打滑，增加车辆的危险性。

按照《高速公路交通气象条件等级》的标准，路面高温等级划分是依据路面最高温度（T）来划分的，分为 4 个等级：0 级，$T<55℃$，对交通旅游基本没有影响。1 级，$55℃≤T<62℃$，对交通旅游有影响；2 级：$62℃≤T<65℃$，对交通旅游有很大影响。3 级：$T≥65℃$，对交通旅游有严重影响；路面低温（冰冻）等级划分位以下 4 个等级：0 级：路面温度在 $-1℃$ 以上，对交通旅游基本没有影响。1 级：路面温度（包括最高温度）降至 $-2℃$（气温降至 $-2℃$ 或以下）路面有结冰，对交通旅游有影响。2 级：路面最低温度在 $-5℃\sim-3℃$（气温在 $-8℃\sim-4℃$）路面有严重结冰，对交通旅游有很大影响。3 级：路面最低温度低于 $-10℃$（气温低于 $-10℃$）路面有严重结冰，对交通旅游有严重影响。

根据云南的气候特点，路面温度对云南交通旅游影响的分级技术指标如下（表 7-34）。0 级，$-1℃≤T<25℃$，对交通旅游影响微小；99 级，$25℃≤T<55℃$，对交通旅游无影响；1 级，$55℃≤T<62℃$，对交通旅游稍有影响；2 级，$62℃≤T<68℃$，对交通旅游有一定影响；3 级，$68℃≤T<72℃$，对交通旅游有很大影响；4 级，$T≥70℃$，对交通旅游有严重影响；-1 级，$-2℃≤T<-1℃$，对交通旅游稍有影响；-2 级，$-5℃≤T<-2℃$，对交通旅游有一定影响；-3 级，$-10℃≤T<-5℃$，对交通旅游有很大影响；-4 级，$T<-10℃$，对交通旅游有严重影响。

表 7-34　路面温度对交通影响的分级技术指标

划分指标	RGB 标示	颜色	级别	对交通旅游的影响
路面温度<-10℃	210,180,140	晒黑	-4	有严重影响
-10℃≤路面温度<-5℃	128,128,128	灰色	-3	有很大影响
-5℃≤路面温度<-2℃	0,128,0	绿色	-2	有一定影响
-2℃≤路面温度<-1℃	124,252,0	草绿	-1	稍有影响
-1℃≤路面温度<25℃	173,216,230	淡蓝	0	影响微小
25℃≤气温<55℃	无	无色	99	无影响
55℃≤路面温度<62℃	0,0,255	纯蓝	1	稍有影响
62℃≤路面温度<68℃	255,255,0	纯黄	2	有一定影响
68℃≤路面温度<72℃	255,165,0	橙色	3	有很大影响
路面温度≥72℃	255,0,0	纯红	4	有严重影响

（8）路面状况

路面状况主要是交通气象站观测的数据，可直观地反映天气对交通的影响状况。路面状况主要有冰、雪、霜、干燥、潮湿、积水等类型。路面状况对交通旅游的影响分为 8 个等级，分级指标如表 7-35 所示。

表 7-35　路面状况对交通旅游影响的分级技术指标

路面状况	RGB 标示	颜色	级别	对交通旅游的影响
冰	210,180,140	晒黑	−4	有严重影响
雪	128,128,128	灰色	−3	有很大影响
有融雪剂	0,128,0	绿色	−2	有一定影响
霜	124,252,0	草绿	−1	稍有影响
干燥	173,216,230	淡蓝	0	影响微小
潮湿	255,255,0	纯黄	2	有一定影响
积水	255,165,0	橙色	3	有很大影响
其他	无	无色	99	无影响

（9）天气现象监测

天气现象监测电码是根据天气的性质、强度（及其变化）、出现时间和地点等进行编报的，电码 00～49 表示观测时测站上没有降水，电码 50～99 表示观测时测站上有降水。一般情况下，除了雾和霾、沙尘暴和龙卷等外，有降水的天气现象对交通旅游的影响程度比无降水的天气现象大。

按照《高速公路交通气象条件等级》的标准及各类天气现象对云南的影响程度，天气现象对交通的影响等级分为 17 个等级（表 7-36）。比如，降雪、积雪等级划分为：58 级，有小雪且路面温度＜−2℃有结冰或有中等以上连续性降雪，对交通旅游有影响；59 级：有连续性大雪，路面有积雪，对交通旅游有很大影响。60 级：有连续性大雪，路面有 5 cm 或以上积雪，对交通旅游有严重影响。由于沙尘暴和龙卷这两种天气现象在云南几乎没有，尽管其对交通旅游的影响程度很大，因此分级填色时填无色。

表 7-36　天气现象对交通旅游影响的分级技术指标

天气现象	RGB 标示	颜色	监测代码	级别	对交通旅游的影响
小雨	0,0,255	纯蓝	60、61、80	51	稍有影响
中雨	255,255,0	纯黄	62、63、92、81	52	有一定影响
大雨	255,165,0	橙色	64、65、82	53	有很大影响
雷暴	255,0,0	纯红	93、94、95、96、97、98、99	54	有严重影响
冰雹	139,0,0	深红	87、88、89、90	55	有严重影响
冻雨	128,0,128	纯紫	56、57、66、67	56	超严重影响
雨夹雪	240,230,140	卡其布	68、69、83、84	57	有严重影响
小雪	0,128,0	绿色	70、71、85	58	有一定影响
中雪	128,128,128	灰色	72、73、86	59	有很大影响
大雪	210,180,140	晒黑	74、75	60	有严重影响
轻雾	0,255,255	青色	10、11、12	61	有一定影响
雾	0,139,139	深青色	40、41、42、43、44、45、46、47、48、49	62	有很大影响
霾	85,107,47	土褐色	05	63	有一定影响

天气现象	RGB标示	颜色	监测代码	级别	对交通旅游的影响
沙尘暴	无	无色	09、30、31、32、33、34、35	64	有很大影响
龙卷	无	无色	19	65	有很大影响
无影响	无	无色	其他编码	99	无影响

2. 预报产品

交通旅游气象预报产品主要包括精细化预报(天气现象、日最高气温、日最低气温、24小时累计降水、12小时累计降水、日最大相对湿度、日最小相对湿度)、WRF预报(1小时累计降水、12小时累计降水、24小时累计降水、12小时变温、日最高气温、日最低气温、日平均气温)等高时空分辨率的预报产品。精细化预报产品可精细到乡镇级别的站点预报,WRF预报可精细到3 km格点的预报。

(1)精细化天气现象预报

精细化天气现象预报为未来168小时内的每间隔12小时的天气现象预报。精细化预报的天气现象代码有别于监测的天气现象代码,其代码含义主要如下:00晴、01多云、02阴、03阵雨、04雷阵雨、05雷阵雨伴冰雹、06雨夹雪、07小雨、08中雨、09大雨、10暴雨、11大暴雨、12特大暴雨、13阵雪、14小雪、15中雪、16大雪、17暴雪、18雾、19冻雨、20沙尘暴、21小到中雨、22中到大雨、23大到暴雨、24暴雨到大暴雨、25大暴雨到特大暴雨、26小到中雪、27中到大雪、28大到暴雪、29浮尘、30扬沙、31强沙尘暴。按照《高速公路交通气象条件等级》的标准及各类天气现象对云南的影响程度,精细化预报的天气现象对交通旅游的影响等级分为17个等级(表7-37)。由于沙尘暴这种天气现象在云南几乎没有,尽管其对交通旅游的影响程度很大,因此分级填色时填无色。

表7-37　天气现象对交通旅游影响的分级技术指标

天气现象	RGB标示	颜色	预报电码	级别	对交通旅游的影响
阵雨	176,196,222	淡蓝	03	20	影响微小
雷阵雨	0,191,255	深天蓝	04	25	有严重影响
小到中雨	0,0,255	纯蓝	07、21	21	稍有影响
中到大雨	255,255,0	纯黄	08、22	22	有一定影响
大到暴雨	255,165,0	橙色	09、23	23	有很大影响
暴雨	255,0,0	纯红	10、11、12、24、25	24	有严重影响
冰雹	139,0,0	深红	05	26	有严重影响
冻雨	128,0,128	纯紫	19	27	超严重影响
雨夹雪	240,230,140	卡其布	06	28	有严重影响
阵雪	144,238,144	淡绿	13	29	稍有影响
小到中雪	0,128,0	绿色	14、26	30	有一定影响
中到大雪	128,128,128	灰色	15、27	31	有很大影响
大到暴雪	210,180,140	晒黑	16、28	32	有严重影响
暴雪	128,120,0	橄榄	17	33	超严重影响
雾	0,139,139	深青色	18	34	有很大影响
沙尘	无	无色	20、29、30、31	35	有很大影响
无影响	无	无色	其他编码	99	无影响

（2）精细化日最高气温预报

精细化日最高气温预报为未来 168 小时内的每间隔 24 小时的日最高气温预报，对交通旅游的影响等级可分为 8 个等级（表 7-38）。

表 7-38 最高气温对交通旅游影响的分级技术指标

划分指标	RGB 标示	颜色	级别	对交通旅游的影响
气温<−2℃	0,128,0	绿色	−2	有一定影响
−2℃≤气温<1℃	124,252,0	草绿	−1	稍有影响
1℃≤气温<10℃	173,216,230	淡蓝	0	影响微小
10℃≤气温<25℃	无	无色	99	无影响
25℃≤气温<30℃	0,0,255	纯蓝	1	稍有影响
30℃≤气温<35℃	255,255,0	纯黄	2	有一定影响
35℃≤气温<40℃	255,165,0	橙色	3	有很大影响
气温≥40℃	255,0,0	纯红	4	有严重影响

（3）精细化日最低气温预报

精细化日最低气温预报为未来 168 小时内的每间隔 24 小时的日最低气温预报，对交通旅游的影响等级可分为 7 个等级（表 7-39）。

表 7-39 最低气温对交通旅游影响的分级技术指标

划分指标	RGB 标示	颜色	级别	对交通旅游的影响
气温<−10℃	210,180,140	晒黑	−4	有严重影响
−10℃≤气温<−4℃	128,128,128	灰色	−3	有很大影响
−4℃≤气温<−2℃	0,128,0	绿色	−2	有一定影响
−2℃≤气温<1℃	124,252,0	草绿	−1	稍有影响
1℃≤气温<10℃	173,216,230	淡蓝	0	影响微小
10℃≤气温<25℃	无	无色	99	无影响
25℃≤气温	0,0,255	纯蓝	1	稍有影响

（4）精细化 24 小时累计降水预报

精细化 24 小时累计降水预报为未来 168 小时内的每间隔 24 小时的累计降水预报，对交通旅游的影响等级可分为 7 个等级（表 7-40）。

表 7-40 24 小时累计降水量对交通旅游影响的分级技术指标

划分指标	RGB 标示	颜色	级别	对交通旅游的影响
降水量<0.1 mm	无	无色	99	无影响
0.1 mm≤降水量<10.0 mm	173,216,230	淡蓝	0	影响微小
10.0 mm≤降水量<25 mm	0,0,255	纯蓝	1	稍有影响
25.0 mm≤降水量<50 mm	255,255,0	纯黄	2	有一定影响
50.0 mm≤降水量<100 mm	255,165,0	橙色	3	有很大影响
100.0 mm≤降水量<250.0 mm	255,0,0	纯红	4	有严重影响
降水量≥250.0 mm	128,0,128	纯紫	5	超严重影响

(5)精细化 12 小时累计降水预报

精细化 12 小时累计降水预报为未来 168 小时内的每间隔 12 小时的累计降水预报,对交通旅游的影响等级可分为 7 个等级(表 7-41)。

表 7-41　12 小时累计降水量对交通旅游影响的分级技术指标

划分指标	RGB 标示	颜色	级别	对交通旅游的影响
降水量＜0.1 mm	无	无色	99	无影响
0.1 mm≤降水量＜5.0 mm	173,216,230	淡蓝	0	影响微小
5.0 mm 降水量＜15 mm	0,0,255	纯蓝	1	稍有影响
15.0 mm≤降水量＜30 mm	255,255,0	纯黄	2	有一定影响
30.0 mm≤降水量＜70 mm	255,165,0	橙色	3	有很大影响
70.0 mm≤降水量＜140.0 mm	255,0,0	纯红	4	有严重影响
降水量≥140.0 mm	128,0,128	纯紫	5	超严重影响

(6)精细化日最小相对湿度预报

精细化日最小相对湿度预报为未来 168 小时内的每间隔 24 小时的日最小相对湿度预报,对交通旅游的影响等级可分为 7 个等级(表 7-42)。

表 7-42　日最小相对湿度对交通旅游影响的分级技术指标

划分指标	RGB 标示	颜色	级别	对交通旅游的影响
相对湿度＜20%	0,128,0	绿色	−2	有一定影响
20%≤相对湿度＜30%	124,252,0	草绿	−1	影响微小
30%≤相对湿度＜40%	无	无色	99	无影响
40%≤相对湿度＜50%	173,216,230	淡蓝	0	影响微小
50%≤相对湿度＜70%	0,0,255	纯蓝	1	稍有影响
70%≤相对湿度＜80%	255,255,0	纯黄	2	有一定影响
80%≤相对湿度	255,165,0	橙色	3	有很大影响

(7)精细化日最大相对湿度预报

精细化日最大相对湿度预报为未来 168 小时内的每间隔 24 小时的日最大相对湿度预报,对交通旅游的影响等级可分为 6 个等级(表 7-43)。

表 7-43　日最大相对湿度对交通旅游影响的分级技术指标

划分指标	RGB 标示	颜色	级别	对交通旅游的影响
相对湿度＜40%	无	无色	99	无影响
40%≤相对湿度＜50%	173,216,230	淡蓝	0	影响微小
50%≤相对湿度＜70%	0,0,255	纯蓝	1	稍有影响
70%≤相对湿度＜80%	255,255,0	纯黄	2	有一定影响
80%≤相对湿度＜90%	255,165,0	橙色	3	有很大影响
相对湿度≥90%	255,0,0	纯红	4	有严重影响

(8)WRF 模式 1 小时累计降水预报

WRF 模式预报数据格式为 MICAPS3 类或者 MICAPS4 类数据,WRF 模式 1 小时累计降水预报为未来 72 小时内的每间隔 1 小时的累计降水预报,对交通旅游的影响等级可分为 6

个等级(表7-44)。

表 7-44　1 小时累计降水量对交通影响的分级技术指标

划分指标	RGB 标示	颜色	级别	对交通旅游的影响
降水量＜0.1 mm	无	无色	99	无影响
0.1 mm≤降水量＜10.0 mm	173,216,230	淡蓝	0	影响微小
10.0 mm≤降水量＜15 mm	0,0,255	纯蓝	1	稍有影响
15.0 mm≤降水量＜30 mm	255,255,0	纯黄	2	有一定影响
30.0 mm≤降水量＜50 mm	255,165,0	橙色	3	有很大影响
降水量≥50.0 mm	255,0,0	纯红	4	有严重影响

(9)WRF 模式 12 小时累计降水预报

WRF 模式 12 小时累计降水预报为未来 72 小时内的每间隔 12 小时的累计降水预报,对交通旅游的影响等级可分为 7 个等级(表7-45)。

表 7-45　12 小时累计降水量对交通旅游影响的分级技术指标

划分指标	RGB 标示	颜色	级别	对交通旅游的影响
降水量＜0.1 mm	无	无色	99	无影响
0.1 mm＜降水量＜5 mm	173,216,230	淡蓝	0	影响微小
5 mm≤降水量＜15 mm	0,0,255	纯蓝	1	稍有影响
15 mm≤降水量＜30 mm	255,255,0	纯黄	2	有一定影响
30 mm≤降水量＜70 mm	255,165,0	橙色	3	有很大影响
70 mm≤降水量＜140 mm	255,0,0	纯红	4	有严重影响
降水量≥140 mm	128,0,128	纯紫	5	超严重影响

(10)WRF 模式 24 小时累计降水预报

WRF 模式 24 小时累计降水预报为未来 72 小时内的每间隔 24 小时的累计降水预报,对交通旅游的影响等级可分为 7 个等级(表7-46)。

表 7-46　24 小时累计降水量对交通旅游影响的分级技术指标

划分指标	RGB 标示	颜色	级别	对交通旅游的影响
降水量＜0.1 mm	无	无色	99	无影响
0.1 mm≤降水量＜10 mm	173,216,230	淡蓝	0	影响微小
10 mm≤降水量＜25 mm	0,0,255	纯蓝	1	稍有影响
25 mm≤降水量＜50 mm	255,255,0	纯黄	2	有一定影响
50 mm≤降水量＜100 mm	255,165,0	橙色	3	有很大影响
100 mm≤降水量＜250 mm	255,0,0	纯红	4	有严重影响
降水量≥250 mm	128,0,128	纯紫	5	超严重影响

(11)WRF 模式 12 小时变温预报

WRF 模式 12 小时变温预报为未来 72 小时内的每间隔 12 小时的变温预预报,对交通旅游的影响不能判断,填色可分为 7 个等级(表7-47)。

表 7-47　12 小时变温对交通旅游影响的分级技术指标

划分指标	RGB 标示	颜色	级别	对交通旅游的影响
气温＜-10℃	128,128,128	灰色	100	不能判断影响
-10℃≤气温＜-5℃	0,128,0	绿色	101	不能判断影响
-5℃≤气温＜0℃	124,252,0	草绿	102	不能判断影响
0℃≤气温＜5℃	0,0,255	纯蓝	103	不能判断影响
5℃≤气温＜10℃	255,255,0	纯黄	104	不能判断影响
10℃≤气温＜15℃	255,165,0	橙色	105	不能判断影响
15℃≤气温	255,0,0	纯红	106	不能判断影响

（12）WRF 模式日最高气温预报

WRF 模式日最高气温预报为未来 72 小时内的每间隔 24 小时的日最高气温预报，对交通旅游的影响等级可分为 8 个等级（表 7-48）。

表 7-48　最高气温对交通旅游影响的分级技术指标

划分指标	RGB 标示	颜色	级别	对交通旅游的影响
气温＜-2℃	0,128,0	绿色	-2	有一定影响
-2℃≤气温＜1℃	124,252,0	草绿	-1	稍有影响
1℃≤气温＜10℃	173,216,230	淡蓝	0	影响微小
10℃≤气温＜25℃	无	无色	99	无影响
25℃≤气温＜30℃	0,0,255	纯蓝	1	稍有影响
30℃≤气温＜35℃	255,255,0	纯黄	2	有一定影响
35℃≤气温＜40℃	255,165,0	橙色	3	有很大影响
气温≥40℃	255,0,0	纯红	4	有严重影响

（13）WRF 模式日最低气温预报

WRF 模式日最低气温预报为未来 72 小时内的每间隔 24 小时的日最低气温预报，对交通旅游的影响等级可分为 7 个等级（表 7-49）。

表 7-49　最低气温对交通旅游影响的分级技术指标

划分指标	RGB 标示	颜色	级别	对交通旅游的影响
气温＜-10℃	210,180,140	晒黑	-4	有严重影响
-10℃≤气温＜-4℃	128,128,128	灰色	-3	有很大影响
-4℃≤气温＜-2℃	0,128,0	绿色	-2	有一定影响
-2℃≤气温＜1℃	124,252,0	草绿	-1	稍有影响
1℃≤气温＜10℃	173,216,23	淡蓝	0	影响微小
10℃≤气温＜25℃	无	无色	99	无影响
25℃≤气温	0,0,255	纯蓝	1	稍有影响

（14）WRF 模式日平均气温预报

WRF 模式日平均气温预报为未来 72 小时内的每间隔 24 小时的日平均气温预报，对交通旅游的影响不能判断，填色可分为 8 个等级（表 7-50）。

表 7-50 平均气温对交通旅游影响的分级技术指标

划分指标	RGB 标示	颜色	级别	对交通旅游的影响
气温＜−10℃	128,128,128	灰色	100	不能判断影响
−10℃≤气温＜−5℃	0,128,0	绿色	101	不能判断影响
−5℃≤气温＜0℃	124,252,0	草绿	102	不能判断影响
0℃≤气温＜5℃	0,0,255	纯蓝	103	不能判断影响
5℃≤气温＜10℃	255,255,0	纯黄	104	不能判断影响
10℃≤气温＜15℃	255,165,0	橙色	105	不能判断影响
15℃≤气温＜25℃	255,0,0	纯红	106	不能判断影响
25℃≤气温	128,0,128	纯紫	107	不能判断影响

二、天气现象对交通旅游影响的提示语

为科学规范地开展交通旅游气象服务工作,交通旅游气象服务系统应根据天气现象(高影响天气)做出自动警示判断,根据各路段的天气特点给出相关的规范性的交通影响提示语言,为公众旅游出行或决策部门管理提供便利。

1. 天气现象监测电码归类及交通旅游气象提示语

在交通旅游气象服务系统中,为方便系统的流程化处理,监测的天气现象电码需要进行归类标识,对交通路段影响的提示语言根据天气归类标识来进行直观显示。天气现象监测电码归类及交通旅游气象提示语如表 7-51 所示。

表 7-51 天气现象监测电码归类及交通旅游气象提示语

归类	天气类型	监测代码	提示语
50	毛毛雨	50、51、52、53、54、55、58、59	路面较滑,请保持车距,不要急转弯,不要急刹车。
60	小雨	60、61、80	小雨天路滑,提高警惕,注意安全,避免紧急制动、紧急转向,以防车辆侧滑发生危险。
62	中雨	62、63、92、81	雨量中等,影响能见度,保持车距,谨慎驾驶。
64	大雨	64、65、82	雨量大,能见度差,行车中开启示廓灯或近光灯,减速慢行,小心驾驶。
56	冻雨	56、57、66、67	路面湿滑,驾车时请使用防滑链,降低车速,避免紧急制动、紧急转向,以防车辆侧滑发生危险。
68	雨夹雪	68、69、83、84	雨夹雪天气气温较低,从夜晚到清晨,地面容易形成"地穿甲",行车时最好装上防滑链,低档缓慢行进。
70	小雪	70、71、85	小雪天气,注意安全,避免紧急制动、紧急转向。
72	中雪	72、73、86	雪量中等,路面较滑,谨慎驾驶,请减速慢行,保持与横向、纵向车辆的安全距离,尽量减少变线行驶,少超车。
74	大雪	74、75	大雪天气,小心驾驶,请安装防滑链,在积雪较多的路面,循车辙行驶。
10	轻雾	10、11、12	视线不佳,适当鸣喇叭提醒对面车辆,保持足够安全距离。

续表

归类	天气类型	监测代码	提示语
45	雾	40、41、42、43、44、45、46、47、48、49	视线差,请减速行驶并打开雾灯和示廓灯,适当鸣喇叭提醒对面车辆,保持足够安全距离,发现可疑情况,应停车让行。
05	霾	05	视线不佳,少超车,不要急刹车,不可急转弯。
91	雷暴	93、94、95、96、97、98、99	行车时关好车窗,注意防雷,勿到河边、旷野等地势低洼地段。
87	冰雹	87、88、89、90	请把车停到室内停车场或使用汽车防护伞,防冰雹砸伤。
30	沙尘暴(不显示)	09、30、31、32、33、34、35	视线差,减速慢行,适当鸣喇叭提醒对面车辆,保持足够安全距离,安全驾驶。
19	龙卷	19	风力大,减速慢行,防止侧翻。
00	无影响	其他编码	气象条件有利于行车,请关注其他路况信息。

2. 精细化天气现象预报电码归类及交通旅游气象提示语

在交通旅游气象服务系统中,为方便系统的流程化处理,精细化天气现象预报电码也同样需要进行归类标识,对交通路段影响的提示语言根据天气归类标识来进行直观显示。精细化天气现象预报电码归类及交通旅游气象提示语如表 7-52 所示。

表 7-52　精细化天气现象预报电码归类及交通旅游气象提示语

归类	天气类型	预报代码	提示语
03	阵雨或雷阵雨	03、04	请保持车距,不要急转弯,不要急刹车,行车时关好车窗,注意防雷,勿到河边、旷野等地势低洼地段。
05	冰雹天气	05	强对流冰雹天气,请把车停到室内停车场或使用汽车防护伞,防冰雹砸伤
06	雨夹雪	06	雨夹雪天气气温较低,从夜晚到清晨,地面容易形成"地穿甲",行车时最好装上防滑链,低档缓慢行进。
21	小到中雨	07、21	小到中雨天气路滑,提高警惕,注意安全,避免紧急制动、紧急转向,以防车辆侧滑发生危险。
22	中到大雨	08、22	中到大雨天气,视线不佳,请减速行驶,保持行车安全距离,小心驾驶。
23	大到暴雨	09、23	大到暴雨天气,视线差,慢速行驶,行车中开启示廓灯或近光灯,不要超车,不要急转弯。
10	暴雨	10、11、12、24、25	暴雨天气,视线差,低速慢行,行车中开启示廓灯或近光灯,禁止超车,禁止急转弯。
13	阵雪	13	保持行车安全距离,注意防滑,不要急转弯,不要急刹车。
26	小到中雪	14、26	小到中雪天气,保持行车安全距离,注意防滑,有条件的情况下安装防滑链,保持与横向、纵向车辆的安全距离,尽量减少变线行驶,少超车。
27	中到大雪	15、27	中到大雪天气,减速行驶,视线不佳,安装防滑链,在积雪较多的路面,循车辙行驶。
28	大到暴雪	16、28	大到暴雪天气,慢速行驶,视线差,行车中开启示廓灯或近光灯,安装防滑链,不要超车,不要急转弯,在积雪较多的路面,循车辙行驶。

续表

归类	天气类型	预报代码	提示语
17	暴雪	17	暴雪天气,低速慢行,视线差,行车中开启示廓灯或近光灯,安装防滑链,禁止超车,禁止急转弯,在积雪较多的路面,循车辙行驶。
18	雾	18	视线差,请减速行驶并打开雾灯和示廓灯,适当鸣喇叭提醒对面车辆,保持足够安全距离,发现可疑情况,应停车让行。
19	冻雨	19	路面湿滑,驾车时请使用防滑链,降低车速,避免紧急制动、紧急转向,以防车辆侧滑发生危险。
20	沙尘	20、29、30、31	视线差,减速慢行,适当鸣喇叭提醒对面车辆,保持足够安全距离,安全驾驶。
00	无影响	其他编码	气象条件有利于行车,请关注其他路况信息。

注:表中的小到中雨包括:小雨,小到中雨;中到大雨包括:中雨,中到大雨;大到暴雨包括:大雨,大到暴雨;暴雨:包括暴雨,大暴雨,大暴雨到特大暴雨、特大暴雨小到中雪包括:小雪,小到中雪;中到大雪包括:中雪,中到大雪;大到暴雪包括:大雪,大到暴雪;暴雪包括:暴雪。

三、气象灾害频发点数据及提示语

针对 2014 年对杭瑞高速(G56)、汕昆高速(G78)、银昆高速(G85)云南段的三条高速公路交通气象灾害的风险普查结果,有必要对其气象灾害类型、主要致灾气象因子、灾害影响情况等进行加工处理,存储为气候灾害数据,放入交通气象服务系统中对公众及决策管理部门进行相关提示或者警示。普查气象灾害频发点数据及相关提示语如表 7-53 所示。

表 7-53 气象灾害频发点数据及提示语

公路编号	县份	灾害类型	提示语
G85K409+100F	盐津	大雾	该路段大雾天气频发,容易导致车辆追尾,请车辆减速慢行,交管部门必要时封闭车道!
G85K366+500C	盐津	路面积冰	该路段因路面积冰曾经造成 1 人死亡,交管部门必要时请对路段路面进行防滑处理!
G85K435+600G	大关	强降雨	该路段强降雨天气频发,过往车辆注意,交管部门必要时加固山体防护网!
G85K438+300H	大关	强降雨	该路段强降雨天气频发,过往车辆注意,交管部门必要时加固山体防护网!
G78K58+900	师宗	路面积冰、大雾	该路段冬季路面易结冰,秋冬季浓雾气候较多,且此路段为长坡路段,过往不熟悉路况的驾驶员较易发生交通事故,交管部门必要时请撒盐融冰、封闭道路!
G56K2134	马龙	大雾	该路段大雾天气频发,容易导致车辆追尾,请车辆减速慢行,交管部门必要时封闭车道!
K2342+850M	禄丰	路面积冰、大雾、强降雨	该路段天气复杂,夏季易发生强降雨,秋冬季大雾天气频发,冬季易积冰,过往车辆开灯,交管部门开隧道灯必要时封闭车道!
G56K2267	安宁	团雾	该路段团雾频发,容易导致车辆追尾,请车辆减速慢行!

公路编号	县份	灾害类型	提示语
G56K2314＋900M	安宁	团雾、路面积冰	该路段冬季易积冰,且团雾频发,容易导致车辆追尾,请车辆减速慢行,开启雾灯,交管部门必要时封闭车道!
G56K2302	禄丰	团雾、路面积冰	该路段冬季易积冰,且团雾频发,容易导致车辆追尾,请车辆减速慢行,开启雾灯,交管部门必要时封闭车道!
G56K2101	麒麟区	路面积冰、大雾	该路段路面易积冰,且大雾天气频发,容易导致车辆追尾,请车辆减速慢行,交管部门必要时封闭车道!
G56K2681＋15000A	隆阳区	强降雨	该路段曾经因下暴雨,司机超速行驶,车辆翻坠下95米深的山崖,造成共15人死亡,14人受伤。过往车辆注意防范!交管部门必要时封闭半幅道路!
G56K2735＋500A	隆阳区	路面积冰	该路段因路面积冰曾经造成4人死亡,交管部门必要时对路段路面进行防滑处理!
G56K2739＋200A	隆阳区	路面积冰	该路段因路面积冰曾经造成2人死亡,交管部门必要时对路段路面进行防滑处理!
G56K2369	楚雄市	路面积冰、大雾、强降雨	该路段天气复杂,夏季易发生强降雨,秋冬季大雾天气频发,冬季易积冰,车辆容易追尾,过往车辆请开灯,交管部门必要时人工撒盐防冻或人工除雪,封闭车道!
G56K2739＋200B	隆阳区	团雾	该路段团雾频发,曾经造成1人死亡,容易导致车辆追尾,请车辆减速慢行!
G56K2340	楚雄市	路面积冰、大雾、强降雨	该路段天气复杂,夏季易发生强降雨,秋冬季大雾天气频发,冬季易积冰,车辆容易追尾,过往车辆请开灯,交管部门必要时人工撒盐防冻或人工除雪,封闭车道!
G56K61＋800A	祥云	路面积冰	该路段路面积冰天气频发,曾经造成3名人员伤亡,交管部门必要时对路段路面进行防滑处理!
G56K2278	南华	路面积冰	该路段海拔高,路面积冰天气频发,易引发事故或严重交通阻塞,建议交管部门人工撒盐防冻!
G56K72＋600A	祥云	路面积冰	该路段因路面积冰天气已造成4人死亡,建议交管部门人工撒盐防冻!
G56K121＋000A	祥云、弥渡	路面积冰	该路段因路面积冰天气已造成3人死亡,建议交管部门人工撒盐防冻!
G56K2803＋150A	龙陵	路面积冰	该路段因路面积冰天气已造成1人死亡,建议交管部门人工撒盐防冻!
G56K2808＋100A	龙陵	路面积冰	该路段路面积冰天气频发,防范措施:人工撒盐防冻!
G56K136＋000A	大理市	路面积冰	该路段因路面积冰天气已造成3人死亡,建议交管部门人工撒盐防冻!
G56K167＋200A	大理市	路面积冰	该路段因路面积冰天气已造成3人死亡,建议交管部门人工撒盐防冻!
G56KK38＋450A	漾濞	路面积冰	该路段因路面积冰天气已造成3人死亡,建议交管部门人工撒盐防冻!
G85K390＋000E	盐津	强降雨	该路段强降雨天气频发,过往车辆注意,交管部门必要时加固山体防护网!

续表

公路编号	县份	灾害类型	提示语
G56K2315	禄丰	路面积冰、大雾、强降雨	该路段天气复杂,夏季易发生强降雨,秋冬季大雾天气频发,冬季易积冰,车辆容易追尾,过往车辆请开灯,交管部门必要时人工撒盐防冻或人工除雪,封闭车道!
G56K2322	禄丰	路面积冰、团雾、强降雨	该路段天气复杂,夏季发生强降雨,冬季易积冰,且团雾频发,车辆容易追尾,过往车辆请开灯,交管部门必要时人工撒盐防冻或人工除雪,封闭车道!
G85K2005	寻甸	路面积冰、团雾、强降雨	该路段天气复杂,夏季易发生强降雨,冬季易积冰,且团雾频发,车辆容易追尾,过往车辆请开灯,交管部门必要时人工撒盐防冻或人工除雪,封闭车道!
G85K341+600B	水富	路面积冰	该路段因路面积冰天气已造成1人受伤,建议交管部门人工撒盐防冻。
G56K2312	禄丰	路面积冰、大雾、强降雨	该路段天气复杂,夏季易发生强降雨,秋冬季大雾天气频发,冬季易积冰,车辆容易追尾,过往车辆请开灯,交管部门必要时人工撒盐防冻或人工除雪,封闭车道!
G85K328+800A	水富	强降雨	该路段强降雨天气频发,已造成3人伤亡,过往车辆注意防范!
G56K2369	楚雄市	路面积冰、大雾、强降雨	该路段天气复杂,夏季易发生强降雨,秋冬季大雾天气频发,冬季易积冰,车辆容易追尾,过往车辆请开灯,交管部门必要时人工撒盐防冻或人工除雪,封闭车道!
G56	马龙	路面积冰、大雾	该路段天气复杂,秋冬季大雾天气频发,冬季易积冰,车辆容易追尾,过往车辆请开灯,交管部门必要时人工撒盐防冻或人工除雪,封闭车道!
G56K2154	嵩明	路面积冰、大雾	该路段天气复杂,秋冬季大雾天气频发,冬季易积冰,车辆容易追尾,过往车辆请开灯,交管部门必要时人工撒盐防冻或人工除雪,封闭车道!
G56K2204	官渡区	路面积冰、大雾	该路段天气复杂,秋冬季大雾天气频发,冬季易积冰,车辆容易追尾,过往车辆请开灯,交管部门必要时人工撒盐防冻或人工除雪,封闭车道!
G56K2220	官渡区	路面积冰	该路段路面积冰天气频发,建议交管部门人工撒盐防冻,必要时封闭车道!
G78K2054	宜良	路面积冰	该路段路面积冰天气频发,建议交管部门人工撒盐防冻,必要时封闭车道!
G78K2090	澄江	路面积冰	该路段路面积冰天气频发,建议交管部门人工撒盐防冻,必要时封闭车道!
G78K2112	经开区	洪涝	该路段洪涝天气频发,过往车辆注意防范!
G78K2064	宜良	洪涝	该路段洪涝天气频发,过往车辆注意防范!
G78K2098	呈贡区	路面积冰	该路段路面积冰天气频发,建议交管部门人工撒盐防冻,必要时封闭车道!

四、交通旅游气象服务业务流程和规范

开展交通旅游气象服务工作,在建立交通气象服务业务平台的基础上,还需要建立科学的

业务流程及规范,以下主要以云南省为例,介绍其交通旅游气象服务的业务流程和规范。

1. 业务范畴

第一条　为满足云南省道路交通旅游发展对气象保障服务的需求,促进气象、交通运输、旅游等部门合作,有效预防和减少交通事故的发生,依据《中华人民共和国气象法》、《气象灾害防御条例》等法律法规和《交通运输部中国气象局关于进一步加强公路交通气象服务工作的通知》、《云南省人民政府云南省公路网规划(2005—2020 年)》以及《云南省高速公路交通气象观测网布局发展规划(2013—2017)》等文件,特制定本规范。

第二条　交通旅游气象服务是指为保障道路交通安全畅通及公众旅游安全出行开展的气象灾害监测预报预警服务,以及为道路交通规划设计、建设施工、运营管理及旅游管理部门防灾减灾等提供的气象咨询和论证服务。

第三条　交通旅游气象监测:根据云南高原山地气候特点,有针对性地开展道路沿线及风景区的降雨(雪)、风、气温、能见度、路面状况(路面温度、湿滑程度、积水、结冰、积雪)等监测业务。

第四条　交通旅游气象预报预警:针对性地开展道路沿线及风景区的强降雨(雪)、路面状况(路面高温、积水、积雪、结冰)、高温、冰冻灾害等精细化预报预警业务。

第五条　交通旅游气象服务:为公众旅游出行、道路交通安全管理和运营调度、客货运输等开展的气象服务业务。

第六条　基于计算机网络、地理信息系统 GIS 等技术,建立道路交通气象监测预警预报服务系统。加强省气象局、省交通厅、省旅游局等部门间的数据共享整合,实现云南省交通旅游气象服务信息共享。

2. 职责与分工

第七条　云南省交通旅游气象服务主要由云南省气象服务中心承担。

第八条　云南省气象服务中心是交通旅游气象服务的主体,承担以下职责:

(一)组织和指导本省交通旅游气象服务工作;

(二)制作和发布本省交通旅游气象服务产品;

(三)实现本省交通旅游气象服务信息共享;

(四)制作下发交通旅游气象服务指导产品;

(五)组织完成本省交通旅游重大气象灾害服务总结。

3. 业务流程

第九条　交通旅游气象服务业务流程主要包括确立服务用户,开展需求调研,制定服务方案,收集实时数据,开展预警预报,完善服务指标,制作分发产品,开展业务考核等。

第十条　建立交通旅游气象监测数据实时收集系统,开展公路交通气象监测数据质量控制,实现交通旅游气象监测信息的自动分级报警。

第十一条　应用数值预报、预报模型等多种方法制作发布交通旅游气象灾害预报预警产品,并及时更新和解除预报预警。

第十二条　通过多种手段发布交通旅游气象服务信息。

第十三条　收集云南省交通厅、云南省公路投资开发有限公司、云南省旅游局、相关旅行社等用户的服务需求和反馈信息,开展服务效益评估。

4．服务产品

第十四条　交通旅游气象服务产品主要包括:

(一)降水、能见度、最高气温、最低气温、相对湿度、路面温度等交通旅游气象实时监测产品;

(二)强降水、高温(包括路面高温)、冰冻灾害、沿线城市、交通旅游气象指数等交通旅游气象预报预警产品;

(三)交通气象灾害频发点气象服务产品;

(四)其他服务产品。

第十五条　交通旅游气象服务产品要与云南省气象台的常规天气预报产品一致,且应针对性强、用词准确、图表清晰、通俗易懂。

5．服务方式

第十六条　交通旅游气象服务方式主要包括交通气象服务专报、交通气象产品共享、现场服务等。专业服务产品通过网站(中国天气网云南站、云南省气象局门户网站等)、传真、邮件等方式报送。

第十七条　交通旅游公众气象服务产品通过电视(云南卫视)、网站(中国天气网云南站、云南省气象局门户网站等)、微博等方式向社会公众发布。

第十八条　交通旅游专业专项气象服务产品根据服务用户(省交通厅、省旅游局等)实际需要通过多种方式提供。

云南省交通旅游气象服务业务流程图如图 7-44 所示。

五、交通旅游气象服务产品示例

交通旅游气象服务产品不仅要科学严谨,还要被服务对象阅读起来感觉顺畅、美观、舒适。在各个等级的气象服务产品中,经常存在文字字体、字号不统一,图形或大或小,格式混乱等问题,因此,为便于后续深入地开展交通气象旅游服务工作,有必要对交通旅游气象服务产品规范化管理,交通旅游气象服务平台需能够自动加工处理相关的实况及预报预警数据,每天制作出需要的交通旅游气象服务产品。

交通旅游气象服务产品主要是文字和图表相结合的产品。

文字内容主要包括标题、正文、发布时间和报送单位等要素,中心主题需明确、重点突出、针对性强、标题醒目。文字叙述的条理性要强,深浅恰当,精练流畅,通俗易懂。此外,产品的字体、字号、颜色、行间距等文字格式要统一,不能随意。

图表内容需根据材料用途或内容来确定,图文一致,图表所表示的信息要清晰、直观。所有图片均应有图框、图名、图例、资料日期和说明。此外,图例的颜色标准需采用 RGB 色彩模式,图例颜色从冷色调渐进到暖色调、暖色调渐进到冷色调或者使用同一色系,影响最大的中心(有可能灾害较大)颜色最重,以示突出。

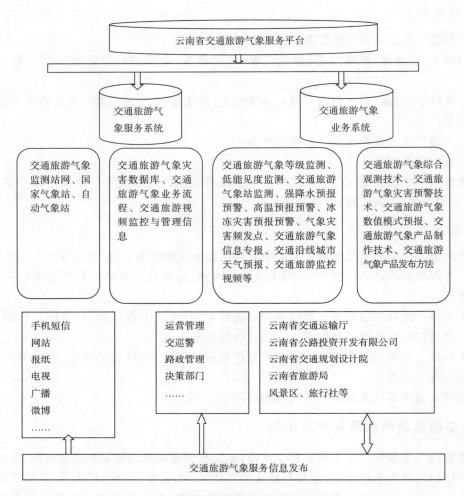

图 7-44　云南省交通旅游气象服务业务流程图

以云南省为例,其交通旅游气象业务系统每天自动制作的服务产品主要有实况产品、精细化预报产品、WRF 预报产品(3 km 网格分辨率)等三类气象服务产品。同时,还可根据特殊的一些需求(地震应急、滑坡、泥石流等),加工制作专题气象服务产品。具体的气象服务产品示例如下。

1. 实况产品

交通旅游气象实况产品主要为每天 08 时制作 5 张服务产品(图 7-45—49),具体为:云南省高速国道过去 24 小时累计降水、日平均气温、最高气温、日最低气温、能见度。

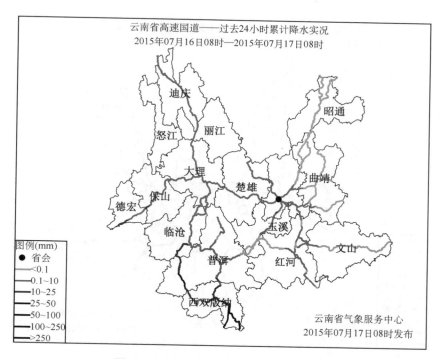

图 7-45　过去 24 小时降水实况(示例图)

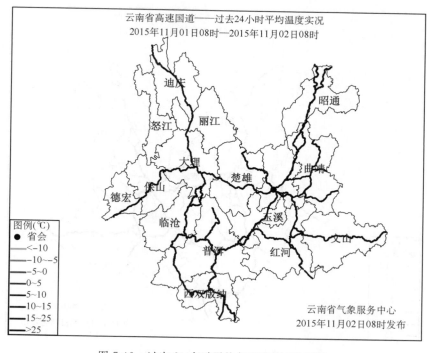

图 7-46　过去 24 小时平均气温实况(示例图)

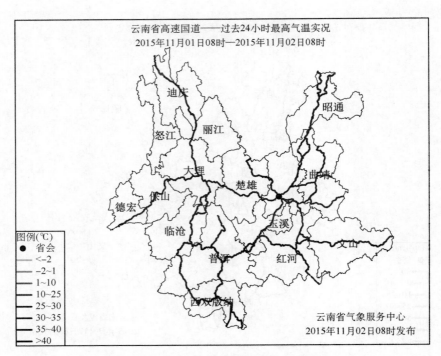

图 7-47　过去 24 小时最高气温实况(示例图)

图 7-48　过去 24 小时最低气温实况(示例图)

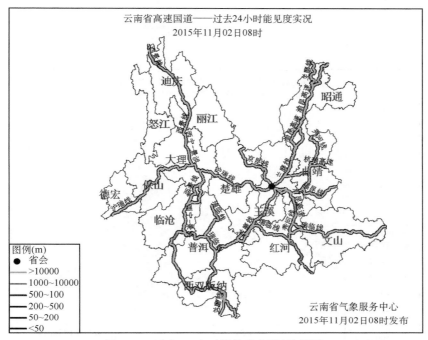

图 7-49　过去 24 小时能见度实况(示例图)

2．精细化预报产品

交通旅游气象精细化预报产品中每天 07 时制作 52 张服务产品、19 时制作 52 张服务产品。具体为：云南省高速国道 7 天内间隔 24 小时的精细化预报数据(降水、日最高气温、日最低气温、日最大相对湿度、日最小相对湿度)(图 7-50—55)，云南省高速国道 7 天内间隔 12 小时的精细化降水预报，云南省高速国道 3 天内间隔 24 小时的天气现象预报(图 7-56)。

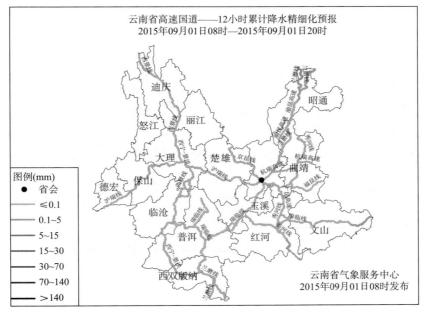

图 7-50　未来 12 小时累计降水精细化预报(示例图)

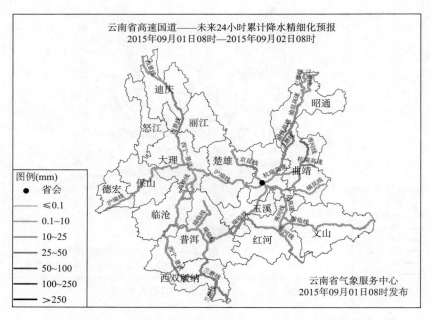

图 7-51　未来 24 小时累计降水精细化预报（示例图）

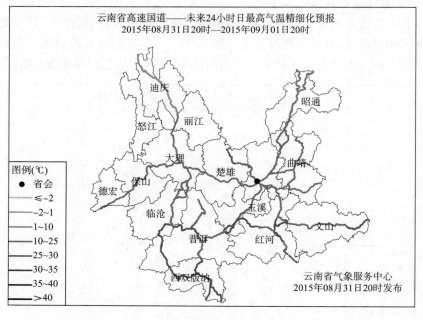

图 7-52　未来 24 小时日最高气温精细化预报（示例图）

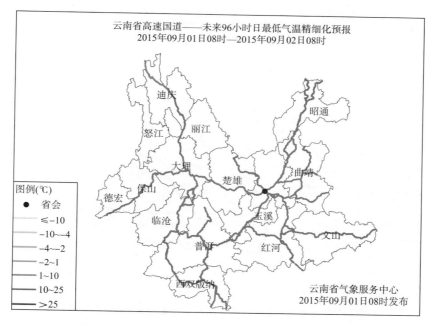

图 7-53 未来 24 小时日最低气温精细化预报(示例图)

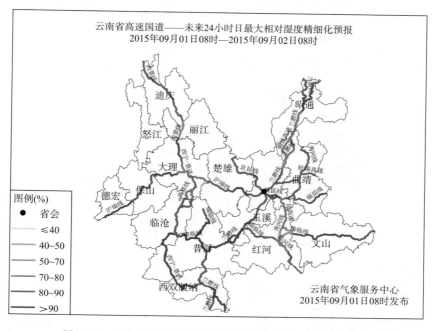

图 7-54 未来 24 小时日最大相对湿度精细化预报(示例图)

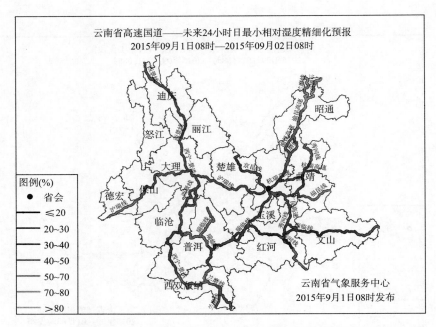

图 7-55　未来 24 小时日最小相对湿度精细化预报(示例图)

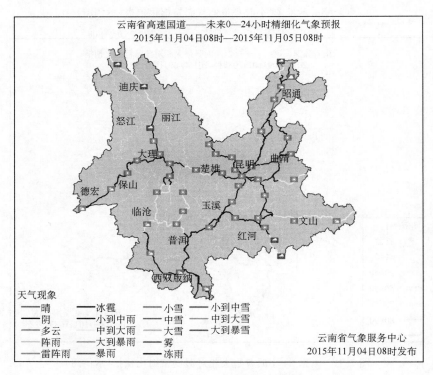

图 7-56　未来 24 小时天气现象精细化预报(示例图)

3. WRF 预报产品

交通旅游气象 WRF 预报产品中每天 07 时制作 12 张服务产品、19 时制作 12 张服务产品。具体为：云南省高速国道 2～3 天内间隔 24 小时的 WRF 预报数据（降水、日最高气温、日最低气温、日平均气温）（图 7-57—60），云南省高速国道 2～3 天内间隔 12 小时的 WRF 降水预报（图 7-61）。

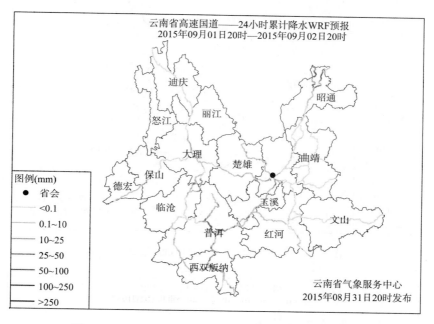

图 7-57　WRF 预报——24 小时累计降水预报（示例图）

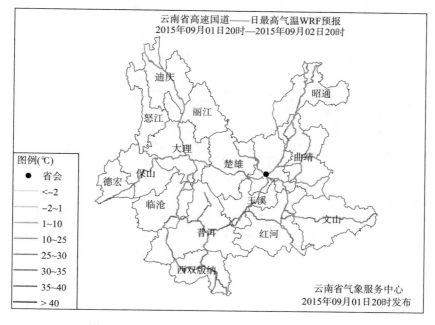

图 7-58　WRF 预报——日最高气温预报（示例图）

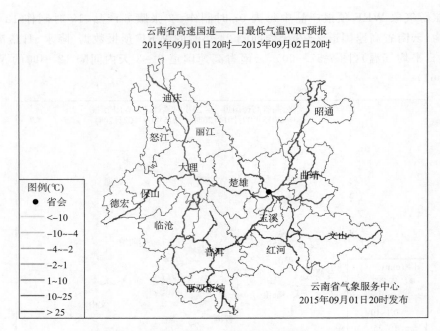

图 7-59　WRF 预报——日最低气温预报（示例图）

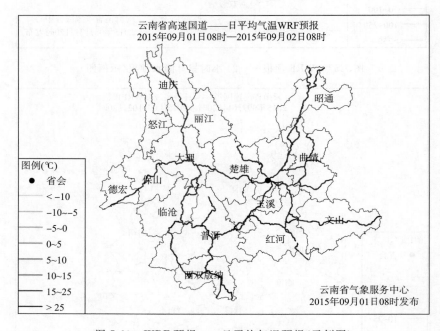

图 7-60　WRF 预报——日平均气温预报（示例图）

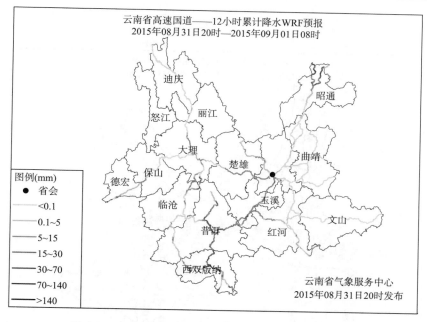

图 7-61　WRF 预报——12 小时累计降水预报(示例图)

4. 指数预报产品

交通旅游气象的指数预报产品主要有:穿衣指数预报、感冒指数预报、空气质量 AQI 等级预报及旅游气象指数预报(图 7-62—65)等产品。

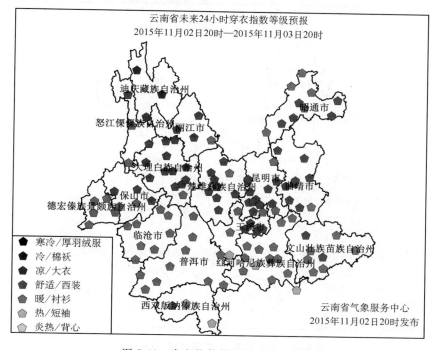

图 7-62　穿衣指数等级预报(示例图)

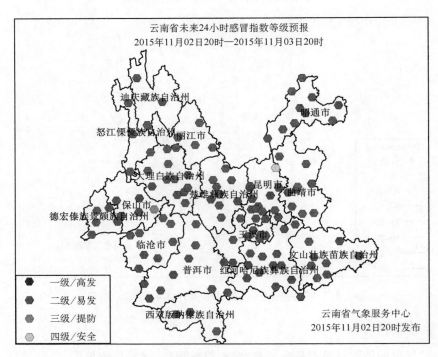

图 7-63　感冒指数等级预报（示例图）

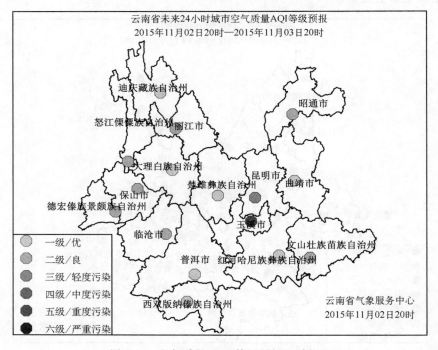

图 7-64　空气质量 AQI 等级预报（示例图）

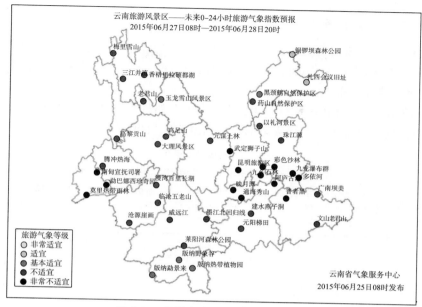

图 7-65 旅游气象指数预报（示例图）

5. 专题气象服务产品

交通旅游气象的专题气象服务产品主要是针对发生重大灾害（地震、滑坡、泥石流、洪水等）时所需提供的交通旅游服务产品。以鲁甸地震专题为例（图 7-66），在地震气象服务期间，制作鲁甸震区交通沿线气象服务产品（其中，实况产品每天制作 7 张，制作频次 4 次/天；预报产品每天制作 8 张，制作频次 2 次/天）。

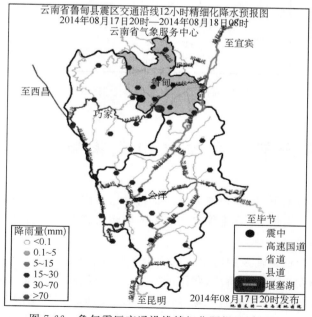

图 7-66 鲁甸震区交通沿线精细化预报（示例图）

6. 交通旅游气象服务专报

对于可能或已经出现的对交通旅游有影响的气象灾害,有必要进行全过程跟踪,发布预警和交通气象服务专报,直至灾害性天气过程结束时,根据需要对灾害性天气过程进行分析和总结,提交总结报告或评估报告。

(图 7-67)为每天 17 时制作发布一期云南省高速公路气象预报专报,根据天气过程有针对性地对云南省境内的可能出现气象灾害的高速国道路段做出提示。

云南省高速公路气象预报

云南省气象服务中心　2015年9月5日17时

9月5日20时—9月6日20时:昭通南部、曲靖、昆明北部、楚雄北部、丽江、大理北部阴有中到大雨局部暴雨;德宏、保山西部、临沧西部、普洱南部、西双版纳、红河南部阴间多云有小到中雨避部大雨;其他地区多云在阵雨。

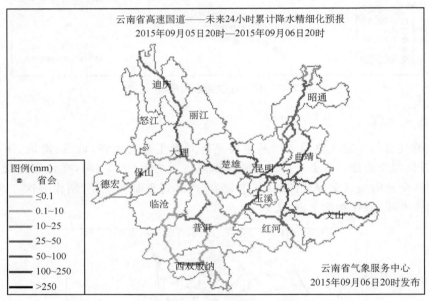

图 7-67　高速公路气象服务专报(示例图)

第六节　交通旅游气象服务展望

在全球变暖的大背景下,极端天气事件频发,台风、暴雨、洪涝、大雪、雾霾、冰冻、高温等气象灾害及其引发的山体滑坡、泥石流等次生灾害的影响日趋严重,在很大程度上对交通旅游产生了极大的影响。

气象灾害对我国交通运输及旅游出行的安全影响非常巨大,每天都有很多交通事故和景区灾害因恶劣天气而发生。在现阶段,我国的气象部门已经联合交通、旅游决策管理部门开展了一些交通气象灾害普查、交通旅游气象监测站建设、交通旅游气象服务平台研发、交通旅游气象服务流程规范制定等工作,并取得一些服务成效。但对灾害性天气条件下的交通旅游精细化监测、预警预报、安全问题等研究方面还落后于许多发达国家。因此,为使道路交通及旅游景区有一个安全、可靠、经济、高效、和谐的天气气候环境,有必要不断加强气象信息的监测、预报预警和信息发布,更有必要通过科学分析和总结气象条件对交通旅游安全的影响,完善交通旅游气象信息服务平台,以最大限度地降低气象灾害可能对道路交通和旅游景区造成的经济和生命财产损失。

在后续的工作中,以云南省为例,针对云南本地化的特色问题,云南省交通旅游气象服务工作可从以下几个方面展开和研究:

一、加强监测网络系统的建设

目前,交通旅游气象监测体系的建设滞后,监测网的密度、覆盖范围、监测要素的种类远远不能满足交通旅游气象监测和专业化预报服务的需求,资料共享机制、数据标准化以及信息传输途径还没有完全建立。

"十二五"期间,在"云南省综合交通信息共享和服务平台"项目和"陆地交通气象灾害防治技术国家工程实验室"项目的推动下,云南省气象部门和交通部门已经建立 22 个交通气象站,并已进入业务使用阶段,但存在监测站点数量少、不够全面的问题。同时采集到的交通气象数据和气象预警信息缺少一个及时、有效地途径传送到发布系统(交通广播、电视、手机、网络、电话、传真、电子显示屏等),提供给相关的部门。

旅游气象站方面,目前云南省只在石林景区进行了自动气象站、闪电定位仪和负氧离子的安装试点使用,旅游气象站对于开展全省性的旅游气象服务工作还远远不够。

因此,亟需结合本地区的地理条件和气候特点,科学规划和设计交通旅游气象监测站网,扩大服务对象,针对重点地区、重点路段及风景区的交通旅游气象服务的不同需求,加强交通旅游气象站点的实时监测及布局,加强道路沿线及风景区雾、雨、雪、低温冰冻、沙尘暴等灾害性天气监测,逐步完善云南省交通旅游气象灾害监测预警服务能力,以满足交通旅游气象服务的需求。

二、提升预报预警技术的研究

交通旅游气象服务发展的好坏,关键在于交通旅游干线的天气预报准确率,而提高正确率必不可少的就是技术的进步。发展时,要依靠科技进步,千方百计地提高预报预测准确率和服务能力,全力以赴提高气象服务产品质量。在提高服务的同时,加强气象的研究工作,积极与世界顶尖水平的国家进行技术交流,学习国外先进的技术,提高自身服务水平的质量。让社会公众愿用、会用、好用,并且能为用户带来可观的经济效益。

针对云南的气候特点,还需开展能见度、降雨(雪)、大风、路面温度、交通旅游指数等气象条件预报技术研究和交通旅游气象灾害影响评估技术研究,建立交通旅游气象影响评估模型。发展道路交通旅游气象服务专业模式,提供高分辨率的能见度、路面温度、道路结冰等预报产品,建立道路交通旅游气象监测、预(警)报服务系统,增强交通旅游气象预报水平和业务指导能力。

(1)交通旅游气象预报模型/模式研究

借鉴国内外先进的发展经验,基于统计或理论方法,研制精细化的交通旅游气象低能见度、路面状况、路面摩擦系数、交通气象指数、旅游气象指数、景观预报等预报模型,逐步应用于业务实践,并进行效果检验和评估。

（2）基于 GIS 地理信息技术的交通旅游气象灾害影响评估技术研究

基于 GIS 技术，研究能见度、道路结冰、路面高温、山洪和地质灾害等交通旅游气象灾害风险因素指标体系，利用风险评估方法和地理信息技术，建立主要交通旅游气象灾害风险评估模型，提供相应的道路交通旅游气象灾害影响评估产品。

（3）交通旅游气象集合概率预报技术研究

对中尺度集合预报产品进一步开发和完善，通过典型个例分析研究中尺度集合预报产品的解释应用，开发衍生的道路交通旅游气象能见度、降水、风、温度、气候景观等集合预报产品。

三、交通旅游气象风险和效益评估

在开展交通旅游气象服务业务的基础上，需加强交通旅游气象监测、预报、服务等方面的标准规范制定，建立交通旅游气象风险和效益评估系统，主要从气象灾害对交通工程、旅游景区建设和运营管理的影响；交通工程、旅游景点对局地气象环境的影响评估；交通旅游气象服务效益评估等方面展开研究，以达到为道路交通及旅游景区服务的效益最大化。

推进交通旅游气象服务工作的发展任务艰巨，意义重大，希望在后续的工作中，多部门多行业共同携手，在观测站网建设上有新举措、在预报预警业务上有新提高、在服务效益上有新突破，共同推进交通旅游气象服务工作再上新台阶。

参考文献

毕家顺，秦剑. 2006. 云南城市环境气象[M]. 北京：气象出版社.

段旭，许美玲，王曼，等. 2009. 云南省精细化天气预报技术研究与应用[M]. 北京：气象出版社.

郭菊馨，白波，王自英，等. 2005. 滇西北旅游景区气象指数预报方法研究[J]. 气象科技，33(6)：604-608.

黄朝迎，张清. 2000. 暴雨洪水灾害对公路交通的影响[J]. 气象，26(9)：12-15.

李长城，包左军，杨涛，等. 2007. 道路交通气象应用发展状况与启示[J]. 公路交通科技，24(7)：123-127.

李晓明. 1997. 关于联邦德国公路气象信息系统的考察报告[J]. 东北公路，4：77-79.

宋静，姜有山，张银意，等. 2001. 连云港旅游气象指数研究及其预报[J]. 气象科学，21(4)：480-485.

王金莲，胡善风，刘安平，等. 2014. 黄山风景区旅游气象灾害防御系统探析——以雷电监测预警系统为例[J]. 地理科学，34(1)：60-66.

王少飞. 2007. 高速公路气象信息服务系统[J]. 中国交通信息产业，1：116-119.

王少飞，关可. 2007. 恶劣气象条件下的高速公路实时监控系统研究[J]. 现代电子技术，30(12)：20-22；28.

王秀荣，王维国，张建忠，等. 2012. 全国气象服务规范技术手册[M]. 北京：气象出版社，78-87.

王喆. 2007. 高速公路灾害性天气研究[J]. 交通标准化，01：104-108.

吴焕萍，韦锦超，赵琳娜，等. 2010. 基于 GIS 的道路气象图形与文本自动生成[J]. 计算机工程，6(22)：277-279.

吴先华，赵飞，郭际，等. 2013. 交通气象服务效益评估——以沪宁高速公路为例[J]. 气象科学，33(5)：555-560.

吴赞平，王宏伟，袁成松，等. 2006. 沪宁高速公路气象决策支援系统[J]. 现代交通技术，05：91-94.

向曦，荣昕，闫广松，等. 2015. 基于 GIS 技术制作云南省公路交通气象服务产品[J]. 云南气象，35(1)：75-78.

星球地图出版社. 2013. 云南省地图册[M]. 北京：星球地图出版社：5-11.

许小峰. 2010. 现代气象服务[M]. 北京：气象出版社，116-125.

严明良，缪启龙，袁成松，等. 2011. 沪宁高速公路一次大雾过程的数值模拟及诊断分析[J]. 高原气象，30(2)：

428-436.

袁成松,王秋云,包云轩,等.2011.基于 WRF 模式的暴雨天气过程的数值模拟及诊断分析[J].大气科学学报,**34**(4):456-466.

翟雅静,李兴华.2015.灾害性天气影响下的交通气象服务进展研究[J].灾害学,(02):144-147+178.

中国气象局.2007.QX/T76—2007 高速公路能见度监测及浓雾的预警预报[S].中华人民共和国气象行业标准.

中国气象局.2010.QX/T111—2010 高速公路交通气象条件等级[S].中华人民共和国气象行业标准.

中华人民共和国交通运输部.2008.JT/T714—2008 道路交通气象环境能见度监测器[S].中华人民共和国交通行业标准.

中华人民共和国交通运输部.2011.交通运输"十二五"发展规划[S].中国公路网.

中图北斗文化传媒(北京)有限公司.2014.云南省公路网地图集[M].北京:中国地图出版社:9-17.

Bogren J,Gustavsson T,Postgard U. 2000 . Local temperature differences in relation to weather parameters [J]. Int. J. Climatol,**20**(2):151-170.

Brodsky H,Hakkert A S. 1988. Risk of a road accident in rainy weather [J]. Accident Analysis and Prevention,**20**(3):161-176.

Chapman L,Thornes J E,Bradley A V. 2001. Rapid determination of canyon geometry parameters for use in surface radiation budgets[J]. Theoretical and Applied Climatology,**69**:81-89.

Edwards B J. 1998. The relationship between road accident severity and recorded weather [J]. Journal of Safety Research,**29**(98):249-262.

Hertl S,Schaffar G. 2006. An autonomous approach to road temperature prediction [J]. Met Apps,**5**(3):227-238.

Jacobs W,Raatz W E. 2007. Forecasting road-surface temperatures for different site characteristics[J]. Met Apps,**3**:243-256.

Keay K,Simmonds I. 2005. The association of rainfall and other weather variables with road traffic volume in Melbourne,Australia[J]. Accident Analysis and Prevention,**37**(1):109-124.

Leslie S,Allen P. 2006. Predicting road hazards caused by rain,freezing rain and wet surfaces and the role of weather radar[J]. Met Apps,**4**(1):17-21.

Shoo J,Lister P J. 1996. An automated nowcasting model of road surface temperature and state for winter road maintenance [J]. Apply Meteorology,**35**(8):1352-1361.

第八章　气象影视服务

作为气象服务的重要窗口和手段,气象影视服务一直为经济社会发展和社会公众生产、生活提供优质服务,在防灾减灾、气象科普宣传等方面发挥着巨大作用,也为提升气象部门形象做出了积极贡献。

第一节　气象影视服务内涵及意义

本节对气象影视服务的内涵和重要意义进行了讨论,指出电视媒体是公众气象服务中最重要的手段之一,是架起气象科技与社会公众的桥梁。

一、基本内涵

公众气象服务是气象部门履行社会公共服务职能,通过电视、广播、报纸、电话、手机和网络等多种公共传播媒介,向社会公众提供公益性气象服务信息,是体现气象服务以人为本理念的具体行动,是公共气象服务的重要组成部分,是提高全社会防灾减灾和应对气候变化能力,保障人民安全福祉的重要措施。公众气象服务在保障重大天气气候事件、灾害性天气、预警信息及时、准确发布的同时,也在不断丰富公众气象服务产品的内容、种类和展现形式。近年来,随着电视媒体日趋发展成熟,电视气象服务,即气象影视服务所呈现的气象服务产品也在以更加形象、生动、简明、直观和通俗易懂方式为社会公众提供生产生活气象信息,目前已成为观众喜闻乐见的重要气象服务形式,是公众气象服务中最为重要的服务方式。

二、重要意义

气象影视服务作为直接面对公众提供公益性气象信息的重要手段之一,在公众气象服务,乃至公共气象服务中发挥着不可替代的重要作用。在现代气象业务体系中,预报、测报业务是气象部门的基础,气象服务业务是气象部门的核心,在气象事业发展中起着重要的引领作用。始终坚持气象服务是气象工作的立业之本,是气象部门几十年来探索中国特色气象事业发展道路中得出来的宝贵的经验。纵观全国各级气象部门发展历程,只要气象服务做得好,得到党委、政府和社会公众的认可,气象事业的发展就会更加顺利,气象部门的社会地位就会得到提升。因此,在当前业务现代化体系建设中,下大力气狠抓公共气象服务业务的现代化建设,使气象服务业务的现代化建设有效地与传统的预报、测报基本业务相衔接,形成气象服务的"两个引领"尤为关键。

气象影视服务业务是公共气象服务中的重要成员,无论是各级领导深入气象部门调研指导工作,还是各级党政部门、各行各业和社会公众对气象部门的深刻印象,多半都对气象影视服务形式和内容的评价。电视作为当前众多媒体中的第一大权威媒体,使得气象影视成为气象信息服务的主要业务技术,早在多年前,中国气象局就已经将气象影视业务作为继气象预报业务和气象观测业务之后的第三项全国气象业务竞赛项目,每两年举办一次,极大地推动了气象影视业务健康发展。时至今日,气象影视业务作为气象事业诸多业务中的年轻一类,早已从当初的单纯创收项目发展成为气象服务业务的主力军、排头兵,架起了气象科技业务与社会公众的桥梁。

第二节　气象影视服务基础业务——电视天气预报

本节对最常见的服务方式——电视天气预报的起源和发展过程进行了介绍,并详细介绍了日常电视天气节目策划、制作思路方法,同时,对新出现的重大灾害性天气事件连线直播业务也展开了讨论。

一、电视天气预报释义

电视作为一种最贴近大众生活的传媒方式,将画面、声音、文字、色彩融为一体,信息展示直观生动,因此,利用电视媒体传播气象知识,即制作电视天气预报节目,也逐渐发展成最为重要的气象信息传递方式。电视天气预报是把气象和电视真正融合起来的电视节目,是利用国家级、省级、市级乃至县级电视媒体平台,向社会公众发布天气实况信息及未来天气趋势的电视节目,在有气象先生或气象小姐(统称"气象节目主持人")主持播报的电视天气预报节目部分,将采用既通俗易懂又符合电视用语规范的语言,将气象信息与社会公众的生产生活,如日常生活、交通出行、农业生产、旅游、穿着、民俗、节气等内容紧密结合,给予提示提醒、提出措施建议等,从而达到服务公众,防灾减灾的目的。

二、电视天气预报的起源发展

1. 全国电视天气预报起源发展

我国电视天气预报起始于 20 世纪 80 年代初期。1980 年 7 月 7 日中国气象局与中央电视台首次合作,由一线预报员到电视台根据当天天气形势讲解天气信息,尽管预报员在电视荧屏上播讲天气与专业节目主持人播讲效果存在一定差距,却开创我国电视天气预报的先河,为后期电视天气预报的发展和完善提供了机遇。

目前,电视天气预报节目已经遍布国家级、省级、市级、县级电视台,每天,在全国各类电视媒体平台播出的气象服务节目高达 3000 多套(2009 年 11 月统计),国家级电视天气预报每天制作节目近 100 套,节目覆盖中央一套至中央十套、中国教育频道、凤凰卫视、旅游卫视、新华社等。此外,全国所有省份在内,总计在 200 多个省级频道播出 400 余套气象节目;300 多个地级市频道总计播出 700 余套气象节目;1500 多个县市也各自拥有不同形式的气象服务节目。其中,省级气象影视部门每天制作电视天气预报节目累计时长从几个小时到几十个小时不等。近年来,随着电视天气预报节目不断发展、完善,节目画面已经由最初单一的卫星云图或天气形势图扩充到生产生活中一切和天气有关的画面;天气预报节目范围已经从国内发展到国外一些城市,语种从中文发展到英文等多种语言。

　　在中央电视台每年的节目收视率调查中,电视天气预报节目更是多年稳居第一位,收视率最高纪录达 29.29%,同时,在各省级媒体平台中,电视天气预报节目的收视率也位于各省级电视频道前列。我国电视天气预报节目的收视人次已经增加至每天 8 亿左右,在公众气象服务的各种媒体传播手段中,电视成为公众获得气象信息最重要、最权威的渠道。

　　2. 云南电视天气预报发展历程

　　(1)近 30 年的探索之路

　　在全国电视天气预报开启后的第七年,即 1987 年,云南气象影视业务开始起步。由于当时没有演播室、制作机房,受到诸多条件限制,节目制作能力有限,每天只为云南电视台制作一套电视天气预报节目,节目画面质量较差。1996 年,云南气象影视服务在近 10 年的发展中,迎来第一次跨越式发展。在这一阶段,云南省气象影视中心购置了成套广播摄录编辑设备,并建设了专业的节目录制演播室,实现了模拟抠像技术,随着演播录制设备的构建、更新和节目制作水平的不断提升,云南电视天气预报主持人走上了荧幕,在每天的节目中为观众详细解读气象信息、介绍未来天气发展趋势及各地具体天气情况,使节目质量得到了质的飞跃。此外,在 1996 年,云南气象影视服务还开启了全国首套旅游气象服务节目,为广大旅游爱好者提供了最直观的旅游气象信息,同时也为云南旅游宣传工作做出了积极贡献,取得了较好的社会效益和经济效益。

　　目前,云南气象影视在硬件设备上已拥有 3 间节目录制演播室,并配套有摄像机、灯光、操作台及相应节目录制设备,其中,2 号演播室为高清多功能演播室,除常规电视天气预报节目外,可承担高端访谈等更为复杂的节目录制工作;在人员队伍建设方面,打造一支由气象、播音主持、特效动画、摄影、新闻编导等多种专业构成总计 25 人的专业气象影视团队,设备增加及人员队伍壮大,为云南电视天气预报节目制作提供了强有力的保障,目前,云南省内多家权威电视媒体都相继开展了电视天气预报节目,云南气象影视每天制作播出的电视天气预报节目从原来的 6 套增加到 20 余套,累计时长近 3 个小时。

　　(2)云南电视天气预报节目"大革命"

　　虽然从 1987 到 1996 年间,云南气象影视节目制作设备经历了三次改进,节目套数也有所增加,但云南电视天气预报节目制作的整体水平依然不尽人意。随后的 5 年多时间里,云南电视天气预报节目在摸索中不断创新,节目制作能力不断增强,自 2010 年以来至今,云南省电视气象节目制作技术的完善和专业气象影视队伍的壮大,使云南气象影视服务质量得到显著提升,整体节目制作水平跻身全国前列。云南气象影视引进世界最先进的电视天气节目制作系统"Weather Central",使电视天气预报中呈现的天气图像——如副热带高压、卫星云图、台风路径模拟等更加生动、直观,同时主持人播讲方式也从原来的"在固定时间内说完特定内容,对天气图形图像解读力度不够"转为"与天气图文图像自如互动,自控节奏,自主讲解"。电视天气预报节目形式上的革新让气象信息传播更加直接有效。同时在节目内容上也力求更加贴近百姓生活,信息服务更加细致到位,开展了交通气象、旅游气象、生活气象、农业气象等多套具有较强针对性的气象服务节目。在 2013 年全国第九届气象影视业务竞赛中,云南省气象影视部门制作的旅游气象节目《走进元阳哈尼梯田》、专业气象节目《天气再现——楚雄彝族火把节》、农业气象节目《高原农情——建设生态梨园,对抗不利天气》等气象节目获得中国气象局及各省(区、市)

气象局气象影视同仁的一致好评,其中农业气象服务节目荣国全国气象为农服务三等奖。

同时,为了让电视气象信息传递更加及时、高效,从 2013 年 1 月开始至今,云南气象影视部门与云南电视台二台都市频道、云南电视台六台公共频道等在云南省内有着极高关注度的省级媒体成功开启电视天气预报直播业务,逢重大天气过程和地震、山体滑坡、泥石流等自然灾害发生时,第一时间直播连线,进一步提升了云南电视天气预报节目的质量和水平。

（3）云南电视天气预报业务大集约

云南省气象影视服务业务分为省级气象影视服务业务和州市级气象影视服务业务。省级气象影视服务业务承担云南省级电视媒体、中国气象频道及昆明、红河、版纳、大理、楚雄、迪庆 6 个州市级电视媒体的天气预报节目制作工作。目前全省 16 个州市电视天气预报节目皆在当地电视台的黄金时间播出,普遍时长达 2～4 分钟,但除省气象局已集约的大理、楚雄、昆明、版纳、迪庆、红河 6 个州市外,其余地区的气象影视业务服务能力和水平普遍较弱,几乎都还采用 20 世纪 90 年代的虚拟主持人、语音库配音技术,节目形式简单,视觉效果差,无法满足受众需求,导致州市气象影视服务效果受到较大影响,极大影响了气象高科技部门的形象和水平。

对于未集约州市,若要达到已集约州市节目制作水平,需建造节目录制演播室,并需大量设备、专业人员投入,维持成本较高;采用电视台代做方式,将会导致气象部门失去制播自主权,天气预报节目的专业性和权威性难以保障。基于上述考虑,云南气象影视于 2015 年 5 月 1 日开启全省气象影视业务集约进程,即将全省 16 个州市电视天气预报节目统一交由省级影视中心集约制作,节目以片头、主持人播报、主持人城市预报配音、片尾四部分组成,其中,各州市节目稿件提纲及城市预报数据等基本素材由各州市气象局提供,省级气象影视将利用现有设备、人员等资源高质高效制作各州市节目并由各州市气象局统一接收最终下发至各州市电视台播放。云南气象影视集约工作于 2015 年 12 月底全部完成。云南气象影视业务集约在大幅节约全省气象影视节目制作成本的同时,更能较好地保障天气节目的气象服务效果。

三、电视天气预报节目的岗位素养

电视天气预报节目制作根据职责分工大致分为编导、主持人、编辑、特效制图、摄像等岗位。纵观各级气象影视中心多采用编导负责制,个别省市采用主持人负责制来开展全天业务工作,两种制度各有侧重,各有其长,也充分体现了节目编导、主持人在电视天气预报制作中的核心作用。因此,要想制作一档好的电视天气预报节目,对于节目编导、主持人的个人业务素养要求相对于编辑、摄像等其他岗位要更为严格。

1. 编导

国家级影视中心编导岗位通常分为气象编导和电视编导。气象编导每日需参加国家级天气会商,对相应数据资料分析提炼天气服务重点,并把天气服务重点通过编前会等方式传达给电视编导,电视编导再将天气服务重点、具体预报信息通过形象、生动的电视语言解读出来,最终形成电视天气预报节目稿件。对于大多数省级中心而言,由于人员紧缺,一般一名节目编导需要同时承担气象编导和电视编导的双重角色,因此,既需要专业的气象专业背景,又需要符合电视艺术审美思维和表达方式,二者缺一不可。在日常业务工作中,编导决定着当天节目制作的核心内容,需要与主持人、特效制图、编辑等多岗位进行直接、反复的沟通交流,从而将编导的核心思路充分展现在节目当中,对于实行编导负责制的单位,还将负责节目审带、错情检查等工作。因此,对于任意一档电视天气节目而言,节目编导对当天天气重点的准确把握、对天气图文图像表现形式的正确审美,以及个人的领悟力、创造力、学习能力、责任感对于节目质量保障、安播保障都至关重要。

(1)过硬的气象专业背景知识

电视天气预报节目不同于常规的电视节目,具有较强的专业性和科普性,对于电视天气预报节目受众而言,天气信息的准确传达尤为关键。为准确把握天气重点并正确解读天气信息,节目编导需参加专业的日常天气预报会商,从天气预报会商中准确把握近期影响当地的主要天气系统、天气系统影响的区域、时间,可能带来的天气现象以及可能造成的影响等,这对于没有经过气象专业培训或者缺乏气象专业背景知识的人员来说,很难胜任。因此,对于一个日常电视天气预报节目编导来说,气象专业背景知识极其重要,而对于逢重大天气灾害事件开展电视直播连线的编导而言,气象专业背景知识的重要性更加不言而喻。能读懂卫星云图、看懂数值预报、关键时刻能分析预测天气,稍加实践便可胜任专业气象服务或气象预报服务工作,只有达到这样的气象专业能力,才具备成为一名优秀电视天气预报节目编导的基本潜力。

而除具备上述的气象专业能力外,在日常生活中,气象科普知识、气象服务知识的积累也极为关键,如不同天气现象的区别,雪、米雪、霰有何异同、雾和霾怎样区分;不同节气时令的天气特点含义,如小寒大寒、立夏小满等节气会经历哪些微妙变化;不同季节的农事建议,如小春作物何时采收,大春作物何时播种;不同季节会有哪些与天气气候息息相关的民族节日等,通过对这些知识的学习和积累并恰到好处的穿插在节目当中,会大大提升电视天气预报节目的科普宣传和防灾减灾服务效果。对一名天气预报节目编导而言,气象知识的有意识积累、主动学习、不断梳理总结永无止境,此外,对于社会新闻、敏感事件、各行各业都要有所了解,才能做出服务贴心、与时俱进的高品质节目。

(2)灵活创新的电视思维

近年来,随着电视媒体的日益发展成熟,电视频道及电视节目更加丰富多彩,对于电视天气预报节目的风格定位也出现越来越多的声音。有人认为,电视天气预报,属于科普信息类节目,要突出节目的专业性和权威性,也有人认为,面对琳琅满目的节目种类以及电视不再是获取气象信息的唯一方式这样的事实,电视天气预报要想增加受众关注度,必须提升自身的趣味性和艺术性。其实综合来看,天气信息传达的准确性、发布的专业性和权威性是电视天气预报节目的核心竞争力,而具备核心竞争力还远远不够,如何让观众从被动接受到主动获取、乐于获取,提高天气预报信息的接受度和送达率,提升电视天气预报的趣味性和艺术性就显得极为关键,这就需要编导具备灵活创新的电视思维方式,能在365天的天气预报节目中不断创造新意,无论是语言上的变化,还是制图特效上的特技渲染,亦或是主持人服装造型上的巧妙改变,都会在一定程度上减轻观众的审美疲劳。而对于日复一日的电视天气预报节目,这个"变"字,必须要依托当日的天气服务重点以及当下与天气有关的热点新闻事件等方方面面,才能"变"得恰当,"变"得出彩。

(3)接地气的解读方式

将晦涩难懂的天气信息转化为生活化的语言讲述给观众,让观众听得懂、记得住、用得着,是对一名电视天气预报节目编导的基本要求。生活化的语言即为接地气、贴近公众生活用语但又区别于"大白话"、具有一定的艺术性和幽默感的语言。我国著名的电视天气预报节目主持人宋英杰,虽然是以节目主持人的角色出现在电视观众面前,但气象专业出身、做过预报员的他,对于天气的解读方式具有较高的学习参考价值。以 2010 年 9 月 6 日,宋英杰先生在新浪博客中发表的一篇博文《话说两种反派天气》为例:

话说两种反派天气

很多天气的发生,看似很随机很混沌,但往往是老天爷"宏观调控"的结果,只不过调控之手是看不见的。台风、雷电这些看似反派的天气现象,其实是老天爷精心设置的调控手段。本意是惠民的,但在实施的过程中看似比较扰民甚至殃民。

台风是用来做什么的? 它是用来进行"社会财富再分配"工作的。不同气候带之间各地的热量和水汽资源配置严重不均衡,于是老天爷用台风作为一种纠偏机制或者叫平衡功能,通过征收和发放来缩小各地热量和水汽资源的贫富差距。风,作为最原始的交通工具,承担税收、捐赠的实施工作。如果没有适量的台风,将导致热带更热,寒带更冷,温带这个"中产阶级"群体萎缩,气候带之间将出现严重的两极分化现象。

据统计,在很多水资源短缺的国家,超过 1/4 的淡水资源,是由台风这个"淡水资源扶贫基金会"分批捐赠的。只不过,这种物资发放的方式比较粗放,甚至比较粗暴。多寡不均,旱涝不匀,很多"扶贫款"并没有真正发放到最急需的地方。

雷电是用来做什么的? 它是从事"社会风气整治"工作的。老天爷担心天然环境质量恶化,就任命雷公电母负责日常的监督管理和维护,同样是一种纠错机制或者叫优化功能。雷电一能制造臭氧保护大气层,二能激发负氧离子清洁空气,三能激活氮制造大量免费的氮肥以肥沃土壤,四能消除大量细菌净化社会环境,五能震慑古代官员以自省自律。雷电的工作作风大刀阔斧,雷厉风行,但也很容易得罪人甚至伤人。

好天气、坏天气,往往不能光看它长相怎么样,人缘怎么样。还要看看它是否出自公心办实事。如果一面之缘,谁也不会喜欢台风、雷电这样的天气。当然,如果他们进行惠民工程的时候尽可能不扰民不致灾不好心办坏事就更好了。但完美终究是不存在的。个性鲜明的天气优点突出,缺点也突出,人往往也如此。歪批而已,止于谈笑即可。但其中的气象原理是真实的。

宋英杰先生将浩瀚的天空比喻成百姓口中的"老天爷",将复杂多变的天气现象解释为老天爷的宏观调控,将台风的本质功能表述为水汽和热量的"社会财富再分配",并客观地指出在很多水资源短缺的国家,超过 1/4 的淡水资源,是由台风这个"淡水资源扶贫基金会"分批捐赠。在对雷电的描述中,"一能制造臭氧保护大气层,二能激发负氧离子清洁空气,三能激活氮制造大量免费的氮肥以肥沃土壤,四能消除大量细菌净化社会环境,五能震慑古代官员以自省自律。"在清楚阐述雷电对自然环境有利之处的同时,笔锋一转"雷电的工作作风大刀阔斧,雷厉风行,但也很容易得罪人甚至伤人。"整篇博文,以真实、准确、客观、生动,十分接地气的解读方式,让读者对台风、雷电两种激烈的天气现象成因、本质功能、对人类的利弊影响等方方面面形成清晰、透彻的理解,这样的天气解读方式非常值得广大电视天气预报编导反复琢磨、推敲和总结,学习掌握并加以恰当运用将大大提升电视天气预报节目气象信息传递和气象科普宣传效果。

2. 主持人

电视天气预报节目制作是一项集体创作活动,是一种需要多部门交叉合作的工作形态,这其中,把握着节目内容核心、表现形态的编导作用非常关键,但就最后的呈现而言,主持人的表现也极为关键。主持人是电视节目的形象代言人,是节目风格的重要体现,也是吸引观众的重要因素之一,如著名电视天气预报节目主持人宋英杰、裴新华、杨丹、王蓝一等,目前,已经拥有众多的粉丝。在受众为王的全媒体时代,一个成功的节目主持人,既要服从社会公众对电视审美的共性要求,又要有自身鲜明的个性和独特的魅力。中国有句俗语:"台上一分钟,台下十年功",对于电视天预报节目主持人而言,在摄像机面前短短一两分钟的精彩表现需要深厚的功力作为支撑。而且,这种功力,既是吐字归音、用气发声、语言表达、心理素质等基本功的表现,更是对气象知识融会贯通的理解和学习、对待好天气坏天气的敏锐感知、重大灾害性天气发生时对百姓安危的深切关怀以及对防灾减灾提醒的准确表述。

(1)良好的社会公众形象

电视天气预报节目为非娱乐属性,属于新闻资讯类节目,因此主持人的服装化妆等整体造型中所展现的气质应以端庄、大方为主。主持人上镜服装以正装为宜,女性主持人服装可适当丰富多元,如偏职业化的束腰连衣裙、衬衣包裙搭配等,更能展现知性气质,男性主持人则多以西装套装为主,服装颜色以藏蓝、黑色、深灰等深色系为主,可根据节目配图及重大节日等因素更换不同颜色的领带、衬衣。切忌因过度装饰或不恰当的形象包装分散观众注意力影响信息的有效传播。此外,节目主持人作为社会公众人物,除保持良好的镜头形象外,在思想行为中也需做出表率。高尚的思想道德、端正的品行修为是主持人良好个人修养中的根本,主持人作为一档节目重要的思想传播者,其观点、言论以及个人的品行修为不仅会影响到一档栏目的声誉,甚至会影响到整个社会,一档节目及其主持人能否深受观众的欢迎,在很大程度上取决于主持人能否以其自身高度的社会责任感和政治思想水准为观众服务。因此,作为社会公众人物,一名合格的节目主持人,思想上应积极向上,同时,在生活中,也应严于律己,洁身自好,努力塑造并维持良好的社会公众形象,积极为社会传播正能量。

(2)过硬的专业素质

①吐字发声。在专业技能上,电视节目主持人需吐字清晰、发音标准,省级节目主持人普通话需达到一级乙等以上水平,国家级节目主持人则需达到一级甲等标准,在日常的播音主持工作中,要持之以恒进行口腔锻炼,通过练习口部操、朗诵古诗、念绕口令等方式不断加强口部控制,这样才能保持积极的口腔状态和良好的播音效果。此外,主持人发音过程中,要采取正确的呼吸方式,确保气息饱满,避免因气息不足出现发音不清晰、停顿不恰当等现象。倘若吞吞吐吐,语流滞涩,经常出现"吃螺丝"等现象,不仅会严重影响观众对节目的收看,整档栏目给观众留下的印象也将大打折扣。相反,主持人口齿伶俐,表达清楚,即便较长篇幅的播音主持稿件也能如行云流水般一气呵成,观众对节目的信服感将会大大提升。

②语言表达。首先是语言要通顺流畅,符合普通话的表达方式,这是最基本的要求。在此基础上,主持人一定要勤于锻炼自己语言和语流上的基本功,要言语有心,言语用心,除要加强吐字归音的基本功训练外,更要把话说好、说通、说顺、说巧、说妙。此外,主持人的语言表达上还要具备严密清晰的逻辑思维。主持人无论是把自己的所见所闻还是编导意图传达给观众,都要率先在头脑中进行思维整合与逻辑处理然后再用恰当言语表达出来,切忌在言语表达上生搬硬套、张冠李戴,更不能看似口若悬河、滔滔不绝,实则空无一物。除有声语言表达外,主持人的目光、手势、形态、表情等副语言,在与观众的交流中也同样重要,恰当地使用副语言,将会大大增加有声语言的感染力,从而能更加吸引和打动观众。2008年6月25日,著名电视天

气预报节目主持人王蓝一第一次走上中央电视台电视天气预报荧屏,在不到两分钟的主持播报中,大部分篇幅都是对台风、暴雨、滑坡泥石流等灾害性信息的预报和提醒,略带严肃的表情和恰当的语流、停连让观众深深意识到未来可能发生的灾害性天气以及可能出现灾情的严重性,而在节目最后,一句"另外明天,奥运圣火将会在山西太原传递,明天上午太原多云,下午将会有雷阵雨出现",之前略显严肃的面部表情立刻转换为作为一名中国人,因伟大祖国申奥成功而洋溢出的喜悦、自豪的微笑,这发自心底流露出的真诚微笑深深感染了电视机前的观众,在一定程度上让第一次走上中央一台电视天气预报节目的蓝一,赢得了更多观众的认可和好评。因此,作为一名合格的主持人,既要培养出自己缜密的逻辑思维,使脑海中思路清晰、条理清楚,不断强化锻炼有声语言的表达能力,同时也要善于使用副语言来增加语言的感染力,以便更好地与观众沟通交流。

③心理素质。良好的心理素质,是一名电视节目主持人必须具备的素质之一。节目主持人在摄像机前的一言一行、一颦一笑、一举一动都会受到观众的评论,观众满意的电视节目主持人会受到赞美,从而获得良好的社会评价,相反,观众不满意电视节目主持人则经常会受到指责批评,社会评价也会随之降低。因此,作为一名电视节目主持人,正确地对待来自社会各界的赞美和批评都十分重要。尤其对于一些刚刚入行,职业经验阅历尚且不足的节目主持人来说,如果不具备良好的心理素质,面对一些不期而至的称赞,会导致自身骄傲、自大等情绪滋长,面对一些出乎意料的批评和指责则容易失去自信、自暴自弃,这两种情况的发生都会严重影响一名主持人的健康成长和发展。所以说电视节目主持人一定要具有良好的心理素质,其中最为重要的便是自信心、自我情绪调节能力、自我控制力以及积极向上的心态。此外,由于电视播音与主持职业的特点和要求,经常要承担诸如大型晚会、重大活动或者电视直播等主持工作,主持人必须具备一定的临场应变和即兴发挥能力。以节目主持人为例,一定的临场应变和即兴发挥能力是指节目主持人在节目的制作过程中,遇到了突如其来的情况时,在客观情况允许的情况下,充分调动自己的主观能动性,使大脑思维处于高度运转和思考状态,从而做出迅速快捷的反应,能够进一步在此基础上进行发挥,使变故巧妙地朝好的方向转化的能力。当前大多电视节目的录制都是一气呵成,更有相当一部分节目是以直播形式播出,主持人语言表达上的任何一点混沌都会给节目的播出和制作带来不必要的麻烦,从而直接影响到电视节目的收视效果。因此,主持人不仅要避免自己言语表达上的不当,更要做到处变不惊,要积极思考,培养自己快速反应能力,只有这样,主持起来才能做到从容镇定、挥洒自如。

(3)气象知识的积累学习

在电视天气预报节目录制中,我们的气象节目主持人经常受制于编导所提供的稿件,因为缺乏气象专业知识,无法理解文稿不能转化为自己习惯的表达方式,只能照本宣科、机械背诵,语言与讲解的天气配图脱节,最终严重影响天气信息的传播。如何吃透文稿中所涉及的气象知识,根据自己的理解对文稿进行二度创作,摆脱气象节目的"肉喇叭"或传声筒这样的尴尬处境,形成自己独特的主持风格,就要从对气象知识的学习积累入手。首先,气象节目主持人要广泛阅读与气象有关的专业书籍,如天气学原理、大气物理、农业气象、城市气象、气象灾害导论等方面,阅读中,对气象节目主持人来说,阅读方式可以采用"不求甚解、浅尝辄止、博而不专"的方式。之所以采用这样的阅读方式,首先来说,作为非气象专业人员,读懂读透这些气象专业书籍确实难度较大,主持人可以多关注一些概念性的东西,如:全国不同地区不同季节经常出现哪些天气系统?低压、高压(气旋、反气旋)究竟有何区别?冷锋、切变线、南支槽、副热带高压、低涡等天气系统的基本概念,以及风、霜、雨、雪等天气现象的表现形式及量级划分等,除此之外,对于省级或市级的天气预报节目主持人,对于当地常见的天气系统、天气现象、天气灾害也要做详细了解,以云南为例,就要重点学习作为低纬高原地区,经常影响当地的天气系统昆明准静止锋、川滇切变线、西太平洋副热带高压、孟加拉湾风暴、南海西行台风、南支槽等天气系统的基本概念、出现的区域时间以及容易造成的天气现象等。只有了解、掌握这些基本的气象知识,面对编导所提供的节目文稿时,才能够自信、灵活地加以调整和再创作,主持人在播音主持过程中也会更加自然、流畅。

除了在书本中学习外,气象节目主持人从演播室内走出去,走到田间地头、前往重大灾害现场,也是丰富自身气象知识的有效途径。主持人通过亲身感受和现场播报,能够不断加深对气象灾害的理解和认知,回到演播室中,面对即将发生的重大天气,需要做出相应的提示提醒时,由于亲身经历过灾害现场,深知灾害发生对百姓可能造成哪些危害时,主持人在演播室内播讲时,脑海中将会浮现出生动的灾害现场画面,因此从播讲的语气、语态到播讲的方式和表情都会更加中肯,更接地气,也更能够打动观众,引起共鸣,从而提高观众对可能发生灾害的高度重视,有效减轻灾害可能带来的不利影响。

四、电视天气预报节目策划制作

电视天气预报节目受众对天气预报节目的需求主要来自于生活或生存的原始需求。在无重大天气灾害或自然灾害发生时,体现的多是一种生活需要,服务功能多以为受众衣食住行提供便利、更好地提高百姓生活质量为主;而面对重大灾害时,则会迅速上升为生存需求,此时如何趋利避害,如何最大程度减轻人员财产损失尤为重要。面对不同的天气,不同的需求,积极、主动挖掘事实,传播气象信息和防灾减灾知识,创作出不同服务侧重的电视天气预报节目,是拉近气象信息传播与社会公众接收距离的最好方式。

从根本上说,一档策划成功的电视节目要依托受众的需求和喜好,找出"做什么""怎样做""谁去做""如何提升""如何持久"这几个问题的答案,一档成功的电视天气预报节目同样也离不开对于上述问题的思考和解决。鉴于天气预报节目的新闻性、知识性、科普性等多种非娱乐属性考虑,一档天气预报节目的诞生,更需前期从内容到形式周密、细致和富有创新的策划,才能达到让受众从被动接收气象服务信息到主动获取、乐于获取气象服务信息的目的。对于一档电视天气预报节目的策划,首当其冲便是对节目的准确定位,只有节目准确定位后才能明确节目服务内容和服务对象。纵观全国,电视天气预报节目大致分为综合气象服务类、农业气象服务类、交通气象服务类、旅游资讯类、生活气象资讯类以及形式上有别于常规录播节目的电视天气预报直播节目,依照不同服务内容具有不同的服务对象,服务内容越细致,服务对象指向性越强。节目准确定位后,便是节目具体开发设计的技术环节,在实际操作前,需详细分析服务内容特点及服务对象特点,再进行节目整体版面设计和节目开发,节目模版建立、整体构图、配色、动画特效、背景音乐等必须既符合节目服务内容风格、又满足服务对象审美需求。同时,在节目主持人播报风格及语言风格上也需与节目风格浑然一体,才能制作出生命力强、服务效果优秀的天气预报节目。

1. 综合气象服务节目

1980年7月7日,电视节目《天气预报》诞生,由于播出位置紧随中央电视台《新闻联播》

之后,因此被称为"新闻联播天气预报",这是中国第一档电视天气预报节目,也是中国第一档综合类气象服务节目。现有的综合气象服务节目除中央一套19:30播出的《新闻联播天气预报》外,各省级卫视18:50—55播出的《卫视天气预报》及各州市一套20:00左右播出的《州市天气预报》,国家级及省级电视媒体所开展的天气预报直播节目也大多属于综合气象服务节目。由于综合气象服务节目播出时间固定,气象信息量较大,因此服务对象最为广泛,依照电视媒体的级别而定,范围涵盖全市、全省乃至全国电视观众,且已经形成较好的收视习惯,目前是电视天气预报节目诸多种类中收视率最高的一类。

(1)综合气象服务节目内容

综合气象服务节目服务的范围并不局限于某一行业、某一领域,主要以天气实况信息、当日重大天气消息、天气预警、森林火险气象等级预报、地质灾害气象风险预警、重大气象灾害或自然灾害服务、节气时令及重要天气现象科普及未来24～72小时天气趋势预报等气象信息传播为主,同时,会针对当日或近期最重要天气信息点给出细致的提示提醒和建议措施,以达到服务大众、防灾减灾的目的。

(2)综合气象服务节目制作

综合气象服务节目结构大多以5 s片头、50～120 s主持人口播、60～180 s城市预报配音、5 s片尾四部分组成,也有少部分综合气象服务节目受节目总时长限制,以60～120 s的气象信息字幕及城市天气滚屏形式出现。由于受众广泛,服务对象处于不同年龄段、不同工作领域、不同居住地区,拥有不同的风俗文化,因此,综合气象服务节目整体节目风格不宜太个性化和民族化,应以简洁、大方、清晰同时能够突显气象节目权威性、科学性的节目设计为主。同时,由于国家级及省级综合类天气预报大多在国家级媒体或省级媒体《新闻联播》节目后播出,为保证电视播出效果协调统一,主持人着装应以正装套装为主,主持人化妆及发型更应干净利落,同时,在主持人在主持播报过程中,要端庄、大方,用语需格外精炼、清晰、准确。

2. 专业气象服务节目——以农业为例

近年来,随着我国社会经济的不断发展进步,小到老百姓的生活起居,大到各行各业的发展,对气象影视服务需求都在不断增加,对气象影视服务的专业化、精细化也提出更加严格的要求,因此针对交通、旅游、农业等大量的专业气象影视产品应运而生,这对气象影视服务行业来说,是挑战,更是机遇。我国是农业大国,农村人口占全国人口的70%,因此做好农业、农村、农民气象影视服务,即"三农"气象影视服务工作,是气象事业对社会经济发展、国家安定富强做出贡献的重要方向。鉴于上述考虑,本章节将以农业气象服务节目为例,从节目服务内容到节目制作等方面展开探讨。

近年来,随着网络媒体、手机媒体等新媒体的日益兴起,电视已不再是受众获取信息的唯一通道,但目前,电视是依然乡村受众获取信息的主要渠道,面对电视媒体最大的受众群体——乡村居民,服务于"三农"的农业气象服务节目十分必要,如何更好地为"三农"服务,提高农村和农民利用气象科技趋利避害的能力,不断满足农村生产生活需求,让气象知识为农村、农业发展提供科技支撑,是一档农业气象服务节目要自始至终全力思考的问题。

(1)农业气象服务节目内容

"三农"受众需求分析:经调研发现,现如今,"三农"受众对气象服务的主要需求为天气预报信息和防灾减灾信息,其次是气象科技指导,再次是农业经济信息。同时,农民受众还希望气象部门多提供灾害防御、短期气候预测甚至是年景展望,以便于调整种植结构和安排农业生产。针对"三农"受众对气象服务的实际需求调查,农业气象服务节目在天气预报信息必备的基础上,精细化服务内容可参考如下方面:

①不同作物的农业气象适宜度分析。针对不同季节光、温、水、气等气象因子在农作物生长、发育、成熟上的需求,结合不同作物特性,逐一具体分析,指出不同作物不同时期对不同气象因子的敏感关系,并给出具体的增收增产建议和防灾减灾措施,并根据当年的气候状况给出各种作物的丰、平、歉年景分析预报。

②按季节、农时、节气时令给出生产建议。我国幅员辽阔,自北向南分布着热带、温带、寒带等不同气候带,不同区域种植的作物有所不同,不同的作物在不同区域种植的时间有所不同,同时,农业种植从一年一熟到一年三熟不等,因此,根据不同季节、农时,以及当下天气,从选种、育秧、到成熟、收获给出合理建议措施,能够大大促进农业生产、提高作物产量。例如,云南大部分地区为一年两熟,每年10月至次年4月左右,为小春作物种植时期,主要包括油菜、小麦、蚕豆、大麦,每年5月至9月为大春作物种植时期,主要包括水稻、玉米等粮食作物及烤烟等经济作物。小春作物成熟收获时间直接影响大春作物是否按时移栽及最终产量,因此,对于小春作物、大春作物从种植到收获的合理建议,具有重要意义。

③灾害性天气防灾减灾指导。农作物生长发育需要一定的气象条件,当气象条件不能达到要求时,作物的生长和成熟就会受到影响。由不利气象条件造成的农作物减产歉收,称为农业气象灾害。例如寒潮、倒春寒等,在气象上是一种天气气候现象或过程,不一定造成灾害,但当它们威胁到农作物的生长成熟时,会造成冻害、霜冻、春季低温冷害等农业气象灾害。我国常见的农业气象灾害有低温冷害、霜冻、干旱、洪涝、干热风、冰雹等,农业气象灾害发生时,最严重可导致绝收,导致农民遭受巨大经济损失。如果寒潮、冷空气、暴雨等天气过程来临前,能够针对可能发生的农业气象灾害,给出合理的防范措施,将大大减轻农业损失。

④农业决策性气象服务。利用气象资料和卫星遥感技术等,开展气候资源调查、区划、分析,为粮食生产引种、优化种植结构提供气象科技支持,为引导种植结构调整。优化区域布局提出科学合理建议,在农村建设、能源利用,建设规划等方面做好气象服务工作。

⑤农业气象实用技术推广。目前,我国从粮食作物到经济作物,拥有有大量农业与气象相结合的农业实用技术方法,这些方法对农业生产具有重要的指导意义,却大多缺乏广泛推广。如,云南红梨,是云南高原特色果树新品,是梨农增收的新宠,却因云南干季缺少灌溉用水,雨水多雨潮湿而难以丰产丰收,云南省农业部门与气象部门合作研发了地下、地面、空中三位一体的立体技术,充分利用了光温水气等气候资源,可以趋利避害,确保丰收。该技术的推广应用,将会大大促进云南红梨产业发展。因此,挖掘农业气象实用技术,在农业气象服务节目中宣传、报道、推广,将大大促进农村经济发展。

(2)农业气象服务节目制作

①节目包装设计。农业气象服务节目是电视天气预报节目中重要的一类,在继承传统节目精髓的基础上,应以精品意识打造精品栏目,不单内容上要以准确化、精细化、贴心化的服务为核心,形式上更要以新颖、创意赢取节目的关注度和收视率,力求让节目成为"农民朋友必看,其余受众爱看"的精品节目。节目包装定位首先要明确以农民为主要收视对象,准确把握农村受众的人群特点,如性别、年龄段、受教育程度和兴趣喜好等,整体设计风格需符合农村、农民的审美,彰显栏目特色。基于对上述问题的思考和多年来在农业气象服务节目中取得的

成功经验总结来看,农业气象服务节目整体版面设计以绿色为主色调,音乐以悠扬、柔和旋律为主,主持人主持播报语速正常偏慢,身着色彩相对鲜明的服装及使用真诚、亲切、通俗、接地气的语言,都可在一定程度上提高农民受众对节目的接受度。

②节目制作流程。对于农业气象服务节目制作前期包括如何确定一期节目的服务主题,主题确定后如何撰写节目服务内容,选择拍摄及主持播报场景等;制作中期主要为节目素材准备,包括拍摄所需素材空镜、专家采访及根据服务内容制作相关配图、主持人主持播报及配音等;后期包括特效动画设计、素材剪辑、音乐选择等,最后合成完整播出节目。

③节目用语须知。除了选择策划要紧贴当前重大天气过程及当下农业服务重点外,在节目创作中,编导所使用的文稿语言一定要力求让农民听得懂,听得清。虽然随着我国高等教育普及程度不断加大,农民受教育程度大幅提升,但相对城市居民而言依然存在客观差距。因此,一些生僻词汇、高深用语及网络新潮用语都不宜出现在节目中,建议在整体用语通俗易懂的基础上,适当使用较为常见的俗语、谚语,也可适当采用百姓喜闻乐见的诗词、谚语、歌曲、民谣等形式,以便让节目更接地气,让人倍感亲切的同时,也会帮助农民朋友更好地接受和理解节目内容。此外,想要做好一档农业气象服务节目,作为节目制作主要负责人的节目编导,还应经常深入农村,多与农民沟通交流,多多学习农业气象知识以及农民朋友在日常生活中积累下来的语言文化,才能写出让农民看得懂、听得清、记得住、用得着的服务内容。

(3)农业气象服务节目典型案例——《高原农情》

2013年7月,云南省气象影视部门全力打造气象为农服务节目《高原农情》。云南境内多山、干湿季节分明,干季季节性干旱明显,小春作物生长成熟、大春作物栽种以及水果、蔬菜、鲜花等经济作物种植生长多受干旱缺水限制。从农田地形分布上看,分为坝区、半山区、山区,其中,半山区、山区农田面积所占比重较大,受地形影响,山地、半山地农田灌溉条件较差,离水源点较远田地只能"靠天吃饭",对于坝区而言,由于地势较低,逢强降水天气则易出现农田渍涝、病虫害等多种灾害。基于上述客观事实,《高原农情》以推广农业气象实用技术为核心服务方向,将农业科学与气象科学相结合所形成的多种农业气象实用技术通过气象科普节目方式传递给农民,让农民通过收看《高原农情》能够学习到实实在在的技术方法并学以致用,解决农民在农业生产中面临的实际困境和难题。本栏目为提高云南农业科学水平、提高高原特色农产品品质起到积极作用。

2013年7月3日云南省气象影视部门联合昆明农业气象试验站与云南省农业科学院所制作的《高原农情——建设生态梨园,对抗不利天气》,针对近年来高原特色果树新品种红梨面对高温少雨干旱及低温阴雨寡照等不利天气产量品质遭遇重创问题,将昆明农业气象试验站与云南农业科学院针对红梨共同研发出的"地下节水灌溉、地面覆草间作、地上架网通风"三位一体措施,通过通俗易懂的配音解说和直观清晰的现场操作镜头搭配起来,并将技术措施的关键技术和操作细节在节目中用字幕和动画特技等方式加强突出,取得了较好的收视效果和服务效果。该节目播出后,本套技术得到广泛应用,让许多红梨种植户走出了发展困境。该档节目在第九届气象影视业务竞赛中获得专家、评委老师的高度认可,并荣获气象为农服务类三等奖。

高原农情——建设生态梨园,对抗不利天气

片头配音1: 干旱少雨、高温高湿、阴雨寡照,果树新品种红梨难抵天气考验,产量品质每

况愈下,如何保障红梨优质丰产,本期高原农情为您寻找答案。

主持人(演播室内): 云南红梨是高原特色果树新品种,以本地火把梨为母本采用新西兰先进技术培育而来,口感清脆,汁多味浓、受到很多朋友的喜爱。不过由于是新近推广的种,不少果农缺乏种植经验和管理方法,面对诸多的不利天气,产量连年下滑,导致整个红梨产业的发展也一度走入了瓶颈。为了应对不利的天气条件对红梨产业发展的制约,云南省农业气象科技人员联合农业部门在反复的实践中,建立了一套保障红梨产量品质的农业气象实用技术方法,现在就跟随记者脚步一起去红梨生产示范园里探个究竟。

配音 2: 据农业气象专家介绍,云南干季干旱少雨、低温不足,雨季高湿、日照偏少是导致大部分梨园产量低、品质差的重要原因。针对这一系列的不利气象条件,农业气象科技人员在各大生产示范园推行地下节水灌溉、地面覆草间作、地表架网通风三位一体的技术保障措施。

同期采访 1　王鹏云　昆明农业气象试验站专家

通过地下、地表面、地上的这种技术集成呢,改善了整个果园的生态系统,形成了一个良性的物质和能量的循环过程。目前这个果树呢是到了果实膨大期,果子长的比较好,果实也比较端正。

主持人(演播室内): 近几年,不单是红梨,整个林果业受旱影响都非常严重,一方面,由于连续 4 年干旱,土壤缺墒严重,而另一方面,云南大部为山地果园,灌溉用水不足,也是重要原因。(动画示意图)。下面我们就通过视频率先为大家展示一下能够大大提高梨树吸水效率的地下节水灌溉技术。

配音 3: 针对山地果园,灌水前,建议准备四面长 100 cm、宽 50 cm 密实不透水的挡板,在果树根部围成 1 m² 的围栏;

同期采访 2　王鹏云　昆明农业气象试验站专家

山地果园有些坡度不一样,如果坡度太大呢,灌水的时候,水就会流失,顺着这个坡往下淌。有这个板呢,就把水堵在根部,使水分不容易流失提高了水分的实际的利用效果。

配音 4: 通常情况下,考虑到水分流失,果农一棵树要灌水 100~200 kg。而在在挡板的辅助下,综合梨园土壤墒情、土质情况,一棵梨树灌水 20~60 kg 便可充分满足生长需求。

配音 5: 除地下的节水灌溉外,通过地表覆草或间作技术,减少水分蒸发也是减轻梨园受旱影响的关键。在土壤肥力不足,较为贫瘠的果园,覆盖毛叶苕子、三叶草或者黑麦草,可以含蓄水源,提高土壤肥力;在土壤肥力较好的果园,间作非同科矮科作物,如白菜、辣椒、番茄等,在保持土壤水分的同时,也大大提高了整个果园的经济收益。

配音 6: 最后,再来谈谈改善雨季高温、高湿、日照偏少的架网技术。用 3 根铁丝或绳索以30 cm 间距排成规整的平面,架网时整个网面与地面倾斜 45°,网面最低处与地面间距保持在50 cm 左右,网面固定后,把红梨主枝就近搭靠在网上。

同期采访 3　王鹏云　昆明农业气象试验站专家

通过架网拉网这些技术措施呢来提高光资源的利用率,加强通风,减少病虫害的发生。

主持人(演播室内—结束语): 挡板灌水、覆草间作、拉网架网,在这套三位一体的技术保障措施中,每一步操作起来都很简单,却让梨园充分利用了光温水汽等气候资源,形成了一个物质能量良性循环的生态系统,面对诸多不利天气,有着极强的适应性。节目的最后,我们衷心地希望在这套技术体系的推动下,整个红梨产业能够尽快地走出发展的瓶颈,同时,我们也迫切地希望,能够有越来越多的农业气象科研成果可以转化成简单可行的技术措施,扎扎实实地投入到农业生产中来。

五、重大灾害应急直播

重大灾害应急服务节目,不同于常规的录播节目,如日常综合性电视天气预报或专业气象服务节目等,由于灾害的突发性及影响的严重性等,这一类的节目往往会以直播形式出现。目前气象服务节目的直播形式分为日常直播和重大灾情发生时的突发应急直播。在《朝闻天下》中的气象服务节目为日常性直播节目,主要针对当日可能发生的重要天气事件或近期发生过的天气要闻进行详细阐述和分析并给出天气趋势预测,节目制作人员准备时间相对于突发性应急直播要更充分一些。而对于突发性应急直播节目而言,由于对实效性要求极高,准备时间有时甚至不足半个小时,这对节目制作团队,特别是对编导和主持人来说,是极大的挑战。为高效应对突发性直播节目,节目编导对节目内容的准备以及主持人对节目内容的播报都要区别于常规的气象服务节目,而应采用更加灵活高效的节目准备和制作方式。

2013 年 1 月至今,云南省气象影视部门配合云南电视台二台《都市条形码》、云南电视台六台《民生关注》等多档收视率极高的民生新闻节目开展重大灾害应急直播,直播内容包含云南冬季低温冰冻雨雪影响、雨季暴雨洪涝灾害、山体滑坡等地质灾害预警预报及地质灾害救援天气、"803"鲁甸地震等地震灾区气象服务等。灾情重大、对天气信息需求度极高时期,将会连续数天、一天连续数次不定时直播,对团队的应急反应能力提出极高要求。通过近三年的反复磨炼、实践,云南省气象影视团队的重大灾情应急直播能力大大提升,尤其是编导、主持人这样的关键岗位,已经形成了一套较为成熟的应急直播方法,其中编导组稿、主持人串稿最为关键。

1. 编导高效组稿

对于重大灾害应急直播节目来说,往往由当地权威电视媒体发出直播请求,并提出直播具体内容需求和开展直播时间,编导需在最有限的时间内准备最为全面的直播内容。此时,编导要在最短时间调用气象台、专业台、气候中心等有关单位提供的最具价值的服务材料并高效整合,同时也需要在最短时间掌握灾情现场情况、未来天气发展趋势及天气情况是否利于救灾等信息。为了最大限度争取时间,编导可以打破常规的节目内容准备方式,将直播要点按一定的逻辑排列起来形成直播提纲。以云南"803"鲁甸地震直播为例:

"803"鲁甸地震直播——2014 年 8 月 5 日

要点一:天气实况

地震发生后,从昨天 20 时至今天 14 时,震区附近站点累计降水量分别为:鲁甸县 8 mm,震中附近乡镇龙头山 5 mm;巧家县 6 mm,会泽县 5 mm。

要点二:灾情现场天气

震中龙头山镇:14 时——温度 29℃,湿度 70%,风力:1 级,体感闷热,注意防暑防疫。

要点三:震区未来 24 小时天气

鲁甸:多云有雷阵雨,18～28℃,偏东风 2 级;

会泽:多云有雷阵雨,16～27℃,南风 1～2 级;

巧家:多云有雷阵雨,23～34℃,南风1～2级。

要点四:雷电黄色预警

云南省气象台今天下午三点半发布:包括震区在内的图上黄色区域未来12小时可能会有雷电活动,并伴有短时强降水及大风等。

要点五:交通状况

目前,已实行交通管制。未来24小时,通往震区的交通沿线都有不同程度降雨,昆明至鲁甸和昭阳到鲁甸的公路沿线有雷阵雨。

要点六:地质灾害风险

震后山体破损严重,外加降雨,地质灾害气象风险等级2级。

2. 主持人迅速串稿

主持人拿到提纲式的节目文稿后,首先要理清思路、进行深度思考,在脑海中形成各要点之间的逻辑顺序,之后,用自己的语言习惯将内容衔接起来并加以恰当联想和发挥,在这一系列的串稿过程中主持人可以对播讲要点形成深刻记忆,做到胸有成竹,从而更好地驾驭播讲内容。云南"803"鲁甸地震直播主持人串稿:

"803"鲁甸地震直播——2014 年 8 月 5 日

好的,主持人。今天是地震发生后的第 2 天,救援物资已经到达震中龙头山镇,受灾群众都已经被安置在地势平坦的帐篷中。从昨天晚上到现在,也就是下午两点钟左右,整个震中以及附近波及的震区降水量基本上都在 10 mm 以下,雨下得并不算大。(要点一)

但是目前,现场的湿度非常大,有70%左右,气温高达 29℃,而且几乎感觉不到风,体感上是非常的闷热,现场一定要特别做好防暑和防疫措施。从今天夜间到明天白天的天气来看,鲁甸、会泽、巧家等震区主要以阵雨天气为主,(要点二、三)

同时会有明显的雷电活动,云南省气象台今天也是特别发布了震区的雷电黄色预警,同时也很可能会出现大风、短时强降水等强对流天气,这无论是对于救援人员还是现场安置的受灾群众来说都是增加了更多的危险,一定要提前做好防范措施。(要点四)

再来看看通往震区的交通情况,为了保证救援道路通畅,前往震区的各大交通要道都已经实行了全面的交通管制,暂时禁止社会车辆通行,明天基本上都会有不同程度的降雨,其中昆明至鲁甸和昭阳到鲁甸的公路沿线有雷阵雨,雨天能见度差,路面也会比较的湿滑,救援车辆一定要小心慢行。(要点五)

地质灾害方面,由于地震过后山体破损非常的严重,地质环境原本就已经非常的脆弱,再加上降水,地质灾害气象风险比较高,一定要谨防山体滑坡、泥石流等地质灾害的发生,另外救援车辆也要特别注意千万不要在环山路段逗留以免山体滚石滑落造成人员伤亡。**好的,主持人,震区情况就是这样,稍后再联系**……(要点六)

在录播节目中,主持人可以多次录制,最终以最佳的表现状态呈现在观众面前。而直播,对于主持人来说,意味着失误的无法逆转性,如:口误、"吃螺丝"以及短暂的记忆空白等表现都会第一时间呈现在电视观众面前,这也正是主持人在直播节目中会承受较大心理压力的原因。在应对突发性直播节目中,采用提纲式文稿不仅可以提高编导组稿效率,也可以在很大程度上摆脱主持人"编导怎样写就怎么说"的尴尬处境,为主持人对节目的深度参与创造机会,从而提高主持人在直播过程中的自信心和应变力。

六、电视天气预报制作技术

1. 非线性编辑系统的应用

近年来,随着数字技术和计算机技术的高速发展,非线性编辑以其独特的优势出现在广播电视行业、动画制作行业以及中小型多媒体工作室等专业的视频制作领域。为了全面提高电视天气预报节目的制作效率,目前非线性编辑系统已经在国家级和省级气象影视中心得到广泛应用。

(1)工作原理

非线性编辑需要依靠软件与硬件的支持,这就构成了非线性编辑系统。非线性编辑系统主要由三部分组成:①计算机操作平台;②音频、视频、处理卡;③非线性编辑软件。非线性编辑系统首先将从摄像机、录像机等信号源的模拟视频和音频信号经过视频处理卡和音频处理卡转化成数字信号(A/D 转换),再经过数字压缩之后形成数据流再存储到硬盘中。目前,多数单位已经配备了数字录放像机,这种类型的设备则不需要信号的 A/D 转换,可以直接采集信号送到硬盘存储,然后根据当日编导的服务重点和创作要求运用非线性编辑软件对存储在硬盘中的视频、音频等各种数据进行特效编辑、合成等综合处理,最后把综合处理后的数据传输到视频、音频处理卡进行数字解压缩及 D/A 变换送出模拟信号进行录制,或直接输出数字信号进行录制,也可以直接播出,也就是把非线性编辑系统作为硬盘录像机代替普通录像机参与播出。

(2)系统选择

目前国内的非线性编辑系统种类较多,如大洋、索贝、索尼、苹果、极速、SDI 高清非线性编辑系统等等,用户选择面较为宽泛,也往往让人眼花缭乱。因此,在购买非线性编辑系统时,一定要多看,多了解,多试用,经过反复比较才会做出最佳的购买选择。

①视频处理卡。视频处理卡在整套非线性编辑系统中作用非常关键,它是整个非线性编辑系统的基础,如果视频处理卡出现问题,那么其他软件、硬件便无法发挥各自应有的功能。不同视频处理卡在信号输入与输出格式、内部实时编辑格式、视频特技实时处理功能、对第三方产品的支持度以及软件升级、功能扩展等方面存在较大差距。因此,在购买一套非线性编辑系统时,视频处理卡是重要的考虑因素,需详细了解该系统使用了哪种处理卡,档次如何等详细信息。

②主要功能。在素材采集时,系统应能够提供多种压缩比以满足不同种需求,同时要配备与本单位摄像机、录像机设备配套的设备接口;在系统编辑界面,应具备视频、音频非线性编辑的二维、三维特技,动画制作、图形功能、添加字幕等功能应让具体操作人员感到直观便捷、一目了然;视频、音频等数据存放应统一采用标准的文件格式,从而避免在文件之间多次进程格式转换而造成数据折损或丢失。

(3)注意事项。

①素材的上载与下载。在使用非线性编辑系统之前,要率先向系统中导入素材,即素材上载,而多数非线性编辑系统是实时地将磁带上的音频和视频信号转录到磁盘上,从而增加了额

外的操作时间。对于某些非线性编辑系统来说，可以通过 QSDI 等数字接口实现 4 倍速上载，在一定程度上提高了操作效率。在素材输入时，根据不同的系统特点和不同的编辑需求，决定使用的接口方式和压缩比通常遵循如下两种原则。首先，应尽可能使用数字接口，在条件不支持的情况下可使用分量信号接口或复合信号接口；其次压缩方法上，压缩比越小图像质量越高，相应地占用的存储空间越大。对于素材的下载，为保证图像质量，同样需优先考虑数字接口，其次是分量信号接口和复合信号接口。

②节目存储量。随着大容量硬盘存储媒体的出现，非线性编辑系统受硬盘存储容量限制的矛盾已经得到缓解，但增加硬盘便意味着经济投入的增加。硬盘中所能记录的素材和节目时间长度可由公式计算出来，一个 4.3 GB 的硬盘大约可存储 7 分钟以 2：1 压缩比记录的视频和未经压缩的音频，因此，相应的调整压缩比，可以增加所能记录的素材时间长度。在日常节目制作中，为了增加记录素材的时间长度，往往会采用较小的压缩比来制作简短的节目，如片头、片尾、广告等，而较大的压缩比往往用于专题片的制作。

③特技生成速度。目前非线性编辑系统采用了双通道数字视频处理硬件，能实时对两路视频信号进行切换和简单的特技混合。如果在节目中用到两路以上的多层特技则需要一定的处理时间通过软件方法进行数字合成。增加特技的层数和延长特技时间都会大大增加运算时间。一般的软件特技生成时间与特技延续时间的比值为 50：1～60：1，特技种类不同有较大的差异。

2. Weather Central 图形制作系统的应用

随着电视媒体的日益发展，公众对电视艺术的欣赏水平日益增高，对电视天气预报节目的视觉效果、色彩、图形图像的科学性提出了更高的要求。传统的电视天气预报图像制作方法普遍存在制作效率低、图形图像呈现效果差，尤其是对于一些重要的天气系统，如台风、副热带高压、冷锋、卫星云图等表现形式单一，无法体现气象科学的专业性和严谨性。从 2006 年开始，华风集团及国内发达省份开始陆续引进 Weather Central 的图形制作系统，随后逐步覆盖全国绝大部分省级气象影视部门（见表 8-1）。该系统的应用大大提升了电视天气预报节目的视觉效果、科学性、专业性及权威性。同时，系统还实现了气象节目主持人和图形图像之间的交互，使主持人与天气图形完美融合，从而让主持人从以往的"播天气"转换为"说天气"，让气象信息传递更加高效、顺畅。

云南省气象影视部门于 2013 年 7 月成功申请 Weather Central 图形制作系统试用，试用期限截至 2015 年 9 月。在两年多的试用期间，该系统有效整合了云南省天气预报制作平台，气象影视数据处理能力大幅提升，气象影视服务的时效性、针对性和观赏性显著提高，目前已经正式申请购买。根据云南省气象影视部门两年多的系统应用实践，将该系统的基本情况、主要功能及具体操作做如下总结。

表 8-1　全国各地引进 Weather Central 制播系统情况

引入地	套数	引入地	套数	引入地	套数
华风集团	30	北京	6	上海	3
安徽	2	黑龙江	1	内蒙古	1
大连	2	天津	1	河北	3

引入地	套数	引入地	套数	引入地	套数
山西	2	陕西	2	甘肃	2
青海	1	宁夏	1	新疆	2
山东	1	江苏	2	杭州	2
湖北	1	江西	4	湖南	1
四川	3	重庆	2	贵州	1
福建	1	厦门	2	广西	2
海南	2	辽宁	1	吉林	1
广东	4	宁波	1	青岛	1
总计				91 套	

（1）Weather Central 系统组成

Weather Central 节目制作播出系统共含有三大模块：气象数据转换模块、地图制作渲染模块、节目制作播出模块。

①气象数据转换模块（Metline）

Weather Central 数据转换模块的原理是使用一台数据转换服务器（Metline），其系统以中国气象局 MIACPS 数据平台接口为数据标准接口，对各种气象数据实现 24 小时实时监控，通过对接收的气象数据不断进行格式处理以及转换，转换成系统可识别的图形化数据类型。

Weather Central 从对数据的更新转换到图形显示效率极高，基本为实时同步，不存在时间延迟性。Metline 处理完成的数据通过服务发布，前端实时更新。同时，Metline 支持的数据类型众多，不但包含城市天气中的天气预报精细化气温数据、自动站实况数据以及各种气象指数数据，同时，还包含卫星云图、雷达数据、预报员手绘的落区指导预报数据以及第 4 类格点数据、第 7 类台风数据、第 11 类风场流场数据等，功能十分强大。

②地图制作渲染模块（3D：LIVE）

3D：LIVE 是用来制作生产所需要三维地图的软件，它可以轻松制作出各种高标清三维地图缩放、飞行等效果，它生成的地图，无论是单张的静止图片还是动态画面，都可以携带地理信息，可以实现地图飞行过程中携带各种气象数据图形联动功能。在播出端，数据可以直接引入，比如雨区的范围等都可以由系统自动生成，可以减轻大量工作量。

③播放模块（LIVE）

LIVE 是终端播出软件，其支持将带有地理信息的背景图文与气象数据实时叠加进行播出，真正做到了"所见即所得"。LIVE 还有一个最突出的特点就是人体跟踪功能，系统可以智能化地探测出主持人的动作和主持人手势的位置，这就实现了主持人通过一个控制器来控制整个节目的进程，同时，主持人还可以通过按动控制器来实现点数据的飞行转动、区域加亮、手绘气流轨迹等多种效果。这个效果有一些像非常大的触摸屏，只不过触摸的图像是由计算机抠像合成，与真实触摸屏相比，大大降低了在拍摄过程中的信号损失。

（2）Weather Central 视频图像制作案例

利用 Weather Central 的数据接口，将大量的观测预报数据进行转换，结合 Weather Central 的地理信息平台，将现代化的观测产品与地理信息相结合，再利用图像显示技术，将本地化、精细化、可视化的现代气象业务产品应用在天气预报节目中,可将专业性极强的气象数据变成直观的动画视频图像。

①高密度自动气象站产品转化应用

可以将降水、气温、风、气压等高密度气象观测数据实时添加至 SQL 服务器数据库中,Weather Central 系统通过特定数据处理程序将自动观测数据转化成 MICAPS 第四类格点数据格式,转换后的数据系统会自动发送到 Metline 指定的文件夹目录中进行发布。以制作气温变化动态图为例:首先我们在场景的 Clock 时钟层中定义所需显示的数据时间段;其次,选择等值线 Contour 层,通过对 Contour 层下 Data(数据集)、Run(发布时间)、View(显示层)的功能参数进行自定义配置,设置完成后我们将在场景地图中形成气温色斑图,实现动态的变化过程效果(见图 8-1)。

图 8-1　自动站数据产品转化应用

②制作台风路径动态图

MICAPS 台风数据格式和 Weather Central 所需台风数据格式接近,通过转换程序的简单处理,即可转换成 Weather Central 系统显示的动态台风路径数据。其制作步骤大致为:第一,选择一个台风层场景后在 Active Typhoon Only 下拉列表中选择所需显示的台风名称;第二,点击台风场景的 Current Info 页签实现对台风名称、强度、风速、中心气压、七级风圈、十级风圈、台风距目的地距离等变量进行显示信息定义。在显示台风名称的变量中,我们务必选择台风中文翻译文件,实现数据中的台风代码显示为中文名称。;第三,单击 Flipbooks,选择台风标识,根据台风的不同强度选择相应标识;第四,选择 Clock 时钟层,设置台风观测点显示顺序,系统中定义了"开始""结束""24 小时"及"48 小时""72 小时"等常规观测点。第五,通过对 Past path、Predicted path、Forecast fan 及 Wind contout 这个四个变量的设置,还可以实现对台风路径、预报路径、预报扇区范围、风圈等标识的自定义设置,最终呈现台风的动态显示效果(见图 8-2)。

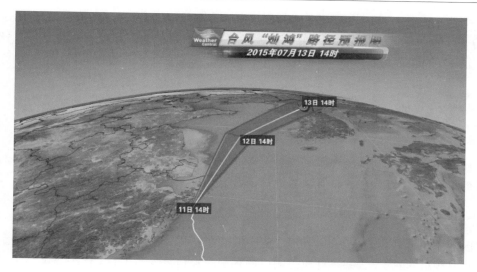

图 8-2　台风路径图制作

③云图产品处理

Weather Central 每一组云图数据均由 ＊.Png 和 ＊.vgr 两个文件组成。其中 PNG 为云图的原始灰度数据，VGR 定义了云图在三维地理信息系统中显示的位置。我们要制作动态的云图动画，首先选择一个云图层场景（Imagery），单击 Data Setup（数据集），接着在 Type 中选择"IR"下拉框，在从中选择"Chisat"（数据变量）；第二，单击 View Setup，in Look up Table 中选择云图显示所需配色文件；最后在时钟层 Clock 中设定所要显示的云图时间。云图范围根据 3D:LIVE 中设定的地区位置自动对应，跟随地球一起旋转或放大缩小。通过对配置的定义以及 3DLIVE 中的参数调整，我们还可以实现带有厚度的立体云图效果（见图 8-3）。

图 8-3　三维立体云图制作

随着现在气象业务的不断发展壮大，气象卫星、多普勒雷达、高密度自动气象站、闪电定位仪等气象综合观测系统逐步建成完善，定时定点定量高频次多要素的精细化预报产品也开始大量投入到气象业务化运行中,将这些探测预报产品通过 Weather Central 系统形成动态视频图像,应用于电视天气预报节目中,使电视天气预报节目的科学性和可视性达到高度统一,大大提高了天气预报节目服务效果,也充分展现了现代气象业务发展的新成果。

第三节　气象影视服务新业务——气象新闻

这一节,专门针对气象影视服务的新业务——气象新闻进行了探讨。重点对气象新闻业务的基本要求、制作方法和素材管理等进行了研究分析。

一、中国气象频道起源

中国气象频道(China Weather TV)是承担国家公共气象服务职能全天 24 小时播出的数字电视专业频道,是突发公共事件应急响应的预警防灾信息发布平台,于 2006 年 5 月 18 日正式开播,由中国气象局主办、中国气象局公共气象服务中心与各省级气象局共同承办,以"防灾减灾、服务大众"为宗旨,为社会公众全天候提供权威、实用、准确的各类气象信息以及精细化、专业化的气象信息服务和科普宣传。

在美国、加拿大等国家专业天气频道的成功经验基础上,中国气象频道全天内容随时更新,并高频次滚动播出,天气预警预报、重大天气消息、城市天气预报等与百姓生活关联度最高的气象信息每日播出频次高达上百次,以确保观众只要打开电视机便可在最短的时间获取所需的天气预报信息,改变以往电视观众需守在电视机前等候天气预报播出的局面,最大程度地提升了电视气象信息的触达率。此外,由各地气象部门制作的本地化气象节目,每小时逢 26 分、56 分(每 30 分)插播一次本地天气节目,本地化节目可随时发布本地的各类预警预报信息,为全国地方联动救灾提供信息共享平台,并能根据本地地理特征、气候特点、经济生活需求,为当地观众提供针对性、实用性、精细化的气象服务。

除气象信息之外,中国气象频道还高频次播出与环境、交通、旅游、养生、美容等有关的资讯,以贴近生活,服务大众,同时遇有重大灾害性天气,可以进行连续直播报道。目前,中国气象局气象频道组建了专业的灾害报道队伍并覆盖全国,同时拥有上百位多领域气象专家直接参与节目制作,能够保障频道全天候高质高效全程直播各地出现的灾害天气,为地方政府和广大公众提供及时可靠的气象防灾信息。

中国气象频道的建立、发展,也极大拓展了气象影视服务业务。目前,中国气象局气象影视中心及各省级气象影视中心的气象影视服务业务已经从最初的单一的电视天气预报业务发展为电视天气预报、气象新闻报道、气象科普专题三位一体的气象影视服务业务格局。

二、气象新闻业务基本要求

自中国气象频道正式开播以来,气象新闻作为气象影视服务新业务应运而生,在《天气直播间》《国家气象播报》等多档节目中播出。近年来,随着中国气象频道发展壮大,气象新闻业务也在不断完善成熟,目前已经发展成为与电视天气预报业务并驾齐驱的气象影视服务业务重要组成部分。为了提高中国气象频道气象新闻报道的质量、能力和丰富度,中国气象频道建立了国家带动省级的新闻联动机制,即以中国气象频道国家级气象新闻记者为指导,以省级气象新闻记者为组成成员的互动互联的新闻联动机制。国家级气象新闻记者在自主拍摄、制作气象新闻的同时,将根据全国各地天气情况,有针对性选择有重要天气过程省份约传相应气象新闻,省级新闻记者接到约传要求后,将具体执行新闻的撰稿、拍摄、剪辑等制作工作并按规定时间回传至中国气象频道。同时,省级记者也可根据各自省份所发生的重大天气过程或天气新闻热点,主动向中国气象频道报题并制作回传气象新闻。为提高省级气象新闻制作质量和回传的及时性,中国气象频道对省级气象新闻报题、具体制作要求都做出了明确规定。

1. 新闻报题制度

中国气象频道与各省级影视中心建立了地方新闻周报道策划制度,以便于记者有充足时间进行前期新闻策划及后期拍摄制作,从而展开新闻细节的深入挖掘,丰富频道新闻种类。

(1)报题流程。每周三 12:00 前,各省级影视中心根据各省报道内容填写未来一周新闻选题策划表(见表 8-2),提交至中国气象频道当日值班约传记者处,由约传记者提交至中国气象频道周报道策划会中研究讨论。中国气象频道约传记者将于周五 12:00 前,将新闻选题策划是否通过审核告知各省。报题通过的省级单位将依照中国气象频道的指导意见拍摄、制作新闻选题,并按规定时间提交新闻素材。

表 8-2　气象频道新闻报题策划表

报道选题:"5·12"防震减灾日系列报道	姓名:×××　联系方式:
选题类型:单条　　系列报道√　　专题报道	拍摄时间:2015 年 5 月 9 日
拍摄地点:云南省玉溪市	回传时间:2015 年 5 月 11—12 日
一、报道背景: 云南处于亚欧板块、印度洋板块、太平洋板块的交汇处,因此地质运动频繁。从去年下半年来,云南就出现了 3 次里氏 5 级以上的地震。对于云南来说,提高百姓防震减灾意识和防震减灾能力十分重要。 二、报道内容: 1.《从云南本地角度出发,深度解读今年地震日主题》 　(1)科学减灾:科学减灾——解读地震先兆是否有科学依据? 地下水异常,动物异常,地光和地声及关于地震云的传说等,科学减灾究竟要怎样做到科学,依靠哪些科学技术手段? 　(2)依法应对——抢险救灾中涉及哪些法律问题? 每一个防灾减灾主题都有相对明确指向性,今年的"依法应对"具体指向哪些方面。 2.《玉溪市防震减灾科普馆》——记者体验式报道、科技馆管理员介绍、参观人员采访,宣传地震科普知识,提升市民科学减灾、防灾及救灾能力。 3.《回访大地震灾区,云南省玉溪市通海县》以记者回访形式展开曾经地震重灾区的深度报道。1970 年 1 月 5 日凌晨,玉溪市通海县发生 7.8 级地震,数万人伤亡。经历了那场惨烈的地震灾害后,目前当地学校或社区采取了哪些防震减灾措施,民众对防灾减灾保持怎样的观点,平时是否身体力行。 4.《防灾减灾日主题活动》——5 月 12 日防灾减灾日当天,深入社区,报道关于地震防灾减灾科普系列活动。

(2)报题内容。新闻报题策划需包含新闻报道背景、新闻报道内容、新闻操作周期、预计回传时间,以及新闻报道类别。其中,新闻报道背景需陈述清楚该选题的新闻价值点,操作的可行性,新闻报道内容需陈述清楚新闻的主要结构、内容安排,确保上报新闻选题的顺利拍摄及高效制作。一般来说,新闻报道类别大致分为新闻系列报道、专题报道、新闻单条以及直播中的现场报道四种。系列报道是指围绕同一新闻题材、新闻主题从不同侧面、不同角度做多次、

连续的报道,各条报道之间没有外在的时态连续,却有内在的必然联系,虽形式上独立完整,却共同服务同一新闻主题。多个独立报道集合在同一主题下,以求对新闻事实进行系统、全面、有一定深度的报道。专题报道是指对具有典型意义和较高新闻价值的新闻人物、事件、问题、现象等,进行记录、调查、分析、解释和评述等,深入系统地反映其发生发展、结果及影响的全过程,从而深刻揭示主题意义。因此在新闻报题策划中,对于新闻报道的类别也要给出预案和设想。

2. 新闻成片要求

省级新闻业务发展初期,由于缺乏专业的新闻制作团队,不具备新闻成片制作能力,因此回传新闻多以新闻素材和基本文稿为主。随着中国气象频道对各省级影视中心技术培训的不断加强及省级气象新闻制作能力的普遍提升,近年来,中国气象频道开始鼓励省级传气象新闻成片,以提高频道新闻播出效率和各省级新闻的采用率。气象新闻成片制作需符合如下要求。

(1)结构要求:新闻成片由文稿、画面、配音及根据报道需要所设置的记者出镜及新闻采访等构成,上述构成要素需有逻辑的组合在一起形成可以直接播出的新闻成片。

(2)时长要求:一般时长要求为 90 s 到 120 s 左右,时长最短不宜短于 40 s,最长不宜超过 150 s。其中,新闻采访要求:简洁明了,重点突出,尽量完整,但时长要求原则上不超过 30 s。

(3)配音要求:发音标准,需达到普通话一级乙等及以上水平,配音语速为 310～330 字/min。尽可能保留现场同期声音,记者出镜、现场采访和文稿配音保留在一声道,现场同期声音保留在二声道;各类音频高低需保持一致,且两段声音中间衔接的时间保证在 5～10 帧。

(4)剪辑要求:固定镜头每个 3 s 左右,移动镜头每个需控制在 6 s 以内,并有起幅、落幅。景别相近镜头避免连接使用,各镜头间不能有夹帧、夹黑场。同时,在新闻成片后需提供备用镜头以备中国气象频道编辑替换使用,镜头与文稿间应具有较高匹配度,固定镜头每个时长保留 4～5 s。

3. 出镜记者要求

(1)出镜记者形象规范。在一则气象新闻报道中,出镜记者承担着新闻报道方向的主导,也是代替观众亲临新闻事件第一现场的直接体验者和感受者。出镜记者形象、语言等等直接决定了观众对新闻事件的理解和认知。因此,出镜记者需口齿清晰,仪表形态端庄、大方,着装要正式得体、整洁,避免佩戴夸张饰品,整体外在形象、出镜语气应与新闻事件基调匹配;精神面貌需自信饱满,表情自然,同时在工作和生活中也应严格自律,举止文明。

(2)出镜报道位置。虽然出镜记者在气象新闻播报中具有重要作用,但并非所有报道都需要,例如,非事件性新闻就不宜出现记者出镜。而对于事件性较强的新闻,记者出镜将会大大增加新闻的代入感,此时,记者则需认真思考何时出镜,怎样出镜等细节问题。一般来说,记者出镜报道可以出现在开头、结尾及中间转场等任意位置。位于报道开头位置的出镜,多以介绍新闻事件大致内容为主,相当于新闻报道中的导语部分,需要介绍整个新闻事件发生的时间、地点、现场的天气情况等等,开头用语尤其要凸显报道现场感,直入主题,以"这里是…,某某事件正在发生"等开头用于为主,避免"亲爱的观众朋友"等不合场景开头语。位于报道中间部分的出镜,往往起到整篇报道的转折或衔接,出镜内容主要以展示新闻细节为主、让新闻报道更加丰满,更具可视性。位于报道结尾部分的出镜将简练陈述整个新闻事件的发展方向,并以"中国气象频道记者××在×地为您报道"结束,如果为现场直播报道时,为明确示意演播室内主持人出镜内容结束,还应以"好的,主持人""主持人,这边的情况就是这样"等结束性用语作为结尾,把话题交回给演播室内主持人。

(3)出镜报道要求。出镜记者要根据新闻题材和报道内容的需要,选择合适的场景进行出镜报道,从而突出报道的现场感。现场叙述与现场实况应融为一体,让观众感到真实可信。出镜报道用语需简洁、流畅、准确、明快,报道用语应在现场组织,用词造句既要通俗易懂,又要层次清晰。同时,记者面对摄像机时,应以讲述的方式叙事新闻现场事件,提倡有人物细节、有血有肉的故事化表述,切记生硬叙述、摆道理。记者出镜叙事新闻事件时,应保持客观、中立态度,客观描述现场所见、所闻、所感,尤其要把控好个人情绪、避免主观认识,灾难现场报道语气应与现场氛围协调,内容要体现人道关怀。

(4)出镜采访要求。出镜采访与出镜报道都是在新闻现场进行,不同之处在于出镜采访中记者主要充当新闻事件的提问者,采访对象就问题进行解答和阐述,出镜记者问话对采访者而言既是提问,更是引导,但为了保证新闻节奏紧凑性,除缺少记者提问会影响观众对采访对象回答的理解时记者提问语才会保留外,大多数情况下只保存采访对象回答的部分。

三、气象新闻制作方法

1. 气象新闻策划

气象新闻策划是新闻编导在气象新闻具体拍摄前所制定的操作方案,对于气象新闻编导来说,前期的气象新闻策划做得越细致、越周密,具体操作时效率越高,节奏越紧凑。特别是对于刚入行的气象新闻编导来说,一份精心准备的新闻策划可以在一定程度上减轻新入行编导在新闻拍摄现场因缺乏经验而产生的紧张情绪,从而更好地驾驭拍摄现场。

(1)精心选题

从气象新闻种类来说,有实效性极强的突发性新闻,如2013年7月19日凌晨的一场短时强降水天气导致昆明城区出现严重的城市内涝,此类新闻最重要的要求就是第一时间制作和回传,并没有充足时间进行详细策划,因此报道内容多半是在受灾现场根据实际情况临时选定。而对于实效性要求相对不高的新闻,如某一长期的天气气候事件影响,这种影响具有叠加效应或者短时间内不容易消除,如云南每年11月至次年4月的干季,降水稀少,气温较高,旱情不断发展,对云南当地生产生活影响较大,此类新闻便可以以新闻系列报道方式,围绕"云南季节性干旱"为主题,从不同侧面、不同角度开展详细、深入的精心策划。

策划的过程当中,要进行详细的资料检索工作,如,当下云南哪些区域受季节性干旱影响较为突出,突出影响主要表现在哪些方面,近期是否有与云南干旱影响相关的热点新闻等,在大量的信息收集和整理中,最终敲定报道内容。

(2)确定拍摄地点

一旦选题确定后,便需重点考虑去哪里拍摄、采访谁的问题。为了保证新闻拍摄顺利,我们需按照选题内容挑选最佳的拍摄地点,通常为天气新闻事件发生的第一现场,但当客观条件不允许时,也可选择与天气新闻事件相关区域。如,对于云南"泼水节"气象新闻拍摄来说,我们选取拍摄的最佳地点无疑为西双版纳,因为这里傣族民众最多,节日活动最为盛大,但如果诸多条件不允许的情况下,我们可以灵活变通,选择同样会在"泼水节"这一天举行庆祝活动的德宏地区或是各州市举行"泼水节"庆祝活动的民族村、民族园,也基本能够满足新闻拍摄的场景需求。

（3）选择采访对象

在采访对象，即被采访人的选择中，可以选择新闻事件的当事人、亲历者及相关人群。记者可以根据新闻类别和新闻报道目的选择不同身份的采访者，如专家、农民、市民、司机、旅游爱好者、事件的直接受影响者或者间接受影响者等。正确选择被采访人，对于确保新闻的客观性、可信度、真实性极为关键。如，对于一篇《降雨影响早高峰出行》的新闻，我们选择需要早起借助交通工具前往目的地的人群作为采访对象，如上班族、学生等，通过他们对个人出行经历的描述来反映交通拥堵情况，给人的感觉客观而真实，但如果我们选择离出行目的地较近、步行便可快速到达目的地的人群来说，由于步行出行是受交通拥堵影响最轻的方式，便无法得到最贴近新闻事实的答案，新闻的客观性也将受到较大影响。对于一篇新闻报道来说，恰当选择被采访人身份和被采访群体，是开展一次成功报道的基础保障。

正确锁定被采访人后，怎样取得被采访人同意，成功进行采访，是很多记者尤其是新入门记者面临的最大问题。在众多被采访者身份中，正规企事业单位、政府机关新闻发言人及资历深厚的专家、学者属于较难接受采访的人群。新闻记者可以通过所在单位发函、电话沟通、友好协商等多种方式说明采访意图争取被访者同意，并积极配合被访者提出的采访流程规定，给予足够的理解和尊重，才能最大限度地争取到采访机会，确保采访顺利。

2. 气象新闻采访

（1）新闻采访概念

在新闻传播学中，新闻采访指的是记者为获取新闻事实对客体所进行的观察、询问、倾听、思索和记录等活动，是新闻写作的前提，是一种特殊而必不可少的调查研究，是新闻传播的起点。同时，采访也是记者对客体事物的认识过程，是记者运用自己的新闻观点、知识积累和思维方式，通过亲自观察、倾听，经过思索而做出分析判断的过程。综上所述，新闻采访的成功与否是记者业务能力强弱和职业素养高低的综合表现。在新闻采访中，要求新闻记者具有高度的新闻敏感性、灵活的应变能力和娴熟采访技巧，即能够在错综复杂的客观事物中敏锐地发现新闻，在稍纵即逝的机遇中迅速地捕捉新闻，在各种困难的条件下巧妙地挖掘新闻，并善于倾听和捕捉采访对象回答中的有价值信息，随时应变，灵活调整采访方向，抛出更具新闻价值的问题。

（2）气象新闻采访特性

气象新闻采访，在新闻传播学的大背景下，无论是新闻采访概念、目的，或是对新闻记者职业素养的要求都与上述观点具有高度统一性，但由于所涉及领域的特定限制——气象行业，即与天气、气候、防灾减灾等密切相关的新闻事件，因此，在新闻传播学共性的基础上，也有该领域的特定要求和更为具体的技术方法。目前，我们所拍摄的气象新闻大致分为重大天气过程类、突发性天气灾害类、重大自然灾害类、农业类、旅游类、交通出行类、生活类、民风民俗类等等，所涉及的被采访身份包括专家、受灾群众、农民、旅游爱好者、司机等等，为了确保采访顺利，在采访中，针对不同采访人群应使用不同的方式方法，才能达到理想的采访效果。从近年来所制作播出的气象新闻比例来看，农业类新闻高达70％，也就是有70％左右的气象新闻报道与农业题材相关，所采访的人群也主要以农民为主。近年来，我国社会发达程度不断提高，人民受教育水平也随之提升，但农民作为我国人口比重中最庞大群体，人均受教育水平依然较低。受文化水平限制，农民群体整体的表达、逻辑性、独立思考能力等相对于受教育水平较高人群要明显偏弱,因此,气象新闻记者在与农民朋友沟通采访的过程中想要获得采访成功,相对于专家、高学历人群来说,困难也相对突出,因此需要更多的思考和技术方法。

(3)气象新闻采访技巧——以农民为例

①从"唠家常"入手。在对农民的采访中,由于农民群体的质朴、热情、友好,更容易亲近,在记者发出采访邀请时也较容易被接受。不过,受受教育程度和生存环境限制,常会存在语言不通顺、词不达意、过于紧张等现象,往往为新闻采访带来较大阻力。因此,在对新闻事件进行采访之前,记者应先帮助农民朋友舒缓紧张情绪,建立受访者对记者的信任感和亲切感,对于新闻事件的采访记者可以从"唠家常"开始,询问一下农民朋友家里的情况,如"老人、妻儿的生活情况怎样?""家里种多少亩地?""近些年来经济怎样?"等等,在"唠家常"的状态中观察受访者情绪变化,当受访者情绪慢慢放松下来时,记者可以用眼神与摄像交流,示意可以开机录制,在自然而然中进入整个新闻事件的采访,这样的采访方式看似入题较慢,却比"预备开机、直接提问"这种快速、直接的方式更易获取有价值的新闻点,同时,也避免了因受访者过于紧张而造成的反复、多次录制,因此,在采访效率上也往往会更高效。

②问题应简短具体。为了取得较好的采访效果,在采访的提问过程中,问题应尽量简短、具体,并避免专业术语,如,对于一则"某地强降水导致农田被淹"的新闻来说,一些经验不足的新闻记者可能会问"这场降水对您家农田造成了什么样的影响?",由于问题过长、细节指向性不清晰,被采访农户的回答很可能为"田地被淹了"简单的几个字,这样的回答的确为新闻事实,却因过于笼统,缺乏细节,导致新闻报道感染力大打折扣。但如果我们把问题细化为几个具体的小问题,如:"一、雨下得大不大?"、"二、农田发生了什么"、"三、水退后庄稼还能要吗"、"四、会有多少损失",不仅得到的答案会更具细节性,同时被采访农户在回答一个一个具体问题时,也往往更容易触动情绪,流露出真实情感。

以2015年6月13日《云南曲靖:暴雨洪涝致马龙县200多亩烤烟绝收》为例:

记者:暴雨过后农田被淹成什么样儿?

烟农:陈绍光　曲靖市马龙县村民

雨后烤烟田一片黄荡荡的全部都是水了,人根本进不来。大半天过去了水才刚刚退下去

记者:现在看样子长势上还可以,之后会有损失吗?

烟农:陈绍光　曲靖市马龙县村民

现在你看着还是绿的,过两天就不行了。因为今天还比较阴太阳没怎么出,太阳一出阳光一射,下面根系就会死,烤烟就会趴下去,差不多就绝收了。

3. 气象新闻文稿撰写

气象新闻稿件包括标题、导语、正文三部分。其中,导语是新闻的开头,是新闻的第一句话或第一段,是通篇报道精华的浓缩,在电视气象新闻节目中,导语往往以气象节目主持人口播的形式出现。正文,则是对整个报道翔实的叙述,也可以说是对导语的扩充以及对报道的精华、悬念的进一步解释、阐述。在一篇新闻报道中,导语精彩、正文平庸,会让受众感觉哗众取宠,而导语平庸、正文精彩,则很难抓住受众注意力。因此,对于一篇成功的新闻报道来说,导语和正文的撰写非常重要。

(1)导语

什么是好的气象新闻导语,怎样写好导语,这是摆在所有气象新闻编导或记者面前的问

题,而关于这个问题的答案也不尽相同,但有一个基本原则,就是美国著名学者沃尔特·福克斯在《新闻写作》中所指出的:"实实在在的吸引读者注意力,并将其导向记者认为是新闻的基本点或报道角度的地方"。简而言之,导语的两个基本功能就是:吸引受众和揭示主题。

确定导语内容是气象新闻导语写作的第一步。一条气象新闻为什么会重要?为什么会吸引受众的注意力?这正是导语中要给出的答案。"开门见山",是导语写作的基本要求,而这个"山"正是受众的兴趣点,新闻中,能引起受众兴趣点的主要因素有:重要、反常、刺激、实用。

①重要。导语要善于提炼新闻事件中最具价值的东西,也就是最重要的东西。有些新闻报道的内容本身就具有很强的冲击力,如《昨日台风"天鹅"飘过,申城遇汛期最强降雨》、《"803"鲁甸地震致道路中断无法通行》等,重要性显而易见,此时的导语只要抓住事件的核心内容,开门见山、简洁有力的把核心部分提炼出来即可。

②反常。人类的注意力总是习惯性的被与日常经历、经验不符的事件吸引,因此,在一场新闻报道中,抓住新闻事件中的反常点便往往能够抓住受众的注意力。2012 年 8 月,湖南气象影视中心制作的一则气象新闻《湖南:保暖过度　谨防小孩"冬季中暑"》中导语是这样写的:"冬季小孩也会中暑吗?听起来有点不可思议,可最近湖南省儿童医院接诊的一个患儿,就是因为保暖过度而引发了'中暑'症状。"这则新闻从标题到导语都深深抓住了冬季中暑这样的反常点,也因此吸引了更多的关注,取得了较好的播出效果。

③刺激。视觉和心理的冲击也是吸引受众的重要因素。有这样一条气象新闻导语:"这天气热的把鸡蛋摊在地上都可以迅速烤熟,而我们的环卫工人却穿着厚厚长衣长裤顶着烈日清扫垃圾"这些形象的组合不仅给人们带来视觉的冲击,更让人产生心灵的震颤。

④实用。气象新闻除报道新闻事件外,还承担重要的科普宣传功能,而这些科普,是对观众最实用之处。因此,将新闻中可能涉及的受众关心、又经常迷惑的生活小常识以及灾害发生时的逃生技巧等等,可以在导语中简单引出,也能够有效吸引受众的注意力。

(2)正文

正文是气象新闻报道的主体部分,包含配音和同期,配音与同期应流畅衔接,切忌内容重复。在新闻剪辑中,配音部分需搭配相应的空镜,也就是搭配所拍摄的画面,而同期部分由于已经含有记者或被采访者镜头形象,可以不再搭配空镜,若同期声时长较长、表述略显冗长或中间有明显间断等情况,则可选择在适当位置铺垫一些空镜。正文撰写中,配音、同期的配合,决定了通篇报道的逻辑、顺序和结构,也决定了新闻最终的剪辑方式,搭配的好,新闻报道的电视呈现效果会更加真实、生动、具有感染力,搭配的不好,则会大大影响新闻报道的最终效果。一般来说,一篇较为成功的新闻报道,正文部分配音和同期搭配在满足逻辑合理、衔接流畅、内容独立不重复等基本前提下,配音、同期的内容选择和撰写还有各自更为具体的要求。

①同期。同期是新闻记者在现场出镜中所说的话和被采访者在采访过程中所说的话以文字形式呈现在正文文稿中的内容。一般来说,新闻记者出镜的同期可位于正文的开头、中间或结尾的任意位置,这主要取决于出镜同期在正文中所起到的作用,以一则《云南:宜良县冰雹天气致烤烟大面积受损》的气象新闻报道为例:位于正文开头部分的记者出镜同期往往是对新闻现场所发生的事进行简练而完整的介绍,如"我现在位于易门县的一片烤烟田里,今天上午9:30左右这里出现了冰雹,整个天气持续时间将近 5 分钟,最大冰雹的直径约有 4 cm,现在我们看到烟叶上被砸出了大大小小的窟窿";位于正文中间部分的记者出镜同期则往往是对新闻事件细节的描述,如"我们看到这些烤烟叶,被冰雹砸的大大小小的洞的边缘已经开始发黄,整

个烤烟叶片上有三分之二的面积都是这样大大小小的窟窿,被砸到的烟叶开始打蔫下垂";位于结尾部分的记者出镜既可以是某个细节的补充,也可以是对通篇报道的总结,要依照通篇报道的思路、布局而定。

新闻事件当事人采访和专家采访同期一般不用作正文的开头,出现在正文中间部分较多,其次为结尾部分。对新闻事件当事人采访的同期经常是对新闻事实的调查、验证以及对新闻细节的捕捉,从而确保新闻的真实性,提升新闻的丰富度和感染力。对专家采访的同期则通常是为了分析原因、解释现象、得出结论、给出建议等,为了保证新闻报道节奏的紧凑性,对新闻事件当事人采访及专家采访需选取最简洁有力、最具价值的部分,并且总时长应控制在 30 s以内。

②配音。配音,是在正文中除同期之外的部分,通常是对新闻事件进行的叙述和描写,由于需要在后期进行配音形成音频,因此在正文中通常把这部分叫作配音。除去同期部分,由配音组成的正文,从对事件的阐述上,也会基本完整或比较完整,因此,对于一篇新闻报道来说,正文中的所有配音,构成了新闻的主体信息。在正文当中,不同位置的配音具有不同功能。以《玉溪市:干旱致易门县大春作物 85％受灾》为例,位于开头部分的配音往往是对新闻事件背景的交代,如配音 1 中,该部分将一方面是作物需水旺盛期、一方面是降水仅为常年同期 1/3这样的大背景开篇点出,有助于受众对新闻报道的理解。位于中间部分的配音则是对新闻核心内容的详细表述,如配音 2:生动而客观的指出易门干旱大春作物受灾的情况:烤烟受旱影响出现早花现象、产量品质受到影响,玉米受旱影响出苗率低、长势差。位于结尾部分的配音多数是对通篇报道的总结,如配音 3 中便将易门县大春作物受灾面积、受灾程度进行总体归纳,通过这样的方式,可以让观众对整个新闻事件印象更为深刻,也更能引发受众对整个新闻事件的思考。

《玉溪市:干旱致易门县大春作物 85％受灾》正文

配音 1:每年 5—6 月,正是易门县大春作物旺盛生长阶段,需水量较大。而据易门县气象局局长普家华介绍,今年易门从 5 月 1 日至 6 月 30 日降水量只有 84.5 mm,仅为常年同期的三分之一,旱情十分严重。往年这个时候,放眼望去,已是丰收在即,而今年,情景却迥然不同。

同期 1:期汝兴　玉溪市易门县气象台高级工程师

你看我们易门县每年 4 月底开始移栽,现在差不多有两个月。移栽后你看到的现在这个苗就跟移栽前一个样的,根本没有长高也没有长大,往年这个时候都有这个高,可以烘烤采摘了,到今年没长高还出现了早花的现象。

配音 2:据专家介绍,烤烟早花,是受干旱等因素影响下烟株未达到应有的高度和叶数便现蕾开花的异常生理现象,一旦发生将会大大削弱烤烟长势,从而严重影响产量和品质。在易门县,除烤烟外,玉米同样也受到了不小影响,尤其是位于山地、半山地缺乏灌溉条件只能依靠自然降水的玉米田地,不仅长势差,出苗率甚至还不足十分之一。

同期 2:王英巍　中国气象频道特邀记者

我现在的位置是易门县白邑村委会的一片玉米田里,往年 6 月底刚好是玉米生长最旺盛的时候,植株差不多能长到这个位置有 7 cm,但是现在我们在地里只是稀稀拉拉看到几颗玉米苗非常的弱小。

同期 3：王荣　玉溪市易门县白邑村委会村民

今年播种的时间跟去年差不多，但今年都没有出起，今年都补种了两次了。往年都应该长这么高了。（闪白）现在感觉苞谷（玉米）收成是没什么希望了。

配音 3：据了解，今年易门县大春作物受旱影响并非局部现象，2015 年全县大春作物总播种面积 20 余万亩，因干旱受灾面积近 18 万亩，高达总播种面积的 85%，其中作为当地重要经济来源的烤烟受旱影响 6 万余亩，玉米受旱影响 8 万余亩，无疑为地农业生产和经济收入造成了巨大损失。

4. 气象新闻系列报道典型案例——"大理风"

随着中国气象频道的不断发展，对气象新闻素材需求量也在不断增加，为中国气象频道制作气象新闻已成为各省级影视中心重要的业务工作。从近几年来各省级影视中心回传频道的气象新闻来看，大多以短小精悍的单条新闻为主，时长一般为 40 秒到 1 分 30 秒。笔者从多年的一线气象新闻工作中思考发现，单条新闻，新闻点清晰，报道内容集中，适合突发性强、实效性强的天气新闻事件报道，而对于一些对实效性要求不高，天气气候特色又十分显著的新闻事件来说，采取单条新闻的报道方式，由于限于篇幅和时长，往往无法深度挖掘，本地特色凸显不够，较为可惜，此时如果尝试新闻系列报道，一般以 3～5 集的单条新闻报道构成，往往会达到较好的播出效果。近两年来，随着中国气象频道对节目品质的日益关注和重视，对地方回传的新闻质量要求也在不断提高，具有深度、丰富度和地方特色的新闻系列报道成为中国气象频道节目播出的优先选择。

但新闻系列报道并非简单的单条新闻报道的罗列，系列报道中的每集单条新闻之间需要很强的逻辑关联，需要做到既相互独立又浑然一体，因此在前期策划、中期拍摄、后期形成文稿、编辑制作中需要更多的思考和技术方法。云南省气象影视部门于 2013 年 11 月 26 日制作完成"大理风系列"新闻报道并回传中国气象频道，由于该新闻系列报道选题立意积极、策划全面、制作完善，被中国气象频道采用，于 2013 年 12 月 3 日在中国气象频道 21:00 档《国家气象播报》中完整播出，并多次在中国气象频道培训会议中作为省级制作气象新闻系列报道的典型案例被提及。下面以"大理风系列"气象新闻报道为例，着重介绍笔者在气象新闻系列报道中选题、策划、内容设置等方面的思考，以期为今后的气象新闻系列报道工作起到抛砖引玉之用。

（1）选题思路

千百年来，风云变幻，人们在享受好天气恩泽的同时，也在经受坏天气带给我们的磨难。人类无法征服大自然，只有通过同大自然漫长的磨合中，慢慢掌握和谐相处的法则。而在这其中，同天气气候的磨合，尤为重要，也散发出更多更耀眼的智慧。作者在选题中，正是基于这样的理念，去寻找既能体现大自然对人类的考验，又能成功展现人类趋利避害智慧的典型案例，在反复的筛选中，最终选取"大理风"为本次新闻系列报道的主题，旨在鼓舞人们客观、积极地面对天气灾害事件。

（2）报道内容

大理位于云南西北部，是云南十六个州市中，风力最强，大风日数最多的地方。一年之中平均的大风日数在 35 天以上，冬春季节尤其强盛。为何大风独爱大理，何种气候背景、地理因素使然？千百年来，大理人在大风的屡屡侵犯中历经怎样的艰辛生活？面对大风的挑衅，大理建筑中展现着哪些生存智慧？如何开发这里丰富的风能资源？大风洗礼下造就了哪些奇异的自然风光？在"大理风"系列中从社会公众视角出发,带着这一系列问题,按照大理"因风而险、因风而慧、因风而富、因风而奇"的层次顺序逐一展开,制作完成"大理风"系列报道。

　　①为何大风独爱大理？《系列一:气候、地形因素,造就苍洱间的奇异风城——大理》(见图8-4)。大理白族自治州,位于云南西北部的苍山洱海之间,北临丽江、迪庆,南与临沧、普洱相接,相近的地理位置,却唯独这里因强风而著称,让人印象深刻(记者出镜,在大理亲身感受"大理风"的威力:在过去的一分钟我测到的最大风速是 9 m/s,相当于风力的 5 级,现在感觉这个风杯转动的速度非常快,手拿着这个测风仪感觉很吃力,感觉身体随时都可能被风吹倒。到了2、3 月份的时候,瞬时阵风可能会达到 8 到 9 级。)

图 8-4　大理风成因

　　大理风力如此威猛,究竟隐藏着哪些秘密呢？通过专家采访,将大理风成因层层剥开:"第一个原因主要是气候背景的原因,整个冬春季,尤其是春季我们处在西风急流带上,高层的风比较大,高层的风逐步传导下来,第二个原因是地形原因,西边有苍山,南边的哀牢山系的者摩山,中间有一个峡谷,形成了一个狭管效应,加速了风速。"及时将问题抛出,在及时将谜团解开,牢牢抓住观众心理,形成深刻印象。

　　②大理因风而险。《系列二:风助火威,头顶森林火险高压线》(见图8-5)。千百年来,大风为大理人们的生产生活诸多方面带来了不小的影响,而这其中对森林火灾的影响尤为严重。每年 3 月 1 日至 4 月 30 日为云南全省高森林防火期,不过对于风城大理而言,受大风天气影响,林内水分迅速蒸发,易燃程度快速加剧,使得每年刚刚进入 2 月,全州便进入森林防火高警戒期,大理成为全云南省森林火险形势最严峻、森林防火任务最为艰巨的州市。

　　大风在加剧森林火险的同时,也让大理的林火灾害呈现突发性强、发展迅速、容易复燃等特点,导致扑救工作变得更加危险。作者通过对大理州森林防火专职副指挥长金元峰的采访来突出大理因风而险:"风能够使地表火变为林冠火,使火灾烧得更大,使人无法进行扑打和控制,特别是有风的话在扑救中风速加大或风向改变,会给扑火人员带来很多危险,甚至人员伤亡。"最后通过一段配音扣题:"目前,随着冬季的深入,大风日数增多,风力不断增强,大理的森林防火神经又开始日益紧张起来,为减少林火灾害发生的概率,减轻灾害损失,大理已经开始提早部署森林防火工作",突出"大理风"影响之深。

图 8-5　大理风加剧林火灾害

③大理因风而慧。《系列三:崇圣寺三塔坚韧不催源自"顺势而为"的巧妙设计》(见图 8-6)。千百年来,强风骤起,尘土飞扬、树木拦腰折断的情景并不少见,而最令人叹奇的是,崇圣寺三塔,历经强风上千年的摧残,却如定海神针般稳扎于苍洱之间,岿然不动,这一切,源于规避大风的精巧设计:打破传统北方为大、坐北朝南的传统建筑设计,采取背苍山、面洱海的西南走向,使得大理常年吹拂的西南风能够从三塔间轻松的顺流而过;塔基设计成独特的钵头(倒扣的盆或碗)状,塔身置身于其上,好似一个巨大的不倒翁,即使风吹地震对它有所伤害,只会微微变动,最后依然还原到原来的位置上;在高达 69.13 m 的主塔上将窗洞错层交替起来,同时将塔的边沿设计成完美的弧线形,在风力随高度增加而迅速增强的环境中,极大地减弱了风对塔体的伤害。

除三塔这样帝王般的恢宏建筑之外,在大理最平凡的民宅中,高大的防风照壁,层高均等互相屏障的主房、厢房和厅房形成"三方一照壁"的格局,同样展现出为规避强风所烦扰的精湛设计。可以说,在大理千百年的历史长河中,人们在狂风肆虐中历尽艰辛,却也同样形成了非凡的生存智慧。

④大理因风而富。《系列四:祸兮福之所倚,强劲大风送来富足风能》(见图 8-7)。大理一直以水力发电为主,但大部分为径流式电站,枯水期发电量少,而枯水期刚好是大理风力最强,大风日数最多时段,因此当地将风能资源利用起来,形成了风电和水电的供电互补体系,这使得大理风电在生产生活用电中占据越来越重要的位置。

图 8-6 强风中屹立的崇圣寺三塔

图 8-7 大理强大的风电产业

一座座高大洁白的风力发电机架设于连绵的山脉之上,成为一道美丽的风景,也展示着大理"风电家族"的迅猛发展,其中,者摩山风电场发电量可以满足大概十万户人家日常生活用电,如今拥有类似者摩山这样的风电场已经超过了 10 个。目前,大理作为云南风能资源开发利用的代表性地区,大理州风电装机总容量近 50 万 kW,接近云南省建成总量 70%,尚在建设或已经批准开展的风电项目接近 30 个。

如果说,大理建筑中的精巧设计是在强风面前被动激发出来的生存智慧,那么,近年来,大理对风电开发的飞速脚步,则是大理人们积极面对大风挑衅的乐观和勇气,大理的风不但"点亮"了苍山洱海,同时也带动了整个云南对风能资源的开发和利用,具有重要的意义。

⑤大理因风而奇。《系列五："望夫云",风城大理的奇丽景观》(见图8-8)。苍山之路,洱海之畔,云南大理历史悠久,山川秀丽,是闻名遐迩的旅游胜地,"下关风,上关花,苍山雪,洱海月"又是人们大理行中最大的诱惑,特别是风,已经成为大理独特的标志。在云南"大理风系列"中,将大理风洗礼下造就的奇异风光——望夫云作为收笔,既展示大理风之奇美,又揭开"望夫云"神秘面纱,在科普的同时,增加报道的观赏性,给人留下美好的印象。

除具有浓郁的神话色彩以及极高的观赏性外,望夫云在人们的出行安全中,还具有重要的警示作用。多年来,每当望夫云出现,顷刻间洱海便就会狂风大作,海浪滔天,因此,望夫云也慢慢成为当地的"大风预警器",再度突显"望夫云"之奇。

图8-8　大理苍山上的望夫云

(3)"大理风"系列宣传效益

千百年来,风一直吹,给大理带来了险情,带来了美景,带来了智慧,到今天更带来了财富。从被动接受,到主动利用,风成为大理与自然和谐共处的一个缩影。"大理风系列",从观众视角选题,以大理风的成因、利弊为主要内容展开,配合富有感染力的镜头,最终形成"大理风系列"气象新闻报道,取得了较好的气象服务效果。

①社会经济效益:"大理风系列"以风为主线,通过对望夫云的介绍,和风能部分的展示,从正面突出了云南大理特色,在大理旅游业和风电经济发展方面起到了积极作用。

②公众服务效益:在"大理风"系列报道中,涉及丰富的气象科普知识,让公众对大理风有了全面充分的认识,在获取气象知识的同时,也在鼓励公众正确面对自然灾害事件,同时,在提高公众防灾减灾意识方面也起到了较好的宣传效果。

(4)"大理风"系列经验总结

①选题讨巧:下关风与上关花,苍山雪,洱海月齐名为大理最具特色的四大自然景观,因此,将"大理风"作为选题,从系列报道的名字中就可率先夺得公众的好印象,从而有更高的心

理接受度,这也是人们在选择制作气象新闻系列报道时,要重点考虑的问题,即:公众是否关注,是否感兴趣。

②报道全面,立意积极:从大理风的成因,延伸到大理风的影响,从"大理风"对人类的考验,再到大理风为当地带来的智慧、福祉,逐步引导公众树立客观公正面对自然的态度。气象新闻系列报道不单要承担气象常识、防灾减灾等科普知识的传播,更应该传播一种积极面对大自然的正能量,在"大理风系列"新闻报道制作中,将这一观念贯穿并渗透于整个系列报道的行文思路里,取得了较好的社会宣传效果。

③打有准备之战:除题材内容确定外,提前选择出最适合拍摄地点,对提高镜头质量,提高拍摄效率,节约制作成本都具有重要意义。此外,邀请到最佳人选进行专家采访也极为重要,专业知识背景、个人表达能力、是否有镜头表现力等都是选择专家时需重要考虑的问题。本次系列报道成功采访到大理文物管理所所长、大理风电产业专家,都为提高报道的整体质量增色不少。

四、气象新闻素材管理系统建设——以云南为例

全国各省级气象影视部门承担中国气象频道的本地化气象新闻报道工作,在多年的气象新闻拍摄中,积累了庞大的文字、图片、视频、音频等各种珍贵的媒体资料,以云南为例,自2012年以来,短短的几年时间便积累拍摄新闻600余条,拍摄内容既涉及高温干旱、暴雨洪涝、冰冻雨雪、大风冰雹、森林火险、滑坡泥石流等重大气象灾害及衍生灾害,又包含农业气象、旅游气象、交通气象、生活气象、气象科普等专业气象服务领域。近年来,随着各省级气象新闻业务的不断发展,这些媒体资料正在呈现几何级数般增长的态势。由于在新闻制作过程中,时常因时间、地域等多方面条件的限制,无法拍摄到或无法及时拍摄到新闻所需镜头,此时,则需要以往拍摄过的相关气象新闻媒体资料镜头替代。但针对这些信息量庞大而具有重要再利用价值的新闻媒体资料,一些省份依然采用最简单的移动硬盘存储和刻录光盘存储方式,存储介质落后、存放无序杂乱,导致在新闻制作过程中,查找和调用新闻媒体资料耗时较长,大大拖延了节目制作回传时间,新闻实效性也因此大打折扣,目前,这一现象已经在某种程度上成为限制省级气象新闻业务发展的因素之一,如何科学化存储庞大而有价值的气象新闻媒体资料,实现资料的高效存储和快捷调取,是需要重点思考和解决的问题。

针对该问题,目前,云南省气象影视部门在借鉴华风气象影视信息集团及北京、安徽、四川、甘肃、河南等省份建立的气象影视素材管理系统成功经验基础上,建立了基于 B/S(Browser/Server)架构的云南气象新闻媒体资料管理系统,实现了云南气象新闻媒体资料的存放有序、检索方便、下载快速、高效再利用等功能,进一步推进了云南气象新闻业务的发展。现将该系统设计理念、系统主要功能及关键技术进行梳理成文,希望对各省级气象新闻媒体资料的管理、利用起到积极作用。

1. 基于业务需求的设计理念

云南气象新闻媒体资料信息量庞大,形式多样,内容涉及各行业的方方面面。如何将其井然有序地管理,实现方便快捷的查询,达到最优化利用历史和实时资料,是气象新闻媒体资料管理系统亟须解决的问题。从气象新闻的日常业务需求考虑,创建该系统的设计思路为:首先,对气象新闻媒体(历史或实时)资料进行收集、整理,根据媒体资料的特点对其进行编目;再

基于查询、检索和定位的要求,设计数据关联,建立素材数据库,并把已经编目过的历史素材录入到建立好的数据库中;然后,设计检索环节,使媒体资料可以被快速查询和定位;最后,根据需要可导出指定素材资料到制作系统中进行编辑等再利用,从而实现气象新闻媒体资料的快速检索和再利用。系统开发拟体现的业务功能和流程如图 8-9 所示。

图 8-9　系统开发拟体现的业务功能和流程

2. 系统功能设计

气象新闻媒体资料数据库的设计,不同于针对常规气象要素的数据库设计,而需要充分考虑媒体资料本身具有的特点。目前,云南气象新闻媒体资料主要包括视频、音频、图片及文本素材,这些素材不仅信息量庞大,而且内容丰富。所以,如何根据媒体资料自身的特点,为其进行科学合理的编目是建立气象新闻媒体数据库的重要环节。创建气象新闻媒体资料管理系统的重要环节,一是要对媒体资料进行收集、整理和编目,完成编目影像资料和编目文本资料的数据库设计工作;二是进行影像资料的入库管理和文本资料的入库管理;三是实现文本、影像资料和两者综合的检索功能。系统的主要功能模块如图 8-10 所示。

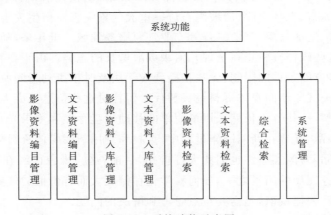

图 8-10　系统功能示意图

(1)影像资料的编目管理

影像素材分为动态素材和静态素材两个编目,其中动态素材分为天气现象、一般背景素材和其他子组。在"天气现象"编目下,分为五个子编目:风、云、雨、雪、其他。"风"包括风(沙)、扬沙、沙尘暴等;"云"包括晴、少云、多云、阴等;"雨"包括小雨、中雨、大雨、暴雨等;"雪"包括小雪、中雪、大雪、暴雪等。"一般背景素材"是指与制作天气现象背景相关的动态素材。"其他"子组包括天气预报片头、气象与健康片头、主持人背景等。

静态素材分为季节、节气、节日、假日背景、主持人背景和其他。在"季节"编目下,分为五个子编目:春、夏、秋、冬,其他。"春"包括风、扬沙、沙尘暴等春天景色;"夏"包括小雨、中雨、大雨、暴雨等夏天景色;"秋"包括秋天景色等;"冬"包括小雪、中雪、大雪、暴雪等冬天景色。

（2）文本资料的编目管理

文本素材编目分为基本气象知识、云南天气及气候、节气与农时、气象与各行业、气象与健康、气象谚语、民间节日及其他等。其中，"气象与各行业"子编目主要包括气象与农业、气象与烟草、气象与林业、森林火灾与气象条件、气象与环境保护、气象与航空、气象与建筑、气象与交通、气象与电力、气象与新能源等。

（3）影像和文本资料的入库

云南气象新闻媒体资料管理系统充分考虑了气象新闻素材的特点，对每条素材都添加描述信息，主要包括时间、地点、作者和内容概况等。媒体资料管理的入库信息如图 8-11，文本资料管理的入库信息如图 8-12。

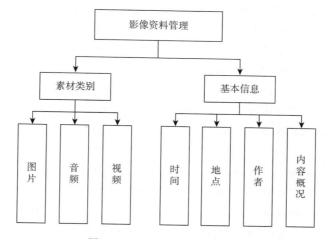

图 8-11　影像资料的入库信息

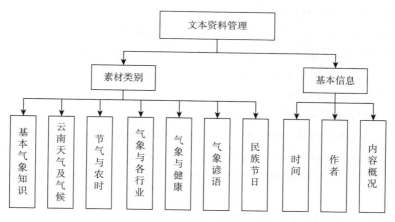

图 8-12　文本资料的入库信息

（4）检索功能

气象新闻媒体资料的检索采用"目录检索"、"关键字检索"交叉进行。目录检索就是"物以类聚"的检索，任何事物经过分析整理后自然会分门别类。分类搜索足以将信息系统地分门归类，用户可方便地查询到某一大类信息，与传统的信息查找方式相近，特别适合希望了解某一方面信息而又不严格限于查询关键字的用户。例如，在新闻编辑制作过程中，新闻业务人员需要农业气象相关的新闻媒体资料,却又不拘泥于某一种或某一类作物,便可点开"气象与农业"编目,里面会包含烤烟、鲜花、蔬菜、玉米、水稻等诸多素材信息,新闻制作者可根据需要选择调用其中的一条或多条新闻素材。

　　基于文本的检索方法是关键字检索,又名基础信息检索。其大体设计思路是:在信息资料采集完毕后,给采集到的每份资料根据其内容特点或类别赋予简短的文本索引名,并采用相关的数据库技术加以管理与实现。在需要检索时根据内容特点或类别给予相应的关键字,系统将基于数据库关联技术将该关键字作为索引进行快速定位、检索。

　　关键代码段如下所示:

```
@RequestMapping(params="datagrid")
public void datagrid(TMaterial material,HttpServletRequest request,
          HttpServletResponse response,DataGrid dataGrid){
      String catalogid = oConvertUtils.getString(request
            .getParameter("catalogid"));
      String creationdate_begin = oConvertUtils.getString(request
            .getParameter("creationdate_begin"));
      String creationdate_end = oConvertUtils.getString(request
            .getParameter("creationdate_end"));
      String opdatetime_begin = oConvertUtils.getString(request
            .getParameter("opdatetime_begin"));
      String opdatetime_end = oConvertUtils.getString(request
            .getParameter("opdatetime_end"));
/* 获取 Hibernate 框架的动态查询实例,其中动态查询条件,
即 TMaterial material 对象实例 */
      CriteriaQuery cq = new CriteriaQuery(TMaterial.class,dataGrid); org.jeecg-
framework.core.extend.hqlsearch.HqlGenerateUtil.installHql(cq,
            material,request.getParameterMap());
/* 查询条件——编目判断 */
          if(StringUtil.isNotEmpty(catalogid)){
          DetachedCriteria dc = cq.getDetachedCriteria();
          DetachedCriteria dcTCatalog = dc.createCriteria("TCatalogs");
          dcTCatalog.add(Restrictions.eq("id",catalogid));
          }
/* 查询条件——素材创作时间段判断 */
          if(StringUtil.isNotEmpty(creationdate_begin)
                && StringUtil.isNotEmpty(creationdate_end)){
          try {
              /* 查询条件——时间段左区间 */
              cq.ge("creationdate",new SimpleDateFormat("yyyy-MM-dd")
                  .parse(creationdate_begin));
```

```
                    /*查询条件——时间段右区间*/
                    cq. le("creationdate",new SimpleDateFormat("yyyy-MM-dd")
                                    . parse(creationdate_end));
                } catch(ParseException e){
                    e. printStackTrace();
                }
                /*查询条件添加*/
                cq. add();
            }
    /*查询条件——素材操作时间段判断*/
            if(StringUtil. isNotEmpty(opdatetime_begin)
                    && StringUtil. isNotEmpty(opdatetime_end)){
                try {
                    /*查询条件——时间段左区间*/
                    cq. ge("opdatetime",new SimpleDateFormat("yyyy-MM-dd hh:mm:ss")
                                    . parse(opdatetime_begin));
                    /*查询条件——时间段右区间*/
                    cq. le("opdatetime",new SimpleDateFormat("yyyy-MM-dd hh:mm:ss")
                                    . parse(opdatetime_end));
                } catch(ParseException e){
                    e. printStackTrace();
                }
                /*查询条件添加*/
                cq. add();
            }
            this. materialService. getDataGridReturn(cq,true);
            TagUtil. datagrid(response,dataGrid);
    }
```

从业务逻辑角度上,综合检索包括文本资料检索、影像资料检索以及综合资料检索;从应用技术角度上,综合检索是基于关键字检索和目录检索的混合检索。综合检索功能模块系统截图如图 8-13 所示。

(5)系统管理

系统管理主要包括用户管理、角色管理、数据字典和导航菜单管理等功能模块。用户管理,即用户的基础信息的录入和编辑;角色管理,即角色的录入、编辑以及权限设置;数据字典,即素材类别、素材作者、素材创作地点的维护;导航菜单管理,即菜单的基础信息的录入和编辑。

图 8-13　综合检索功能模块系统截图

（6）模块化理念设计

系统的设计充分应用了"模块化"思想。系统主要分为三大模块化：系统设置模块、影像资料操作模块和文本资料操作模块。其中每一个大模块又可细分为不同的小模块以实现不同的功能。整个系统遵循"高聚内，低耦合"的设计理念，使得各个模块之间既独立又相互联系，它们的访问过程通过主程序界面进行统一规划与管理。这样的实现方式有助于降低成本和风险，有效地提高开发效率而且程序结构清晰。比如：影像资料和文本资料的入库管理，它们的共同点是类别和基础信息管理（时间、地点和作者），因此类别组件、数据字典组件（时间、地点和作者）等可以一次开发多处组合使用。

3. 系统的开发平台和应用的关键技术

云南省气象新闻媒体资料管理系统利用当前先进的计算机技术理念和架构，结合云南气象影视工作的实际需求，进行系统研发。同时，为追求媒体资料管理及再利用等方面更加快捷、高效，在关键技术上做出设计和应用创新。

（1）开发平台和技术手段

为完成该系统的开发，首先要安装 Java 语言的软件开发工具包（JDK6. x），提供 Java 程序的开发和运行环境。其次，安装 Java 软件开发工具（Eclipse4. x），提供 Java Web 工程项目的基础平台搭建和调试工具。然后，安装小型关系型数据库管理系统 MySQL5.5. x，提供基础数据信息的有序管理和存储。最后，该系统基础架构技术采用系统业务逻辑管理框架（Spring MVC），Spring 框架提供了构建 Web 应用程序的全功能 MVC 模块；数据库编程框架采用 Hibernate4；前台页面 UI 框架采用 Jqurey EasyUI 开发，它不需要开发者编写复杂的 JavaScript，就能帮助 Web 开发者更轻松地打造出功能丰富并且美观的 UI 界面。

（2）素材管理采用文件管理与数据库管理相结合

在素材的管理上，若采用单纯的文件保存来管理，则涉及的是磁盘文件管理，有方便资料移植的优点;但这种管理方式往往因存储无序导致查找时间较长。若采用传统纯粹的数据库管理方式,虽然安全性和可靠性高,检索速度快,但把素材的基础信息和素材本身直接存储在数据库中,会导致信息量过于庞大而不便移植。本媒体资料管理系统综合考虑磁盘文件管理和数据库管理的优点和不足,把素材管理分为两个部分:素材本身以文件管理方式进行存储,而素材的基础信息以数据库管理方式进行存储,通过素材记录名序号来关联管理两种方式,来实现对应调用的目的。这样可以达到资料移植方便、查找快捷的双重目的。

（3）应用 B/S 架构技术

B/S(Browser/Server)结构即浏览器和服务器结构。该架构具有软件开发周期短、硬件设备要求低、维护和升级方式简单、软件易于推广等特点。它是 Internet 技术兴起后,对 C/S(Client/Server)结构即客户机和服务器结构的一种变化和改进的结构。在这种结构下,用户工作界面是通过互联网的 Web 浏览器来实现。采用 B/S 架构的云南省气象影视媒体资料管理系统,其功能主要包括:气象影视媒体资料编目管理;气象影视媒体资料收集、传输及储存管理;气象影视媒体资料检索、系统管理等,以上所有功能模块皆可通过互联网直接访问、调用和管理。

4.系统应用总结

（1）云南气象新闻媒体资料管理系统创建过程中,按照"收集媒体资料、根据资料属性特点编目、把素材录入到相应编目下的数据库中"的设想,完成了新闻媒体资料的分类存储和有序管理,并可根据业务需求检索和下载调用相关资料,实现了媒体资料的再利用功能。

（2）在实际业务中,新闻业务工作者有时需要单纯的视频资料,有时则只需要文稿资料,或者多种兼需。该系统将影像和文本编目管理分开,可采用目录检索和关键词检索或两者交叉使用,加强了媒体资料检索力度,可提高检索成功率;同时,通过用户管理、角色管理、数据字典和导航菜单管理等功能模块,可实现整个系统的管理维护工作。

（3）在系统基础平台搭建、系统的设计思路、素材管理方式、和系统的用户访问模式等关键技术上做出应用和创新,达到高效、快捷、稳定、方便的使用效果。在功能设计上以气象影视媒体资料的共享和提供气象影视产品制作的质量为目的,形成集气象影视媒体资料收集、传输、储存及检索等为一体的气象影视媒体资料管理系统。

目前,云南省气象新闻媒体资料管理系统已经成功投入业务应用,系统运行稳定,存储、检索、下载调用等功能正常有序,已有约 2 TB 气象新闻媒体资料编目入库,初步形成云南气象新闻媒体资料素材库的业务基础,整体达到了预设目标。

参考文献

布雷恩·S·布鲁克斯(美).2007.新闻报道写作[M].北京:新华出版社.

陈双溪.2006.气象为社会主义新农村建设可以有更大作为[J].气象与减灾研究,**29**(3).

郭红,王宇,刘胜辉.2002.影视节目多媒体数据库管理系统的研究与设计[J].哈尔滨理工大学学报,**7**(4).

胡正荣.1997.传播学总论[M].北京:北京广播学院出版社.

胡智锋.2003.中国电视策划与设计[M].北京:北京广播电视出版社.

刘春红,王丽,梁秀清.2012.德州市气象局气象影视资料管理系统设计[J].现代农业科技.

裴毅.2003.气象节目主持现状和思考[J].广西气象,**24**(2).

祁芃.1999.播音主持心理学[M].北京:北京广播学院出版社.

秦祥士.2004.气象影视技术论文集(二)[M].北京:气象出版社.

秦祥士.2008a.气象影视技术论文集(四)[M].北京:气象出版社.

秦祥士.2008b.气象影视技术论文集(五)[M].北京:气象出版社.

秦祥士.2011.气象影视技术论文集(七)[M].北京:气象出版社.

宋英杰.2004.天气真好[M].北京:群言出版社.

吴郁.2007.电视节目主持人的综合素质研究[M].北京:中国广播电视出版社.

许小峰.2008.现代气象服务[M].北京:气象出版社.

叶家铮.2000.电视传播理论研究[M].北京:气象出版社.

于宪生.2003.对媒体资产管理系统建设的几点考虑[J].传播与制作,(9).

张广梅,马东雷,戴思玉,等.2010.气象影视资料数字化归档管理系统设计与开发[J].气象与环境学报,**26**(2).

张颂.2004.播音创作基础[M].北京:北京广播学院出版社.

张昕.2002.非线性编辑系统及其网络架构[J].中国有线电视,(1).

赵振宇.2008.新闻报道策划[M].武汉:武汉大学出版社.

周文超.2007.天气预报节目新气象[J].中国广播影视,(10).

第九章　突发事件预警信息发布

党中央、国务院高度重视气象灾害预警信息发布工作,同时颁布了《气象灾害防御条例》、《国务院办公厅关于进一步加强气象灾害防御工作的意见》(国办发〔2007〕49号)。突发事件预警信息发布系统负责发布自然灾害、事故灾难、公共卫生事件、社会安全事件四类突发公共事件预警信息,为预警信息发布提供可视化的平台。该平台将在突发公共事件应急体系建设、整合资源和统一发布渠道、科学有效处置突发公共事件和防灾减灾以及普及应急知识和增强全社会防灾减灾意识等方面具有建设性的重大意义。

第一节　引　言

国外在突发事件预警方面的研究起步较早,尤其欧美、日本等发达国家,而我国政府在此方面的研究开展得比较晚,而且多是局部性的、行业性的,没有形成系统的预警管理。因此,如何在宏观行政管理层面建立一套快速有效的综合性和专业性相结合的预警信息发布公共服务信息化体系,广泛整合调动各种社会资源,对突发事件进行提前预警,有效防范突发事件,使其损失最小,成为重要课题。

一、国内外发展现状

1. 国外现状

(1)美国

美国国家海洋和大气管理局(NOAA)隶属于美国国家商务部,其气象电台(NWR)是全国范围内的无线电广播网络,以"美国国家海洋和大气管理局全灾害气象电台(NOAA All Hazards Weather Radio)"而著称。它直接从国家气象局(NWS)办公室获取天气信息,以无线电广播的形式持续地发布信息。气象电台一天24小时播报国家天气服务预报所提供的预警、警戒、预报和其他灾害信息。在紧急状态下,气象电台会打断正常的广播,通过特殊的声音启动当地天气播报。

气象电台包括940多个无线电发射机,涵盖了美国的50个州(全部)、近海水域、波多黎各、美属维尔京群岛和美属太平洋海域。气象电台发布的灾害广播,用普通的调幅调频收音机是收不到信号的,需要特殊的无线电接收机来接收信号。在七个频率的特高频(VHF)公共服务波段可以接收广播信息。

气象电台与美国联邦通信委员会(FCC)主办的紧急预警系统的合作,使其成为一个可以广播"所有灾害"的无线电广播网络,可以只通过这一个来源了解综合的天气和紧急情况信息。

通过与联邦政府、各州、各地方的紧急事件管理者以及其他的公共服务官员的联合,气象电台还可以播报所有类型的意外事件的预警信息和事后处理信息,包括自然灾害(比如地震、雪崩)、环境灾害(比如化学物质泄漏、石油喷发、核电站的紧急状态)、公众安全信息(比如美国失踪人口紧急广播警报、911电话停用信息)、国家紧急状态(比如:恐怖袭击)信息等。

美国天气频道TWC(The Weather Channel)始建于1982年,是美国唯一提供24小时不间断天气服务的国家有线电视网,有地区性、全国性以及全世界的天气预报。除午夜的2个小时之外,美国天气频道全天处于直播状态,任何相关警报可以无延时地进行发布,对影响大的灾害进行现场直播,让社会了解灾害的进程以及应急措施。每隔十分钟,发布一次全国范围的温度、降水、雷暴等预报信息,可能引起灾害的加以警示。频道节目内容丰富,有天气新闻、气象灾害分析、气象科普、气象课堂、气象和经济,还有重大灾害性天气预报和警报等。

目前该频道的用户数已超过9000万户,覆盖90%以上的有线电视用户。在全美45个有线频道中,收视满意度名列榜首,入户率第一,综合排名第二。1999年9月,飓风Floyd登陆美国,美国天气频道现场追踪报道飓风的收视率超过CNN对海湾战争报道的收视率。

美国联邦通信委员会的紧急报警系统(Emergency Alert System简称EAS)建立于1994年11月。该系统与数千个广播电(视)台、有线电视系统以及卫星公司相连,可以在全国紧急状况下向公众传送信息。美国州以上的广播电(视)台和有线电视系统每周都要对紧急报警系统进行调用。州及州以下的每月调用一次,并结合当地的实际情况进行信息发布。

从1997年1月1日开始,美国所有的调频调幅广播电台和电视台都使用上述调用程序。1998年12月31日开始,1万用户以上的有线电视系统也加入了紧急报警系统,能够在所有的视频频道中发送紧急信息。

此外,美国许多州目前使用现存的空袭警报系统(Air Raid Sirens)来发布龙卷和大洪水的警报。居住在某些核设施附近的人们在家中使用特制的收音机,这些收音机用来在辐射泄漏等紧急情况下广播紧急信号。有些紧急情况也可通过电子邮件和手机短信发布应急信息。

(2)加拿大

2013年4月,加拿大公共安全部门和环境署联合"谷歌"搭建了公共警报平台,为加拿大公民提供最及时的天气灾害等公共消息。该平台将致力于灾难等和其他公共性重要信息的传播和预警工作。同时,"谷歌"将通过旗下的搜索、地图和公共警报平台等产品向加拿大民众提供及时的消息,而加拿大公共安全部门和环境署则向"谷歌"提供CAP等数据标准接口,从而让消息能够顺利有效及时地发布。该项服务将同时使用英语和法语两种语言,以针对加拿大法语区和英语区的用户。

加拿大的天气频道TWN(The Weather Network)是全国唯一的气象服务专业频道,不仅向观众连续提供24小时的气象信息,而且加拿大国内一半以上电视台,70%以上的报纸和绝大部分网站的天气信息都是从TWN获得的。每周大约有1/6的加拿大人从TWN收看天气信息,以此来安排他们的活动行程。

当相关政府部门发布自然灾害警报时,TWN的全频道预警系统(All Channel Alert,简称ACA)可以让相关地区所有电视频道中同时出现提示性的警报字幕或标志,还可以用字幕建议用户及时收看TWN的节目,以便了解警报的详细内容及应对措施。TWN已成为加拿大民众通过大众媒介了解气象信息和自然灾害警报的强势品牌。

加拿大阿尔伯达省有自己的预警系统,称为应急公共预警系统(EPWS)。EPWS的建设主要是由于 1987 年在埃德蒙顿市发生的龙卷造成巨大损失所致。然而,与美国的 EAS 不同的是,EPWS 的广播不只局限于电视台和广播。它由 CKUA 广播网络公司管理和运行,并通过 ACCESS TV 和伙伴电视台转播。

（3）其他

早在 2007 年,欧洲就开通了天气预警网站,该网站由欧洲 21 个国家参与建设,为人们提供极端恶劣天气及相关预警信息。该网站由欧洲气象服务网开发,提供欧洲大部分国家未来 48 小时内强降水、洪水、风暴、低温、高温、雾和雪崩等极端恶劣天气和与天气有关的预警信息。该网站查询方便,共设 17 种语言,为人们日常出行、旅游提供参考,以避免或减少恶劣天气造成的损失。

英国气象局将“全国恶劣天气预警服务”系统作为向市民和政府机构服务的一个重点。在大风、暴雨、暴雪、浓雾和大面积冰霜等气象灾害出现前,英国气象局就会启动预警机制,在短时间内通过网络、电台和电视台向英国 13 个区域提供气象灾害预警信息。

日本的灾害预警机制包括监测和预警两个阶段。日本气象厅利用气象卫星、气候观测、高空气象观测、气象火箭观测等观测手段,加强灾害性天气监测,根据气象情报在可能发生重大灾害时及时发布警报。警报包括:“何时、何地、何灾害性天气”三要素,紧急情况下随时通过媒体播送。接到预警通知后,日本各级政府根据事先制定的区域防灾计划启动警戒机制和应急机制,进行全面、有序、高效的防灾部署。通过预警机制,能及时形成政府、社会团体、企业和志愿者等多种主体共同行动的防灾救灾应急机制,最大限度减轻灾害损失。2013 年 8 月,日本气象厅推出了紧急预警系统。该系统通过发布紧急警报信息,提醒公众注意防范与暴雨、地震、海啸、风暴潮等极端、异常的自然现象相关联的灾害。紧急警报发出后,公众应采取一切措施进行自我保护。

2. 国内现状

我国突发公共事件预警信息的发布、调整和解除一般通过广播、电视、报刊、通信、信息网络、警报器、宣传车或组织人员逐户通知等方式进行,对老、幼、病、残、孕等特殊人群以及学校等特殊场所和警报盲区则采取有针对性的公告方式。

目前,我国突发公共事件预警信息都分散在不同的部门和行业,尚未形成一个权威的、综合的信息接收和发布平台。各部门的预警信息发布系统的建设十分不同,已具有信息发布系统的各部门的具体情况如下所述。

卫生部:大量常规发布的是对突发公共卫生事件发生情况的通报或公告,而非预警。传染病和突发公共卫生事件信息的发布权主要在国家及省级卫生行政部门,发布的手段主要通过卫生部的新闻发布会,或者通过新闻媒体。

地震局:我国地震系统的灾害信息发布包括地震速报信息的发布和地震灾情信息发布与救援。

（1）地震速报信息的发布

目前,我国已经建立了由 152 个地震台站组成的国家地震台网,由 678 个台站组成的 31 个区域地震台网,由 200 套流动地震仪器组成的地震应急流动观测系统,该系统可以在 15 分钟内完成首都圈地区 3 级以上地震,在 30 分钟内完成国内 5 级以上地震速报和信息发布。

（2）地震灾情信息发布与救援

"十五"期间建设了国家和省级抗震救灾指挥部技术系统，初步建立了震情、灾情、对策、指挥、信息等方面的工作平台，为政府和有关部门抗震救灾行动提供了基础支撑条件。

目前地震局发布灾害信息的对象和范围是政府部门：中共中央、国务院、全国人大常委会、中央军委、有关军区和省级人民政府；新闻媒体：电视台、广播电台等；社会公众。信息发布的技术手段主要为：网络和传真方式。

国土资源部：目前，国土资源部在对突发公共事件预警信息发布系统建设中，具有较完善的地质灾害气象预警预报信息发布系统，发布途径包括：手机短信、广播、电视台、网络（当预警等级达到3级及以上预报标准时，在中国地质环境信息网站上发布；当预警等级达到4级及以上预报标准时，在中央电视台天气预报节目、中央人民广播电台发布）。网站发布预警信息内容含预警图、预警预报词。

国家林业局：国家林业局没有专业的突发公共事件预警信息发布系统，目前的森林火灾预警信息、沙尘暴预警信息、有害生物预警信息都是通过林业局现有的国家林业局网站、中国森林防火网等政府网站向社会公众发布；当出现四级以上火险时采用传真通知林业主管部门及防火办，并用手机短信通知防火办主要领导；当出现五级火险时传真方式通知有关省（区、市）的政府办公厅。

沙尘暴预警信息也由中央电视台一套的天气预报节目中播出，并通过短信平台向有关领导发布。预警信息发布主要手段包括政府网站、手机短信和电视及电台。

民政部：主要通过因特网聊天工具、网站、手机短信和网络技术发布洪涝、山体滑坡和泥石流等灾害的预警信息。

水利部：水利部没有完善的突发公共事件预警信息发布系统，主要依靠水利部网站发布部分大江大河实时水情信息，国家防总依托新闻媒体发布一些大江大河重要预测预报信息。通过水利部门的政府网站，每天定时通过互联网向社会公众发布一次。

铁道部：目前主要利用局域网、电报、传真、手机短信对大风、大雪、暴雨、地质灾害等进行预警信息的发布。

农业部：农业突发公共事件预警信息发布系统主要包括海上渔业船舶安全预警信息系统、草原火灾预警信息系统、农作物生物灾害预警信息系统。预警信息的发布方式主要是通过专用短波电台、移动通信技术以及电视。

（1）海上渔业船舶安全预警信息系统。利用现代化通信技术设备，建立了"全国海洋渔业安全通信网"（包括海洋渔业短波安全通信网、超短波（近海）渔业安全救助通信网和海洋渔业公众移动通信网）。海洋渔业短波安全通信网主要承担渔业生产气象信息发布、安全救助、渔政执法调度、渔民日常通信等任务，为全国6万艘装备短波单边带电台的渔船提供安全通信。超短波（近海）渔业安全救助通信网覆盖了近海岸线50海里内的海域，基本满足近海渔业生产和海难救助通信的需要。海洋渔业公众移动通信网主要解决近岸作业渔船的通信问题，可提供天气预报等公益信息。

（2）草原火灾预警信息系统。在草原防火工作中，农业部与中国气象局合作，利用卫星遥感进行24小时监测。防火期内，每天通过中央电视台向全国发布草原火灾等级预警。

（3）农作物生物灾害预警信息系统。目前，已建立起由600多个农作物病虫害监测与预警区域站组成的全国农作物病虫害预警监测预报系统，涵盖了国家、省、地、县四级监测网点，基本实现了信息上报网络化,信息发布可视化的目标。

国家海洋局:海洋局已经初步建成国家级、海区级、中心站级、地市县海洋站级的四级海洋灾害预警报发布系统,主要发布手段包括:自动传真、短信平台、电视、广播、应急电话、网站等。发布系统运行良好,能够及时、有效地将各类预警报信息发送到各级政府应急管理部门。

信息产业部:未建立专门发布突发公共事件预警信息的发布系统。预警信息主要依靠内部网站、办公公文系统、传真、电话通知等手段下发到各省通信管理局及基础电信运营企业。

中国气象局:目前已经建立了相对比较完善的气象灾害监测预警服务业务系统。建成了连通全国 2300 多个县,具有较高水平的卫星通信和地面公共通信相结合的气象通信网络系统,其中,全国气象宽带(SDH)网络系统已经完成了国家级中心到各省级的地面网络系统建设,该网络采用 SDH 点到点专线技术,上海、沈阳、武汉、广州、兰州、成都和乌鲁木齐 7 个区域中心到国家级中心的带宽为 8 Mbps,其他省到国家级中心的带宽为 6 Mbps(北京市气象局到国家级中心采用了千兆光纤直连),青岛、大连、宁波和厦门 4 个计划单列市到国家级的接入带宽为 2 Mbps,雷达站所在地市到省级中心的带宽为 2 Mbps。电视会商系统、雷达资料、观测资料及办公自动化系统已经在全国气象宽带网络(SDH)系统中传输,传输带宽和传输时延与早期的卫星网络相比均有较大幅度提高。中国气象局与国土资源部、交通部、农业部、卫生部、国家环保总局及国家安全生产监督管理局等单位就暴雨、大风、可能引发夏季高温中暑、冬春季一氧化碳中毒、疾病流行等公共卫生安全问题气象监测、预报、预警和提示等自然灾害所引发的突发事件已经建立了预警发布、服务、气象保障等合作协议。中国气象局已初步建成了气象、国防、军事、海洋、水利、地震、航空航天等部门联通的资料共享交换网络系统,建成了包括广播、电视、电话、手机短信、网络等在内的灾害性天气预警信息发布平台和信息发布渠道。各级气象部门已初步具备了各种突发公共事件的发布手段,并已发挥了作用。具体如下:

(1)手机气象服务

手机气象服务是最近几年发展起来的一个重要服务项目,是气象部门利用新兴信息载体开展气象服务的一个重要手段。目前,手机气象服务主要有两种形式,一是通过文字短信的方式把气象信息传送给用户;二是通过开设手机 WAP 网站,让用户通过手机上网的方式获取文字、声音、图像、视频等各种形式的气象信息。短信服务方式具有经济、快捷、简单的特点,因此是目前最主要的服务方式。WAP 服务方式虽然对用户手机有一定要求,且服务费较高,但由于具有服务产品形象多样、信息量大的特点,也吸引了不少的专业用户,是未来手机气象服务的发展趋势。

手机短信气象服务用户已遍及各行各业以及社会方方面面,省、地、县、乡甚至村的防汛抗旱负责人大都也是手机短信气象服务的对象。手机短信气象服务已成为公共气象服务的主要途径和国家防灾减灾应急体系的重要组成部分。

各省气象短信平台发送的常规信息内容包括每天早晚两次的今明气象服务、健康气象、体感气象、商务气象、生日气象等,同时气象短信平台也是及时发布灾害性天气警报的新手段和新方式,在防灾减灾工作中取得了显著的经济社会效益。在积极拓展服务用户范围的同时,各级气象部门也千方百计提高气象短信质量,严格执行质量审查制度,使气象短信更加人性化、具体化,富有权威性、实用性、新闻性和趣味性,同时也重视新技术在手机短信气象服务中的应用,不断提高气象短信服务的科技含量,利用新技术,开发新产品,及时向有关领导和用户发送丰富的气象信息。

目前,云南省气象局已开发完成了移动手机气象灾害预警信息发送平台,省、地、县三级气象部门均可利用该发送平台免费发送,基本实现了气象灾害预警信息发布的集约化,气象灾害预警信息每次发送的人数达到 600 多万人。2007 年 1—8 月,新疆气象部门利用手机短信向各级应急责任和公众免费发送气象预警信息达到 115 次,接收人次超过 1100 万。山东省气象局通过手机气象短信发布系统可在第一时间向全省 537 多万公众发布气象预警信息,通过决策短信息服务平台可在第一时间向党政机关及相关部门领导分别发布气象预警和决策信息,省、市、县三级重大气象灾害预警决策短信息服务平台已初具规模,各级领导手机号码数量已近 10 万个。青海省手机短信气象服务定制用户数已达到 17 余万户。湖南省已建立手机气象短信发送平台,目前拥有气象短信用户 360 多万户,免费防汛责任人用户达 69684 个。截至2006 年底,河南省手机短信气象服务定制用户数已有约 270 万户,全年手机短信气象服务定制业务共发送约 10 亿条;点播业务数达移动 3182120 人/次、联通 16600 人/次、小灵通 21900人/次。截至 2006 年底,内蒙古自治区手机短信气象服务定制用户数已有约 60 多万户,全年手机短信气象服务点播数达 300 万人次。安徽省气象部门已通过手机短信免费给全省 27957个防汛抗旱责任人,9924 个地质灾害防御责任人,23897 个党政领导、有关学校负责人发布气象信息和预警信息。海南省已建成了手机短信灾害性天气预警信息发布平台,可面向 20 万手机用户、3.6 万小灵通用户发送手机短信气象预警信息。广东省手机气象短信用户达到 1000万户,决策气象服务短信平台共有 57900 个用户。

　　(2)固定电话气象服务

　　通过固定电话开展气象信息服务是各级气象部门的传统服务方式和手段,全国各地均建立了省、市、县三级气象信息电话答询平台(有个别省将市、县电话答询平台进行了集约),年拨打量达到数亿人次(2006 年全年拨打次数近 10 亿人次)。多年来,121(现升位为 12121)已在社会上深入人心,发展成为影响面大、防灾减灾作用强、社会经济效益显著的特服号之一,进一步发挥了气象服务的整体效益,提升了气象部门在社会公众中的形象和地位。为满足不同用户群对气象信息的多样化需求,近年来各地气象部门利用电信码号资源调整的契机,在做好公益性气象信息电话服务的前提下,积极利用 96121 等各种号码资源以及固话短信、主叫服务等各种新兴的固话服务方式开展了多样化的气象信息电话服务,并紧密结合公众需求,不断开发出新的服务产品,在服务内容上力求做到个性化和人性化,并增强趣味性和娱乐性,在服务方式上体现主动式服务,不断提高电话服务的使用价值和对用户的吸引力。

　　(3)农村大喇叭有线广播前端接收机

　　主要针对农村有线广播设计,可以充分利用有线广播实现更大的覆盖范围。通过设计专用控制接口,实现可靠、方便地与农村大喇叭有线广播设备连接。河北等省气象局预警发布终端使用 GSM 固定无线电话机,直接以无线方式接入现有的 GSM 移动通信网络,根据广播管理员名单应答电话,自动切换呼入电话和启动功放功能,将预警呼叫中心外呼内容进行广播,广播完毕后,自动关机。利用现在非常普遍的农村大喇叭对气象灾害预警信号在用户端进行语音发布可以切实解决气象信息传输"最后一公里"问题,实现气象信息"村村通"。

　　(4)海洋短波广播电台

　　为提高海洋气象预报服务能力,扩大海洋气象服务的覆盖面,中国气象局在山东石岛和浙江舟山两地建立了海洋天气预警发布系统。

（5）电子显示屏

气象预警电子显示屏，主要适用在公共场所。气象部门根据气象预警信息的特点，结合 LED 电子屏技术、无线通信技术等，设计并研制能自动显示的电子显示屏，并已经广泛用于公众场所、学校、乡村等。

（6）气象频道

中国气象频道（China Weather TV），承担着国家级广播电视天气预报节目的制作，以及各种灾害性天气预警预报的媒体发布任务，是公共气象服务的重要窗口。中国气象频道于 2006 年 5 月 18 日正式开播，全天 24 小时滚动播出天气预报、天气实况、天气新闻等气象信息以及海量的环境、交通、旅游、演出等相关资讯。遇有重大气象事件，如台风登陆、沙尘暴等，全频道将打通时段，推出实时的直播节目。气象频道具备 2 个频道 24 小时不间断制作播出能力，对于突发的自然灾害预警信息具有第一时间播出的能力，能让公众能第一时间了解灾情状况。

二、意义和定位

1. 内涵与意义

突发公共事件自古有之，人类社会形成之初就面临着各种自然灾害的威胁和社会灾难的挑战。伴随着历史的进步和社会的发展，人类在创造越来越多财富的同时，各种安全问题也接踵而至，尤其是 20 世纪下半叶以来，2001 年美国"9·11"事件、2003 年全球 SARS 疫情以及 2004 年印度洋海啸等灾难性事件昭示着：公共安全问题正凸显高发态势，各类突发公共事件对社会经济的影响力也日益突出。

我国是世界上受自然灾害危害最严重的国家之一。洪涝、干旱、台风等世界上常见的自然灾害在我国都有不同程度的发生，因气象灾害造成的经济损失平均每年 1762 亿元，约占当年国内生产总值（GDP）的 2％～6％，相当于 GDP 增加值的 10％～20％，平均每年因气象灾害死亡人数高达 4700 人。另外，各种突发公共事件在我国也频频出现。面对灾害的发生，我们目前还没有有效的手段完全加以阻止或消灭，但可通过有效的防范和得当的处置，把灾害造成的损失降低到最小的程度。而要做到有效的防灾减灾，就需要社会公众及时准确地掌握和利用各类预警预报信息、预测评估分析、实时的监测资料分析和科学的建议等。

党中央、国务院高度重视气象灾害预警信息发布工作，《气象灾害防御条例》、《国务院办公厅关于进一步加强气象灾害防御工作的意见》（国办发〔2007〕49 号）都对加强气象灾害预警信息发布工作提出了明确的要求，特别强调要进一步提升气象灾害预警信息的传播发布能力。国办发〔2011〕33 号文件指出：积极推进国家突发公共事件预警信息发布系统建设，形成国家、省、地、县四级相互衔接、规范统一的气象灾害预警信息发布体系，实现预警信息的多手段综合发布。各地区、各有关部门要积极适应气象灾害预警信息快捷发布的需要，加快气象灾害预警信息接收传递设备设施建设。

加强气象灾害监测预警及信息发布是防灾减灾工作的关键环节，是防御和减轻灾害损失的重要基础。经过多年不懈努力，各级气象部门建立了较为成熟的气象灾害预警信息发布业务，气象灾害信息发布能力大幅提升，但信息快速发布传播机制不完善、预警信息发布速度不快、预警信息覆盖存在"盲区"等问题仍然存在。

突发公共事件预警信息发布工作的意义主要包括如下：

（1）建设突发公共事件应急体系的意义

突发公共事件应急体系建设对提高危机管理和抗风险能力、实现应急资源的有机整合与优化配置、减少重复建设、保障公众生命财产安全、维护社会稳定、促进社会经济全面协调可持续发展具有重要意义。突发公共事件预警信息发布系统的建设是应急体系建设的重要组成部分之一，可以统一管理预警信息的发布渠道，扩大预警信息发布范围，提高宣传教育和社会参与的力度，形成由政府主导、全社会共同参与的突发公共事件应急体系。

（2）整合资源、统一发布渠道的意义

目前多数信息系统的通信平台、数据接口、数据库结构、功能要求等缺乏统一标准，对应急信息的定义、来源、加工整理及预警信息的发布也还没有形成统一的标准，无法实现互联互通和信息共享；另外，目前应急信息都分散在不同的部门和行业，尚未形成一个综合的信息接收和发布平台，容易造成政出多门，当突发事件出现时，无法第一时间及时做出反应，从而可能导致非组织的信息流传，谣言无法得到及时的澄清。利用多种手段，完善突发公共安全事件预警应急体系，普及应急知识、增强全社会防灾减灾意识，充分利用各部门和社会公有资源，采用各种先进的、可靠的技术手段，通过一个权威、客观、畅通、可信的渠道使社会公众及时、准确、客观、全面地了解突发事件的信息，解决预警信息发布的"最后一公里"瓶颈问题。

（3）科学有效处置突发公共事件和防灾减灾的意义

随着全球变化引起的极端天气事件的不断增多和经济快速发展所带来的资源、环境、生态压力的日益加剧，云南省自然灾害的形势将日趋严峻。近年来，气象、地质、地震等各种自然灾害频发重发，道路交通事故、高危行业安全生产事故、重大传染病疫情、重大中毒事件、社会安全事件的发生频率增高。上述突发公共事件对经济社会发展和人民生命财产安全的影响日益加剧。面对灾害的发生，人类目前还没有有效的科技手段完全加以阻止，但可利用采取有效的防范和得当的处置措施，把灾害造成的损失降低到最小的程度。科学有效的防灾减灾措施取决于各级政府部门和广大人民群众及时准确地掌握和利用各类预测预警信息、实时的监测资料和科学的建议等，预警信息发布系统的建设十分必要。

（4）普及应急知识、增强全社会防灾减灾意识的意义

突发公共事件是突然发生的，这就可能涉及到每一个人。如果人们掌握更多的自救互救、防灾避险的应急知识，就能在突发公共事件中大大减少伤亡和损失。同时，在防灾减灾、应对突发事件的工作中，公众的防灾减灾意识也起着非常重要的作用。特别是在自然灾害来临的时候，目前还存在着由于侥幸心理、防灾意识不强、不听从安置而造成的人员伤亡情况。因而，广泛宣传应急法律法规和预防、避险、自救、互救、减灾等常识，提高公众的科学知识素养，增强公众的忧患意识、社会责任意识和自救、互救能力，在应急管理中具有非常重要的作用。

综上所述，通过一个权威、客观、畅通、可信的渠道使社会公众及时、准确、客观、全面地了解突发事件的信息，有利于消除公众疑虑或事先掌握灾害预测信息，避免不必要的损失或把灾害造成的损失降低到最小的程度，因此，建设突发公共事件预警信息发布系统是十分必要的。

2. 定位与作用

（1）突发公共事件预警信息发布系统在突发公共事件应急体系建设中的定位

该系统建设是国家突发公共事件应急体系建设的重要组成部分，是政府应急平台主要的

突发公共事件预警信息发布系统,接受国家、省、地市、县各级政府应急平台的指令,并按属地原则、预警等级要求将突发公共事件预警信息发布到所属地域的公众,或按要求报送上级政府应急平台审核发布。

系统建成后将承担国家、省、地市、县各级政府突发公共事件预警信息发布任务,成为覆盖全国的预警信息综合发布系统,为社会公众及相关政府部门提供获取预警信息的权威、畅通、有效的重要渠道。

(2)与各部门预警信息发布系统的关系

该系统是政府应急平台的突发公共事件预警信息发布系统。国家级、省级、地市级和县级气象部门将统一在该系统平台发布预警信息,并与国务院应急指挥平台实现对接。同时,还将逐步对接国土资源、农业、交通、水利等多部门的突发事件预警信息平台,实现各类突发事件预警信息的采集、共享和快速发布。

(3)与现有气象业务系统的关系

该系统建设依托中国气象局现有信息化基础设施和信息发布渠道,形成覆盖全国的突发公共事件预警信息统一发布系统。由于气象业务系统中信息发布系统尚不完善,信息收集、传输渠道有限,信息发布覆盖面不够广,发布时效不够迅速、快捷,不能满足突发公共事件预警信息发布的需求,因此需要完善、增强原有气象预警信息发布系统,从而解决预警信息发布的"最后一公里"瓶颈问题。

第二节　国家突发事件预警信息发布系统

国家突发事件预警信息发布系统是《"十一五"期间国家突发公共事件应急体系建设规划》提出的十个重点建设项目之一,是国务院应急平台唯一的突发事件预警信息权威发布系统,是政府应急部门和社会公众及时获取预警信息的主要渠道。中国气象局在国务院应急办的指导下,承担国家突发事件预警信息发布系统建设、运行与维护,并为各部门提供预警信息发布服务。

一、系统概述

突发公共事件预警信息发布系统是国家突发公共事件应急体系的重要组成部分,主要依托中国气象局现有信息化基础设施和信息发布渠道,通过建设国家级、省级、市级和县级气象部门预警信息发布体系,进一步完善和扩建其功能,形成覆盖全国的突发公共事件预警信息统一发布系统。

该系统建成后,将实现对自然灾害、事故灾难、公共卫生事件和社会安全事件四大类突发公共事件预警信息的接收、处理和及时发布,确保有关部门和社会公众能够及时获取预警信息,最大限度地保障人民群众生命财产安全。

截至 2015 年 4 月,国家预警发布系统已经过两年建设和一年试运行,目前,国家级气象灾害预警发布率达 100%,省级、地市级气象灾害预警发布率达 97%,县级气象灾害预警发布率达 70%,初步形成国家、省、地、县四级相互衔接、规范统一的突发事件预警信息发布系统。多地气象部门在系统建设运行管理机制、发布手段建设等方面取得进展。在北京,市预警中心启用 12379 号码向 30 万决策用户和应急责任人发布预警短信;广东省已成立 90 个突发事件预警信息发布中心,并实现平台规范化、业务化运行;在河北,气象部门联合广电等部门建立发布手段的绿色通道,预警信息发布流程不断完善。

国家突发事件预警信息发布系统建设内容主要包括预警信息平台、预警信息发布手段、预警信息发布流程和技术标准规范、安全保障体系和网络通信系统等内容。

(1)预警信息发布平台。建设国家、省、地市、县四级预警信息发布平台,并实现各级相关突发事件应急指挥平台的连接,实现多部门突发事件预警信息的统一收集、管理和发布。全国共建 1 个国家级预警信息发布管理平台、31 个省级预警信息发布管理平台、342 个地市级预警信息发布管理平台和 2379 个县级预警信息发布管理终端。

(2)预警信息发布手段。主要发布手段包括网站、广播电台插播、电视插播、电话(传真)、手机短信息、农村大喇叭广播、电子显示屏、灾害预警处置终端、北斗卫星等,以上发布技术手段是在各级气象机构已有的气象灾害预警发布手段的基础上予以扩充和改造,使其适应突发事件的预警信息发布。

对各级政府领导和应急责任人,主要通过国家和省两级预警短信平台进行发布,时效 10 分钟以内可以实现。对媒体和公众,主要通过网站发布来实现。中国气象局建设了国家突发事件预警信息发布网站,并能够与国内约 2 万个网站进行对接,建立网络联动预警信息发布机制,通过页面插件、数据传输方式能够实现预警信息 10 分钟内在这些网站上发布。针对受影响地区公众,采用全网发布。将与移动、联通、电信三大运营商建立全网发布机制,尤其是小区短信推送。此外,还要逐步完善广播、电视的即时插播机制,并采用农村大喇叭、电子显示屏、北斗卫星等其他方式定时、定点发布。

(3)预警信息发布流程和技术标准规范。制定国家突发事件预警信息发布管理办法、发布工作流程、预警信息广播电视插播规范。制定业务运行、预警信息审核、系统安全管理等办法。制定预警信息编码与传输标准、预警信息发布接口标准、网站转载预警信息发布标准等技术规范。制定不同预警发布手段的技术、标准规范,实现预警信息的规范、快速、有效覆盖发布。以国家级预警发布流程为例,首先是由国务院应急办或是其他相关部委根据事件的发展情况,进行细致认真研判,做出预警信息的编制、审核,并由部门负责人对预警进行签发。签发出来的预警信息经过电子化处理后通过电子政务外网汇集到国家级突发事件预警信息发布中心,经人工复核后,启动对外发布程序,通过互联网、电视、广播、手机、传真、大喇叭、显示屏等多种手段将预警信息发布给应急管理部门、应急责任人、社会媒体和广大公众。

(4)安全保障和网络通信系统。利用现有的通信网络,实现国家、省、地市、县四级预警信息发布平台的畅通,以及各级相关突发事件应急指挥平台的网络畅通。同时,通过对网络、主机、应用、数据传输等方面的安全设计,实现预警信息传输、发布全过程的安全可靠性。

二、系统功能

国家突发事件预警信息发布系统主要实现预警信息制作、用户管理、信息存储与共享、分级分类分区域发布、多用户并发操作和反馈信息收集与分析等功能。

(1)预警信息制作。通过用户认证,合法的预警信息提供单位能够实现预警信息录入、审核、签发,选取预警信息的影响范围、发布手段、发布人群等属性,最终形成格式统一的预警信息数据。

（2）用户管理。通过用户创建、授权、权限修改等方式，实现对发布对象的有效管理，具备用户识别、组别分类、信息查询等多种功能。国家级预警发布平台具有对国家、省、地市、县级用户基本信息的管理权限。

（3）信息存储与共享。可实现对各类突发事件预警信息分类和存储等功能，能够按照信息类型、信息内容、发布时间、发布地区、发布单位等信息进行管理，能够实现预警信息在部门间共享，且具有统计、分析和报表制作等功能。

（4）分级分类分区域发布。针对不同级别、不同种类的预警信息，采用相关的发布策略和手段，具备向不同类别群体的发布能力。国家级预警发布平台还具备向下级应急联动部门及应急责任人垂直发送预警信息的能力。

（5）多用户并发操作。各级发布管理平台可以满足本级预警信息发布单位同时登录和制作预警信息，多个运行维护人员可同时使用该系统提供的各种平台和工具进行操作。

（6）反馈信息收集与分析。对预警信息发布效果进行反馈采集，根据采集结果进行分析和评估，形成知识库，为预警信息发布效果提供准确科学的评估能力。

三、系统总体架构

1. 总体架构和系统管理

国家突发事件预警信息发布系统作为国家应急平台体系的一部分，包括了国家、省、地市、县四级预警信息发布管理体系，因此，从总体架构上规范着国家、省、地市三级预警信息发布管理平台和县级预警信息发布管理终端的建设。国家级预警信息发布管理平台位于四级预警信息发布体系结构中的最上层，它的信息来源为国务院应急指挥平台和相关部委；省级预警信息发布管理平台位于第二层，信息来源为上级预警信息发布管理平台、省政府和省内各厅局；地市级预警信息发布管理平台位于第三层，信息来源主要是上级预警信息发布管理平台、地市级政府和各委、局；县级预警信息发布管理终端作为最底层，是国家突发事件预警信息的基层信息受理单位，信息来源是上级预警信息发布管理平台、县级政府和县级各委、局。国家突发事件预警信息发布系统各级管理平台和终端互联互通，纵向通过中国气象局局域网进行链接，各级政府应急办、有关单位则通过政务外网、互联网与平台进行横向链接，并最终形成上联国务院，横向连接部委、厅局，纵向到地市、县的相互衔接、规范统一的预警信息发布体系。

国家突发事件预警信息发布系统日常运行维护由各级气象主管部门负责。国家突发事件预警信息发布系统的预警信息发布工作采取"谁发布、谁负责"原则，各单位对本单位所发布的预警信息负责。不同级别不同区域的发布单位仅能发布本区域范围内一定级别的与本单位相关的预警信息，不能越级、跨区域、跨行业发布。由信息发布方对预警信息实行最后审核，通过审核后自动进行发布。

2. 标准规范设计

国家突发事件预警信息发布系统是为国家各级政府机关向公众发布预警信息的平台，应具有良好的开放性和统一性，在建设中必须遵照相关的管理规范和遵循有关的建设标准，而在建设完成投入运行后则更需要建立一系列的运行机制和有关的标准和管理规范。其中标准规范设计包括技术标准和管理规定。

（1）技术标准

技术标准部分规定了系统内部信息处理流程中的数据格式、数据接口、传输协议等基础性标准。在满足系统需求的基础上,优先考虑采用参照已有的国际、国内以及行业内标准规范,其次是修订或制定适合本项目特点、专用的、不与国家或行业标准冲突的标准规范。主要包括预警信息文件命名规范、预警信息格式设计规范、数据接口规范、传输协议、预警信息发布规范、发布技术手段规范、预警工业产品规范及其他技术标准。

(2)管理规定

管理规定主要针对系统设计、建设和未来运行过程中需制定的,面向管理、运维人员的相关规定和要求,包括:预警信息处理流程中涉及的管理规定、各级预警信息发布管理平台的日常操作管理、业务运行规定、安全管理规定等方面。主要包括预警信息处理流程中涉及的管理规定、各级预警信息发布管理平台的安全管理规定、各级预警信息发布管理平台的日常操作管理、政策法规制度:预警信息发布单位联动政策制度、预警信息发布手段涉及部门政策制度等。

3. 网络系统设计

国家突发事件预警信息发布系统涉及的网络系统,横向主要依托各级电子政务外网,完成同级预警信息的收集和发布;纵向主要依托气象宽带网、卫星网、互联网组成,完成预警信息从上到下的双向传输。

国家突发事件预警信息发布管理平台由国家、省和地市三级组成,其中国家级发布管理平台依托政务外网和中国气象局已有地面、卫星网络,实现上连国务院应急指挥中心,下连31个省级预警信息发布管理平台;省级发布管理平台通过全国气象宽带网络系统和改建的卫星网络以及省内的宽带网络,实现省级预警信息发布管理平台上连国家级平台,下连地市级平台,横向依托政务外网建立与省级应急管理指挥中心的连接;地市级发布管理平台上连省级平台,下连县级管理终端,横向依托政务外网与同级应急管理机构建立连接。整个预警信息发布管理系统为三级部署结构,系统在每一级又部署在三个不同区域。

4. 应用软件分系统

应用软件分系统包括信息接收及处理、安全及用户管理、业务监控、数据管理与信息发布、信息检索统计共五个部分。其中,信息接收及处理包括应用门户和接收处理两个子系统,安全及用户管理包括应用(用户)管理和安全管理两个子系统,业务监控对应信息反馈评估分系统,数据管理与信息发布和信息检索统计则分别对应信息分发子系统和检索统计子系统。

应用软件分系统采用国家、省、地市三级布局。根据统一布局、分别部署的原则,国家、省、地市各级系统的应用软件分系统均具有接收处理、信息分发、应用门户、安全管理、应用管理、信息监控、网络监控和检索统计八大功能。

5. 数据管理与共享分系统

数据管理与共享分系统主要包括数据管理子系统和数据共享子系统,为预警信息发布平台提供数据层和服务层的数据支撑。

数据管理与共享分系统采用国家、省、地市三级部署。根据统一设计、分级部署的原则,国家、省、地市各级分系统均具有数据管理和数据共享的功能。

6. 发布手段分系统

发布手段分系统主要通过网站、手机短信、电话传真、电视插播、广播插播、电子显示屏、农村大喇叭、海洋广播电台等发布子系统,实现应用软件分系统所提供的标准化预警信息的发布。

发布手段分系统采用国家、省、地市三级布局。根据国家、省、地市级现有的发布手段现状和发布职能,分级部署。

7. 信息反馈评估分系统

信息反馈评估分系统对预警信息发布出去后达到的时效性、地域覆盖面、覆盖人群和公众舆论进行分析,评估预警信息发布的实际效果,从而进一步提升预警信息发布系统的整体水平。主要包含反馈信息采集子系统、反馈信息评估子系统、网络舆情采集分析子系统和反馈信息知识库子系统,每个子系统由若干模块组成。信息反馈评估分系统通过实时和非实时方式,采集各种发布手段的反馈信息、公众评价信息和网络舆情信息,根据采集结果结合地理信息系统,实现对预警信息发布时效性、覆盖面、覆盖人群和社会舆情等进行分析和评估,并结合反馈信息知识库,为预警信息发布效果和影响结果提供准确科学的评价。

信息反馈评估分系统采用国家级布局方式,在国家级部署信息反馈评估分系统服务器,各用户终端通过应用系统接口、浏览器实现对服务器端的信息提交和访问。

第三节　省级突发事件预警信息发布系统

省级突发事件预警信息发布系统的建设是应急体系建设的重要组成部分之一,可以统一管理预警信息的发布渠道,扩大预警信息发布范围,提高宣传教育和社会参与的力度,形成由政府主导,全社会共同参与的突发公共事件应急体系。系统建成后将承担省突发公共事件预警信息发布任务,成为覆盖全省的预警信息综合发布系统,为社会公众及相关政府部门提供获取预警信息的权威、畅通、有效的重要渠道。

省级平台纵向连接国家突发事件预警信息发布系统给用于发布的预警信息,横向连接省应急指挥中心,接收省应急指挥中心及各厅局发布的预警信息。充分整合预警信息发布手段,通过短信、移动终端等方式可以安全、及时、有效地将预警信息发布给政府相关责任人和信息员,保证预警和应急处置相关人员第一时间掌握预警信息。通过北斗卫星、12379呼叫中心系统、社会媒体网站、大喇叭、电子显示屏、电视插播、广播插播、移动终端、微博、微信、声讯电话等发布手段,将预警信息向社会、群众等受众群体进行预警信息发布。系统同时可以根据不同等级和类型,将预警信息进行筛选和匹配,将匹配结果对需要此类预警的企事业单位进行信息发布。

一、建设目标与内容

1. 建设目标

依托现有业务系统和预警发布手段,扩建其信息收集、传输、发布渠道及与之配套的业务系统,增加信息发布内容,整合社会各种预警信息发布资源,规范预警信息发布制度。利用各种先进的、可靠的技术手段最大程度地扩大预警信息覆盖范围,建立起权威、畅通、有效的突发公共事件预警信息发布渠道,形成覆盖全省的预警信息综合发布系统。实现预警信息的准确接收、高效管理、及时制作和快速发布,提高不同受众人群对突发公共事件的应急决策、指挥、预防和救灾的能力,使全省大多数地区至少有一种手段可以接收到预警信息。

平台建成后,可接收来自国家突发公共事件预警信息发布平台、省应急指挥平台、各相关厅局及各级地方政府的预警信息。充分利用各种发布手段建立快速发布机制,使突发事件预警信息实现面向各级政府领导、应急联动部门、应急责任人 100％的覆盖率,对社会公众和社会媒体的 90％覆盖率,公众在系统发出预警信息后 10 分钟之内接收到预警信息,确保有关部门和社会公众能够及时获取预警信息,为有效应对各类突发事件、提升各级政府应急管理水平提供强力支撑。

2. 建设内容

项目建设内容包括省、地市、县三级系统平台,建设规模为省级突发事件预警信息发布系统、各地市级突发事件预警信息发布系统和各县级突发事件预警信息发布系统。

二、总体架构

省突发事件预警信息发布系统平台整体架构如图 9-1 所示,由预警发布场所、基础支撑系统、数据库系统、预警应用系统和信息发布渠道构成,由法规与标准规范和安全保障系统作为系统的整体支撑。

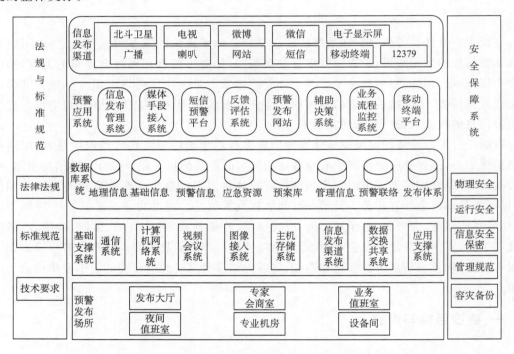

图 9-1　省级突发事件预警信息综合发布平台整体架构

1. 预警发布场所

预警发布场所采用以集中控制为中心的网络化多媒体环境的整体设计思想,通过综合布线连接发布大厅、业务值班室等区域的多种设备,通过对场所内各种音视频信号的集中交换与处理,并对各种显示设备、矩阵、音响与会议设备等多媒体设备进行集中控制,满足预警发布对预警发布场所的需求。

2. 基础支撑系统

主要包括通信系统、计算机网络系统、视频会议系统、图像接入系统、主机存储系统、应用支撑系统等,提供应用系统和应用支撑系统建设,提供应用系统和数据库系统运行的基础环境。

3. 数据库系统

数据库系统按照逻辑分为基础信息数据库、地理信息数据库、预警信息数据库、应急资源库、预案库、管理信息数据库、预警联络库和发布体系库,完成数据的建库、更新、维护等业务,为应用系统提供数据支持。

4. 预警应用系统

预警应用系统是预警信息综合发布的业务系统,也是平台的核心系统,实现预警信息发布的全系统、全流程的业务工作,包括预警信息发布管理系统、媒体手段接入系统、预警短信平台、反馈评估系统、预警发布网站、辅助决策系统、全业务流程监控系统、移动终端平台系统等。

5. 数据交换与共享系统建设。

包括预警信息数据采集系统和预警信息数据交换系统等建设。

6. 信息发布渠道

建设包括北斗卫星、12379呼叫中心系统、社会媒体网站、广播电台插播、电视插播、农村大喇叭、电子显示屏、微博、微信等各种预警信息发布渠道,实现全省全渠道、全覆盖预警信息发布模式。

7. 安全保障系统

遵守国家保密规定和信息安全有关规定,构建安全保障体系,按照等保三级要求实施保护,保障预警信息发布平台安全运行。

8. 标准规范

依据国家体系的要求和规范,建立预警信息发布管理办法、省预警信息发布的信息格式、数据格式、文件格式、数据接口、传输协议、设备编码及各种渠道的发布格式、编码、操作等技术规范和标准。

三、互联互通设计

省级预警信息发布平台是国家级预警信息发布系统的下一级节点,省级预警信息发布平台为国家级发布平台服务的同时也可为省应急办指挥平台服务、为省政府和相关厅局服务。省级预警信息发布平台可接收本省的预警信息,并将信息由省级预警信息发布平台上传到国家级预警信息发布平台;省级预警信息发布平台将国家级预警信息发布平台发布下来的预警消息以及接收到的省内预警信息,经过规范处理和分类,通过多种发布手段向全省发布。

突发公共事件预警信息发布系统平台业务流程如图9-2所示。

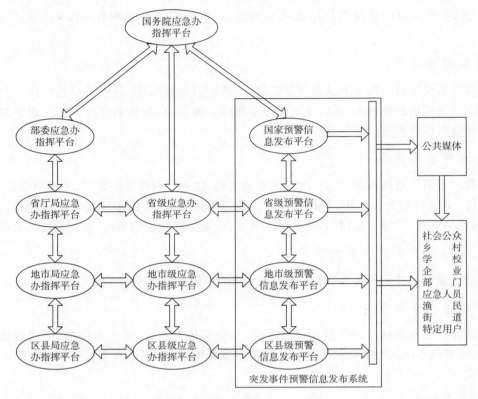

图 9-2　突发公共事件预警信息发布系统总体信息流程图

　　以区县级预警信息发布终端作为预警信息最初一级发布受理单位,如果预警信息的重要性、受众人群在本级的受理范围内,则由县级预警信息发布终端正常发布;如果超出了本级的发布范围,则上报地市级预警信息发布平台;若本级技术手段无法完成的预警信息发布则通过上级直至国家级预警信息发布平台直接发布。

　　以地市级预警信息发布平台作为预警信息二级受理单位,如果预警信息的重要性、受众人群在本级的受理范围内,则由地市级预警信息发布平台正常发布;如果超出了本级的发布范围,则上报省级预警信息发布平台;本级技术手段无法完成的预警信息发布则由本级预警信息发布平台通过上级直至国家级预警信息发布平台直接发布。

　　以省级预警信息发布平台作为预警信息三级受理单位,如果预警信息的重要性、受众人群在本级的受理范围内,则由省级预警信息发布平台正常发布;如果超出了本级的发布范围,则上报国家级预警信息发布平台,本级技术手段无法完成的预警信息发布则通过国家级预警信息发布平台直接发布。

　　该系统的业务流程(图 9-3)主要分为三种类型:

　　(1)从信息源接收预警信息→对预警信息进行相应处理→将预警信息交给发布系统进行发布→信息存储。

　　(2)发布终端的反馈信息→对信息进行处理→将信息呈现给应急办进行决策指挥→信息存储。

　　(3)应急决策指挥信息→对信息处理→传达至有关部门。

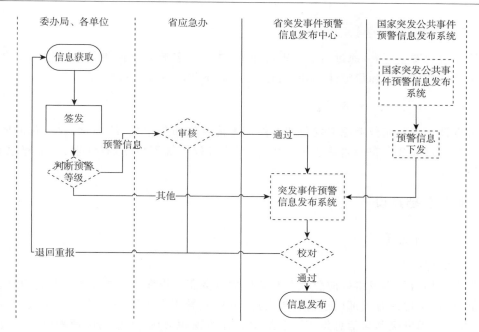

图 9-3　全省突发事件预警信息发布系统总体信息流程图

四、建设原则

1. 依托现有，兼顾发展

在项目建设中要尽可能整合和利用已有、在建和将建项目的相关资源，统一设计、分步实施，在整合现有发布系统资源的基础上，构建预警信息发布系统框架，重在搭建平台、理顺流程，建立机制，使本项目既成为一个完整的系统，又与相关项目有机结合，避免重复建设。

2. 统一标准，制定规范

对所管理的应急信息在管理方式、格式及质量等方面制定标准规范，使系统能够与其他部委发布系统，广播、电视、电信和互联网等发布通道较好对接，充分发挥和利用已有资源。提高预警信息发布覆盖面。同时，所有技术和设备也都要遵循现有的标准和行业规范，不同厂家设备能够相互兼容。

3. 软硬并重，注重应用

不但重视系统的硬件建设，更要着重加强相关应用软件系统的研发。应用软件系统是整个项目发挥效益的关键所在，要重视其研发质量，以满足系统的应用需求。

4. 系统开放，功能实用

系统建设要采用先进的设计思想和开放的体系结构，力争做到技术先进，系统开放，设计过程中始终以开放性和兼容性为设计原则，根据实际需求确定项目各项功能，以满足实际需求为最终目的。

5. 安全可靠,运行稳定

系统要做到安全可靠,通过对信息进行加密、数字签名等方式保障信息传输的安全,同时注重系统运行的可靠性和稳定性,能够满足 24 小时不间断业务运行要求。

6. 统一设计、分步实施

系统设计方案要充分考虑突发公共事件预警信息发布集中化、统一化、权威化的要求,建立各种预警信息综合发布的体系架构,同时在实施过程中统筹规划,有计划、有步骤地推进系统的建设工作。

五、业务基础建设

1. 预警发布场所

(1)总体设计

预警发布场所是突发事件应急处置时领导进行会商和指挥的主要场所。具备召开视频会议的功能,可以与地市有关部门进行异地会商,方便领导听取事态报告和专家建议,并进行远程指挥,可参加国家级预警信息发布平台组织召开的视频会议;能够调用预警应用系统,进行信息发布、信息反馈等,为领导提供决策支持。预警发布场所包括发布大厅(含会商区、操作区、12379 呼叫中心座席)、专家会商室、业务值班室、夜间值班室、专业机房、设备间等区域(如表 9-1)。

表 9-1　省级预警信息发布场所功能表

序号	名称	功能定位
1	发布大厅	预警信息发布场所;大型会议、培训、演练
2	领导会商室	领导工作、会商场所
3	专家会商室	专家会商场所
4	值班室	24 小时值班,发布大厅操控台等
5	设备间	部署大屏幕显示系统、中控系统、视频会议系统、数字会议系统等设备
6	机房及辅助间	机房及设备间,摆放机柜,配置精密空调、UPS 等设备
7	UPS 间	部署 UPS、气体消防等设备
8	办公室	日常办公场所

(2)场所布局

预警发布场所包括发布大厅专家会商室、业务值班室、夜间值班室、专业机房、设备间等功能房间,其建设应满足日常预警信息发布管理、处置突发事件的需求,提供突发事件预警信息发布平台的设备运维环境。

发布大厅划分会商区、操作区及 12379 呼叫中心座席等;设置有业务值班室和夜间值班室,业务值班室和夜间值班室应具备开展预警发布值守工作的环境条件;专业机房应按照国家相关标准进行建设。

发布大厅操作席可满足 4 人使用,业务值班室可供 13 人使用,夜间值班室可供 2 人使用,12379 呼叫中心可供 5 人使用。

(3)显示系统

显示系统的设计内容主要包括场所内各区域显示终端的设置和视频信号分配与传输系统

的设计。

该系统中,建设两套拼接大屏幕显示终端,并配置液晶电视、LED 条屏作为辅助显示;配置 1 台 RGB 矩阵、1 台 DVI 矩阵和 1 台音频矩阵实现预警信息发布平台视频、图像在发布大厅大屏幕上进行显示(如图 9-4)。

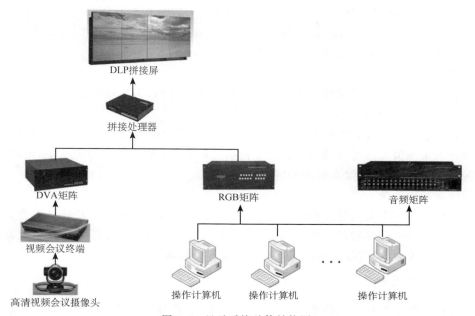

图 9-4　显示系统总体结构图

（4）数字会议与音响系统

预警发布场所主要用于处理突发事件、进行远程会商、本地讨论,场所的数字会议与音响系统需要达到良好的拾音和播放效果。

发布大厅的数字会议与音响系统需在会商区的每个席位均部署 1 个有线麦克风,且所有麦克均接入发布大厅数字会议与音响系统主机,可以进行扩音扬声播放,扩音设备应覆盖整个发布大厅;配置的视频会议终端的音频信号需接入数字会议与音响系统。

（5）集中控制系统

集中控制系统主要实现音、视频系统和电源控制,完成设备和环境控制,同时实现场景控制。

（6）供配电系统

配电系统包括市电供电、UPS 和后备供电系统。

发布场所的用电负荷等级和供电要求应满足《供配电系统设计规范》(GB 50052—95)规定,其供配电系统应采用电压等级 220 V/380 V,频率 50 Hz 的 TN-S 系统,配电系统按设备的要求确定。配电系统采用双回路市电供电,发布平台所有设备都接入 UPS 供电系统。

（7）机房工程

机房按照《电子信息系统机房设计规范》(GB 50174—2008)B 级标准进行设计和建设,用于安放配电设备、网络设备、发布大厅大屏幕显示系统的音视频矩阵、集中控制设备、图像接入系统设备、数字会议控制设备、网络配线设备等,在机房内配有电子计算机机房用精密空调。设备间静电地板架空 30 cm,确保布线需要之外,用于精密空调的通风需要。

（8）照明系统

发布大厅、会商室、业务值班室等灯光照明按照会议室的要求进行设计，并满足召开视频会议的照明要求。

（9）空调系统

《电子计算机机房设计规范》（GB 50174—2008）中指出，应根据设备对空调的要求、设备本身的冷却方式、设备布置密度、房间温湿度、室内风速、防尘、消声等要求，并结合建筑条件综合考虑。根据以上综合条件选择相应的空调。

（10）综合布线

综合布线系统主要构建预警发布场所内的基础通信线路，为数据网络、语音通信、远程控制以及各种应用系统提供基本的连接与运行环境。

该平台要求综合布线系统能满足保密需求，具有很好的扩展性和灵活性，可以适应未来技术的发展和未来预警发布场所的要求。主要包括发布大厅、会商室、业务值班室、夜间值班室、专业机房和设备间的布线，以及机房的网络线缆铺设。

（11）防雷接地系统

发布场所的防雷击电磁脉冲系统、接地系统的设置应满足人身安全及计算机设备正常运行的安全要求，按照《建筑物防雷设计规范》（GB 50057—2010）和《计算机信息系统雷电电磁脉冲安全防护规范》（GA 267—2000）的要求，实现三级防雷。

2. 基础支撑系统

基础支撑系统主要包含通信系统、计算机网络系统、视频会议系统、图像接入系统、主机存储系统和应用支撑系统等。

（1）通信系统

通信系统主要用于支持省级预警信息发布平台管理日常工作联络、突发事件应急处置时话音、数据等业务的传送需要（图 9-5）。

省突发事件预警信息发布系统平台需要建设以信息发布平台为枢纽，以地市、区县、各部门为节点，快速调度、信息共享、互联互通的通信网络，以满足突发事件预警信息发布处置中所需要的信息采集、指挥调度和过程监控等通信保障任务。同时，通信系统提供公众自助查询获取预警信息的功能，以及预警信息智能外拨给相应责任人的功能。

（2）计算机网络系统

计算机网络系统主要用于预警应用系统的承载和数据交换的承载，主要包含省突发事件预警信息综合发布平台气象专网、电子政务外网和互联网相应的路由器、交换机等网络设备（图 9-6）。

为满足省突发事件预警信息发布系统平台各项业务需求，在气象专网、电子政务外网和互联网基础上，进行预警信息发布平台计算机网络系统的设计建设。

预警信息发布平台的核心交换机和接入交换机部署安装在机房，接入交换机与核心交换机连接。考虑预警信息发布业务应用对网络的要求，交换机到服务器采用千兆的连接。根据省预警信息发布工作的需求，在局域网内划分不同的 VLAN 子网，根据完备的访问和安全策略进行配置。

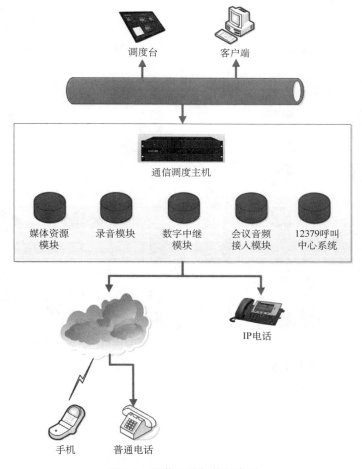

图 9-5　通信系统架构示意图

（3）视频会议系统

视频会议系统主要用于日常预警信息发布管理工作开展，以及在较大级别以上突发事件发生时，省突发事件预警信息综合发布平台与省应急平台、各地市、区县预警发布平台的协调沟通、会议会商。主要包含 MCU、视频会议终端、高清摄像头等相关设备。

视频会议系统是开展预警信息发布管理和突发事件处置工作的一个重要工具和手段。在重大突发事件发生时，利用视频会议系统可以实现异地会商，综合实现语音通信、视频传输和图像显示等功能，便于信息的交流、各项指挥调度工作的开展，极大地提高会商、分析、协调、处理等工作的效率；在平时利用视频会议系统可以召开日常工作会议、教育培训等会议。

建设贯通省/市的高清视频会议系统，实现省突发事件预警信息发布系统平台与国家级和地市级预警信息发布平台和省突发事件预警信息发布系统平台与省应急指挥平台均可进行视频会议的功能。

（4）图像接入系统

图像接入系统主要用于将突发事件现场的实时图像、视频资料、各种监控图像等传输给突发事件预警信息发布平台，必要时传输给省应急平台。主要包含视频解码矩阵、图像管理平台等软硬件。

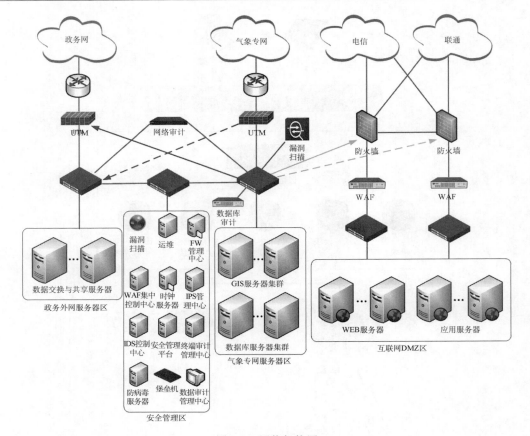

图 9-6　网络架构图

在预警信息发布中心实现图像接入,将突发事件现场的实时图像、视频资料、各种监控图像等传送到预警信息发布平台,在需要时将图像上传至省应急平台。

（5）主机存储系统

主机存储系统主要用于预警信息发布平台各类系统的运行。主要包含各种服务器主机、KVM 切换器、操作终端计算机等设备（图 9-7）。

省突发事件预警信息发布系统平台的主机存储设备的总体设计如下:

①预警信息发布平台电子政务外网是应急平台运行依托的核心网络,主机存储系统都部署在该网络上。

②应用服务器是应急平台的关键设备,要求具有较高的安全性、可靠性、稳定性、高性能,能实现 7×24 小时的不间断运行。

③数据库服务器负责预警应用系统、GIS 的数据,以及作为公共服务平台的核心数据库,要求具有高度的高可靠性、高可用性、高服务性、高性能,能实现 7×24 小时的不间断运行。

④地理信息服务器负责 GIS 数据加工处理,要求具有高度的高可靠性、高可用性、高服务性、高性能,能实现 7×24 小时的不间断运行。

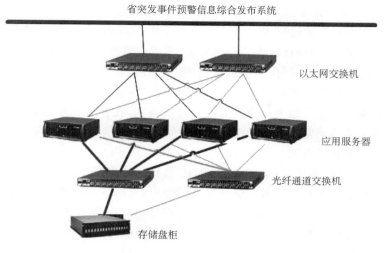

图 9-7 主机存储整体架构

（6）应用支撑系统

应用支撑系统主要用于提供主机存储系统的软件支撑。主要包含服务器主机的操作系统、应用中间件以及预警信息发布必备的数据库系统和地理信息系统。

配置主机存储系统必备的服务器主机操作系统、预警应用系统必备的消息中间件和预警信息发布需要的数据库系统、地理信息系统，作为平台业务的软件支撑，为业务运行提供保障。

六、业务系统建设

1. 预警应用系统

省突发事件预警信息发布系统平台预警应用系统具有平战结合的特点，满足日常气象业务信息发布和突发事件预警信息发布的需要。省突发事件预警信息发布系统平台向上与省应急平台互联互通，向下与地市、区县预警发布平台互联互通。

主要包括预警信息发布管理系统、媒体手段接入系统、预警短信平台、反馈评估系统、预警发布网站、辅助决策系统、全业务流程监控系统和移动终端平台等。

系统体系结构如图 9-8 所示。

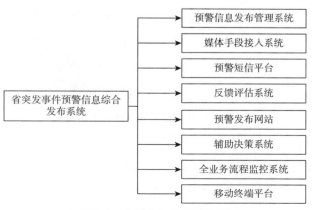

图 9-8 应用系统体系结构图

(1)预警信息发布管理系统

预警信息发布管理系统通过 Web 登陆、消息队列、Web Service 等多种技术手段横向采集省级各发布单位预警信息,经过录入、审核、签发、本级应急办签发、本级发布中心复核后,通过配套的媒体手段对接系统,进行预警信息权威、畅通、有效发布。同时预警信息发布管理系统与国家突发事件预警信息发布系统进行对接,及时有效接受上级下发的预警信息及重要通知,并将本级发布的预警信息及相关发布效果信息向上备案,在充分利用本地发布手段发布预警信息的同时和国家级预警发布体系无缝融合。

省预警信息发布管理系统具备较强配置管理能力,能灵活高效地配置预警信息发布策略、受众用户/组、待办工作、值班表、文件目录、系统/操作日志等配置项。

省预警信息发布管理系统具备较强数据管理能力,可形成本地特有的预警信息库、发布手段库、发布策略库、受众用户库、危险源库、救灾物资库等逻辑数据库,并可根据需要与国家级预警信息发布系统进行共享,同时具备灵活、可靠的大数据量备份、归档、恢复能力。

(2)媒体手段接入系统

媒体手段对接系统完成从省预警信息发布管理系统获取预警信息,通过对接包括气象内部的甚高频、北斗卫星、省级短信平台和社会广电媒体、移动互联媒体、应急广播媒体、显示屏媒体等在内的发布渠道,进行预警信息权威、广覆盖、快速、安全发布。

媒体手段对接系统服务端完成媒体手段的认证管理并配发密钥,形成各自对应的交互协议、发布内容模板,同时实现针对不同媒体预警信息的匹配分拣;维护各种类型发布手段的基础信息,并对这部分基础信息进行定期巡检,形成完整、准确的发布手段基础资源库。

媒体手段对接系统客户端部署在发布渠道端,使用 TCP/IP 协议与服务端通信,获取预警信息后经过解密、格式处理等操作,通知发布渠道控制端发布预警信息,同时取得发布效果信息进行反馈并负责信息传输安全加固。

媒体手段接入体系结构如图 9-9。

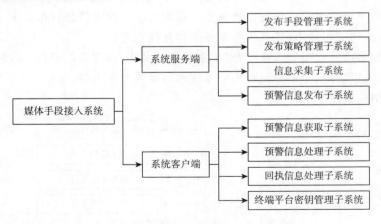

图 9-9　媒体手段接入系统体系结构图

(3)预警短信平台

省预警短信平台包括:信息接收子系统、信息处理子系统、发送管理子系统、发布策略子系统、受众管理子系统、回执反馈子系统、基础管理七个子系统。

预警短信平台体系结构如图 9-10。

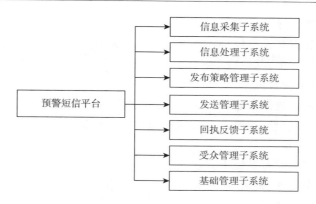

图 9-10　预警短信平台体系结构图

（4）反馈评估系统

反馈评估系统主要包括 6 个子系统，分别为信息采集子系统、反馈评估子系统、舆情分析子系统、调查问卷子系统、知识库子系统、基础管理子系统。

（5）预警发布网站

省预警发布网站是省预警信息发布系统的重要组成部分，是重要的自建发布手段之一，该系统包含 4 个子系统，分别为：信息采集子系统、网站展现子系统、内容管理子系统、页面插件子系统。

（6）辅助决策系统

辅助决策系统包括信息全局总览、预警体系分布、信息发布流程展示、信息发布效果展示、信息检索统计和报表定制。

（7）全业务流程监控系统

全业务流程监控系统主要实现对预警信息发布系统内主体业务数据流转过程以及所有分系统的软硬件设备运行状态、信息传输状态以及网络状态的监视与控制功能。

（8）移动终端平台

预警信息发布移动终端的用户主要包括三类：一是省政府应急办领导，对预警信息发布进行审批；二是信息员，作为责任人接收发布的预警信息，并将现场采集的音视频信息反馈给预警信息发布中心；三是公众，实现接收、浏览发布的预警信息，以及将采集的预警信息回传到预警信息发布中心。

预警信息发布移动终端主要实现信息采集、信息报送、事件处置、工作安排、自动定位、坐标采集、草图绘制、智能查询、短信群发、通讯录、电子地图管理、系统设置等功能。

2. 数据库系统

为有效预防和妥善处置突发事件，为支撑省突发事件预警信息发布系统平台预警应用系统的正常运行，省突发事件预警信息发布系统平台预警应用系统的数据实体应包括基础信息、地理信息、预警信息、发布体系、应急预案、预案、管理信息和预警联络等。

省突发事件预警信息发布系统平台数据库系统的设计与开发建设是一个复杂的过程，不仅数据类型复杂、数据量大、涉及的面广，还需要综合考虑与地市、区县关单位已有数据库系统的资源整合与共享。数据库系统设计的目的是为各级突发事件预警信息发布平台在数据库建设范围、内容、方法等方面提供指导，提供数据定义、数据规划和数据交换等标准，提供各级平台之间信息共享实现的指导性方案。

常用的基础数据和省有关单位、地市、区县的部分关键数据集中存储于省突发事件预警信息综合发布平台的数据库中,其他数据分布存储于地市和区县有关单位的数据库中,由省、地市、区县有关单位负责更新数据。

根据数据关联程度及数据存储等特征,省突发事件预警信息发布系统平台数据库从逻辑上划分为基础信息、地理信息、预警信息、发布体系、应急预案、预案、管理信息和预警联络等,以便于数据的管理和应用。

省突发事件预警信息发布系统平台数据组织采用集中存储及分布存储两种方式,通过数据填报的方式获取分布在省、地市、区县有关单位预警信息发布系统中的相关数据,并实现省突发事件预警信息发布系统平台的数据更新维护。

3. 数据交换与共享系统

省突发事件预警信息发布系统平台数据交换与共享体系以省预警信息发布平台为中心节点,横向包括省应急平台预警信息发布节点、各省直专业部门预警信息发布节点;纵向包括国家级、各地市预警信息发布节点、区县预警信息发布节点等共享节点。

数据交换与共享为各级预警信息发布平台提供数据存储、管理、备份、共享等在内的安全、高效的数据系统,其中省级预警信息发布平台建设一个集中存储和管理应用软件分系统与发布手段分系统数据的数据中心。

数据交换与共享系统主要包括预警信息数据采集系统、预警数据交换系统等。

4. 信息发布渠道

省突发事件预警信息发布系统平台根据服务受众的不同,可建立多种预警信息发布技术手段,以合理使用资源,增强预警信息发布时效,扩大发布范围,提高预警信息的应用实效。省预警信息发布渠道将建立覆盖北斗卫星、12379 呼叫中心、社会媒体网站、广播电台插播、电视插播、农村大喇叭广播、电子显示屏、微博、微信等渠道(图 9-11)。

(1)北斗卫星

依托北斗卫星进行预警信息发布,通过建设北斗卫星预警信息发布终端,使各个终端发布点具备北斗卫星预警信息接收能力,作为最可靠稳定的预警信息发布手段。

(2)12379 呼叫中心

通过建立 12379 呼叫中心,实现通过智能外呼的方式向主要应急处置人员进行预警信息发布;公众也可通过拨打 12379 预警服务热线,通过自助语音查询获取所关注的预警信息,也可通过人工服务查询获取预警信息。

(3)社会媒体网站

通过向各社会媒体门户网站提供接口,允许各社会媒体门户网站调用的方式,在各大门户网站上发布预警信息。

(4)广播电台插播

依托省级已经具备各类电台广播,在广播过程中插播相应的预警信息,达到预警信息发布的目的。

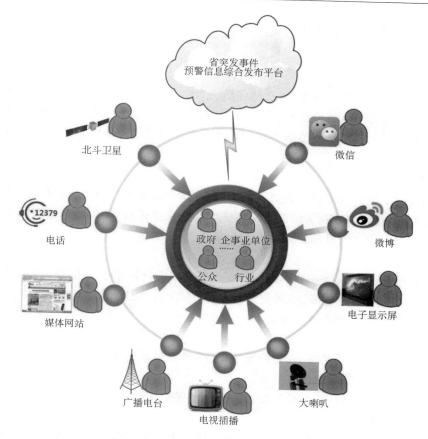

图 9-11　省突发事件预警信息综合发布平台使用的发布手段

（5）电视插播

通过在电视底部叠加字幕的方式或者专门预警电视频道方式，向公众进行预警信息的发布。

（6）农村大喇叭广播

通过建设预警信息发布大喇叭点，通过语音播报的方式向公众广播预警信息。

（7）电子显示屏

在关键位置点上建设电子显示屏或与已经建设的电子显示屏连接的方式，建立电子显示屏的信息发布手段，向公众发布预警信息。

（8）微博

通过建立微博公众号及微博用户管理，及时通过微博公众号或微博私信等方式向公众发布预警信息。

（9）微信

通过建立微信公众号及微信用户管理，及时通过微信公众号或专门微信等方式向公众发布预警信息。

七、安全保障及标准规范

1. 安全保障系统

安全保障系统从整体上考虑,包括物理场所安全、网络安全、安全防御、应用安全和数据库安全五个部分。涵盖了信息传输、存储安全、应用系统安全等多个方面,实现了省突发事件预警信息综合发布平台的信息传输畅通、安全保密,为省突发事件预警信息综合发布平台的正常安全运行提供了保障。

（1）物理场所安全

物理场所安全要符合国家相关规定和标准,并结合省预警发布中心的特殊情况,制定各物理场所安全保障策略,以及相关的物理场所安全防护技术措施,如门禁、防火、防盗、报警等,尽量降低省预警发布中心面临的物理场所安全威胁。

（2）网络安全

在安全支撑系统中,综合采用安全防护、安全检测和安全管理等技术,形成集安全预警、监控、保护、响应为一体的整体网络安全保障能力与协同防御能力。省预警发布中心网络部分按照《信息安全技术信息系统安全等级保护基本要求》(GB/T 22239—2008)中的第三级要求实施保护。

（3）安全防御

安全防御包括防火墙系统、入侵检测系统、漏洞扫描系统、状态监控系统等。

（4）应用安全

应用安全包括账号管理、身份认证、授权管理、安全审计等。

（5）数据库安全

省预警发布中心可从数据库管理系统和数据部署两个方面考虑数据库的安全保障。

数据库系统的安全性很大程度上依赖于数据库管理系统,数据库管理系统若具备强大的安全机制,则数据库系统的安全性能就较好。省预警发布中心可依托数据库管理系统从用户认证权限管理(标识与鉴别)、对象定义、存取控制、访问控制、视图控制、完整性控制、数据审计等方面完成数据库安全保障。

2. 标准规范建设

该系统是为全省各级政府机关向公众发布预警信息的平台,具有良好的开放性和统一性,在建设中必须遵照相关的管理规范和遵循有关的建设标准,而在建设完成投入正式运行后则更需要建立一系列的运行机制和有关的标准和管理规范。该系统技术标准部分规定了系统内部信息处理流程中的数据格式、数据接口、传输协议等基础性标准。在满足系统需求的基础上,拟优先考虑采用参照已有的国际、国内以及行业内标准规范,其次是修订或制定适合本项目特点、专用的、不与国家或行业标准冲突的标准规范,在标准设计中分为两部分,一部分是技术标准规范,另一部分是管理制度规范。

八、组织管理与保障措施

1. 成立专门工作组和技术组

省气象服务中心联合信息中心、各地市气象局成立项目工作组和技术组,在省气象局《省短时临近预报预警业务体系建设》领导小组统一领导下负责各地市、县突发事件预警信息发布系统建设的具体的组织实施和协调。工作小组由各单位主要领导组成,技术组由各单位分管领导、相关技术人员及部分县区气象局技术人员组成。

2. 提供项目经费支持

通过省气象局气象科技创新经费、中国气象局业务维持费、山洪项目经费、地方支持经费、创收经费中统筹安排,提供必要的项目及开发经费支持,以便开展科项目规划、软件研发、硬件购置、培训交流等相关工作。

3. 加强交流培训

开展省气象灾害预警信息发布系统、省国家突发事件预警信息发布系统等技术培训,重点加强县级预报服务人员的业务培训。不定期组织工作与技术研讨、交流,确保省突发事件预警信息发布系统平台建设过程中出现问题得到有效解决。加强与中国气象局国家突发事件预警信息发布中心技术人员的交流与合作。

第四节　地市级突发事件预警信息发布系统

地市级突发事件预警信息发布平台采用先进的、可靠的技术手段建设,通过整合各个地市委办局的预警信息发布需求和电视、广播、大喇叭、短信、电子显示屏等各类发布渠道,优化现有发布手段,建立权威、畅通、及时、准确的突发事件预警信息发布体系,有效扩大预警信息覆盖范围,建立突发事件分钟级时效发布通道,实现对应急责任人、社会媒体以及社会公众的高效及时发布,最大程度提升预警信息发布速度,保证预警时效,显著增强突发事件预警信息发布时效性及防范应对能力,基本消除预警信息发布"盲区",为公众安全、社会稳定、防灾减灾提供有力保障。

最终建设上连省级预警信息发布中心,下连县级预警信息发布中心,横向与同级应急管理机构连接的地市预警信息发布系统,实现接收省级预警信息发布中心发布的预警信息,以及收集、发布同级应急管理指挥平台和所辖县级中心预警信息功能。依托地市气象部门现有业务系统建立起权威、通畅、迅速有效的突发事件预警信息统一发布渠道,形成覆盖地市的预警信息综合发布系统。

一、建设要求及平台功能

1. 建设要求

平台建设应充分考虑与国家突发平台、省及地市现有软件平台的对接,实现基础数据及预警信息的及时获取,并充分利用已有发布手段资源,实现各地市现有的发布终端接入,实现覆盖面更广、更及时、更有效、更准确的预警信息发布功能。具体要求如下:

(1)实现与省突发事件预警信息发布系统平台的对接。

(2)实现与国家突发事件预警信息发布系统在省级已部署的地市级平台对接。

(3)实现与地市现有发布手段管理台(短信、大屏、大喇叭等)的对接。

(4)实现与各地市政府应急指挥平台的对接。

（5）实现与各地市气象灾害预警信息发布平台的对接。

2．平台功能

一套完整的地市级突发预警信息发布平台主要由预警发布场所、基础支撑系统、数据库系统、预警应用系统、信息发布渠道、安全保障系统与标准规范体系等部分组成，组成内容如表9-2。可以根据各地市的实际建设情况及政府相关要求在实际建设中采用利旧及分期分步建设方式进行。

表9-2　地市级突发事件预警信息发布平台建设内容表

序号	建设内容	数量（单位：套）	序号	建设内容	数量（单位：套）
1	预警发布场所		4.2	地理信息数据库	1
1.1	显示系统	1	4.3	管理信息数据库	1
1.2	数字会议与音响系统	1	4.4	预警信息数据库	1
1.3	集中控制系统	1	4.5	渠道信息数据库	1
1.4	供配电系统	1	4.6	预案库	1
1.5	机房工程	1	4.7	案例库	1
2	基础支撑系统		4.8	模型库	1
2.1	通信系统	1	5	预警信息发布手段	
2.2	计算机网络系统	1	5.1	北斗卫星	1
2.3	视频会议系统	1	5.2	广播	1
2.4	主机存储系统	1	5.3	电视	1
2.5	应用支撑系统	1	5.4	电子显示屏	1
3	预警应用系统		5.5	户外喇叭	1
3.1	信息发布审批系统	1	5.6	微博	1
3.2	渠道管理系统	1	5.7	微信	1
3.3	安全认证系统	1	5.8	门户网站	1
3.4	预测预警系统	1	5.9	短信	1
3.5	信息发布系统	1	5.10	电话	1
3.6	反馈评估系统	1	5.11	移动 APP	1
3.7	运行监控系统	1	6	安全保障与标准规范体系	
3.8	综合业务系统	1	6.1	安全支撑系统	1
4	数据库系统		6.2	标准规范体系	1
4.1	基础信息数据库	1			

（1）预警发布场所

预警发布场所按照功能划分为发布大厅、会商室、值班室和设备间（机房）区域。预警发布场所主要包含显示系统、音响与数字会议系统、集中控制系统、照明系统、供配电系统及防雷接地系统等。

预警发布场所采用以集中控制为中心的网络化多媒体环境的整体设计思想，通过综合布线连接发布大厅、值班室等区域的多种设备，通过对场所内各种音视频信号的集中交换与处理，并对各种显示设备、矩阵、音响与会议设备等多媒体设备进行集中控制，满足预警发布对预警发布场所的需求。

（2）基础支撑系统

基础支撑系统主要包括通信系统、计算机网络系统、视频会议系统、图像接入系统、主机存储系统、信息发布渠道系统、数据与交换共享系统和应用支撑系统等,提供应用系统和数据库系统运行的基础环境。

（3）数据库系统

数据库系统按照逻辑分为基础信息数据库、地理信息数据库、预警信息数据库、管理信息数据库、渠道信息数据库、预案库、案例库、模型库,完成数据的建库、更新、维护等业务,为应用系统提供数据支持。

（4）预警应用系统

应用系统是预警信息综合发布的业务系统,也是平台的核心系统,实现预警信息发布的全系统、全流程的业务工作,包括信息发布审批系统、渠道管理系统、安全认证系统、预测预警系统、信息发布系统、反馈评估系统、运行监控系统、综合业务系统。

（5）信息发布渠道

建设包括北斗卫星、广播、电视、电子显示屏、预警大喇叭、门户网站、短信、电话、手机APP等各种预警信息发布渠道,实现各地市全渠道、全覆盖预警信息发布模式。

（6）安全保障系统

遵守国家保密规定和信息安全有关规定,构建安全保障体系,按照等保三级要求实施保护,保障预警信息综合发布平台安全运行。

（7）标准规范体系

依据国家体系的要求和规范,建立地市级预警信息发布的信息格式、数据格式、文件格式、数据接口、传输协议、设备编码及各种渠道的发布格式、编码、操作等技术规范和标准。

二、业务基础建设

1. 预警发布场所

地市级预警信息发布场所主要包括预警信息发布大厅、会商室、设备机房、值班室和办公室等,建设工程包括显示系统、数字会议与音响系统、集中控制系统、供配电系统、综合布线系统、机房工程等内容。

（1）场所布局

地市级预警信息发布场所包括发布大厅、领导会商室、专家会商室、值班室、设备间、机房及辅助间等一系列功能区域设计,具体见表9-3。

表 9-3　地市级预警信息发布场所功能

序号	名称	功能定位
1	发布大厅	预警信息发布场所;大型会议、培训、演练
2	领导会商室	领导工作、会商场所
3	专家会商室	专家会商场所
4	值班室	24 小时值班,发布大厅操控台等
5	设备间	部署大屏幕显示系统、中控系统、视频会议系统、数字会议系统等设备
6	机房及辅助间	机房及设备间,摆放机柜,配置精密空调、UPS 等设备
7	UPS 间	部署 UPS、气体消防等设备
8	办公室	日常办公场所

（2）显示系统

显示系统是预警信息发布场所建设的重要部分。发布场所在发布大厅、值班室、会商室等场所区域设置显示系统。应能接入和显示计算机、图像、视频会议和电视等多种来源的信号，应能支持 H. 264 等 IP 视频流的接入和显示，满足日常值班、预警信息发布等业务的需要。显示系统应包括：大屏幕显示系统、矩阵、投影显示系统和辅助液晶屏。

（3）数字会议与音响系统

数字会议与音响系统主要为预警信息发布过程中进行远程会商、本地讨论和召开会议时提供会议拾音和扩声，通过电声设计控制和改善厅堂音质，以达到良好的拾音和扩声效果，满足会议讨论的需要。

数字会议与音响系统应包括数字会议主机、会议单元、话筒、功放、音箱等设备。

（4）集中控制系统

集中控制系统主要实现音、视频系统和电源控制，完成设备和环境控制，同时可以实现场景控制。

控制系统对发布场所内的各种设备进行控制，通过对各种设备操作的组合来实现不同场景的切换，便于集中操作、简化流程。控制系统采用网络化的控制主机，可对场所内的不同设备实现统一控制与管理。

（5）供配电系统

预警发布场所的供配电设计应满足可靠性、可控性、冗余度、可扩展性等要求，应具备不间断供电措施。供配电系统的关键设备须采取冗余设计，任何器件、元件的单点故障不影响机房设备的正常供电。

根据用电设备负荷性质及容量，发布大厅内的一般照明、空调动力配电装置由建筑内配电室各自对应的低压配电屏放射式配电。发布大厅内的应急照明、指挥系统设备、网络传输设备、大屏幕设备等重要负荷，可在各地市气象局现有配电系统及 UPS 电源装置的基础上改扩建供电系统。

（6）综合布线系统

综合布线系统主要构建预警发布场所内的基础通信线路，为数据网络、语音通信、远程控制以及各种应用系统提供基本的连接与运行环境，应具有很好的扩展性和灵活性，可以适应未来技术的发展和未来发布场所的要求。主要涉及范围是预警发布场所的布线。包括数据线路、语音线路、音视频线（含显示系统、集中控制系统、摄像系统线缆）、控制线等多种线缆。

（7）机房工程

机房工程是指为确保计算机机房的关键设备和装置能安全、稳定和可靠运行而设计配置的基础工程，机房工程建设的主要目的是为机房中的系统设备运营管理和数据信息安全提供保障环境。机房工程包括设备间装修、机房消防系统。

2. 基础支撑系统

基础支撑系统主要包括通信系统、计算机网络系统、视频会议系统、主机存储系统和应用支撑系统等，提供应用系统和数据库系统运行的基础环境。

（1）通信系统

通信系统主要构建预警信息发布平台的通信网络和通信体系，重点建设与上级和下级平台之间的通信手段及本级信息发布的通信手段,实现以地市级平台为中心的通信架构。

通信系统依据各地市实际情况建设,包括宽带卫星通信系统、12379 语音系统、多路传真系统、宽带集群通信系统等。宽带卫星通信系统主要实现在有线网络中断情况下,与上级平台和下级平台之间的紧急通信;12379 语音系统主要使平台具备语音方式的通信手段,以便进行指挥调度和电话方式的预警信息发布;多路传真系统主要建立平台的传真发布和接收能力;宽带集群通信系统主要建立多级指挥调度的通信手段和方式。

(2)计算机网络系统

计算机网络系统是平台工作的基础,主要建立与上级平台和下级平台之间以及本级各业务系统之间的网络通信,实现数据和信息交互。计算机网络系统应构建预警信息发布平台的整体网络架构,实现气象专网、电子政务外网、互联网之间的接入,依据业务需要将平台内部业务系统分在三个区域内,建立区域内网络访问机制,以满足预警信息发布平台的网络建设需要。整体架构如图 9-12。

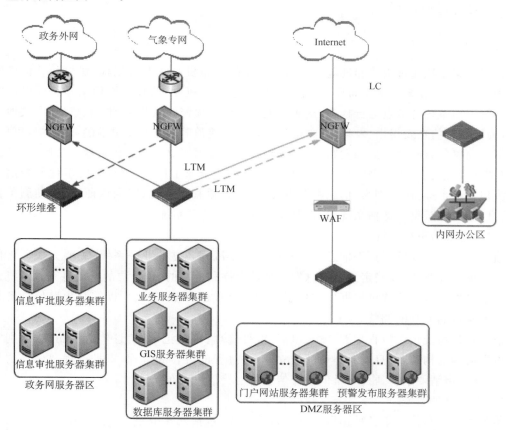

图 9-12 计算机网络拓扑图

(3)视频会议系统

视频会议系统是开展预警信息发布和日常工作的一个重要工具和手段。在突发事件发生时,利用视频会议系统可以实现异地会商,综合实现语音通信、视频传输和图像显示等功能,便于信息的交流以及预警信息发布决策商讨。预警信息发布平台视频会议系统依托气象专网建设,实现地市气象局与省气象局以及各县级气象局召开视频会议。视频会议系统应包括

MCU、视频会议终端及视频会议摄像机。

（4）主机存储系统

主机存储系统主要满足预警信息发布平台业务系统运行与数据存储备份需要，包括预警应用系统、数据库系统、数据交换与共享系统、图像接入系统等。主机存储系统应避免单机故障对系统造成的影响，对数据库、预警应用、GIS 服务等应采用双机热备方式实现业务备份。主机存储系统应包括各应用服务器、存储系统及本地备份系统，有条件的地市可建设异地备份系统。

（5）应用支撑系统

应用支撑系统配置各地市级预警信息发布平台运行必备的操作系统、数据库系统、应用中间件、消息中间件、地理信息系统、表单工具以及报表工具等，作为平台应用系统的软件支撑，为业务运行提供保障。

三、业务系统建设

1. 预警应用系统

预警应用系统通过构建和规范预警信息发布的发布机制和发布流程，建立预警信息发布的多种渠道，研究预警预测发布模型，建立预警信息发布机制，监控预警信息发布效果反馈信息及实时监控系统各节点运行状态，从而实现突发事件预警信息及时、准确、畅通、有效地进行发布，确保预警信息发得出、发得快、收得到、用得好，使预警信息发布更准确，更快捷，更科学。突发事件预警信息的及时准确发布，可最大限度地保障国家财产和人民群众生命财产的安全。

预警应用系统完成预警信息发布的日常和预警的全部工作，地市级突发事件预警信息应用系统包含八个部分，分别为：信息发布审批系统、渠道管理系统、安全认证系统、预测预警系统、信息发布系统、反馈评估系统、运行监控系统、综合业务系统。

（1）信息发布审批系统

信息审批系统是依据预警信息发布机制和发布流程建立的业务系统，主要完成预警信息发布的审核批准业务，以确定预警信息发布是被允许和批准的，是合法的。信息审批系统建立的预警信息发布审批流程可依据发布机制和发布流程进行动态调整，以符合预警信息发布的实际情况及机制流程的调整。

信息审批系统包含流程配置、发布申请、审批管理、审批记录、信息传送等功能，分别实现发布审批流程的构建，信息发布申请的建立，审批过程的流转和管理，审批过程及信息的全记录，按照发布申请要求将通过审批的预警信息传送给信息发布系统。

（2）渠道管理系统

预警信息发布依赖于各种预警信息发布的手段，包括北斗卫星、电子显示屏、大喇叭和手机短信平台等，且每一种手段均会接入众多预警信息发布的渠道，以建立全覆盖的预警信息发布网络。渠道管理系统正是负责管理预警应用系统接入的进行预警信息发布各种手段所有渠道的业务系统。渠道管理系统建立所有渠道基础信息管理、完成所有渠道的实时接入和连接，对所有渠道接入的合法性进行认证及完成与所有渠道之间的数据通信，是预警应用系统与各手段外联的核心系统。

渠道管理系统包括基础信息管理、渠道状态管理、渠道接入认证、渠道通信管理、信息发布分发等功能,综合实现渠道全业务功能的管理。

(3)安全认证系统

安全认证系统是预警应用系统的安全保障,是避免预警应用系统所建立的预警信息发布手段和渠道被盗用发布不实信息和预警信息发布至不该发布区域和渠道的保证。安全认证系统完成对用户、应用、渠道的安全认证,通过对预警应用系统接入的所有渠道和信息发布终端的合法性认证、通信数据加解密及密钥的管理,构建预警应用系统的安全体系。安全认证系统通过建立对渠道和终端安全认证的流程,发放渠道和终端身份证,建立加解密算法和机制,管理各个渠道的密钥等方式,建立不同渠道的安全管理机制,保障平台的权威性和统一性。

安全认证系统包括用户安全认证、应用安全认证、渠道安全认证、身份证管理、通信加解密、认证服务模块。

(4)预测预警系统

预测预警系统具备预案策略发布和模型策略发布两种机制;预案策略发布依据已经设置的预警信息发布预案,在突发事件来临时刻迅速发布预警信息;模型策略发布将根据预警信息发布反馈信息,在数据挖掘的基础上,形成预警发布覆盖范围和受众人群的预测模型,继而形成预警信息发布的策略,从而指导预警应用系统预警信息的发布;通过预警预测系统,在预警信息发布前评估预警信息发布的有效性,从而提高预警信息发布的效率和影响。

预测预警系统包括预案管理、预案发布、模型管理、模型发布、策略设置等功能。

(5)信息发布系统

信息发布系统主要完成审批后的预警信息发布,执行整个预警信息发布过程。信息发布系统接到预警信息发布指令后,调用预警预测系统的发布策略,随后调用接入平台的渠道通信,将安全认证系统加密后的预警信息通过各个渠道进行发布。信息发布系统将根据发布手段和渠道的不同,重新组织预警信息发布的数据,在不同的手段上采用不同的数据格式,提高预警信息发布的效率;同时信息发布系统自动记录信息发布的全部过程信息,监控预警信息发布的结果,具备自动重发机制,保证预警信息及时有效地发送至各个渠道。

信息发布系统包括信息发布、发布管理、信息重组、过程记录、过程追溯等功能。

(6)反馈评估系统

反馈评估系统主要接受预警信息发布过程的反馈信息,评估预警信息发布的效果和结果是否符合预期目标,以指导预警信息发布过程,提高预警信息发布的效率和效果。反馈评估系统依据不同的信息发布手段进行评估,结合预警信息发布渠道,评估各种手段预警信息发布的效果,记录发布过程中信息发布反馈信息,继而形成预警信息发布效果追踪等态势,为指导预警信息发布及事件后对整个预警信息发布评估提高依据和支持。

反馈评估系统包括效果评估、评估管理、评估查询、统计分析、过程追溯、评估报告制作。

(7)运行监控系统

运行监控系统主要完成预警应用系统业务运行监控和维护管理工作。运行监控系统完成预警应用系统渠道、终端及各系统的运行状态监控及全生命周期的监控管理工作。

运行监控系统包括渠道全生命周期管理、终端全生命周期管理、系统运行监控、运维管理、状态管理等。

(8)综合业务系统

综合业务系统围绕气象局日常办公业务的特殊性,以政令的上传下达为核心,以整合政府各类办公资源为目的,利用先进的科学技术,搭建支持政府综合业务的办公应用系统,提供日常值班、电子邮件、通讯录、公文流转、电子公章、统计分析、工作报告、公文传真、电话记录等日常功能。

2. 数据库系统

数据库系统汇集基础数据及业务数据,完成数据的建库、更新、维护等业务,为应用系统提供数据支持。主要的数据库包括基础信息数据库、地理信息数据库、预警信息数据库、管理信息数据库、渠道信息数据库。

(1)基础信息库

基础信息库存储对于突发事件预警信息发布中有重要影响的基本信息,主要包括组织机构、人员、信息员、责任人、发布单位等。其中与地理位置紧密相关的基础信息数据,应采用国家统一的地理编码、坐标系统、分类编码等,与地理信息进行整合。

(2)地理信息库

地理信息存储基础地理信息,是预警信息发布定位框架。包括行政区域数据、自然地理信息中的地貌、水系以及社会地理信息中的居民地、道路、境界、河流、地名等要素。

该系统地理信息数据库的建设可在政府应急办及气象局现有的工作基础上进行建设。

(3)管理信息库

管理信息库主要包括预警消息形成的时间、预警信息的内容及文本描述、预警状态、预警信息的发布对象、预警事件的紧急程度、预警事件的严重程度、与此预警信息对应的空间信息等。

(4)预警信息库

预警信息库存储本级预警信息及同预警信息相关的发布信息,同时存储国家级下发的预警信息、各部门发布的预警信息和各地市、区县上报的预警信息等。

(5)渠道信息库

渠道信息库存储预警发布渠道信息,包括预警责任人、信息员、发布手段接入企业、发布手段控制器、发布终端、预警发布技术装备(预警信息采集终端、电子显示屏、大喇叭、短信网关等)信息的管理。

(6)预案库

预案库将各委办地市局的预警预案及预案涉及的应急资源及人员队伍等信息集中存储在库中,并采取分单位、分类别、分级别的方式对预案进行管理。

(7)案例库

在预警发布系统体系中,案例库采用分布式存储,是各级预警发布机构在处理突发事件中与该领域相关的基本概念、理论知识、事实数据,以及所获得的规律、常识性认识、启发式规则和经验教训的集合。

案例可以为突发事件预警发布处置提供有效的参照系,充分吸取历史事件的经验教训,达到规范处理流程、加快响应速度、提高发布效率的目标。

(8)模型库

模型库用于存储预警信息分析模型,通过调用模型进行分析计算,形成预警信息发布策略。

3. 预警信息发布手段

依托各地市现有的发布手段,根据各种发布技术手段的特点和覆盖范围不同,在地市发布管理平台上接入各种发布子系统。可接入的子系统包括:手机短信发布子系统、电视插播子系统、广播电台插播子系统、12379 呼叫中心发布子系统、网站发布子系统、预警大喇叭发布子系统、电子显示屏发布子系统、移动终端发布子系统、北斗卫星信息发布子系统、微博发布子系统、微信发布子系统。

各地市根据实际需要进行发布手段的接入,为进一步拓宽突发事件预警信息发布渠道,各地市级发布平台可对未接入的发布手段预留各平台接口,便于将来开发使用。

(1)北斗卫星

北斗卫星预警信息发布手段是发布范围最广、发布时间最短的预警信息发布手段之一,可快速在几分钟内实现各地市全范围的预警信息发布。北斗卫星预警信息发布手段建设分为平台端建设和终端建设,平台端包括北斗预警信息发布系统和北斗指挥机,与渠道管理系统连接,接收平台发布的预警信息,转换之后通过北斗卫星发布;终端包括北斗预警信息发布终端、大喇叭、电子显示屏等设备,主要接收从北斗传送的预警信息并通过大喇叭和电子显示屏进行发布。北斗卫星预警信息发布手段由于采用卫星通信方式,因此不受当地网络环境影响,适合部署在任何位置。

(2)广播

广播作为预警信息发布手段之一,通过已经建设的广播系统,可在各个广播电台上播发预警信息,提高预警信息发布的范围和受众人员。广播预警信息发布主要完成在广播电台上的预警信息发布,通过网络接收预警应用系统发布预警信息,依据预警级别、响应时间等因素,制定预警信息发布队列,与广播电台播控系统连接,按照预警信息发布要求在广播电台上插播预警信息。广播预警信息发布主要包括广播预警信息发布系统、文语转换系统等。

(3)电视

电视已经连接千家万户,是预警信息发布的重要手段之一,电视预警信息发布主要以叠加字幕的方式进行,在各地市电视台在插播过程以滚动字幕的方式实现预警信息在电视节目中的插播,以达到预警信息发布的目的。电视预警信息发布主要包括电视预警信息发布系统、字幕机等。

(4)电子显示屏

电子显示屏是预警信息发布的重要手段之一,主要依托社会各类电子显示屏资源进行预警信息的发布。电子显示屏发布主要利用移动公众通信网实现数据传输,将突发公共事件预警信息发布至电子显示屏接收终端。电子显示屏预警信息发布分为平台端建设和终端建设,平台端包括电子显示屏预警信息发布系统,与渠道管理系统连接,接收平台发布的预警信息,转换之后通过网络发布;终端包括电子显示屏预警信息发布终端、电子显示屏等设备。

(5)预警大喇叭

预警大喇叭是预警信息发布的重要手段之一,主要依托各部门以及气象已经建设的户外喇叭系统进行预警信息的发布。预警大喇叭发布主要利用移动公众通信网实现数据传输,将突发事件预警信息发布至接收终端,接收终端将文字信息转换成语音信号,通过喇叭进行预警信息的发布。预警大喇叭预警信息发布分为平台端建设和终端建设,平台端包括喇叭预警信息发布系统,与渠道管理系统连接,接收平台发布的预警信息,转换之后通过网络发布;终端包括电子显示屏预警信息发布终端、大喇叭等设备。

(6)微博

微博是向公众进行预警信息发布手段之一,微博以公众号方式向关注公众号的公众发布预警信息,微博支持在新浪微博、腾讯微博、搜狐微博等多个公众平台上进行预警信息发布。微博主要由渠道管理系统完成预警信息的发布。

(7)微信

微信是向公众进行预警信息发布手段之一,最新发布的预警信息通过微信公众平台发送给关注该平台的公众用户。平台用户可以通过微信公众平台发布子系统查看公众号推送的预警信息。微信主要由渠道管理系统完成预警信息的发布。

(8)门户网站

门户网站是预警信息发布的主要手段之一,主要为天气网、新浪网、搜狐网等各门户网站推送预警信息,以使各门户网站快速、有效地在其网站上发布相关预警信息,提高预警信息发布的范围和受众人群。

门户网站建设网站预警信息发布子系统,其接收预警应用系统发布的预警信息,及时向注册的各门户网站推送突发事件的预警信息,使其快速、有效、准确地在门户网站上发布。

(9)手机短信

短信是预警信息发布的重要手段,主要由短信预警信息发布系统完成短信的预警信息发布。短信预警信息发布主要针对三类人群:应急责任人、注册用户和公众用户;短信预警信息发布准确、及时、定向的向应急责任人和注册用户进行预警信息短信发布,而采用全网发布方式向公众用户发布。短信发布通过全国统一特服号:12379进行预警信息的发布。短信主要由短信预警信息发布系统和短信平台组成。

(10)电话

电话是预警信息发布的重要手段,电话预警信息发布主要有两种方式进行,一种是针对应急责任人采用智能外呼的方式主动拨打应急责任人的电话和手机进行预警信息的播报;一种是针对公众,由公众主动拨打预警信息发布特服号码12379,收听当前预警信息的。电话预警信息发布建立在语音通信系统的基础上,主要由电话预警信息发布系统、自动语音应答系统、文语转换系统等组成。

(11)移动 APP 客服端

移动 APP 服务是向智能手机应用提供预警信息发布的重要手段,移动 APP 服务以服务的方式向各种应用开放,各种手机应用可以通过访问服务获取预警信息并进行展示和发布,移动 APP 服务这种发布手段主要面向智能手机用户群体,提供更及时、有效的预警信息。移动 APP 服务主要由手机预警信息发布系统实现,具备大量并发访问能力,提供快速的预警信息发布。

四、安全保障及标准规范建设

1. 安全保障系统

由于各地市级预警信息发布平台功能的复杂性和承载业务的多样性,平台也将面临复杂的安全威胁。因此,在地市级预警信息发布平台的安全支撑系统中,需要根据各地市级预警信息发布平台自身的体系结构、所处的环境以及面临的安全威胁,建立整体的安全策略,采取多层次、多方面的安全保障措施保障地市级预警信息发布平台的安全运行。

地市级预警信息发布平台的安全支撑系统设计和实施参考《信息系统安全等级保护基本要求(试用)》中等保三级防护要求进行。安全支撑系统包括物理场所安全、网络安全、应用层安全、灾难备份系统、安全管理建设。

2. 标准规范建设

编制预警信息发布平台建设规范和突发事件预警信息发布管理办法,规范预警信息发布平台建设和系统应用。

地市级突发事件预警信息发布平台是为各级政府机关向公众发布预警信息的平台,应具有良好的开放性和统一性,在建设中必须遵照相关的管理规范和遵循有关的建设标准,而在建设完成投入正式运行后则更需要建立一系列的运行机制和有关的标准和管理规范。

在标准设计中分为两部分,一部分是技术标准,另一部分是管理制度。

第五节　县级突发事件预警信息发布系统

县级突发事件预警信息发布系统平台是国家四级突发事件预警信息发布体系结构中的最基层发布平台,应完成上级和本级政府要求的预警信息发布任务。县级突发事件预警信息发布平台采集到的各类预警信息经过处理后,根据预警信息发布规范,通过北斗卫星、手机短信、电子显示屏、预警大喇叭、广播、电视等发布技术手段进行发布,对于不能覆盖的或没有权限发布的预警信息,需要发送到上级地市级甚至上传到省突发事件预警信息发布中心,通过该预警信息所需的合适方式进行发布,数据流程如下:

(1)系统输入预警信息

①区县级应急办指挥平台要求发布的预警信息;

②当地相关部门要求发布的预警信息;

③地市级系统要求发布的预警信息。

(2)系统输出预警信息

①用相关子系统发布的预警信息;

②请求地市级或省级系统发布的预警信息:

③向本区县应急办指挥平台和相关部门传送的回执信息。

一、业务基础建设

1. 预警发布场所

县级突发事件预警信息发布场所主要包括发布大厅、会商室、设备间、机房和值班室等,建设工程包括显示系统、数字会议与音响系统、集中控制系统、供配电系统、综合布线系统、机房工程等内容。

(1)场所布局

县级预警信息发布场所包括发布大厅、维护间、机房及辅助间等一系列功能区域设计(表9-4)。

表 9-4 发布场所功能

序号	名称	功能定位
1	发布大厅	预警信息发布场所；大型会议、培训、演练
2	维护间	部署大屏幕显示系统，中控系统、视频会议系统、数字会议系统等设备
3	机房	机房及设备间，摆放机柜，配置精密空调、UPS 等设备

（2）显示系统

显示系统是预警信息发布场所建设的重要部分。发布场所在发布大厅、值班室、会商室等场所区域设置显示系统。应能接入和显示计算机、图像、视频会议和电视等多种来源的信号，应能支持 H. 264 等 IP 视频流的接入和显示，满足日常值班、预警信息发布等业务的需要。显示系统应包括：DLP 拼接大屏幕显示系统和矩阵设备等。

（3）数字会议与音响系统

数字会议与音响系统主要为预警信息发布过程中进行远程会商、本地讨论和召开会议时提供会议拾音和扩声，通过电声设计控制和改善厅堂音质，以达到良好的拾音和扩声效果，满足会议讨论的需要。数字会议与音响系统应包括数字会议主机、会议单元、话筒、功放、音箱等设备。

（4）集中控制系统

集中控制系统主要实现音、视频系统和电源控制，完成设备和环境控制，同时可以实现场景控制。控制系统对发布场所内的各种设备进行控制，通过对各种设备操作的组合来实现不同场景的切换，便于集中操作、简化流程。控制系统采用网络化的控制主机，可对场所内的不同设备实现统一控制与管理。

（5）供配电系统

预警发布场所的供配电设计应满足可靠性、可控性、冗余度、可扩展性等要求，应具备不间断供电措施。供配电系统的关键设备须采取冗余设计，任何器件、元件的单点故障不影响机房设备的正常供电。

根据用电设备负荷性质及容量，发布大厅内的一般照明、空调动力配电装置由建筑内配电室各自对应的低压配电屏放射式配电。发布大厅内的应急照明、指挥系统设备、网络传输设备、大屏幕设备等重要负荷，可在气象局现有配电系统及 UPS 电源装置的基础上改扩建供电系统。

（6）综合布线系统

综合布线系统主要构建预警发布场所内的基础通信线路，为数据网络、语音通信、远程控制以及各种应用系统提供基本的连接与运行环境，应具有很好的扩展性和灵活性，可以适应未来技术的发展和未来发布场所的要求。主要涉及范围是预警发布场所的布线。包括数据线路、语音线路、音视频线（含显示系统、集中控制系统、摄像系统线缆）、控制线等多种线缆。

（7）机房工程

机房工程是指为确保计算机机房的关键设备和装置能安全、稳定、可靠运行而设计配置的基础工程，机房工程建设的主要目的是为机房中的系统设备运营管理和数据信息安全提供保障环境。

2. 基础支撑系统

基础支撑系统主要包括通信系统、主机存储系统和应用支撑系统等，提供应用系统和数据库系统运行的基础环境。

（1）通信系统

通信系统主要构建预警信息发布平台的通信网络和通信体系，重点建设与地市级平台之间的通信手段及本级信息发布的通信手段，实现联通地市级平台的通信架构。

通信系统依据各区县实际情况建设，包括 12379 语音系统。12379 语音系统主要使平台具备语音方式的通信手段，以便进行指挥调度和电话方式的预警信息发布，可进行电话会议以及智能外呼应急责任人的功能。

（2）计算机网络系统

计算机网络系统是平台工作的基础，主要建立与上级平台和下级平台之间以及本级各业务系统之间的网络通信，实现数据和信息交互。计算机网络系统应构建预警信息发布平台的整体网络架构，实现气象专网、电子政务外网、互联网之间的接入，依据业务需要将平台内部业务系统分在三个区域内，建立区域内网络访问机制，以满足预警信息发布平台的网络建设需要。

（3）视频会议系统

视频会议系统是开展预警信息发布和日常工作的一个重要工具和手段，在突发事件发生时，利用视频会议系统可以实现异地会商，综合实现语音通信、视频传输和图像显示等功能，便于信息的交流以及预警信息发布决策商讨。预警信息发布平台视频会议系统依托气象专网建设，实现地市气象局与区县级气象局召开视频会议的功能。县级视频会议系统应包括视频会议终端及视频会议摄像机。

（4）主机存储系统

主机存储系统主要满足预警信息发布平台业务系统运行与数据存储备份需要，包括预警应用系统、数据库系统等的数据采集、传输与存储。主机存储系统应包括各预警应用服务器、数据库服务器、GIS 服务器等。

（5）应用支撑系统

应用支撑系统配置县级突发事件预警信息发布平台运行必备的操作系统、数据库系统、地理信息系统等，作为平台应用系统的软件支撑，为业务运行提供保障。

二、终端管理发布系统建设

主要建设预警信息发布客户端，县级发布单位可通过客户端登录至市级平台进行本区域内的预警信息的发布。

参考文献

曹杰,杨晓光,汪寿阳.2007.突发公共事件应急管理研究中的重要科学问题[J].公共管理学报,(02):84-93;126-127.

高建国.2009.内蒙古突发公共事件预警信息发布系统构建研究[D].兰州:兰州大学.

黄云帆.2013.预警信息的网格化整合模型研究[D].成都:电子科技大学.

刘清伟,吴群红,郝艳华,等.2006.黑龙江省突发公共卫生事件预警系统信息监测网络建设现状研究[J].中国
　　公共卫生管理,(02):98-100.

刘云英.2011.我国突发公共事件预警信息收集网格化管理研究[D].成都:电子科技大学.

裴顺强,孙健,缪旭明,等.2012.国家突发事件预警信息发布系统设计[J].中国应急管理,(08):32-35.

秦永平,王丽萍,孙庆,等.2010.基于数据仓库的突发公共卫生事件预警预报系统[J].计算机工程与设计,**13**:
　　3119-3122.

王家义.2006.突发公共事件应急管理体系研究[D].武汉:武汉理工大学.

吴叶葵.2006.突发事件预警系统中的信息管理和信息服务[J].图书情报知识,(03):73-75.

熊劲光,夏宪照,刘志权,等.2007.东莞市突发公共卫生事件预警与应急管理信息系统开发和功能特点[J].预
　　防医学情报杂志,03:330-333.

喻晓.2013.应对突发公共事件的预警机制研究[D].大连:大连理工大学.

袁宏.2009.我国突发公共事件预警体系建设研究[D].开封:河南大学.

张维平.2005.建立健全突发公共事件预警管理系统模型的主要设想[J].中国公共安全(学术版),(Z1):1-9.

张维平.2006.建立健全突发公共事件预警管理系统模型的主要设想[J].宝鸡文理学院学报(社会科学版),
　　(02):18-26.

结　语

在长期从事应用气象服务的过程中,我们深深感到气象科学要真正地融入经济建设的各个领域,还有相当长的路要走,众所周知,气象科学是一门多学科交叉的应用科学,气象事业是基础性、先导性的公益事业。因此,气象科学和气象事业的开放性是必然的。然而我们经常看到的是,专业服务产品常常文不对题,专业服务人员面对所服务的对象是一问三不知。造成这些原因就是思想认识上出了问题,对专业气象服务的认识远远不够。中国气象局屡屡强调服务产品的精细化和专业化问题,但是遭遇了气象部门长期封闭保守的强大惯性的顽强抵制。形成了讨论"槽来脊去"气象问题个个内行,研究国家和地方重大支柱产业发展的服务问题则知之甚少的这样一种"内战内行,外战外行"的普遍现象。这不是一个简单的三令五申就可以改变的,而是要从体制、机制等方方面面加以改革才能实现的重大战略性调整。

一、一种理想服务模式

经过多年实践,我们清醒地认识到,在气象服务特别是专业(专项)气象服务中,天气预报产品只是服务对象受到影响的诸多因素中的一种。假如我们的专业服务是 F,天气预报产品是 x_0,那么,若

$$F = x_0 \tag{1}$$

是永远做不好服务的,是实现不了专业化、精细化的服务要求的。起码也应该是:

$$F = f(x_0) + f(x_1) + f(x_2) + \cdots + f(x_i) \tag{2}$$

式中 $x_1, x_2, \cdots, x_i$ 是代表服务对象的特征、要求、环境、趋利避害措施等诸多的因子。当然,最好是:

$$F = F[f(x_0) + f(x_1) + f(x_2) + \cdots + f(x_i)] \tag{3}$$

它表示随着服务对象的变化而不断调整气象服务的方法和技术手段以适应其变化,具有鲜明的针对性和可操作性,实现了精细化和专业化的服务。不难看出,①式是用常规天气预报来代替专业服务,显然是不可取的;②式初步考虑了服务对象的一些特征来开展服务,但没有考虑这些特征因子的变化和它们相互间的作用;③式是我们理想的专业服务,它不仅考虑了服务对象的特征,也将天气预报产品与影响服务对象的诸多因子及其关系变化一并结合研究,提出了较为完美的专业气象服务模式。

二、气象为农服务概览

真正的气象服务业务的建立是很不容易,我们在为农业服务的过程中,认真学习农业生产方面的相关知识,深入田间地头了解农作物生长各个环节、各个品种、各个发育时期需要什么气象条件、害怕什么气象条件,根据天气条件应该采取什么农业气象措施以趋利避害等等,这才使得气象为农服务连创佳绩,受到各级党委、政府的广大农民群众的赞扬,气象为农业服务的技术和产品也成了气象服务业务中的主要内容。表 1 就是我们精心制作的"××省主要粮食

表 1　××省主要粮食作物农业气象服务一览表

月份	一	二	三	四	五	六	七	八	九	十	十一	十二
旬	上中下	上中下	上中下	上中下	上中下	上中下	上中下	上中下	上中下	上中下	上中下	上中下
节令	小寒　大寒	立春　雨水	惊蛰　春分	清明　谷雨	立夏　小满	芒种　夏至	小暑　大暑	立秋　处暑	白露　秋分	寒露　霜降	立冬　小雪	大雪　冬至
月平均气温	7.7	9.6	13.0	16.5	19.1	19.5	19.8	19.1	17.5	14.9	11.3	8.2
月平均雨量	12	11	15	21	93	184	212	202	120	85	39	13
大春　水稻			播种	苗期	移栽	移栽分蘖	拔节孕穗	抽穗扬花	灌浆成熟　成熟收割	收割		
大春　玉米					播种	幼苗期	孕穗抽雄	吐丝灌浆	成熟收割			
小春　小麦	拔节	孕穗	抽穗开花	灌浆乳熟	成熟收割					播种	出苗	分蘖
小春　蚕豆	现蕾	开花	结荚		成熟收割					播种	出苗　苗期	分枝
有利的气象条件	(1)平均气温低于10℃,最低气温不低于-2℃。(2)月雨量大于20毫米。	(1)极端最低气温不低于-1℃。(2)月雨量20~30毫米。	(1)无大范围低温霜冻,有适量降水。	(1)日平均气温高于12℃。(2)日照充足,空气湿润。	(1)天气晴朗,日照充足。(2)日平均气温稳定通过15℃。(3)各旬雨量适度,雨季开始正常。	(1)雨量充沛,日照充足,气温温和,土壤温度适中。	(1)高温、高湿、日照充足。(2)平均气温20℃以上。(3)雨量适中,分布均匀。	(1)光照充足,雨量适中,多阵性降水。(2)日平均气温高于18℃,最低气温高于15℃。	(1)天气晴朗,日照充足,空气湿润。	(1)天气晴朗,日照充足,无连阴雨天气。	(1)日照充足,有适量降水,土壤湿润。	(1)日平均气温低于10℃,霜日多,但不重。(2)空气湿润,土壤湿度适中。
不利的气象条件	(1)大气、土壤干旱。(2)大范围的严重霜冻。	(1)最低气温低于-1℃的严重霜冻。(2)干旱。	(1)晚霜冻、干旱、大风。(2)日平均气温低于10℃,最低气温低于5℃。	(1)日平均气温低于12℃的倒春寒。(2)阴雨寡照。	(1)初夏旱、严重高温、伏旱。(2)雨季开始早,连阴雨天气。	(1)连阴雨、积温不足,光照不足。(2)洪涝灾害。	(1)低温寡照,持续中、大雨。(2)干旱无雨。	(1)阴雨,低温寡照,特别是连续三日平均气温低于17℃。	(1)日平均气温低于15℃。(2)连续、持续雨、大雨。	(1)连阴雨。(2)早霜。	(1)雨季结束太晚。(2)干旱。	(1)日平均气温偏高,冬天不冷,霜日不多。(2)严重霜冻。

续表

项目	一	二	三	四	五	六	七	八	九	十	十一	十二
旬	上中下	上中下	上中下	上中下	上中下	上中下	上中下	上中下	上中下	上中下	上中下	上中下
节令	小寒 大寒	立春 雨水	惊蛰 春分	清明 谷雨	立夏 小满	芒种 夏至	小暑 大暑	立秋 处暑	白露 秋分	寒露 霜降	立冬 小雪	大雪 冬至
月平均气温	7.7	9.6	1(3)0	16.5	19.1	19.5	19.8	19.1	17.5	14.9	1(1)3	8.2
月平均雨量	12	11	15	21	93	184	212	202	120	85	39	13
主要作物生育期 大春 水稻					移栽	移栽分蘖	拔节孕穗	抽穗扬花	灌浆成熟	收割		
主要作物生育期 大春 玉米			播种	苗期	播种	幼苗期	孕穗抽雄	吐丝灌浆	成熟收割			
主要作物生育期 小春 小麦	拔节	孕穗	抽穗开花	灌浆乳熟	成熟收割					播种	出苗	分蘖
主要作物生育期 小春 蚕豆	现蕾	开花	结荚	成熟	收割	幼苗期				播种	苗期	分枝
应注意的气象灾害	(1)强寒潮天气。(2)霜冻。	(1)低温霜冻。	(1)倒春寒。(2)晚霜冻。(3)干旱。	(1)春寒。	(1)干旱。(2)洪涝。(3)中雨、大雨。	(1)大雨、暴雨。(2)干旱。	(1)连续性大雨、暴雨。	(1)低温。(2)连阴雨。(3)大雨、暴雨。	(1)大雨、暴雨。	(1)连阴雨。(2)大雨。	(1)中雨、大雨。	(1)强寒潮天气。
主要农事	(1)豆麦追肥。(2)灌水防霜防旱、防病虫。	(1)小麦灌水防霜。(2)大春备耕生产。	(1)防御晚霜冻、倒春寒，抓好大春育秧。	(1)小春收晒入仓。(2)大春适时早栽、早插。	(1)抓好大春中耕管理、积极防治病虫。	(1)抓好大春中耕管理，防治病虫害。	(1)加强防洪排涝，预防稻瘟病流行。	(1)水稻防低温。(2)玉米防倒伏。	(1)抓好大春后期管理，作好秋收秋种准备。	(1)抓紧稻、玉米收获工作，预防"三秋"连阴雨。	(1)蚕豆查苗补缺。(2)田麦紧播种。	(1)豆麦抓好春管理及护林防火工作。
服务要点	(1)对强寒潮低温霜冻、降雪等灾害的监测及预测预报。(2)小春长势趋势预报。	(1)霜冻监测。(2)干旱强度及土壤水分的监测和预报。(3)大春产量趋势预报及农业对策。	(1)冬春农业气候评价。(2)春播专题气象服务。(3)制作小春粮食产量预报。	(1)会商并发布小春产量预报。(2)雨季开始期、汛期预报。	(1)小春大春栽种专题气象服务。(2)旱情、雨情监测服务。(3)小春作物农业气候评价。	(1)雨情、墒情、旱情、涝情及作物病虫害的监测和服务。(2)抓好防洪排涝、保安全度汛。	(1)洪涝灾害、低温阴雨的监测分析及预报服务。(2)作物病虫害监测服务。	(1)低温连阴雨、"三秋"秋天气的分析预报服务。(2)制作大春产量预报。	(1)"三秋"天气跟踪预报服务。(2)订正发布大春产量预报。	(1)汛期雨量分析通报。(2)今冬明春农业气候年景预报。(3)小春播种期专题服务。	(1)土壤墒情监测服务。(2)初冬天气条件分析服务。	(1)豆麦苗情生育状况监测服务。(2)冬季气候资源的利用分析。

作物农业气象服务一览表",表中内容包括该省主要作物在不同时间节令、气候背景条件下,它的不同生育期需要什么有利的气象条件,要注意的不利气象条件以及应该警惕的气象灾害,表中还包括了不同时节的主要农事和气象服务要点等。可以说,一表在手、服务无忧。

三、水电气象服务初步设想

气象为水电服务历史悠久,从长江水系的葛洲坝、三峡到溪洛渡,从澜沧江水系的漫湾、小湾到糯扎渡,我们真的需要冷静思索、认真研究怎样才能让气象为水电的服务有一大突破。我们应该像气象为农业服务那样,学习了解水电站建设的各个环节、各个建设项目、各个建设时期需要什么气象条件,害怕什么气象条件、有什么气象灾害,采取什么气象措施趋利避害等等,从而形成了一整套气象为水电服务的完整预案,保证服务业务质量。表2就是我们针对水电气象服务提出的一个初步设想。

表2　水电气象服务重点一览表

水电站建设、生产不同阶段		服务对象	不利气象条件	气象服务重点	服务特色
勘测设计期		勘测设计院;电站筹建处	无	气候背景分析、气候变化评估、资料分析等	短期气候预测、气候环境评估
				仪器设备的选址、安装、调试和维护,数据传输	气候本底监测、天气实况观测和资料收集整理
筹建工程期		施工方;电站筹建处	暴雨、连阴雨、寒潮等	定点中短期预测	依据预报提供工程进度安排建议
施工建设期	截流期	施工方;电站筹建处	强降雨	上游降水短期和长期预测;无间隙天气气候预测;气象要素预测	驻现场预报服务,雷达、卫星加密观测,增加临近预报准确率和敏感度
	大坝浇筑期		强降雨、寒潮、大风、雷暴、冰雹、持续高温		
	机组安装调试期		强雷暴	雷电监测预测;防雷检测	雷电预警、短时临近预报服务
发电运营期		电站水调中心	暴雨、干旱、低温雨雪、雷暴天气	短中长期降水天气预测汛期重大过程来水量(洪水)预测	增加蓄水气象提示和汛期强降水预警,引入区域气候模式延长预报时效;与水文预测模式耦合,实现来水量预测,增强电站防洪能力
				人工增雨服务	根据电站需求和天气情况在流域上游、支流和库区进行人工增雨作业,提高径流量,增加蓄水
				强寒潮降温预报服务	根据电站需求进行强寒潮预测预报,降温幅度与用电量预测,电站及输电线路沿线雨雪冰冻预警
				输电线路积冰预警、用电量剧增服务	

水电站建设、生产不同阶段	服务对象	不利气象条件	气象服务重点	服务特色
			发电机组、变压器、机房等的雷暴预警服务	利用闪电定位仪和大气电场仪等为电站进行雷暴预警,针对不同设备和设施特点安装雷电防护装置以及日常维护
			雷电防护装置安装、监测,检测	
			技术创新和能力开发	开发适合流域局部预报方法和产品,提高水库蓄水发电效益,开发提高服务能力的新工具

　　从前面气象为农服务一览表和水电气象服务重点一览表中可以看出,只要我们按照前面讲的理想服务模式的思路来做,气象服务业务产品一定会做到专业化、精细化的。按照表1和表2的服务方式,我们在多年的农业气象服务和水电气象服务中取得了一些成绩,受到了用户的欢迎和好评,也培养了一大批人才,取得了许多成果。事实证明,只有充分了解了服务对象各生产环节与气象的关系后,气象服务才会取得效益,气象服务业务才会得到大发展。

　　当前是我国全面建成小康社会和部门深化、分类改革的关键时期,国家层面改革发展的大环境以及大数据、云计算等信息技术的快速发展与广泛应用,还有经济全球化发展提速等等,这些都将使得气象服务面临重大机遇和严峻挑战。无论怎样,我们应把握以下几个要点:一是要把握构建现代气象服务体系是政府治理体系现代化对气象服务提出的新要求,是政府公共服务的重要内容(涉及政府购买服务);二是要把握服务市场的开放对气象服务提出了新要求,我们经营多年的气象服务市场开放呈多元化服务主体已势在必行,气象服务社会化态势业已形成;三是要把握新的信息技术的快速涌现对气象服务手段、技术、产品的与时俱进提出更高要求,信息技术已成为推动气象服务发展的强大动力,并对气象服务模式的创新提出新的要求。

　　我们相信,随着社会主义市场经济体系的逐步完善和国民经济的飞速增长,气象部门对天气气候的监测预测预警能力将不断提高,气象服务业务体系将不断完善,气象部门对经济建设各领域的服务业务能力将不断增强。按照当前的发展态势,气象服务业务一定会像今天的"互联网＋＋"一样,在不久的将来,也一定会有"气象服务＋＋"的发展大潮。